"十二五"普通高等教育本科国家级规划教材
工业和信息化部"十四五"规划教材

信号分析与处理

第4版

齐冬莲　赵光宙　主编
张建良　闫云凤　参编

U0379851

机 械 工 业 出 版 社

本书是工业和信息化部"十四五"规划教材,是在"十二五"普通高等教育本科国家级规划教材和教育部"面向21世纪电气信息类专业人才培养方案和教学内容体系改革研究与实践"项目重要成果《信号分析与处理》第3版的基础上修订而成的。

本书从电气类、自动化类专业对信号知识的需求出发,紧紧抓住信号这条主线,重点介绍信号分析、处理的基本原理和方法,弱化系统分析、设计的内容。本书将工程实例以例题的形式穿插于重点知识章节,增加了部分学科前沿知识的引导与介绍,注重强化学生理论联系实际以及对学科前沿的探索。本次修订充分利用现代信息技术,将相关知识讲解视频的二维码融入全书各章节,以突破传统纸质教材的局限性,实现教材、课堂与其他教学资源的充分融合,方便读者自学。

本书主要面向电气类、自动化类专业的本科生,也适用于机械类、仪器类等其他非电子信息类专业的学生,还可作为相关专业领域科技工作者的参考书。

本书为新形态教材,配有电子课件、习题答案、视频讲解等教学资源,欢迎选用本书作教材的教师登录 www.cmpedu.com 注册后下载,或联系微信 13910750469 索取(注明姓名+学校)。

图书在版编目(CIP)数据

信号分析与处理/齐冬莲,赵光宙主编. —4版. —北京:机械工业出版社,2024.1(2025.1重印)

"十二五"普通高等教育本科国家级规划教材 工业和信息化部"十四五"规划教材

ISBN 978-7-111-75316-2

Ⅰ.①信… Ⅱ.①齐… ②赵… Ⅲ.①信号分析–高等学校–教材 ②信号处理–高等学校–教材 Ⅳ.①TN911

中国国家版本馆 CIP 数据核字(2024)第 052550 号

机械工业出版社(北京市百万庄大街22号 邮政编码100037)
策划编辑:吉 玲   责任编辑:吉 玲 王 荣
责任校对:孙明慧 张慧敏 景 飞 封面设计:张 静
责任印制:张 博
北京中科印刷有限公司印刷
2025年1月第4版第4次印刷
184mm×260mm · 27.5印张 · 683千字
标准书号:ISBN 978-7-111-75316-2
定价:79.80 元

电话服务   网络服务
客服电话:010-88361066   机 工 官 网:www.cmpbook.com
        010-88379833   机 工 官 博:weibo.com/cmp1952
        010-68326294   金 书 网:www.golden-book.com
封底无防伪标均为盗版   机工教育服务网:www.cmpedu.com

第 4 版前言

本书相继被列入"普通高等教育'十五'国家级规划教材""普通高等教育'十一五'国家级规划教材""'十二五'普通高等教育本科国家级规划教材"出版计划。以本书为基础的浙江大学"信号分析与处理"课程被评为首批国家级一流课程（线下）。本书第 3 版从 2016 年出版至今，被许多学校相关专业采用，受到广大师生和科研工作者的欢迎。

为适应高等工程教育的新发展，这次修订主要包括两个方面：在重点知识章节嵌入工程应用案例以及相关学科前沿分析，以体现理论研究、工程应用和学科前沿的融合；其次，本次修订充分利用现代信息技术，将相关知识讲解视频的二维码融入全书各章节，以突破传统纸质教材的局限性，实现教材、课堂与其他教学资源的充分融合。

作为电气类、自动化类、电子信息类等专业都需要学习和掌握的信号类课程，需要细化专业对信号知识的不同需求，这正是 2000 年开始编写本书时的初衷。诚如本书第 1 版前言所述，本书是适应电气工程与自动化类专业（或电气工程及其自动化专业和自动化专业）及其他非电子信息类相关专业的需要而编写的，有别于电子信息类专业所用的《信号与系统》和《数字信号处理》等教材。

这次教材的修订工作仔细订正了第 3 版中的一些错漏，在广泛听取反馈意见的基础上，主要做了以下一些修订和调整：

1. 从电气类、自动化类等专业对信号知识的需求出发，基本保持了原书的框架，紧紧抓住信号这条主线，重点介绍信号分析、处理的基本原理和方法，弱化系统分析、设计的内容，以避免与其他课程的内容重叠。

2. 将工程实例以例题的形式穿插于基础知识点中，增加了部分学科前沿知识的引导与介绍，注重强化学生理论联系实际以及对学科前沿的探索。

3. 在重点知识部分以二维码为媒介，建立纸质教材与视频讲解的关联，通过微信扫一扫对应的二维码，即可获取与纸质教材对应的网络视频资源，突破传统教材的局限性，将教材、课堂与网络资源充分融合，方便读者自学。

本次修订由浙江大学齐冬莲教授、赵光宙教授共同负责本书的整体方案设计和重点章节的编写，浙江大学闫云凤老师负责各个章节二维码的设计和课程视频的制作，浙江大学张建良老师负责各章习题和有关 MATLAB 内容的编写。本书修订过程中参阅了国内外许多学者的有关教材和著作，在此一并表示感谢。

经过本次修订，本书可能还会存在不少新的错漏和内容不妥之处，希望大家继续给予批评指正。

作者

于浙江大学

第 3 版前言

被列入"普通高等教育'十五'国家级规划教材"的本书第 2 版从 2006 年出版至今，已经过 11 次印刷，发行 45000 余册，被许多学校相关专业采用，受到广大师生和科研工作者的欢迎。本书又被列入"'十二五'普通高等教育本科国家级规划教材"出版计划，为适应高等工程教育的新发展，这次修订工作按照"十二五"普通高等教育本科国家级规划教材出版计划进行。

2012 年教育部颁布的新本科专业目录中，将原电气信息类专业拆分成电气类、自动化类、电子信息类等专业，进一步细化了强、弱电类专业之间的关系。作为这几类专业都需要学习和掌握的信号类课程，也需要细化这两类专业对信号知识的不同需求，这正是 2000 年开始编写本书时的初衷，诚如本书第 1 版前言所述，本书是适应电气工程与自动化类专业（或电气工程及其自动化专业和自动化专业）及其他非电子信息类相关专业的需要而编写的，有别于电子信息类专业所用的《信号与系统》和《数字信号处理》等教材。

这次教材的修订工作仔细订正了第 2 版中的一些错漏，在广泛听取反馈意见的基础上，主要做了以下修订和调整：

1. 仍然从电气类、自动化类及其他非电子信息类专业对信号知识的需求出发，基本保持了原书的框架，即紧紧抓住信号这条主线，重点介绍信号分析、处理的基本原理和方法，弱化系统分析、设计的内容，以避免与其他课程的内容重叠。

2. 第二章离散信号的分析在原理、方法等方面都较重要，本次修订又重新做了较多调整。

3. 对第五章随机信号分析与处理基础的内容做了适当调整，在第四节中突出了非平稳随机信号的分析与处理方法。

4. 鉴于 MATLAB 信号处理工具箱及 Simulink 仿真软件包已经成为信号分析处理的重要工具，在附录中简要介绍了该工具箱，使初次接触 MATLAB 的读者能快速了解和掌握 MATLAB 的使用方法。本书在每章都引入了适合该章内容的 MATLAB 工具，用于一些例题的分析解答，每章还都提供了上机练习题，可以通过上机练习快速加深对各章内容的理解，提高使用计算机进行信号分析处理的能力。

5. 每章后面还给出了本章要点，便于读者对该章基本内容和重点内容的把握，也有利于读者对信号分析处理内容的梳理。

　　在本书修订过程中，浙江大学齐冬莲教授参与了方案讨论，提出了许多宝贵的意见；浙江理工大学熊卫华副教授提供了非平稳随机信号分析的一些材料；浙江大学宁波理工学院裘君副教授参与编写了附录及各章有关 MATLAB 的内容，并在图表绘制等方面付出了辛勤劳动。作者在此深表感谢。本书修订过程中参阅了国内外许多学者的有关教材和著作，作者在此一并表示感谢。

　　经过本次修订，本书一定还会存在不少新的错漏和内容不妥之处，希望大家继续给予批评指正。

作　者

目　录

第 4 版前言

第 3 版前言

绪论 …………………………………………………………………………… 1

  一、信号分析与处理概述 ……………………………………………… 1

  二、信号的概念 ………………………………………………………… 2

  三、信号的分类 ………………………………………………………… 2

  四、信号处理系统 ……………………………………………………… 5

  习题 ……………………………………………………………………… 6

  上机练习题 ……………………………………………………………… 7

第一章　连续信号的分析 ………………………………………………… 8

  第一节　时域描述和分析 ……………………………………………… 8

    一、连续信号的时域描述 …………………………………………… 8

    二、时域运算 ………………………………………………………… 14

    三、时域分解 ………………………………………………………… 22

  第二节　频域分析 ……………………………………………………… 26

    一、周期信号的频谱分析 …………………………………………… 26

    二、非周期信号的频谱分析 ………………………………………… 36

    三、傅里叶变换的性质 ……………………………………………… 47

  第三节　连续信号的复频域分析 ……………………………………… 63

    一、信号的拉普拉斯变换 …………………………………………… 64

    二、信号的复频域分析 ……………………………………………… 72

  第四节　信号的相关分析 ……………………………………………… 76

    一、相关系数 ………………………………………………………… 77

    二、相关函数 ………………………………………………………… 79

    三、相关定理 ………………………………………………………… 82

  第五节　应用 MATLAB 的连续信号分析 …………………………… 85

    一、连续时间信号描述 ……………………………………………… 85

二、MATLAB 卷积运算 ································ 89
三、MATLAB 的傅里叶变换 ···················· 90
四、MATLAB 的拉普拉斯变换 ················ 98
五、MATLAB 求相关函数 ····················· 100
本章要点 ·· 102
习题 ··· 102
上机练习题 ·· 111

第二章　离散信号的分析 ·························· 113
第一节　时域描述和分析 ······················· 113
一、信号的采样和恢复 ························· 113
二、时域采样定理 ······························· 115
三、频域采样定理 ······························· 117
四、模拟频率和数字频率 ····················· 119
五、离散信号的描述 ··························· 123
六、离散信号的时域运算 ····················· 127
第二节　离散信号的频域分析 ················· 133
一、周期信号的频域分析 ····················· 134
二、非周期信号的频域分析 ·················· 142
第三节　离散傅里叶变换和快速傅里叶变换 ·· 149
一、离散傅里叶变换 ··························· 149
二、快速傅里叶变换 ··························· 157
第四节　离散信号的 z 域分析 ················· 168
一、离散信号的 Z 变换 ······················· 168
二、Z 变换与其他变换之间的关系 ·········· 182
第五节　应用 MATLAB 的离散信号分析 ···· 184
一、利用 MATLAB 进行离散信号描述 ····· 184
二、离散卷积的计算 ··························· 188
三、离散信号的频域分析 ····················· 189
四、快速傅里叶变换 ··························· 190
五、离散信号的 Z 变换 ······················· 193
本章要点 ·· 194
习题 ··· 195
上机练习题 ·· 198

第三章　信号处理基础 ···························· 199
第一节　系统及其性质 ·························· 199
一、系统的描述 ································· 199
二、系统的性质 ································· 200
第二节　信号的线性系统处理 ················· 204

一、时域分析法 ·· 205
二、频域分析法 ·· 212
三、复频域分析法 ·· 220
第三节　解卷积（逆滤波与系统辨识） ···························· 227
一、系统辨识问题 ·· 228
二、逆滤波问题 ·· 232
三、同态系统解卷积 ·· 235
第四节　数字信号处理技术 ·· 237
一、数字信号处理的特点 ·· 238
二、数字信号处理的实现 ·· 238
三、有限字长对实现数字信号处理的影响 ······························ 240
四、数字信号处理的典型应用 ·· 247
第五节　应用 MATLAB 的信号处理 ·································· 252
一、利用 MATLAB 的时域分析 ······································ 252
二、利用 MATLAB 的频域分析 ······································ 258
三、利用 MATLAB 的复频域分析 ···································· 261
四、利用 MATLAB 的系统辨识 ······································ 268
五、信号处理的典型应用 ·· 270
本章要点 ·· 279
习题 ·· 280
上机练习题 ·· 284

第四章　滤波器 ·· **285**
第一节　滤波器概述 ·· 285
一、滤波及滤波器的基本原理 ·· 285
二、滤波器的分类 ·· 286
三、滤波器的技术要求 ·· 287
第二节　模拟滤波器 ·· 289
一、概述 ·· 289
二、巴特沃思（Butterworth）低通滤波器 ···························· 290
三、切比雪夫（Chebyshev）低通滤波器 ······························ 294
四、模拟滤波器的频率变换 ·· 300
五、RC 有源滤波器 ·· 303
六、模拟滤波器的应用 ·· 305
第三节　数字滤波器 ·· 308
一、概述 ·· 308
二、无限冲激响应（IIR）数字滤波器 ································ 309
三、有限冲激响应（FIR）数字滤波器 ································ 319
四、数字滤波器的应用 ·· 326

X

第四节 应用 MATLAB 的滤波器设计 …………………………… 328
　　一、模拟滤波器设计 ……………………………………… 328
　　二、数字滤波器设计 ……………………………………… 336
本章要点 …………………………………………………………… 346
习题 ………………………………………………………………… 347
上机练习题 ………………………………………………………… 349

第五章　随机信号分析与处理基础 …………………………………… 350
第一节 随机信号的描述与分析 …………………………………… 350
　　一、随机信号及其概率结构 ……………………………… 350
　　二、随机信号在时域的数字特征 ………………………… 352
　　三、随机信号的频域描述与分析 ………………………… 359
第二节 随机信号通过线性系统的分析 …………………………… 364
　　一、平稳随机信号通过连续系统的分析 ………………… 365
　　二、平稳随机信号通过离散系统的分析 ………………… 368
　　三、过渡过程分析 ………………………………………… 371
第三节 最优线性滤波 ……………………………………………… 374
　　一、维纳滤波 ……………………………………………… 374
　　二、卡尔曼滤波 …………………………………………… 378
　　三、自适应滤波 …………………………………………… 386
第四节 非平稳随机信号的分析 …………………………………… 394
　　一、时-频域分析 ………………………………………… 394
　　二、小波变换分析 ………………………………………… 398
　　三、希尔伯特-黄变换分析 ……………………………… 404
第五节 利用 MATLAB 的随机信号分析、处理 ………………… 408
　　一、随机信号的描述 ……………………………………… 408
　　二、随机信号的频谱分析 ………………………………… 409
　　三、随机信号通过线性系统分析 ………………………… 411
　　四、利用 MATLAB 的卡尔曼滤波 ……………………… 416
　　五、利用 MATLAB 的小波分析 ………………………… 419
　　六、利用 MATLAB 进行维格纳变换 …………………… 420
　　七、利用 MATLAB 进行希尔伯特-黄变换 …………… 421
本章要点 …………………………………………………………… 425
习题 ………………………………………………………………… 426
上机练习题 ………………………………………………………… 428

参考文献 ……………………………………………………………… 430

绪　　论

　　作为现代信息技术的基础，信号分析与处理的原理及技术已渗透到当今科技的各个领域。其中，信号分析强调通过解析法或测试法发现信号的特征，达到了解信号特性并掌握变化规律的目的；信号处理则强调通过对信号的加工和变换，实现把一个信号变换成另外一个信号的目标。信号分析与处理是互相关联的两个方面，信号分析主要指认识信号，而信号处理主要指改造信号。本章主要介绍信号的概念、分类及信号处理系统，让读者对全书内容有基本的认识。

一、信号分析与处理概述

　　信号是信息的载体，为了有效地获取信息以及利用信息，必须对信号进行分析与处理。可以说，信号中信息的利用程度在一定意义上取决于信号的分析与处理技术。

　　信号分析最直接的意义在于通过解析法或测试法找出不同信号的特征，从而了解其特性，掌握它的变化规律。简言之，就是从客观上认识信号。一方面，通过信号分析，将一个复杂信号分解成若干简单信号分量之和，或者用有限的一组参量去表示一个复杂波形的信号，从这些分量的组成情况或这组有限的参量去考察信号的特性；另一方面，信号分析是获取信号源特征信息的重要手段，人们往往可以通过对信号特征的详细了解，得到信号源特性、运行状况等信息，这正是故障诊断的基础。

码 0-1　【视频讲解】
信号分析与处理概述

　　信号处理是指通过对信号的加工和变换，把一个信号变换成另一个信号的过程。例如，为了有效地利用信号中所包含的有用信息，采用一定的手段剔除原始信号中混杂的噪声，削弱多余的内容，这个过程就是最基本的信号处理过程。因此，也可以把信号处理理解为了特定的目的，通过一定的手段去改造信号。

　　信号的分析和处理是互相关联的两个方面，前者主要指认识信号，后者主要指改造信号。它们的侧重面不同，采取的手段也不同。但是，它们又是密不可分的，只有通过信号的分析，充分了解信号的特性，才能更有效地对它进行处理和加工，可见信号分析是信号处理的基础；通过对信号的一定加工和变换，可以突出信号的特征，便于更有效地认识信号的特性，从这一意义上说，信号处理又可认为是信号分析的手段。认识信号也好，改造信号也好，共同目的都是充分地从信号中获取有用信息并实现对这些信息的有效利用。

　　信息时代的到来使信息科学技术渗透到社会活动、生产活动甚至日常生活的各个方面。作为信息科学技术的基础——信号分析与处理原理及技术已经广泛地应用于通信、自动化、

2

航空航天、生物医学、遥感遥测、语言处理、图像处理、故障诊断、地震学和气象学等各个科学技术领域，成为各门学科发展的技术基础和有力工具。

二、信号的概念

什么是信号？"信号"一词在人们的日常生活和社会活动中并不陌生，例如时钟报时

码 0-2 【视频讲解】
信号的概念和分类

声、汽车喇叭声、交通红绿灯等，都是人们熟悉的信号。但是，要给信号下一个确切的定义，还必须先搞清它和信息、消息之间的联系。为此，先举一个人们通电话的例子。甲通过电话告诉了乙一条消息，如果这是一件乙事先不知道的事情，可以说乙从中得到了信息，而电话传输线上传送的是包含有甲的语言的电物理量。这里，语言是甲传递给乙的消息，该消息中蕴含有一定量的信息，电话传输线上变化的电物理量是运载消息、传送信息的信号。

可见，信息是指人类社会和自然界中需要传送、交换、存储和提取的内容。首先，信息具有客观性，它存在于一切事物之中，事物的一切变化和运动都伴随着信息的交换和传送。同时，信息具有抽象性，只有通过一定的形式才能把它表现出来。

人们把能够表示信息的语言、文字、图像和数据等称为消息。可见，信息是消息所包含的内容，而且是预先不知道的内容。人们所说的"这个讲座信息量大"或"那张报纸没有多少信息"就体现了消息和信息之间的关系。

一般情况下，消息不便于传送和交换，往往需要借助于某种便于传送和交换的物理量作为运载手段，把声、光、电等运载消息的物理量称为信号，它们通常是时间或空间的函数，所携带的消息则体现在它们的变化之中。在作为信号的众多物理量中，电信号是应用最广泛的物理量，因为它容易产生、传输和控制，也容易实现与其他物理量的相互转换。因此，信号通常所指的主要是电信号。

三、信号的分类

信号作为时间或空间的函数可以用数学解析式表达，也可以用图形表示。观测到的信号一般是一个或一个以上独立变量的实值函数，具体地说，是时间或空间坐标的纯量函数。例如由语音转换得到的电信号，信号发生器产生的正弦波、方波等信号，都是时间 t 的函数 $x(t)$；一幅静止的黑白平面图像，由位于平面上不同位置的灰度像点组成，是两个独立变量的函数 $I(x,y)$；而黑白电视图像，像点的灰度还随时间 t 变化，是 3 个独立变量的函数 $I(x,y,t)$。具有一个独立变量的信号函数称为一维信号，同样，有二维信号、三维信号等多维信号。本书主要以一维信号 $x(t)$ 为对象，其中独立变量 t 根据具体情况可以是时间，也可以是其他物理量。

根据信号所具有的时间函数特性，可以分为确定性信号与随机信号、连续信号与离散信号、周期信号与非周期信号、能量信号与功率信号，现分述如下。

1. 确定性信号与随机信号

按确定性规律变化的信号称为确定性信号。确定性信号可以用数学解析式或确定性曲线准确地描述，在相同的条件下能够重现，因此，只要掌握了变化规律，就能准确地预测它的未来。例如正弦信号，它可以用正弦函数描述，对给定的任一时刻都对应有确定的函数值，

包括未来时刻。

不遵循确定性规律变化的信号称为随机信号。随机信号的未来值不能用精确的时间函数描述，无法准确地预测，在相同的条件下，它也不能准确地重现。马路上的噪声、电网电压的波动量、生物电信号和地震波等都是随机信号。

2. 连续信号与离散信号

按自变量 t 的取值特点可以把信号分为连续信号与离散信号。连续信号如图 0-1a 所示，它的描述函数的定义域是连续的，即对于任意时间值其描述函数都有定义，所以也称为连续时间信号，用 $x(t)$ 表示。离散信号如图 0-1b 所示，它的描述函数的定义域是某些离散点的集合，也即其描述函数仅在规定的离散时刻才有定义，所以也称为离散时间信号，用 $x(t_n)$ 表示，其中 t_n 为特定时刻。图 0-1b 表示的是离散点在时间轴上均匀分布的情况，但也可以不均匀分布。均匀分布的离散信号可以表示为 $x(nT_s)$ 或 $x(n)$，这时可称为时间序列。

离散信号可以是连续信号的抽样信号，但不一定都是从连续信号采样得到的，有些信号确实只是在特定的离散时刻才有意义，例如人口的年平均出生率、纽约股票市场每天的道琼斯指数等。

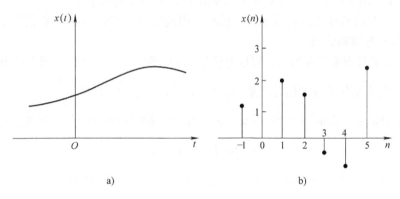

图 0-1　连续信号与离散信号
a）连续信号　b）离散信号

顺便指出，连续信号只强调时间坐标上的连续，并不强调函数幅度取值的连续，因此，一个时间坐标连续、幅度经过量化（幅度经过近似处理只取有限个离散值）的信号仍然是连续信号，对应地，把那些时间和幅度均为连续取值的信号称为模拟信号。显然，模拟信号是连续信号，而连续信号不一定是模拟信号。同理，时间和幅度均为离散取值的信号称为数字信号，数字信号是离散信号，而离散信号不一定是数字信号。

3. 周期信号与非周期信号

周期信号是依时间周而复始变化的信号，知道了周期信号一个周期内的变化过程，就可以确定整个定义域的信号取值。

对于连续信号，若存在 $T_0>0$，使

$$x(t)=x(t+nT_0), \quad n \text{ 为整数} \tag{0-1}$$

则称 $x(t)$ 为周期信号，T_0 是一个正常数。例如，正弦信号 $x(t)=\sin t$ 就是周期信号。

满足式（0-1）的最小 T_0 值称为 $x(t)$ 的基本周期。基本周期 T_0 是 $x(t)$ 完成一个完整循环所需的时间。基本周期 T_0 的倒数称为周期信号 $x(t)$ 的基本频率，用于描述周期信号

4

$x(t)$ 重复的快慢，记为 $f=\dfrac{1}{T_0}$，频率 f 的量纲是赫兹（Hz）。由于一个完整循环对应于 2π 弧度，角频率可定义为 $\omega=2\pi f=\dfrac{2\pi}{T_0}$，其量纲是弧度/秒（rad/s）。

对于任意信号 $x(t)$，如果不能找到满足式（0-1）的 T_0 值，则称 $x(t)$ 为非周期信号。非周期信号也可以看作为周期是无穷大的周期信号，即在有限时间范围内其波形不重复出现。

对于离散信号，若存在大于零的整数 N，使

$$x(n)=x(n+kN), \quad k \text{ 为整数} \tag{0-2}$$

则称 $x(n)$ 为周期信号，N 为 $x(n)$ 的周期。满足式（0-2）的最小 N 值称为离散信号 $x(n)$ 的基本周期。同样可以定义离散信号 $x(n)$ 的基本角频率为 $\Omega=\dfrac{2\pi}{N}$，其量纲为弧度。基本角频率的概念将在后续章节中进行详细分析。

必须注意式（0-1）和式（0-2）的不同，式（0-1）适用于周期 T 可取任意正值的连续时间信号，而式（0-2）适用于周期 N 只可取正整数的离散时间信号。

同样，不具有周期性质的信号 $x(n)$ 就是非周期信号，它们一定不满足式（0-2）。

4. 能量信号与功率信号

如果从能量的观点来研究信号，可以把信号 $x(t)$ 看作是加在单位电阻上的电流，则在时间 $-T<t<T$ 内单位电阻所消耗的信号能量为 $\int_{-T}^{T}|x(t)|^2\mathrm{d}t$，其平均功率为 $\dfrac{1}{2T}\int_{-T}^{T}|x(t)|^2\mathrm{d}t$。

信号的能量定义为在时间区间 $(-\infty,\infty)$ 内单位电阻所消耗的信号能量，即

$$E=\lim_{T\to\infty}\int_{-T}^{T}|x(t)|^2\mathrm{d}t \tag{0-3}$$

而信号的功率定义为在时间区间 $(-\infty,\infty)$ 内信号 $x(t)$ 的平均功率，即

$$P=\lim_{T\to\infty}\frac{1}{2T}\int_{-T}^{T}|x(t)|^2\mathrm{d}t \tag{0-4}$$

若一个信号的能量 E 有界，则称其为能量有限信号，简称能量信号。根据式（0-4），能量信号的平均功率为零。仅在有限时间区间内幅度不为零的信号是能量信号，如单个矩形脉冲信号等。客观存在的信号大多是持续时间有限的能量信号。

另一种情况，若一个信号的能量 E 无限，而平均功率 P 为不等于零的有限值，则称其为功率有限信号，简称功率信号。幅度有限的周期信号、随机信号等属于功率信号。

一个信号可以既不是能量信号，也不是功率信号，但不可能既是能量信号又是功率信号。

对于离散信号可以得出类似的定义和结论。

例 0-1 判断下列信号哪些属于能量信号，哪些属于功率信号。

$$x_1(t)=\begin{cases}A & 0<t<1 \\ 0 & \text{其他}\end{cases}$$

$$x_2(t)=A\cos(\omega_0 t+\theta), -\infty<t<\infty$$

$$x_3(t)=\begin{cases}t^{-1/4} & t\geq 1 \\ 0 & \text{其他}\end{cases}$$

解　根据式（0-3）及式（0-4），上述 3 个信号的 E、P 分别可计算如下：

$$E_1 = \lim_{T \to \infty} \int_0^1 A^2 \mathrm{d}t = A^2, \quad P_1 = 0$$

$$E_2 = \lim_{T \to \infty} \int_{-T}^{T} A^2 \cos^2(\omega_0 t + \theta)\mathrm{d}t = \infty, \quad P_2 = \lim_{T \to \infty} \frac{A^2}{2T} \int_{-T}^{T} \cos^2(\omega_0 t + \theta)\mathrm{d}t = \frac{A^2}{2}$$

$$E_3 = \lim_{T \to \infty} \int_1^T t^{-1/2} \mathrm{d}t = \infty, \quad P_3 = \lim_{T \to \infty} \frac{1}{2T} \int_1^T t^{-1/2} \mathrm{d}t = 0$$

因此，$x_1(t)$ 为能量信号；$x_2(t)$ 为功率信号；$x_3(t)$ 既非能量信号又非功率信号。

四、信号处理系统

按对信号分析和处理方法的不同，有模拟处理系统和数字处理系统两大类。

模拟信号处理系统输入模拟信号，通过模拟元件（R、L、C 等）和模拟电路构成的模拟系统的加工处理，输出的仍然是模拟信号，其基本形式如图 0-2 所示。常用的模拟滤波器是模拟信号处理系统最典型的例子。

码 0-3　【视频讲解】
信号处理系统

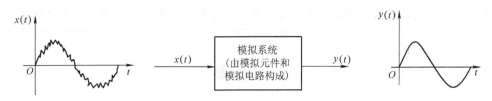

图 0-2　模拟信号处理系统

数字信号处理是 20 世纪 60 年代以后发展起来的技术，它依赖于大规模集成电路和数字处理算法的发展，其核心是用计算机（或专用数字装置）的运算功能代替模拟电路处理功能，达到信号加工、变换的目的。图 0-3 表示了数字信号处理系统的基本结构，系统首先通过模-数（A-D）转换把原始模拟信号转换成数字信号，当然，如果原始信号是离散时间信号，只要经过量化过程就能成为数字信号。数字系统是用计算机或者专用数字硬件构成的系统，它按预先给定的程序对数字信号进行运算处理，处理结果是数字形式的。在一些情况下，这些数字结果就能满足处理的要求，直接可用。在另一些情况下，为了得到模拟信号输出，将数字信号经过数-模（D-A）转换即可。

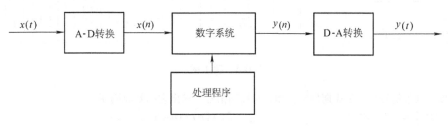

图 0-3　数字信号处理系统

数字信号处理系统以数学运算的形式对信号实现分析和处理，摒弃了传统的模拟电路处理信号的形式，因而具有处理功能强、精度高、灵活性大、稳定性好等优点，并且随着大规模集成电路技术的不断发展，处理的实时性不断得到提高。可以说，数字信号处理是信号处理的发展趋势，特别是一些复杂的信号处理任务更是如此。

微电子技术和计算机硬件技术的发展为数字信号处理提供了必要的物质基础。由于数字信号处理的核心是处理算法，因此，不能不提到库利（J. W. Cooley）和图基（J. W. Tukey）在1965年发明的一种快速傅里叶变换（FFT）算法，它的出现使数字信号处理的速度提高了几个数量级，真正开创了数字信号处理的新时代。随后，在大规模集成电路技术以及处理算法的进一步发展和推动下，数字信号处理得到了迅猛发展和广泛应用，各种专用器件和设备不断涌现，特别是20世纪80年代推出了高速数字信号处理（DSP）芯片，极大地提高了信号处理能力，并使设计开发工作简单易行，是数字信号处理技术发展的又一个里程碑。

【深入思考】美国德州仪器（TI）公司在20世纪80年代推出第一代DSP芯片TMS32010，从此DSP芯片开始得到真正的广泛应用。国内对DSP的研究起步较晚，但后续发展较快。以中国电子科技集团公司第十四研究所为代表的研究机构联合清华大学等科研院所，在2010年成功研制出"华睿1号"DSP芯片。该DSP芯片是我国首款具有国际先进水平的高端DSP，通过融合DSP和CPU技术，填补了我国多核DSP领域的空白。请查阅相关文献，深入思考我国在数字信号处理技术方向尚存在哪些问题。

习 题

1. 指出图0-4所示各信号是连续时间信号还是离散时间信号。

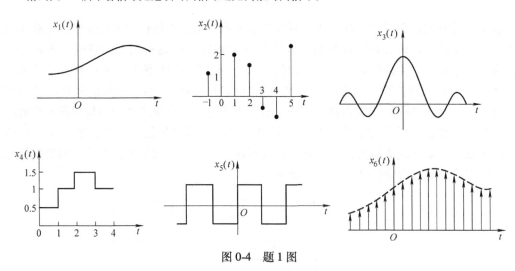

图0-4 题1图

2. 判断下列各信号是否是周期信号。如果是周期信号，求出它的基波周期。

(1) $x(t) = 2\cos(3t + \pi/4)$；

(2) $x(n) = \cos(8\pi n/7 + 2)$；

(3) $x(t) = e^{j(\pi t - 1)}$；

(4) $x(n) = e^{j(n/8 - \pi)}$；

(5) $x(n) = \sum_{m=0}^{\infty} [\delta(n - 3m) - \delta(n - 1 - 3m)]$；

(6) $x(t) = \cos(2\pi t)u(t)$；

（7）$x(n) = \cos(n/4)\cos(n\pi/4)$；

（8）$x(n) = 2\cos(n\pi/4) + \sin(n\pi/8) - 2\sin(n\pi/2 + \pi/6)$。

3. 试判断下列信号是能量信号还是功率信号。

（1）$x_1(t) = Ae^{-t}$，$t \geqslant 0$； 　　　　（2）$x_2(t) = A\cos(\omega_0 t + \theta)$；

（3）$x_3(t) = \sin 2t + \sin 2\pi t$； 　　　　（4）$x_4(t) = e^{-t}\sin 2t$。

4. 对下列每一个信号求能量 E 和功率 P：

（1）$x_1(t) = e^{-2t}u(t)$； 　　（2）$x_2(t) = e^{j(2t + \pi/4)}$； 　　（3）$x_3(t) = \cos t$；

（4）$x_1(n) = \left(\dfrac{1}{2}\right)^n u(n)$； 　（5）$x_2(n) = e^{j[\pi/(2n) + \pi/8]}$； 　（6）$x_3(n) = \cos\left(\dfrac{\pi}{4}n\right)$。

5. 信号 $x(t)$ 定义如下：

$$x(t) = \begin{cases} \dfrac{1}{2}(\cos\omega t + 1) & -\pi/\omega \leqslant t \leqslant \pi/\omega \\ 0 & \text{其他} \end{cases}$$

求该信号的总能量。

6. 列举一个典型工程应用实例，说明信号与系统的关系。

上机练习题

7. 用 MATLAB 求解习题 3。

8. 用 MATLAB 求解习题 4。

9. 用 MATLAB 求解习题 5。

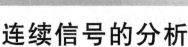

第一章

连续信号的分析

连续的确定性信号（简称连续信号）是可用时域上连续的确定性函数描述的信号，是一类在描述、分析上最简单的信号，同时又是其他信号分析的基础。本章着重讨论这类信号的分析方法，包括时域分析、频域分析及复频域分析。

第一节　时域描述和分析

通常一个信号是时间的函数，在时间域内对其进行定量和定性的描述、分析是一种最基本的方法，这种方法比较直观、简便，物理概念强，易于理解。

一、连续信号的时域描述

用一个时间函数或一条曲线来表示信号随时间变化的特性称为连续信号的时域描述。在多种多样的连续确定性信号中，有一些信号可以用常见的基本函数表示，如正弦函数、指数函数、阶跃函数等，这类信号称为基本信号。通过它们可以组成许多更复杂的信号，所以讨论基本信号的时域描述有着重要意义。通常基本信号可以分为普通信号和奇异信号两类。

码 1-1 【视频讲解】
普通信号

（一）普通信号

1. 正弦信号

一个正弦信号可表示为

$$x(t) = A\sin(\omega_0 t + \varphi_0) = A\cos\left(\omega_0 t + \varphi_0 - \frac{\pi}{2}\right), \quad -\infty < t < \infty \qquad (1\text{-}1)$$

式中，A 为振幅；ω_0 为角频率（rad/s）；φ_0 为初相位（rad），如图 1-1 所示。

正弦信号是周期信号，其周期为

$$T_0 = \frac{2\pi}{\omega_0} = \frac{1}{f_0} \qquad (1\text{-}2)$$

余弦信号与正弦信号只是在相位上相差 $\dfrac{\pi}{2}$［见式（1-1）］，所以通常也把它归属为正弦信号。

正弦信号在实际中得到广泛的应用，因为它具有一系列对运算非常有用的性质：

1）两个同频率的正弦信号相加，即使它们的振幅和初相位不同，但相加的结果仍是原频率的正弦信号。

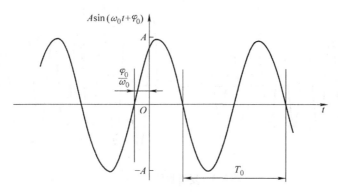

图 1-1　正弦信号

2）如果一个正弦信号的频率 f_1 是另一个正弦信号频率 f_0 的整数倍，即 $f_1=nf_0$（n 为整数），则其合成信号是频率为 f_0 的非正弦周期信号。f_0 称为该信号的基波频率，f_1 称为 n 次谐波频率。据此，可以把一个周期信号分解为基波信号和一系列谐波信号。

3）正弦信号的微分和积分仍然是同频率的正弦信号。

2. 指数信号

一个指数信号可以表示为

$$x(t)=Ae^{st}, \quad -\infty<t<\infty \tag{1-3}$$

式中，$s=\sigma+j\omega_0$ 为复数。

如果 $\sigma=0$，$\omega_0=0$，则 $x(t)=A$，即为直流信号。

如果 $\sigma\neq0$，$\omega_0=0$，则 $x(t)=Ae^{\sigma t}$，即为实指数信号，其中 $\sigma<0$ 表示了 $x(t)$ 随时间按指数衰减，$\sigma>0$ 表示了 $x(t)$ 随时间按指数增长，信号的衰减或增长速度可以用实指数信号的时间常数 τ 表示，它是 $|\sigma|$ 的倒数，即 $\tau=1/|\sigma|$。

图 1-2 分别表示了直流信号和实指数信号。

如果 $\sigma\neq0$，$\omega_0\neq0$，则 $x(t)=Ae^{\sigma t}e^{j\omega_0 t}$，即为复指数信号，其中 $s=\sigma+j\omega_0$ 称为复指数信号的复频率。

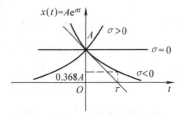

图 1-2　不同 σ 值的指数信号

按欧拉（Euler）公式，复指数信号可以写成

$$x(t)=Ae^{st}=Ae^{\sigma t}e^{j\omega_0 t}=Ae^{\sigma t}\cos\omega_0 t+jAe^{\sigma t}\sin\omega_0 t=\text{Re}[x(t)]+j\text{Im}[x(t)] \tag{1-4}$$

可见，$x(t)$ 可以分解为实部和虚部两个部分，即

$$\text{Re}[x(t)]=Ae^{\sigma t}\cos\omega_0 t \tag{1-5}$$

$$\text{Im}[x(t)]=Ae^{\sigma t}\sin\omega_0 t \tag{1-6}$$

式（1-5）和式（1-6）分别为幅度变化的余弦和正弦信号，$Ae^{\sigma t}$ 反映了它们振荡幅度的变化情况，即信号的包络线。图 1-3 表示了 $\sigma<0$ 时的 $\text{Re}[x(t)]$ 和 $\text{Im}[x(t)]$，其中虚线为包络线 $Ae^{\sigma t}$。

显然，如果 $\sigma=0$，$\omega_0\neq0$，则 $x(t)=Ae^{j\omega_0 t}$，按欧拉公式，其实部和虚部分别为等幅的余弦和正弦信号。

实际的信号总是实的，即都是时间 t 的实函数，复指数信号为复函数，所以不可能实际产生。但是，一方面如上所述，它的实部和虚部表示了指数包络的正弦型振荡，这本身具有一定

9

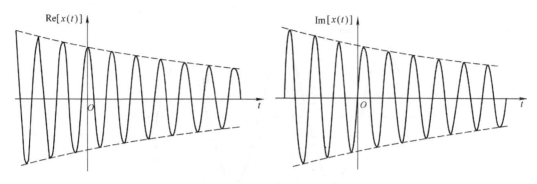

图 1-3 复指数信号（$\sigma<0$）

的实际意义。其次，它把直流信号、指数型信号、正弦型信号以及具有包络线的正弦型信号表示为统一的形式，并使信号的数学运算简练、方便，所以在信号分析理论中更具普遍意义。

例 1-1 已知两个信号分别为 $x_1(t)=4\cos100t-6\sin100t$ 和 $x_2(t)=5\cos\left(100t+\dfrac{\pi}{4}\right)$，求 $x(t)=x_1(t)+x_2(t)$。

解 由欧拉公式，信号 $x_1(t)$ 可写为

$$x_1(t)=(2+\text{j}3)\,\text{e}^{\text{j}100t}+(2-\text{j}3)\,\text{e}^{-\text{j}100t}$$

同理 $x_2(t)$ 可写为

$$x_2(t)=5\cos\left(100t+\frac{\pi}{4}\right)=\frac{5}{2}\left(\text{e}^{\text{j}100t}\text{e}^{\text{j}\frac{\pi}{4}}+\text{e}^{-\text{j}100t}\text{e}^{-\text{j}\frac{\pi}{4}}\right)$$

$$=(1.7678+\text{j}1.7678)\,\text{e}^{\text{j}100t}+(1.7678-\text{j}1.7678)\,\text{e}^{-\text{j}100t}$$

所以

$$x(t)=x_1(t)+x_2(t)=(3.7678+\text{j}4.7678)\,\text{e}^{\text{j}100t}+(3.7678-\text{j}4.7678)\,\text{e}^{-\text{j}100t}$$

$$=6.08\text{e}^{\text{j}51.7°}\text{e}^{\text{j}100t}+6.08\text{e}^{-\text{j}51.7°}\text{e}^{-\text{j}100t}$$

$$=6.08\left[\text{e}^{\text{j}51.7°+\text{j}100t}+\text{e}^{-(\text{j}51.7°+\text{j}100t)}\right]$$

$$=12.15\cos(100t+51.7°)$$

3. 采样信号 $[\text{Sa}(t)$ 函数]

采样信号也称为 $\text{Sa}(t)$ 函数，其定义为

$$\text{Sa}(t)=\frac{\sin t}{t} \tag{1-7}$$

其波形如图 1-4 所示。$\text{Sa}(t)$ 函数是偶函数，当 $t\rightarrow0$ 时，$\text{Sa}(t)=1$ 为最大值，随着 $|t|$ 的增大而振幅逐渐衰减，当 $t=\pm\pi,\ \pm2\pi,\ \cdots,\ \pm n\pi$ 时，函数值等于零。

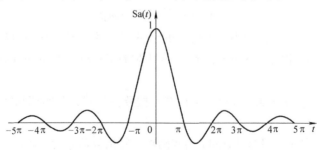

图 1-4 $\text{Sa}(t)$ 函数

$\mathrm{Sa}(t)$ 函数还满足 $\int_0^\infty \mathrm{Sa}(t)\,\mathrm{d}t = \dfrac{\pi}{2}$，$\int_{-\infty}^\infty \mathrm{Sa}(t)\,\mathrm{d}t = \pi$。$\mathrm{Sa}(t)$ 函数在连续时间信号的离散化处理过程中，将起到非常重要的作用。

（二）奇异信号

码 1-2 【视频讲解】
奇异信号

奇异信号是用奇异函数表示的一类特殊的连续时间信号，其函数本身或者函数的导数（包括高阶导数）具有不连续点。它们是从实际信号中抽象出来的典型信号，在信号的分析中占有重要地位。

1. 单位斜坡信号

单位斜坡信号 $r(t)$ 的定义为

$$r(t) = \begin{cases} t & t \geqslant 0 \\ 0 & t < 0 \end{cases} \tag{1-8}$$

其波形如图 1-5 中直线 a 所示，显然它的导数在 $t=0$ 处不连续。图 1-5 中直线 b 为 $r(t-t_0)$ 的波形。

2. 单位阶跃信号

单位阶跃信号 $u(t)$ 的定义为

$$u(t) = \begin{cases} 1 & t > 0 \\ 0 & t < 0 \end{cases} \tag{1-9}$$

没有定义 $t=0$ 时的取值，因为在 $t=0$ 处函数出现了跳变。如果必要，则可以取 $u(t)\big|_{t=0} = \dfrac{1}{2}$，即取其左、右极限的平均值。单位阶跃信号的波形如图 1-6 所示。

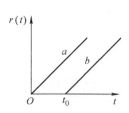

图 1-5　单位斜坡信号

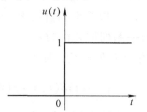

图 1-6　单位阶跃信号

阶跃信号具有单边特性，即信号在接入时刻 t_0 以前的值为 0，因此，可以用来描述信号的接入特性。例如 $x(t) = \sin(\omega_0 t) \cdot u(t-t_0)$ 表示 t_0 以前的值为 0，t_0 以后的值为 $\sin(\omega_0 t)$。

通过阶跃函数，可以表示出如图 1-7 所示的矩形脉冲信号为

$$x(t) = A\left[u\left(t + \frac{\tau}{2}\right) - u\left(t - \frac{\tau}{2}\right) \right] \tag{1-10}$$

由式 (1-8) 和式 (1-9) 可得

$$\frac{\mathrm{d}r(t)}{\mathrm{d}t} = u(t) \tag{1-11}$$

3. 单位冲激信号

狄拉克（Dirac）把单位冲激信号定义为

$$\begin{cases} \delta(t)=0 & t\neq 0 \\ \displaystyle\int_{-\infty}^{\infty} \delta(t) \quad \mathrm{d}t=1 \end{cases} \quad\quad (1\text{-}12)$$

即非零时刻的函数值均为零，而它与时间轴覆盖的面积为 1。为了便于理解，也可以把单位冲激信号视为幅度为 $\frac{1}{\tau}$、脉宽为 τ 的矩形脉冲当 τ 趋于零时的极限情况，即

$$\delta(t)=\lim_{\tau\to 0}\frac{1}{\tau}\left[u\left(t+\frac{\tau}{2}\right)-u\left(t-\frac{\tau}{2}\right)\right]$$

图 1-8 表示了 $\tau\to 0$ 时上述矩形脉冲的变化过程。

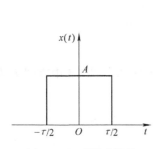

图 1-7 矩形脉冲信号

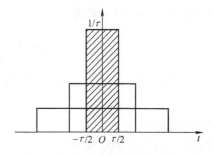

图 1-8 矩形脉冲向冲激信号的过渡

由上可知，当 $t=0$ 时，$\delta(t)$ 的幅值应为 ∞，无明确的物理意义。但是，由式（1-12），$\int_{-\infty}^{\infty}\delta(t)\mathrm{d}t=\int_{0^-}^{0^+}\delta(t)\mathrm{d}t=1$，故称 $\delta(t)$ 的强度为 1，用带箭头的直线段表示，并在箭头旁边标以强度 1，如图 1-9 所示。如果一个冲激信号与时间轴覆盖的面积为 A，表示其强度是单位冲激信号的 A 倍，用在带箭头的直线段旁边标以 A 来表示。

冲激信号具有一系列重要性质：

1）若 $x(t)$ 在 $t=0$ 处连续，则有

$$\int_{-\infty}^{\infty}x(t)\delta(t)\mathrm{d}t=x(0) \quad\quad (1\text{-}13)$$

这是因为 $\delta(t)$ 在 $t\neq 0$ 处为零，故有

$$\int_{-\infty}^{\infty}x(t)\delta(t)\mathrm{d}t=\int_{0^-}^{0^+}x(t)\delta(t)\mathrm{d}t=x(0)\int_{0^-}^{0^+}\delta(t)\mathrm{d}t=x(0)$$

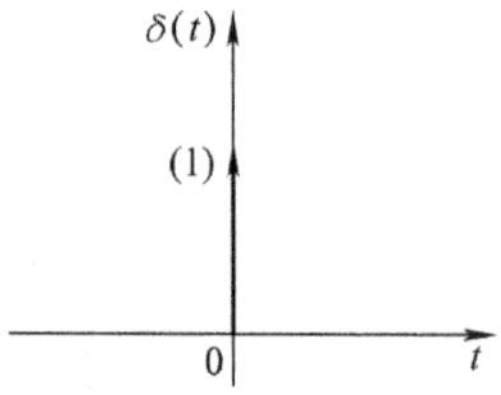

图 1-9 单位冲激信号

一个任意信号 $x(t)$ 经与 $\delta(t)$ 相乘后再取积分，就是该信号在 $t=0$ 处的取值，表明 $\delta(t)$ 具有采样（筛选）特性。由于 $\delta(t)$ 的采样特性，很容易理解式子 $x(t)\delta(t)=x(0)\delta(t)$。

2）冲激信号具有偶函数特性，这是因为如令 $\tau=-t$，则有

$$\int_{-\infty}^{\infty}x(t)\delta(-t)\mathrm{d}t=\int_{-\infty}^{\infty}x(-\tau)\delta(\tau)\mathrm{d}(-\tau)=\int_{\infty}^{-\infty}x(-\tau)\delta(\tau)\mathrm{d}\tau=x(0)$$

再结合式（1-13），有

$$\delta(-t)=\delta(t) \quad\quad (1\text{-}14)$$

3）冲激信号与阶跃信号互为积分和微分关系，即

$$\int_{-\infty}^{t} \delta(\tau)\mathrm{d}\tau = u(t) \qquad (1\text{-}15)$$

$$\frac{\mathrm{d}u(t)}{\mathrm{d}t} = \delta(t) \qquad (1\text{-}16)$$

这是因为由冲激信号的定义 [式 (1-12)] 有

$$\int_{-\infty}^{t} \delta(\tau)\mathrm{d}\tau = \begin{cases} \int_{-\infty}^{\infty} \delta(\tau)\mathrm{d}\tau = 1 & t>0 \\ 0 & t<0 \end{cases}$$

结合 $u(t)$ 的定义 [式 (1-9)]，即可得式 (1-15)，进一步可得式 (1-16)。

下面通过考察如图 1-10 所示的电路问题，从更深的角度理解冲激信号的物理意义。电压源 $u_C(t)$ 连接电容元件 C，假定 $u_C(t)$ 是斜变信号，有

$$u_C(t) = \begin{cases} 0 & t<-\dfrac{\tau}{2} \\[2mm] \dfrac{1}{\tau}\left(t+\dfrac{\tau}{2}\right) & -\dfrac{\tau}{2}<t<\dfrac{\tau}{2} \\[2mm] 1 & t>\dfrac{\tau}{2} \end{cases}$$

波形如图 1-11 所示。电流 $i_C(t)$ 的表示式为

$$i_C(t) = C\frac{\mathrm{d}u_C(t)}{\mathrm{d}t} = \frac{C}{\tau}\left[u\left(t+\frac{\tau}{2}\right) - u\left(t-\frac{\tau}{2}\right)\right]$$

此电流为矩形脉冲，波形如图 1-12 所示。

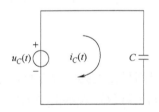
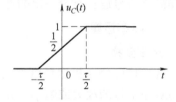
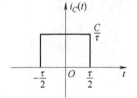

图 1-10　电压源连接电容元件　　　图 1-11　$u_C(t)$ 波形　　　图 1-12　$i_C(t)$ 波形

当 τ 逐渐减小，则 $i_C(t)$ 的脉冲宽度也随之减小，而其高度 $\dfrac{C}{\tau}$ 则相应加大，电流脉冲的面积 $\tau\dfrac{C}{\tau}=C$ 应保持不变。如果取 $\tau\to0$ 的极限情况，则 $u_C(t)$ 成为阶跃信号，$i_C(t)$ 则是冲激函数，其表示式为

$$\begin{aligned} i_C(t) &= \lim_{\tau\to0}\left\{C\frac{\mathrm{d}}{\mathrm{d}t}\left[u_C(t)\right]\right\} \\ &= \lim_{\tau\to0}\left\{\frac{C}{\tau}\left[u\left(t+\frac{\tau}{2}\right) - u\left(t-\frac{\tau}{2}\right)\right]\right\} \\ &= C\delta(t) \end{aligned}$$

此变化过程的波形如图 1-13 所示。

这一过程表明，若要使电容两端在无限短时间内建立一定的电压，那么在此无限短时间

内必须提供足够的电荷，这就需要一个冲激电流。或者说，由于冲激电流的出现，允许电容两端电压跳变。

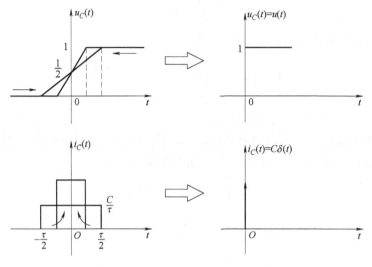

图 1-13　$\tau \to 0$ 时 $u_C(t)$ 与 $i_C(t)$ 波形

二、时域运算

连续时间信号在时域的一些基本运算——尺度变换、翻转、平移叠加、相乘、微分、积分等不仅涉及信号的描述和分析，还对进一步建立有关信号的基本概念和简化信号运算有着一定的意义。

码 1-3【视频讲解】
时域运算

（一）基本运算

1. 尺度变换

尺度变换可分为幅度尺度变换和时间尺度变换，幅度尺度变换表现为对原信号的放大或缩小，如 $x_1(t) = 2x(t)$ 表示信号 $x_1(t)$ 是把原信号 $x(t)$ 的幅度放大了一倍，$x_2(t) = \frac{1}{2}x(t)$ 则表示信号 $x_2(t)$ 是把原信号 $x(t)$ 的幅度缩小一半。一般来说，幅度尺度变换不改变信号的基本特性，如果 $x(t)$ 表示某一语音信号，则 $x_1(t)$ 和 $x_2(t)$ 仅仅使声音的大小发生了变化，语音特征并没有变化。

时间尺度变换表现为对信号横坐标尺度的展宽或压缩，通常横坐标的展缩可以用变量 at（a 为大于零的常数）替代原信号的自变量 t 来实现，即将原信号 $x(t)$ 变换为 $x(at)$。$x(at)$ 将原信号 $x(t)$ 以原点（$t=0$）为基准沿横坐标轴展缩为原来的 $1/a$。图 1-14 分别表示了两种信号在 $a=2$ 和 $a=1/2$ 情况下的时间尺度变换波形。可见，当 $0<a<1$ 时，原信号 $x(t)$ 沿横坐标轴展宽了；当 $a>1$ 时，原信号 $x(t)$ 沿横坐标轴压缩了，而信号的幅度都保持不变。一般来说，时间尺度变换会改变信号的基本特征，原因是信号的频谱发生了变化。实际上，若 $x(t)$ 表示录音带的正常速度放音信号，则 $x(2t)$ 表示了两倍于正常速度放音的信号，放出的声音较为尖锐刺耳，而 $x(t/2)$ 表示了放慢一倍于正常速度放音的信号，放出的声音较为低沉。声音声调的变化正是由于信号的频率特性变化引起的。由此也可以认识到，信号的频率特性与幅度不同，它是信号的基本特征。

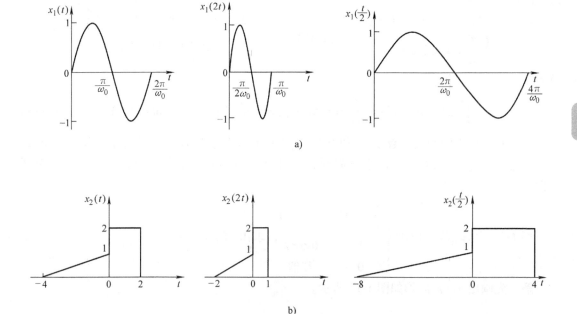

图 1-14 信号的时间尺度变换

2. 翻转

将信号以纵坐标轴为中心进行对称映射，就实现了信号的翻转。信号的翻转也可以表示为用变量$-t$替代原信号的自变量t而得到的信号$x(-t)$，即$x(at)$在$a=-1$时的情况。图 1-15 表示了信号翻转的情况，其中，图 1-15a 表示原信号$x(t)$，图 1-15b 表示翻转信号$x(-t)$。当$x(at)$的变量a取小于零的常数时，就使原信号既进行时间尺度变换又进行翻转，图 1-15c 表示了信号$x(-2t)$。当然，在运算时可以将原信号先进行时间尺度变换而后翻转，也可以先翻转而后进行时间尺度变换。

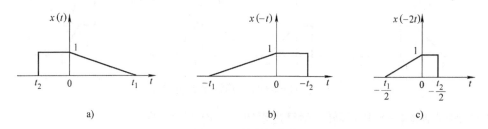

图 1-15 信号的翻转

3. 平移

平移也称时移，对于信号$x(t)$，考虑大于零的常数t_0，则得平移信号$x(t-t_0)$或$x(t+t_0)$，其中$x(t-t_0)$表示$t=t_0$时刻的值等于原信号$t=0$时刻的值，即将原信号沿时间轴的正方向平移（右移）了t_0，是原信号的延时。同理，$x(t+t_0)$将原信号沿时间轴的反方向平移（左移）了t_0，是原信号的导前。图 1-16 表示了信号的平移。

15

将单位冲激信号 $\delta(t)$ 向右平移 t_0，得到延时冲激信号 $\delta(t-t_0)$，它是出现在 $t=t_0$ 时刻的冲激信号，即

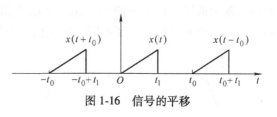

图 1-16 信号的平移

$$\begin{cases} \delta(t-t_0)=0 & t\neq t_0 \\ \int_{-\infty}^{\infty}\delta(t-t_0)\,\mathrm{d}t=1 \end{cases} \qquad (1\text{-}17)$$

故有

$$\int_{-\infty}^{\infty}x(t)\delta(t-t_0)\,\mathrm{d}t=\int_{t_0^-}^{t_0^+}x(t)\delta(t-t_0)\,\mathrm{d}t=x(t_0)\int_{t_0^-}^{t_0^+}\delta(t-t_0)\,\mathrm{d}t=x(t_0) \qquad (1\text{-}18)$$

式（1-18）表明冲激函数在任意时刻都具有采样特性，同样很容易理解式子 $x(t)\delta(t-t_0)=x(t_0)\delta(t-t_0)$。因此，可以根据需要设计冲激函数序列，来获得连续信号的一系列采样值。

例 1-2 已知信号 $x(t)=\begin{cases} \dfrac{1}{4}(t+4) & -4<t<0 \\ 1 & 0<t<2 \\ 0 & \text{其他} \end{cases}$，求出 $x(-2t+4)$。

解 先画出 $x(t)$ 波形如图 1-17 所示。

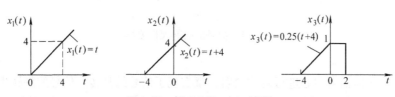

图 1-17 例 1-2 的 $x(t)$ 波形

考虑 $x(-2t+4)$ 的波形由翻转、时间轴展缩和平移运算得到，可以有多种运算过程。

（1）翻转+时间轴展缩+平移　运算过程如图 1-18 所示，即

$$x(t)\to x(-t)\to x(-2t)\to x[-2(t-2)]=x(-2t+4)$$

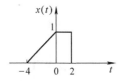   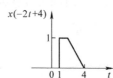

图 1-18 $x(-2t+4)$ 的第一种运算过程

（2）时间轴展缩+平移+翻转　运算过程如图 1-19 所示，即

$$x(t)\to x(2t)\to x[2(t+2)]=x(2t+4)\to x(-2t+4)$$

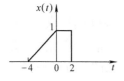 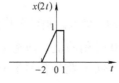 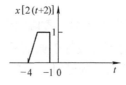 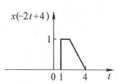

图 1-19 $x(-2t+4)$ 的第二种运算过程

（3）平移+翻转+时间轴展缩 运算过程如图 1-20 所示，即

$$x(t)\rightarrow x(t+4)\rightarrow x(-t+4)\rightarrow x(-2t+4)$$

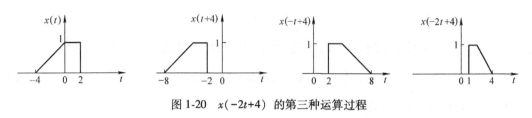

图 1-20 $x(-2t+4)$ 的第三种运算过程

当然还可以有其他的运算过程，它们的结果都应该是一致的。

（二）叠加和相乘

两个信号 $x_1(t)$ 和 $x_2(t)$ 叠加，其瞬时值为两个信号在该时刻的值的代数和，即 $x(t)=x_1(t)+x_2(t)$。

两个信号 $x_1(t)$ 和 $x_2(t)$ 相乘，其瞬时值为两个信号在该时刻的值的乘积，即 $x(t)=x_1(t)x_2(t)$。

图 1-21 分别表示了两个信号叠加和相乘的结果。同理，不难得到两个信号相减的差和相除的商。

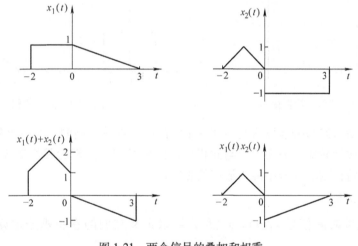

图 1-21 两个信号的叠加和相乘

（三）微分和积分

信号的微分是指取信号对时间的一阶导数，表示为 $y(t)=\dfrac{\mathrm{d}}{\mathrm{d}t}x(t)$。信号的微分表示了信号的变化率，要求该信号满足可微条件。

在奇异信号中，单位阶跃信号为单位斜坡信号的微分［式（1-11）］，单位冲激信号为单位阶跃信号的微分［式（1-16）］。还可以定义单位冲激信号的微分，即

$$\delta'(t)=\frac{\mathrm{d}}{\mathrm{d}t}\delta(t) \tag{1-19}$$

它可视为幅度为 $1/\tau$、脉宽为 τ 的矩形脉冲求导后 τ 趋于零的极限。显然，它是位于 $t=0$ 处

强度分别为∞和-∞的一对冲激函数，故称为单位冲激偶函数，如图1-22所示。

单位冲激偶函数是奇函数，即

$$\int_{-\infty}^{\infty} \delta'(t)\,\mathrm{d}t = 0 \qquad (1\text{-}20)$$

这可由 $\delta'(t)$ 的定义直接得到。此外，单位冲激偶函数也有筛选特性，即

$$\int_{-\infty}^{\infty} x(t)\delta'(t-t_0)\,\mathrm{d}t = -x'(t_0) \qquad (1\text{-}21)$$

该性质可利用分部积分得以证明，有

$$\int_{-\infty}^{\infty} x(t)\delta'(t-t_0)\,\mathrm{d}t = x(t)\delta(t-t_0)\Big|_{-\infty}^{\infty} - \int_{-\infty}^{\infty} \delta(t-t_0)x'(t)\,\mathrm{d}t$$

$$= 0 - x'(t_0) = -x'(t_0)$$

式中，$\int_{-\infty}^{\infty} \delta(t-t_0)x'(t)\,\mathrm{d}t = x'(t_0)$ 利用了 $\delta(t)$ 函数的筛选特性。

信号的积分是指信号 $x(t)$ 在区间 $(-\infty, t)$ 内积分得到的信号，即 $y(t) = \int_{-\infty}^{t} x(\tau)\,\mathrm{d}\tau$。图1-23表示了信号的积分。

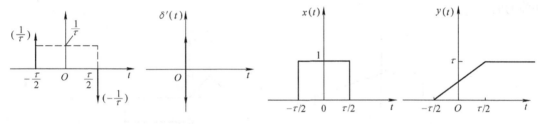

图 1-22　单位冲激偶函数　　　　　图 1-23　信号的积分

由此可见，信号经微分运算后突出显示了它的变化部分。例如，对一幅灰度图像进行微分运算后将使其边缘轮廓更为突出。与此相反，信号经积分运算后其突变部分可变得平滑。因此，可利用该特性削弱信号中混入噪声的影响。

（四）卷积运算

对于两个连续时间信号 $x_1(t)$、$x_2(t)$，可以定义它们的卷积积分运算，简称卷积运算，即

$$x_1(t) * x_2(t) = \int_{-\infty}^{\infty} x_1(\tau)x_2(t-\tau)\,\mathrm{d}\tau = \int_{-\infty}^{\infty} x_2(\tau)x_1(t-\tau)\,\mathrm{d}\tau \qquad (1\text{-}22)$$

卷积积分在信号处理及其他许多科学领域具有重要的意义，它的图解方法能直观地说明其真实含义，有助于卷积积分概念的理解。

设进行卷积运算的两个信号 $x_1(t)$ 和 $x_2(t)$ 如图1-24a、b所示，表示为

$$x_1(t) = \begin{cases} 0 & t < -2 \\ 2 & -2 < t < 2 \\ 0 & t > 2 \end{cases}, \qquad x_2(t) = \begin{cases} 0 & t < 0 \\ \dfrac{3}{4} & 0 < t < 2 \\ 0 & t > 2 \end{cases}$$

根据卷积运算定义 [式（1-22）]，其运算过程包含如下4个步骤：

1）将 $x_1(t)$、$x_2(t)$ 进行变量替换，成为 $x_1(\tau)$、$x_2(\tau)$；并对 $x_2(\tau)$ 进行翻转运算，成为 $x_2(-\tau)$，如图 1-24b 所示。

2）将 $x_2(-\tau)$ 平移 t，得到 $x_2(t-\tau)$。

3）将 $x_1(\tau)$ 和平移后的 $x_2(t-\tau)$ 相乘，得到被积函数 $x_1(\tau)x_2(t-\tau)$。

4）将被积函数进行积分，即为所求的卷积积分，它是 t 的函数。

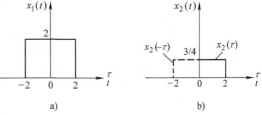

图 1-24　进行卷积运算的信号 $x_1(t)$ 和 $x_2(t)$

在运算过程中必须注意的是，这里的 t 是参变量，它的取值不同，表示平移后 $x_2(t-\tau)$ 的位置不同，引起被积函数 $x_1(\tau)x_2(t-\tau)$ 的波形不同以及积分的上、下限不同。因此，在计算卷积积分过程中正确地划分 t 的取值区间和确定积分的上、下限十分重要，本例中，为使 $x_2(t-\tau)\neq 0$，必须满足 $0<t-\tau<2$，即 τ 的取值为 $t-2<\tau<t$。

结合 $x_1(t)$，参变量 t 的划分以及积分上、下限分别确定如下：

（1）$t\leqslant-2$　这时 τ 的最大取值范围为 $\tau<-2$，有 $x_1(\tau)=0$，积分函数 $x_1(\tau)x_2(t-\tau)=0$，因而 $x(t)=0$，如图 1-25a、b 所示。

（2）$-2<t\leqslant 0$　这时 τ 的最大取值范围为 $-4<\tau<0$，积分下限取 -2，而由 $t-2<\tau<t$ 和 t 的取值区间确定积分上限为 t，可计算 $x(t)$ 为

$$x(t)=\int_{-2}^{t}x_1(\tau)x_2(t-\tau)\mathrm{d}\tau=\int_{-2}^{t}2\times\frac{3}{4}\mathrm{d}\tau=\frac{3}{2}(t+2)$$

如图 1-25 c、d 所示。

（3）$0<t\leqslant 2$　这时 τ 的最大取值范围为 $-2<\tau<2$，由 $x_1(t)$ 和 $t-2<\tau<t$，积分下限取 $t-2$，再结合 t 的取值区间确定积分上限为 t，可计算 $x(t)$ 为

$$x(t)=\int_{t-2}^{t}x_1(\tau)x_2(t-\tau)\mathrm{d}\tau=\int_{t-2}^{t}2\times\frac{3}{4}\mathrm{d}\tau=3$$

如图 1-25e、f 所示。

（4）$2<t\leqslant 4$　这时 τ 的最大取值范围为 $0<\tau<4$，由 $t-2<\tau<t$，积分下限取 $t-2$，而由 $x_1(t)$ 确定积分上限为 2，可计算 $x(t)$ 为

$$x(t)=\int_{t-2}^{2}x_1(\tau)x_2(t-\tau)\mathrm{d}\tau=\int_{t-2}^{2}2\times\frac{3}{4}\mathrm{d}\tau=\frac{3}{2}(4-t)$$

如图 1-25g、h 所示。

（5）$t>4$　这时 τ 的最大取值范围为 $\tau>2$，有 $x_1(\tau)=0$，显然 $x(t)=0$，如图 1-25i 所示。

将以上计算归纳到一起，即有

$$x(t)=x_1(t)*x_2(t)=\begin{cases}0 & t\leqslant-2\\[2mm]\dfrac{3}{2}(t+2) & -2<t\leqslant 0\\[2mm]3 & 0<t\leqslant 2\\[2mm]\dfrac{3}{2}(4-t) & 2<t\leqslant 4\\[2mm]0 & t>4\end{cases}$$

如图 1-25j 所示。

20

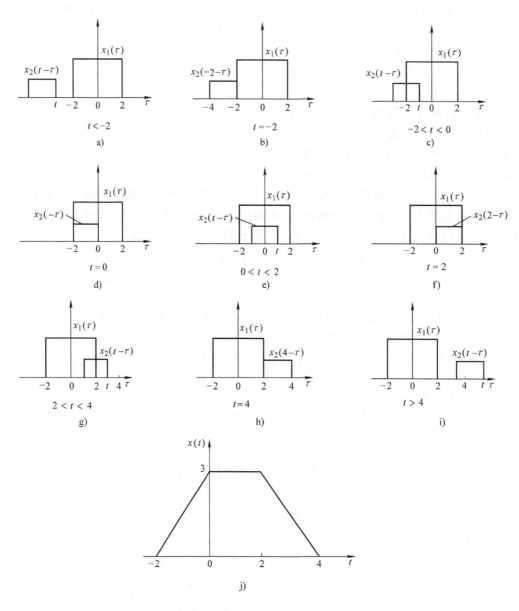

图 1-25 连续时间信号 $x_1(t)$、$x_2(t)$ 的卷积计算结果

卷积运算具有一系列性质，利用它们可以简化其运算过程，为信号分析带来方便。

（1）交换律

$$x_1(t) * x_2(t) = x_2(t) * x_1(t) \tag{1-23}$$

（2）分配律

$$x(t) * [x_1(t)+x_2(t)] = x(t) * x_1(t) + x(t) * x_2(t) \tag{1-24}$$

（3）结合律

$$[x(t) * x_1(t)] * x_2(t) = x(t) * [x_1(t) * x_2(t)] \tag{1-25}$$

以上3个性质说明卷积运算也符合初等代数的基本运算规律，其证明很简单，读者可以自行按定义证明。

（4）卷积的微分

$$\frac{\mathrm{d}}{\mathrm{d}t}[x_1(t)*x_2(t)]=x_1(t)*\frac{\mathrm{d}}{\mathrm{d}t}x_2(t)=\frac{\mathrm{d}}{\mathrm{d}t}x_1(t)*x_2(t) \tag{1-26}$$

这是因为

$$\frac{\mathrm{d}}{\mathrm{d}t}[x_1(t)*x_2(t)]=\frac{\mathrm{d}}{\mathrm{d}t}\int_{-\infty}^{\infty}x_1(\tau)x_2(t-\tau)\mathrm{d}\tau=\int_{-\infty}^{\infty}x_1(\tau)\frac{\mathrm{d}}{\mathrm{d}t}x_2(t-\tau)\mathrm{d}\tau=x_1(t)*\frac{\mathrm{d}}{\mathrm{d}t}x_2(t)$$

（5）卷积的积分

$$\int_{-\infty}^{t}[x_1(\lambda)*x_2(\lambda)]\mathrm{d}\lambda=x_1(t)*\left[\int_{-\infty}^{t}x_2(\lambda)\mathrm{d}\lambda\right]=\left[\int_{-\infty}^{t}x_1(\lambda)\mathrm{d}\lambda\right]*x_2(t) \tag{1-27}$$

这是因为

$$\int_{-\infty}^{t}[x_1(\lambda)*x_2(\lambda)]\mathrm{d}\lambda=\int_{-\infty}^{t}\left[\int_{-\infty}^{\infty}x_1(\tau)x_2(\lambda-\tau)\mathrm{d}\tau\right]\mathrm{d}\lambda=\int_{-\infty}^{\infty}x_1(\tau)\left[\int_{-\infty}^{t}x_2(\lambda-\tau)\mathrm{d}\lambda\right]\mathrm{d}\tau$$

$$=x_1(t)*\left[\int_{-\infty}^{t}x_2(\lambda)\mathrm{d}\lambda\right]$$

（6）与冲激信号的卷积　任意信号与冲激信号的卷积有特殊的意义。首先，任意信号 $x(t)$ 与单位冲激信号 $\delta(t)$ 的卷积仍然是 $x(t)$ 本身，这是因为

$$x(t)*\delta(t)=\int_{-\infty}^{\infty}x(\tau)\delta(t-\tau)\mathrm{d}\tau=\int_{-\infty}^{\infty}x(\tau)\delta(\tau-t)\mathrm{d}\tau=x(t) \tag{1-28}$$

其次，任意信号与 $\delta(t-t_0)$ 卷积，相当于原信号延迟 t_0，这是因为

$$x(t)*\delta(t-t_0)=\int_{-\infty}^{\infty}x(\tau)\delta(t-t_0-\tau)\mathrm{d}\tau=\int_{-\infty}^{\infty}x(\tau)\delta[\tau-(t-t_0)]\mathrm{d}\tau=x(t-t_0) \tag{1-29}$$

进一步，有

$$x(t-t_1)*\delta(t-t_2)=\int_{-\infty}^{\infty}x(\tau-t_1)\delta(t-t_2-\tau)\mathrm{d}\tau$$

$$=\int_{-\infty}^{\infty}x(\tau-t_1)\delta[\tau-(t-t_2)]\mathrm{d}\tau$$

$$=\int_{-\infty}^{\infty}x(\lambda)\delta[\lambda-(t-t_1-t_2)]\mathrm{d}\lambda \tag{1-30}$$

$$=x(t-t_1-t_2)$$

此外还有下面等式

$$\delta(t)*\delta(t)=\delta(t) \tag{1-31}$$

$$\delta(t)*\delta(t-t_0)=\delta(t-t_0) \tag{1-32}$$

$$\delta(t-t_1)*\delta(t-t_2)=\delta(t-t_1-t_2) \tag{1-33}$$

以及

$$x(t)*\delta'(t)=x'(t) \tag{1-34}$$

（7）与阶跃信号的卷积　任意信号与单位阶跃信号的卷积相当于对该信号积分，即

$$x(t)*u(t)=\int_{-\infty}^{t}x(\tau)\mathrm{d}\tau \tag{1-35}$$

这是因为

$$x(t)*u(t)=\int_{-\infty}^{\infty}x(\tau)u(t-\tau)\mathrm{d}\tau=\int_{-\infty}^{t}x(\tau)\mathrm{d}\tau$$

其中用到

$$u(t-\tau)=\begin{cases}0 & \tau>t \\ 1 & \tau<t\end{cases}$$

三、时域分解

码 1-4 【视频讲解】
分解成冲激函数之和

为了便于信号的分析，常把复杂信号分解成一些简单信号或基本信号。例如，可以把一个平均值不为零的信号分解为直流分量和交流分量，还可以把任一信号分解为偶分量和奇分量等。这里介绍两种在信号分析和处理中常用的时域分解。

（一）分解成冲激函数之和

任意信号 $x(t)$ 可以近似地用一系列等宽度的矩形脉冲之和表示，如图 1-26 所示。如果矩形脉冲的宽度为 Δt，则从零时刻起的第 $k+1$ 个矩形脉冲可表示为 $x(k\Delta t)\{u(t-k\Delta t)-u[t-(k+1)\Delta t]\}$，于是，$x(t)$ 近似地表示为

$$\begin{aligned}x(t)&\approx\sum_{k=-\infty}^{\infty}x(k\Delta t)\{u(t-k\Delta t)-u[t-(k+1)\Delta t]\}\\&=\sum_{k=-\infty}^{\infty}x(k\Delta t)\frac{u(t-k\Delta t)-u[t-(k+1)\Delta t]}{\Delta t}\Delta t\end{aligned}$$

(1-36)

当 $\Delta t\to 0$ 的极限情况下，$\Delta t\to d\tau$，$k\Delta t\to\tau$，而

$$\lim_{\Delta t\to 0}\frac{u(t-k\Delta t)-u[t-(k+1)\Delta t]}{\Delta t}=\delta(t-\tau)$$

式（1-36）就变为

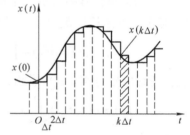

图 1-26 信号 $x(t)$ 的矩形脉冲表示

$$x(t)=\int_{-\infty}^{\infty}x(\tau)\delta(t-\tau)d\tau$$

(1-37)

式（1-37）表明，任意信号 $x(t)$ 可以用经平移的无穷多个单位冲激函数加权后的连续和（积分）表示，换言之，任意信号 $x(t)$ 可以分解为一系列具有不同强度的冲激函数。

式（1-37）的右边即为信号 $x(t)$ 与 $\delta(t)$ 的卷积积分，即

$$x(t)=x(t)*\delta(t)=\int_{-\infty}^{\infty}x(\tau)\delta(t-\tau)d\tau=\int_{-\infty}^{\infty}\delta(\tau)x(t-\tau)d\tau$$

(1-38)

此式与前面给出的式（1-28）是完全一致的。

（二）正交分解

众所周知，一个平面矢量可以分解为相互垂直的两个分量，或者说可以用二维正交矢量集的分量组合表示，其中二维正交矢量集由水平方向和垂直方向的单位矢量组成。同理在 n 维线性空间中的任意矢量 $\boldsymbol{A}$ 可以用 n 维正交矢量集的分量组合表示，n 维正交矢量集由相互正交的 n 个单位矢量组成，即

$$\boldsymbol{A}=\sum_{i=1}^{n}C_i\boldsymbol{v}_i$$

(1-39)

式中，$v_i(i=1,2,\cdots,n)$ 为相互正交的单位矢量；C_i 为对应于 v_i 的系数，实际上它就是矢量 A 在单位矢量 v_i 方向上的投影。值得注意的是，一般情况下 n 维矢量必须用 n 个正交分量表示，如果把它表示成不是 n 个正交分量的线性组合，就会产生误差。

空间矢量正交分解的概念可以推广到信号空间，在信号空间中如果能找到一系列相互正交的信号，并以它们为基本信号，信号空间中的任一信号就可表示为它们的线性组合。

1. 正交函数集

在 (t_1,t_2) 区间内定义的两个非零实函数 $f_1(t)$ 与 $f_2(t)$，若满足

$$\int_{t_1}^{t_2} f_1(t)f_2(t)\,\mathrm{d}t = 0 \qquad (1\text{-}40)$$

则称 $f_1(t)$ 与 $f_2(t)$ 在区间 (t_1,t_2) 内正交。

如有 n 个非零实函数 $f_1(t)$，$f_2(t)$，$\cdots$，$f_n(t)$ 构成一个函数集，且这些函数在区间 (t_1,t_2) 内满足

$$\int_{t_1}^{t_2} f_i(t)f_j(t)\,\mathrm{d}t = \begin{cases} 0 & i\neq j \\ k_i & i=j \end{cases} \qquad (1\text{-}41)$$

式中，k_i 为常数，则称此函数集为在区间 (t_1,t_2) 内的正交函数集。如果在 (t_1,t_2) 区间内，除正交函数集 $\{f_1(t),f_2(t),\cdots,f_n(t)\}$ 之外，不存在非零函数 $\varphi(t)$ 满足

$$\int_{t_1}^{t_2} \varphi(t)f_i(t)\,\mathrm{d}t = 0, \quad i=1,2,\cdots,n \qquad (1\text{-}42)$$

则称此正交函数集为完备正交函数集。反言之，如果存在 $\varphi(t)$ 满足式（1-42），即它与正交函数集中的每个函数 $f_i(t)(i=1,2,\cdots,n)$ 都正交，那么它本身也应该属于此正交函数集。显然，这时不包含 $\varphi(t)$ 的正交函数集是不完备的。

式（1-40）表示了函数 $f_1(t)$ 与 $f_2(t)$ 的内积为零，这一点与两矢量为正交矢量的定义是一致的。

三角函数集 $\{1,\cos(\omega_0 t),\cos(2\omega_0 t),\cdots,\sin(\omega_0 t),\sin(2\omega_0 t),\cdots\}$ 在区间 (t_0,t_0+T_0) 内为正交函数集，而且是完备正交函数集，其中 $T_0 = \dfrac{2\pi}{\omega_0}$。这是因为

$$\int_{t_0}^{t_0+T_0} \cos(m\omega_0 t)\cos(n\omega_0 t)\,\mathrm{d}t = \begin{cases} 0 & m\neq n \\[2mm] \dfrac{T_0}{2} & m=n \end{cases}$$

$$\int_{t_0}^{t_0+T_0} \sin(m\omega_0 t)\sin(n\omega_0 t)\,\mathrm{d}t = \begin{cases} 0 & m\neq n \\[2mm] \dfrac{T_0}{2} & m=n \end{cases}$$

$$\int_{t_0}^{t_0+T_0} \sin(m\omega_0 t)\cos(n\omega_0 t)\,\mathrm{d}t = 0 \qquad \text{对所有的 } m,n$$

显然，集合 $\{\cos(\omega_0 t),\cos(2\omega_0 t),\cdots\}$ 在区间 (t_0,t_0+T_0) 内也是正交函数集，但不是完备正交函数集，因为 $\sin(\omega_0 t)$，$\sin(2\omega_0 t)$，$\cdots$ 函数也与此集合中的函数正交。

对于复函数，两个函数 $\varphi_1(t)$ 与 $\varphi_2(t)$ 正交是指在区间 (t_1,t_2) 内，一个函数与另一个函数的共轭复函数满足

$$\int_{t_1}^{t_2} \varphi_1(t) \varphi_2^*(t) \, \mathrm{d}t = \int_{t_1}^{t_2} \varphi_1^*(t) \varphi_2(t) \, \mathrm{d}t = 0 \qquad (1\text{-}43)$$

同样，也可以把复函数集 $\{\varphi_1(t), \varphi_2(t), \cdots, \varphi_n(t)\}$ 称为正交函数集，只要它们在区间 (t_1, t_2) 内满足

$$\int_{t_1}^{t_2} \varphi_i(t) \varphi_j^*(t) \, \mathrm{d}t = \begin{cases} 0 & i \neq j \\ k_i & i = j \end{cases} \qquad (1\text{-}44)$$

显然，复指数函数集 $\{e^{jn\omega_0 t}\}$ $(n=0, \pm 1, \pm 2, \cdots)$ 在区间 $(t_0, t_0 + T)$ 内是完备正交函数集，其中 $T_0 = \dfrac{2\pi}{\omega_0}$。因为

$$\int_{t_0}^{t_0+T_0} e^{jm\omega_0 t} (e^{jn\omega_0 t})^* \, \mathrm{d}t = \int_{t_0}^{t_0+T_0} e^{j(m-n)\omega_0 t} \, \mathrm{d}t = \begin{cases} 0 & m \neq n \\ T_0 & m = n \end{cases} \qquad (1\text{-}45)$$

2. 信号的正交分解

像矢量空间一样，在信号空间中如有 n 个函数 $f_1(t)$，$f_2(t)$，$\cdots$，$f_n(t)$ 在区间 (t_1, t_2) 内构成正交函数集，则信号空间中的任一信号 $x(t)$ 可以表示为它们的线性组合，设 $x_e(t)$ 为这种表示引起的误差，$x(t)$ 可表示为

$$x(t) = \sum_{i=1}^{n} c_i f_i(t) + x_e(t) \qquad (1\text{-}46)$$

现在的问题是如何选取系数 $c_i (i=1,2,\cdots,n)$ 使这种线性组合表示最接近原信号 $x(t)$。为此，首先要确定一个量作为表示接近程度的衡量指标，显然，应该用均方误差 $\overline{x_e^2(t)}$ 最小作为衡量指标。

由式 (1-46) 可得

$$\overline{x_e^2(t)} = \frac{1}{t_2 - t_1} \int_{t_1}^{t_2} \left[x(t) - \sum_{i=1}^{n} c_i f_i(t) \right]^2 \mathrm{d}t$$

为求得使均方误差最小的第 j 个系数 c_j，必须使

$$\frac{\partial \overline{x_e^2(t)}}{\partial c_j} = \frac{\partial}{\partial c_j} \left\{ \int_{t_1}^{t_2} \left[x(t) - \sum_{i=1}^{n} c_i f_i(t) \right]^2 \mathrm{d}t \right\} = 0$$

注意到正交函数集 $\{f_i(t)\}$ $(i=1,2,\cdots,n)$ 中的函数满足式 (1-41)，以及不含 c_j 的各项对 c_j 的导数等于零，该式可以写成

$$\frac{\partial}{\partial c_j} \int_{t_1}^{t_2} \left[-2c_j x(t) f_j(t) + c_j^2 f_j^2(t) \right] \mathrm{d}t = 0$$

求得

$$c_j = \frac{\displaystyle\int_{t_1}^{t_2} x(t) f_j(t) \, \mathrm{d}t}{\displaystyle\int_{t_1}^{t_2} f_j^2(t) \, \mathrm{d}t} = \frac{1}{k_j} \int_{t_1}^{t_2} x(t) f_j(t) \, \mathrm{d}t \qquad (1\text{-}47)$$

其中根据式 (1-41)，有

$$\int_{t_1}^{t_2} f_j^2(t) \, \mathrm{d}t = k_j$$

按这样求得的 c_j 使均方误差最小，这时有

$$\overline{x_e^2(t)} = \frac{1}{t_2-t_1}\int_{t_1}^{t_2}\left[x(t)-\sum_{i=1}^{n}c_if_i(t)\right]^2\mathrm{d}t$$

$$= \frac{1}{t_2-t_1}\left[\int_{t_1}^{t_2}x^2(t)\mathrm{d}t+\sum_{i=1}^{n}c_i^2\int_{t_1}^{t_2}f_i^2(t)\mathrm{d}t-2\sum_{i=1}^{n}c_i\int_{t_1}^{t_2}x(t)f_i(t)\mathrm{d}t\right]$$

$$= \frac{1}{t_2-t_1}\left[\int_{t_1}^{t_2}x^2(t)\mathrm{d}t+\sum_{i=1}^{n}c_i^2k_i-2\sum_{i=1}^{n}c_i^2k_i\right]$$

$$= \frac{1}{t_2-t_1}\left[\int_{t_1}^{t_2}x^2(t)\mathrm{d}t-\sum_{i=1}^{n}c_i^2k_i\right] \tag{1-48}$$

如果此时均方误差为零，则式（1-46）中的误差项 $x_e(t)$ 必为零，$x(t)$ 可以完全由 n 个正交函数精确描述，即

$$x(t)=\sum_{i=1}^{n}c_if_i(t) \tag{1-49}$$

与 n 维矢量空间中任意矢量的分解一样，这时正交函数集 $\{f_i(t)\}$（$i=1,2,\cdots,n$）应该是完备正交函数集。

一般情况下，$\overline{x_e^2(t)}>0$，由式（1-48）可见，用正交函数的线性组合去近似 $x(t)$ 时，所取的项数越多，引起的均方误差越小。当 $n\rightarrow\infty$ 时，$\overline{x_e^2(t)}=0$，则得等式

$$\int_{t_1}^{t_2}x^2(t)\mathrm{d}t=\sum_{i=1}^{\infty}c_i^2k_i \tag{1-50}$$

这个被称为帕斯瓦尔（Parseral）方程的等式表示了信号分解的能量关系，它反映了信号 $x(t)$ 的能量等于此信号在完备正交函数集中各分量的能量之和。

式（1-50）也反映了一般情况下一个完备的正交函数集应该由无穷多个相互正交的函数组成，即 $x(t)$ 表示为

$$x(t)=\sum_{i=1}^{\infty}c_if_i(t) \tag{1-51}$$

但是，对于不完备的正交函数集，即使 $n\rightarrow\infty$ 时也不能使 $\overline{x_e^2(t)}=0$，这时信号在正交函数集中各分量的能量总和小于信号本身的能量。因此，又可以由帕斯瓦尔方程是否成立来考察描述任意信号 $x(t)$ 的正交函数集是否完备。

前面已说明三角函数集 $\{1,\cos(n\omega_0t),\sin(n\omega_0t)\}$（$n=1,2,\cdots,n$）在 $\left(t_0,t_0+\dfrac{2\pi}{\omega_0}\right)$ 区间内是完备正交函数集，显然在 $\left(t_0,t_0+\dfrac{2\pi}{\omega_0}\right)$ 区间内有定义的任意信号都可以分解（展开）为三角函数表达式，这就是信号的频谱表示。除此之外，已研究出了多种完备的正交函数集，都可以用来对信号进行正交分解，其中常见的有勒让德（Legendre）函数集、切比雪夫（Chebyshev）多项式集合、沃尔什（Walsh）函数集等。

【深入思考】阿德利昂·玛利·埃·勒让德是法国数学家，他在 1784 年发表的代表作《行星外形的研究》中给出处理特殊函数的勒让德多项式，并指出勒让德方程的解

随 n 值的变化而变化，构成一组由正交多项式组成的多项式序列，这组序列称为勒让德多项式或勒让德函数集。勒让德与拉普拉斯、拉格朗日一起被誉为"3L"组合。请思考勒让德多项式在信号分析中的具体应用。

第二节 频 域 分 析

由信号正交分解的思想可知，由于三角函数集是完备正交函数集，任意信号都可以分解为三角函数表达式。换言之，任意信号都可视为一系列正弦信号的组合，这些正弦信号的频率、相位等特性势必反映了原信号的性质，这样就出现了用频率域的特性来描述时间域信号的方法，即信号的频域分析法。实际上，信号的频域特性具有明显的物理意义，例如，颜色是由光信号的频率决定的，声音音调的不同也在于声波信号的频率差异，人耳对声音音调变化的敏感程度远大于对强度变化的敏感程度等。可见频率特性是信号的客观性质，在很多情况下，它更能反映信号的基本特性，因此，下面将用更多的篇幅来讨论信号的频域性质。本章先从周期信号入手讨论，然后再延伸至非周期信号。

一、周期信号的频谱分析

如前描述，周期信号是定义在 $(-\infty,\infty)$ 区间，每隔一定时间 T 按相同规律重复变化的信号，可表示为

码 1-5 【视频讲解】
周期信号的频谱分析

$$x(t)=x(t+mT),\quad m=0,\pm1,\pm2,\cdots \tag{1-52}$$

满足式（1-52）的最小 T 值称为该信号的周期，其倒数 $\frac{1}{T}$ 称为信号的频率，通常用 f 表示。频率的 2π 倍，即 $2\pi f$ 或 $\frac{2\pi}{T}$ 称为信号的角频率，常记为 ω。

（一）周期信号的傅里叶级数展开式

1. 三角函数形式的傅里叶级数

一个周期为 $T_0=\frac{2\pi}{\omega_0}$ 的周期信号，只要满足狄利克雷（Dirichlet）条件[⊖]，都可以分解成三角函数表达式，即

$$x(t)=\frac{a_0}{2}+\sum_{n=1}^{\infty}\left[a_n\cos(n\omega_0 t)+b_n\sin(n\omega_0 t)\right] \tag{1-53}$$

式（1-53）的无穷级数称为三角傅里叶级数。式中，$a_n(n=0,1,2,\cdots)$，$b_n(n=0,1,2,\cdots)$ 为傅里叶系数，分别为

⊖ 狄利克雷条件是指：①函数 $x(t)$ 在一个周期内绝对可积，即 $\int_{-\frac{T_0}{2}}^{\frac{T_0}{2}}\left|x(t)\right|\mathrm{d}t<\infty$。②函数在一个周期内只有有限个不连续点，在这些点上函数取有限值。③函数在一个周期内只有有限个极大值和极小值。通常的周期信号都满足该条件。

$$a_0 = \frac{2}{T_0} \int_{-\frac{T_0}{2}}^{\frac{T_0}{2}} x(t) \, \mathrm{d}t \tag{1-54}$$

$$a_n = \frac{2}{T_0} \int_{-\frac{T_0}{2}}^{\frac{T_0}{2}} x(t) \cos(n\omega_0 t) \, \mathrm{d}t, \quad n = 1, 2, \cdots \tag{1-55}$$

$$b_n = \frac{2}{T_0} \int_{-\frac{T_0}{2}}^{\frac{T_0}{2}} x(t) \sin(n\omega_0 t) \, \mathrm{d}t, \quad n = 1, 2, \cdots \tag{1-56}$$

将式 (1-54) 合并到式 (1-55) 中，并且 a_n 和 b_n 分别是 n 的偶函数和奇函数。将式 (1-53) 中的同频率项合并，得

$$x(t) = \frac{A_0}{2} + \sum_{n=1}^{\infty} A_n \cos(n\omega_0 t + \varphi_n) \tag{1-57}$$

式中

$$\begin{cases} A_0 = a_0 \\ A_n = \sqrt{a_n^2 + b_n^2} \\ \varphi_n = -\arctan \dfrac{b_n}{a_n} \end{cases}, \quad n = 1, 2, \cdots \tag{1-58}$$

式 (1-58) 是三角傅里叶级数的另一种形式，它表明一个周期信号可以分解为直流分量和一系列余弦或正弦形式的交流分量。

2. 指数形式的傅里叶级数

信号的三角傅里叶级数形式具有比较明确的物理意义，但运算不方便。在连续信号的时域描述中已经知道，正弦型信号和复指数型信号具有同一性。在上一节，已说明了复指数函数集 $\{e^{jn\omega_0 t}\}(n=0, \pm1, \pm2, \cdots)$ 在 $\left(t_0, t_0 + \dfrac{2\pi}{\omega_0}\right)$ 内是完备正交函数集，因此，可以得出傅里叶级数的指数形式，可写成

$$x(t) = \frac{1}{2} \sum_{n=-\infty}^{\infty} A_n e^{j\varphi_n} e^{jn\omega_0 t} = \sum_{n=-\infty}^{\infty} X(n\omega_0) e^{jn\omega_0 t} \tag{1-59}$$

这就是傅里叶级数的指数形式，其中复数量 $X(n\omega_0) = \dfrac{1}{2} A_n e^{j\varphi_n}$ 称为复傅里叶系数，是 n（或 $n\omega_0$）的函数，表示为

$$X(n\omega_0) = \frac{1}{T_0} \int_{-\frac{T_0}{2}}^{\frac{T_0}{2}} x(t) e^{-jn\omega_0 t} \, \mathrm{d}t, \quad n = 0, \pm1, \pm2, \cdots \tag{1-60}$$

可以说，$X(n\omega_0)$ 和 $x(t)$ 是一对傅里叶级数对，表示为

$$x(t) \xleftrightarrow{\mathscr{F}} X(n\omega_0) \tag{1-61}$$

例 1-3 求图 1-27 所表示的周期矩形脉冲信号的复指数形式的傅里叶级数表示式。

解 如图 1-27 所示的矩形脉冲信号在一个周期内可表示为

$$x(t) = \begin{cases} E & -\dfrac{\tau}{2} \leqslant t \leqslant \dfrac{\tau}{2} \\ 0 & \text{其他} \end{cases}$$

按式 (1-60) 可求得复傅里叶系数为

27

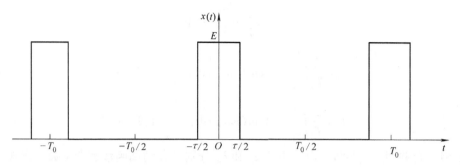

图 1-27 例 1-3 的周期矩形脉冲信号

$$X(n\omega_0)=\frac{1}{T_0}\int_{-\frac{T_0}{2}}^{\frac{T_0}{2}}x(t)\,\mathrm{e}^{-\mathrm{j}n\omega_0 t}\mathrm{d}t=\frac{1}{T_0}\int_{-\frac{\tau}{2}}^{\frac{\tau}{2}}E\mathrm{e}^{-\mathrm{j}n\omega_0 t}\mathrm{d}t$$

$$=\frac{E}{T_0}\frac{1}{-\mathrm{j}n\omega_0}\mathrm{e}^{-\mathrm{j}n\omega_0 t}\Big|_{-\frac{\tau}{2}}^{\frac{\tau}{2}}=\frac{E\tau}{T_0}\frac{\sin\frac{1}{2}n\omega_0\tau}{\frac{1}{2}n\omega_0\tau}$$

可写成

$$X(n\omega_0)=\frac{E\tau}{T_0}\mathrm{Sa}\left(\frac{n\omega_0\tau}{2}\right),\quad n=0,\pm1,\pm2,\cdots$$

可见，图 1-27 所表示的周期矩形脉冲信号的复傅里叶系数是在 $\mathrm{Sa}(\omega\tau/2)$ 包络函数上以 ω_0 等间隔取得的样本，其最大值（$n=0$ 处）和过零点都由占空比 τ/T_0 决定。因此，可写出周期矩形脉冲信号复指数形式的傅里叶级数展开式为

$$x(t)=\frac{E\tau}{T_0}\sum_{n=-\infty}^{\infty}\mathrm{Sa}\left(\frac{n\omega_0\tau}{2}\right)\mathrm{e}^{\mathrm{j}n\omega_0 t}$$

对于实信号 $x(t)$，由于 $x^*(t)=x(t)$，有

$$x(t)=\sum_{n=-\infty}^{\infty}X^*(n\omega_0)\,\mathrm{e}^{-\mathrm{j}n\omega_0 t}$$

用 $-n$ 代替 n，则

$$x(t)=\sum_{n=-\infty}^{\infty}X^*(-n\omega_0)\,\mathrm{e}^{\mathrm{j}n\omega_0 t}$$

与式（1-59）比较，可得

$$X^*(-n\omega_0)=X(n\omega_0)\quad\text{或}\quad X^*(n\omega_0)=X(-n\omega_0)\tag{1-62}$$

这是复傅里叶系数 $X(n\omega_0)$ 的重要性质。

（二）周期信号的频谱

如前所述，周期信号可以分解为一系列正弦型信号之和，即

$$x(t)=\frac{A_0}{2}+\sum_{n=1}^{\infty}A_n\cos(n\omega_0 t+\varphi_n)$$

它表明一个周期为 $T_0=2\pi/\omega_0$ 的信号，由直流分量（信号在一个周期内的平均值）、频率为原信号频率以及原信号频率的整数倍的一系列正弦型信号组成，分别将这些正弦型信号称为基波

分量（$n=1$）、二次谐波分量（$n=2$）、三次谐波分量（$n=3$）、四次谐波分量（$n=4$）……，它们的振幅分别为对应的 A_n，相位分别为对应的 φ_n。可见周期信号的傅里叶级数展开式全面地描述了组成原信号的各谐波分量的特征：它们的频率、幅度和相位。因此，对于一个周期信号，只要掌握了信号的基波频率 ω_0、各谐波的幅度 A_n 和相位 φ_n，就等于掌握了该信号的所有特征。

指数形式的傅里叶级数表达式中，复数量 $X(n\omega_0)=A_n\mathrm{e}^{j\varphi_n}/2$ 是离散频率 $n\omega_0$ 的复函数，其模 $|X(n\omega_0)|=A_n/2$ 反映了各谐波分量的幅度，它的辐角 φ_n 反映了各谐波分量的相位，因此它能完全描述任意波形的周期信号。把复数量 $X(n\omega_0)$ 随频率 $n\omega_0$ 的分布称为信号的频谱，$X(n\omega_0)$ 也称为周期信号的频谱函数，正如波形是信号在时域的表示，频谱是信号在频域的表示。有了频谱的概念，可以在频域描述信号和分析信号，实现从时域到频域的转变。

由于 $X(n\omega_0)$ 包含了幅度和相位的分布，通常把其幅度 $|X(n\omega_0)|$ 随频率的分布称为幅度频谱，简称幅频，相位 φ_n 随频率的分布称为相位频谱，简称相频。为了直观起见，往往以频率为横坐标，各谐波分量的幅度或相位为纵坐标，画出幅频和相频的变化规律，称为信号的频谱图。

例1-4 画出例 1-3 信号的频谱图，并进行频谱分析。

解 例 1-3 已求出信号的频谱函数为

$$X(n\omega_0)=\frac{E\tau}{T_0}\mathrm{Sa}\left(\frac{n\omega_0\tau}{2}\right)$$

可见 $X(n\omega_0)$ 为实数，其相位只有 0 和 $\pm\pi$，故可以直接画出其频谱图，即把幅频和相频合成一个图，图 1-28 中画出了 $E=1$，$T_0=4\tau$ 的频谱图。

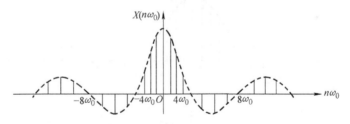

图 1-28 周期矩形脉冲的频谱（$E=1$，$T_0=4\tau$ 的情况）

由上述频谱图可以得出周期矩形脉冲信号的频谱具有以下 3 个特点：

（1）**离散性** 频谱呈非周期性的、离散的线状，称它们为谱线，连接各谱线顶点的曲线为频谱的包络线，它反映了各频率分量的幅度随频率变化的情况。

（2）**谐波性** 谱线以基波频率 ω_0 为间隔等距离分布，表明周期矩形脉冲信号只包含直流分量、基波分量和各次谐波分量。

进一步分析还可以看到，当 T_0 不变而改变 τ，从而使信号的占空比改变时，由于 ω_0 不变，所以谱线之间的间隔不变，但随着 τ 的减小（脉冲宽度减小），第一个过零点的频率增大，谱线的幅度减少。图 1-29 给出了 T_0 不变，τ 取几个不同值时周期性矩形脉冲信号的频谱。

而将 τ 固定，通过改变 T_0 来改变信号的占空比时，随着 T_0 增大，基波频率 ω_0 减少，谱线将变得更密集，但第一个过零点的频率不变，谱线的幅度有所降低（见图 1-30）。作为极端情况，如果周期 T_0 无限增长，周期信号变成了非周期信号，这时，相邻谱线的间隔将趋于零，成为连续频谱。

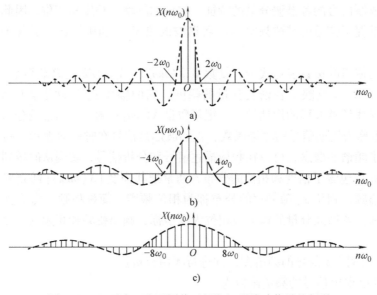

图 1-29　T_0 不变 τ 取不同值时周期矩形脉冲信号的频谱

a) $\tau = \dfrac{T_0}{2}$　b) $\tau = \dfrac{T_0}{4}$　c) $\tau = \dfrac{T_0}{8}$

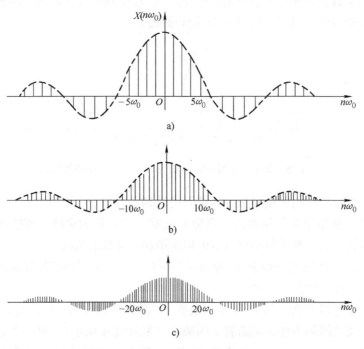

图 1-30　周期 T_0 增大对频谱的影响

a) $T_0 = 5\tau$　b) $T_0 = 10\tau$　c) $T_0 = 20\tau$

（3）收敛性　谱线幅度整体上具有减小的趋势，同时，由于各谱线的幅度按包络线

$Sa(n\omega_0\tau/2)$ 的规律变化而等间隔地经过零点，较高幅值的谱线都集中在第一个过零点（$\omega = n\omega_0 = 2\pi/\tau$）范围内，表明信号的能量绝大部分由该频率范围的各谐波分量决定，通常把这个频率范围称为周期矩形脉冲信号的频带宽度或带宽，用符号 ω_b 或 f_b 表示。信号的带宽是信号频率特性中的重要指标，它具有实际意义。首先，如上所述，信号在其带宽内集中了大部分的能量，因此在允许一定失真的条件下，只需传送带宽内的各频率分量就行了；其次，当信号通过某一系统时，要求系统的带宽与信号的带宽匹配，否则，若系统的带宽小于信号的带宽，信号所包含的一部分谐波分量和能量就不能顺利地通过系统。由上可知，脉冲宽度 τ 越小，带宽 ω_b 越大，频带内所含的分量越多。

以上 3 个特点是任何满足狄利克雷条件的周期信号的频谱所共同具有的。

例 1-5 求出复指数信号 $e^{j\omega_0 t}$ 的频谱。

解 复指数信号 $e^{j\omega_0 t}$ 的复傅里叶系数为

$$X(n\omega_0) = \frac{1}{T_0}\int_{-\frac{T_0}{2}}^{\frac{T_0}{2}} e^{j\omega_0 t} e^{-jn\omega_0 t}\,dt = \frac{1}{T_0}\int_{-\frac{T_0}{2}}^{\frac{T_0}{2}} e^{j(1-n)\omega_0 t}\,dt$$

$$= \frac{1}{T_0 j(1-n)\omega_0} e^{j(1-n)\omega_0 t}\Big|_{-\frac{T_0}{2}}^{\frac{T_0}{2}} = \frac{1}{2j(1-n)\pi}\left[e^{j(1-n)\pi} - e^{-j(1-n)\pi}\right]$$

$$= \frac{\sin(1-n)\pi}{(1-n)\pi}$$

$$= \begin{cases} 1 & n = 1 \\ 0 & n \neq 1 \end{cases}$$

其频谱图如图 1-31 所示，可见仅在 ω_0 处有幅度为 1 的分量，说明复指数信号是正弦信号的一种表现形式。

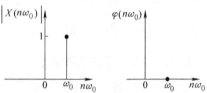

图 1-31 复指数信号 $e^{j\omega_0 t}$ 的频谱

例 1-6 分别求出 $\cos(\omega_0 t)$ 和 $\sin(\omega_0 t)$ 的频谱。

解 对于余弦信号 $\cos(\omega_0 t)$，有

$$X(n\omega_0) = \frac{1}{T_0}\int_{-\frac{T_0}{2}}^{\frac{T_0}{2}} \cos(\omega_0 t)\cdot e^{-jn\omega_0 t}\,dt = \frac{1}{2T_0}\int_{-\frac{T_0}{2}}^{\frac{T_0}{2}} \left(e^{j\omega_0 t} + e^{-j\omega_0 t}\right) e^{-jn\omega_0 t}\,dt$$

$$= \frac{1}{2T_0}\int_{-\frac{T_0}{2}}^{\frac{T_0}{2}}\left[e^{j(1-n)\omega_0 t} + e^{-j(1+n)\omega_0 t}\right]dt$$

$$= \begin{cases} \dfrac{1}{2} & n = \pm 1 \\ 0 & n \neq \pm 1 \end{cases}$$

对于正弦信号 $\sin(\omega_0 t)$，有

$$X(n\omega_0) = \frac{1}{T_0}\int_{-\frac{T_0}{2}}^{\frac{T_0}{2}} \sin(\omega_0 t)\cdot e^{-jn\omega_0 t}\,dt = \frac{1}{2jT_0}\int_{-\frac{T_0}{2}}^{\frac{T_0}{2}}\left(e^{j\omega_0 t} - e^{-j\omega_0 t}\right) e^{-jn\omega_0 t}\,dt$$

$$= \frac{1}{2jT_0}\int_{-\frac{T_0}{2}}^{\frac{T_0}{2}}\left[e^{j(1-n)\omega_0 t} - e^{-j(1+n)\omega_0 t}\right]dt$$

$$= \frac{1}{2jT_0}\left[\frac{1}{j(1-n)\omega_0} e^{j(1-n)\omega_0 t}\Big|_{-\frac{T_0}{2}}^{\frac{T_0}{2}} + \frac{1}{j(1+n)\omega_0} e^{-j(1+n)\omega_0 t}\Big|_{-\frac{T_0}{2}}^{\frac{T_0}{2}}\right]$$

$$= \frac{1}{2j}\left[\frac{\sin(1-n)\pi}{(1-n)\pi} - \frac{\sin(1+n)\pi}{(1+n)\pi}\right]$$

$$= \begin{cases} -\dfrac{j}{2} & n=1 \\[2mm] \dfrac{j}{2} & n=-1 \\[2mm] 0 & n\neq\pm1 \end{cases}$$

图 1-32 a、b 分别表示了 $\cos(\omega_0 t)$ 和 $\sin(\omega_0 t)$ 的频谱，可见它们的幅频是相同的，在 $\pm\omega_0$ 处各为 $\dfrac{1}{2}$。这里有必要说明一下负频率的概念，频率作为周期信号变化快慢的一个度量，它只能是正值，即实际上只存在正频率，但在它的复指数形式的傅里叶级数表示式中会出现负频率，这只是数学上表示的需要，正、负频率两个分量合起来（正负频率的幅度之和）才表示一个实际存在的正弦谐波分量。因此，$\cos(\omega_0 t)$ 和 $\sin(\omega_0 t)$ 都是 ω_0 处幅度为 1 的物理信号。此外，$\cos(\omega_0 t)$ 和 $\sin(\omega_0 t)$ 的相频是不同的，$\sin(\omega_0 t)$ 信号的相位滞后于 $\cos(\omega_0 t)$ 信号的相位 $\dfrac{\pi}{2}$。

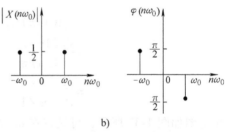

图 1-32 余弦型和正弦型信号的频谱
a) $\cos(\omega_0 t)$ b) $\sin(\omega_0 t)$

（三）周期信号的功率分配

如绪论中所述，幅度有限的周期信号是功率信号，如果把信号 $x(t)$ 视为流过 1Ω 电阻两端的电流，那么电阻上消耗的平均功率为

$$p = \frac{1}{T_0}\int_{-\frac{T_0}{2}}^{\frac{T_0}{2}} x^2(t)\,\mathrm{d}t$$

将 $x(t) = \dfrac{A_0}{2} + \displaystyle\sum_{n=1}^{\infty} A_n\cos(n\omega_0 t + \varphi_n)$ 代入，并考虑余弦函数集的正交性，有

$$p = \frac{1}{T_0}\int_{-\frac{T_0}{2}}^{\frac{T_0}{2}}\left[\frac{A_0}{2} + \sum_{n=1}^{\infty} A_n\cos(n\omega_0 t + \varphi_n)\right]^2\mathrm{d}t = \left(\frac{A_0}{2}\right)^2 + \sum_{n=1}^{\infty}\frac{1}{2}A_n^2 \tag{1-63}$$

式（1-63）表明周期信号在时域的平均功率等于信号所包含的直流、基波及各次谐波的平均功率之和，反映了周期信号的平均功率对离散频率的分配关系，称为功率信号的帕斯瓦尔公式。如果参照周期信号的幅度频谱，将各次谐波（包括直流）的平均功率分配关系表示成谱线形式，就得到周期信号的功率频谱。

例 1-7 在光伏发电系统中，需要将光伏面板产生的直流电转换为交流电，从而满足电网或负荷的需求，逆变器可实现该功能。其基本工作原理就是给直流电源加一个周期转换的开关（如逆变器中的功率器件），然后对输出电信号进行滤波，去除高次谐波成分。这种直流-交流转换功能可用图 1-33 所示电路模拟，图中的开关位置每 1/100s 转换一次。考虑两种情况：

1) 开关是断开或闭合的。

2) 开关是极性反转的。

这两种情况可用图 1-34 描述。可将转换效率定义为：输出波形 $x(t)$ 在 50Hz 的基波频率分量的功率与有效输入直流功率的比值。求两种情况下电路的转换效率。

图 1-33　用于直流-交流转换的开关电路

33

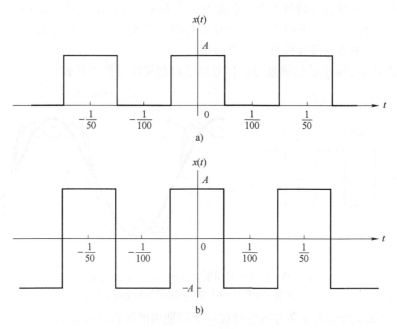

图 1-34　开关电源的输出波形

a) 通断式　b) 极性反转式

解　图 1-34a 中方波的幅值 $E=A$，周期 $T_0=1/50\mathrm{s}$，脉冲宽度 $\tau=1/100\mathrm{s}$，则其傅里叶级数为

$$X(n\omega_0)=\frac{2A\sin(n\pi/2)}{n\pi},n\neq 0$$

$$X(0)=\frac{A}{2}$$

基波频率 $n=1$ 的幅值和功率分别为 $X(\omega_0)$ 和 $X^2(\omega_0)/2$，直流输入功率为 A^2，因此，转换效率为

$$\eta_{\mathrm{eff}}=\frac{X^2(\omega_0)/2}{A^2}=\frac{2}{\pi^2}\approx 20\%$$

对于图 1-34b 中所示信号，是幅度为 $2A$ 但平均值为 0 的方波，因此，傅里叶系数的常数项为 0，其傅里叶级数系数是

$$X(n\omega_0) = \frac{4A\sin(n\pi/2)}{n\pi}, n\neq0, \quad X(0)=0$$

极性反转式开关的转换效率为

$$\eta_{\text{eff}} = \frac{X^2(\omega_0)/2}{A^2} = \frac{8}{\pi^2} \approx 81\%$$

由此可见，极性反转式开关在能量转换效率上是通断式开关的 4 倍。

（四）周期信号的傅里叶级数近似

无论是三角傅里叶级数形式，还是指数傅里叶级数形式，都表明了在一般情况下一个周期信号是由无穷多项正弦型信号（直流、基波及各项谐波）组合而成。也就是说，一般情况下，无穷多项正弦型信号的和才能完全逼近一个周期信号。如果采用有限项级数表示周期信号，势必产生表示误差。下面通过例子说明有限项正弦信号（包括直流、基波及各次谐波）对周期信号的逼近以及分析所产生的误差。

例 1-8 求图 1-35a 所示的周期方波信号的三角傅里叶级数展开式。

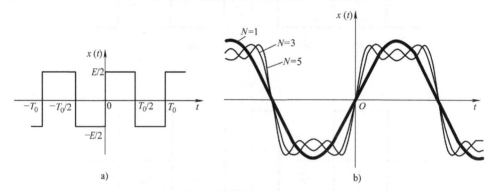

图 1-35 例 1-8 的周期方波信号及其逼近波形
a）周期方波信号 b）取不同项数时的逼近波形

解 如图 1-35a 所示的周期方波信号在一个周期内的解析式可表示为

$$x(t) = \begin{cases} -\dfrac{E}{2} & -\dfrac{T_0}{2} \leqslant t < 0 \\[2mm] \dfrac{E}{2} & 0 \leqslant t < \dfrac{T_0}{2} \end{cases}$$

可求得傅里叶系数

$$\begin{aligned} a_n &= \frac{2}{T_0}\int_{-\frac{T_0}{2}}^{\frac{T_0}{2}} x(t)\cos(n\omega_0 t)\,\mathrm{d}t \\[2mm] &= \frac{2}{T_0}\int_{-\frac{T_0}{2}}^{0}\left(-\frac{E}{2}\right)\cos(n\omega_0 t)\,\mathrm{d}t + \frac{2}{T_0}\int_{0}^{\frac{T_0}{2}}\left(\frac{E}{2}\right)\cos(n\omega_0 t)\,\mathrm{d}t \\[2mm] &= \frac{2}{T_0}\left(-\frac{E}{2}\right)\frac{1}{n\omega_0}\Big[\sin(n\omega_0 t)\Big]\Big|_{-\frac{T_0}{2}}^{0} + \frac{2}{T_0}\frac{E}{2}\frac{1}{n\omega_0}\Big[\sin(n\omega_0 t)\Big]\Big|_{0}^{\frac{T_0}{2}} \end{aligned}$$

考虑到 $\omega_0=\dfrac{2\pi}{T_0}$，可得

$$a_n=0,\quad n=0,1,2,\cdots$$

$$
\begin{aligned}
b_n&=\frac{2}{T_0}\int_{-\frac{T_0}{2}}^{\frac{T_0}{2}}x(t)\sin(n\omega_0 t)\,\mathrm{d}t\\
&=\frac{2}{T_0}\int_{-\frac{T_0}{2}}^{0}\left(-\frac{E}{2}\right)\sin(n\omega_0 t)\,\mathrm{d}t+\frac{2}{T_0}\int_{0}^{\frac{T_0}{2}}\left(\frac{E}{2}\right)\sin(n\omega_0 t)\,\mathrm{d}t\\
&=\frac{2}{T_0}\left(-\frac{E}{2}\right)\frac{1}{n\omega_0}(-\cos(n\omega_0 t))\Big|_{-\frac{T_0}{2}}^{0}+\frac{2}{T_0}\frac{E}{2}\frac{1}{n\omega_0}(-\cos(n\omega_0 t))\Big|_{0}^{\frac{T_0}{2}}\\
&=\frac{E}{n\pi}\left[1-\cos(n\pi)\right]\\
&=\begin{cases}\dfrac{2E}{n\pi}&n=1,3,5,\cdots\\[2mm]0&n=2,4,6,\cdots\end{cases}
\end{aligned}
$$

$x(t)$ 的三角傅里叶级数展开式为

$$x(t)=\frac{2E}{\pi}\left(\sin(\omega_0 t)+\frac{1}{3}\sin(3\omega_0 t)+\frac{1}{5}\sin(5\omega_0 t)+\cdots\right)$$

该式表明如图 1-35a 所示的周期方波信号含有与原信号相同频率的正弦信号、频率为原信号频率 3 倍以及其他奇数倍的正弦信号，而各正弦波的幅值随频率的增大而成比例减小。

若取傅里叶级数的前 N 项（N 为奇数）来逼近周期方波信号 $x(t)$，则 $x_N(t)$ 为

$$x_N(t)=\sum_{n=1}^{N}b_n\sin(n\omega_0 t)$$

引起的误差函数为

$$\varepsilon_N(t)=x(t)-x_N(t)$$

均方误差为

$$
\begin{aligned}
\overline{\varepsilon_N^2(t)}&=\frac{1}{T_0}\int_{-\frac{T_0}{2}}^{\frac{T_0}{2}}\varepsilon_N^2(t)\,\mathrm{d}t\\
&=\frac{1}{T_0}\int_{-\frac{T_0}{2}}^{\frac{T_0}{2}}\left[x(t)-x_N(t)\right]^2\mathrm{d}t\\
&=\overline{x^2(t)}-\frac{1}{2}\sum_{n=1}^{N}b_n^2=\frac{E^2}{4}-\frac{1}{2}\sum_{n=1}^{N}b_n^2
\end{aligned}
$$

图 1-35b 表示了傅里叶级数取项不同时对原周期方波信号的逼近情况。其中 $N=1$ 为只取基波时的波形，这时均方误差为

$$\overline{\varepsilon_1^2(t)}=\frac{E^2}{4}-\frac{1}{2}\left(\frac{2E}{\pi}\right)^2\approx0.05E^2$$

$N=3$ 为取基波和三次谐波时的波形，这时的均方误差为

$$\overline{\varepsilon_3^2(t)}=\frac{E^2}{4}-\frac{1}{2}\left[\left(\frac{2E}{\pi}\right)^2+\left(\frac{2E}{3\pi}\right)^2\right]\approx0.02E^2$$

$N=5$ 为取基波、三次谐波、五次谐波时的波形,这时的均方误差为

$$\overline{\varepsilon_5^2(t)} = \frac{E^2}{4} - \frac{1}{2}\left[\left(\frac{2E}{\pi}\right)^2 + \left(\frac{2E}{3\pi}\right)^2 + \left(\frac{2E}{5\pi}\right)^2\right] \approx 0.015E^2$$

从图 1-35 可以看出:①傅里叶级数所取项数越多,叠加后波形越逼近原信号,两者之间的均方误差越小。显然,当 $N \to \infty$, $x_N(t) \to x(t)$。②当信号 $x(t)$ 为方波等脉冲信号时,其高频分量主要影响脉冲的跳变沿,低频分量主要影响脉冲的顶部。所以,$x(t)$ 波形变化越激烈,所包含的高频分量越丰富,变化越缓慢,所包含的低频分量越丰富。③组成原信号 $x(t)$ 的任一频谱分量(包括幅值、相位)发生变化时,信号 $x(t)$ 的波形也会发生变化。

二、非周期信号的频谱分析

码 1-6 【视频讲解】
非周期信号的频谱分析

非周期信号可以看作周期是无穷大的周期信号,从这一思想出发,可以在周期信号频谱分析的基础上研究非周期信号的频谱分析。在例 1-4 中讨论矩形脉冲信号的频谱时,已经指出,当 τ 不变而增大周期 T_0 时,随着 T_0 的增大,谱线将越来越密,同时谱线的幅度将越来越小。如果 T_0 趋于无穷大,则周期矩形脉冲信号将演变成非周期的矩形脉冲信号,可以预料,此时谱线会无限密集而演变成连续的频谱,但与此同时,谱线的幅度将变成无穷小量。为了避免在一系列无穷小量中讨论频谱关系,考虑 $T_0 X(n\omega_0)$ 这一物理量,由于 T_0 因子的存在,克服了 T_0 对 $X(n\omega_0)$ 幅度的影响。这时有 $T_0 X(n\omega_0) = 2\pi X(n\omega_0)/\omega_0$,即 $T_0 X(n\omega_0)$ 含有单位角频率所具有的复频谱的物理意义,故称为频谱密度函数,简称为频谱。

(一)从傅里叶级数到傅里叶变换

现在按上述思想建立非周期信号的频谱表示。考虑如图 1-36a 所示的一个一般的非周期信号 $x(t)$,它具有有限持续期,即 $|t| > T_1$ 时,$x(t) = 0$。从这个非周期信号出发,构造一个周期信号 $\hat{x}(t)$,使 $\hat{x}(t)$ 是 $x(t)$ 进行周期为 T_0 的周期性延拓的结果,如图 1-36b 所示。

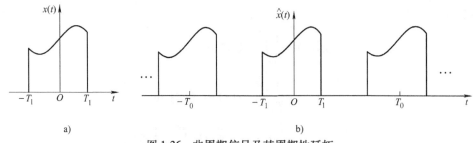

a)   b)

图 1-36 非周期信号及其周期性延拓

a) 非周期信号 $x(t)$ b) 由 $x(t)$ 周期性延拓构成的周期信号 $\hat{x}(t)$

对于周期信号 $\hat{x}(t)$,可以展开成指数形式的傅里叶级数,即

$$\hat{x}(t) = \sum_{n=-\infty}^{\infty} \hat{X}(n\omega_0) e^{jn\omega_0 t} \tag{1-64}$$

其中

$$\hat{X}(n\omega_0) = \frac{1}{T_0} \int_{-\frac{T_0}{2}}^{\frac{T_0}{2}} \hat{x}(t) e^{-jn\omega_0 t} dt$$

考虑 $T_0 \hat{X}(n\omega_0)$，并且由于在区间 $-T_0/2 \leqslant t \leqslant T_0/2$ 内 $\hat{x}(t) = x(t)$，则

$$T_0 \hat{X}(n\omega_0) = \int_{-\frac{T_0}{2}}^{\frac{T_0}{2}} x(t) \mathrm{e}^{-\mathrm{j}n\omega_0 t} \mathrm{d}t \qquad (1-65)$$

当 $T_0 \to \infty$ 时，$\hat{x}(t) \to x(t)$，$\hat{X}(n\omega_0) \to X(n\omega_0)$，$\omega_0 \to \mathrm{d}\omega$，$n\omega_0 \to \omega$（连续量），$T_0 X(n\omega_0)$ 成为连续的频谱密度函数，记为 $X(\omega)$，式（1-65）变为

$$X(\omega) = \int_{-\infty}^{\infty} x(t) \mathrm{e}^{-\mathrm{j}\omega t} \mathrm{d}t \qquad (1-66)$$

而式（1-64）变为

$$\begin{aligned}
x(t) &= \lim_{T_0 \to \infty} \sum_{n=-\infty}^{\infty} \hat{X}(n\omega_0) \mathrm{e}^{\mathrm{j}n\omega_0 t} \\
&= \lim_{T_0 \to \infty} \sum_{n=-\infty}^{\infty} T_0 \hat{X}(n\omega_0) \mathrm{e}^{\mathrm{j}n\omega_0 t} \cdot \frac{1}{T_0} \\
&= \lim_{T_0 \to \infty} \sum_{n=-\infty}^{\infty} \frac{1}{2\pi} T_0 \hat{X}(n\omega_0) \mathrm{e}^{\mathrm{j}n\omega_0 t} \cdot \omega_0
\end{aligned}$$

显然有

$$x(t) = \frac{1}{2\pi} \int_{-\infty}^{\infty} X(\omega) \mathrm{e}^{\mathrm{j}\omega t} \mathrm{d}\omega \qquad (1-67)$$

式（1-66）和式（1-67）构成了傅里叶变换对，通常表示成

$$\mathscr{F}[x(t)] = X(\omega) \qquad \mathscr{F}^{-1}[X(\omega)] = x(t)$$

或

$$x(t) \xleftrightarrow{\mathscr{F}} X(\omega)$$

其中，式（1-66）为傅里叶变换式，它将连续时间函数 $x(t)$ 变换为频率的连续函数 $X(\omega)$，因此 $X(\omega)$ 称为 $x(t)$ 的傅里叶变换。如前所述，$X(\omega)$ 是频谱密度函数（或频谱），为一复函数，即 $X(\omega) = |X(\omega)| \mathrm{e}^{\mathrm{j}\varphi(\omega)}$，其模 $|X(\omega)|$ 称为幅度频谱，辐角 $\varphi(\omega)$ 称为相位频谱，它在频域描述了信号的基本特征，因而是非周期信号进行频域分析的理论依据和最基本的公式。而式（1-67）为傅里叶反变换式，它把连续频率函数 $X(\omega)$ 变换为连续时间函数 $x(t)$，表明一个非周期信号是由无限多个频率为连续变化，幅度 $X(\omega)(\mathrm{d}\omega/2\pi)$ 为无限小的复指数信号 $\mathrm{e}^{\mathrm{j}\omega t}$ 线性组合而成。

式（1-67）也可以写成三角形式

$$\begin{aligned}
x(t) &= \frac{1}{2\pi} \int_{-\infty}^{\infty} X(\omega) \mathrm{e}^{\mathrm{j}\omega t} \mathrm{d}\omega = \frac{1}{2\pi} \int_{-\infty}^{\infty} |X(\omega)| \mathrm{e}^{\mathrm{j}[\omega t + \varphi(\omega)]} \mathrm{d}\omega \\
&= \frac{1}{2\pi} \int_{-\infty}^{\infty} |X(\omega)| \cos[\omega t + \varphi(\omega)] \mathrm{d}\omega + \frac{\mathrm{j}}{2\pi} \int_{-\infty}^{\infty} |X(\omega)| \sin[\omega t + \varphi(\omega)] \mathrm{d}\omega
\end{aligned} \qquad (1-68)$$

由于 $|X(\omega)|$ 是 ω 的偶函数，$\varphi(\omega)$ 是 ω 的奇函数，故式（1-68）的第一个积分的被积函数是 ω 的偶函数，第二个积分的被积函数是 ω 的奇函数，因此有

$$x(t) = \frac{1}{\pi} \int_{0}^{\infty} |X(\omega)| \cos[\omega t + \varphi(\omega)] \mathrm{d}\omega \qquad (1-69)$$

表明一个非周期信号包含了频率从零到无限大的一切频率的余弦分量，而各分量的振幅 $\frac{1}{\pi} |X(\omega)| \mathrm{d}\omega$ 是无穷小量，因此，与周期信号不同，其频谱不能用幅度表示，而用频谱密

度函数来表示，$|X(\omega)|$ 可以看作单位频率的振幅。

上面傅里叶变换的推导是由傅里叶级数演变来的，可以预料，一个函数 $x(t)$ 的傅里叶变换是否存在，应该看它是否满足狄利克雷条件，现在重新列出任意非周期函数 $x(t)$ 存在傅里叶变换 $X(\omega)$ 的狄利克雷条件如下：

1）$x(t)$ 在无限区间内是绝对可积的，即

$$\int_{-\infty}^{\infty}|x(t)|\mathrm{d}t<\infty \tag{1-70}$$

2）在任意有限区间内，$x(t)$ 只有有限个不连续点，在这些点上函数取有限值。

3）在任意有限区间内，$x(t)$ 只有有限个极大值和极小值。

值得注意的是，上述条件只是充分条件，后面将会看到，倘若在变换中可以引入冲激函数或极限处理，那么在一个无限区间内不绝对可积的信号也可以认为具有傅里叶变换。

（二）常见非奇异信号的频谱

1. 矩形脉冲信号

如图 1-37a 的矩形脉冲信号 $g(t)$ 表示为

码 1-7【视频讲解】
常见非奇异信号的频谱

$$x(t)=g(t)=\begin{cases} E & |t|\leqslant\dfrac{\tau}{2} \\ 0 & |t|>\dfrac{\tau}{2} \end{cases} \tag{1-71}$$

式中，E 为脉冲幅度；τ 为脉冲宽度。由式（1-66）可求出其傅里叶变换为

$$X(\omega)=\int_{-\infty}^{\infty}g(t)\mathrm{e}^{-\mathrm{j}\omega t}\mathrm{d}t=\int_{-\frac{\tau}{2}}^{\frac{\tau}{2}}E\mathrm{e}^{-\mathrm{j}\omega t}\mathrm{d}t=\frac{2E}{\omega}\sin\frac{\omega\tau}{2}=E\tau\mathrm{Sa}\left(\frac{\omega\tau}{2}\right) \tag{1-72}$$

因为 $X(\omega)$ 为一实函数，通常可用一条 $X(\omega)$ 曲线同时表示幅度频谱和相位频谱，如图 1-37b 所示。与周期矩形脉冲的频谱图（见图 1-28）相比可以看出，单矩形脉冲的频谱 $X(\omega)$ 与周期矩形脉冲频谱 $X(n\omega_0)$ 的包络线形状完全相同，这正是由于将非周期的单矩形脉冲看作周期是无穷大的周期矩形脉冲，从而其频谱由周期矩形脉冲的离散频谱演变为连续频谱的结果。另一方面，$X(\omega)$ 是 $X(n\omega_0)$ 乘上因子 T_0 的结果，这是由于两者的不同定义决定的。

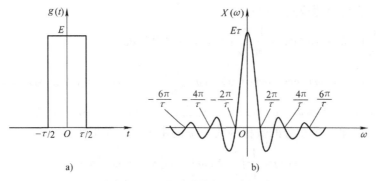

图 1-37 矩形脉冲信号及其频谱

由于单脉冲信号与周期性脉冲信号的频谱存在上述联系，所以周期信号频谱的某些特点在单脉冲信号中仍有保留。单脉冲信号的频谱也具有收敛性，它的大部分能量集中在一个有

限的频率范围内，常取从零频率到第一零值频率之间的频段为信号的频率宽度 ω_b，即

$$\omega_b = \frac{2\pi}{\tau} \tag{1-73}$$

显然，矩形脉冲越窄，它的频带宽度越宽。

2. 单边指数信号

如图 1-38a 所示的单边指数信号 $x(t)$ 表示为

$$x(t) = \begin{cases} e^{-at} & t>0, a>0 \\ 0 & t<0 \end{cases} \tag{1-74}$$

可求得其傅里叶变换为

$$X(\omega) = \int_{-\infty}^{\infty} x(t) e^{-j\omega t} dt = \int_{0}^{\infty} e^{-at} e^{-j\omega t} dt = \frac{1}{a+j\omega} \tag{1-75}$$

幅频和相频分别为 $|X(\omega)| = \dfrac{1}{\sqrt{a^2+\omega^2}}$ 和 $\varphi(\omega) = -\arctan\left(\dfrac{\omega}{a}\right)$，分别表示在图 1-38b、c 中。

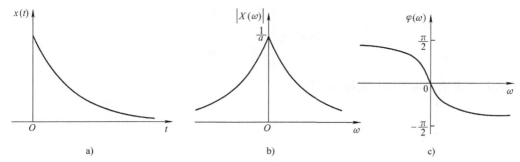

图 1-38　单边指数信号及其频谱

3. 双边指数信号

如图 1-39a 所示的双边指数信号 $x(t)$ 表示为

$$x(t) = e^{-a|t|}, \quad a>0 \tag{1-76}$$

可求得该信号的傅里叶变换为

$$X(\omega) = \int_{-\infty}^{\infty} e^{-a|t|} e^{-j\omega t} dt = \int_{-\infty}^{0} e^{at} e^{-j\omega t} dt + \int_{0}^{\infty} e^{-at} e^{-j\omega t} dt$$

$$= \frac{1}{a-j\omega} + \frac{1}{a+j\omega} = \frac{2a}{a^2+\omega^2} \tag{1-77}$$

$X(\omega)$ 是实数，$\varphi(\omega)=0$，其频谱可直接表示为如图 1-39b 的曲线。

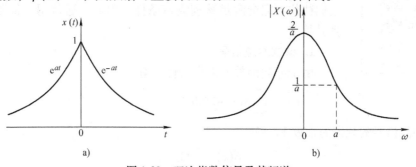

图 1-39　双边指数信号及其频谱

4. 双边奇指数信号

如图 1-40a 的双边奇指数信号 $x(t)$ 表示为

$$x(t) = \begin{cases} -e^{at} & t<0, a>0 \\ e^{-at} & t>0, a>0 \end{cases} \tag{1-78}$$

有

$$X(\omega) = \int_{-\infty}^{\infty} x(t) e^{-j\omega t} dt = \int_{-\infty}^{0} (-e^{at} e^{-j\omega t}) dt + \int_{0}^{\infty} e^{-at} e^{-j\omega t} dt$$

$$= -\frac{1}{a-j\omega} + \frac{1}{a+j\omega} = -j\frac{2\omega}{a^2+\omega^2} \tag{1-79}$$

其幅频和相频分别为

$$|X(\omega)| = \frac{2|\omega|}{a^2+\omega^2}$$

和

$$\varphi(\omega) = \begin{cases} \dfrac{\pi}{2} & \omega<0 \\ -\dfrac{\pi}{2} & \omega>0 \end{cases}$$

图 1-40b、c 分别表示了信号的幅频和相频。

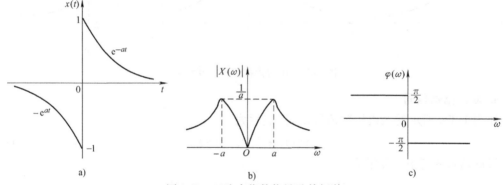

图 1-40 双边奇指数信号及其频谱

（三）奇异信号的频谱

单位冲激信号、单位直流信号、符号函数以及单位阶跃信号等是常用的奇异信号，因此有必要研究它们的频谱。但是，很显然，它们往往不完全满足狄利克雷条件，因此，通常用求极限的方法得到其频谱。

码 1-8 【视频讲解】
奇异信号的频谱

1. 单位冲激信号

由于冲激函数的采样特性，有

$$\int_{-\infty}^{\infty} \delta(t) e^{-j\omega t} dt = e^0 = 1$$

所以单位冲激信号的频谱为常数 1，即

$$\delta(t) \xleftrightarrow{\mathscr{F}} 1 \tag{1-80}$$

以上结果也可由单矩形脉冲取极限得到，如果把单位冲激信号视为幅度为 $1/\tau$、宽度为 τ 的矩形脉冲当 $\tau \to 0$ 时的极限，由前面的讨论可知，其频谱为

$$X(\omega) = \mathscr{F}\left[\delta(t)\right] = \lim_{\tau \to 0} \frac{1}{\tau} \cdot \tau \mathrm{Sa}\left(\frac{\omega\tau}{2}\right) = 1$$

在时域中，冲激信号在 $t = 0$ 处幅度发生巨大的变化，在频域中表现为具有极其丰富的频率成分，以至频谱占据整个频率域，且均匀分布，常称为均匀频谱或白色频谱，如图 1-41 所示。

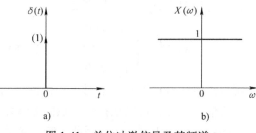

图 1-41　单位冲激信号及其频谱

2. 单位直流信号

幅度为 1 的直流信号表示为

$$x(t) = 1, \quad -\infty < t < \infty$$

显然该信号不满足绝对可积条件，可以把它看作双边指数信号 $\mathrm{e}^{-a|t|}(a>0)$ 当 $a \to 0$ 时的极限，如图 1-42a 所示，图中 $a_1 > a_2 > a_3 > a_4 = 0$（单位直流信号）。因此，单位直流信号的傅里叶变换应该是 $\mathrm{e}^{-a|t|}(a>0)$ 的频谱当 $a \to 0$ 时的极限，如图 1-42b 所示。

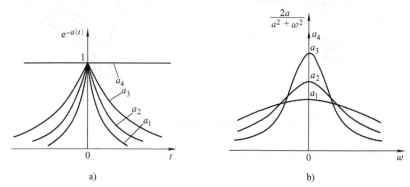

图 1-42　单位直流信号及其频谱的极限过程

前面已求得

$$\mathscr{F}\left[\mathrm{e}^{-a|t|}\right] = \frac{2a}{a^2 + \omega^2}$$

故有

$$X(\omega) = \lim_{a \to 0} \frac{2a}{a^2 + \omega^2} = \begin{cases} 0 & \omega \neq 0 \\ \infty & \omega = 0 \end{cases} \tag{1-81}$$

表明 $X(\omega)$ 是 ω 的冲激函数，其强度为

$$\lim_{a \to 0} \int_{-\infty}^{\infty} \frac{2a}{a^2 + \omega^2} \mathrm{d}\omega = \lim_{a \to 0} \int_{-\infty}^{\infty} \frac{2}{1 + \left(\frac{\omega}{a}\right)^2} \mathrm{d}\left(\frac{\omega}{a}\right)$$

$$= \lim_{a \to 0} 2\arctan\left(\frac{\omega}{a}\right)\bigg|_{-\infty}^{\infty} = 2\pi$$

所以有 $X(\omega) = 2\pi\delta(\omega)$，即

$$1 \overset{\mathscr{F}}{\longleftrightarrow} 2\pi\delta(\omega) \tag{1-82}$$

图 1-43 表示单位直流信号及其频谱。

3. 符号函数信号

符号函数记作 sgn(t)，其定义为

$$\text{sgn}(t) = \begin{cases} -1 & t<0 \\ 0 & t=0 \\ 1 & t>0 \end{cases} \qquad (1\text{-}83)$$

显然符号函数信号也不满足绝对可积条件，与单位直流信号类似，可以把符号函数信号看作双边奇指数信号当 $a \to 0$ 时的极限，如图 1-44a 所示，图中 $a_1>a_2>a_3>a_4=0$。因此，符号函数信号的傅里叶变换应该是双边奇指数信号的频谱当 $a \to 0$ 时的极限，如图 1-44b 所示。

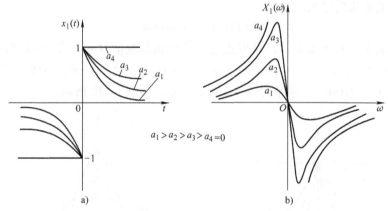

图 1-44 符号函数信号及其频谱的极限过程

由式（1-79），双边奇指数信号的频谱为 $-\mathrm{j}\dfrac{2\omega}{a^2+\omega^2}$，故有

$$X(\omega) = \lim_{a\to 0}\left(-\mathrm{j}\frac{2\omega}{a^2+\omega^2}\right) = \begin{cases} \dfrac{2}{\mathrm{j}\omega} & \omega \neq 0 \\ 0 & \omega = 0 \end{cases} \qquad (1\text{-}84)$$

即

$$\text{sgn}(t) \xleftarrow{\ \mathscr{F}\ } \frac{2}{\mathrm{j}\omega}(\omega \neq 0) \qquad (1\text{-}85)$$

图 1-45 表示符号函数信号及其频谱。

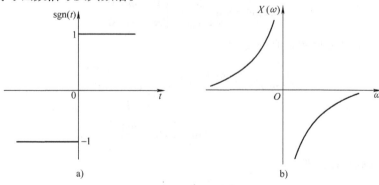

图 1-45 符号函数信号及其频谱

4. 单位阶跃信号

该信号也不满足绝对可积的条件，可把它视为单边指数信号当 $a \to 0$ 时的极限，因此其频谱应该是单边指数信号的频谱当 $a \to 0$ 时的极限。已求得单边指数信号的频谱为 $\dfrac{1}{a+\mathrm{j}\omega}$，故有

$$X(\omega) = \lim_{a \to 0} \frac{1}{a+\mathrm{j}\omega}$$

$$= \lim_{a \to 0}\left[\frac{a}{a^2+\omega^2} - \mathrm{j}\frac{\omega}{a^2+\omega^2}\right]$$

$$= \lim_{a \to 0}\frac{a}{a^2+\omega^2} + \lim_{a \to 0}\mathrm{j}\frac{-\omega}{a^2+\omega^2}$$

式中，实部为

$$\lim_{a \to 0}\frac{a}{a^2+\omega^2} = \begin{cases} 0 & \omega \neq 0 \\ \infty & \omega = 0 \end{cases}$$

虚部为

$$\lim_{a \to 0}\frac{-\mathrm{j}\omega}{a^2+\omega^2} = \begin{cases} \dfrac{1}{\mathrm{j}\omega} & \omega \neq 0 \\ 0 & \omega = 0 \end{cases}$$

可见 $X(\omega)$ 在 $\omega=0$ 处为实冲激函数，其强度为

$$\lim_{a \to 0}\int_{-\infty}^{\infty}\frac{a}{a^2+\omega^2}\mathrm{d}\omega = \lim_{a \to 0}\int_{-\infty}^{\infty}\frac{1}{1+\left(\dfrac{\omega}{a}\right)^2}\mathrm{d}\left(\frac{\omega}{a}\right) = \lim_{a \to 0}\arctan\left(\frac{\omega}{a}\right)\Big|_{\infty}^{-\infty} = \pi$$

而 $\omega \neq 0$ 处为虚函数 $\dfrac{1}{\mathrm{j}\omega}$，所以有 $X(\omega) = \pi\delta(\omega) + \dfrac{1}{\mathrm{j}\omega}$，即

$$u(t) \xleftarrow{\quad\mathscr{F}\quad} \pi\delta(\omega) + \frac{1}{\mathrm{j}\omega} \tag{1-86}$$

图 1-46 表示单位阶跃信号及其频谱。

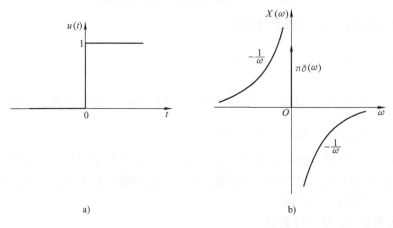

图 1-46　单位阶跃信号及其频谱

（四）周期信号的傅里叶变换

前面已经讨论了在一个周期内绝对可积的周期信号可以用傅里叶级数来表示，在无限区间内绝对可积的非周期信号可以用傅里叶变换来表示，分别解决了周期信号和非周期信号的频谱问题。实际上，通过在变换中引入冲激函数，可以得出周期信号的傅里叶变换，这样，就能把周期信号与非周期信号的频域分析统一起来，给分析带来便利。

码 1-9 【视频讲解】
周期信号的傅里叶变换

首先讨论复指数信号 $e^{j\omega_0 t}$、正弦信号 $\sin(\omega_0 t)$ 和余弦信号 $\cos(\omega_0 t)$ 的傅里叶变换，然后讨论一般周期信号的傅里叶变换。

1. 复指数信号 $e^{j\omega_0 t}$ 的傅里叶变换

考虑 $x(t)e^{j\omega_0 t}$ 的傅里叶变换为

$$\int_{-\infty}^{\infty} x(t)e^{j\omega_0 t}e^{-j\omega t}dt = \int_{-\infty}^{\infty} x(t)e^{-j(\omega-\omega_0)t}dt$$

设 $x(t)$ 的傅里叶变换为 $X(\omega)$，则该式为 $X(\omega-\omega_0)$。

令 $x(t)=1$，由式（1-82），$X(\omega)=2\pi\delta(\omega)$，于是得 $e^{j\omega_0 t}$ 的傅里叶变换为 $X_e(\omega)=X(\omega-\omega_0)=2\pi\delta(\omega-\omega_0)$，即

$$e^{j\omega_0 t} \overset{\mathscr{F}}{\longleftrightarrow} 2\pi\delta(\omega-\omega_0) \tag{1-87}$$

2. 正弦信号 $\sin\omega_0 t$ 的傅里叶变换

由欧拉公式，有

$$\sin(\omega_0 t)=\frac{1}{2j}(e^{j\omega_0 t}-e^{-j\omega_0 t})$$

应用式（1-87）复指数信号的傅里叶变换，有

$$X_s(\omega)=\mathscr{F}(\sin\omega_0 t)=\frac{1}{2j}\left[2\pi\delta(\omega-\omega_0)-2\pi\delta(\omega+\omega_0)\right]=-j\pi\delta(\omega-\omega_0)+j\pi\delta(\omega+\omega_0)$$

即

$$\sin\omega_0 t \overset{\mathscr{F}}{\longleftrightarrow} -j\pi\delta(\omega-\omega_0)+j\pi\delta(\omega+\omega_0) \tag{1-88}$$

3. 余弦信号 $\cos(\omega_0 t)$ 的傅里叶变换

同理，$\cos(\omega_0 t)=\frac{1}{2}(e^{j\omega_0 t}+e^{-j\omega_0 t})$，故有

$$X_c(\omega)=\mathscr{F}\left[\cos(\omega_0 t)\right]=\frac{1}{2}\left[2\pi\delta(\omega-\omega_0)+2\pi\delta(\omega+\omega_0)\right]=\pi\delta(\omega-\omega_0)+\pi\delta(\omega+\omega_0)$$

$$\cos(\omega_0 t) \overset{\mathscr{F}}{\longleftrightarrow} \pi\delta(\omega-\omega_0)+\pi\delta(\omega+\omega_0) \tag{1-89}$$

以上 3 种信号的频谱分别表示在图 1-47a、b、c 中，每种信号的幅频和相频分开表示，其中复指数信号和余弦信号的频谱是实函数，因此，它们的相频都是零，而正弦信号的频谱是虚函数，所以其相频有所体现。

4. 一般周期信号的傅里叶变换

一般周期信号 $x(t)$ 可以展开成指数形式的傅里叶级数

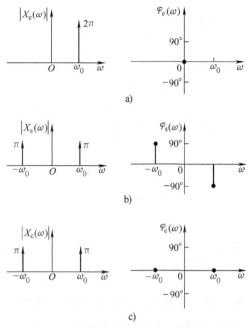

图 1-47　$e^{j\omega_0 t}$、$\sin(\omega_0 t)$ 和 $\cos(\omega_0 t)$ 的频谱

$$x(t) = \sum_{n=-\infty}^{\infty} X(n\omega_0) e^{jn\omega_0 t}$$

对该式取傅里叶变换，有

$$X(\omega) = \mathscr{F}[x(t)] = \mathscr{F}\left[\sum_{n=-\infty}^{\infty} X(n\omega_0) e^{jn\omega_0 t}\right] = \sum_{n=-\infty}^{\infty} X(n\omega_0) \mathscr{F}[e^{jn\omega_0 t}]$$

已知 $e^{jn\omega_0 t}$ 的傅里叶变换为 $2\pi\delta(\omega - n\omega_0)$，代入得

$$X(\omega) = \sum_{n=-\infty}^{\infty} 2\pi X(n\omega_0) \delta(\omega - n\omega_0) \tag{1-90}$$

式（1-90）表明，周期信号的傅里叶变换（即频谱密度函数）由无穷多个冲激函数组成，这些冲激函数位于周期信号的各谐波频率 $n\omega_0 (n=0, \pm1, \pm2, \cdots)$ 处，其强度为各相应幅度 $X(n\omega_0)$ 的 2π 倍。

例 1-9　求出例 1-3 中的周期矩形脉冲信号的傅里叶变换。

解　例 1-3 已求出周期矩形脉冲信号的傅里叶级数展开式为

$$X(n\omega_0) = \frac{E\tau}{T_0} \text{Sa}\left(\frac{1}{2} n\omega_0 \tau\right)$$

代入式（1-90），即得出周期矩形脉冲信号的傅里叶变换为

$$X(\omega) = \sum_{n=-\infty}^{\infty} 2\pi \frac{E\tau}{T_0} \text{Sa}\left(\frac{1}{2} n\omega_0 \tau\right) \delta(\omega - n\omega_0) = \omega_0 E\tau \sum_{n=-\infty}^{\infty} \text{Sa}\left(\frac{1}{2} n\omega_0 \tau\right) \delta(\omega - n\omega_0)$$

图 1-48a 表示了 $T_0 = 2\tau$ 时周期矩形脉冲信号的傅里叶变换 $X(\omega)$，并将该信号傅里叶级数的复系数 $X(n\omega_0)$ 表示于图 1-48b 中。比较 $X(\omega)$ 和 $X(n\omega_0)$ 的图形可以看到，首先，它们都是频率离散的，其次，它们具有相同的包络线。然而它们又有明显的区别，复傅里叶系数 $X(n\omega_0)$ 表示的是各谐波分量的幅度，它们是有限值；而傅里叶变换 $X(\omega)$ 则表示频谱密度，含单位频率所具有的频谱的物理意义，因此，它们是位于各谐波频率 $n\omega_0$ 处的冲激函

数，其强度为各相应 $X(n\omega_0)$ 的 2π 倍。

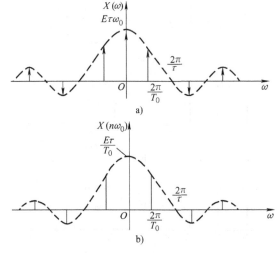

图 1-48　周期矩形脉冲信号的傅里叶变换与傅里叶级数

例 1-10　求如图 1-49a 所示的周期为 T_0 的周期性冲激串 $\delta_T(t)$ 的傅里叶变换。

解　冲激串 $\delta_T(t)$ 可表示为

$$\delta_T(t) = \sum_{n=-\infty}^{\infty} \delta(t-nT_0)$$

由于 $\delta_T(t)$ 是周期函数，可展开成傅里叶级数

$$\delta_T(t) = \sum_{n=-\infty}^{\infty} X(n\omega_0) e^{jn\omega_0 t}$$

式中，$\omega_0 = \dfrac{2\pi}{T_0}$；$X(n\omega_0) = \dfrac{1}{T_0} \displaystyle\int_{-\frac{T_0}{2}}^{\frac{T_0}{2}} \delta_T(t) e^{-jn\omega_0 t} \mathrm{d}t$。在 $\left(-\dfrac{T_0}{2}, \dfrac{T_0}{2}\right)$ 周期内，$\delta_T(t)$ 即单位冲激信号 $\delta(t)$，所以

$$X(n\omega_0) = \frac{1}{T_0} \int_{-\frac{T_0}{2}}^{\frac{T_0}{2}} \delta(t) e^{-jn\omega_0 t} \mathrm{d}t = \frac{1}{T_0} \tag{1-91}$$

代入式（1-90），即得 $\delta_T(t)$ 的傅里叶变换为

$$X(\omega) = \sum_{n=-\infty}^{\infty} 2\pi \frac{1}{T_0} \delta(\omega - n\omega_0) = \omega_0 \sum_{n=-\infty}^{\infty} \delta(\omega - n\omega_0) \tag{1-92}$$

表明周期性冲激串 $\delta_T(t)$ 的频谱密度仍然是一个冲激串，其频谱的间隔为 ω_0，冲激强度也为 ω_0，如图 1-49b 所示。

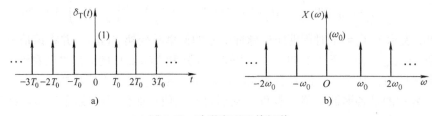

图 1-49　冲激序列及其频谱

三、傅里叶变换的性质

傅里叶变换使任一信号可以有两种描述形式：时域描述和频域描述。为了进一步了解信号的这两种描述形式之间的相互关系，如信号的时域特性在频域中如何对应，在频域中的一些运算在时域中会引起什么效应等，必须讨论傅里叶变换的一些重要性质，另外，很多性质对简化傅里叶变换或反变换的运算也往往很有用。

码 1-10 【视频讲解】
傅里叶变换的性质-1

1. 线性

若
$$x_1(t) \xleftrightarrow{\ \mathscr{F}\ } X_1(\omega)$$

$$x_2(t) \xleftrightarrow{\ \mathscr{F}\ } X_2(\omega)$$

则有

$$a_1 x_1(t) + a_2 x_2(t) \xleftrightarrow{\ \mathscr{F}\ } a_1 X_1(\omega) + a_2 X_2(\omega) \tag{1-93}$$

式中，a_1、a_2 为任意常数。这一性质很容易由式（1-66）直接得到证明，并可以推广到多个信号的情况中去。

实际上，在求正弦信号和余弦信号的傅里叶变换时已经利用了线性性质。

2. 奇偶性

若
$$x(t) \xleftrightarrow{\ \mathscr{F}\ } X(\omega)$$

则有

$$x^*(t) \xleftrightarrow{\ \mathscr{F}\ } X^*(\omega) \tag{1-94}$$

证明 由傅里叶变换定义，有

$$X(\omega) = \int_{-\infty}^{\infty} x(t) e^{-j\omega t} dt$$

取共轭得

$$X^*(\omega) = \left[\int_{-\infty}^{\infty} x(t) e^{-j\omega t} dt \right]^* = \int_{-\infty}^{\infty} x^*(t) e^{j\omega t} dt$$

以 $-\omega$ 代替 ω，得

$$X^*(-\omega) = \int_{-\infty}^{\infty} x^*(t) e^{-j\omega t} dt = \mathscr{F}\left[x^*(t) \right]$$

因此，式（1-94）得证。

当 $x(t)$ 为实函数时，有 $x(t) = x^*(t)$，由式（1-94）得

$$X(\omega) = X^*(-\omega) \tag{1-95}$$

或
$$X^*(\omega) = X(-\omega)$$

表明实函数的傅里叶变换具有共轭对称性。

由傅里叶变换定义，有

$$X(\omega) = \int_{-\infty}^{\infty} x(t) e^{-j\omega t} dt = \int_{-\infty}^{\infty} x(t) \cos(\omega t) dt - j \int_{-\infty}^{\infty} x(t) \sin(\omega t) dt$$

$$= \mathrm{Re}(\omega) + j\mathrm{Im}(\omega) = |X(\omega)| e^{j\varphi(\omega)}$$

47

显然，频谱函数的实部和虚部分别为

$$\begin{cases} \mathrm{Re}(\omega) = \int_{-\infty}^{\infty} x(t)\cos(\omega t)\,\mathrm{d}t \\ \mathrm{Im}(\omega) = -\int_{-\infty}^{\infty} x(t)\sin(\omega t)\,\mathrm{d}t \end{cases} \tag{1-96}$$

频谱函数的幅度和相位分别为

$$\begin{cases} |X(\omega)| = \sqrt{\mathrm{Re}^2(\omega) + \mathrm{Im}^2(\omega)} \\ \varphi(\omega) = \arctan\left(\dfrac{\mathrm{Im}(\omega)}{\mathrm{Re}(\omega)}\right) \end{cases} \tag{1-97}$$

讨论如下：

1）当 $x(t)$ 为实函数时，$\cos(\omega t)$ 是 ω 的偶函数，$\sin(\omega t)$ 是 ω 的奇函数；由式（1-96）可知，$\mathrm{Re}(\omega)$ 是 ω 的偶函数，$\mathrm{Im}(\omega)$ 是 ω 的奇函数；进而由式（1-97）可知，$|X(\omega)|$ 是 ω 的偶函数，$\varphi(\omega)$ 是 ω 的奇函数。

2）当 $x(t)$ 为实偶函数时，$x(t)\cos(\omega t)$ 是 t 的偶函数，$x(t)\sin(\omega t)$ 是 t 的奇函数，显然有 $\mathrm{Im}(\omega)=0$，而

$$X(\omega) = \mathrm{Re}(\omega) = \int_{-\infty}^{\infty} x(t)\cos(\omega t)\,\mathrm{d}t = 2\int_{0}^{\infty} x(t)\cos(\omega t)\,\mathrm{d}t = X(-\omega)$$

表明这时 $X(\omega)$ 是 ω 的实偶函数。

3）当 $x(t)$ 是实奇函数时，$x(t)\cos(\omega t)$ 是 t 的奇函数，$x(t)\sin(\omega t)$ 是 t 的偶函数，显然有 $\mathrm{Re}(\omega)=0$，而

$$X(\omega) = \mathrm{j}\mathrm{Im}(\omega) = -\mathrm{j}\int_{-\infty}^{\infty} x(t)\sin(\omega t)\,\mathrm{d}t = -2\mathrm{j}\int_{0}^{\infty} x(t)\sin(\omega t)\,\mathrm{d}t$$

这时 $X(\omega)$ 是 ω 的虚奇函数。

3. 对偶性

若

$$x(t) \overset{\mathscr{F}}{\longleftrightarrow} X(\omega)$$

则有

$$X(t) \overset{\mathscr{F}}{\longleftrightarrow} 2\pi x(-\omega) \tag{1-98}$$

证明 由式（1-67）傅里叶反变换，即

$$x(t) = \frac{1}{2\pi}\int_{-\infty}^{\infty} X(\omega)\,\mathrm{e}^{\mathrm{j}\omega t}\,\mathrm{d}\omega$$

将该式的自变量 t 换成 $-t$，有

$$x(-t) = \frac{1}{2\pi}\int_{-\infty}^{\infty} X(\omega)\,\mathrm{e}^{-\mathrm{j}\omega t}\,\mathrm{d}\omega$$

再将 t 和 ω 互换，得

$$x(-\omega) = \frac{1}{2\pi}\int_{-\infty}^{\infty} X(t)\,\mathrm{e}^{-\mathrm{j}\omega t}\,\mathrm{d}t$$

或

$$\int_{-\infty}^{\infty} X(t)\,\mathrm{e}^{-\mathrm{j}\omega t}\,\mathrm{d}t = 2\pi x(-\omega)$$

该式左边即为 $X(t)$ 的傅里叶变换，式（1-98）得证。

对偶性表明了时域函数 $x(t)$ 和频域函数 $X(\omega)$ 之间的对偶关系，例如上一节中，单位

冲激信号和单位直流信号满足这种关系。由式（1-80），有

$$\mathscr{F}[\delta(t)] = 1$$

由对偶性有

$$\mathscr{F}[1] = 2\pi\delta(-\omega)$$

由于 $\delta(\omega)$ 是 ω 的偶函数，即 $\delta(\omega) = \delta(-\omega)$，故有

$$\mathscr{F}[1] = 2\pi\delta(\omega)$$

这与式（1-82）的结果相同。

例 1-11　求采样函数 $\mathrm{Sa}(t) = \dfrac{\sin t}{t}$ 的傅里叶变换。

解　宽度为 τ，幅度为 E 的矩形脉冲信号 $g(t)$ 的傅里叶变换为

$$\mathscr{F}[g(t)] = E\tau\mathrm{Sa}\left(\frac{\omega\tau}{2}\right)$$

若取 $E = \dfrac{1}{2}$，$\tau = 2$，则

$$\mathscr{F}[g(t)] = \mathrm{Sa}(\omega)$$

由对偶性，以及已知矩形脉冲信号 $g(t)$ 是偶函数，则

$$\mathscr{F}[\mathrm{Sa}(t)] = 2\pi g(\omega) = \begin{cases} \pi & |\omega| < 1 \\ 0 & |\omega| > 1 \end{cases}$$

其波形如图 1-50 所示，其中 1-50a 表示 $E = \dfrac{1}{2}$，$\tau = 2$ 的矩形脉冲信号 $g(t)$ 及其频谱密度函数 $\mathrm{Sa}(\omega)$，图 1-50b 表示采样函数 $E(\omega) = |X(\omega)|^2$ 及其频谱密度函数 $2\pi g(\omega)$，非常明显地表示了它们之间的对偶关系，并表达了这一性质给某些信号的傅里叶变换的求取带来极大的方便。

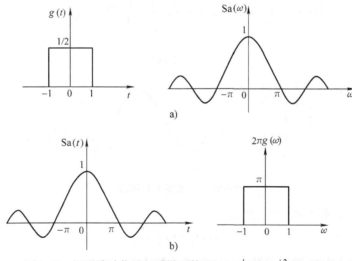

图 1-50　矩形脉冲信号与采样函数 $E(\omega) = |X(\omega)|^2$ 的对偶性

4. 尺度变换性质

若

$$x(t) \xleftarrow{\mathscr{F}} X(\omega)$$

则对于实常数 a 有

$$x(at) \overset{\mathscr{F}}{\longleftrightarrow} \frac{1}{|a|}X\left(\frac{\omega}{a}\right) \tag{1-99}$$

证明 由傅里叶变换定义,有

$$\mathscr{F}[x(at)] = \int_{-\infty}^{\infty} x(at)e^{-j\omega t}dt$$

令 $\lambda = at$,则 $t = \dfrac{\lambda}{a}$,$dt = \dfrac{1}{a}d\lambda$,代入得

当 $a>0$ 时,$\mathscr{F}[x(at)] = \dfrac{1}{a}\displaystyle\int_{-\infty}^{\infty} x(\lambda)e^{-j\omega\frac{\lambda}{a}}d\lambda = \dfrac{1}{a}\displaystyle\int_{-\infty}^{\infty} x(\lambda)e^{-j\frac{\omega}{a}\lambda}d\lambda = \dfrac{1}{a}X\left(\dfrac{\omega}{a}\right)$

当 $a<0$ 时,$\mathscr{F}[x(at)] = \dfrac{1}{a}\displaystyle\int_{\infty}^{-\infty} x(\lambda)e^{-j\omega\frac{\lambda}{a}}d\lambda = -\dfrac{1}{a}\displaystyle\int_{-\infty}^{\infty} x(\lambda)e^{-j\frac{\omega}{a}\lambda}d\lambda = -\dfrac{1}{a}X\left(\dfrac{\omega}{a}\right)$

综合以上两种情况,即得式(1-99)。

傅里叶变换的这一性质表明,在时域将信号 $x(t)$ 压缩为 $1/a$,则在频域其频谱扩展为 a 倍,同时幅度相应地减小为 $1/a$。也就是说,信号波形在时域的压缩意味着在频域信号频带的展宽;反之,信号波形在时域的扩展意味着在频域信号频带的压缩。图 1-51 表示了单位矩形脉冲信号尺度变换($a=3$)前后的时域波形及其频谱。在数字通信技术中,必须压缩矩形脉冲的宽度以提高通信速率,这时必须展宽信道的频带。

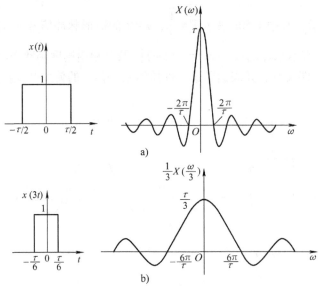

图 1-51 尺度变换的频谱

式(1-99)中,对于 $a=-1$,则有

$$x(-t) \overset{\mathscr{F}}{\longleftrightarrow} X(-\omega) \tag{1-100}$$

表明信号在时域的翻转,对应着其频谱在频域的翻转。

5. 时移特性

若

$$x(t) \overset{\mathscr{F}}{\longleftrightarrow} X(\omega)$$

则对于常数 t_0 有

$$x(t\pm t_0)\overset{\mathscr{F}}{\longleftrightarrow}\mathrm{e}^{\pm\mathrm{j}\omega t_0}X(\omega)\qquad(1\text{-}101)$$

证明　由傅里叶变换定义，有

$$\mathscr{F}\left[x(t-t_0)\right]=\int_{-\infty}^{\infty}x(t-t_0)\,\mathrm{e}^{-\mathrm{j}\omega t}\mathrm{d}t$$

令 $\lambda=t-t_0$，代入得

$$\mathscr{F}\left[x(t-t_0)\right]=\int_{-\infty}^{\infty}x(\lambda)\,\mathrm{e}^{-\mathrm{j}\omega(\lambda+t_0)}\mathrm{d}\lambda=\mathrm{e}^{-\mathrm{j}\omega t_0}\cdot\int_{-\infty}^{\infty}x(\lambda)\,\mathrm{e}^{-\mathrm{j}\omega\lambda}\mathrm{d}\lambda=\mathrm{e}^{-\mathrm{j}\omega t_0}X(\omega)$$

同理可得
$$\mathscr{F}\left[x(t+t_0)\right]=\mathrm{e}^{\mathrm{j}\omega t_0}X(\omega)$$

式（1-101）表明，信号在时域中沿时间轴右移（或左移）t_0，即延时（或超前）t_0，则在频域中，信号的幅度频谱不变，而相位频谱产生 $-\omega t_0$（或 $+\omega t_0$）的变化。

若信号 $x(t)$ 既有时移，又有尺度变换时，则有

$$\mathscr{F}\left[x(at-b)\right]=\frac{1}{|a|}\mathrm{e}^{-\mathrm{j}\frac{b}{a}\omega}X\left(\frac{\omega}{a}\right)\qquad(1\text{-}102)$$

式中，a 和 b 为实常数，且 $a\neq 0$。

例 1-12　求图 1-52a 表示的信号 $x(t)$ 的频谱。

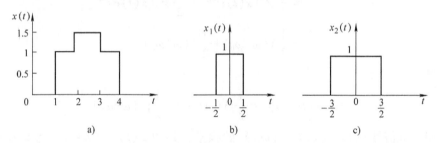

图 1-52　例 1-12 的信号 $x(t)$、$x_1(t)$、$x_2(t)$

解　$x(t)$ 可看成是图 1-52b、c 所示信号 $x_1(t)$ 和 $x_2(t)$ 的组合，即

$$x(t)=\frac{1}{2}x_1\left(t-\frac{5}{2}\right)+x_2\left(t-\frac{5}{2}\right)$$

式中，$x_1(t)$ 和 $x_2(t)$ 分别为 $E=1$、$\tau=1$ 和 $E=1$、$\tau=3$ 的矩形脉冲信号，其频谱分别为

$$X_1(\omega)=\mathrm{Sa}\left(\frac{\omega}{2}\right)$$

$$X_2(\omega)=3\mathrm{Sa}\left(\frac{3\omega}{2}\right)$$

由线性和时移特性，有

$$X(\omega)=\frac{1}{2}\mathrm{e}^{-\mathrm{j}\frac{5}{2}\omega}X_1(\omega)+\mathrm{e}^{-\mathrm{j}\frac{5}{2}\omega}X_2(\omega)$$

$$=\mathrm{e}^{-\mathrm{j}\frac{5}{2}\omega}\left[\frac{1}{2}\mathrm{Sa}\left(\frac{\omega}{2}\right)+3\mathrm{Sa}\left(\frac{3\omega}{2}\right)\right]$$

码 1-11　【视频讲解】
傅里叶变换的性质-2

6. 频移特性

若 $$x(t) \overset{\mathscr{F}}{\longleftrightarrow} X(\omega)$$

则对于常数 ω_0 有

$$x(t)e^{\pm j\omega_0 t} \overset{\mathscr{F}}{\longleftrightarrow} X(\omega \mp \omega_0) \tag{1-103}$$

证明　由傅里叶变换定义，有

$$\mathscr{F}\left[x(t)e^{j\omega_0 t}\right] = \int_{-\infty}^{\infty} x(t)e^{j\omega_0 t}e^{-j\omega t}dt = \int_{-\infty}^{\infty} x(t)e^{-j(\omega-\omega_0)t}dt = X(\omega-\omega_0)$$

同理有 $$\mathscr{F}\left[x(t)e^{-j\omega_0 t}\right] = X(\omega+\omega_0)$$

频移特性表明，在时域将信号 $x(t)$ 乘以因子 $e^{j\omega_0 t}$（或 $e^{-j\omega_0 t}$），对应于在频域将原信号的频谱右移（或左移）ω_0，即往高频段（或低频段）平移 ω_0，实行频谱的搬移。这就是通信工程中常用的调制技术，该技术将调制信号 $x(t)$ 乘以正弦或余弦信号（常称载频信号），这个过程在时域由信号 $x(t)$ 改变正弦或余弦信号的幅度，在频域则是使 $x(t)$ 的频谱右移，将发送信号的频谱搬移到适合信道传输的较高频率范围，因此频移特性也称为调制特性。

设信号 $x(t)$ 由角频率为 ω_0 的余弦信号 $\cos(\omega_0 t)$ 调制，根据频移特性有

$$\begin{aligned}
\mathscr{F}\left[x(t)\cos(\omega_0 t)\right] &= \mathscr{F}\left[x(t)\frac{e^{j\omega_0 t}+e^{-j\omega_0 t}}{2}\right] \\
&= \frac{1}{2}\mathscr{F}\left[x(t)e^{j\omega_0 t}\right] + \frac{1}{2}\mathscr{F}\left[x(t)e^{-j\omega_0 t}\right] \\
&= \frac{1}{2}X(\omega-\omega_0) + \frac{1}{2}X(\omega+\omega_0) \tag{1-104}
\end{aligned}$$

同样可求得

$$\mathscr{F}\left[x(t)\sin\omega_0 t\right] = \frac{1}{2}jX(\omega+\omega_0) - \frac{1}{2}jX(\omega-\omega_0) \tag{1-105}$$

例 1-13　求信号 $x(t) = g(t)\cos(\omega_0 t)$ 的频谱，其中 $g(t)$ 为 $E=1$，宽度为 τ 的矩形脉冲。

解　已知矩形脉冲的频谱函数为

$$G(\omega) = \mathscr{F}\left[g(t)\right] = \tau\mathrm{Sa}\left(\frac{\omega\tau}{2}\right)$$

根据频移特性 [式（1-104）]，有

$$\begin{aligned}
X(\omega) = \mathscr{F}\left[g(t)\cos(\omega_0 t)\right] &= \frac{1}{2}G(\omega-\omega_0) + \frac{1}{2}G(\omega+\omega_0) \\
&= \frac{\tau}{2}\mathrm{Sa}\left[\frac{(\omega-\omega_0)\tau}{2}\right] + \frac{\tau}{2}\mathrm{Sa}\left[\frac{(\omega+\omega_0)\tau}{2}\right]
\end{aligned}$$

图 1-53a、b、c 分别表示了矩形脉冲信号 $g(t)$、余弦信号 $\cos(\omega_0 t)$ 和调制后信号 $x(t)$ 的频谱。可见，用角频率为 ω_0 的余弦（或正弦）信号去调制时间信号 $g(t)$ 时，原信号频谱 $G(\omega)$ 一分为二，各向左、右移动 ω_0，在移动过程中原信号幅度谱的形式保持不变。从另一角度看，$x(t)$ 可看成余弦信号在矩形窗函数作用下的截断，因而把原来集中在 ω_0 的冲激谱线变成连续频谱，使信号功率分散。

例 1-14　一个简化的无线电发射机和接收机如图 1-54a 所示，系统中的传送信号 $m(t)$

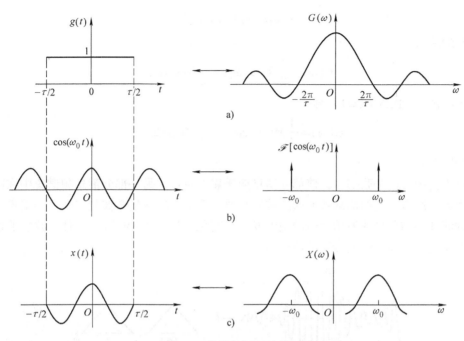

图 1-53　信号的调制及其频谱

及其频谱 $M(\omega)$ 如图 1-54b 所示。当忽略了传播效应和信道噪声时，假设接收机的信号 $r(t)$ 等于发射信号；接收机低通滤波器的通带等于消息带宽，即 $\omega_c = W$，对比分析发射信号和接收信号的频谱。

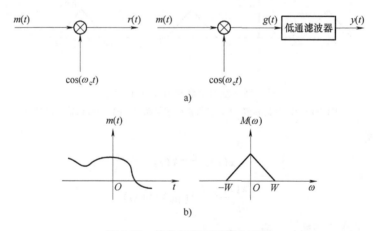

图 1-54　简化的调幅无线电系统
a）发射机和接收机　b）传送信号及其频谱

解　发射信号为

$$r(t) = m(t)\cos(\omega_c t)$$

其傅里叶变换为

$$R(\omega) = \frac{1}{2}M(\omega - \omega_c) + \frac{1}{2}M(\omega + \omega_c)$$

在接收机中，同样将 $r(t)$ 与余弦信号相乘，得到

$$g(t) = r(t)\cos(\omega_c t)$$

其傅里叶变换为

$$G(\omega) = \frac{1}{2}R(\omega-\omega_c) + \frac{1}{2}R(\omega+\omega_c)$$

如图 1-55a 所示。代入 $R(\omega)$，有

$$G(\omega) = \frac{1}{4}M(\omega-2\omega_c) + \frac{1}{4}M(\omega+2\omega_c)$$

如图 1-55b 所示。

在接收机中乘以余弦信号，使部分消息频谱靠近原点，另一部分消息频谱集中在两倍载波频率附近。原点附近的消息被低通滤波器复原，而集中在两倍载波频率附近的消息则被滤掉。这种滤波的结果是使原始信号的幅度发生了变化，如图 1-55c 所示。对滤波后的信号进行傅里叶反变换，即可恢复传送的消息信号。

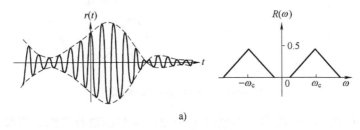

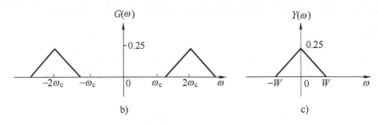

图 1-55　发射机和接收机中的信号

a) 发射信号 $r(t)$ 及其频谱　b) 接收机中信号频谱　c) 接收机输出信号频谱

7. 微分性质

若

$$x(t) \xleftarrow{\mathscr{F}} X(\omega)$$

则有

$$\frac{\mathrm{d}^n x(t)}{\mathrm{d}t^n} \xleftarrow{\mathscr{F}} (\mathrm{j}\omega)^n X(\omega) \tag{1-106}$$

证明　由傅里叶反变换式，有

$$x(t) = \frac{1}{2\pi}\int_{-\infty}^{\infty} X(\omega) \mathrm{e}^{\mathrm{j}\omega t}\mathrm{d}\omega$$

将等式两边对 t 求导数，则有

$$\frac{\mathrm{d}x(t)}{\mathrm{d}t} = \frac{1}{2\pi}\int_{-\infty}^{\infty} X(\omega)\mathrm{j}\omega \mathrm{e}^{\mathrm{j}\omega t}\mathrm{d}\omega = \frac{1}{2\pi}\int_{-\infty}^{\infty} \left[\mathrm{j}\omega X(\omega)\right]\mathrm{e}^{\mathrm{j}\omega t}\mathrm{d}\omega$$

所以

$$\mathscr{F}\left[\frac{\mathrm{d}x(t)}{\mathrm{d}t}\right] = \mathrm{j}\omega X(\omega)$$

依此类推得

$$\mathscr{F}\left[\frac{\mathrm{d}^n x(t)}{\mathrm{d}t^n}\right]=(\mathrm{j}\omega)^n X(\omega)$$

这一性质表明，时域的微分运算对应于频域乘以 $\mathrm{j}\omega$ 因子，相应地增强了高频成分。

例 1-15 求如图 1-56a 所示的三角形脉冲信号 $x(t)$ 的频谱 $X(\omega)$。

解 先求出 $\frac{\mathrm{d}x(t)}{\mathrm{d}t}$ 的波形，它是两个矩形脉冲的和，如图 1-56b 所示，该波形信号的频谱为

$$\mathscr{F}\left[\frac{\mathrm{d}x(t)}{\mathrm{d}t}\right]=\mathrm{Sa}\left(\frac{\omega\tau}{4}\right)\left(\mathrm{e}^{\mathrm{j}\frac{\omega\tau}{4}}-\mathrm{e}^{-\mathrm{j}\frac{\omega\tau}{4}}\right)=\mathrm{Sa}\left(\frac{\omega\tau}{4}\right)\left[\mathrm{j}2\sin\left(\frac{\omega\tau}{4}\right)\right]$$

由式（1-106）可知

$$\mathscr{F}\left[\frac{\mathrm{d}x(t)}{\mathrm{d}t}\right]=\mathrm{j}\omega X(\omega)$$

所以有

$$X(\omega)=\frac{1}{\mathrm{j}\omega}\mathrm{Sa}\left(\frac{\omega\tau}{4}\right)\left[\mathrm{j}2\sin\left(\frac{\omega\tau}{4}\right)\right]=\frac{\tau}{2}\mathrm{Sa}^2\left(\frac{\omega\tau}{4}\right)$$

图 1-56c 表示三角形脉冲信号的频谱 $X(\omega)$。

利用微分性质求信号频谱能简化运算。但当信号及其各阶导数存在直流分量时，往往会得出错误的结果，如 $x(t)=u(t)$。若求导后再利用后面介绍的傅里叶积分性质就能得到正确的结果。本例的结果正确是由于 $\mathscr{F}\left[\dfrac{\mathrm{d}x(t)}{\mathrm{d}t}\right]_{\omega=0}=0$。

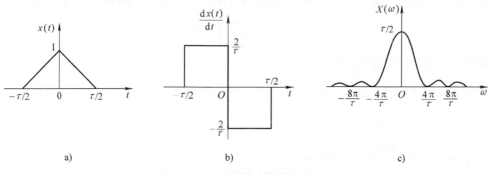

a)   b)   c)

图 1-56 三角形脉冲信号及其频谱

8. 积分性质

若

$$x(t)\xleftrightarrow{\mathscr{F}}X(\omega)$$

则有

$$\int_{-\infty}^{t}x(\tau)\mathrm{d}\tau\xleftrightarrow{\mathscr{F}}\frac{1}{\mathrm{j}\omega}X(\omega)+\pi X(0)\delta(\omega)\qquad(1\text{-}107)$$

证明 按傅里叶变换定义［式（1-66）］，有

$$\mathscr{F}\left[\int_{-\infty}^{t}x(\tau)\mathrm{d}\tau\right]=\int_{-\infty}^{\infty}\left[\int_{-\infty}^{t}x(\tau)\mathrm{d}\tau\right]\mathrm{e}^{-\mathrm{j}\omega t}\mathrm{d}t$$

$$=\int_{-\infty}^{\infty}\left[\int_{-\infty}^{\infty}x(\tau)u(t-\tau)\mathrm{d}\tau\right]\mathrm{e}^{-\mathrm{j}\omega t}\mathrm{d}t$$

$$=\int_{-\infty}^{\infty}x(\tau)\left[\int_{-\infty}^{\infty}u(t-\tau)\mathrm{e}^{-\mathrm{j}\omega t}\mathrm{d}t\right]\mathrm{d}\tau$$

由式（1-86），有
$$\mathscr{F}[u(t)] = \pi\delta(\omega) + \frac{1}{j\omega}$$

再根据［时移特性式（1-101）］，有
$$\mathscr{F}[u(t-\tau)] = \left[\pi\delta(\omega) + \frac{1}{j\omega}\right]e^{-j\omega\tau}$$

因此
$$\mathscr{F}\left[\int_{-\infty}^{t} x(\tau)d\tau\right] = \int_{-\infty}^{\infty} x(\tau)\left[\pi\delta(\omega) + \frac{1}{j\omega}\right]e^{-j\omega\tau}d\tau$$

$$= \left[\pi\delta(\omega) + \frac{1}{j\omega}\right]X(\omega) = \pi\delta(\omega)X(0) + \frac{1}{j\omega}X(\omega)$$

与微分性质相似，以上的结果可以推广到信号在时域的多重积分。

如果 $X(\omega)|_{\omega=0} = 0$，则有

$$\int_{-\infty}^{t} x(\tau)d\tau \xleftrightarrow{\mathscr{F}} \frac{1}{j\omega}X(\omega) \tag{1-108}$$

此时，傅里叶变换的积分性质表明，时域的积分运算对应于频域乘以 $\frac{1}{j\omega}$ 因子，相应地增强了低频成分，减少了高频成分。

例1-16 求如图 1-57a 所示的矩形脉冲 $x_1(t)$ 的积分 $x_2(t) = \int_{-\infty}^{t} x_1(\tau)d\tau$ 的频谱 $X_2(\omega)$。

解 $x_2(t)$ 的波形如图 1-57b 所示，由时移特性，可得 $x_1(t)$ 的频谱 $X_1(\omega)$ 为

$$X_1(\omega) = \mathrm{Sa}\left(\frac{\omega t_0}{2}\right)e^{-j\frac{\omega t_0}{2}}$$

由积分特性［式（1-107）］，得

$$X_2(\omega) = \frac{1}{j\omega}X_1(\omega) + \pi X_1(0)\delta(\omega)$$

而 $\quad X_1(0) = X_1(\omega)|_{\omega=0} = 1$

所以 $\quad X_2(\omega) = \frac{1}{j\omega}\mathrm{Sa}\left(\frac{\omega t_0}{2}\right)e^{-j\frac{\omega t_0}{2}} + \pi\delta(\omega)$

9. 帕斯瓦尔（Parseval）定理

若 $\quad x(t) \xleftrightarrow{\mathscr{F}} X(\omega)$

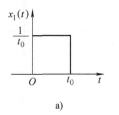 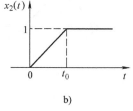

图 1-57 例 1-16 的信号 $x_1(t)$、$x_2(t)$

则有
$$\int_{-\infty}^{\infty} |x(t)|^2 dt = \frac{1}{2\pi}\int_{-\infty}^{\infty} |X(\omega)|^2 d\omega \tag{1-109}$$

证明
$$\int_{-\infty}^{\infty} |x(t)|^2 dt = \int_{-\infty}^{\infty} x(t)x^*(t)dt$$

由式（1-94）可知，$x^*(t)$ 和 $X^*(-\omega)$ 为傅里叶变换对，即

$$x^*(t) = \frac{1}{2\pi}\int_{-\infty}^{\infty} X^*(-\omega)e^{j\omega t}d\omega$$

$$= \frac{1}{2\pi}\int_{-\infty}^{\infty} X^*(\omega)e^{-j\omega t}d\omega$$

代入得

$$\int_{-\infty}^{\infty} |x(t)|^2 dt = \int_{-\infty}^{\infty} x(t) \left[\frac{1}{2\pi} \int_{-\infty}^{\infty} X^*(\omega) e^{-j\omega t} d\omega \right] dt$$

$$= \frac{1}{2\pi} \int_{-\infty}^{\infty} X^*(\omega) \left[\int_{-\infty}^{\infty} x(t) e^{-j\omega t} dt \right] d\omega$$

$$= \frac{1}{2\pi} \int_{-\infty}^{\infty} X^*(\omega) X(\omega) d\omega = \frac{1}{2\pi} \int_{-\infty}^{\infty} |X(\omega)|^2 d\omega$$

式（1-109）称为有限能量信号的帕斯瓦尔定理，等式左边表示有限能量信号 $x(t)$ 的总能量 E，对于实信号有 $x^2(t) = |x(t)|^2$。帕斯瓦尔定理表明，信号的总能量也可由频域求得，即从单位频率的能量（$|X(\omega)|^2/2\pi$）在整个频率范围内积分得到。因此，$|X(\omega)|^2$（或 $|X(\omega)|^2/2\pi$）反映了信号的能量在各频率的相对大小，常称为能量密度谱，简称能谱，记为 $E(\omega)$，即

$$E(\omega) = |X(\omega)|^2 \tag{1-110}$$

显然，信号的能谱 $E(\omega)$ 是 ω 的偶函数，因此，信号的总能量也可写为

$$E = \frac{1}{\pi} \int_0^{\infty} E(\omega) d\omega \tag{1-111}$$

式（1-110）还表明，信号的能谱 $E(\omega)$ 只与幅度频谱 $|X(\omega)|$ 有关，不含相位信息，因而不可能从能谱 $E(\omega)$ 中恢复原信号 $x(t)$，但它对充分利用信号能量、确定信号的有效带宽起着重要作用。

例 1-17 求矩形脉冲（脉冲幅度为 E，脉冲宽度为 τ）信号频谱的第一过零点（$\omega = 2\pi/\tau$）内占有的能量。

解 矩形脉冲信号及其频谱如图 1-37 所示，频谱的第一过零点为 $\omega = 2\pi/\tau$，信号的频谱为

$$X(\omega) = E\tau \text{Sa}\left(\frac{\omega\tau}{2}\right)$$

根据式（1-111），在频谱 $\frac{2\pi}{\tau}$ 内的能量为

$$E_1 = \frac{1}{\pi} \int_0^{2\pi/\tau} |X(\omega)|^2 d\omega = \frac{E^2\tau^2}{\pi} \int_0^{2\pi/\tau} \text{Sa}^2\left(\frac{\omega\tau}{2}\right) d\omega = 0.903 E^2\tau$$

从时域可求出信号的总能量为

$$E_2 = \int_{-\infty}^{\infty} x^2(t) dt = \int_{-\frac{\tau}{2}}^{\frac{\tau}{2}} E^2 dt = E^2\tau$$

可得到 $\omega = 2\pi/\tau$ 内的能量占有率为

$$\frac{E_1}{E_2} = \frac{0.903 E^2\tau}{E^2\tau} = 0.903$$

表明信号总能量的 90.3% 集中在频带宽度 $0 \sim \omega_b = 2\pi/\tau$ 范围内。

由这一例子可以得到启示，一般地，信号占有的等效带宽与脉冲的持续时间成反比，在工程中为了有利于信号的传输，往往生成各种能量比较集中的信号。

有限能量信号的帕斯瓦尔定理［式（1-109）］与周期信号的帕斯瓦尔公式是直接对应

的，前者描述了能量有限信号的总能量对各频率（连续）的分配关系，后者描述了功率有限信号的总平均功率对各频率（离散）的分配关系。

10. 卷积定理

在信号的变换、传递和处理过程中，常常会遇到卷积积分的计算，卷积定理表达了两个函数在时域（或频域）的卷积积分，对应于频域（或时域）的运算关系，它在信号分析中占有重要地位。卷积定理通常包含了时域卷积定理和频域卷积定理两部分。

（1）时域卷积定理

若 $\qquad\qquad x_1(t) \xleftrightarrow{\mathscr{F}} X_1(\omega)，x_2(t)\xleftrightarrow{\mathscr{F}} X_2(\omega)$

则有

$$x_1(t) * x_2(t) \xleftrightarrow{\mathscr{F}} X_1(\omega)X_2(\omega) \tag{1-112}$$

证明 根据卷积积分定义，有

$$x_1(t) * x_2(t) = \int_{-\infty}^{\infty} x_1(\tau)x_2(t-\tau)\mathrm{d}\tau$$

则

$$\mathscr{F}[x_1(t) * x_2(t)] = \int_{-\infty}^{\infty}\left[\int_{-\infty}^{\infty} x_1(\tau)x_2(t-\tau)\mathrm{d}\tau\right]\mathrm{e}^{-\mathrm{j}\omega t}\mathrm{d}t$$

$$= \int_{-\infty}^{\infty} x_1(\tau)\left[\int_{-\infty}^{\infty} x_2(t-\tau)\mathrm{e}^{-\mathrm{j}\omega t}\mathrm{d}t\right]\mathrm{d}\tau$$

由时移特性，有

$$\int_{-\infty}^{\infty} x_2(t-\tau)\mathrm{e}^{-\mathrm{j}\omega t}\mathrm{d}t = \mathrm{e}^{-\mathrm{j}\omega\tau}X_2(\omega)$$

代入得

$$\mathscr{F}[x_1(t) * x_2(t)] = \int_{-\infty}^{\infty} x_1(\tau)\mathrm{e}^{-\mathrm{j}\omega\tau}X_2(\omega)\mathrm{d}\tau$$

$$= \int_{-\infty}^{\infty} x_1(\tau)\mathrm{e}^{-\mathrm{j}\omega\tau}\mathrm{d}\tau X_2(\omega)$$

$$= X_1(\omega) \cdot X_2(\omega)$$

时域卷积定理表明，两个信号在时域的卷积积分，对应了频域中该两信号频谱的乘积，由此可以把时域的卷积运算转换为频域的乘法运算，简化了运算过程。

例 1-18 求如图 1-58a、b 所示两个相同的矩形脉冲卷积后的时域波形的频谱。

解 图 1-58a、b 所示的矩形脉冲的表达式为

$$x_1(t) = x_2(t) = \begin{cases} \sqrt{\dfrac{2}{\tau}} & |t| < \dfrac{\tau}{4} \\[2mm] 0 & |t| > \dfrac{\tau}{4} \end{cases}$$

它们所对应的频谱为

$$X_1(\omega) = X_2(\omega) = \sqrt{\frac{2}{\tau}}\frac{\tau}{2}\mathrm{Sa}\left(\frac{\omega\tau}{4}\right) = \sqrt{\frac{\tau}{2}}\mathrm{Sa}\left(\frac{\omega\tau}{4}\right)$$

分别对应于图 1-58c、d。根据卷积积分定义，可求得两个信号的卷积积分为

$$r(t) = x_1(t) * x_2(t) = \int_{-\infty}^{\infty} x_1(\tau) x_2(t-\tau) \, d\tau$$

$$= \begin{cases} 1 - \dfrac{2}{\tau} |t| & |t| < \dfrac{\tau}{2} \\[2mm] 0 & |t| > \dfrac{\tau}{2} \end{cases}$$

其波形是宽度为 τ、幅度为 1 的三角形脉冲，如图 1-58e 所示。

另一方面，由时域卷积定理得

$$R(\omega) = X_1(\omega) X_2(\omega) = \left[\sqrt{\frac{\tau}{2}} \mathrm{Sa}\left(\frac{\omega\tau}{4}\right) \right]^2 = \frac{\tau}{2} \mathrm{Sa}^2\left(\frac{\omega\tau}{4}\right)$$

其波形对应于图 1-58f。与例 1-15 中求出的三角形脉冲信号的频谱完全一致，即由两个矩形脉冲信号的频谱相乘求得的频谱函数正是由该两个矩形脉冲信号卷积得到的三角形脉冲信号的频谱。图 1-58 直观地说明了时域卷积定理及其对应的运算关系。

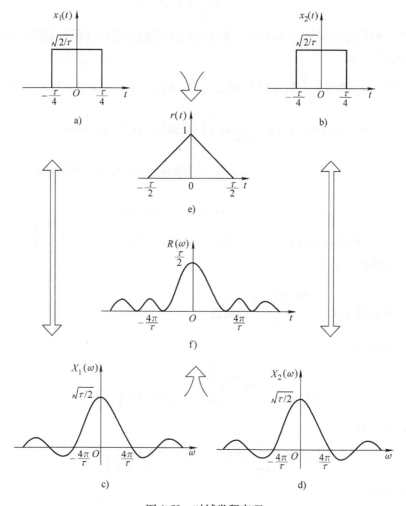

图 1-58　时域卷积定理

（2）频域卷积定理

若 $\qquad x_1(t)\overset{\mathscr{F}}{\longleftrightarrow}X_1(\omega)$，$x_2(t)\overset{\mathscr{F}}{\longleftrightarrow}X_2(\omega)$

则有 $\qquad x_1(t)x_2(t)\overset{\mathscr{F}}{\longleftrightarrow}\dfrac{1}{2\pi}X_1(\omega)*X_2(\omega)$ （1-113）

证明

$$\mathscr{F}[x_1(t)x_2(t)]=\int_{-\infty}^{\infty}x_1(t)x_2(t)\mathrm{e}^{-\mathrm{j}\omega t}\mathrm{d}t$$

$$=\int_{-\infty}^{\infty}\left[\frac{1}{2\pi}\int_{-\infty}^{\infty}X_1(\lambda)\mathrm{e}^{\mathrm{j}\lambda t}\mathrm{d}\lambda\right]x_2(t)\mathrm{e}^{-\mathrm{j}\omega t}\mathrm{d}t$$

$$=\frac{1}{2\pi}\int_{-\infty}^{\infty}X_1(\lambda)\left[\int_{-\infty}^{\infty}x_2(t)\mathrm{e}^{-\mathrm{j}(\omega-\lambda)t}\mathrm{d}t\right]\mathrm{d}\lambda$$

$$=\frac{1}{2\pi}\int_{-\infty}^{\infty}X_1(\lambda)X_2(\omega-\lambda)\mathrm{d}\lambda$$

$$=\frac{1}{2\pi}X_1(\omega)*X_2(\omega)$$

该式表明，两信号在时域的相乘对应于在频域中它们频谱的卷积。利用频域卷积定理很容易导出频移特性，即

$$\mathscr{F}[x(t)\mathrm{e}^{\mathrm{j}\omega_0 t}]=\frac{1}{2\pi}X(\omega)*2\pi\delta(\omega-\omega_0)=X(\omega)*\delta(\omega-\omega_0)=X(\omega-\omega_0)$$

以及

$$\mathscr{F}[x(t)\cos(\omega_0 t)]=\frac{1}{2\pi}X(\omega)*[\pi\delta(\omega-\omega_0)+\pi\delta(\omega+\omega_0)]$$

$$=\frac{1}{2}[X(\omega)*\delta(\omega-\omega_0)+X(\omega)*\delta(\omega+\omega_0)]$$

$$=\frac{1}{2}[X(\omega-\omega_0)+X(\omega+\omega_0)]$$

由式（1-112）和式（1-113）可知，时域卷积和频域卷积形成对偶关系，这当然是由傅里叶变换的对偶性决定的。

例 1-19　求信号 $x(t)=\dfrac{\sin t\sin\left(\dfrac{t}{2}\right)}{\pi t^2}$ 的频谱。

解　$x(t)$ 可表示为

$$x(t)=\frac{1}{2\pi}\frac{\sin t}{t}\frac{\sin\left(\dfrac{t}{2}\right)}{t/2}=\frac{1}{2\pi}\mathrm{Sa}(t)\mathrm{Sa}\left(\frac{t}{2}\right)$$

由频域卷积定理，有

$$X(\omega)=\frac{1}{4\pi^2}\mathscr{F}[\mathrm{Sa}(t)]*\mathscr{F}\left[\mathrm{Sa}\left(\frac{t}{2}\right)\right]$$

前面已经求出

$$\mathscr{F}[\mathrm{Sa}(t)]=2\pi g(\omega)=\begin{cases}\pi & |\omega|<1\\0 & |\omega|>1\end{cases}$$

根据傅里叶变换的尺度变换特性，有

$$\mathscr{F}\left[\text{Sa}\left(\frac{t}{2}\right)\right] = 4\pi g(2\omega) = \begin{cases} 2\pi & |\omega| < \dfrac{1}{2} \\ 0 & |\omega| > \dfrac{1}{2} \end{cases}$$

为了计算方便，取 $X_1(\omega) = \dfrac{1}{2\pi}\mathscr{F}[\text{Sa}(t)] = \begin{cases} \dfrac{1}{2} & |\omega| < 1 \\ 0 & |\omega| > 1 \end{cases}$

和

$$X_2(\omega) = \frac{1}{2\pi}\mathscr{F}\left[\text{Sa}\left(\frac{t}{2}\right)\right] = \begin{cases} 1 & |\omega| < \dfrac{1}{2} \\ 0 & |\omega| > \dfrac{1}{2} \end{cases}$$

分别表示在图 1-59a、b 中，$X(\omega)$ 可表示为

$$X(\omega) = X_1(\omega) * X_2(\omega) = \int_{-\infty}^{\infty} X_1(\tau) X_2(\omega-\tau)\,\mathrm{d}\tau$$

按卷积积分的计算，可得 $X(\omega)$ 如图 1-59c 所示。

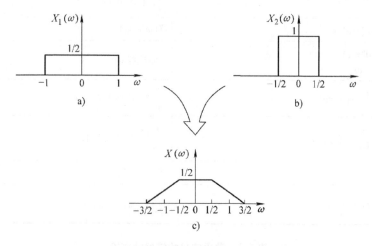

图 1-59 例 1-19 中的 $X_1(\omega)$、$X_2(\omega)$ 和 $X(\omega)$

为了使用方便，将上述傅里叶变换的基本性质汇总于表 1-1，并在表 1-2 中给出了常用信号的傅里叶变换。

表 1-1 傅里叶变换的基本性质

性质	时域 $x(t)$	频域 $X(\omega)$
定义	$x(t) = \dfrac{1}{2\pi}\displaystyle\int_{-\infty}^{\infty} X(\omega)\mathrm{e}^{\mathrm{j}\omega t}\,\mathrm{d}\omega$	$X(\omega) = \displaystyle\int_{-\infty}^{\infty} x(t)\mathrm{e}^{-\mathrm{j}\omega t}\,\mathrm{d}t$ $= \|X(\omega)\|\mathrm{e}^{\mathrm{j}\varphi(\omega)} = \mathrm{Re}(\omega) + \mathrm{jIm}(\omega)$
线性	$a_1 x_1(t) + a_2 x_2(t)$	$a_1 X_1(\omega) + a_2 X_2(\omega)$

性质	时域 $x(t)$	频域 $X(\omega)$
奇偶性	$x^*(t)$ $x(t)$ 为实函数 $x(t)$ 为实偶函数 $x(t)=x(-t)$ $x(t)$ 为实奇函数 $x(t)=-x(-t)$	$X^*(-\omega)$ $X(\omega)=X^*(-\omega)$ 或 $X(-\omega)=X^*(\omega)$ $\left| X(\omega) \right| = \left| X(-\omega) \right|$ $\varphi(\omega)=-\varphi(-\omega)$ $\mathrm{Re}(\omega)=\mathrm{Re}(-\omega)$ $\mathrm{Im}(\omega)=-\mathrm{Im}(-\omega)$ $X(\omega)=\mathrm{Re}(\omega)$ $\mathrm{Im}(\omega)=0$ $X(\omega)=j\mathrm{Im}(\omega)$ $\mathrm{Re}(\omega)=0$
对偶性	$X(t)$	$2\pi x(-\omega)$
尺度变换	$x(at)$ $a\neq 0$	$\dfrac{1}{\left| a \right|}X\left(\dfrac{\omega}{a}\right)$
翻转	$x(-t)$	$X(-\omega)$
时移	$x(t\pm t_0)$ $x(at-b)$ $a\neq 0$	$\mathrm{e}^{\pm j\omega t_0}X(\omega)$ $\dfrac{1}{\left| a \right|}X\left(\dfrac{\omega}{a}\right)\mathrm{e}^{-j\frac{b}{a}\omega}$
频移	$x(t)\mathrm{e}^{\pm j\omega_0 t}$	$X(\omega\mp\omega_0)$
时域微分	$\dfrac{\mathrm{d}^n x(t)}{\mathrm{d}t^n}$	$(j\omega)^n X(\omega)$
时域积分	$\displaystyle\int_{-\infty}^{t} x(\tau)\,\mathrm{d}\tau$	$\dfrac{1}{j\omega}X(\omega)+\pi X(0)\delta(\omega)$
帕斯瓦尔定理	$\displaystyle\int_{-\infty}^{\infty} \left| x(t) \right|^2 \mathrm{d}t$	$\dfrac{1}{2\pi}\displaystyle\int_{-\infty}^{\infty} \left| X(\omega) \right|^2 \mathrm{d}\omega$
时域卷积	$x_1(t)*x_2(t)$	$X_1(\omega)\cdot X_2(\omega)$
频域卷积	$x_1(t)\cdot x_2(t)$	$\dfrac{1}{2\pi}X_1(\omega)*X_2(\omega)$

表 1-2 常用信号的傅里叶变换

信号 $x(t)$	傅里叶变换 $X(\omega)$
$\delta(t)$	1
$\delta(t-t_0)$	$\mathrm{e}^{-j\omega t_0}$
1	$2\pi\delta(\omega)$
$u(t)$	$\pi\delta(\omega)+\dfrac{1}{j\omega}$
$\mathrm{sgn}(t)$	$\dfrac{2}{j\omega}$
$\mathrm{e}^{-at}u(t)$ $(a>0)$	$\dfrac{1}{j\omega+a}$

（续）

信号 $x(t)$	傅里叶变换 $X(\omega)$
$g(t) = \begin{cases} 1 & \|t\| < \dfrac{\tau}{2} \\ 0 & \|t\| > \dfrac{\tau}{2} \end{cases}$	$\tau \mathrm{Sa}\left(\dfrac{\omega\tau}{2}\right)$
$\mathrm{Sa}(\omega_c t)$	$\dfrac{\pi}{\omega_c} g(\omega)$, $g(\omega) = \begin{cases} 1 & \|\omega\| < \omega_c \\ 0 & \|\omega\| > \omega_c \end{cases}$
$\mathrm{e}^{-a\|t\|}$ $(a>0)$	$\dfrac{2a}{\omega^2 + a^2}$
$\mathrm{e}^{-(at)^2}$	$\dfrac{\sqrt{\pi}}{a}\mathrm{e}^{-\left(\frac{\omega}{2a}\right)^2}$
$\mathrm{e}^{\mathrm{j}\omega_0 t}$	$2\pi\delta(\omega - \omega_0)$
$\cos(\omega_0 t)$	$\pi[\delta(\omega+\omega_0) + \delta(\omega-\omega_0)]$
$\sin(\omega_0 t)$	$\mathrm{j}\pi[\delta(\omega+\omega_0) - \delta(\omega-\omega_0)]$
$\mathrm{e}^{-at}\cos(\omega_0 t)u(t)$ $(a>0)$	$\dfrac{\mathrm{j}\omega + a}{(\mathrm{j}\omega + a)^2 + \omega_0^2}$
$\mathrm{e}^{-at}\sin(\omega_0 t)u(t)$ $(a>0)$	$\dfrac{\omega_0}{(\mathrm{j}\omega + a)^2 + \omega_0^2}$
$t\mathrm{e}^{-at}u(t)$ $(a>0)$	$\dfrac{1}{(\mathrm{j}\omega + a)^2}$
$\dfrac{t^{n-1}}{(n-1)!}\mathrm{e}^{-at}u(t)$ $(a>0)$	$\dfrac{1}{(\mathrm{j}\omega + a)^n}$
$\delta_{\mathrm{T}}(t) = \displaystyle\sum_{n=-\infty}^{\infty} \delta(t-nT_0)$	$\omega_0 \displaystyle\sum_{n=-\infty}^{\infty} \delta(\omega-n\omega_0)$ $\quad \omega_0 = \dfrac{2\pi}{T_0}$
$x(t) = \displaystyle\sum_{n=-\infty}^{\infty} X(n\omega_0)\mathrm{e}^{\mathrm{j}n\omega_0 t}$	$X(\omega) = 2\pi \displaystyle\sum_{n=-\infty}^{\infty} X(n\omega_0)\delta(\omega-n\omega_0)$

63

第三节 连续信号的复频域分析

信号的傅里叶变换或傅里叶分析概括了连续确定性信号的基本性质，并有着清晰的物理意义，在信号分析和处理领域占有重要地位。但是，由于傅里叶变换要求信号满足狄利克雷条件，即描述信号的函数 $x(t)$ 在 $(-\infty,\infty)$ 上有定义，且绝对可积。尽管在以上的讨论中，通过引入 δ 函数或极限处理，对某些不满足狄利克雷条件的信号，如定常信号、周期信号等可以求得其傅里叶变换，但是，还有一些重要信号，如功率型非周期信号、指数增长型信号 $\mathrm{e}^{at}(a>0)$ 等，还难以求出其傅里叶变换，不能对它们进行频谱分析，使傅里叶变换的应用受到限制。若将傅里叶变换的频域推广到复频域，构成一种新的变换——拉普拉斯变换，就能克服上述傅里叶变换的局限性，进一步扩大频谱分析的范围。

一、信号的拉普拉斯变换

（一）从傅里叶变换到拉普拉斯变换

由第二节讨论可知，信号 $x(t)$ 的傅里叶变换及反变换分别为

$$X(\omega)=\int_{-\infty}^{\infty}x(t)\,\mathrm{e}^{-\mathrm{j}\omega t}\mathrm{d}t \tag{1-114}$$

码 1-12【视频讲解】
信号的拉普拉斯变换

和

$$x(t)=\frac{1}{2\pi}\int_{-\infty}^{\infty}X(\omega)\,\mathrm{e}^{\mathrm{j}\omega t}\mathrm{d}\omega \tag{1-115}$$

有些不满足绝对可积的信号，如指数增长型函数 $\mathrm{e}^{at}(a>0)$，其傅里叶变换不能用式（1-114）求得，如果将这类信号乘以一个随时间逐步衰减的因子 $\mathrm{e}^{-\sigma t}$（σ 为大于 0 并使 $\lim\limits_{t\to\infty}|x(t)|\,\mathrm{e}^{-\sigma t}=0$ 的实常数），使 $x(t)\,\mathrm{e}^{-\sigma t}$ 符合绝对可积条件，则其傅里叶变换为

$$\mathscr{F}\left[x(t)\,\mathrm{e}^{-\sigma t}\right]=\int_{-\infty}^{\infty}x(t)\,\mathrm{e}^{-\sigma t}\mathrm{e}^{-\mathrm{j}\omega t}\mathrm{d}t$$

$$=\int_{-\infty}^{\infty}x(t)\,\mathrm{e}^{-(\sigma+\mathrm{j}\omega)t}\mathrm{d}t$$

上述积分结果是 $(\sigma+\mathrm{j}\omega)$ 的函数，记为 $X_{\mathrm{b}}(\sigma+\mathrm{j}\omega)$，即

$$X_{\mathrm{b}}(\sigma+\mathrm{j}\omega)=\int_{-\infty}^{\infty}x(t)\,\mathrm{e}^{-(\sigma+\mathrm{j}\omega)t}\mathrm{d}t \tag{1-116}$$

相应的傅里叶反变换为

$$x(t)\,\mathrm{e}^{-\sigma t}=\frac{1}{2\pi}\int_{-\infty}^{\infty}X_{\mathrm{b}}(\sigma+\mathrm{j}\omega)\,\mathrm{e}^{\mathrm{j}\omega t}\mathrm{d}\omega$$

两边同时乘以 $\mathrm{e}^{\sigma t}$，得

$$x(t)=\frac{1}{2\pi}\int_{-\infty}^{\infty}X_{\mathrm{b}}(\sigma+\mathrm{j}\omega)\,\mathrm{e}^{(\sigma+\mathrm{j}\omega)t}\mathrm{d}\omega \tag{1-117}$$

令复变量 $s=\sigma+\mathrm{j}\omega$，因 σ 为实常数，故 $\mathrm{d}s=\mathrm{j}\mathrm{d}\omega$，且当 ω 趋于 $\pm\infty$ 时，有 s 趋于 $\sigma\pm\mathrm{j}\infty$，于是式（1-116）和式（1-117）分别变为

$$X_{\mathrm{b}}(s)=\int_{-\infty}^{\infty}x(t)\,\mathrm{e}^{-st}\mathrm{d}t \tag{1-118}$$

和

$$x(t)=\frac{1}{2\pi\mathrm{j}}\int_{\sigma-\mathrm{j}\infty}^{\sigma+\mathrm{j}\infty}X_{\mathrm{b}}(s)\,\mathrm{e}^{st}\mathrm{d}s \tag{1-119}$$

它们已不是原来意义的傅里叶变换对，称它们为双边拉普拉斯变换对，双边指的是以上积分变换式的上下限包括了时域的正、负区间，记为

$$\mathscr{L}\left[x(t)\right]=X_{\mathrm{b}}(s)$$

$$\mathscr{L}^{-1}\left[X_{\mathrm{b}}(s)\right]=x(t)$$

或

$$x(t)\xleftrightarrow{\ \mathscr{L}\ }X_{\mathrm{b}}(s)$$

式（1-118）为双边拉普拉斯变换式，$X_{\mathrm{b}}(s)$ 称为 $x(t)$ 的双边拉普拉斯变换，它是复频率 $s=\sigma+\mathrm{j}\omega$ 的函数。式（1-119）为双边拉普拉斯反变换，表明信号 $x(t)$ 是复指数信号 $\mathrm{e}^{st}=\mathrm{e}^{\sigma t}\mathrm{e}^{\mathrm{j}\omega t}$ 的线性组合。针对一般的信号 $x(t)$，由于 σ 可正、可负也可为零，复指数信号 e^{st}

可能是由增幅振荡信号、减幅振荡信号或等幅振荡信号组成。当 $\sigma = 0$ 时，则完全与傅里叶变换一致，信号 $x(t)$ 可视为由一系列频率无限密集，幅度为无限小的无限多个等幅振荡的复指数信号 $e^{j\omega t}$ 线性组合而成；当 $\sigma \neq 0$ 时，$x(t)$ 则可视为由一系列频率无限密集、幅度为无限小的无限多个变幅振荡的复指数信号 $e^{\sigma t}e^{j\omega t}$ 线性组合而成，$X_b(s)$ 表示的是单位复频率带宽内变幅振荡的复指数信号的合成振幅，具有密度性质。因此，$x(t)$ 的拉普拉斯变换 $X_b(s)$ 与傅里叶变换 $X(\omega)$ 类似，也反映了信号的基本特征，而且正因为拉普拉斯变换把信号 $x(t)$ 分解为一系列变幅的复指数信号，它比傅里叶变换更具有普遍意义，对信号 $x(t)$ 的限制约束更少，从这一角度来看，可以认为拉普拉斯变换是傅里叶变换的推广，而傅里叶变换是拉普拉斯变换当 $\sigma = 0$ 时的特殊情况。

（二）拉普拉斯变换的收敛域

当把拉普拉斯变换理解为 $x(t)e^{-\sigma t}$ 的傅里叶变换，期望通过衰减因子 $e^{-\sigma t}$ 迫使 $x(t)e^{-\sigma t}$ 满足绝对可积的条件时，必须注意到如下两个事实：

1）$e^{-\sigma t}$ 为一指数型衰减因子，它至多能使指数增长型函数满足绝对可积条件，或满足

$$\lim_{t \to \infty} |x(t)| e^{-\sigma t} = 0 \qquad (1\text{-}120)$$

有些函数，如 e^{t^2}、t^t 等，它们随 t 的增长速率比 $e^{-\sigma t}$ 的衰减速度快，找不到能满足式（1-120）的 σ 值，因而这些函数乘上衰减因子后仍不满足绝对可积条件，它们的拉普拉斯变换便不存在，所幸的是这些函数在工程实际中很少遇到，因此并不影响拉普拉斯变换的实际意义。

2）即使是乘上衰减因子 $e^{-\sigma t}$ 后能满足绝对可积条件或式（1-120）的函数 $x(t)$，也存在一个 σ 的取值问题。例如 $x(t) = e^{7t}$，只有在 $\sigma \geq 7$ 的情况下，积分才会收敛，$X_b(s)$ 才存在。这就是拉普拉斯收敛域的问题。

因此，乘上衰减因子 $e^{-\sigma t}$ 后，$x(t)e^{-\sigma t}$ 能否满足绝对可积条件，即

$$\int_{-\infty}^{\infty} |x(t)| e^{-\sigma t} dt < \infty$$

取决于信号 $x(t)$ 的性质，也取决于 σ 的取值。把能使信号 $x(t)$ 的拉普拉斯变换 $X_b(s)$ 存在的 s 值的范围称为信号 $x(t)$ 的拉普拉斯变换的收敛域，记为 ROC。

下面通过几个常见信号的拉普拉斯变换，来说明其收敛域。

例 1-20 求右边信号 $x(t) = e^{-t}u(t)$ 的拉普拉斯变换及其收敛域。

解 由式（1-118），有

$$X_b(s) = \int_{-\infty}^{\infty} e^{-t}u(t)e^{-st}dt = \int_0^{\infty} e^{-(s+1)t}dt = -\frac{1}{s+1}e^{-(s+1)t}\Big|_0^{\infty}$$

该式积分只有在 $\sigma > -1$ 时收敛，这时

$$X_b(s) = \frac{1}{s+1}, \quad \sigma > -1$$

其收敛域表示在以 σ 轴为横轴、$j\omega$ 轴为纵轴的 s 平面上，如图 1-60 所示。

例 1-21 求左边信号 $x(t) = -e^{-t}u(-t)$ 的拉普拉斯变换及其收敛域。

解 由式（1-118），有

$$X_b(s) = \int_{-\infty}^{\infty} [-e^{-t}u(-t)]e^{-st}dt = \int_{-\infty}^{0} [-e^{-(s+1)t}]dt = \frac{1}{s+1}e^{-(s+1)t}\Big|_{-\infty}^{0}$$

该式积分只有在 $\sigma<-1$ 时收敛，这时

$$X_\mathrm{b}(s)=\frac{1}{s+1}, \quad \sigma<-1$$

其收敛域如图 1-61 所示。

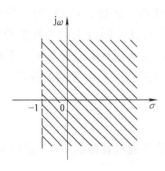
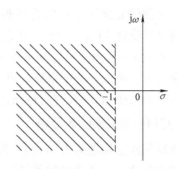

图 1-60　例 1-20 的收敛域　　　　　图 1-61　例 1-21 的收敛域

　　上面两例中，两个完全不同的信号对应了相同的拉普拉斯变换，而它们的收敛域不同。这说明收敛域在拉普拉斯变换中的重要意义，一个拉普拉斯变换式只有和其收敛域一起才能与信号建立一一对应的关系。

　　例 1-22　研究双边信号 $x(t)=\mathrm{e}^{-|t|}$ 的拉普拉斯变换及其收敛域。

　　解
$$\begin{aligned}
X_\mathrm{b}(s) &= \int_{-\infty}^{\infty} \mathrm{e}^{-|t|}\mathrm{e}^{-st}\mathrm{d}t \\
&= \int_{-\infty}^{0} \mathrm{e}^{t}\mathrm{e}^{-st}\mathrm{d}t + \int_{0}^{\infty} \mathrm{e}^{-t}\mathrm{e}^{-st}\mathrm{d}t \\
&= -\frac{1}{s-1}\mathrm{e}^{-(s-1)t}\bigg|_{-\infty}^{0} - \frac{1}{s+1}\mathrm{e}^{-(s+1)t}\bigg|_{0}^{\infty}
\end{aligned}$$

显然，该式第一项积分的收敛域为 $\sigma<1$，第二项积分的收敛域为 $\sigma>-1$，整个积分的收敛域应该是它们的公共部分，即 $-1<\sigma<1$，如图 1-62 所示。这时，有

$$X_\mathrm{b}(s)=-\frac{1}{s-1}+\frac{1}{s+1}=\frac{-2}{s^2-1}, \quad -1<\sigma<1$$

　　例 1-23　讨论双边信号 $x(t)=\mathrm{e}^{|t|}$ 的拉普拉斯变换。

　　解
$$\begin{aligned}
X_\mathrm{b}(s) &= \int_{-\infty}^{\infty} \mathrm{e}^{|t|}\mathrm{e}^{-st}\mathrm{d}t \\
&= \int_{-\infty}^{0} \mathrm{e}^{-t}\mathrm{e}^{-st}\mathrm{d}t + \int_{0}^{\infty} \mathrm{e}^{t}\mathrm{e}^{-st}\mathrm{d}t \\
&= -\frac{1}{s+1}\mathrm{e}^{-(s+1)t}\bigg|_{-\infty}^{0} - \frac{1}{s-1}\mathrm{e}^{-(s-1)t}\bigg|_{0}^{\infty}
\end{aligned}$$

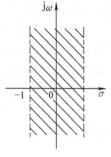

图 1-62　例 1-22 的收敛域

显然，该式第一项积分的收敛域为 $\sigma<-1$，第二项积分的收敛域为 $\sigma>1$，虽然两项积分都能收敛，但它们的收敛域没有公共部分，整个积分不能收敛，所以信号 $\mathrm{e}^{|t|}$ 的拉普拉斯变换不存在。这进一步表明了尽管由于衰减因子的引入使拉普拉斯变换具有比傅里叶变换更强的收敛性，但其收敛性仍是有限的。换言之，并不是任何信号的拉普拉斯变换都存在，也不是 s 平面上的任何复数都能使拉普拉斯变换收敛。

综合上面的讨论，可以为各种信号拉普拉斯变换的收敛域归纳出如下基本特点：

1）连续信号 $x(t)$ 的拉普拉斯变换 $X_{\mathrm{b}}(s)$ 的收敛域的边界是 s 平面上平行于 $j\omega$ 轴的直线。这是因为决定 $x(t)\mathrm{e}^{-\sigma t}$ 是否绝对可积的只是 s 的实部，而与虚部无关。

2）右边信号 $x(t)u(t-t_0)$ 的拉普拉斯变换如果存在，则它的收敛域具有 $\sigma>\sigma_0$ 形式，即收敛域具有左边界 σ_0。

这是因为，对于右边信号 $x(t)u(t-t_0)$，有

$$x(t)u(t-t_0)=0,\quad t<t_0$$

因为其拉普拉斯变换存在，对于它的收敛域中的任一点 s_0 必有

$$\int_{-\infty}^{\infty}|x(t)u(t-t_0)|\,\mathrm{e}^{-\sigma_0 t}\mathrm{d}t<\infty,\quad \text{其中 } \sigma_0 \text{ 为 } s_0 \text{ 的实部}$$

即

$$\int_{t_0}^{\infty}|x(t)|\,\mathrm{e}^{-\sigma_0 t}\mathrm{d}t<\infty$$

对于任意 s，有

$$\int_{t_0}^{\infty}|x(t)|\,\mathrm{e}^{-\sigma t}\mathrm{d}t=\int_{t_0}^{\infty}|x(t)|\,\mathrm{e}^{-\sigma_0 t}\mathrm{e}^{-(\sigma-\sigma_0)t}\mathrm{d}t,\quad \text{其中 } \sigma \text{ 为 } s \text{ 的实部}$$

对于 $\sigma>\sigma_0$，$\mathrm{e}^{-(\sigma-\sigma_0)t}$ 为减函数，有

$$\int_{t_0}^{\infty}|x(t)|\,\mathrm{e}^{-\sigma t}\mathrm{d}t<\mathrm{e}^{-(\sigma-\sigma_0)t_0}\cdot\int_{t_0}^{\infty}|x(t)|\,\mathrm{e}^{-\sigma_0 t}\mathrm{d}t$$

显然有

$$\int_{t_0}^{\infty}|x(t)|\,\mathrm{e}^{-\sigma t}\mathrm{d}t<\infty$$

即 $x(t)u(t-t_0)$ 在 $\sigma>\sigma_0$ 区域内绝对可积，换言之，$x(t)u(t-t_0)$ 的拉普拉斯变换的收敛域具有左边界 σ_0。

3）左边信号 $x(t)u(-t+t_0)$ 的拉普拉斯变换如果存在，则其收敛域具有右边界 σ_0，说明同上。

4）双边信号 $x(t)$ 的拉普拉斯变换如果存在，则其收敛域必为 s 平面上具有左边界和右边界的带状区域。

一个双边信号是指对于 $t>0$ 和 $t<0$ 都具有无限范围的信号，对此，可以选取一个合适的时间 t_0，将它分为右边信号 $x_1(t)$ 和左边信号 $x_2(t)$，由上讨论，右边信号拉普拉斯变换 $X_{\mathrm{b1}}(s)$ 的收敛域为 $\sigma>\sigma_1$，左边信号拉普拉斯变换 $X_{\mathrm{b2}}(s)$ 的收敛域为 $\sigma<\sigma_2$。由于 $x(t)$ 的拉普拉斯变换存在，所以其收敛域必为上述 $X_{\mathrm{b1}}(s)$ 和 $X_{\mathrm{b2}}(s)$ 收敛域的公共部分，即 $\sigma_1<\sigma<\sigma_2$，且 $\sigma_1<\sigma_2$，它是 s 平面上以 σ_1 为左边界、σ_2 为右边界的带状区域。如果 $\sigma_1>\sigma_2$，$X_{\mathrm{b1}}(s)$ 和 $X_{\mathrm{b2}}(s)$ 的收敛域无公共部分，$x(t)$ 的拉普拉斯变换也就不存在了。

5）如果时限信号 $x(t)$ 的拉普拉斯变换 $X_{\mathrm{b}}(s)$ 存在，则其收敛域必为整个 s 平面。

一个时限信号 $x(t)$ 是指

$$x(t)=\begin{cases}0 & t<t_1\\ x(t) & t_1<t<t_2\\ 0 & t>t_2\end{cases}$$

设 s_0 为其拉普拉斯变换 $X_{\mathrm{b}}(s)$ 的收敛域内的一点，必有

$$\int_{-\infty}^{\infty} \left| x(t) \right| e^{-\sigma_0 t} dt = \int_{t_1}^{t_2} \left| x(t) \right| e^{-\sigma_0 t} dt, \quad \sigma_0 \text{ 为 } s_0 \text{ 的实部}$$

对于任意 s，有

$$\int_{t_1}^{t_2} \left| x(t) \right| e^{-\sigma t} dt = \int_{t_1}^{t_2} \left| x(t) \right| e^{-\sigma_0 t} e^{-(\sigma-\sigma_0) t} dt, \quad \sigma \text{ 为 } s \text{ 的实部}$$

当 $\sigma < \sigma_0$ 时，$e^{-(\sigma-\sigma_0) t}$ 在 (t_1, t_2) 内有最大值 $e^{-(\sigma-\sigma_0) t_2}$，故有

$$\int_{t_1}^{t_2} \left| x(t) \right| e^{-\sigma t} dt < e^{-(\sigma-\sigma_0) t_2} \cdot \int_{t_1}^{t_2} \left| x(t) \right| e^{-\sigma_0 t} dt < \infty$$

当 $\sigma > \sigma_0$ 时，$e^{-(\sigma-\sigma_0) t}$ 在 (t_1, t_2) 内有最大值 $e^{-(\sigma-\sigma_0) t_1}$，同样有

$$\int_{t_1}^{t_2} \left| x(t) \right| e^{-\sigma t} dt < e^{-(\sigma-\sigma_0) t_1} \cdot \int_{t_1}^{t_2} \left| x(t) \right| e^{-\sigma_0 t} dt < \infty$$

所以对任意 s，总有

$$\int_{-\infty}^{\infty} \left| x(t) \right| e^{-\sigma t} dt = \int_{t_1}^{t_2} \left| x(t) \right| e^{-\sigma t} dt < \infty$$

即 $x(t) e^{-\sigma t}$ 在整个 s 平面上绝对可积，$X_b(s)$ 的收敛域为整个 s 平面。

（三）拉普拉斯变换的性质

拉普拉斯变换的性质对于拉普拉斯变换和反变换的运算起重要作用，由于拉普拉斯变换是傅里叶变换的推广，其大部分性质与傅里叶变换的性质相似，因此在这里不再详细讨论，只是将它们汇总在表 1-3 中，使用时应着重注意收敛域的变化。

表 1-3 拉普拉斯变换的基本性质

性质	时域 $x(t)$	复频域 $X_b(s)$	收敛域
定义	$x(t) = \dfrac{1}{2\pi j} \int_{\sigma-j\omega}^{\sigma+j\omega} X_b(s) e^{st} ds$	$X_b(s) = \int_{-\infty}^{\infty} x(t) e^{-st} dt$	R
线性	$a_1 x_1(t) + a_2 x_2(t)$	$a_1 X_{b1}(s) + a_2 X_{b2}(s)$	$R_1 \cap R_2$，有可能扩大
尺度变换	$x(at)$	$\dfrac{1}{\left| a \right|} X_b\left(\dfrac{s}{a} \right)$	aR
时移	$x(t-t_0)$	$e^{-st_0} X_b(s)$	R
频移	$x(t) e^{s_0 t}$	$X_b(s-s_0)$	$R + \sigma_0$（表示 R 有一个 σ_0 的平移）
时域微分	$\dfrac{dx(t)}{dt}$	$s X_b(s)$	R，有可能扩大
时域积分	$\int_{-\infty}^{t} x(\tau) d\tau$	$s^{-1} X_b(s)$	$R \cap \sigma > 0$，有可能为 R
复频域微分	$-t x(t)$	$\dfrac{d}{ds} X_b(s)$	R
复频域积分	$t^{-1} x(t)$	$\int_{s}^{\infty} X_b(\tau) d\tau$	R
时域卷积	$x_1(t) * x_2(t)$	$X_{b1}(s) \cdot X_{b2}(s)$	$R_1 \cap R_2$，有可能扩大

注：在进行复频域运算时，如果存在零、极点相消的情况，就有可能扩大收敛域。

（四）常用信号的拉普拉斯变换

表 1-4 列出了一些常用信号的拉普拉斯变换。对于这些拉普拉斯变换，可以用拉普拉斯变换定义直接求得，也可以根据拉普拉斯变换的性质求得，许多有关的书上都进行了详细讨论，在这里只列出以便查用，同样，在使用时要注意其收敛域。

表 1-4　常用信号的拉普拉斯变换

信号 $x(t)$	拉普拉斯变换 $X_b(s)$	收敛域
$\delta(t)$	1	整个 s 平面
$u(t)$	$\dfrac{1}{s}$	$\sigma>0$
$-u(-t)$	$\dfrac{1}{s}$	$\sigma<0$
$t^n u(t)$	$\dfrac{n!}{s^{n+1}}$	$\sigma>0$
$-t^n u(-t)$	$\dfrac{n!}{s^{n+1}}$	$\sigma<0$
e^{-at}	$\dfrac{-2a}{s^2-a^2}$	$-a<\sigma<a$
$e^{-at}u(t)$	$\dfrac{1}{s+a}$	$\sigma>-a$
$-e^{-at}u(-t)$	$\dfrac{1}{s+a}$	$\sigma<-a$
$t^n e^{-at}u(t)$	$\dfrac{n!}{(s+a)^{n+1}}$	$\sigma>-a$
$-t^n e^{-at}u(-t)$	$\dfrac{n!}{(s+a)^{n+1}}$	$\sigma<-a$
$\delta(t-T)$	e^{-sT}	整个 s 平面
$\sin(\omega_0 t)u(t)$	$\dfrac{\omega_0}{s^2+\omega_0^2}$	$\sigma>0$
$\cos(\omega_0 t)u(t)$	$\dfrac{s}{s^2+\omega_0^2}$	$\sigma>0$
$e^{-at}\cos(\omega_0 t)u(t)$	$\dfrac{s+a}{(s+a)^2+\omega_0^2}$	$\sigma>-a$
$e^{-at}\sin(\omega_0 t)u(t)$	$\dfrac{\omega_0}{(s+a)^2+\omega_0^2}$	$\sigma>-a$

（五）拉普拉斯反变换

式（1-119）给出了由 $X_b(s)$ 求 $x(t)$ 的拉普拉斯反变换，这是一个复变函数积分，在数学上可以应用留数定理来求解。对于 $X_b(s)$ 为 s 的有理分式的情况，较为简单的方法是将 $X_b(s)$ 展开为部分分式和，再求出 $x(t)$。这些方法在有关的书籍中都有详细介绍，在这里要着重强调的还是拉普拉斯变换的收敛域问题。前面已经提到，一个拉普拉斯变换式只有和其收敛域一起才能与信号建立一一对应的关系，换言之，撇开收敛域，仅仅由拉普拉斯反变换［式（1-119）］是无法求得唯一的 $x(t)$ 的。正如例 1-20 和例 1-21，右边信号 $e^{-t}u(t)$ 和左边信号 $-e^{-t}u(-t)$ 对应了同一拉普拉斯变换式 $1/(s+1)$，因此，仅由 $1/(s+1)$ 通过拉普拉斯反变换去求对应的信号 $x(t)$ 时，无法确定应该是右边信号 $e^{-t}u(t)$ 还是左边信号 $-e^{-t}u(-t)$。

下面再来看两个有关的例子。

例 1-24 求 $X_b(s) = \dfrac{8(s-2)}{(s+5)(s+3)(s+1)}$，$\sigma > -1$ 所对应的信号 $x(t)$。

解 对 $X_b(s)$ 进行部分分式展开，得

$$X_b(s) = -\frac{3}{s+1} + \frac{10}{s+3} - \frac{7}{s+5}, \quad \sigma > -1$$

对于分式 $X_{b1}(s) = -\dfrac{3}{s+1}$，$\sigma > -1$，可直接由表 1-4 得 $x_1(t) = -3e^{-t}u(t)$。

对于分式 $X_{b2}(s) = \dfrac{10}{s+3}$，$\sigma > -1$，显然满足 $\sigma > -1$ 的 s 值必满足 $\sigma > -3$，所以可写为 $X_{b2}(s) = \dfrac{10}{s+3}$，$\sigma > -3$，查表 1-4 得 $x_2(t) = 10e^{-3t}u(t)$。

对于分式 $X_{b3}(s) = -\dfrac{7}{s+5}$，$\sigma > -1$，同理可写为 $X_{b3}(s) = -\dfrac{7}{s+5}$，$\sigma > -5$，查表 1-4 可得 $x_3(t) = -7e^{-5t}u(t)$。

所以 $x(t) = x_1(t) + x_2(t) + x_3(t) = (-3e^{-t} + 10e^{-3t} - 7e^{-5t})u(t)$

例 1-25 已知 $X_b(s) = \dfrac{2s+3}{(s+1)(s+2)}$，分别求出其收敛域为以下 3 种情况时的 $x(t)$：

(1) $\sigma > -1$；(2) $\sigma < -2$；(3) $-2 < \sigma < -1$。

解 将 $X_b(s)$ 展开为部分分式，有

$$X_b(s) = \frac{2s+3}{(s+1)(s+2)} = \frac{1}{s+1} + \frac{1}{s+2}$$

(1) 收敛域为 $\sigma > -1$ 时，同例 1-24 可得 $x(t) = (e^{-t} + e^{-2t})u(t)$。

(2) 收敛域为 $\sigma < -2$ 时，同理可得 $x(t) = (-e^{-t} - e^{-2t})u(-t)$。

(3) 收敛域为 $-2 < \sigma < -1$ 时，对于分式 $X_{b1}(s) = 1/(s+1)$，只对应左边信号 $x_1(t) = -e^{-t}u(-t)$；对于分式 $X_{b2}(s) = 1/(s+2)$，只对应右边信号 $x_2(t) = e^{-2t}u(t)$；所以 $x(t) = x_1(t) + x_2(t) = -e^{-t}u(-t) + e^{-2t}u(t)$。

（六）单边拉普拉斯变换

实际信号一般都有初始时刻，不妨把初始时刻设为坐标原点，这样，通常大家关心的信

号都是 $\{x(t)=0,t<0\}$ 的因果信号［或写成 $x(t)u(t)$］。这时，信号的拉普拉斯变换［式（1-118）］可写为

$$X(s)=\int_{0^-}^{\infty}x(t)e^{-st}dt \tag{1-121}$$

符号 $X(s)$ 中取消了表示双边的下标 b，而积分下限取 0^- 是为了处理在 $t=0$ 包含冲激函数及其导数的 $x(t)$ 时较方便，式（1-121）称为信号 $x(t)$ 的单边拉普拉斯变换。

从式（1-121）可知，单边拉普拉斯变换只考虑信号 $t\geq0$ 区间，与 $t<0$ 区间的信号是否存在或取什么值无关，因此，对于在 $t<0$ 区间内不同，而在 $t\geq0$ 区间内相同的两个信号，会有相同的单边拉普拉斯变换，例如对于 $x_1(t)=e^{-t}u(t)$、$x_2(t)=e^{-t}$、$x_3(t)=e^{-|t|}$ 这 3 个信号，由于在 $t\geq0$ 区间内它们是一样的，所以这 3 个信号的单边拉普拉斯变换是一样的，即

$$X_1(s)=X_2(s)=X_3(s)=\frac{1}{s+1},\quad \sigma>-1$$

但是很显然它们的双边拉普拉斯变换是不一样的。实际上，例 1-20 和例 1-22 已分别求出 $x_1(t)$ 和 $x_3(t)$ 的双边拉普拉斯变换，它们分别为

$$X_{b1}(s)=\frac{1}{s+1},\quad \sigma>-1$$

$$X_{b3}(s)=\frac{-2}{s^2-1},\quad -1<\sigma<1$$

对于 $x_2(t)=e^{-t}$，由于

$$\int_{-\infty}^{\infty}e^{-t}e^{-st}dt=\int_{-\infty}^{0}e^{-(s+1)t}dt+\int_{0}^{\infty}e^{-(s+1)t}dt$$

$$=-\frac{1}{s+1}e^{-(s+1)t}\Big|_{-\infty}^{0}-\frac{1}{s+1}e^{-(s+1)t}\Big|_{0}^{\infty}$$

两项积分的收敛域分别为 $\sigma<-1$ 和 $\sigma>-1$，无公共部分，故 $X_{b2}(s)$ 不存在。

从上面的讨论可以看出，对于像 $e^{-t}u(t)$ 这样的因果信号，单边拉普拉斯变换和双边拉普拉斯变换是一样的，因此，也可以把信号 $x(t)$ 的单边拉普拉斯变换看作信号 $x(t)u(t)$ 的双边拉普拉斯变换。所以对于单边拉普拉斯变换，可以得出如下的结论：

1）单边拉普拉斯变换具有 $\sigma>\sigma_0$ 的收敛域，即它的收敛域具有左边界。正是由于单边拉普拉斯变换的收敛域单值，所以在研究信号的单边拉普拉斯变换时，把它的收敛域视为变换式已将其包含在内，一般不再另外强调。

2）既然信号 $x(t)$ 的单边拉普拉斯变换可看成信号 $x(t)u(t)$ 的双边拉普拉斯变换，可以求出 $x(t)u(t)$，即

$$x(t)u(t)=\frac{1}{2\pi j}\int_{\sigma-j\omega}^{\sigma+j\omega}X(s)e^{st}dt \tag{1-122}$$

式中，$X(s)$ 为 $x(t)$ 的单边拉普拉斯变换，故式（1-122）称为单边拉普拉斯反变换，由于 $X(s)$ 的收敛域的单值性，保证了拉普拉斯反变换的单值性质，即 $X(s)$ 和 $x(t)u(t)$ 为一一对应的关系，因此拉普拉斯反变换的求取变得简单。

3）单边拉普拉斯变换除了时域微分和时域积分外，绝大部分性质与双边拉普拉斯变换相同，只是不再像双边拉普拉斯变换那样去强调收敛域。此外，单边拉普拉斯变换的时移性

质中时移信号指的是信号 $x(t)u(t)$ 的时延信号 $x(t-t_0)u(t-t_0)$，对于这几点略有差别的性质，在使用时请查阅有关书籍。

单边拉普拉斯变换还有两个重要性质：初值定理和终值定理。分别描述如下：

1）初值定理：对于在 $t=0$ 处不包含冲激及各阶导数的因果信号 $x(t)$，若其单边拉普拉斯变换为 $X(s)$，则 $x(t)$ 的初值 $x(0^+)$ 为

$$x(0^+)=\lim_{s\to\infty}sX(s) \qquad (1\text{-}123)$$

2）终值定理：对于满足以上条件的因果信号 $x(t)$，若其终值 $x(\infty)$ 存在，则

$$x(\infty)=\lim_{s\to 0}sX(s) \qquad (1\text{-}124)$$

利用单边拉普拉斯变换的初值定理和终值定理，可以不经过拉普拉斯反变换，直接从 $X(s)$ 求出 $x(t)$ 的初值和终值，对于信号和系统的分析特别有用。

二、信号的复频域分析

由于拉普拉斯变换 $X_b(s)$ 表示了信号 $x(t)$ 在复频域（$s=\sigma+j\omega$）的频谱密度，并且收敛域确定后，它与信号 $x(t)$ 有完全一一对应的关系。因此，与信号的傅里叶变换 $X(\omega)$ 类似，它能够完整地描述信号的属性。但是与 $X(\omega)$ 可以在平面上画出频谱图不同，$X_b(s)$ 中的自变量 $s=\sigma+j\omega$ 是一个复变量，具有实部 σ 和虚部 $j\omega$，其频谱图必须用三维（3D）立体图形来表示，这给 $X_b(s)$ 的图形描述带来麻烦。

码 1-13 【视频讲解】
信号的复频域分析

（一）拉普拉斯变换的几何表示

如果信号 $x(t)$ 是实指数或复指数信号的线性组合，则其拉普拉斯变换都可以表示成 s 的有理函数的形式，即

$$X_b(s)=\frac{N(s)}{D(s)}$$

式中，$N(s)$ 为 $X_b(s)$ 的 m 次分子多项式，有 m 个根 $z_j(j=1,2,\cdots,m)$；$D(s)$ 为 $X_b(s)$ 的 n 次分母多项式，有 n 个根 $p_i(i=1,2,\cdots,n)$。于是 $X_b(s)$ 又可表示为

$$X_b(s)=\frac{X_0\prod_{j=1}^{m}(s-z_j)}{\prod_{i=1}^{n}(s-p_i)}$$

X_0 为一个常数，通常有 $m<n$。由于 $\lim_{s\to z_j}X_b(s)=0$，$z_j(j=1,2,\cdots,m)$ 称为 $X_b(s)$ 的零点；$\lim_{s\to p_i}X_b(s)=\infty$，$p_i(i=1,2,\cdots,n)$ 称为 $X_b(s)$ 的极点。如果在 s 平面上分别以"○"和"×"标出 $X_b(s)$ 的零点和极点的位置，就得出 $X_b(s)$ 的零极点图。图 1-63 分别给出了例 1-20～例 1-22 的 $X_b(s)$ 的零极点图，并同时在图中标出了 $X_b(s)$ 的收敛域。

在 $X_b(s)$ 的零极点图中，标出了 $X_b(s)$ 的收敛域后，就构成了拉普拉斯变换的几何表示，它除去可能相差一个常数因子外，和有理拉普拉斯变换一一对应，可以完全表征一个信号的拉普拉斯变换，进而表征这个信号的基本属性。例如，图 1-64 所示的零极点图及收敛域，对应了有理拉普拉斯变换 $X_b(s)=ks/(s^2+\omega_c^2)$，$\sigma>0$。由表 1-4 可知，它是 $x(t)=$

$k\cos(\omega_c t)\cdot u(t)$ 的拉普拉斯变换，其中 k 为常数，它可由其他附加条件确定。

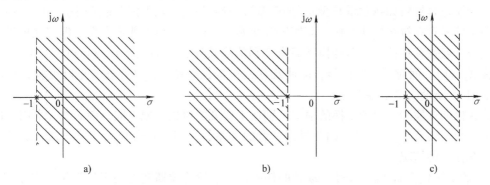

图 1-63 $X_b(s)$ 的零极点图及收敛域
a) 例 1-20 b) 例 1-21 c) 例 1-22

对于 $X_b(s)$ 为有理函数的有理拉普拉斯变换来说，其收敛域除了上一节所描述的基本特点外，还具有以下两个特点：

1）有理拉普拉斯变换的收敛域内不包含任何极点。这一特点是很明显的，因为在一个极点处，$X_b(s)$ 为无穷大，拉普拉斯变换的积分在这一点就不可能收敛，因此这一点不应包括在收敛域中。前面的几个例子都是这一特点的直观体现。

2）有理拉普拉斯变换的收敛域被极点所界定或延伸至无穷远。这一特点的证明有些烦琐，但是直观地看，其拉普拉斯变换式为有理函数的信号，总是由实指数或复指数信号线性组合而成，其中的每一项必满足这一特性，如例 1-20 和例 1-21 所表示的那样，所以线性组合以后也满足这一特性，如例 1-22。

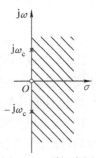

图 1-64 零极点图及收敛域

作为这一特性的直接结果，可以看到，右边信号的收敛域位于 s 平面上最右边极点之右，左边信号的收敛域位于 s 平面上最左边极点之左。

利用有理拉普拉斯变换的这些特点，给确定信号拉普拉斯变换的收敛域带来了方便。

例 1-26 求信号 $x(t)=u(t)-\dfrac{4}{3}e^{-t}u(t)+\dfrac{1}{3}e^{2t}u(t)$ 的拉普拉斯变换及其收敛域。

解 查表 1-4 可得 $u(t)$、$-\dfrac{4}{3}e^{-t}u(t)$、$\dfrac{1}{3}e^{2t}u(t)$ 的拉普拉斯变换分别为 $\dfrac{1}{s}$、$-\dfrac{4}{3}\cdot\dfrac{1}{s+1}$、$\dfrac{1}{3}\cdot\dfrac{1}{s-2}$，所以 $X_b(s)$ 为

$$X_b(s)=\frac{1}{s}-\frac{4}{3}\cdot\frac{1}{s+1}+\frac{1}{3}\cdot\frac{1}{s-2}=\frac{2(s-1)}{s(s+1)(s-2)}$$

图 1-65 画出了它的零极点图。因为 $x(t)$ 为右边信号，由上述有理拉普拉斯变换的特性可知，其收敛域必为最右边极点

图 1-65 例 1-26 的零极点图

之右，所以有 $\sigma>2$。

（二）拉普拉斯变换与傅里叶变换的关系

由上一节的讨论，可以认为拉普拉斯变换是傅里叶变换的推广，而傅里叶变换是拉普拉斯变换当 $\sigma=0$（即 $s=j\omega$）时的特殊情况，然而并不是任何信号的拉普拉斯变换都可以通过

$s=j\omega$ 与它的傅里叶变换联系起来。因为由前面的讨论已经看到，从信号分析的角度看，拉普拉斯变换正是针对如指数增长型信号 e^{at} 等信号难以求出其傅里叶变换而引入的，一般来说，一个信号存在拉普拉斯变换，其傅里叶变换可能存在，也可能不存在。但存在傅里叶变换的信号一般也存在拉普拉斯变换［只有个别信号除外，如 $x(t)=1$，$X(\omega)=2\pi\delta(\omega)$，但不存在 $X_b(s)$］。而对于有些信号，即使既存在拉普拉斯变换，又存在傅里叶变换，也不能简单地用 $s=j\omega$ 将二者联系起来。

拉普拉斯变换和傅里叶变换的根本区别在于变换的讨论区域不同，前者为 s 平面中的整个收敛区域，后者只是 $j\omega$ 轴，因此讨论二者的关系时，根据拉普拉斯变换收敛区域的不同特点，存在 3 种情况：

1）收敛域包含 $j\omega$ 轴。这时，$j\omega$ 轴的任一点上的拉普拉斯变换的积分收敛，信号的拉普拉斯变换 $X_b(s)$ 存在。而由于 $\sigma=0$，该积分式子就是傅里叶积分，信号的傅里叶变换 $X(\omega)$ 也存在，而且它们是一致的，所以只要将 $X_b(s)$ 中的 s 代以 $j\omega$，即为信号的傅里叶变换，即

$$X(\omega)=X_b(s)\big|_{s=j\omega} \tag{1-125}$$

例 1-20 和例 1-22 就是这种情况。

2）收敛域不包含 $j\omega$ 轴。这时虽然信号的拉普拉斯变换存在，但是在 $j\omega$ 轴的点上拉普拉斯变换的积分不收敛，即傅里叶变换的积分不收敛，所以这时不存在信号的傅里叶变换，当然也就不能用 $X_b(s)$ 中的 s 代以 $j\omega$ 来求傅里叶变换。例 1-21 就是这种情况。

3）收敛域的收敛边界位于 $j\omega$ 轴上。这时，拉普拉斯变换的积分在虚轴上不收敛，根据上面的讨论，不能直接用式（1-125）求傅里叶变换。由于 $j\omega$ 轴是收敛边界，$X_b(s)$ 在 $j\omega$ 轴上必有极点，设 $j\omega_i(i=1,2,\cdots,p)$ 为 $X_b(s)$ 在 $j\omega$ 上的 p 个极点，为讨论简单起见，并设其余 $(n-p)$ 个极点位于 s 左半平面，则 $X_b(s)$ 可以展成部分分式形式，即

$$X_b(s)=X_{b1}(s)+\sum_{i=1}^{p}\frac{k_i}{s-j\omega_i}$$

式中，$X_{b1}(s)$ 为由位于 s 左半平面的极点对应的部分分式构成，设 $\mathscr{L}^{-1}[X_{b1}(s)]=x_1(t)$，则 $X_b(s)$ 的反变换为

$$x(t)=x_1(t)+\sum_{i=1}^{p}k_i e^{j\omega_i t}u(t)$$

现在求 $x(t)$ 的傅里叶变换 $X(\omega)$，对于 $x_1(t)$，由于其对应的 $X_{b1}(s)$ 的极点均在 s 左半平面，$j\omega$ 轴包含在其收敛域内，由上讨论，它的傅里叶变换为

$$X_1(\omega)=X_{b1}(s)\big|_{s=j\omega}$$

而 $e^{j\omega_i t}u(t)$ 的傅里叶变换为 $\dfrac{1}{j(\omega-\omega_i)}+\pi\delta(\omega-\omega_i)$，所以 $X(\omega)$ 为

$$X(\omega)=X_{b1}(s)\big|_{s=j\omega}+\sum_{i=1}^{p}k_i\left[\frac{1}{j(\omega-\omega_i)}+\pi\delta(\omega-\omega_i)\right]$$

$$=X_{b1}(s)\big|_{s=j\omega}+\sum_{i=1}^{p}\frac{k_i}{s-j\omega_i}\bigg|_{s=j\omega}+\sum_{i=1}^{p}k_i\pi\delta(\omega-\omega_i)$$

所以有

$$X(\omega)=X_b(s)\big|_{s=j\omega}+\pi\sum_{i=1}^{p}k_i\delta(\omega-\omega_i) \tag{1-126}$$

式（1-126）表明 $X_b(s)$ 在 $j\omega$ 轴有极点时，其相应的傅里叶变换由两部分组成，一部分是直接由 $s=j\omega$ 得到，另一部分则是由在虚轴上每个极点 $j\omega_i$ 对应的冲激项 $\pi k_i\delta(\omega-\omega_i)$ 组成，其中 k_i 是相应拉普拉斯变换部分分式展开式的系数。上述结论针对于 $j\omega$ 轴上极点为单极点的情况，对于 $j\omega$ 轴上具有多重极点的情况，可参见有关书籍。

例 1-27 已知 $X_b(s)=\dfrac{s}{s^2+\omega_0^2}$，$\sigma>0$，求其对应的信号 $x(t)$ 的傅里叶变换 $X(\omega)$。

解 将 $X_b(s)$ 展开成部分分式为

$$X_b(s)=\frac{s}{s^2+\omega_0^2}=\frac{1/2}{s+j\omega_0}+\frac{1/2}{s-j\omega_0}$$

$j\omega$ 轴上有两个单极点 $-j\omega_0$ 和 $j\omega_0$，由式（1-126），得

$$X(\omega)=X_b(s)\big|_{s=j\omega}+\pi\sum_{i=1}^2 k_i\delta(\omega-\omega_i)=\frac{j\omega}{(j\omega)^2+\omega_0^2}+\frac{\pi}{2}\big[\delta(\omega+\omega_0)+\delta(\omega-\omega_0)\big]$$

（三）由零极点图对傅里叶变换进行几何求值

如前所述，当拉普拉斯变换的收敛域包含 $j\omega$ 轴时，用 $j\omega$ 代替 s，就可以得到相应信号的傅里叶变换，我们也已知道，有理拉普拉斯变换可以由其零极点图和它的收敛域组合在一起表示出来。那么，一个拉普拉斯变换的零极点图是否与对应信号的傅里叶变换存在相应的关系呢？

当 $j\omega$ 轴被包含在一个有理拉普拉斯变换的收敛域内时，对应信号的傅里叶变换一定存在，并且可以由零极点图通过几何求值的方法求出。为了说明这一方法，先考察简单的衰减指数信号 $x(t)=e^{-at}u(t)$，$a>0$。由表 1-4 可知，该信号的拉普拉斯变换式和收敛域为

$$X_b(s)=\frac{1}{s+a},\quad \sigma>-a$$

其零极点图如图 1-66 所示，它仅有一个极点 $-a$。显然，$j\omega$ 包含在 $X_b(s)$ 的收敛域内，因此，$x(t)$ 的傅里叶变换存在，为

$$X(\omega)=X_b(s)\big|_{s=j\omega}=\frac{1}{j\omega+a}$$

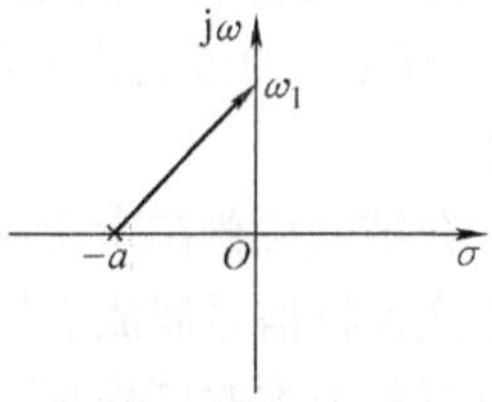

分母项（$j\omega+a$）可以用 s 平面中的一个矢量表示，如图 1-66 所示，该矢量由极点 $-a$ 指向 $j\omega$ 轴上某一特定 ω_1 值对应的点，其长度表示了（$j\omega+a$）的模，它与正实轴的夹角表示了（$j\omega+a$）的相位，因此 $X(\omega)$ 在特定值 ω_1 时的模为矢量（$j\omega+a$）长度的倒数，而相位为矢量（$j\omega+a$）相位的负值，该矢量就决定了在特定值 ω_1 时的 $X(\omega)$，当 ω 的取值在 $j\omega$ 轴上连续变化时，矢量（$j\omega+a$）的长度以及它与正实轴的夹角也连续变化，就决定了对应信号的傅里叶变换 $X(\omega)$ 的幅值特性 $|X(\omega)|$ 和相位特性 $\varphi(\omega)$，也就求出了对应信号的傅里叶变换。

图 1-66 $\dfrac{1}{s+a}$ 的零极点及由此对应的矢量

一个更一般的有理拉普拉斯变换可表示为

$$X_b(s)=\frac{X_0\displaystyle\prod_{j=1}^m (s-z_j)}{\displaystyle\prod_{i=1}^n (s-p_i)}$$

式中，X_0 为常数，通常有 $m<n$。如果 $j\omega$ 轴在 $X_b(s)$ 的收敛域内，用上述方法可构造 m 个零点矢量（从各零点到 $j\omega$ 轴上特定点的矢量）和 n 个极点矢量（从各极点到 $j\omega$ 轴上特定点的矢量），不难知道，$X(\omega)$ 的模就是各零点矢量长度乘积的 X_0 倍与各极点矢量长度乘积之间的商；$X(\omega)$ 的相位就是各零点矢量的相位和减去各极点矢量的相位和得到的差。显然，当 $j\omega$ 轴上的特定点连续变化时，$X(\omega)$ 也就求出来了。可见，已知拉普拉斯变换的零极点分布和它的收敛域，总可以用几何求值方法求出对应信号的傅里叶变换，即信号的频谱。

例 1-28 用几何求值方法求出 $X_b(s) = 1/(s+0.5)$，$\sigma > -\dfrac{1}{2}$ 所对应信号的频谱。

解 由题意，$j\omega$ 轴在 $X_b(s)$ 的收敛域内，因此可以在 s 平面上构造一个由极点 $-\dfrac{1}{2}$ 到 $j\omega$ 轴上特定点 ω 的极点矢量，如图 1-67 所示。根据上面的讨论，对应信号傅里叶变换 $X(\omega)$ 的模为该矢量长度的倒数，相位为该矢量与正实轴夹角的负值。因此，由图 1-67 可写出

$$|X(\omega)| = \frac{1}{\left| j\omega + \dfrac{1}{2} \right|} = \frac{1}{\sqrt{\omega^2 + \left(\dfrac{1}{2}\right)^2}}$$

和

$$\varphi(\omega) = -\arctan\frac{\omega}{0.5} = -\arctan 2\omega$$

这就是相应信号的频谱，即幅度频谱 $|X(\omega)|$ 和相位频谱 $\varphi(\omega)$，显然它与用傅里叶变换积分求解是相同的。

傅里叶变换几何求值法的价值通常在于用来观察其整体特性，包括是否单调变化，产生峰值或谷值的大致区域等。一般地，当 ω 接近于某一靠近 $j\omega$ 轴的极点时会产生一个尖峰，相反，当 ω 接近某一靠近虚轴的零点时会产生一个凹陷。例 1-28 中，$|X(\omega)|$ 的最大值出现在 $\omega=0$ 处，然后随 ω 的增大而单调减小。

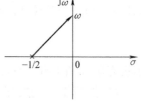

图 1-67　例 1-28 的零极点及对应的矢量

在结束拉普拉斯变换的讨论时，需要强调的是信号的拉普拉斯变换将信号展成变幅的复指数信号的线性组合，扩大了傅里叶变换的应用范围，并且它还可以作为求取信号频谱或信号傅里叶变换的间接手段。但是拉普拉斯变换更重要的意义是其在微分方程求解和线性时不变系统分析中的作用，这些已经不是本书所重点讨论的范围。

第四节　信号的相关分析

在信号的分析中，有时需要对两个以上信号的相互关系进行研究，例如，在通信系统、雷达系统中，发送端发出的信号波形是已知的，在接收端的接收信号（或回波信号）中，必须判断是否存在由发送端发出的信号。困难在于接收信号中即使包含了发送端发出的信号，也往往因各种原因产生了畸变。一个很自然的想法是用已知的发送波形与畸变了的接收波形进行比较，利用它们的相似性或相依性做出判断，这就需要首先解决信号之间的相似性或相依性的度量问题，这正是相关分析要解决的问题。

一、相关系数

参照信号的正交分解叙述，当用另一个信号 $y(t)$ 去近似一个信号 $x(t)$ 时，$x(t)$ 可表示为

$$x(t) = a_{xy}y(t) + x_e(t) \tag{1-127}$$

式中，a_{xy} 为实系数，$x_e(t)$ 为近似误差信号。对于能量型信号 $x(t)$、$y(t)$，可得这种近似的误差信号能量为

$$\varepsilon = \int_{-\infty}^{\infty} x_e^2(t)\,\mathrm{d}t = \int_{-\infty}^{\infty} \left[x(t) - a_{xy}y(t) \right]^2 \mathrm{d}t \tag{1-128}$$

为求得使误差信号能量最小的 a_{xy} 值，必须使

$$\frac{\partial \varepsilon}{\partial a_{xy}} = \frac{\partial}{\partial a_{xy}} \left\{ \int_{-\infty}^{\infty} \left[x(t) - a_{xy}y(t) \right]^2 \mathrm{d}t \right\} = 0 \tag{1-129}$$

由此可求得用 $y(t)$ 表示的 $x(t)$ 的最佳系数 a_{xy}，即

$$a_{xy} = \frac{\displaystyle\int_{-\infty}^{\infty} x(t)y(t)\,\mathrm{d}t}{\displaystyle\int_{-\infty}^{\infty} y^2(t)\,\mathrm{d}t} \tag{1-130}$$

将其代入式（1-128），得到这时的最小误差信号能量值为

$$\varepsilon_{\min} = \int_{-\infty}^{\infty} x^2(t)\,\mathrm{d}t - \frac{\left[\displaystyle\int_{-\infty}^{\infty} x(t)y(t)\,\mathrm{d}t \right]^2}{\displaystyle\int_{-\infty}^{\infty} y^2(t)\,\mathrm{d}t} \tag{1-131}$$

式中，右边第一项表示了原信号 $x(t)$ 的能量。若将式（1-131）用原信号能量归一化为相对误差，则有

$$\bar{\varepsilon}_{\min} = \frac{\varepsilon_{\min}}{\displaystyle\int_{-\infty}^{\infty} x^2(t)\,\mathrm{d}t} = 1 - \frac{\left[\displaystyle\int_{-\infty}^{\infty} x(t)y(t)\,\mathrm{d}t \right]^2}{\displaystyle\int_{-\infty}^{\infty} x^2(t)\,\mathrm{d}t \cdot \int_{-\infty}^{\infty} y^2(t)\,\mathrm{d}t} \tag{1-132}$$

令

$$\rho_{xy} = \frac{\displaystyle\int_{-\infty}^{\infty} x(t)y(t)\,\mathrm{d}t}{\sqrt{\displaystyle\int_{-\infty}^{\infty} x^2(t)\,\mathrm{d}t} \cdot \sqrt{\displaystyle\int_{-\infty}^{\infty} y^2(t)\,\mathrm{d}t}} \tag{1-133}$$

则式（1-132）表示的相对误差可写为

$$\bar{\varepsilon}_{\min} = \frac{\varepsilon_{\min}}{\displaystyle\int_{-\infty}^{\infty} x^2(t)\,\mathrm{d}t} = 1 - \rho_{xy}^2 \tag{1-134}$$

通常把 ρ_{xy} 称为信号 $y(t)$ 与 $x(t)$ 的相关系数，在 $x(t)$ 和 $y(t)$ 都是实信号的情况下，由式（1-133）可知，ρ_{xy} 为一实数；此外，根据积分的施瓦兹（Schwartz）不等式 $\left| \displaystyle\int_{-\infty}^{\infty} x(t)y(t)\,\mathrm{d}t \right|^2 \leqslant \int_{-\infty}^{\infty} x^2(t)\,\mathrm{d}t \cdot \int_{-\infty}^{\infty} y^2(t)\,\mathrm{d}t$，不难证明有

$$|\rho_{xy}| \leqslant 1 \tag{1-135}$$

相关系数 ρ_{xy} 可以用来描述两个信号波形的相似或相依程度。当 $x(t)=a_{xy}y(t)$，且 $a_{xy}>0$ 时，表示信号 $x(t)$ 和 $y(t)$ 的波形相同，仅有幅度上的放大或缩小，这时由式（1-133）可求得 $\rho_{xy}=1$；当 $x(t)=a_{xy}y(t)$，且 $a_{xy}<0$ 时，表示两个信号波形相同，极性相反，幅度上也有放缩，这时由式（1-133）可求得 $\rho_{xy}=-1$，这就是说，$|\rho_{xy}|=1$ 表明两个信号的波形是相同的，一个信号 $x(t)$ 可以用另一个信号 $y(t)$ 乘以一个非零实数来表示，这种表示的相对误差 $\bar{\varepsilon}_{min}$ 为 0，表明这种表示是精确的。两个信号间的这种关系可以认为它们是完全线性相关的。相反，若相关系数 $\rho_{xy}=0$，它等价于式（1-133）的分子项为 0，即 $\int_{-\infty}^{\infty}x(t)y(t)\mathrm{d}t=0$，表明信号 $x(t)$ 和 $y(t)$ 在 $(-\infty,\infty)$ 区间内正交，用一个信号 $x(t)$ 去表示另一个信号 $y(t)$ 的相对误差 $\bar{\varepsilon}_{min}$ 为 100%，可以说，两个信号的波形毫无相似之处，无法用一个信号去近似表示另一个信号，也可以说两个信号是线性无关的。一般情况下，$0<|\rho_{xy}|<1$，这时可以用一个信号近似地表示另一个信号，其近似程度就用 $|\rho_{xy}|$ 来描述，$|\rho_{xy}|$ 越接近于 1，表示近似程度越高，近似误差越小；反之，$|\rho_{xy}|$ 越接近于 0，表示近似程度越低，近似误差越大。

以上描述是针对能量型信号的，对于功率型信号，相关系数应为

$$\rho_{xy}=\frac{\lim_{T\to\infty}\frac{1}{2T}\int_{-T}^{T}x(t)y(t)\mathrm{d}t}{\sqrt{\lim_{T\to\infty}\frac{1}{2T}\int_{-T}^{T}x^2(t)\mathrm{d}t}\cdot\sqrt{\lim_{T\to\infty}\frac{1}{2T}\int_{-T}^{T}y^2(t)\mathrm{d}t}} \tag{1-136}$$

这时描述信号近似的指标量实际上成了均方误差。对于周期为 $2T$ 的周期信号 $x(t)$、$y(t)$，式（1-136）中的极限符号可以去掉。

两个实信号的相关系数及其特性可推广到一般的复信号，此时 a_{xy} 和相关系数 ρ_{xy} 应为复数，式（1-135）意味着相关系数的模小于或等于 1。

例 1-29 求如图 1-68 所示的两个矩形信号 $g_1(t)$、$g_2(t)$ 的相关系数 ρ_{12}，其中 $\tau_1<\tau_2$。

解 由 $g_1(t)$、$g_2(t)$ 可求得

$$\int_{-\infty}^{\infty}g_1(t)g_2(t)\mathrm{d}t=AB\tau_1$$

$$\int_{-\infty}^{\infty}g_1^2(t)\mathrm{d}t=A^2\tau_1$$

$$\int_{-\infty}^{\infty}g_2^2(t)\mathrm{d}t=B^2\tau_2$$

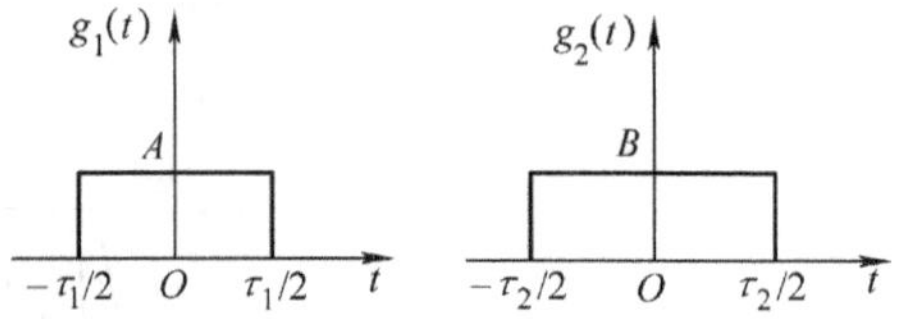

图 1-68　矩形信号 $g_1(t)$ 和 $g_2(t)$

所以有

$$\rho_{12}=\frac{\int_{-\infty}^{\infty}g_1(t)g_2(t)\mathrm{d}t}{\sqrt{\int_{-\infty}^{\infty}g_1^2(t)\mathrm{d}t}\cdot\sqrt{\int_{-\infty}^{\infty}g_2^2(t)\mathrm{d}t}}=\frac{AB\tau_1}{A\sqrt{\tau_1}\cdot B\sqrt{\tau_2}}=\sqrt{\frac{\tau_1}{\tau_2}}$$

ρ_{12} 是与两个信号的幅值无关的实数，表示了两个信号波形的相似程度，当 $\tau_1=\tau_2$ 时，$\rho_{12}=1$，此时，两个矩形信号就完全相似了（仅幅值有缩放）。

例 1-30 求信号 $x(t)=A+B\cos(\omega_0 t)$ 与 $y(t)=C+D\cos(\omega_0 t+\theta)$ 的相关系数 ρ_{xy}。

解 由于 $x(t)$ 和 $y(t)$ 都是周期性功率型信号，按式（1-136）求 ρ_{xy}。

$$\lim_{T\to\infty}\frac{1}{2T}\int_{-T}^{T}\left[A+B\cos(\omega_0 t)\right]\cdot\left[C+D\cos(\omega_0 t+\theta)\right]\mathrm{d}t=AC+\frac{1}{2}BD\cos\theta$$

$$\lim_{T\to\infty}\frac{1}{2T}\int_{-T}^{T}\left[A+B\cos(\omega_0 t)\right]^2\mathrm{d}t=A^2+\frac{1}{2}B^2$$

$$\lim_{T\to\infty}\frac{1}{2T}\int_{-T}^{T}\left[C+D\cos(\omega_0 t+\theta)\right]^2\mathrm{d}t=C^2+\frac{1}{2}D^2$$

故有

$$\rho_{xy}=\frac{AC+\dfrac{1}{2}BD\cos\theta}{\sqrt{A^2+\dfrac{1}{2}B^2}\cdot\sqrt{C^2+\dfrac{1}{2}D^2}}$$

当 $A=C=0$ 时，有 $\rho_{xy}=\cos\theta$，它表明两个相同频率的余弦信号之间的相关系数是它们相位差的余弦函数，特殊情况下，如 $\theta=0$，$\rho_{xy}=1$，表示两个同频率同相位的余弦信号 $B\cos(\omega_0 t)$ 和 $D\cos(\omega_0 t)$ 完全相似；如 $\theta=\dfrac{\pi}{2}$，$\rho_{xy}=0$，表示余弦信号 $B\cos(\omega_0 t)$ 和正弦信号 $D\sin(\omega_0 t)$ 是互不相关的。

二、相关函数

相关系数 ρ_{xy} 定量地描述了两个信号 $x(t)$ 和 $y(t)$ 之间的相似或相依关系，但它有很大的局限性。一个典型的例子如图 1-69 所示，图中 $y(t)=x(t-T)$，它是持续时间为 T 的信号 $x(t)$ 延时了 T 的结果，从波形看，两个信号有最紧密的关系，因为它们的波形是完全一致的，但是如果按式（1-133）求它们的相关系数，则有 $\rho_{xy}=0$。可见，用相关系数 ρ_{xy} 来描述两个信号的相似性有其局限性或不合理性，问题在于相关系数 ρ_{xy} 仅仅描述了在时间轴上两个固定信号的相关特性，例 1-30 中，同频率的余弦信号和正弦信号互不相关也属于此问题。为了表示其中一个信号在时间轴上平移后两个信号的相关特性，必须引入一个新的度量量，它应该是关于其中一个信号在时间轴上的平移量的函数，即

$$R_{xy}(\tau)=\int_{-\infty}^{\infty}x(t)y(t+\tau)\mathrm{d}t=\int_{-\infty}^{\infty}x(t-\tau)y(t)\mathrm{d}t \tag{1-137}$$

$R_{xy}(\tau)$ 称为两个信号 $x(t)$ 和 $y(t)$ 的互相关函数。当然还可以定义另一种互相关函数 $R_{yx}(\tau)$，即

$$R_{yx}(\tau)=\int_{-\infty}^{\infty}y(t)x(t+\tau)\mathrm{d}t=\int_{-\infty}^{\infty}y(t-\tau)x(t)\mathrm{d}t \tag{1-138}$$

显然，这两种定义的互相关函数并不相等，互相关函数下标 x 和 y 的先后次序，表示了一个信号相对于另一个信号的平移方向，故有

$$R_{yx}(\tau)=R_{xy}(-\tau) \tag{1-139}$$

可见，$R_{yx}(\tau)$ 仅仅是 $R_{xy}(\tau)$ 对纵坐标轴 $R_{xy}(\tau)(\tau=0)$ 的翻转，它们对度量 $x(t)$ 和 $y(t)$ 的相似性或相依程度具有完全相同的信息。

若 $y(t)=x(t)$，则表示信号 $x(t)$ 与其自身的相互关系，称为信号 $x(t)$ 的自相关函数，为

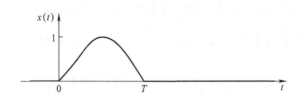

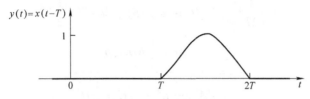

图 1-69 $x(t)$ 和 $y(t)=x(t-T)$

$$R_{xx}(\tau) = \int_{-\infty}^{\infty} x(t)x(t+\tau)\,\mathrm{d}t = \int_{-\infty}^{\infty} x(t-\tau)x(t)\,\mathrm{d}t \tag{1-140}$$

显然有

$$R_{xx}(\tau) = R_{xx}(-\tau) \tag{1-141}$$

对于功率型信号,可以有与式(1-137)、式(1-140)相对应的定义,为

$$R_{xy}(\tau) = \lim_{T\to\infty} \frac{1}{2T}\int_{-T}^{T} x(t)y(t+\tau)\,\mathrm{d}t \tag{1-142}$$

$$R_{xx}(\tau) = \lim_{T\to\infty} \frac{1}{2T}\int_{-T}^{T} x(t)x(t+\tau)\,\mathrm{d}t \tag{1-143}$$

若 $x(t)$ 和 $y(t)$ 是两个周期为 $2T$ 的周期信号,则它们的 $R_{xy}(\tau)$ 和 $R_{xx}(\tau)$ 可表示为

$$R_{xy}(\tau) = \frac{1}{2T}\int_{-T}^{T} x(t)y(t+\tau)\,\mathrm{d}t \tag{1-144}$$

$$R_{xx}(\tau) = \frac{1}{2T}\int_{-T}^{T} x(t)x(t+\tau)\,\mathrm{d}t \tag{1-145}$$

由以上定义可知,互相关函数是彼此有位移的两个信号之间相似或相依程度的度量,是两个信号相对位移 τ 的函数,因而在考察接收信号(或回波信号)时,不仅可以用来确定发送信号是否存在,还能用来测量发送信号到达的时间及发送端、接收端彼此之间的距离。

通常相关函数由定义直接求取,可以分为解析法和图解法。

例 1-31 已知信号 $x(t)=\begin{cases}1 & 0<t<T \\ 0 & \text{其他}\end{cases}$ 和 $y(t)=x(t-T)$,求它们的互相关函数 $R_{xy}(\tau)$ 和 $R_{yx}(\tau)$。

解 可用图解法求取。实信号 $x(t)$ 和 $y(t)$ 的波形如图 1-70 所示,它们的两个互相关函数分别为

$$R_{xy}(\tau) = \int_{-\infty}^{\infty} x(t)y(t+\tau)\,\mathrm{d}t$$

$$R_{yx}(\tau) = \int_{-\infty}^{\infty} y(t)x(t+\tau)\,\mathrm{d}t$$

图 1-70a 画出了计算 $R_{xy}(\tau)$ 的过程,图中分别给出了 $\tau=0$、$T/2$、T、$3T/2$、$2T$ 时 $y(t+\tau)$

的波形，并由此可得到被积函数 $x(t)y(t+\tau)$ 曲线下的面积，即为该 τ 值时的 $R_{xy}(\tau)$，可见，只有在 $0<\tau<2T$ 区间内，$x(t)$ 和 $y(t+\tau)$ 才有重合，即有非零的被积函数，使 $R_{xy}(\tau)\neq0$。当 $\tau=T$ 时，$R_{xy}(\tau)$ 有最大值 T，这时两个信号完全一样。类似地，图 1-70b 画出了计算 $R_{yx}(\tau)$ 的过程，这时，只有在 $-2T<\tau<0$ 区间内，$y(t)$ 和 $x(x+\tau)$ 才有重合，即有非零的被积函数，使 $R_{yx}(\tau)\neq0$。

图 1-70 也表示实信号的两个互相关函数之间符合式（1-139）的偶对称关系。

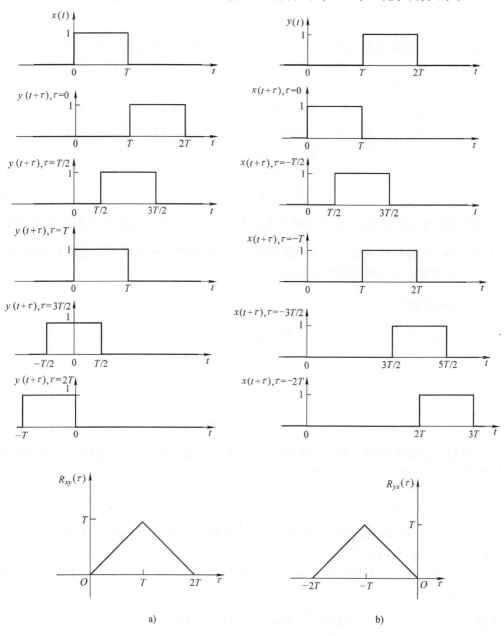

图 1-70　例 1-31 求互相关函数的图解说明

a）求 $R_{xy}(\tau)$ 的图解过程　b）求 $R_{yx}(\tau)$ 的图解过程

例 1-32　求信号 $x(t)=A_1\cos(\omega_1 t+\theta_1)+A_2\cos(\omega_2 t+\theta_2)$ 的自相关函数 $R_{xx}(\tau)$。

解　信号 $x(t)$ 是由两个不同幅值、不同频率和不同相位的余弦信号叠加而成，仍是一周期信号，由周期信号自相关函数的定义 [式（1-145）]，有

$$R_{xx}(\tau)=\frac{1}{T}\int_0^T\left[A_1\cos(\omega_1 t+\theta_1)+A_2\cos(\omega_2 t+\theta_2)\right]\cdot$$
$$\{A_1\cos[\omega_1(t+\tau)+\theta_1]+A_2\cos[\omega_2(t+\tau)+\theta_2]\}\mathrm{d}t$$
$$=\frac{A_1^2}{2}\cos\omega_1\tau+\frac{A_2^2}{2}\cos\omega_2\tau$$

表明周期信号的自相关函数仍然是周期性的，信号中的每一个频率分量都对 $R_{xx}(\tau)$ 有影响，可以证明其周期与原信号相同。此外，还可以看到，$R_{xx}(\tau)$ 还包含了信号的幅度信息，但不反映原信号的相位信息。

以上关于实信号的相关函数的概念同样可推广到复信号，这时只要将式（1-137）中的 $y(t+\tau)$ 改为复共轭 $y^*(t+\tau)$，式（1-140）中的 $x(t+\tau)$ 改为复共轭 $x^*(t+\tau)$。同时，也有与式（1-139）和式（1-141）类似的关系，称为共轭偶对称关系，即

$$R_{xy}(\tau)=R_{yx}^*(-\tau)\tag{1-146}$$

$$R_{xx}(\tau)=R_{xx}^*(-\tau)\tag{1-147}$$

根据自相关函数的定义，当 $\tau=0$ 时有 $R_{xx}(0)=\int_{-\infty}^{\infty}x^2(t)\mathrm{d}t$，它恰等于信号本身的能量，此值也是自相关函数的最大值；对于周期信号的自相关函数，τ 为信号周期的整数倍时达到其最大值，此值等于该周期信号的平均功率。

三、相关定理

对于两个信号 $x(t)$ 和 $y(t)$，可以进行卷积运算，也可进行相关运算，为了便于比较重列于下：

$$x(\tau)*y(\tau)=\int_{-\infty}^{\infty}x(t)y(\tau-t)\mathrm{d}t$$

$$R_{xy}(\tau)=\int_{-\infty}^{\infty}x(t)y(\tau+t)\mathrm{d}t$$

可见，这两种运算非常相似，都有一个位移、相乘、求和（积分）的过程，差别仅仅在于卷积运算先要进行翻转运算，所以有

$$R_{yx}(\tau)=R_{xy}(-\tau)=\int_{-\infty}^{\infty}x(t)y(t-\tau)\mathrm{d}t=x(\tau)*y(-\tau)\tag{1-148}$$

式（1-148）表明，可以通过两个信号的卷积运算求取它们的相关函数，只要在卷积运算之前先对一个信号进行翻转即可。

由卷积定理，建立了时域卷积和频域相乘的对应关系，那么相关函数在频域是否有类似的对应关系呢？

已知　　　　　　　　$x(t)\overset{\mathscr{F}}{\longleftrightarrow}X(\omega)，y(t)\overset{\mathscr{F}}{\longleftrightarrow}Y(\omega)$

根据傅里叶变换卷积定理 [式（1-112）] 及翻转公式 [式（1-100）]，有

$$x(t)*y(-t)\overset{\mathscr{F}}{\longleftrightarrow}X(\omega)Y(-\omega)$$

由式（1-148），可以得到

$$R_{yx}(\tau)\overset{\mathscr{F}}{\longleftrightarrow}X(\omega)Y(-\omega)$$

对于实函数 $y(t)$，有 $Y(-\omega)=Y^*(\omega)$，故有

$$R_{yx}(\tau)=R_{xy}(-\tau)\overset{\mathscr{F}}{\longleftrightarrow}X(\omega)Y^*(\omega) \tag{1-149}$$

$X(\omega)Y^*(\omega)$ 称为互能量密度谱，它与互相关函数 $R_{yx}(\tau)$ 互为傅里叶变换对。

更进一步，若 $y(t)$ 为实偶函数，则 $Y(\omega)=Y^*(\omega)$ 也是实偶函数，故有

$$R_{yx}(\tau)=R_{xy}(-\tau)\overset{\mathscr{F}}{\longleftrightarrow}X(\omega)Y(\omega) \tag{1-150}$$

将上面讨论用于自相关函数，可得到实函数 $x(t)$ 的自相关函数为

$$R_{xx}(\tau)\overset{\mathscr{F}}{\longleftrightarrow}X(\omega)X^*(\omega)=|X(\omega)|^2=E(\omega) \tag{1-151}$$

这就是相关定理，表明一个信号的自相关函数和该信号的自能量密度谱互为傅里叶变换对，式（1-151）即为

$$R_{xx}(\tau)=\frac{1}{2\pi}\int_{-\infty}^{\infty}|X(\omega)|^2 e^{j\omega\tau}d\omega$$

故有

$$R_{xx}(0)=\frac{1}{2\pi}\int_{-\infty}^{\infty}|X(\omega)|^2 d\omega$$

而由上面的讨论，信号 $x(t)$ 的总能量为

$$R_{xx}(0)=\int_{-\infty}^{\infty}x^2(t)dt$$

由此得到

$$R_{xx}(0)=\int_{-\infty}^{\infty}x^2(t)dt=\frac{1}{2\pi}\int_{-\infty}^{\infty}|X(\omega)|^2 d\omega \tag{1-152}$$

显然这就是实连续能量信号的帕斯瓦尔公式。

对一般的功率型信号，类似地可得出

$$R_{yx}(\tau)\overset{\mathscr{F}}{\longleftrightarrow}p_{yx}(\tau)=\lim_{T\to\infty}\frac{1}{2T}X_T(\omega)Y_T^*(\omega) \tag{1-153}$$

$$R_{xx}(\tau)\overset{\mathscr{F}}{\longleftrightarrow}p_{xx}(\tau)=\lim_{T\to\infty}\frac{1}{2T}|X_T(\omega)|^2 \tag{1-154}$$

式中，$p_{yx}(\tau)$ 和 $p_{xx}(\tau)$ 分别表示功率型信号的互功率密度谱和自功率密度谱，它们分别与信号的互相关函数、自相关函数互为傅里叶变换对。

式（1-153）和式（1-154）中 $X_T(\omega)$ 和 $Y_T(\omega)$ 分别是 $x(t)$ 和 $y(t)$ 一个周期截断后的傅里叶变换，即

$$x_T(t)=\begin{cases}x(t) & |t|<T\\ 0 & |t|>T\end{cases}\overset{\mathscr{F}}{\longleftrightarrow}X_T(\omega)$$

$$y_T(t)=\begin{cases}y(t) & |t|<T\\ 0 & |t|>T\end{cases}\overset{\mathscr{F}}{\longleftrightarrow}Y_T(\omega)$$

并且可类似地证明功率信号的帕斯瓦尔公式

$$\lim_{T\to\infty}\frac{1}{2T}\int_{-T}^{T}|x(t)|^2 dt=\frac{1}{2\pi}\int_{-\infty}^{\infty}\lim_{T\to\infty}\frac{|X_T(\omega)|^2}{2T}d\omega \tag{1-155}$$

例 1-33 求单边指数衰减信号 $x(t) = e^{-at}u(t)$，$a > 0$ 的自相关函数及能量密度谱。

解 由自相关函数定义得

$$R_{xx}(\tau) = \int_{-\infty}^{\infty} x(t)x(t+\tau)\,\mathrm{d}t$$

当 $\tau > 0$ 时，

$$R_{xx}(\tau) = \int_{0}^{\infty} e^{-at}e^{-a(t+\tau)}\,\mathrm{d}t$$

$$= \int_{0}^{\infty} e^{-a(2t+\tau)}\,\mathrm{d}t = -\frac{1}{2a}\int_{0}^{\infty} e^{-a(2t+\tau)}\,\mathrm{d}[-a(2t+\tau)]$$

$$= -\frac{1}{2a}e^{-a(2t+\tau)}\,\Big|_{0}^{\infty} = \frac{1}{2a}e^{-a\tau}$$

当 $\tau < 0$ 时，

$$R_{xx}(\tau) = \int_{-\tau}^{\infty} e^{-at}e^{-a(t+\tau)}\,\mathrm{d}t \qquad\qquad t+\tau \geq 0$$

$$= \int_{-\tau}^{\infty} e^{-a(2t+\tau)}\,\mathrm{d}t = -\frac{1}{2a}\int_{-\tau}^{\infty} e^{-a(2t+\tau)}\,\mathrm{d}[-a(2t+\tau)]$$

$$= -\frac{1}{2a}e^{-a(2t+\tau)}\,\Big|_{-\tau}^{\infty} = \frac{1}{2a}e^{a\tau}$$

综合上面的两种情况得

$$R_{xx}(\tau) = \frac{1}{2a}e^{-a|\tau|}$$

由相关定理，信号 $x(t)$ 的能量密度谱 $E(\omega)$ 与它的自相关函数 $R_{xx}(\tau)$ 是傅里叶变换对，故有

$$E(\omega) = \int_{-\infty}^{\infty} R_{xx}(\tau)e^{-j\omega\tau}\,\mathrm{d}\tau = \int_{-\infty}^{\infty} \frac{1}{2a}e^{-a|\tau|}e^{-j\omega\tau}\,\mathrm{d}\tau$$

$$= \frac{1}{2a}\left[\int_{-\infty}^{0} e^{(a-j\omega)\tau}\,\mathrm{d}\tau + \int_{0}^{\infty} e^{-(a+j\omega)\tau}\,\mathrm{d}\tau\right]$$

$$= \frac{1}{2a}\left(\frac{1}{a-j\omega} + \frac{1}{a+j\omega}\right) = \frac{1}{a^2+\omega^2}$$

例 1-34 求例 1-32 中的周期信号 $x(t) = A_1\cos(\omega_1 t+\theta_1) + A_2\cos(\omega_2 t+\theta_2)$ 的自功率密度谱。

解 例 1-32 已求得周期信号 $x(t)$ 的自相关函数为

$$R_{xx}(\tau) = \frac{A_1^2}{2}\cos(\omega_1\tau) + \frac{A_2^2}{2}\cos(\omega_2\tau)$$

根据功率型信号的自功率密度谱与其自相关函数互为傅里叶变换对的结论，可得自功率密度谱为

$$p_{xx}(\omega) = \int_{-\infty}^{\infty} R_{xx}(\tau)e^{-j\omega t}\,\mathrm{d}\tau = \int_{-\infty}^{\infty} \left[\frac{A_1^2}{2}\cos(\omega_1\tau) + \frac{A_2^2}{2}\cos(\omega_2\tau)\right]e^{-j\omega t}\,\mathrm{d}\tau$$

$$= \frac{1}{4}\int_{-\infty}^{\infty} [A_1^2(e^{j\omega_1\tau}+e^{-j\omega_1\tau}) + A_2^2(e^{j\omega_2\tau}+e^{-j\omega_2\tau})]e^{-j\omega t}\,\mathrm{d}\tau$$

$$= \frac{A_1^2}{4}[2\pi\delta(\omega-\omega_1)+2\pi\delta(\omega+\omega_1)] + \frac{A_2^2}{4}[2\pi\delta(\omega-\omega_2)+2\pi\delta(\omega+\omega_2)]$$

$$= \frac{A_1^2\pi}{2}[\delta(\omega-\omega_1)+\delta(\omega+\omega_1)] + \frac{A_2^2\pi}{2}[\delta(\omega-\omega_2)+\delta(\omega+\omega_2)]$$

需要指出的是，相关函数及相关定理是为了描述和研究随机信号而引入的，这里把它们借用来研究确定性信号，并重点研究信号之间的相似性或相依性，是因为通常可以将确定性信号看作一定条件下随机信号的特例。关于它们的概念及计算在后面随机信号分析中会有更详细的介绍。

第五节　应用 MATLAB 的连续信号分析

一、连续时间信号描述

（一）利用 MATLAB 画出连续信号的波形

信号时域描述最直接的形式是画出其波形图。在 MATLAB 中通常用向量表示法和符号表达式来表示信号，然后就可以利用 MATLAB 的绘图命令画出信号波形。

1. 向量表示法

在 MATLAB 中，常用的绘图命令为 plot( )，其调用格式如下：

plot(x)　当 x 为一向量时，以 x 向量元素为纵坐标值，x 的序号为横坐标值绘制曲线。当 x 为一实矩阵时，则以其序号为横坐标，按列绘制每列元素值对应于其序号的曲线，当 x 为 $m×n$ 矩阵时，就有 n 条曲线。

plot(x,y)　以 x 向量元素为横坐标值、y 向量元素为纵坐标值绘制曲线。

plot(x,y1,x,y2,…)　以公共的 x 向量元素为横坐标值，以 y_1，y_2，… 向量元素为纵坐标值绘制曲线。

对于连续时间信号 $x=f(t)$，可以用两个行向量 x 和 t 来表示，其中 t 为用形如 $t=t_1: p: t_2$ 定义的向量，t_1 为信号起始时间，t_2 为信号终止时间，p 为时间间隔；向量 x 为连续信号 $f(t)$ 在向量 t 所定义的时间点上的样值。

例 1-35　对于连续信号 $x_1=\sin(t)$，$x_2=\cos(t)$，请用 MATLAB 绘制其波形。

解　在 MATLAB 中要表示一个波形，可以选择一个具有合适时间间隔的时间向量 t，并计算在时间向量 t 下的输出向量 x，这样就将需要表示的波形表示成了时间和输出的向量形式，用绘图命令 plot( ) 函数绘制其波形。其 MATLAB 参考运行程序如下，其中 figure( ) 函数表示创建一个用来显示图形输出的一个窗口对象。

```
close all;          %关闭打开的所有图形窗口
clear;              %清空环境变量
clc;                %清除当前 command 区域的命令
t1=0:0.01:10;       %定义时间 t1 的取值范围：0~10，采样间隔为 0.01
x1=sin(t1);         %定义信号表达式，求出 x1 对应采样点上的样值
figure(1);          %打开图形窗口
plot(t1,x1);        %以 t 为横坐标，x1 为纵坐标绘制 x1 的波形
grid on;            %显示网格
t2=0:0.5:10;        %定义时间 t2 的取值范围：0~10，采样间隔为 0.5
x2=cos(t2);         %定义信号表达式，求出 x2 对应采样点上的样值
hold on;            %保持现有的图，继续画
```

```
plot(t2,x2);                %以 t 为横坐标，x2 为纵坐标绘制 x1 的波形
legend('sin','cos');        %显示波形信息
```

运行结果如图 1-71 所示。

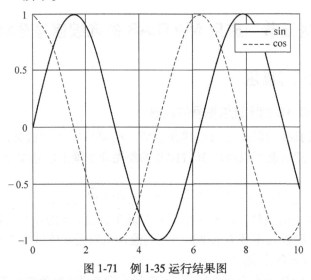

图 1-71 例 1-35 运行结果图

从图 1-71 可以看出，cos( ) 信号的波形光滑程度不如 sin( ) 信号的波形，这是由于 MATLAB 不能直接表示连续信号，MATLAB 是通过对自变量 t 进行取值，然后分别计算对应点上的函数值，因此在使用 plot( ) 命令绘制波形时，是通过折线连接各个数据点从而形成连续的曲线。因此，所绘制近似波形的精度取决于 t 的采样间隔。t 的采样间隔越小，则近似程度越好，曲线越光滑。在图 1-71 中，sin( ) 信号是采样间隔为 0.01 所绘制的波形，而 cos( ) 信号是采样间隔为 0.5 所绘制的波形，sin( ) 信号 t 的取样间隔更小，所以 sin( ) 信号波形要比 cos( ) 光滑得多。

2. 符号表达式

如果一个信号可以用符号表达式来表示，则可以通过符号函数专用绘图命令 ezplot( ) 等函数来绘出信号的波形。该函数为一个一元函数绘图函数，在绘制含有符号变量的信号图形时，ezplot 要比 plot 更方便，因为 plot 绘制图形时要指定自变量的范围，而 ezplot 无需数据准备而直接绘出图形。

例 1-36 对于连续信号 $f(t) = \dfrac{\cos(t)}{t}$，请用 ezplot( ) 命令绘出其波形。

解 首先要定义符号变量，对于用符号变量定义的表达式，可以通过 ezplot( ) 函数来绘制该符号表达式的波形。其 MATLAB 参考运行程序如下：

```
close all;clear;clc;
syms t;                     %符号变量说明
x=cos(t)/t;                 %定义符号表达式
figure(1);                  %打开图形窗口
ezplot(x,[-10,10]);         %绘制波形，并且设置坐标轴显示范围
```

运行结果如图 1-72 所示。

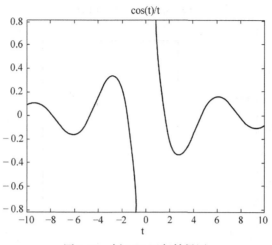

图 1-72　例 1-36 运行结果图

（二）常见信号的 MATLAB 表示

在 MATLAB 中对单位阶跃信号、单位冲激信号都有专门的表示方法。其中单位冲激信号可以通过调用 dirac( ) 函数，单位阶跃信号和门信号可以通过调用 heaviside( )、stepfun( )、sign( ) 和 ones( ) 函数，函数说明分别如下：

dirac(X)　当 X 元素为 0 时返回矩阵的对应元素值为无限大，其他情况下返回值为 0。

dirac(n,X)　表示 dirac(X) 的 n 阶微分。

heaviside(X)　当 X 元素小于 0 时返回矩阵的对应元素值为 0，X 元素为 0 时返回矩阵的对应元素值为 0.5，X 大于 0 时返回矩阵的对应元素值为 1。

stepfun(T,t0)　其中 T 是以矩阵形式表示的时间，t_0 表示信号发生突变的时刻，stepfun 函数返回一个长度和 T 相同的矩阵，T 矩阵的元素如果比 t_0 小，则返回的对应元素值为 0，否则返回对应元素值为 1。

sign(X)　当 X 矩阵元素小于 0 时返回的对应元素值为 -1，当 X 矩阵元素为 0 时返回的对应元素值为 0，当 $-X$ 矩阵元素大于 0 时返回的对应元素值为 1。

ones(n)　根据输入整形量 n 的值，返回一个长度为 n 的向量，向量中每个元素均为 1。

例 1-37　用 MATLAB 画出信号 $f(t)=u(t+2)-3u(t-3)$ 的波形。

解　根据题意，首先定义符号变量 t，于是阶跃响应可以通过 heaviside( ) 函数实现。由于题目给的是 $f(t)$ 信号的表达式，通过 sym( ) 函数将 $u(t+2)-3u(t-3)$ 表示为符号表达式，sym( ) 函数的用法为 $s=$ sym(a)，表示将非符号对象（如数字、表达式、变量等）a 转换为符号对象，并存储在符号变量 s 中。该例的 MATLAB 参考运行程序如下：

```
close all;clear;clc;
syms t                                    %定义符号变量 t
f=sym('heaviside(t+2)-3*heaviside(t-3)');  %定义函数表达式
ezplot(f,[-5,5])                          %画出表示 f 的波形
```

运行结果如图 1-73 所示。

例 1-38　利用符号函数 sign( ) 产生信号 $f(t)=u(t-2)-3u(t-3)$ 的波形。

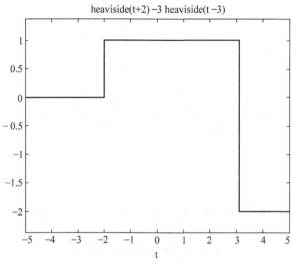

图 1-73 例 1-37 运行结果图

解 由于 sign( ) 函数的取值范围为 [-1,1]，因此可以通过尺度变换来表示单位阶跃信号波形。所以该例的 MATLAB 的参考运行程序如下：

```
close all;clear;clc;
t=-5:0.01:5;              %定义自变量取值范围及间隔，生成行向量 t
x=sign(t-2);             %定义符号表达式，生成行向量 x
s1=1/2+1/2*x;            %生成单位阶跃信号 s1，产生的信号是 u(t-2)
y=sign(t-3);             %定义符号表达式，生成行向量 y
s2=3*(1/2+1/2*y);        %生成单位阶跃信号 s2，产生的信号是 3u(t-3)
figure(1);              %打开图形窗口 1
plot(t,s1-s2);          %生成信号为 u(t-2)-3u(t-3) 的图形
grid on;                %显示网格
axis([-5,5,-3,2.5])      %定义坐标轴显示范围
```

程序中，axis([xmin xmax ymin ymax]) 函数用来设定图形的坐标，xmin 和 xmax 分别表示 x 轴坐标的最小值和最大值，ymin 和 ymax 分别表示 y 轴坐标的最小值和最大值，运行结果如图 1-74 所示。

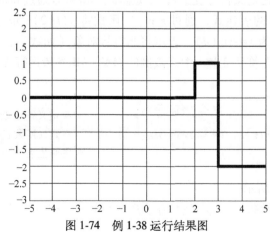

图 1-74 例 1-38 运行结果图

二、MATLAB 卷积运算

在 MATLAB 中要实现两个信号 $f_1(t)$ 和 $f_2(t)$ 的卷积，可以通过 conv( ) 函数来实现，函数使用方法说明如下：

w=conv(f1,f2)，其中 $f_1 = f_1(t)$ 和 $f_2 = f_2(t)$ 表示两个进行卷积运算的信号，$w = w(t)$ 表示卷积结果。

例 1-39 已知两信号 $f_1(t) = 3u(t-1) - 3u(t-2)$ 和 $f_2(t) = u(t-1) - u(t-3)$，求 $w(t) = f_1(t) * f_2(t)$。

解 根据题意，conv( ) 卷积运算函数可以实现两个信号的卷积运算，但是被卷积信号必须表示为向量形式，因此首先需要定义时间间隔向量 t，生成对应的 f_1 和 f_2 信号向量，f_1 信号在时间 $[1,2]$ 范围内信号值为3，其他时间信号值为0，f_2 信号在时间 $[1,3]$ 范围内信号值为1，其他时间信号值为0。连续信号的卷积计算公式为

$$x_1(t) * x_2(t) = \int_{-\infty}^{\infty} x_1(\tau) x_2(t-\tau) \, \mathrm{d}\tau$$

它是通过离散化后的数值计算实现的。考虑到一个采样时间间隔 T_s 内，被卷积信号为常数，得到对应的卷积计算公式为

$$x_1(t) * x_2(t) = \sum_{n=-\infty}^{\infty} x_1(n) x_2(t-n) * T_s$$

因此对于连续信号进行卷积运算，首先将被卷积信号生成数组向量，得出数组向量的卷积结果后再乘以采样时间间隔 T_s。本例的 MATLAB 参考运行程序如下，程序中用到的 subplot(m,n,p) 函数是将多个图画到一个页面上的工具，其中，m 表示图排成的行数，n 表示图排成的列数，p 表示图的位置顺序。其 MATLAB 参考运行程序如下：

```
close all;clear;clc;                    %复位 MATLAB 工作环境
tspan=0.01;                             %设置信号的采样间隔
t1=0:tspan:3.5;                         %f1 信号时间向量 t1，时间范围为[0,3.5]
t1len=length(t1);                       %f1 信号时间向量 t1 的长度
t2=0:tspan:3.5;                         %f2 信号时间向量 t2，时间范围为[0,3.5]
t2len=length(t2);                       %f2 信号时间向量 t2 的长度
t3=0:tspan:(t1len+t2len-2)*tspan;       %生成两信号卷积结果的时间向量 t3
f1=[zeros(1,length([0:tspan:(1-0.01)])),3*ones(1,length([1:tspan:2])),
zeros(1,length([2.01:tspan:3.5]))];
                                        %生成 f1 信号，其中时间[1,2]幅值为3，其他幅值为0
f2=[zeros(1,length([0:tspan:(1-0.01)])),1*ones(1,length([1:tspan:3])),
zeros(1,length([3.01:tspan:3.5]))];
                                        %生成 f2 信号，其中时间[1,3]幅值为1，其他幅值为0
w=conv(f1,f2);                          %对 f1 和 f2 采样数组向量进行卷积
w=w*tspan;                              %乘以时间间隔
subplot(3,1,1);                         %选择作图区域1
plot(t1,f1);                            %画 f1 的波形
```

```
title('f1 信号波形');              %设置标题
grid on;                          %显示网格
xlabel('t');                      %设置 x 轴显示标签
axis([0 7 0 4]);                  %设置坐标范围
subplot(3,1,2);                   %选择作图区域 2
plot(t2,f2);                      %画 f2 的波形
title('f2 信号波形');              %设置标题
grid on;                          %显示网格
xlabel('t');                      %设置 x 轴显示标签
axis([0 7 0 2]);                  %设置坐标范围
subplot(3,1,3);                   %选择作图区域 3
plot(t3,w);                       %画出卷积信号 w 的波形
title('f1 和 f2 信号卷积结果');    %设置标题
xlabel('t');                      %设置 x 轴显示标签
grid on;                          %显示网格
```

运行结果如图 1-75 所示。

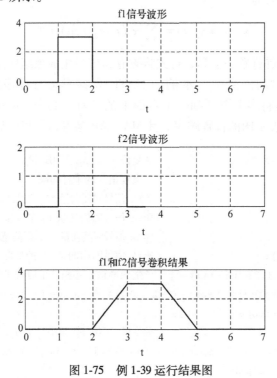

图 1-75　例 1-39 运行结果图

三、MATLAB 的傅里叶变换

（一）傅里叶变换

在 MATLAB 中，实现傅里叶变换有两种方法，一种是利用 MATLAB 中的 Symbolic Math Toolbox 提供的专用函数直接求解函数的傅里叶变换和傅里叶反变换，另一种是傅里叶变换

的数值计算实现法。下面分别介绍这两种实现方法。

1. 直接调用专用函数法

在 MATLAB 中实现傅里叶变换的函数为：

F=fourier(f) 实现对信号 $f(x)$ 的傅里叶变换，其结果为 $F(w)$，实现公式为 $F(w) = c*int(f(x)*exp(s*i*w*x),x,-inf,inf)$。式中，$c$ 默认为 1，s 默认为 -1，可以通过 SYM-PREF('FourierParameters',[c,s]) 来设置 c 和 s 的数值，int() 表示对符号表达式进行积分运算，inf 表示无穷大。

F=fourier(f,v) 实现对信号 $f(x)$ 的傅里叶变换，其中变量 v 用来替代默认变量 w，其结果为 $F(v)$，实现公式为 $F(v) = c*int(f(x)*exp(s*i*v*x),x,-inf,inf)$。

F=fourier(f,u,v) 实现对信号 $f(u)$ 的傅里叶变换，其中变量 v 用来替代默认变量 w，变量 u 用来替代默认变量 x，其结果为 $F(v)$，实现公式为 $F(v) = c*int(f(u)*exp(s*i*v*u), u,-inf,inf)$。

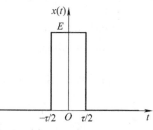

例 1-40 求图 1-76 所表示的单矩形脉冲信号的复指数形式傅里叶变换，其中 $\tau = 2$，$E = 2$。

图 1-76 例 1-40 信号图

解 上述单矩阵脉冲信号可以表示为 $f(t) = E[u(t+\tau/2) - u(t-\tau/2)]$。所以 MATLAB 的参考运行程序如下：

```
close all;clear;clc;
syms tau w                                          %定义两个符号变量 tau,w
Gt=sym('2*(heaviside(tau+1)-heaviside(tau-1))');    %产生门函数
Fw=fourier(Gt,tau,w);                               %对门函数做傅里叶变换
ezplot(Fw,[-10*pi 10*pi])                           %绘制函数图形
axis([-10*pi 10*pi-1 5])                            %限定坐标轴范围
grid on;                                            %显示网格
```

运行结果如图 1-77 所示。

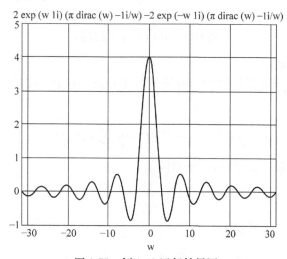

图 1-77 例 1-40 运行结果图

例 1-41 求信号 $f(t) = \dfrac{1}{2}e^{-2t}u(t)$ 的幅度频谱。

解 根据题意，fourier( ) 函数可以实现函数频谱的计算，阶跃响应可以用 heaviside( ) 函数实现，通过定义符号变量来进行求解。其 MATLAB 的参考运行程序如下：

```
close all;clear;clc;
syms t v w x;                              %定义符号变量 t，v，w，x
x=1/2 * exp(-2 * t) * sym('heaviside(t)'); %生成符号变量表达式 x
F=fourier(x);                              %对符号变量表达式 x 进行傅里叶变换
subplot(2,1,1);                            %选择作图区域 1
ezplot(x);                                 %画出符号变量表示 x 的波形
subplot(2,1,2);                            %选择作图区域 2
ezplot('abs(F)');                          %画出傅里叶变换的幅度频谱
```

运行结果如图 1-78 所示，图 1-78a 为信号 $f(t)$，图 1-78b 为其幅度频谱。

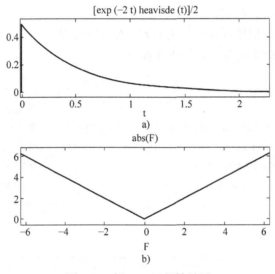

图 1-78 例 1-41 运行结果图

2. 数值计算实现法

数值计算可以近似求出连续时间信号的傅里叶变换，对于连续时间信号 $f(t)$，其傅里叶变换为

$$F(\omega) = \int_{-\infty}^{\infty} f(t)e^{-j\omega t}dt = \lim_{\tau \to 0} \sum_{n=-\infty}^{\infty} f(n\tau)e^{-j\omega n\tau}\tau$$

式中，τ 为时域采样间隔。如果 $f(t)$ 是时限信号，则

$$F(\omega) = \tau \sum_{n=0}^{N-1} f(n\tau)e^{-j\omega n\tau}$$

显然，$\omega = \omega_k$ 时的傅里叶变换值为

$$F(\omega_k) = \tau \sum_{n=0}^{N-1} f(n\tau)e^{-j\omega_k n\tau}, \quad 0 < k < M$$

可见，数值计算法计算 $F(\omega_k)$ 时，其要点是要生成 $f(t)$ 的 N 个样本值 $f(n\tau)$ 的向量，以及向量 $e^{-j\omega_k n\tau}$，两向量的内积即为 $\omega=\omega_k$ 时傅里叶变换的数值计算结果，当 k 取值 $0\sim M$（ω_M 为信号的最高频率），就完成了信号的傅里叶变换数值计算。注意时间采样间隔 τ 的确定，其依据是 τ 必须小于奈奎斯特（Nyquist）采样间隔。

例 1-42　用数值计算法实现门信号 $f(t)=u(t+1)-u(t-1)$ 的傅里叶变换，并画出幅度频谱图。

解　由上面讨论可知，信号频谱的第一个过零点（带宽）为 π，如果考虑信号幅度频谱的最大范围为 $\omega_M=10\omega_B=10\pi$，根据奈奎斯特采样定理，确定信号采样间隔 τ 要求为：

$\tau\leqslant\dfrac{1}{2f_M}=\dfrac{1}{2\times\dfrac{\omega_M}{2\pi}}=0.1$，在本例中，选取采样间隔 $\tau=0.1$。MATLAB 参考运行程序如下：

```
R=0.1;                                    %设置时域信号采样间隔 τ=0.1
t=-2:R:2;                                 %t 为从-2 到 2，间隔为 0.1 的行向量，有 21 个样本点
ft=[zeros(1,10),ones(1,21),zeros(1,10)];  %产生 f(t) 的采样值矩阵
W1=10*pi;                                 %设定计算的频率范围最大值 10π
N=500;k=0:N;w=k*W1/N;                      %频域计算点数为 N，w 为正半轴每个计算点的频率
Fw=ft*exp(-j*t'*w)*R;                     %求傅里叶变换 F(w)
FRw=abs(Fw);                              %取振幅
W=[-fliplr(w),w(2:501)];                  %由信号双边频谱的偶对称性，利用 fliplr(w) 形成负半
                                          %轴的点，w(2:501) 为正半轴的点,拼接成整个频谱范围
                                          %的采样点
FW=[fliplr(FRw),FRw(2:501)];              %形成对应于 2N+1 个频率点的值
subplot(2,1,1);                           %选择作图区域 1
plot(t,ft);                               %画出原时间函数 f(t) 的波形
axis([-5 5-0.5 1.5]);                     %设置坐标范围
grid on;                                  %显示网格
xlabel('t');ylabel('f(t)');               %坐标轴标注
title('f(t)=u(t+1)-u(t-1)');              %文本标注
subplot(2,1,2);                           %选择作图区域 2
plot(W,FW);                               %画出幅度频谱的波形
grid on;                                  %显示网格
xlabel ('w');ylabel ('F(w)');             %坐标轴标注
title('f(t)的幅度频谱图');                 %文本标注
```

程序中，zeros(m,n) 表示生成一个元素值均为 0 的 $m\times n$ 矩阵，fliplr(**A**) 表示对矩阵 A 进行翻转。运行结果如图 1-79 所示，其中图 1-79a 为信号 $f(t)$，由于采样间隔较大，波形不是严格的门信号；图 1-79b 为其幅度频谱。

例 1-43　求图 1-80 所表示的周期单位矩形脉冲信号的傅里叶级数展开，绘制离散频谱，其中 $\tau=2$，$E=2$，$T_0=4$，并绘制傅里叶级数展开 15 次时的逼近波形。

解　根据题意，信号为周期信号，此信号在一个周期内可表示为

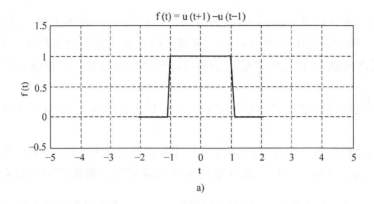

a)

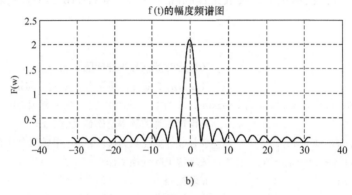

b)

图 1-79 例 1-42 运行结果图

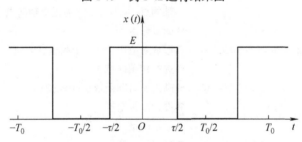

图 1-80 例 1-43 信号图

$$x(t) = \begin{cases} E & -\dfrac{\tau}{2} \le t \le \dfrac{\tau}{2} \\ 0 & 其他 \end{cases}$$

其傅里叶级数系数为

$$X(n\omega_0) = \frac{E\tau}{T_0}\mathrm{Sa}\left(\frac{n\omega_0\tau}{2}\right)$$

复指数形式傅里叶级数展开式为

$$x(t) = \frac{E\tau}{T_0}\sum_{n=-\infty}^{\infty}\mathrm{Sa}\left(\frac{n\omega_0\tau}{2}\right)\mathrm{e}^{jn\omega_0 t}$$

其三角傅里叶级数展开式为

$$x(t) = \frac{a_0}{2} + \sum_{n=1}^{\infty}\left[a_n\cos(n\omega_0 t) + b_n\sin(n\omega_0 t)\right]$$

因为周期矩形信号 $x(t)$ 为偶信号，傅里叶级数系数 a_n、b_n 为

$$a_n = 2\frac{E\tau}{T_0}\frac{\sin\left(\frac{1}{2}n\omega_0\tau\right)}{\frac{1}{2}n\omega_0\tau}$$

$$b_n = 0$$

通过求出系数 a_n 即可求得对应的 15 次傅里叶级数展开计算值。MATLAB 参考运行程序如下：

```
close all;clear;clc;
tau=2;                                    %矩形脉冲信号区间为(-tau/2,tau/2)
T0=4;                                     %矩形脉冲信号周期
m=15;                                     %傅里叶级数展开项次数
E=2;                                      %信号幅度值为2
t1=-tau/2:0.01:tau/2;                     %取矩形脉冲信号时间向量t1,时间步进间隔为0.01
t2=tau/2:0.01:(T0-tau/2);                 %取[tau/2,T0-tau/2]时间向量,时间步进间隔为0.01
t=[(t1-T0)';(t2-T0)';t1';t2';(t1+T0)'];      %生成2个完整周期时间向量t
n1=length(t1);                            %获得时间向量t1长度
n2=length(t2);                            %获得时间向量t2长度
f=E*[ones(n1,1);zeros(n2,1);ones(n1,1);zeros(n2,1);ones(n1,1)];
                                          %构造周期矩形信号向量
y=zeros(m+1,length(t));                   %构造输出矩阵,用来记录傅里叶展开结果
y(m+1,:)=f';                              %将原始信号保存到到m+1行坐标的y矩阵中
figure(1);                                %打开画图1
h=plot(t,y(m+1,:));                       %绘制周期矩形信号波形
axis([-(T0+tau/2)-0.5,(T0+tau/2)+0.5,0,2.5]);    %设置画图坐标范围
set(gca,'XTick',-T0-1:1:T0+1);                   %设置横坐标的显示内容
title('矩形信号');                         %设置画图标题信息
xlabel('时间t');                           %设置x坐标
grid on;                                  %显示网格
figure(2);                                %打开画图2
a=tau/T0;                                 %计算傅里叶变换系数
freq=[-20:1:20];                          %设置采样频率
mag=abs(E*a*sinc(a*freq));                %计算傅里叶级数系数幅值
h=stem(freq,mag);                         %画出傅里叶级数系数
x=E*a*ones(size(t));                      %计算傅里叶展开的常量项a0
title('离散幅度频谱');                      %设置画图标题
xlabel('采样频率nw-0');                     %设置x坐标
axis([-20,20,0,1.5]);                     %设置画图坐标范围
grid on;                                  %显示网格
for k=1:m                                 %循环显示谐波叠加图形
x=x+2*E*a*sinc(a*k)*cos(2*pi*t*k/T0);     %计算k次傅里叶展开的叠加和
y(k,:)=x;                                 %将结果x存入矩阵y中,k表示级数下标
```

```
end
figure(3);                                   %打开画图 3
plot(t,y(m+1,:));                            %画出周期矩形信号波形
hold on;                                      %画图叠加
h=plot(t,y(k,:));                            %绘制各次叠加信号
grid on;                                      %显示网格
axis([-(T0+tau/2)-0.5,(T0+tau/2)+0.5,-0.5,2.5]);      %设置坐标轴范围
title('15 次谐波叠加');                        %显示 5 次谐波叠加结果
xlabel('时间 t');                             %显示 x 轴坐标
legend('原始周期脉冲信号','15 次谐波叠加信号')               %显示信号图标
```

运行结果如图 1-81 所示。

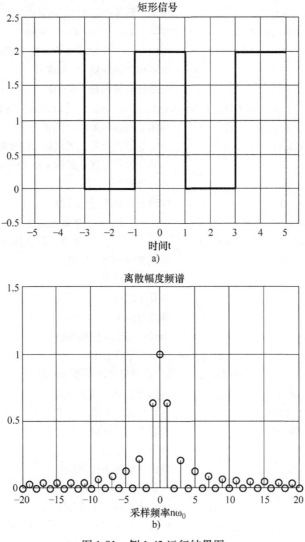

图 1-81 例 1-43 运行结果图

a) 原始脉冲波形（矩形信号） b) 离散幅度频谱

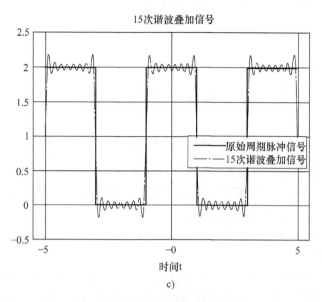

图 1-81　例 1-43 运行结果图（续）

c) 15 次谐波叠加信号

（二）傅里叶反变换

傅里叶反变换的定义为 $f(t) = \dfrac{1}{2\pi}\displaystyle\int_{-\infty}^{\infty} F(j\omega)\,\mathrm{e}^{j\omega t}\,\mathrm{d}\omega$。利用 MATLAB 实现傅里叶反变换可以通过 ifourier( ) 函数，该函数的使用方法如下：

f = ifourier(F)　对 $F(w)$ 进行傅里叶反变换，其结果为 $f(x)$，定义公式为 f(x) = abs(s)/(2 * pi * c) * int(F(w) * exp(-s * i * w * x),w,-inf,inf)。c 和 s 默认值同傅里叶变换。

f = ifourier(F,u)　对 $F(w)$ 进行傅里叶反变换，用变量 u 替代默认变量 x，其结果为 $f(u)$，定义公式为 f(u) = abs(s)/(2 * pi * c) * int(F(w) * exp(-s * i * w * u),w,-inf,inf)。

f = ifourier(F,v,u)　对 $F(v)$ 进行傅里叶反变换，用变量 v 和 u 分别替代变量 w 和 x，其结果为 $f(u)$，定义公式为 f(u) = abs(s)/(2 * pi * c) * int(F(v) * exp(-s * i * v * u),v,-inf,inf)。

例 1-44　求频谱 $F(\omega) = \dfrac{2a}{a^2 + \omega^2}$ 的傅里叶反变换 $f(t)$。

解　求傅里叶反变换，根据题意，选择 ifourier(F,v,u) 作为使用函数。MATLAB 参考运行程序如下：

```
close all;clear;clc;
syms t w a                      %定义3个符号变量t,w,a
Fw=sym('2*a/(w^2+a^2)');        %生成符号变量表达式F(w)
ft=ifourier(Fw,w,t)             %对频谱F(w)进行傅里叶反变换
```

运算结果如图 1-82 所示，结果为用符号变量表示的表达式。

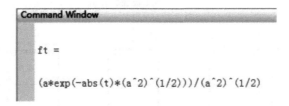

图 1-82 例 1-44 运行结果图

应用 MATLAB 进行傅里叶运算时应注意以下几点：

1）fourier( ) 及 ifourier( ) 函数中用到的变量，需要用 syms 命令说明它们为符号变量，将信号 $f(t)$ 或 $F(w)$ 表示为符号表达式。

2）fourier( ) 或 ifourier( ) 函数得到的返回结果仍然为符号表达式，因此，在作图运算时要用 ezplot( ) 函数。

3）利用 MATLAB 自带的傅里叶分析函数 fourier( ) 及 ifourier( ) 函数有很多局限性，例如如果在返回结果中含有 δ( ) 或不能直接用表达式表示的信号时，ezplot( ) 函数将无法作出图形。如果被变换函数连续但不能表示成符号表达式，此时只能应用数值计算法。当然，通常用数值计算法求得的结果只是近似的。

四、MATLAB 的拉普拉斯变换

（一）拉普拉斯变换

在 MATLAB 中可以实现拉普拉斯变换的函数为 laplace( )，其使用方法如下：

L=laplace(F) 表示对符号函数 $F(t)$ 进行拉普拉斯变换，其结果为 $L(s)$，定义公式为 L(s)=int(F(t) * exp(-s * t),t,0,inf)。

L=laplace(F,u) 表示对 $F(t)$ 进行拉普拉斯变换，用变量 u 替换默认变量 s，其结果为 $L(u)$，定义公式为 L(u)=int(F(t) * exp(-u * t),t,0,inf)。

L=laplace(F,w,u) 表示对 $F(w)$ 进行拉普拉斯变换，用变量 u 替换默认变量 s，变量 w 替换积分变量 t，其结果为 $L(u)$，定义公式为 L(u)=int(F(w) * exp(-u * w),w,0,inf)。

例 1-45 求右边信号 $x(t)=\mathrm{e}^{-t}u(t)$ 的拉普拉斯变换。

解 在 MATLAB 中，laplace( ) 函数可以实现一个符号函数的拉普拉斯变换，该例题的 MATLAB 参考运行程序如下：

```
close all;clear;clc;
syms t s                          %定义符号变量
xt=sym('exp(-t) * heaviside(t)');  %生成符号变量表达式 x(t)
Fs=laplace(xt)                     %求 x(t)的拉普拉斯变换 F(s)
```

运行结果如图 1-83 所示，结果为用符号变量表示的表达式。

例 1-46 求右边信号 $f(t)=\sin(t)u(t)$ 的拉普拉斯变换，并画出其曲面图。

解 首先求出信号的拉普拉斯变换表达式，然后根据拉普拉斯变换结果，画出其曲面

图 1-83 例 1-45 运行结果图

图，MATLAB 参考运行程序如下：

（1）求取拉普拉斯变换表达式

```
close all;clear;clc;
syms t s                          %定义符号变量
ft=sym('sin(t) * heaviside(t)');  %生成符号变量表达式 f(t)
Fs=laplace(ft)                    %求 f(t)的拉普拉斯变换 F(s)
```

运行结果如图 1-84a 所示，得出拉普拉斯变换结果为 $F(s)=\dfrac{1}{s^2+1}$。

（2）根据拉普拉斯变换结果画出其曲面图

```
close all;clear;clc;
syms x y s              %定义符号变量
s=x+i * y;              %生成复变量 s
FFs=1/(s^2+1);          %将 F(s)表示成复变函数形式
FFss=abs(FFs);          %求出 F(s)的模
ezsurf(FFss);           %画出带阴影效果的三维曲面图
colormap(hsv);          %设置 HSV 颜色图
```

上述程序中，ezsurf(f) 函数表示绘制一个带有网格的 $f(x,y)$ 的表面图，其中 f 是一个包含两个自变量的符号表达式。colormap(hsv) 表示创建一个 HSV 标准颜色图。运算结果如图 1-84b 所示。

（二）拉普拉斯反变换

在 MATLAB 中可以通过 ilaplace( ) 函数实现拉普拉斯反变换，该函数使用方法如下：

F=ilaplace(L) 对符号变量 $L(s)$ 进行拉普拉斯反变换，其结果为 $F(t)$，定义公式为 $F(t)=int(L(s) * exp(s * t),s,c-i * inf,c+i * inf)/(2 * pi * i)$。

F=ilaplace(L,y) 对 $L(s)$ 进行拉普拉斯反变换，其结果为 $F(y)$，用变量 y 替换默认变量 t，定义公式为 $F(y)=int(L(s) * exp(s * y),s,c-i * inf,c+i * inf)/(2 * pi * i)$。

F=ilaplace(L,x,y) 对 $L(x)$ 进行拉普拉斯反变换，其结果为 $F(y)$，用变量 y 替换变量 t，变量 x 替换积分变量 s，定义公式为 $F(y)=int(L(x) * exp(x * y),x,c-i * inf,c+i * inf)/(2 * pi * i)$。

例 1-47 求出信号 $F(s)=\dfrac{1}{s+1}$ 的拉普拉斯反变换。

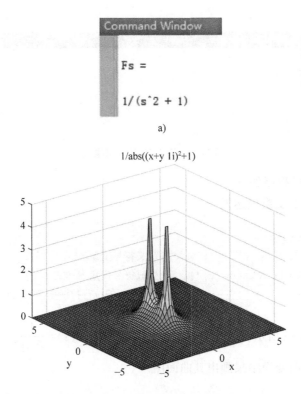

a)

1/abs((x+y 1i)²+1)

b)

图 1-84　例 1-46 运行结果图

解　首先定义符号变量，然后通过 ilaplace( ) 函数进行拉普拉斯反变换运算。MATLAB 参考运行程序如下：

```
close all;clear;clc;
syms t s                        %定义符号变量
Fs=sym('1/(1+s)');              %生成符号变量表达式 F(s)
ft=ilaplace(Fs)                 %求 F(s)的拉普拉斯反变换 f(t)
```

运行结果如图 1-85 所示。

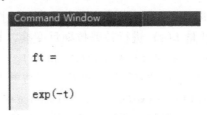

图 1-85　例 1-47 运行结果图

五、MATLAB 求相关函数

在 MATLAB 中可以使用 xcorr( ) 函数求信号的自相关函数和互相关函数。其求解过程实际上是利用傅里叶变换的卷积定理进行的，xcorr( ) 函数的使用方法如下：

$[\mathbf{C}, \text{LAGS}] = \text{xcorr}(\mathbf{x}, \mathbf{y})$　求向量长度均为 N 的信号 x 和 y 的互相关函数，结果为矢量长度 2N-1 的互相关函数序列 C，LAGS 为返回序列 C 的下标，LAGS 可以省略，当 x 和 y 的长度不一样时，则在短的序列后补零直到两者长度相等。

$[\mathbf{C}, \text{LAGS}] = \text{xcorr}(\mathbf{x})$　求信号向量 x 的自相关函数。

$[\mathbf{C}, \text{LAGS}] = \text{xcorr}(\mathbf{x}, \mathbf{y}, '\text{option}')$　计算有正规化选项的互相关函数。选项"biased"为有偏的互相关函数计算；选项"unbiased"为无偏的互相关函数计算；选项"coeff"为零延时互相关函数归一化计算；选项"none"为原始的互相关函数计算。

例 1-48　有 3 个信号 $f_1(t) = t+3$，$f_2(t) = 3*t$，$f_3(t) = t^2$，选取时间 t 范围为 $[0,3]$，请计算上述 3 个信号间的零延时相关性。

解　根据题意，首先生成时间 t 的向量，时间间隔为 0.01，随后生成 3 个信号的数值向量，使用 stem3( ) 函数，画出 3 个信号的波形，然后通过 xcorr( ) 函数，求出信号间的相关性，其中信号自己求相关性即为自相关，不同信号间的相关性即为互相关。程序中 stem3( ) 函数的使用方法为 stem3(X,Y,Z)，表示将 X、Y、Z 3 个向量用 3D 图进行表示，其中 X、Y、Z 向量中的下标相同元素为 3D 图中的坐标。MATLAB 参考运行程序如下：

```
close all;clear;clc;
t=0:0.5:3;                                    %生成时间向量 t
x1=t+3;                                       %生成 f1 信号向量
x2=3*t;                                       %生成 f2 信号向量
x3=t.^2;                                      %生成 f3 信号向量
xabc=[x1'  x2'  x3'];                         %将 3 个信号向量构成矩阵
figure(1);                                    %打开图像 1
stem3((1:length(t))',1,1:3,xabc','filled')    %画出 3 个信号的 3D 图形
ax=gca;                                       %获得当前图形的坐标句柄 ax
ax.YTick=1:3;                                 %设置 ax 所指图形 Y 轴的坐标取值
                                              %范围为 1:3
[cr,lgs]=xcorr(xabc,'coeff');                 %由矩阵的各向量计算相关函数
figure(2);                                    %打开图像 2
for row=1:3                                    %设置信号间的双重循环
    for col=1:3
        nm=3*(row-1)+col;                     %获得当前相关函数的标号
        subplot(3,3,nm)                       %选择作图的子序号
        stem(lgs,cr(:,nm),'.')                %画出对应相关函数的图形
        title(sprintf('C_{%d%d}',row,col))    %设置图的标题
        ylim([0 1])                           %设置纵坐标范围
        end
    end
```

运行结果如图 1-86 所示，其中图 1-86a 为 3 个信号的 3D 图形（离散值），图 1-86b 为 3 个信号之间的相关函数（离散值）。

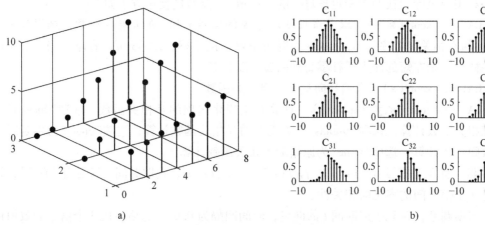

图 1-86　例 1-48 运行结果图

a) 3 个信号的 3D 图形　b) 3 个信号之间的相关函数

📝｜本章要点

1. 信号分析的基本目的在于揭示信号的特性，从而在客观上认识信号。信号分析的基本思想是通过数学方法实现描述域的转换，使我们在不同的表达域（时域、频域、复频域等）较全面地掌握信号的各种特性。确定性连续信号作为最基本、最容易描述的信号，它的分析方法及结果是其他类型信号分析的基础。

2. 信号的时域分析是最基本、最直观的分析方法。一些常用信号的时域描述、信号在时域的基本运算都是最基本的内容，连续信号的分解也是信号分析的基础。另外，信号的相关分析是在时域进行的，它的主要目的在于研究两个以上信号的相关关系。

3. 连续信号的频域分析通过"频谱"描述了信号的重要物理特性，即把连续时间信号表示为一系列不同频率谐波信号的组合，因此信号的频域分析是信号分析内容中最重要的部分。连续信号频域分析从周期信号的傅里叶级数开始，通过周期趋于无穷大的演变，建立起非周期信号的傅里叶变换。需要注意的是，傅里叶级数得到的是真正的频谱，而傅里叶变换得到的是频谱密度。

4. 连续信号的复频域分析是将连续时间信号表示为复指数信号 $e^{st}(s=\sigma+j\omega)$ 的加权积分，实现时域到复频域的映射。信号的复频域表示没有太直接的物理意义，但是可以把信号的频域表示看作复频域表示的特定形式。更重要的是拉普拉斯变换能较好地描述线性系统的特征，因此，在信号与系统的相互作用的分析中特别有用。

习　　题

1. 应用冲激信号的抽样特性，求下列各表达式的函数值。

(1) $\int_{-\infty}^{\infty} f(t-t_0)\delta(t)\,dt$;

(2) $\int_{0^-}^{\infty} (e^t+t)\delta(t+2)\,dt$;

(3) $\int_{-\infty}^{\infty} f(t-t_0)\delta(t-t_0)\,dt$;

(4) $\int_{-\infty}^{\infty} (t+\sin t)\delta\left(t-\frac{\pi}{6}\right)\,dt$;

(5) $\int_{0^-}^{\infty} \delta(t-t_0) u\left(t-\dfrac{t_0}{2}\right) dt$；　　　　(6) $\int_{-\infty}^{\infty} e^{-j\omega t}\left[\delta(t)-\delta(t-t_0)\right] dt$。

2. 绘出下列各时间函数的波形图，注意它们的区别。

(1) $f_1(t) = \sin(\omega t) u(t)$；　　　　(2) $f_2(t) = \sin(\omega t) u(t-t_0)$；

(3) $f_3(t) = \sin\left[\omega(t-t_0)\right] u(t-t_0)$；　　(4) $f_4(t) = \sin\left[\omega(t-t_0)\right] u(t)$。

3. 连续时间信号 $x_1(t)$ 和 $x_2(t)$ 如图1-87所示，试画出下列信号的波形图。

(1) $2x_1(t)$；　　(2) $0.5x_1(t)$；　　(3) $2x_1(t-2)$；　　(4) $x_1(2t)$；

(5) $x_1(2t+1)$ 和 $x_1(2t-1)$；　　　　(6) $x_1(-t-1)$；　　(7) $x_2(2-t/3)$；

(8) $-x_2(-2t+1/2)$；　　　　　　(9) $x_1(t) \cdot x_2(t)$。

(10) 分别画出 $x_1'(t)$ 和 $x_2'(t)$ 的波形并写出相应的表达式。

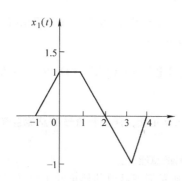 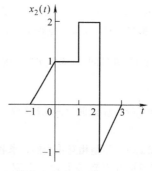

图1-87 题3图

4. 已知 $x(t)$ 如图1-88所示，试画出 $y_1(t)$ 和 $y_2(t)$ 的波形图。

(1) $y_1(t) = x(2t)u(t) + x(-2t)u(-2t)$；

(2) $y_2(t) = x(2t)u(-t) + x(-2t)u(t)$。

5. 已知连续时间信号 $x_1(t)$ 如图1-89所示。试画出下列各信号的波形图。

(1) $x_1(t-2)$；　　　　(2) $x_1(1-t)$；　　　　(3) $x_1(2t+2)$。

6. 根据图1-90所示的信号 $x_2(t)$，试画出下列各信号的波形图。

(1) $x_2(t+3)$；　　　(2) $x_2\left(\dfrac{t}{2}-2\right)$；　　　(3) $x_2(1-2t)$。

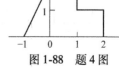

图1-88 题4图

7. 根据图1-89和图1-90所示的 $x_1(t)$ 和 $x_2(t)$，画出下列各信号的波形图。

(1) $x_1(t)x_2(-t)$；　　　(2) $x_1(1-t)x_2(t-1)$；　　　(3) $x_1\left(2-\dfrac{t}{2}\right)x_2(t+4)$。

8. 已知信号 $x(5-2t)$ 的波形如图1-91所示，试画出 $x(t)$ 的波形图。

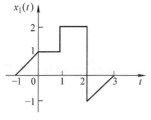 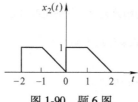 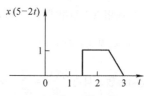

图1-89 题5图　　　　　图1-90 题6图　　　　　图1-91 题8图

9. 画出下列各信号的波形图。

(1) $x(t) = (2-e^{-t})u(t)$；　　　　(2) $x(t) = e^{-t}\cos 10\pi t\left[u(t-1)-u(t-2)\right]$；

(3) $x(t) = u(t^2 - 9)$；　　　　　　　　(4) $x(t) = \delta(t^2 - 4)$。

10. 已知信号 $x(t) = \sin t \cdot [u(t) - u(t-\pi)]$，求下列表达式。

(1) $x_1(t) = \dfrac{\mathrm{d}^2}{\mathrm{d}t^2} x(t) + x(t)$；　　　　　(2) $x_2(t) = \displaystyle\int_{-\infty}^{t} x(\tau) \, \mathrm{d}\tau$。

11. 计算下列积分。

(1) $\displaystyle\int_{-\infty}^{\infty} \sin t \cdot \delta\!\left(t - \dfrac{T_1}{2}\right) \mathrm{d}t$；　　　　(2) $\displaystyle\int_{-\infty}^{\infty} \mathrm{e}^{-t} \cdot \delta(t+2) \, \mathrm{d}t$；

(3) $\displaystyle\int_{-\infty}^{\infty} (t^3 + t + 2)\delta(t-1) \, \mathrm{d}t$；　　　(4) $\displaystyle\int_{-\infty}^{\infty} u\!\left(t - \dfrac{t_0}{2}\right)\delta(t - t_0) \, \mathrm{d}t$；

(5) $\displaystyle\int_{-\infty}^{\infty} \mathrm{e}^{-\tau}\delta(\tau) \, \mathrm{d}\tau$；　　　　　(6) $\displaystyle\int_{-1}^{1} \delta(t^2 - 4) \, \mathrm{d}t$。

12. 证明 $\cos t$，$\cos(2t)$，$\cdots$，$\cos(nt)$（n 为正整数）是在区间 $(0, 2\pi)$ 的正交函数集。它是否是完备的正交函数集？函数集在区间 $(0, \pi)$ 是否是正交函数集？

13. 实周期信号 $x(t)$ 在区间 $(-T/2, T/2)$ 内的能量定义为 $E = \displaystyle\int_{-\frac{T}{2}}^{\frac{T}{2}} x^2(t) \, \mathrm{d}t$，有和信号 $x(t) = x_1(t) + x_2(t)$。

(1) 若 $x_1(t)$ 和 $x_2(t)$ 在区间 $(-T/2, T/2)$ 内相互正交，证明和信号的总能量等于各信号的能量之和。

(2) 若 $x_1(t)$ 和 $x_2(t)$ 不是相互正交的，求和信号的总能量。

14. 用直接计算傅里叶系数的方法，求图 1-92 所示周期函数的傅里叶系数（三角形式或指数形式）。

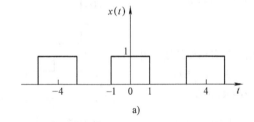 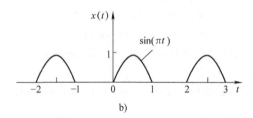

图 1-92　题 14 图

15. 图 1-93 所示是 4 个周期相同的信号。

(1) 用直接求傅里叶系数的方法求图 1-93a 所示信号的傅里叶级数（三角形式）。

(2) 将图 1-93a 所示的函数 $x_1(t)$ 左移或右移 $T/2$，得到图 1-93b 所示的函数 $x_2(t)$，利用（1）的结果求 $x_2(t)$ 的傅里叶级数。

(3) 利用以上结果求图 1-93c 所示的函数 $x_3(t)$ 的傅里叶级数。

(4) 利用以上结果求图 1-93d 所示的函数 $x_4(t)$ 的傅里叶级数。

16. 已知周期函数 $x(t)$ 的傅里叶级数表达式为 $x(t) = \displaystyle\sum_{n=-\infty}^{\infty} X(n\omega_0) \mathrm{e}^{jn\omega_0 t}$，试证明 $\dfrac{\mathrm{d}x(t)}{\mathrm{d}t}$ 是与 $x(t)$ 周期相同的周期函数，且有 $\dfrac{\mathrm{d}x(t)}{\mathrm{d}t} = \displaystyle\sum_{n=-\infty}^{\infty} jn\omega_0 X(n\omega_0) \mathrm{e}^{jn\omega_0 t}$。

17. 求下列信号的傅里叶级数表达式。

(1) $x(t) = \cos 4t + \sin 6t$。

(2) $x(t)$ 是以 2 为周期的信号，且 $x(t) = \mathrm{e}^{-t}$，$-1 < t < 1$。

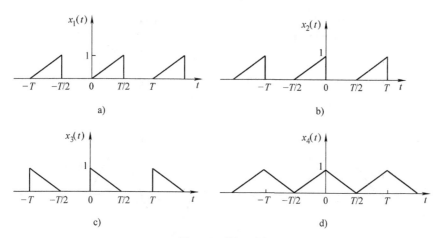

图 1-93 题 15 图

18. 假设图 1-94 所示的信号 $x(t)$ 和 $z(t)$ 有如下三角函数形式的傅里叶级数表达式：

$$x(t)=a_0+2\sum_{k=1}^{\infty}\left[B_k\cos\left(\frac{2\pi kt}{3}\right)-C_k\sin\left(\frac{2\pi kt}{3}\right)\right]$$

$$z(t)=d_0+2\sum_{k=1}^{\infty}\left[E_k\cos\left(\frac{2\pi kt}{3}\right)-F_k\sin\left(\frac{2\pi kt}{3}\right)\right]$$

试画出信号 $y(t)=4(a_0+d_0)+2\sum_{k=1}^{\infty}\left[\left(B_k+\frac{1}{2}E_k\right)\cos\left(\frac{2\pi kt}{3}\right)+F_k\sin\left(\frac{2\pi kt}{3}\right)\right]$。

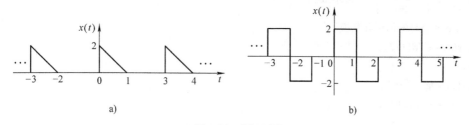

图 1-94 题 18 图

19. 有一实值连续时间周期信号 $x(t)$，其基波周期 $T=8$，$x(t)$ 的非零傅里叶级数系数是 $a_1=a_{-1}=2$，$a_3=a_{-3}^{*}=4j$，试将 $x(t)$ 表示成如下形式：$x(t)=\sum_{k=0}^{\infty}A_k\cos(\omega_kt+\varphi_k)$。

20. 计算下列连续时间周期信号（基波频率 $\omega_0=\pi$）的傅里叶级数系数 a_k：

$$x(t)=\begin{cases}1.5 & 0\leq t<1\\-1.5 & 1\leq t<2\end{cases}$$

21. 令 $x(t)$ 是一个基波周期为 T 和傅里叶级数系数为 a_k 的实值信号。

(1)证明：$a_k=a_{-k}^{*}$，并且 a_0 一定为实数。

(2)证明：若 $x(t)$ 为偶函数，则它的傅里叶级数系数一定为实数而且为偶函数。

(3)证明：若 $x(t)$ 为奇函数，则它的傅里叶级数系数一定为虚数而且为奇函数，$a_0=0$。

(4)证明：$x(t)$ 偶部的傅里叶系数等于 $\text{Re}\{a_k\}$。

(5)证明：$x(t)$ 奇部的傅里叶系数等于 $j\text{Im}\{a_k\}$。

22. 求图 1-95 所示各信号的傅里叶变换。

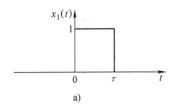 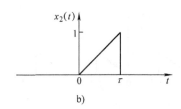

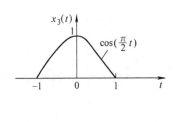 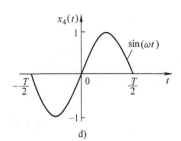

图 1-95　题 22 图

23. 利用对偶性质求下列函数的傅里叶变换。

（1）$x(t)=\dfrac{\sin[2\pi(t-2)]}{\pi(t-2)}$，$-\infty<t<\infty$；

（2）$x(t)=\dfrac{2a}{a^2+t^2}$，$-\infty<t<\infty$；

（3）$x(t)=\left[\dfrac{\sin(2\pi t)}{2\pi t}\right]^2$，$-\infty<t<\infty$。

24. 求下列信号的傅里叶变换。

（1）$x(t)=e^{-jt}\delta(t-2)$；

（2）$x(t)=e^{-3(t-1)}\delta'(t-1)$；

（3）$x(t)=\text{sgn}(t^2-9)$；

（4）$x(t)=e^{-2t}u(t+1)$；

（5）$x(t)=u\left(\dfrac{t}{2}-1\right)$。

25. 试用时域积分性质，求图 1-96 所示信号的频谱。

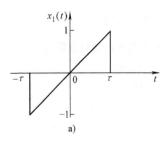 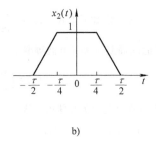

图 1-96　题 25 图

26. 若已知 $x(t)$ 的傅里叶变换 $X(\omega)$，试求下列函数的频谱。

（1）$tx(2t)$；　　　（2）$(t-2)x(t)$；　　　（3）$t\dfrac{dx(t)}{dt}$；

（4）$x(1-t)$；　　　　（5）$(1-t)x(1-t)$；　　　　（6）$x(2t-5)$；

（7）$\int_{-\infty}^{1-0.5t} x(\tau)\,d\tau$；　　（8）$e^{jt}x(3-2t)$；　　　　（9）$\dfrac{dx(t)}{dt}*\dfrac{1}{\pi t}$。

27. 求下列函数的傅里叶反变换。

（1）$X(\omega)=\begin{cases}1 & |\omega|<\omega_0 \\ 0 & |\omega|>\omega_0\end{cases}$；

（2）$X(\omega)=\delta(\omega+\omega_0)-\delta(\omega-\omega_0)$；

（3）$X(\omega)=2\cos(3\omega)$；

（4）$X(\omega)=[u(\omega)-u(\omega-2)]e^{-j\omega}$；

（5）$X(\omega)=\sum_{n=0}^{2}\dfrac{2\sin\omega}{\omega}e^{-j(2n+1)\omega}$。

28. 利用傅里叶变换的性质，求图 1-97 所示函数的傅里叶反变换。

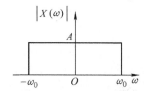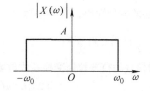
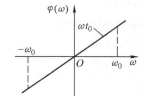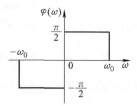

图 1-97　题 28 图

29. 试求图 1-98 所示周期信号的频谱函数，图 1-98b 中冲激函数的强度均为 1。

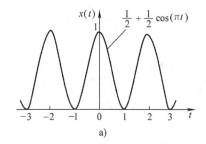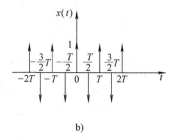

a)　　　　　　　　　　　　　　b)

图 1-98　题 29 图

30. 利用能量等式 $\int_{-\infty}^{\infty}x^2(t)\,dt=\dfrac{1}{2\pi}\int_{-\infty}^{\infty}|X(\omega)|^2\,d\omega$ 计算下列积分的值。

（1）$\int_{-\infty}^{\infty}\left[\dfrac{\sin(t)}{t}\right]^2 dt$；　　　　（2）$\int_{-\infty}^{\infty}\dfrac{dx}{(1+x^2)^2}$。

31. 利用傅里叶变换的性质，求下列傅里叶变换的反变换。

（1）$\mathrm{sgn}(\omega)$；　　　　（2）$\cos(2\omega)$。

32. 求图 1-99 所示周期信号 $x(t)$ 的傅里叶变换。

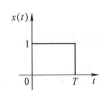

图 1-99　题 32 图

33. 考虑信号

$$x(t)=\begin{cases}0 & t<-\dfrac{1}{2}\\[2mm] t+\dfrac{1}{2} & -\dfrac{1}{2}\le t\le\dfrac{1}{2}\\[2mm] 1 & t>\dfrac{1}{2}\end{cases}$$

（1）利用傅里叶变换的积分性质，求 $X(\omega)$。

（2）求 $g(t)=x(t)-\dfrac{1}{2}$ 的傅里叶变换。

34. 用定义计算下列信号的拉普拉斯变换及收敛域。

（1）$e^{at}u(t),a>0$；　　　　　　　（2）$te^{at}u(t),a>0$；

（3）$e^{-at}u(-t),a>0$；　　　　　　（4）$\cos(\omega_c t)u(-t)$；

（5）$[\cos(\omega_c t+\theta)]u(t)$；　　　（6）$[e^{-at}\sin(\omega_c t)]u(t),a>0$；

（7）$\delta(at-b)$，a 和 b 为实数；　　（8）$x(t)=\begin{cases}e^{-2t} & t>0\\ e^{3t} & t<0\end{cases}$。

35. 用定义计算图 1-100 所示各信号的拉普拉斯变换。

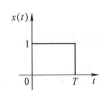
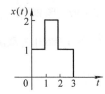
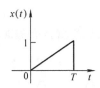

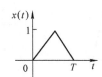

图 1-100　题 35 图

36. 确定时间函数 $x(t)$ 的拉普拉斯变换、零极点及其收敛域。

（1）$x(t)=e^{-2t}u(t)+e^{-3t}u(t)$；　　　（2）$x(t)=e^{-4t}u(t)+e^{-5t}(\sin5t)u(t)$；

（3）$x(t)=e^{2t}u(-t)+e^{3t}u(-t)$；　　　（4）$x(t)=te^{-2|t|}$；

（5）$x(t)=|t|e^{-2|t|}$；　　　　　　　（6）$x(t)=|t|e^{2t}u(-t)$；

（7）$x(t)=\begin{cases}1 & 0\le t\le 1\\ 0 & 其他\end{cases}$；　　　（8）$x(t)=\begin{cases}t & 0\le t\le 1\\ 2-t & 1<t\le 2\end{cases}$；

（9）$x(t)=\delta(t)+u(t)$；　　　　　　（10）$x(t)=\delta(3t)+u(3t)$。

37. 对下列信号，判断拉普拉斯变换是否存在，若存在，请求出其拉普拉斯变换及收敛域。

(1) $tu(t)$；　　(2) $t^t u(t)$；　　(3) $te^{-2t}u(t)$；

(4) $e^{t^2}u(t)$；　　(5) $e^{e^t}u(t)$；　　(6) $x(t)=\begin{cases}e^{-t} & t<0\\ e^{t} & t>0\end{cases}$。

38. 若已知 $u(t)$ 的拉普拉斯变换为 $\dfrac{1}{s}$，收敛域为 $\mathrm{Re}\{s\}>0$，试利用拉普拉斯变换的性质，求下列信号的拉普拉斯变换及其收敛域。

(1) $[\cos(\omega_c t)]u(t)$；

(2) $[\sin(\omega_c t)+\cos(\omega_c t)]u(t)$；

(3) $[e^{-at}\cos(\beta t)]u(t)$；

(4) $[t\cos(\omega_c t)]u(t)$；

(5) $[te^{-at}\cos(\omega_c t)]u(t)$；

(6) $e^{-t}u(t-T)$；

(7) $te^{-t}u(t-T)$；

(8) $t\delta'(t)$；

(9) $t^2\delta''(t)$；

(10) $\displaystyle\sum_{k=0}^{\infty}a^k\delta(t-kT)$；

(11) $t^2 u(t-1)$；

(12) $e^{-t+t_0}u(t-T)$；

(13) $[t^2\cos(\omega_c t)]u(t)$；

(14) $[\sin(\omega_c t)]u(t-T)$；

(15) $\displaystyle\int_0^t \sin(\omega_c \tau)\,\mathrm{d}\tau$；

(16) $t^{-1}(1-e^{-at})u(t)$。

39. 求下列函数的拉普拉斯反变换。

(1) $\dfrac{1}{s^2+9}$，$\mathrm{Re}\{s\}>0$；

(2) $\dfrac{s}{s^2+9}$，$\mathrm{Re}\{s\}<0$；

(3) $\dfrac{s+1}{(s+1)^2+9}$，$\mathrm{Re}\{s\}<-1$；

(4) $\dfrac{3s}{(s^2+1)(s^2+4)}$，$\mathrm{Re}\{s\}>0$；

(5) $\dfrac{s+1}{s^2+5s+6}$，$-3<\mathrm{Re}\{s\}<-2$；

(6) $\dfrac{s+2}{s^2+7s+12}$，$-4<\mathrm{Re}\{s\}<-3$；

(7) $\dfrac{(s+1)^2}{s^2-s+1}$，$\mathrm{Re}\{s\}>\dfrac{1}{2}$；

(8) $\dfrac{s^2-s+1}{(s+1)^2}$，$\mathrm{Re}\{s\}>-1$；

(9) $\dfrac{s^2+4s+5}{s^2+3s+2}$，$\mathrm{Re}\{s\}>-1$；

(10) $\dfrac{s^2-s+1}{s^3-s^2}$，$\mathrm{Re}\{s\}>1$。

40. 对图 1-101 所示的每一个零极点图，确定满足下述情况的收敛域。

(1) $x(t)$ 的傅里叶变换存在；

(2) $x(t)e^{2t}$ 的傅里叶变换存在；

(3) $x(t)=0,t>0$；

(4) $x(t)=0,t<5$。

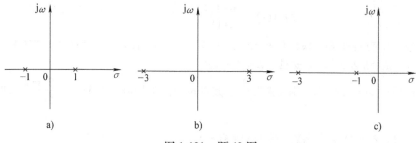

图 1-101　题 40 图

41. 针对图 1-102 所示的每一个信号的有理拉普拉斯变换的零极点图，确定：

(1) 拉普拉斯变换式。

(2) 零极点图可能的收敛域，并指出相应信号的特征。

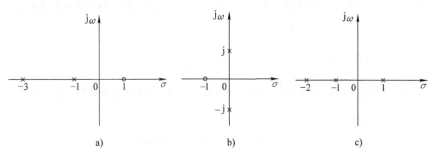

图 1-102 题 41 图

42. 求下列双边拉普拉斯变换所有可能与它相对应的时间函数，并注明其收敛域。

(1) $X_{b1}(s) = \dfrac{1}{(s-1)(s+2)}$；   (2) $X_{b2}(s) = \dfrac{2}{(s+1)(s+2)(s+3)}$。

43. 指出下列信号哪些存在拉普拉斯变换，哪些同时存在拉普拉斯变换和傅里叶变换。

(1) $e^{-10t}u(t)$；   (2) $e^{10t}u(t)$；   (3) $e^{-10|t|}$；   (4) $te^{-10t}u(t)$。

44. 已知信号 $x(t)$ 的拉普拉斯变换为 $X(s) = \dfrac{s+2}{s^2+4s+5}$，试求下列信号的拉普拉斯变换。

(1) $x(2t-1)u(2t-1)$；   (2) $tx(t)$；   (3) $e^{-3t}x(t)$；

(4) $\dfrac{\mathrm{d}x(t)}{\mathrm{d}t}$；   (5) $2x(t/4)+3x(5t)$；   (6) $x(t)\cos(7t)$。

45. 应用拉普拉斯变换的卷积性质，求信号 $y(t) = x_1(t) * x_2(t)$，已知

(1) $x_1(t) = e^{-2t}u(t)$，$x_2(t) = u(t-5)$；

(2) $x_1(t) = e^{-2t}u(t)$，$x_2(t) = \cos(5t)u(t)$。

46. 由下列各象函数求原函数的傅里叶变换 $X(\omega)$。

(1) $\dfrac{1}{s}$；   (2) $\dfrac{2}{s^2+1}$；   (3) $\dfrac{s+2}{s^2+4s+8}$；   (4) $\dfrac{s}{(s+4)^2}$。

47. 设 $x(t)u(t) \longleftrightarrow X(s)$，且有实常数 $a>0$，$b>0$，试证：

(1) $x(at-b)u(at-b) \longleftrightarrow \dfrac{1}{a}e^{-\frac{b}{a}s}X\left(\dfrac{s}{a}\right)$；

(2) $\dfrac{1}{a}e^{-\frac{b}{a}t}x\left(\dfrac{t}{a}\right)u(t) \longleftrightarrow X(as+b)$。

48. 求下列象函数 $X(s)$ 的原函数的初值 $x(0_+)$ 和终值 $x(\infty)$。

(1) $X(s) = \dfrac{2s+3}{(s+1)^2}$；   (2) $X(s) = \dfrac{3s+1}{s(s+1)}$。

49. 设信号的有理拉普拉斯变换具有两个极点 $s=-1$ 和 $s=-3$。若 $g(t) = e^{2t}x(t)$，其傅里叶变换 $G(\omega)$ 收敛，请问 $x(t)$ 是否是左边的、右边的，或是双边的？

50. 已知信号 $e^{-at}u(t)$ 的拉普拉斯变换为 $\dfrac{1}{s+a}$，其中 $\mathrm{Re}\{s\} > \mathrm{Re}\{-a\}$。求 $X(s) = \dfrac{2(s+2)}{s^2+7s+12}$，$\mathrm{Re}\{s\} > -3$ 的反变换。

51. 证明：(1) 若 $x(t)$ 是偶函数，则 $X(s) = X(-s)$。

   (2) 若 $x(t)$ 是奇函数，则 $X(s) = -X(-s)$。

52. 对连续时间复能量信号 $x(t)$ 和 $y(t)$，试按照最小误差能量准则，推导用 $y(t)$ 逼近 $x(t)$ 的最佳逼近系数 a_{xy}。

53. 试求下列每个连续时间信号的自相关函数。

（1）$x(t)=\cos(\omega_0 t)$；

（2）图 1-103a 所示的信号 $x(t)$；

（3）图 1-103b 所示的信号 $x(t)$。

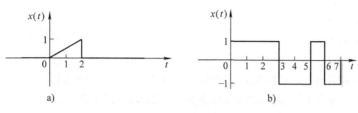

图 1-103　题 53 图

54. 求信号 $x(t)=E\cos(\omega_0 t)$ 的自相关函数和功率谱密度。

55. $x_1(t)$ 和 $x_2(t)$ 分别为图 1-104 所示的矩形和三角形信号，用图解法求出当 $\tau=-2$，$\tau=2$ 时的卷积积分值以及 $\tau=-2$，$\tau=2$ 时的自相关函数值。

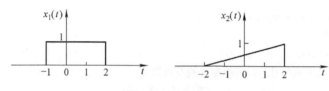

图 1-104　题 55 图

上 机 练 习 题

56. 用 MATLAB 命令画出下列连续信号的波形图。

（1）$2\cos(4t-\pi/5)$；

（2）$(2-e^{-3t})u(t)$；

（3）$[1+\cos(\pi t)][u(t)-u(t-2)]$。

57. 用 MATLAB 绘出下列各时间函数的波形图。

（1）$f_1(t)=\sin(\omega t)u(t)$；　　　　（2）$x(t)=(2-e^{-t})u(t)$；

（3）$x(t)=\delta(t^2-4)$；　　　　（4）$f_2(t)=\sin[\omega(t-t_0)]u(t)$。

58. 用 MATLAB 计算下列积分。

（1）$\int_{-\infty}^{\infty}\sin t\cdot\delta\left(t-\dfrac{T_1}{2}\right)dt$；　　　　（2）$\int_{-\infty}^{\infty}(t^3+t+2)\delta(t-1)dt$。

59. 用 MATLAB 求图 1-105 所示周期函数的傅里叶系数。

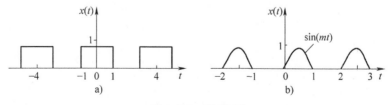

图 1-105　题 59 图

60. 用 MATLAB 求下列信号的傅里叶级数表达式。

(1) $x(t) = \cos(4t) + \cos(6t)$;

(2) $x(t)$ 是以 4 为周期的信号，且 $x(t) = e^{-t}$，$-2 < t < 2$。

61. 用 MATLAB 求下列信号的傅里叶变换。

(1) $x(t) = e^{-jt}\delta(t-2)$;

(2) $x(t) = \mathrm{sgn}(2t^2 - 4)$;

(3) $x(t) = e^{-5t}u(t+2)$;

(4) $x(t) = u(t-1)$。

62. 用 MATLAB 符号表达式法求单边指数信号 $f(t) = e^{-3t}u(t)$ 的傅里叶变换。

63. 试用 MATLAB 命令求下列信号的傅里叶变换，并绘出其幅谱和相位谱。

(1) $f_1(t) = \dfrac{\sin 3\pi(t-2)}{\pi(t-2)}$;　　　　(2) $f_2(t) = \left[\dfrac{\sin(\pi t)}{\pi t}\right]^2$。

64. 用 MATLAB 求下列函数的傅里叶反变换。

(1) $X(\omega) = \begin{cases} 1 & |\omega| < \omega_0 \\ 0 & |\omega| > \omega_0 \end{cases}$;

(2) $X(\omega) = \delta(\omega + \omega_0) - \delta(\omega - \omega_0)$;

(3) $X(\omega) = 5\cos(2\omega)$;

(4) $X(\omega) = [u(\omega) - u(\omega - 1)]e^{-j\omega}$。

65. 用 MATLAB 计算下列信号的拉普拉斯变换及收敛域。

(1) $e^{at}u(t)$, $a > 0$;　　　　　　　(2) $te^{at}u(t)$, $a > 0$;

(3) $e^{-at}u(-t)$, $a > 0$;　　　　　　(4) $(\cos\omega_c t)u(-t)$;

(5) $[\cos(\omega_c t + \theta)]u(t)$;　　　　(6) $[e^{-at}\sin(\omega_c t)]u(t)$, $a > 0$;

(7) $\delta(at - b)$，a 和 b 为实数;　　(8) $x(t) = \begin{cases} e^{-2t} & t > 0 \\ e^{3t} & t < 0 \end{cases}$。

66. 用 MATLAB 求下列函数的拉普拉斯反变换。

(1) $\dfrac{1}{s^2 + 4}$;　　　(2) $\dfrac{s+2}{(s+2)^2 + 4}$;　　　(3) $\dfrac{3s}{(s^2+1)(s^2+4)}$;

(4) $\dfrac{s+3}{s^2 + 5s + 6}$;　　　(5) $\dfrac{s+2}{s^2 + 7s + 12}$。

67. 利用 MATLAB 部分分式展开法求 $F(s) = \dfrac{s+2}{s^3 + 4s^2 + 3s}$ 的拉普拉斯反变换。

68. 利用 MATLAB 求信号 $x(t) = E\cos(\omega_0 t)$ 的自相关函数和功率谱密度函数。

69. 试用 MATLAB 数值计算法求信号 $f_1(t) = u(t) - u(t-2)$ 和 $f_2(t) = e^{-3t}u(t)$ 的卷积。

第二章

离散信号的分析

离散信号是指信号在时间上是离散的，即只在某些不连续的规定时刻具有瞬时值，而在其他时刻无意义的信号。正如在绪论中提到的，连续时间信号的采样是离散信号产生的方法之一，而计算机技术的发展以及数字技术的广泛应用是离散信号分析、处理理论和方法迅速发展的动力。

本章先从连续时间信号的采样入手，逐步讨论离散信号的时域、频域以及其他变换域分析，特别强调的是，离散傅里叶变换（DFT）以及它的快速算法——快速傅里叶变换（FFT）的出现，不仅使离散信号的分析具有理论意义，而且具有重要的实际价值。

第一节 时域描述和分析

一、信号的采样和恢复

连续信号的离散化可以由图 2-1 所示的连续信号 $x(t)$ 经过一个采样开关的采样过程完成。该采样开关周期性地开闭，其中开闭周期为 T_s，每次闭合时间为 τ，有 $\tau \ll T_s$，这样，在采样开关的输出端得到的是一串时间上离散的脉冲信号 $x_s(t)$。为简化讨论，考虑 T_s 是定值的情况，即均匀采样。T_s 称为采样周期，其倒数 $f_s = 1/T_s$ 称为采样频率，$\omega_s = 2\pi f_s = 2\pi/T_s$ 称为采样角频率。按理想化的情况，由

码 2-1 【视频讲解】
信号的采样和恢复

于 $\tau \ll T_s$，可认为 $\tau \to 0$，即 $x_s(t)$ 由一系列冲激函数构成，每个冲激函数的强度等于连续信号在该时刻的采样值 $x(nT_s)$。于是就可以用图 2-2 所示框图来表示连续信号的采样过程。

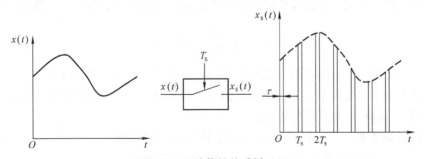

图 2-1 连续信号的采样过程

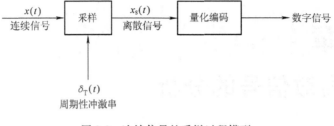

图 2-2　连续信号的采样过程模型

根据图 2-2，理想化的采样过程是一个将连续信号进行脉冲调制的过程，即 $x_\mathrm{s}(t)$ 可表示为连续信号 $x(t)$ 与周期性冲激串 $\delta_\mathrm{T}(t)=\sum\limits_{n=-\infty}^{\infty}\delta(t-nT_\mathrm{s})$ 的乘积，即

$$x_\mathrm{s}(t)=x(t)\delta_\mathrm{T}(t)=x(t)\sum_{n=-\infty}^{\infty}\delta(t-nT_\mathrm{s})=\sum_{n=-\infty}^{\infty}x(nT_\mathrm{s})\delta(t-nT_\mathrm{s}) \tag{2-1}$$

图 2-2 中，离散信号 $x_\mathrm{s}(t)$ 还要经过量化、编码处理，才能成为计算机能处理或能用来传输的数字信号。这是因为如前面所述，$x_\mathrm{s}(t)$ 是经过采样处理后时间上离散化而幅值上仍然连续变化的信号，必须经过幅值上量化、编码等离散取值处理后才能成为数字信号。这一处理过程有专门的课程介绍。

一个连续信号离散化后，有以下两个问题需要进行讨论：

1）采样得到的信号 $x_\mathrm{s}(t)$ 在频域上有什么特性，它与原连续信号 $x(t)$ 的频域特性有什么联系？

2）连续信号采样后，它是否保留了原信号的全部信息，或者说，从采样得到的信号 $x_\mathrm{s}(t)$ 能否无失真地恢复原连续信号 $x(t)$？

先讨论问题 1），然后讨论问题 2）。

设连续信号 $x(t)$ 的傅里叶变换为 $X(\omega)$，采样后离散信号 $x_\mathrm{s}(t)$ 的傅里叶变换为 $X_\mathrm{s}(\omega)$，已知周期性冲激串 $\delta_\mathrm{T}(t)$ 的傅里叶变换为 $\Delta_\mathrm{T}(\omega)=\omega_\mathrm{s}\sum\limits_{n=-\infty}^{\infty}\delta(\omega-n\omega_\mathrm{s})$ [见式（1-92）]，由傅里叶变换的频域卷积定理 [式（1-113）]，有

$$X_\mathrm{s}(\omega)=\frac{1}{2\pi}X(\omega)*\Delta_\mathrm{T}(\omega)$$

将 $\Delta_\mathrm{T}(\omega)$ 代入该式，并按卷积运算的性质化简后得到采样信号 $x_\mathrm{s}(t)$ 的傅里叶变换为

$$X_\mathrm{s}(\omega)=\frac{1}{T_\mathrm{s}}\sum_{n=-\infty}^{\infty}X(\omega-n\omega_\mathrm{s}) \tag{2-2}$$

式（2-2）表明，一个连续信号经理想采样后频谱发生了以下两个变化：

1）频谱发生了周期延拓，即将原连续信号的频谱 $X(\omega)$ 分别延拓到以 $\pm\omega_\mathrm{s}$，$\pm2\omega_\mathrm{s}$，…为中心的频谱，其中 ω_s 为采样角频率。

2）频谱的幅度乘上了一个 $1/T_\mathrm{s}$ 因子，其中 T_s 为采样周期。

图 2-3a、b、c 分别表示了 $x(t)$、$\delta_\mathrm{T}(t)$、$x_\mathrm{s}(t)$ 及其频谱。

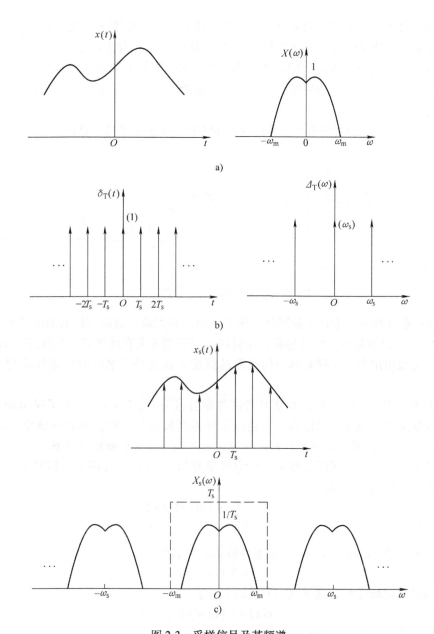

图 2-3　采样信号及其频谱

a）连续信号 $x(t)$ 及其频谱　b）冲激串 $\delta_T(t)$ 及其频谱　c）采样信号 $x_s(t)$ 及其频谱

二、时域采样定理

为了回答"从采样信号 $x_s(t)$ 能否无失真地恢复原连续信号 $x(t)$"的问题，先要了解如何从采样信号恢复原连续信号。从图 2-3c 中可知，对于频谱函数只在有限区间 $(-\omega_m, \omega_m)$ 具有有限值的信号 $x(t)$（称为频带受限信号），为了将它的采样信号 $x_s(t)$ 恢复为原连续信号，只要对采样信号施以截止频率为 $\omega \geqslant \omega_m$ 的理想低通滤波，

码 2-2 【视频讲解】
时域采样定理

这时在频域上得到与 $x(t)$ 的频谱 $X(\omega)$ 完全一样的频谱（幅度的变化很容易实现）。对应地，在时域上也就完全恢复了原连续信号 $x(t)$。从图中可以看出，上述连续信号恢复过程是在 $\omega_s \geqslant 2\omega_m$ 的前提下实现的，即采样频率至少为原连续信号所含最高频率成分的两倍时，就能够无失真地从采样信号中恢复原连续信号，或者说，采样过程完全保留了原信号的全部信息。

那么，当 $\omega_s < 2\omega_m$ 时会出现什么样的情况呢？图 2-4 表示了这种情况。

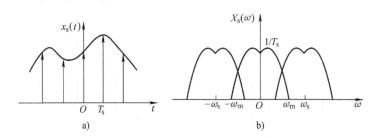

图 2-4　$\omega_s < 2\omega_m$ 时采样信号及其频谱

从图 2-4 中可看出，这时在频域就出现了频谱混叠现象。施以理想低通滤波后不能得到与 $X(\omega)$ 完全一样的频谱。可以想象，在时域也就不能无失真地恢复原连续信号 $x(t)$。

由此，可以得出关于采样频率如何选取的结论，这就是著名的时域采样定理（香农定理）：

对于频谱受限的信号 $x(t)$，如果其最高频率分量为 ω_m（或 f_m），为了保留原信号的全部信息，或能无失真地恢复原信号，在通过采样得到离散信号时，其采样频率应满足 $\omega_s \geqslant 2\omega_m$（或 $f_s \geqslant 2f_m$）。通常把最低允许的采样频率 $\omega_s = 2\omega_m$ 称为奈奎斯特频率。

上面已提到，为了从采样信号 $x_s(t)$ 中恢复原信号 $x(t)$，可将采样信号的频谱 $X_s(\omega)$ 乘上幅度为 T_s 的矩形窗函数，即

$$G(\omega)=\begin{cases}T_s & |\omega| \leqslant \omega_s/2 \\ 0 & |\omega| > \omega_s/2\end{cases}$$

它将原信号的频谱 $X(\omega)$ 从 $X_s(\omega)$ 中完整地提取出来，即

$$X(\omega)=X_s(\omega) \cdot G(\omega)$$

根据傅里叶时域卷积定理［式（1-112）］，有

$$x(t)=x_s(t) * g(t)$$

从表 1-2 查得 $G(\omega)$ 对应的时域函数为

$$g(t)=\text{Sa}\left(\frac{\omega_s}{2}t\right)$$

所以，可求得

$$x(t)=\sum_{n=-\infty}^{\infty} x(nT_s)\delta(t-nT_s) * \text{Sa}\left(\frac{\omega_s}{2}t\right)=\sum_{n=-\infty}^{\infty} x(nT_s)\text{Sa}\left(\frac{\omega_s}{2}(t-nT_s)\right) \qquad (2\text{-}3)$$

如果正好取 $\omega_m=\frac{1}{2}\omega_s$，则有

$$x(t)=\sum_{n=-\infty}^{\infty} x(nT_s)\text{Sa}[\omega_m(t-nT_s)]=\sum_{n=-\infty}^{\infty} x(nT_s)\frac{\sin\omega_m(t-nT_s)}{\omega_m(t-nT_s)}$$

该式说明，如果知道连续时间信号的最高角频率 ω_m，则在采样频率 $\omega_\mathrm{s} \geqslant 2\omega_\mathrm{m}$ 的条件下，把各采样样本值 $x(nT_\mathrm{s})$ 代入式（2-3），就能无失真地求得原信号 $x(t)$。原信号的恢复过程可用图 2-5 表示。

以取 $\omega_\mathrm{m} = \dfrac{1}{2}\omega_\mathrm{s}$ 为例，由于 $x(nT_\mathrm{s})\,\mathrm{Sa}[\omega_\mathrm{m}(t-nT_\mathrm{s})]$ 是一个以 nT_s 为中心呈偶对称的衰减正弦函数，除中心点为峰值外，还具有等间隔的过零点，可以求得，该间隔正好是采样间隔 T_s。因此，在某一采样时刻（如 $t=3T_\mathrm{s}$），除了取峰值为 1 的 $\mathrm{Sa}[\omega_\mathrm{m}(t-nT_\mathrm{s})]$（如 $n=3$）外，其他各 $\mathrm{Sa}[\omega_\mathrm{m}(t-nT_\mathrm{s})]$（如 $n\neq3$）均为零，所以有 $x(t)=x(nT_\mathrm{s})$（如 $n=3$），即每个采样时刻能给出准确的 $x(t)$ 值。非采样时刻，式（2-3）中的各项均不为零，即样本点之间任意时刻的 $x(t)$ 由无限项的和决定，所以通常把式（2-3）称为恢复连续时间信号的内插公式。

时域采样定理表明，为了保留原连续信号某一频率分量的全部信息，至少对该频率分量一个周期采样两次。由此可以理解为，对于快变信号要提高采样频率，但是，并不能认为采样频率越高越好，采样频率过高，一方面会增加计算机内存的占用量，另一方面还会造成采样过程不稳定。

对于不是带限的信号，或者频谱在高频段衰减较慢的信号，可以根据实际的情况采用抗混叠滤波器来解决。即在采样前，用一个截止频率为 ω_c 的低通滤波器对信号 $x(t)$ 进行抗混叠滤波，把不需要的或不重要的高频成分去除，然后再进行采样和数据处理。例如，在高保真（Hi-Fi）数字音响设备中，因为人耳能感受到声音的最高频率是 20kHz，所以通常选择截止频率 $f_\mathrm{c}=20\mathrm{kHz}$ 的前

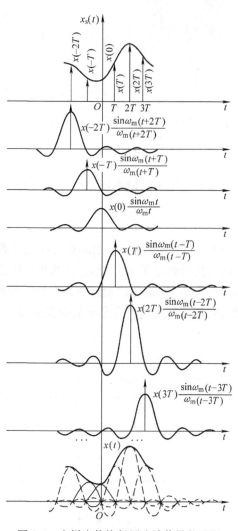

图 2-5 由样本值恢复原连续信号的过程

置抗混叠滤波器对输入信号进行预处理，然后再用 40kHz 的采样频率采样并进行数字化处理。

【深入思考】1948 年 6 月至 10 月，信息论的创始人 C.E. 香农（C. E. Shannon）在《贝尔系统技术杂志》连载论文《通信的数学理论》，系统地阐述了采样定理的数学原理，奠定了现代信息论的基础。请给出一个采样定理的具体工程应用案例。

三、频域采样定理

与时域采样定理相对应，对于一个具有连续频谱的信号，如果在频域进行采样，也存

在一个是否能准确地恢复原信号连续频谱的问题。现考虑原时域信号 $x(t)$ 的频谱为 $X(\omega)$，即

$$x(t) \overset{\mathscr{F}}{\longleftrightarrow} X(\omega)$$

对 $X(\omega)$ 在频域的采样，同样可视为将 $X(\omega)$ 进行频域冲激串调制的过程，即

$$X_p(\omega) = X(\omega) \cdot \Delta_\omega(\omega) \tag{2-4}$$

式中，$\Delta_\omega(\omega) = \sum_{k=-\infty}^{\infty} \delta(\omega - k\omega_0)$，是采样间隔为 $\omega_0 = \dfrac{2\pi}{T_0}$ 的频域单位冲激串，它所对应的时域信号（见表 1-2）为

$$\delta_\omega(t) = \frac{1}{\omega_0} \sum_{k=-\infty}^{\infty} \delta(t - kT_0)$$

由傅里叶变换的时域卷积定理［式（1-112）］，式（2-4）对应的时域形式为

$$x_p(t) = x(t) * \frac{1}{\omega_0} \sum_{k=-\infty}^{\infty} \delta(t - kT_0) = \frac{1}{\omega_0} \sum_{k=-\infty}^{\infty} x(t - kT_0) \tag{2-5}$$

式（2-5）的推导用到任意函数与冲激函数卷积的式子：$x(t) * \delta(t - t_0) = x(t - t_0)$。式（2-5）表明当信号频谱 $X(\omega)$ 以 ω_0 的采样间隔进行采样时，它对应的时域信号 $x_p(t)$ 以 T_0 为周期对原信号 $x(t)$ 进行周期延拓，当然信号的幅度要乘上 $1/\omega_0$ 的因子，如图 2-6 所示。这一结论与时域信号的采样完全形成对偶关系。

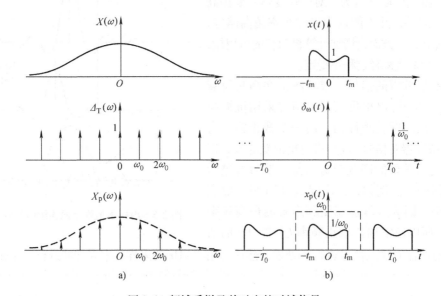

图 2-6 频域采样及其对应的时域信号

由图 2-6 可知，对于一个时间受限信号 $x(t)$，即

$$x(t) = \begin{cases} x(t) & |t| \leq t_m \\ 0 & |t| > t_m \end{cases}$$

只有当 $T_0 \geq 2t_m$ 或 $\omega_0 \leq \dfrac{\pi}{t_m}$ 时，$x_p(t)$ 不会发生时域波形混叠，有可能从 $x_p(t)$ 中不失真地截

取出原信号 $x(t)$，相当于在频域从采样的 $X_p(\omega)$ 中准确地恢复原信号的连续频谱 $X(\omega)$。因此，可以归纳出频域采样定理：

对于一个长度为 $2t_m$ 的时限信号，为了能够从频域样本集合中完全恢复原信号的频谱，其频域的采样间隔必须满足 $\omega_0 \leqslant \dfrac{\pi}{t_m}$。

与连续时间信号的恢复类似，为了恢复原信号 $x(t)$ 的连续频谱 $X(\omega)$，可以将其周期延拓的信号 $x_p(t)$ 乘上时域窗函数 $g(t)$，即

$$g(t) = \begin{cases} \omega_0 & |t| \leqslant \dfrac{T_0}{2} \\ 0 & |t| > \dfrac{T_0}{2} \end{cases}$$

它将原信号 $x(t)$ 从 $x_p(t)$ 中完整地提取出来，即

$$x(t) = x_p(t) \cdot g(t)$$

根据傅里叶频域卷积定理［式 (1-113)］，有

$$X(\omega) = \frac{1}{2\pi} X_p(\omega) * G(\omega)$$

式中，$X_p(\omega) = X(\omega) \cdot \displaystyle\sum_{k=-\infty}^{\infty} \delta(\omega - k\omega_0) = \sum_{k=-\infty}^{\infty} X(k\omega_0)\delta(\omega - k\omega_0)$，又从表 1-2 可知

$$G(\omega) = 2\pi \mathrm{Sa}\left(\frac{\omega T_0}{2}\right)$$

所以得

$$X(\omega) = \frac{1}{2\pi}\left[\sum_{k=-\infty}^{\infty} X(k\omega_0)\delta(\omega - k\omega_0)\right] * \left[2\pi \mathrm{Sa}\left(\frac{\omega T_0}{2}\right)\right] = \sum_{k=-\infty}^{\infty} X(k\omega_0)\mathrm{Sa}\left[\frac{T_0}{2}(\omega - k\omega_0)\right] \quad (2\text{-}6)$$

这就是频域的内插公式。如果正好取 $t_m = \dfrac{T_0}{2}$，则有

$$X(\omega) = \sum_{k=-\infty}^{\infty} X(k\omega_0)\mathrm{Sa}[t_m(\omega - k\omega_0)] = \sum_{k=-\infty}^{\infty} X(k\omega_0)\frac{\sin t_m(\omega - k\omega_0)}{t_m(\omega - k\omega_0)}$$

频域内插公式表明，在频域中每个采样样本能给出准确的 $X(\omega)$，而非采样样本的 $X(\omega)$ 由无限项之和决定。

从时域采样及其内插恢复和频域采样及其内插恢复，还可得出时域和频域的一个重要对应关系：频域的带限信号在时域是非时限的，时域的时限信号在频域是非带限的。

四、模拟频率和数字频率

在前面的介绍中，引出了连续信号的模拟（角）频率 ω 和离散信号的数字频率 Ω，这两个变量极易混淆且难以理解。下面通过正弦信号和复指数信号，详细阐述这两个概念。

正弦信号和复指数信号是分析信号频谱的重要工具，尤其是复指数信号具有以下特点：

1）对于连续时间复指数信号，可以把微分、积分运算转换为乘法、除法运算。因为假设 $x(t) = \mathrm{e}^{\mathrm{j}\omega t}$，则有

$$\frac{\mathrm{d}}{\mathrm{d}t}x(t) = \frac{\mathrm{d}}{\mathrm{d}t}\mathrm{e}^{\mathrm{j}\omega t} = \mathrm{j}\omega\mathrm{e}^{\mathrm{j}\omega t} = \mathrm{j}\omega x(t)$$

$$\int x(t)\,\mathrm{d}t = \int \mathrm{e}^{\mathrm{j}\omega t}\,\mathrm{d}t = \frac{1}{\mathrm{j}\omega}\mathrm{e}^{\mathrm{j}\omega t} = \frac{1}{\mathrm{j}\omega}x(t)$$

2）对于复指数序列，可以通过乘法运算来实现序列的时移。因为假设 $x(t) = \mathrm{e}^{\mathrm{j}\Omega n}$，则有

$$x(n-k) = \mathrm{e}^{\mathrm{j}\Omega(n-k)} = \mathrm{e}^{-\mathrm{j}\Omega k}\mathrm{e}^{\mathrm{j}\Omega n} = \mathrm{e}^{-\mathrm{j}\Omega k}x(n)$$

因此，傅里叶级数、傅里叶变换、拉普拉斯变换、Z 变换和离散时间傅里叶变换等，都采用复指数信号或复指数序列作为基型信号。

为了正确理解数字频率的概念，需要把连续时间正弦信号（简称正弦波）与离散时间正弦信号（简称正弦序列）联系起来进行讨论。

设有一个正弦波，有

$$x(t) = A\sin\omega t \tag{2-7}$$

式中，A 为幅度；ω 为模拟角频率（简称角频率），单位为弧度/秒（rad/s）；t 为连续时间，单位为秒（s）。该正弦波的周期为 T，单位为秒（s）；频率为 $f = 1/T$，单位为赫兹（Hz），角频率与频率的关系是 $\omega = 2\pi f$。

以采样周期 T_s（单位为 s）对正弦波采样，每秒采样次数 $f_\mathrm{s} = 1/T_\mathrm{s}$，称为采样频率（单位为 Hz）。由于离散时间采样点为 $t = nT_\mathrm{s}$（n 为整数），所以采样后得到的正弦序列为

$$x(n) = x(nT_\mathrm{s}) = A\sin\omega T_\mathrm{s}n \tag{2-8}$$

需要注意的是，式（2-8）所示正弦序列的自变量是离散时间变量 n，它表示采样点的序号，是无量纲的整数；而式（2-7）所示正弦波的自变量是连续时间变量 t，是有量纲的实数。这是正弦序列与正弦波之间最重要的区别。正是这种区别，导致离散、连续时间信号在频域内的描述有很大不同，主要表现在正弦波使用模拟角频率 ω，而正弦序列使用数字频率 Ω，且 $\Omega = \omega T_\mathrm{s}$。因此，有

$$x(n) = A\sin\Omega n \tag{2-9}$$

对比式（2-9）与式（2-7）看出，正弦序列的 Ω 与正弦波的 ω，它们的位置和作用类似，因此，将 ω 称为模拟（角）频率，而将 Ω 称为数字频率。ω 的单位是弧度/秒（rad/s），而 Ω 的单位是弧度（rad），ωt 和 Ωn 的单位都是弧度（rad）。

利用 $\omega = 2\pi f$ 和 $f_\mathrm{s} = 1/T_\mathrm{s}$，得到数字频率的另外一种定义形式，即

$$\Omega = 2\pi\frac{f}{f_\mathrm{s}} \tag{2-10}$$

式（2-10）表明，数字频率是一个与采样频率 f_s 有关的频率度量，即数字频率是模拟频率 f 用采样频率 f_s 归一化后的弧度数。因此，对一个正弦波进行采样，使用的采样频率不同，所得到的正弦序列的数字频率也不同。为了更清楚地说明这个结论，将式（2-10）改写成

$$\Omega = \frac{2\pi}{\dfrac{f_\mathrm{s}}{f}} \tag{2-11}$$

由于 f_s 表示每秒对正弦波采样的点数，f 表示正弦波每秒周期性重复的次数（周期数），因而 f_s/f 表示正弦波每个周期内采样点的数目。因此，式（2-11）的含义是，数字频率 Ω 是指

每相邻两个采样点之间相位差的弧度数。

例 2-1 对于频率 $f=1000\text{Hz}$ 的正弦波 $x(t)$ （见图 2-7a），分别以 $f_s=10\text{kHz}$ 和 $f_s=5\text{kHz}$ 进行采样，画出离散化后的信号波形图，并分析其模拟频率和数字频率的关系。

解 频率 $f=1000\text{Hz}$ 的正弦波 $x(t)$ 波形如图 2-7a 所示，周期为 $T=1/f=1\text{ms}$。

采样频率 $f_s=10\text{kHz}$ 时的正弦序列 $x_1(n)$ 如图 2-7b 所示。由于正弦波每个周期（2π）内采样点的数 $f_s/f=10\text{kHz}/1000\text{Hz}=10$，因此，相邻两个采样点之间的相位差为 $\Omega_1=2\pi/10=\pi/5$，这就是正弦序列 $x_1(n)$ 的数字频率。

采样频率 $f_s=5\text{kHz}$ 时的正弦序列 $x_2(n)$ 如图 2-7c 所示，其数字频率 $\Omega_2=2\pi/5$。

从这个例子看出，正弦序列的数字频率 Ω 是由 f 与 f_s 的比值决定的以 rad 为单位的频率。

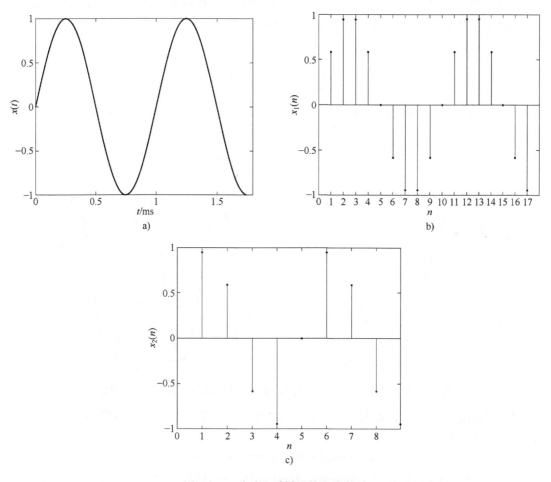

图 2-7 正弦波和采样后的正弦序列
a）频率 $f=1000\text{Hz}$ 的正弦波 b）采样频率 $f_s=10\text{kHz}$ 的正弦序列 c）采样频率 $f_s=5\text{kHz}$ 的正弦序列

为了进一步加深对数字频率的理解，下面讨论正弦序列或复指数序列的频域表示问题。无论连续复指数信号还是离散复指数信号，都可以用其幅度 A、初相位 φ 和频率由下列公式确定，即

$$x(t) = Ae^{j\varphi}e^{j\omega_0 t} = Ae^{j\varphi}e^{j2\pi f_0 t} \tag{2-12}$$

$$x(n) = Ae^{j\varphi}e^{j\Omega_0 n} \tag{2-13}$$

式中，连续复指数信号用角频率 ω_0 或模拟频率 f_0 表示，而复指数序列用数字频率 Ω_0 表示。

利用欧拉（Euler）恒等式，连续正弦信号可以用复指数信号表示为

$$x(t) = A\cos(2\pi f_0 t + \varphi) = \frac{A}{2}e^{j\varphi}e^{j2\pi f_0 t} + \frac{A}{2}e^{-j\varphi}e^{-j2\pi f_0 t} \tag{2-14}$$

式（2-14）表明，一个正弦信号由频率为 f_0 和 $-f_0$ 的两个复指数信号组成。与连续正弦信号相似，正弦序列也可以用数字频率为 Ω_0 和 $-\Omega_0$ 的两个复指数序列之和来表示，即

$$x(n) = A\sin(\Omega_0 n + \varphi) = \frac{A}{2}e^{j\varphi}e^{j\Omega_0 n} + \frac{A}{2}e^{-j\varphi}e^{-j\Omega_0 n} \tag{2-15}$$

对于正弦波或者连续时间复指数信号，其时域表示和频域表示具有一一对应的关系，如图 2-8 所示，其中，$x_1(t) = A\sin 2\pi f_1 t$，$x_2(t) = A\sin 2\pi f_2 t$。

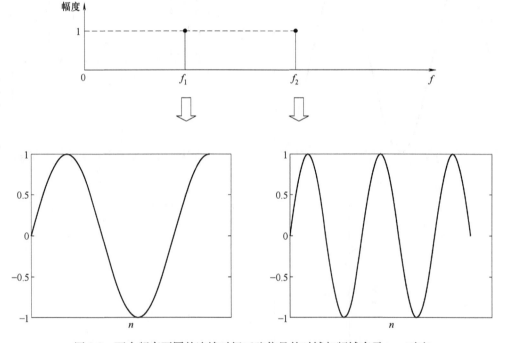

图 2-8　两个频率不同的连续时间正弦信号的时域与频域表示一一对应

但对离散信号来说，情况却完全不同。设有两个复指数序列 $x_1(n) = e^{j\Omega_1 n}$ 和 $x_2(n) = e^{j\Omega_2 n}$，当 $\Omega_2 = \Omega_1 + 2\pi k$ 且 k 为整数时，有

$$x_2(n) = e^{j\Omega_2 n} = e^{j(\Omega_1 + 2\pi k)n} = e^{j2\pi kn}e^{j\Omega_1 n} = e^{j\Omega_1 n} = x_1(n)$$

该式表明，数字频率不同的两个复指数序列可以有完全相同的时域表示。对于离散时间正弦信号也有相同的结论。对于这一结论，将在离散周期信号的频域分析中给予详细分析。

例 2-2　设两个数字频率不同的余弦序列 $x_1(n) = \cos(\Omega_1 n + \varphi_1)$ 和 $x_2(n) = \cos(\Omega_2 n + \varphi_2)$，其数字频率和相位满足

$$\begin{cases} \Omega_2 = \Omega_1 + 2\pi k \\ \varphi_2 = \varphi_1 \end{cases}, \; k \text{ 为整数}$$

分析数字频率不同的两个余弦序列的时域、频域对应关系。

解 由题意，可以得出

$$x_2(n) = \cos(\Omega_2 n + \varphi_2) = \cos[(\Omega_1 + 2\pi k)n + \varphi_1] = \cos(\Omega_1 n + \varphi_1) = x_1(n)$$

这说明，数字频率不同的两个余弦序列，其时域波形可以完全相同，如图 2-9 所示。也就是说，数字频率不同的两个余弦序列，其时域、频域不一定具有一一对应的关系。

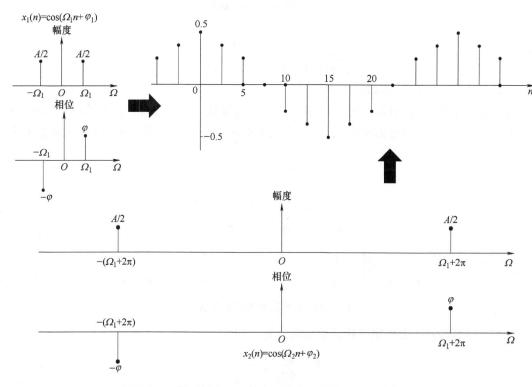

图 2-9 离散时域表示与数字频域表示不存在一一对应关系

$$(\Omega_2 = \Omega_1 + 2\pi k;\quad \varphi_2 = \varphi_1)$$

例 2-2 说明，若有一个余弦序列 $x(n) = \cos(\Omega_0 n + \varphi_0)$，$-\pi \leqslant \Omega_0 < \pi$，那么所有频率为 $\Omega_k = \pm\Omega_0 + 2\pi k$（$k$ 取整数）余弦序列的时域表示都与 $x(n)$ 相同，或者说，离散时间余弦信号的频域表示与时域表示之间不存在一一对应的关系。

五、离散信号的描述

无论是采样得到的离散信号，还是客观事物给出的离散信号，只要给出函数值的离散时刻是等间隔的，都可以用序列 $x(n)$ 来表示它们，这里 n 是各函数值在序列中出现的序号。

通常可以用 $x(n)$ 在整个定义域内的一组有序数列的集合 $\{x(n)\}$ 来表示一个离散信号，例如

$$\{x(n)\} = \{\cdots, 0, 0, 1, 2, 3, 4, 3, 2, 1, 0, 0, \cdots\}$$

$$\uparrow$$

$$n = 0$$

码 2-4 【视频讲解】
离散信号的描述

123

表示了一个离散信号，n 值规定为自左向右逐一递增。显然，这里 $x(0)=4$，$x(1)=3$，…。如果 $x(n)$ 有闭式表达式，离散信号也可以用闭式表达式表示。例如，上述离散信号可表示为

$$x(n)=\begin{cases} 0 & 4\leqslant n<\infty \\ 4-n & 0\leqslant n<4 \\ 4+n & -3\leqslant n<0 \\ 0 & -\infty<n<-3 \end{cases}$$

或者表示为

$$x(n)=4-\lvert n\rvert, \quad \lvert n\rvert\leqslant 3$$

式中，对 $\lvert n\rvert>3$ 的 $x(n)$ 值默认为零。

离散信号也常用图形表示，图 2-10 表示了上述的离散信号。有时，也可以将它们的端点连接起来，以表示信号的变化规律，但是一定要注意到，$x(n)$ 只有在 n 的整数值处才有定义。

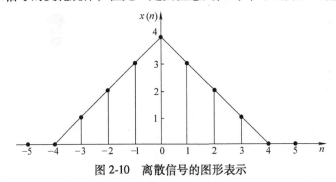

图 2-10　离散信号的图形表示

与连续信号类似，也可定义离散信号的能量，即

$$W=\sum_{n=-\infty}^{\infty}\lvert x(n)\rvert^2 \tag{2-16}$$

下面给出几种常用的典型离散信号（典型序列）。

1. 单位脉冲序列

$$\delta(n)=\begin{cases} 1 & n=0 \\ 0 & n\neq 0 \end{cases} \tag{2-17}$$

此序列只在 $n=0$ 处取单位值 1，如图 2-11 所示。类似于连续信号中的单位冲激函数 $\delta(t)$，它也具有采样特性，如

$$x(n)\delta(n)=x(0)\delta(n)$$
$$x(n)\delta(n-m)=x(m)\delta(n-m)$$

$$\sum_{n=-\infty}^{\infty}x(n)\delta(n-n_0)=\sum_{n=-\infty}^{\infty}x(n_0)\delta(n-n_0)=x(n_0)$$

因而又被称为单位样值信号。但是，应注意它与 $\delta(t)$ 之间有重要区别，$\delta(t)$ 是广义函数，在 $t=0$ 时幅度趋于无穷大，而 $\delta(n)$ 在 $n=0$ 处取值为有限值 1。

任意一个序列，一般都可以用单位脉冲序列表示为

$$x(n)=\sum_{k=-\infty}^{\infty}x(k)\delta(k-n) \tag{2-18}$$

2. 单位阶跃序列

$$u(n) = \begin{cases} 1 & n \geqslant 0 \\ 0 & n < 0 \end{cases} \tag{2-19}$$

它是一个右边序列，如图 2-12 所示。$u(n)$ 在 $n=0$ 处有明确规定值 1，这一点不同于 $u(t)$ 在 $t=0$ 处的取值。此外，经常将 $u(n)$ 与其他序列相乘，构成一个因果性序列。

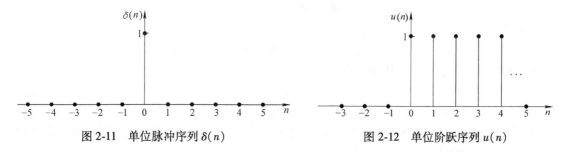

图 2-11　单位脉冲序列 $\delta(n)$ 　　　　　图 2-12　单位阶跃序列 $u(n)$

单位阶跃序列 $u(n)$ 与单位脉冲序列 $\delta(n)$ 之间有如下关系：

$$\delta(n) = u(n) - u(n-1) \tag{2-20}$$

$$u(n) = \sum_{k=0}^{\infty} \delta(n-k) \tag{2-21}$$

3. 矩形序列

$$R_N(n) = \begin{cases} 1 & 0 \leqslant n \leqslant N-1 \\ 0 & \text{其他} \end{cases} \tag{2-22}$$

如图 2-13 所示，此序列从 0 到 $N-1$，共有 N 个为 1 的数值，当然也可用 $R_N(n-m)$ 表示从 m 到 $m+N-1$ 的 N 个为 1 的数值。如果用单位阶跃序列表示矩形序列，则有

$$R_N(n) = u(n) - u(n-N) \tag{2-23}$$

4. 实指数序列

$$x(n) = a^n u(n) \tag{2-24}$$

它是单边指数序列，其中 a 为常数。当 $|a| < 1$ 时，序列收敛；当 $|a| > 1$ 时，序列发散。当 $a > 0$ 时，序列都取正值；当 $a < 0$ 时，序列正负摆动。图 2-14 表示了 $0 < a < 1$ 时的情况，其他情况大家可参照图 2-14 自行画出。

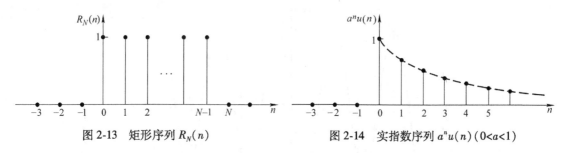

图 2-13　矩形序列 $R_N(n)$ 　　　　　图 2-14　实指数序列 $a^n u(n)(0 < a < 1)$

5. 正弦型序列

正弦型序列可理解为从连续时间正弦信号经采样得到，即

$$x(n) = A\sin(\omega_0 t + \varphi_0)\big|_{t=nT_s} = A\sin(n\omega_0 T_s + \varphi_0) = A\sin(n\Omega_0 + \varphi_0) \tag{2-25}$$

式中，A 是幅度；T_s 是采样周期；$\Omega_0 = \omega_0 T_s$ 是离散域的角频率，称为数字角频率，单位为弧

度（rad）；φ_0 是正弦序列的初相位。

　　值得注意的是，连续时间正弦信号一定是周期信号，其周期为 $T_0 = 2\pi/\omega_0$，正弦序列就不一定是周期性序列，只有满足某些条件时，它才是周期性序列。这是由于

$$x(n+N) = A\sin[(n+N)\Omega_0 + \varphi_0] = A\sin(n\Omega_0 + N\Omega_0 + \varphi_0) \tag{2-26}$$

若

$$N\Omega_0 = 2\pi k, \quad k \text{ 为整数}$$

则式（2-26）为

$$A\sin(n\Omega_0 + 2\pi k + \varphi_0) = A\sin(n\Omega_0 + \varphi_0) = x(n)$$

此时正弦序列是周期序列，其周期为

$$N = \left(\frac{2\pi}{\Omega_0}\right)k \tag{2-27}$$

k 的取值使得 $N = 2k\pi/\Omega_0$ 为最小正整数，此时正弦序列是以 N 为周期的正弦型序列。图 2-15 表示周期 $N = 12$ 的余弦序列。

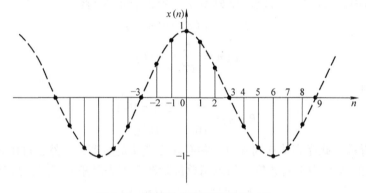

图 2-15　周期性余弦序列（$N = 12$）

　　若 $\dfrac{2\pi}{\Omega_0} = \dfrac{Q}{P}$ 为一有理数（这里的 Q、P 是互为素数的整数），此时要使 $N = \dfrac{2\pi}{\Omega_0}k = \dfrac{Q}{P}k$ 为最小

正整数，只有 $k = P$，所以周期 $N = Q > \dfrac{2\pi}{\Omega_0}$。图 2-16 表示了 $\dfrac{2\pi}{\Omega_0} = \dfrac{7}{2}$，周期 $N = 7$ 时的正弦序列。

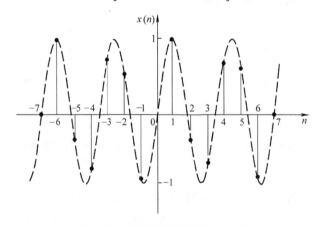

图 2-16　周期性正弦序列（$N = 7$）

若 $\dfrac{2\pi}{\Omega_0}$ 为一无理数，则任何 k 值都不能满足 N 为正整数，此时正弦型序列就不可能是周期性序列。

6. 复指数序列

复指数序列表示为

$$x(n)=\mathrm{e}^{(\sigma+\mathrm{j}\Omega_0)n}=\mathrm{e}^{\sigma n}(\cos\Omega_0 n+\mathrm{j}\sin\Omega_0 n) \tag{2-28}$$

当 $\sigma=0$ 时，复指数序列 $\mathrm{e}^{\mathrm{j}\Omega_0 n}$ 和正弦型序列一样，只有当 $2\pi/\Omega_0$ 为整数或有理数时，才是周期性序列。复指数序列 $\mathrm{e}^{\mathrm{j}\Omega_0 n}$ 和时域连续信号的复指数信号 $\mathrm{e}^{\mathrm{j}\omega_0 t}$ 一样，在信号分析中扮演重要角色。

比较连续正弦型信号 $\cos\omega_0 t$（复指数信号 $\mathrm{e}^{\mathrm{j}\omega_0 t}$）和正弦型序列 $\cos\Omega_0 n$（复指数序列 $\mathrm{e}^{\mathrm{j}\Omega_0 n}$），除了连续正弦型信号（复指数信号）一定是周期信号，正弦型序列（复指数序列）不一定是周期性序列外，信号频率取值范围的变化也特别值得注意。对于连续时间信号而言，其频率值 ω_0 可以在 $-\infty<\omega<\infty$ 区间任意取值，而对离散时间信号来说，由于

$$\mathrm{e}^{\mathrm{j}(\Omega_0\pm 2k\pi)n}=\mathrm{e}^{\mathrm{j}\Omega_0 n}\cdot\mathrm{e}^{\pm\mathrm{j}2kn\pi}=\mathrm{e}^{\mathrm{j}\Omega_0 n}\quad（k\ 为正整数）$$

表明正弦型序列（复指数序列）作为 Ω 的函数是以 2π 为周期的。换言之，离散信号的数字频率的有效取值范围是 $0\leqslant\Omega\leqslant 2\pi$ 或 $-\pi\leqslant\Omega\leqslant\pi$。由此可见，经过采样周期为 T_s 的离散化后，使原来连续信号所具有的无限频率范围映射到离散信号的有限频率范围 2π。这一基本结论对任意信号都是适用的，所以在离散信号和数字系统的频域分析时，数字频率 Ω 的取值范围为 $0<\Omega\leqslant 2\pi$ 或 $-\pi<\Omega\leqslant\pi$。

六、离散信号的时域运算

离散信号的时域运算包括平移、翻转、相加、相乘、累加、差分运算、时间尺度（比例）变换、卷积和两序列相关运算等。

码 2-5 【视频讲解】
离散信号的时域运算

1. 平移

如果有序列 $x(n)$，当 m 为正时，$x(n-m)$ 指序列 $x(n)$ 逐项依次延时（右移）m 位，而 $x(n+m)$ 则指序列 $x(n)$ 逐项依次超前（左移）m 位。当 m 为负时，则相反。

例 2-3 设

$$x(n)=\begin{cases}2^{-(n+1)} & n\geqslant -1\\ 0 & n<-1\end{cases}$$

有

$$x(n+1)=\begin{cases}2^{-(n+1+1)} & n+1\geqslant -1\\ 0 & n+1<-1\end{cases}$$

即

$$x(n+1)=\begin{cases}2^{-(n+2)} & n\geqslant -2\\ 0 & n<-2\end{cases}$$

序列 $x(n)$ 及超前序列 $x(n+1)$ 如图 2-17 所示。

2. 翻转

如果有序列 $x(n)$，则 $x(-n)$ 是以纵轴为对称轴将序列 $x(n)$ 进行翻转得到的新序列。

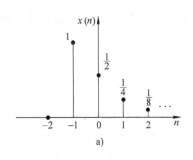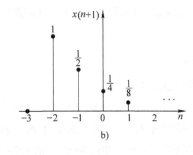

图 2-17　序列 $x(n)$ 及超前序列 $x(n+1)$

例 2-4　设 $x(n)$ 表达式同例 2-3，翻转后的序
列为

$$x(-n)=\begin{cases}2^{-(-n+1)} & -n\geqslant-1 \\ 0 & -n<-1\end{cases}$$

得

$$x(-n)=\begin{cases}2^{(n-1)} & n\leqslant 1 \\ 0 & n>1\end{cases}$$

翻转 $x(-n)$ 如图 2-18 所示。

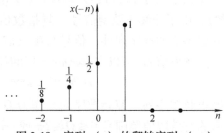

图 2-18　序列 $x(n)$ 的翻转序列 $x(-n)$

3. 相加

两序列的和是指同序号的序列值逐项对应相加而构成的新的序列，表示为

$$z(n)=x(n)+y(n)$$

例 2-5　设 $x(n)$ 表达式同例 2-3，而

$$y(n)=\begin{cases}2^n & n<0 \\ n+1 & n\geqslant 0\end{cases}$$

则

$$z(n)=x(n)+y(n)=\begin{cases}2^n & n<-1 \\ \dfrac{3}{2} & n=-1 \\ 2^{-(n+1)}+n+1 & n\geqslant 0\end{cases}$$

$x(n)$、$y(n)$ 和 $z(n)$ 如图 2-19 所示。

4. 相乘

两序列相乘是指同序号的序列值逐项对应相乘，表示为

$$z(n)=x(n)y(n)$$

例 2-6　$x(n)$、$y(n)$ 同例 2-5，则

$$z(n)=x(n)y(n)=\begin{cases}0 & n<-1 \\ \dfrac{1}{2} & n=-1 \\ (n+1)2^{-(n+1)} & n\geqslant 0\end{cases}$$

$z(n)$ 如图 2-20 所示。

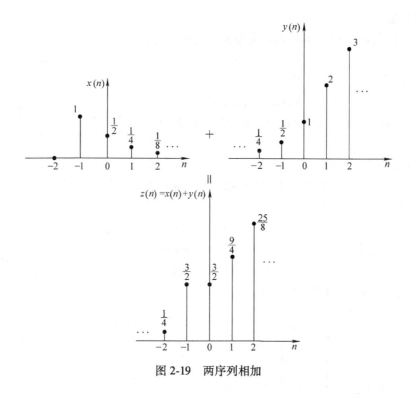

图 2-19　两序列相加

5. 累加

如果有序列 $x(n)$，则 $x(n)$ 的累加序列 $y(n)$ 为

$$y(n)=\sum_{k=-\infty}^{n} x(k)$$

它表示 $y(n)$ 在 n_0 上的值等于 n_0 上及 n_0 以前所有 $x(n)$ 值之和。

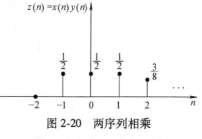

图 2-20　两序列相乘

例 2-7　设 $x(n)$ 表达式同例 2-3，则其累加序列

$$y(n)=\begin{cases} \sum_{k=-1}^{n} 2^{-(n+1)} & n \geqslant -1 \\ 0 & n<-1 \end{cases}$$

累加序列 $y(n)$ 也可表示为　　　$y(n)=y(n-1)+x(n)$

因而有

$$y(-1)=1$$

$$y(0)=y(-1)+x(0)=1+\frac{1}{2}=\frac{3}{2}$$

$$y(1)=y(0)+x(1)=\frac{3}{2}+\frac{1}{4}=\frac{7}{4}$$

$$y(2)=y(1)+x(2)=\frac{7}{4}+\frac{1}{8}=\frac{15}{8}$$

$$\vdots$$

累加序列 $y(n)$ 如图 2-21 所示。

6. 差分运算

如果有序列 $x(n)$，则 $x(n)$ 的前向差分和后向差分分别为

前向差分 $\qquad\qquad \Delta x(n)=x(n+1)-x(n)$

后向差分 $\qquad\qquad \nabla x(n)=x(n)-x(n-1)$

由此可得出 $\qquad\qquad \nabla x(n)=\Delta x(n-1)$

例 2-8 设 $x(n)$ 表达式同例 2-3，则它的前向差分为

$$\Delta x(n)=x(n+1)-x(n)=\begin{cases}0 & n<-2\\ 1 & n=-2\\ 2^{-(n+2)}-2^{-(n+1)}=-2^{-(n+2)} & n>-2\end{cases}$$

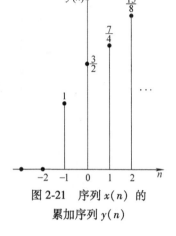

图 2-21 序列 $x(n)$ 的累加序列 $y(n)$

而后向差分为

$$\nabla x(n)=x(n)-x(n-1)=\begin{cases}0 & n<-1\\ 1 & n=-1\\ 2^{-(n+1)}-2^{-n}=-2^{-(n+1)} & n>-1\end{cases}$$

$\Delta x(n)$ 及 $\nabla x(n)$ 如图 2-22 所示。

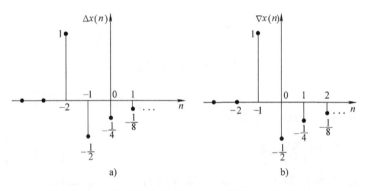

图 2-22 $x(n)$ 的前向差分 $\Delta x(n)$ 及后向差分 $\nabla x(n)$

7. 时间尺度（比例）变换

对于序列 $x(n)$，其时间尺度变换序列为 $x(mn)$ 或 $x\left(\dfrac{n}{m}\right)$，其中 m 为正整数。

以 $m=2$ 为例，$x(2n)$ 不是简单地将 $x(n)$ 在时间轴上按比例地压缩为原来的一半，而是从序列 $x(n)$ 的每两个相邻样点中取一点。如果把 $x(n)$ 看作连续时间信号 $x(t)$ 按采样间隔 T 的采样，则 $x(2n)$ 相当于将采样间隔从 T 增加到 $2T$，即 $x(2n)=x(t)\big|_{t=n2T}$。这种运算也称为抽取，即 $x(2n)$ 是 $x(n)$ 的抽取序列。$x(n)$ 及 $x(2n)$ 分别如图 2-23a、b 所示。

同样地，$x\left(\dfrac{n}{2}\right)=x(t)\big|_{t=nT/2}$ 表示采样间隔由 T 变成了 $\dfrac{T}{2}$，即在原序列 $x(n)$ 的两个相邻样点之间插入一个新样点。所以，也可将 $x\left(\dfrac{n}{2}\right)$ 称为 $x(n)$ 的插值序列，如图 2-23c 所示。

8. 卷积和

设 $x(n)$ 和 $y(n)$ 是两个序列，则它们的卷积和定义为

$$z(n)=\sum_{m=-\infty}^{\infty}x(m)y(n-m)=x(n)*y(n) \qquad\qquad (2-29)$$

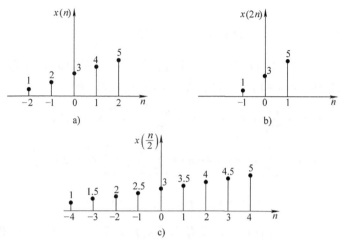

图 2-23　$x(n)$ 序列及其抽取序列 $x(2n)$ 和插值序列 $x\left(\dfrac{n}{2}\right)$

卷积和运算的一般步骤为：

1）换坐标：将原坐标 n 换成 m 坐标，而把 n 视为 m 坐标中的参变量。

2）翻转：将 $y(m)$ 以 $m=0$ 的垂直轴为对称轴翻转成 $y(-m)$。

3）平移：当取某一定值 n 时，将 $y(-m)$ 平移 n，即得 $y(n-m)$。对变量 m，当 n 为正整数时，右移 n 位；当 n 为负整数时，左移 n 位。

4）相乘：将 $y(n-m)$ 和 $x(m)$ 的相同 m 值的对应点值相乘。

5）累加：把以上所有对应点的乘积累加起来，即得 $z(n)$ 值。

按上述步骤，取 $n=\cdots,\ -2,\ -1,\ 0,\ 1,\ 2,\ \cdots$ 各值，即可得新序列 $z(n)$。通常，两个长度分别为 N 和 M 的序列求卷积和，其结果是一个长度为 $L=N+M-1$ 的序列。

具体求解时，可以考虑将 n 分成几个不同的区间来分别计算，用例 2-9 进行说明。

例 2-9　设

$$x(n)=\begin{cases}\dfrac{1}{2}n & 1\leqslant n\leqslant 3\\[2mm] 0 & \text{其他}\end{cases}$$

$$y(n)=\begin{cases}1 & 0\leqslant n\leqslant 2\\[2mm] 0 & \text{其他}\end{cases}$$

则有

$$z(n)=x(n)*y(n)=\sum_{m=1}^{3}x(m)y(n-m)$$

分段考虑如下：

1）当 $n<1$ 时，$x(m)$ 和 $y(n-m)$ 相乘，处处为零，故

$$z(n)=0,\quad n<1$$

2）当 $1\leqslant n\leqslant 2$ 时，$x(m)$ 和 $y(n-m)$ 有交叠的非零项是从 $m=1$ 到 $m=n$，故

$$z(n)=\sum_{m=1}^{n}x(m)y(n-m)=\sum_{m=1}^{n}\frac{1}{2}m=\frac{1}{2}\times\frac{1}{2}n(1+n)=\frac{1}{4}n(1+n)$$

也就是

$$z(1)=\frac{1}{2}, \qquad z(2)=\frac{3}{2}$$

3）当 $3\leqslant n\leqslant 5$ 时，$x(m)$ 和 $y(n-m)$ 交叠，但非零项对应的 m 下限是变化的（$n=3$、4、5 分别对应 m 的下限为 $m=1$、2、3），而 m 的上限是3，有

$$z(3)=\sum_{m=1}^{3}x(m)y(3-m)=\sum_{m=1}^{3}\frac{1}{2}m=\frac{1}{2}\times(1+2+3)=3$$

$$z(4)=\sum_{m=2}^{3}x(m)y(4-m)=\sum_{m=2}^{3}\frac{1}{2}m=\frac{1}{2}\times(2+3)=\frac{5}{2}$$

$$z(5)=x(3)y(5-3)=\frac{3}{2}\times1=\frac{3}{2}$$

4）当 $n\geqslant6$ 时，$x(m)$ 和 $y(n-m)$ 没有非零项的交叠部分，故 $z(n)=0$。

例 2-9 卷积和的图解如图 2-24 所示。

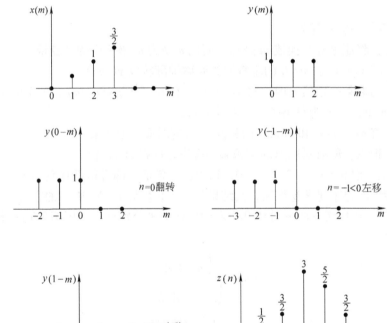

图 2-24　$x(n)$ 和 $y(n)$ 的卷积和图解

与连续信号的卷积积分类似，卷积和也具有一系列运算规则和性质，利用这些运算规则和性质，可以简化卷积运算。

1）交换律

$$x(n)*y(n)=y(n)*x(n) \tag{2-30}$$

2）分配律

$$x(n)*[y_1(n)+y_2(n)]=x(n)*y_1(n)+x(n)*y_2(n) \tag{2-31}$$

3）结合律

$$[x(n) * y_1(n)] * y_2(n) = x(n) * [y_1(n) * y_2(n)] \tag{2-32}$$

4）卷积和的差分

$$\Delta[x(n) * y(n)] = x(n) * [\Delta y(n)] = [\Delta x(n)] * y(n) \tag{2-33}$$

5）卷积和的累加

$$\sum_{k=-\infty}^{n}[x(k) * y(k)] = x(n) * \left[\sum_{k=-\infty}^{n} y(k)\right] = \left[\sum_{k=-\infty}^{n} x(k)\right] * y(k) \tag{2-34}$$

6）与脉冲序列的卷积。任意序列与脉冲序列的卷积有特殊的意义，可以得到如下一些很有用的式子：

$$x(n) * \delta(n) = x(n) \tag{2-35}$$

$$x(n) * \delta(n-n_0) = x(n-n_0) \tag{2-36}$$

$$x(n-n_1) * \delta(n-n_2) = x(n-n_1-n_2) \tag{2-37}$$

9. 两序列相关运算

两个序列的相关运算定义为

$$R_{xy}(m) = \sum_{n=-\infty}^{\infty} x(n) y(n+m) \tag{2-38}$$

与连续信号相关运算类似，离散信号相关运算也不存在翻转的过程，所以它与离散信号卷积运算的关系为

$$R_{xy}(m) = x(m) * y(-m)$$

式（2-38）中，当 $y(n) = x(n)$ 时，则有自相关序列，即

$$R_{xx}(m) = \sum_{n=-\infty}^{\infty} x(n) x(n+m) = x(m) * x(-m)$$

它也具有偶对称性，即

$$R_{xx}(m) = R_{xx}(-m)$$

当 $m=0$ 时，它也表示了序列的总能量，即

$$R_{xx}(0) = \sum_{n=-\infty}^{\infty} x^2(n)$$

第二节　离散信号的频域分析

与连续信号的频域分析一样，也需要在频域分析离散信号。一方面通过频域分析能进一步认识离散信号的特性，深刻理解连续信号经采样离散化后在频域发生了什么样的变化，即它的谐波组成怎样变化；另一方面，离散化信号的傅里叶变换是应用计算机进行信号处理的重要工具，它不仅对信号处理的理论研究有重要意义，而且在运算方法上起着重要的作用。例如，通过离散傅里叶变换（DFT），使得卷积、相关、谱分析等运算都可以在计算机上实现。

DFT 要解决两个问题：一是信号离散化后它的频谱情况；二是快速运算算法。第一个问题将涉及离散周期信号的傅里叶级数，以及由其得到非周期信号的离散时间傅里叶变换（DTFT）和有限长序列的离散频谱表示；第二个问题将涉及 DFT 的快速算法——快速傅

里叶变换（FFT）。

一、周期信号的频域分析

与连续周期信号一样，离散周期信号同样可以展成傅里叶级数形式，并由此得出一新的变换对——离散傅里叶级数（Discrete Fourier Series，DFS）。

码 2-6 【视频讲解】
周期信号的频域分析

（一）DFS 的引入

可以从连续周期信号傅里叶级数的复指数形式导出周期序列的 DFS。连续周期信号傅里叶级数的复指数形式为

$$x(t) = \sum_{k=-\infty}^{\infty} X(k\omega_0) e^{jk\omega_0 t} \tag{2-39}$$

$$X(k\omega_0) = \frac{1}{T_0} \int_0^{T_0} x(t) e^{-jk\omega_0 t} dt, \quad k = 0,1,2,\cdots \tag{2-40}$$

对连续周期信号 $x(t)$ 的一个周期 T_0 进行 N 点采样，即 $T_0 = NT$，$\omega_0 = 2\pi/T_0 = 2\pi/NT$，$T$ 为采样周期（为表达方便，以后采样周期用 T 表示），这样采样得到的离散序列 $x(n)$ 是以 N 为周期的周期序列，即

$$x(n) = x(n+mN) \quad (m\ 为任意整数)$$

记 $\Omega_0 = \omega_0$，$T = 2\pi/N$ 是离散域的基本数字频率，单位为弧度（rad），$k\Omega_0$ 是 k 次谐波的数字频率。于是，在式（2-40）中有 $t = nT$，$dt = T$，在一个周期内的积分变为在一个周期内的累加，即

$$X\left(k\frac{\Omega_0}{T}\right) = \frac{1}{NT} \sum_{n=0}^{N-1} x(nT) e^{-jk\frac{\Omega_0}{T}nT} \cdot T = \frac{1}{N} \sum_{n=0}^{N-1} x(nT) e^{-jk\Omega_0 n} \tag{2-41}$$

在序列表示中，可用 $x(n)$ 表示 $x(nT)$，对应地，可用 $X(k\Omega_0)$ 表示 $X\left(k\frac{\Omega_0}{T}\right)$，则式（2-41）为

$$X(k\Omega_0) = \frac{1}{N} \sum_{n=0}^{N-1} x(n) e^{-jk\Omega_0 n} = \frac{1}{N} \sum_{n=-\frac{N}{2}}^{\frac{N}{2}} x(n) e^{-jk\Omega_0 n}, \quad k = 0,1,2,\cdots,N-1 \tag{2-42}$$

$X(k\Omega_0)$ 是变量 k 的周期函数，周期为 N，因此对任意整数 q 有

$$X\left[(k+qN)\Omega_0\right] = \frac{1}{N} \sum_{n=0}^{N-1} x(n) e^{-j(k+qN)\Omega_0 n} = \frac{1}{N} \sum_{n=0}^{N-1} x(n) e^{-jk\Omega_0 n - jqN\Omega_0 n} = \frac{1}{N} \sum_{n=0}^{N-1} x(n) e^{-jk\Omega_0 n - jq2\pi n}$$

$$= \frac{1}{N} \sum_{n=0}^{N-1} x(n) e^{-jk\Omega_0 n} = X(k\Omega_0)$$

在本章第一节中指出，当周期信号从连续变为离散以后，它的频率 ω 从 $-\infty \sim \infty$ 的无限范围，映射到数字频率 $\Omega 0 \sim 2\pi$ 的有限范围。因此，连续周期信号的傅里叶级数可表示为具有无限多个谐波分量，而离散周期信号只含有有限个谐波分量，其谐波数为 $k = \frac{2\pi}{\Omega_0} = N$。所以对应于式（2-39）离散化处理后为

$$x(n) = \sum_{k=0}^{N-1} X(k\Omega_0) e^{jk\Omega_0 n} = \sum_{k=-\frac{N}{2}}^{\frac{N}{2}} X(k\Omega_0) e^{jk\Omega_0 n}, \quad n = 0,1,2,\cdots,N-1 \tag{2-43}$$

从式（2-42）和式（2-43）可以看出，以 N 为周期的信号序列 $x(n)$，其频谱是以 $\Omega_0 = 2\pi/N$ 的基本频率为间距的离散频谱。可见，周期序列的频谱是离散的。在本章第一节，可以看到信号时域离散化对应频域周期化这种现象；在这里，可以看到与此完全对称的另一种情况，那就是时域周期化对应频域离散化。

式（2-42）和式（2-43）描述了 $x(n)$ 和 $X(k\Omega_0)$ 相互计算的一对关系式。其中，式（2-43）可以看作周期序列 $x(n)$ 的傅里叶级数展开式，而 $X(k\Omega_0)$ 则可以看作 $x(n)$ 的傅里叶级数展开式的系数。满足这对关系式的周期序列 $x(n)$ 和 $X(k\Omega_0)$ 称为离散傅里叶级数变换对，简记为

$$x(n) \xleftrightarrow{\text{DFS}} X(k\Omega_0) \tag{2-44}$$

或者表示为 $\text{DFS}[x(n)] = X(k\Omega_0)$ 和 $\text{IDFS}[X(k\Omega_0)] = x(n)$，即正变换为式（2-42），反变换为式（2-43）。

例 2-10　已知一离散正弦信号 $x(n) = \cos\alpha n$，分别求出当 $\alpha = \sqrt{2}\pi$ 及 $\alpha = \pi/3$ 时，傅里叶级数表达式并画出相应的频谱图。

解　（1）已知一个连续正弦时间信号离散化后所形成的正弦序列只有在满足 $2\pi/\alpha$ 为有理数的条件下才是周期序列。

由于 $2\pi/\alpha = \sqrt{2}$ 为无理数，所以该正弦序列为非周期序列，因而不能展开为傅里叶级数，其频谱内容仅有 $k\Omega_0 = \sqrt{2}\pi$，不存在其他谐波分量。

（2）$\alpha = \pi/3$，$2\pi/\alpha = 6$ 为有理数，所以是周期正弦序列，其周期为

$$N = \left(\frac{2\pi}{\alpha}\right) \cdot m = 6(\text{取 } m=1)$$

基本频率为

$$\Omega_0 = \frac{2\pi}{N} = \frac{\pi}{3}$$

由式（2-42）可得

$$\begin{aligned}
X(k\Omega_0) &= \frac{1}{6}\sum_{n=0}^{5}\cos\left(\frac{\pi}{3}n\right)e^{-jk\frac{\pi}{3}n} \\
&= \frac{1}{6}\left[1 + \frac{1}{2}e^{-jk\frac{\pi}{3}} + \left(-\frac{1}{2}\right)e^{-jk\frac{2\pi}{3}} - e^{-jk\pi} + \left(-\frac{1}{2}\right)e^{-jk\frac{4\pi}{3}} + \frac{1}{2}e^{-jk\frac{5\pi}{3}}\right] \\
&= \frac{1}{6}\left(1 + \cos\frac{k\pi}{3} - \cos\frac{2k\pi}{3} - \cos k\pi\right), \quad k=0,1,2,3,4,5
\end{aligned}$$

因此，可得

$$X(k\Omega_0) = \begin{cases} \dfrac{1}{2}, & k=1,5 \\ 0, & k=0,2,3,4 \end{cases}$$

周期序列 $x(n) = \cos\dfrac{\pi}{3}n$ 及其频谱如图 2-25 所示，该频谱是以 $N=6$ 为周期的离散频谱。

例 2-11　已知一周期序列 $x(n)$，周期 $N=6$，如图 2-26 所示，求该序列的频谱 $X(k\Omega_0)$ 及时域表达式 $x(n)$。

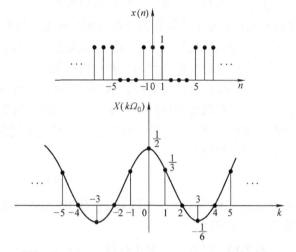

图 2-25　例 2-10 周期序列及其频谱　　　图 2-26　例 2-11 周期序列 $x(n)$ 及其频谱 $X(k\Omega_0)$

解　序列的基本频率为

$$\Omega_0=\frac{2\pi}{N}=\frac{\pi}{3}$$

按式（2-42）求得周期序列的频谱为

$$X(k\Omega_0)=\frac{1}{6}\sum_{n=0}^{5}x(n)\,\mathrm{e}^{-jk\frac{\pi}{3}n}$$

$$=\frac{1}{6}\big[x(0)+x(1)\,\mathrm{e}^{-jk\frac{\pi}{3}}+x(5)\,\mathrm{e}^{-jk\frac{5\pi}{3}}\big]$$

$$=\frac{1}{6}(1+\mathrm{e}^{-jk\frac{\pi}{3}}+\mathrm{e}^{jk\frac{\pi}{3}})=\frac{1}{6}\left(1+2\cos\frac{\pi k}{3}\right),\quad k=0,1,2,3,4,5$$

故得 $X(k\Omega_0)$ 的取值如下：

$$X(0)=\frac{1}{2},\ X(\Omega_0)=\frac{1}{3},\ X(2\Omega_0)=0,\ X(3\Omega_0)=-\frac{1}{6},\ X(4\Omega_0)=0,\ X(5\Omega_0)=\frac{1}{3}$$

而 $x(n)$ 的表达式可通过式（2-43）求得

$$x(n)=\sum_{k=0}^{5}X(k\Omega_0)\,\mathrm{e}^{jk\frac{\pi}{3}n}$$

$$=\frac{1}{2}+\frac{1}{3}\mathrm{e}^{j\frac{\pi}{3}n}-\frac{1}{6}\mathrm{e}^{j\pi n}+\frac{1}{3}\mathrm{e}^{j\frac{5\pi}{3}n}=\frac{1}{2}-\frac{1}{6}\cos\pi n+\frac{2}{3}\cos\frac{\pi n}{3}$$

或写成集合形式为

$$x(n)=\big[\cdots,1,0,0,0,1,1,1,0,0,0,1,1,1,0\cdots\big]$$
$$\uparrow$$
$$n=0$$

（二）DFS 的主要性质

1. 线性性质

若 $x(n)\xleftrightarrow{\text{DFS}}X(k\Omega_0)$，$y(n)\xleftrightarrow{\text{DFS}}Y(k\Omega_0)$

则
$$ax(n)+by(n)\xleftrightarrow{\text{DFS}}aX(k\Omega_0)+bY(k\Omega_0) \tag{2-45}$$

2. 周期卷积定理

若 $x(n)\xleftrightarrow{\text{DFS}}X(k\Omega_0)$，$h(n)\xleftrightarrow{\text{DFS}}H(k\Omega_0)$

则
$$x(n)\circledast h(n)\xleftrightarrow{\text{DFS}}X(k\Omega_0)H(k\Omega_0) \tag{2-46}$$

$$x(n)h(n)\xleftrightarrow{\text{DFS}}\frac{1}{N}X(k\Omega_0)\circledast H(k\Omega_0) \tag{2-47}$$

"$\circledast$" 为周期卷积的符号，两周期序列 $x(n)$ 和 $h(n)$ 的周期卷积定义为

$$x(n)\circledast h(n)=h(n)\circledast x(n)=\sum_{k=0}^{N-1}x(k)h(n-k)$$

周期卷积和线性卷积的唯一区别在于周期卷积时仅仅在单个周期内求和，而线性卷积则是对所有的 k 值求和。

3. 复共轭

若 $x(n)\xleftrightarrow{\text{DFS}}X(k\Omega_0)$

则
$$x^*(-n)\xleftrightarrow{\text{DFS}}X^*(k\Omega_0) \tag{2-48}$$

这里上标 "$*$" 表示复共轭。

4. 位移性质

若 $x(n)\xleftrightarrow{\text{DFS}}X(k\Omega_0)$

则
$$x(n-m)\xleftrightarrow{\text{DFS}}e^{-jk\Omega_0 m}X(k\Omega_0) \tag{2-49}$$

5. 帕斯瓦尔定理

若 $x(n)\xleftrightarrow{\text{DFS}}X(k\Omega_0)$，$h(n)\xleftrightarrow{\text{DFS}}H(k\Omega_0)$

则
$$\sum_{n=0}^{N-1}x(n)h^*(n)=\frac{1}{N}\sum_{k=0}^{N-1}X(k\Omega_0)H^*(k\Omega_0) \tag{2-50}$$

特别地，当 $x(n)=h(n)$ 时，有

$$\sum_{n=0}^{N-1}|x(n)|^2=\frac{1}{N}\sum_{k=0}^{N-1}|X(k\Omega_0)|^2 \tag{2-51}$$

以上性质都可以通过式（2-42）和式（2-43）证明。

（三）离散周期信号的频谱

从理论和上面的例题可以看到，对于一个离散时间周期信号 $x(n)$，可以通过式（2-43）从它的周期性离散频谱 $X(k\Omega_0)$ 求得原始序列 $x(n)$，它们是一一对应的关系。也就是说，用有限项的复指数序列来表示周期序列 $x(n)$ 时，不同的 $x(n)$ 反映在具有不同的复振幅 $X(k\Omega_0)$，所以 $X(k\Omega_0)$ 完整地描述了 $x(n)$。由于它是数字频率的函数，所以把离散时间傅里叶级数的系数 $X(k\Omega_0)$ 的表达式［式（2-42）］称为周期序列在频域的分析。如果 $x(n)$ 是从连续周期信号 $x(t)$ 采样得来，那么 $x(n)$ 的频谱 $X(k\Omega_0)$ 是否等效于 $x(t)$ 的频谱 $X(k\omega_0)$？下面将通过实例的频谱计算回答这个问题。

例 2-12 有连续周期信号 $x(t)=6\cos\pi t$，现以采样间隔 $T=0.25$ 对它进行采样，求采样

后周期序列的频谱并与原始信号 $x(t)$ 的频谱进行比较。

解　已知 $\omega_0 = \pi$，则 $f_0 = \dfrac{1}{2}$，$T_0 = 2$，$\Omega_0 = \dfrac{\pi}{4}$，在一周期内样点数 $N = T_0/T = 8$，由题意可得

$$x(n) = x(t)\big|_{t=0.25n} = 6\cos\left(\frac{\pi n}{4}\right)$$

如图 2-27a 所示，所以有

$$X(k\Omega_0) = \frac{1}{N}\sum_{n=0}^{N-1} x(n)\,\mathrm{e}^{-jk\frac{\pi}{4}n} = \frac{1}{8}\sum_{n=0}^{7} x(n)\,\mathrm{e}^{-jk\frac{\pi}{4}n}$$

求得

$$|X(k\Omega_0)| = \begin{cases} 3 & k = \pm 1, \pm 7 \\ 0 & k = 0, \pm 2, \pm 3, \pm 4, \pm 5, \pm 6 \end{cases}$$

以上是在一个周期内求得各谐波分量的幅度，其余则是它的周期重复，如图 2-27b 所示。

由于 $x(t) = 6\cos\pi t = 3(\mathrm{e}^{j\pi t} + \mathrm{e}^{-j\pi t})$，故得离散频谱为

$$X(k\omega_0) = \begin{cases} 3 & k = 1, -1 \\ 0 & \text{其他} \end{cases}$$

如图 2-27c 所示。比较图 2-27b、c 可见，在一个周期内 $|X(k\Omega_0)| = |X(k\omega_0)|$。这说明在 $-\pi < \Omega < \pi$ 范围内，离散周期信号的离散频谱准确地等同于连续时间周期信号的离散频谱，那么是否在任何情况下，这个结论都是正确的？再看下面的例子。

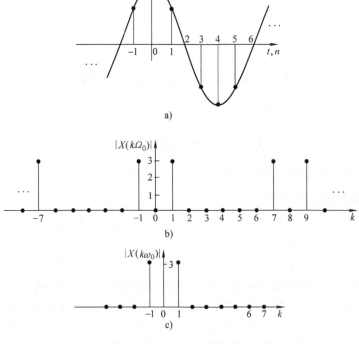

图 2-27　离散周期信号与连续周期信号频谱的比较

例 2-13 已知连续时间周期信号 $x(t) = 2\cos 6\pi t + 4\sin 10\pi t$，现以采样频率 $f_{s1} = 16$ 和 $f_{s2} = 8$ 对它进行采样。试分别求出采样后周期序列的频谱并与原始信号的频谱进行比较。

解 （1）按题意，不妨设周期信号的基本周期为 $T_0 = 1$，对于采样频率 $f_{s1} = 16$，采样周期 $T_{s1} = 1/16$，有

$$x_1(n) = x(t)\big|_{t=nT_{s1}} = 2\cos 6\pi \times \frac{1}{16}n + 4\sin 10\pi \times \frac{1}{16}n = 2\cos\frac{3\pi}{8}n + 4\sin\frac{5\pi}{8}n$$

序列 $x_1(n)$ 的周期 $N_1 = 16$，基本频率 $\Omega_{01} = \dfrac{\pi}{8}$，则有

$$x_1(n) = 2\cos 3\Omega_{01}n + 4\sin 5\Omega_{01}n = (e^{j3\Omega_{01}n} + e^{-j3\Omega_{01}n}) - 2j(e^{j5\Omega_{01}n} + e^{-j5\Omega_{01}n})$$

对应

$$x_1(n) = \sum_{k=-\frac{N}{2}}^{\frac{N}{2}} X(k\Omega_{01})e^{jk\Omega_{01}n}$$

可得出它的幅度频谱为 $|X(-3\Omega_{01})| = 1$，$|X(3\Omega_{01})| = 1$，$|X(-5\Omega_{01})| = 2$，$|X(5\Omega_{01})| = 2$，其余均为 0，如图 2-28a 所示。

（2）对于采样频率 $f_{s2} = 8$，采样周期 $T_{s2} = 1/8$，有

$$x_2(n) = x(t)\big|_{t=nT_{s2}} = 2\cos 6\pi \times \frac{1}{8}n + 4\sin 10\pi \times \frac{1}{8}n$$

$$= 2\cos\frac{3\pi}{4}n + 4\sin\frac{5\pi}{4}n = 2\cos\frac{3\pi}{4}n - 4\sin\frac{3\pi}{4}n$$

$x_2(n)$ 的周期 $N_2 = 8$，基本频率 $\Omega_{02} = \dfrac{\pi}{4}$，则有

$$x_2(n) = 2\cos 3\Omega_{02}n - 4\sin 3\Omega_{02}n = (e^{j3\Omega_{02}n} + e^{-j3\Omega_{02}n}) + 2j(e^{j3\Omega_{02}n} - e^{-j3\Omega_{02}n})$$

$$= (1+2j)e^{j3\Omega_{02}n} + (1-2j)e^{-j3\Omega_{02}n} = \sqrt{5}\,e^{j\arctan 2}e^{j3\Omega_{02}n} + \sqrt{5}\,e^{-j\arctan 2}e^{-j3\Omega_{02}n}$$

同样对应

$$x_2(n) = \sum_{k=-\frac{N}{2}}^{\frac{N}{2}} X(k\Omega_{02})e^{jk\Omega_{02}n}$$

可得出它的幅度频谱为 $|X(-3\Omega_{02})| = \sqrt{5}$，$|X(3\Omega_{02})| = \sqrt{5}$，其余均为 0，如图 2-28b 中的黑点所示。

由题意给出的连续信号 $x(t) = 2\cos(2\pi \times 3)t + 4\sin(2\pi \times 5)t$ 可知，只有 3 次和 5 次两个频率分量，即其最高频率分量为 $f_m = 5$。信号的幅度频谱显然为 $|X(-3\omega_0)| = 1$，$|X(3\omega_0)| = 1$，$|X(-5\omega_0)| = 2$，$|X(5\omega_0)| = 2$，其余均为 0，如图 2-28c 所示。

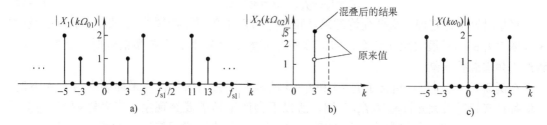

图 2-28 例 2-13 频谱图

a) $f_{s1} = 16$ 幅度频谱 　b) $f_{s2} = 8$ 幅度频谱 　c) 原始信号频谱

比较图 2-28a、c 可见，在 $f_{s1} = 16$ 情况下，有

$$X_1(k\Omega_{01}) = X(k\omega_0) \qquad -8 < k < 8$$

根据采样定理，有 $f_{s1} > 2f_m = 10$，满足采样定理，故 $X_1(k\Omega_{01})$ 不出现频谱混叠现象。

比较图 2-28b、c 可见，在 $f_{s2} = 8$ 情况下，有

$$X_2(k\Omega_{02}) \neq X(k\omega_0) \qquad -4 < k < 4$$

由于 $f_{s2} < 2f_m = 10$，不满足采样定理，故 $X_2(k\Omega_{02})$ 出现频谱混叠现象。

通过以上讨论，可以有以下结论：

1）连续时间周期信号的频谱 $X(k\omega_0)$ 是离散的非周期序列，而离散时间周期信号的频谱 $X(k\Omega_0)$ 是离散的周期序列，它们都具有谐波性。

2）在满足采样定理的条件下，从一个连续时间、频带有限的周期信号得到的周期序列，其频谱在 $|\Omega| < \pi$ 或 $|f| < (f_s/2)$ 范围内等于原始信号的离散频谱。因此，可以通过截取任一个周期的样点 $x(n)$，按式（2-42）求出离散周期信号的频谱 $X(k\Omega_0)$，从而准确地得到连续周期信号 $x(t)$ 的频谱 $X(k\omega_0)$。

3）在不满足采样定理的条件下，由于 $X(k\Omega_0)$ 出现频谱混叠现象，这时就不能用 $X(k\Omega_0)$ 准确地表示 $X(k\omega_0)$。但在误差允许的前提下，仍可以用一个周期的 $X(k\Omega_0)$ 近似地表示 $X(k\omega_0)$，为了减小近似误差，应尽可能地提高采样频率。

（四）混叠与泄漏

1. 混叠

混叠现象前面已有提及，现进一步进行讨论。设连续时间正弦型信号为

$$x(t) = A\sin(2\pi f_0 t + \varphi_0)$$

以采样周期 T_s 进行均匀采样，则得

$$x(n) = A\sin(2\pi f_0 n T_s + \varphi_0)$$

若选取的 T_s 合适，使正弦序列 $x(n)$ 仍为周期序列，即

$$x(n) = A\sin(2\pi f_0 n T_s + \varphi_0) = A\sin(2\pi f_0 n T_s + \varphi_0 \pm 2k\pi)$$

$$= A\sin\left[2\pi\left(f_0 \pm \frac{k}{nT_s}\right)nT_s + \varphi_0\right] = A\sin\left[2\pi\left(f_0 \pm \frac{m}{T_s}\right)nT_s + \varphi_0\right]$$

$$= A\sin[2\pi(f_0 \pm mf_s)nT_s + \varphi_0]$$

式中，$m = \dfrac{k}{n}$，n、m、k 均为整数。可见，以采样周期 T_s 对正弦型信号进行均匀采样时，频率为 $f_0 \pm mf_s$ 的一些正弦型信号与频率为 f_0 的正弦型信号有完全相同的样点。这在频域就造成频谱混叠现象。可以得出，可能混叠到 f_0 上的信号频率为

$$f_A = f_0 \pm mf_s, \quad m = \pm 1, \pm 2, \cdots \tag{2-52}$$

根据时域采样定理，最低允许的采样频率 $f_s = 2f_m$（奈奎斯特频率），即 $f_s/2$ 可视为针对采样频率 f_s 的信号最大允许频率，即信号中存在大于该频率的正弦型信号时，离散化后必将产生频谱混叠现象。

在例 2-13 中，$x(t)$ 包含了 $f_1 = 3$ 和 $f_2 = 5$ 的两种正弦型信号，当采样频率为 $f_{s1} = 16$ 时，它们都没有超过最大允许频率 $f_{s1}/2 = 8$，所以不会产生频谱混叠现象。当采样频率为 $f_{s2} = 8$ 时，$f_1 = 3$ 的分量没有超过最大允许频率 $f_{s2}/2 = 4$，离散化后能保持原来的谱线，但 $f_2 = 5$ 的分量已经超过最大允许频率 4，会产生频谱混叠现象，由式（2-52），它将混叠到频率为

$$f_0 = f_A \pm mf_s = 5 - 8 = -3$$

的正弦型信号上，正如例 2-13（2）及图 2-28b 所表示的情况。

同理，在频域的采样间隔 $\omega_0 > \pi/t_m$ 情况下，由于出现信号波形混叠而无法恢复原频谱所对应的信号，因而人们不能从频域样点重建原连续频谱。对于周期信号而言，混叠所造成的影响与上述的结论一样，只是这时的频谱是离散的而且具有谐波性。

可见，一个离散时间周期信号 $x(n)$，对应的是一个周期性且只具有有限数字频率分量的离散频谱，因此，对那些具有无限频谱分量的连续时间周期信号（如矩形、三角形等脉冲串），必然无法准确地从有限样点求得原始信号的频谱，而只能通过恰当地提高采样频率，增加样点数，来减少混叠对频谱分析所造成的影响。

2. 泄漏

通过截取一个周期的样点 $x(n)$，可以求出离散周期信号的频谱，进而得到原信号的频谱。但是，在事先不知道信号确切周期的情况下，会由于截取波形的时间长度不恰当造成求得频谱的误差。例如，在例 2-12 中，若将周期 $T_0 = 2$ 的正弦型信号 $x(t) = 6\cos\pi t$ 截取长度变为 $T_1 = 3$，采样周期仍为 $T = 0.25$，则得样点数为 $N = 3/0.25 = 12$，如图 2-29a 所示。将采样后的序列 $x(n) = 6\cos(\pi n/4)$ 及 $N = 12$ 代入式（2-42），可以求得其频谱 $X(k\Omega_0)$，如图 2-29b 中黑点所示［图中空心圆圈表示 $x(t)$ 真实的频谱］。从图中可见，这时 $X(k\Omega_0)$ 虽然也是离散和周期的，但频谱的分布与例 2-12 的图 2-27b 有很大不同。具体地说，在一个周期内后者谱线集中在原连续信号谱线 $k = \pm 1$ 处，而前者谱线却分散在原连续信号谱线的附近。这种由于截取信号周期不准确而出现的谱线分散现象，称为频谱泄漏或功率泄漏。显然，频谱泄漏会给频谱分析带来误差。产生这一现象的原因在于，这时实际上把原来周期 $T_0 = 2$ 的周期正

弦信号改变成为周期 $T_1 = 3$ 的非正弦周期信号了，其结果不仅使信号的基本频率从 $f_0 = 1/T_0 = 1/2$ 变为 $f_1 = 1/T_1 = 1/3$，还导致谐波分量大大增加（由于在 $t = T_1$ 处突然截断而出现跳变，使频谱宽度大为增加），并会导致频谱混叠现象。由此可见，泄漏与混叠是两种不同的现象，一般情况下各自产生，有时会同时产生。为了克服泄漏误差的产生，式（2-42）中的 $x(n)$ 必须取自一个基本周期或基本周期的整倍数。如果待分析的信号事先不能精确地知道其周期，则可以截取较长时间长度的样点进行分析，以减小频谱泄漏引起的泄漏误差。当然，尽量在采样频率满足采样定理的条件下进行，否则混叠与泄漏同时存在，将会给频谱分析造成更大的困难。对减小频谱泄漏可以选用合适窗的方法，至于窗函数的功能和选取将在后面章节中讨论。

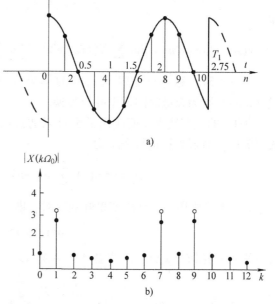

图 2-29 信号截取长度不当造成频谱泄漏

二、非周期信号的频域分析

与连续信号类似，对于离散的非周期信号，可采用离散时间傅里叶变换（Discrete Time Fourier Transformation，DTFT）进行分析。

码2-7 非周期信号的频域分析

（一）从 DFS 到 DTFT

非周期序列可以看作周期为无穷大的周期序列，从这一思想出发，可以在周期序列的离散傅里叶级数（DFS）基础上推导出非周期序列的离散时间傅里叶变换。类似连续信号，对于长度有限的非周期信号 $x(n)$，以 N 为周期，将 $x(n)$ 延拓为周期信号 $x_N(n)$，这里，要求 N 大于 $x(n)$ 的长度，因为此时 $x_N(n)$ 是 $x(n)$ 的原样按周期重复，即

$$x_N(n) = \sum_{m=-\infty}^{\infty} x(n-mN) \tag{2-53}$$

对于周期序列 $x_N(n)$ 的 DFS 可由式（2-42）和式（2-43）表示，考虑周期为无穷大时，即 $N \to \infty$，则有 $\Omega_0 = 2\pi/N \to d\Omega$，$k\Omega_0 \to \Omega = \omega T$（为连续量），$\frac{1}{N} = \frac{\Omega_0}{2\pi} \to \frac{d\Omega}{2\pi}$，$\sum_{k=0}^{N-1} \to \int_0^{2\pi}$，$x_N(n) \to x(n)$；同时，由上面的描述可知，当 k 在 0 和 $N-1$ 之间变化时，Ω 在 0 和 2π 之间变化。另外，由式（2-42），当 $N \to \infty$ 时，$X(k\Omega_0)$ 的幅值趋于无穷小，如同连续时间信号的傅里叶变换一样处理，采用频谱密度来描述非周期序列频谱的分布规律，可得

$$X(\Omega) = \lim_{N \to \infty} NX(k\Omega_0) = \sum_{n=-\infty}^{\infty} x(n) e^{-j\Omega n} \tag{2-54}$$

和

$$x(n) = \lim_{N \to \infty} x_N(n) = \lim_{N \to \infty} \sum_{k=0}^{N-1} X(k\Omega_0) e^{jk\Omega_0 n} = \lim_{N \to \infty} \sum_{k=0}^{N-1} \frac{1}{N} X(\Omega) e^{j\Omega n} = \frac{1}{2\pi} \int_0^{2\pi} X(\Omega) e^{j\Omega n} d\Omega \tag{2-55}$$

式（2-54）称为离散时间信号的傅里叶变换，简称离散时间傅里叶变换（DTFT），式（2-55）则为离散时间傅里叶反变换。

DTFT 的正变换和反变换式子也可以通过时域采样信号 $x_s(t)$ 的傅里叶变换获得。由式（2-1），时域采样信号表示为

$$x_s(t) = x(t) \sum_{n=-\infty}^{\infty} \delta(t-nT) = \sum_{n=-\infty}^{\infty} x(nT)\delta(t-nT)$$

式中，T 为采样周期。利用傅里叶变换对，即

$$\delta(t-nT) \overset{\mathscr{F}}{\longleftrightarrow} e^{-jn\omega T}$$

可以得到采样信号 $x_s(t)$ 的傅里叶变换 $X_s(\omega)$，即

$$X_s(\omega) = \sum_{n=-\infty}^{\infty} x(nT) e^{-jn\omega T}$$

或写为

$$X(\Omega) = \sum_{n=-\infty}^{\infty} x(n) e^{-j\Omega n}$$

式中，$\Omega = \omega T$，并用序列 $x(n)$ 表示 $x(nT)$。该式就是离散时间信号 $x(n)$ 的 DTFT，即式（2-54）。

为了求得 DTFT 反变换，将式（2-54）的两边乘以 $\mathrm{e}^{\mathrm{j}\Omega m}$，并在区间 $[-\pi, \pi]$ 对 Ω 求积分，即

$$\int_{-\pi}^{\pi} X(\Omega) \mathrm{e}^{\mathrm{j}\Omega m} \mathrm{d}\Omega = \int_{-\pi}^{\pi} \left[\sum_{n=-\infty}^{\infty} x(n) \mathrm{e}^{-\mathrm{j}\Omega n} \right] \mathrm{e}^{\mathrm{j}\Omega m} \mathrm{d}\Omega = \sum_{n=-\infty}^{\infty} x(n) \int_{-\pi}^{\pi} \mathrm{e}^{\mathrm{j}\Omega(m-n)} \mathrm{d}\Omega$$

$$= \begin{cases} 2\pi x(m) & n=m \\ 0 & n \neq m \end{cases}$$

于是

$$\int_{-\pi}^{\pi} X(\Omega) \mathrm{e}^{\mathrm{j}\Omega n} \mathrm{d}\Omega = 2\pi x(n)$$

所以得

$$x(n) = \frac{1}{2\pi} \int_{-\pi}^{\pi} X(\Omega) \mathrm{e}^{\mathrm{j}\Omega n} \mathrm{d}\Omega = \frac{1}{2\pi} \int_{0}^{2\pi} X(\Omega) \mathrm{e}^{\mathrm{j}\Omega n} \mathrm{d}\Omega$$

显然它就是 DTFT 反变换 [式（2-55）]。

$X(\Omega)$ 是变量 Ω 的周期函数，周期为 2π。因此对任意整数 q 有

$$X(\Omega + 2\pi q) = \sum_{n=-\infty}^{\infty} x(n) \mathrm{e}^{-\mathrm{j}(\Omega + 2\pi q)n} = \sum_{n=-\infty}^{\infty} x(n) \mathrm{e}^{-\mathrm{j}\Omega n} = X(\Omega)$$

通常称满足式（2-54）和式（2-55）的 $x(n)$ 和 $X(\Omega)$ 为离散时间傅里叶变换（DTFT）对，并将它们简记为

$$x(n) \xleftrightarrow{\text{DTFT}} X(\Omega) \tag{2-56}$$

可见，$X(\Omega)$ 是频谱密度函数，反映了非周期序列 $x(n)$ 的基本特征，简称为 $x(n)$ 的频谱。$x(n)$ 持续时间可以是有限长序列也可以是无限长序列，但在无限长情况下，必须考虑式（2-54）无限项求和的收敛问题。因此，DTFT 存在条件与连续信号傅里叶变换（CTFT）相对应，为了保证和式收敛，要求 $x(n)$ 是绝对可和的，即

$$\sum_{n=-\infty}^{\infty} |x(n)| < \infty$$

或序列的能量是有限的，即

$$\sum_{n=-\infty}^{\infty} |x(n)|^2 < \infty$$

例 2-14 求序列

$$x_1(n) = a^n u(n), \quad |a| < 1$$

的 DTFT。

解 根据式（2-54），有

$$X_1(\Omega) = \sum_{n=0}^{\infty} a^n \mathrm{e}^{-\mathrm{j}\Omega n} = \sum_{n=0}^{\infty} (a\mathrm{e}^{-\mathrm{j}\Omega})^n$$

利用几何级数求和公式，得

$$X_1(\Omega) = \frac{1}{1 - a\mathrm{e}^{-\mathrm{j}\Omega}}$$

类似地，对于序列

$$x_2(n) = -a^n u(-n-1), \quad |a| > 1$$

其 DTFT 为

$$X_2(\Omega) = \sum_{n=-\infty}^{\infty} x_2(n) e^{-j\Omega n} = -\sum_{n=-\infty}^{-1} a^n e^{-j\Omega n}$$

改变求和的上下限，得

$$X_2(\Omega) = -\sum_{n=1}^{\infty} a^{-n} e^{j\Omega n} = -\sum_{n=0}^{\infty} (a^{-1} e^{j\Omega})^n + 1$$

因为 $|a| > 1$，所以有

$$X_2(\Omega) = -\frac{1}{1-a^{-1}e^{j\Omega}} + 1 = \frac{1}{1-ae^{-j\Omega}}$$

例 2-15 求有限长序列 $x(n)$ 的频谱并作图，已知

$$x(n) = \begin{cases} 1 & -M \leqslant n \leqslant M \quad M=2 \\ 0 & \text{其他} \end{cases}$$

解 根据式 (2-54)，有

$$X(\Omega) = \sum_{n=-M}^{M} e^{-j\Omega n} = \sum_{L=0}^{2M} e^{-j\Omega(L-M)}$$

$$= e^{j\Omega M} \sum_{L=0}^{2M} e^{-j\Omega L}$$

$$= e^{j\Omega M} \left[\frac{1-e^{-j\Omega(2M+1)}}{1-e^{-j\Omega}} \right]$$

$$= \frac{\sin(M+1/2)\Omega}{\sin(\Omega/2)}$$

故得其幅度频谱与相位频谱分别为

$$|X(\Omega)| = \left| \frac{\sin(M+1/2)\Omega}{\sin(\Omega/2)} \right|$$

$$\varphi(\Omega) = \begin{cases} 0 & X(\Omega) > 0 \\ \pm\pi & X(\Omega) < 0 \end{cases}$$

频谱如图 2-30 所示。

例 2-16 假设 $X(\Omega)$ 是频率 $\Omega = \Omega_0$ 的一个单位冲激，即 $X(\Omega) = \delta(\Omega - \Omega_0)$，求其反变换 $x(n)$。

解 利用式 (2-55)，可得

$$x(n) = \frac{1}{2\pi} \int_{-\pi}^{\pi} X(\Omega) e^{j\Omega n} d\Omega = \frac{1}{2\pi} e^{j\Omega_0 n}$$

注意到，本例中尽管 $x(n)$ 不是绝对可加，由于允许它的 DTFT 包含脉冲，可以考虑包含复指数序列的 DTFT。作为另一个例子，如果

$$X(\Omega) = \pi\delta(\Omega - \Omega_0) + \pi\delta(\Omega + \Omega_0)$$

计算 DTFT 反变换，得

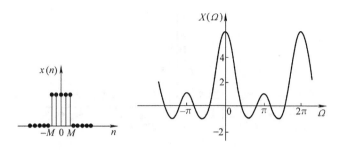

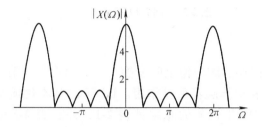

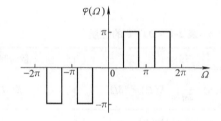

图 2-30　例 2-15 的序列及频谱图

$$x(n) = \frac{1}{2}e^{j\Omega_0 n} + \frac{1}{2}e^{-j\Omega_0 n} = \cos(\Omega_0 n)$$

例 2-17　已知一周期连续频谱如图 2-31a 所示，求其相应的序列 $x(n)$。

解　根据式（2-55），可求得

$$x(n) = \frac{1}{2\pi}\int_{-\pi}^{\pi} X(\Omega)e^{j\Omega n}\,d\Omega = \frac{1}{2\pi}\int_{-\Omega_m}^{\Omega_m} e^{j\Omega n}\,d\Omega = \frac{\Omega_m}{\pi}\frac{\sin\Omega_m n}{\Omega_m n} \quad n \neq 0$$

当 $n=0$，则有

$$x(n) = \frac{1}{2\pi}\int_{-\Omega_m}^{\Omega_m}\,d\Omega = \frac{\Omega_m}{\pi}$$

故得该频谱所对应的序列如图 2-31b 所示。

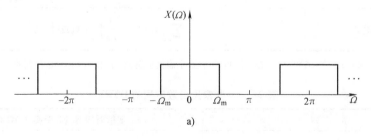

a)

图 2-31　例 2-17 图

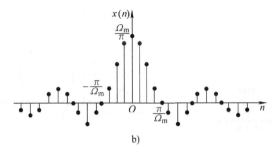

b)

图 2-31　例 2-17 图（续）

（二）DTFT 的性质

离散时间傅里叶变换同连续时间傅里叶变换一样，具有若干有用的性质，它们在实际应用中对简化频谱分析和运算起着重要作用。DTFT 的基本性质与第一章连续时间信号的傅里叶变换相似，对 DTFT 性质的总结见表 2-1，并在表 2-2 中给出了常用离散序列的 DTFT。

表 2-1　DTFT 的性质

性　　质	序　　列	离散时间傅里叶变换（DTFT）
定义	$x(n)=\dfrac{1}{2\pi}\displaystyle\int_0^{2\pi}X(\Omega)\mathrm{e}^{\mathrm{j}\Omega n}\mathrm{d}\Omega$	$X(\Omega)=\displaystyle\sum_{n=-\infty}^{\infty}x(n)\mathrm{e}^{-\mathrm{j}\Omega n}$
线性	$ax(n)+by(n)$	$aX(\Omega)+bY(\Omega)$
时域平移	$x(n-n_0)$	$\mathrm{e}^{-\mathrm{j}\Omega n_0}X(\Omega)$
频域平移	$\mathrm{e}^{\mathrm{j}\Omega_0 n}x(n)$	$X(\Omega-\Omega_0)$
时间翻转	$x(-n)$	$X(-\Omega)$
共轭对称	$x^*(n)$	$X^*(-\Omega)$
时域卷积(卷积和)	$x(n)*y(n)$	$X(\Omega)Y(\Omega)$
频域卷积	$x(n)y(n)$	$\dfrac{1}{2\pi}\displaystyle\int_{-\pi}^{\pi}X(\lambda)Y(\Omega-\lambda)\mathrm{d}\lambda$
调制	$x(n)\cos\Omega_0 n$	$\dfrac{1}{2}\big[X(\Omega+\Omega_0)+X(\Omega-\Omega_0)\big]$
频域微分	$nx(n)$	$\mathrm{j}\dfrac{\mathrm{d}X(\Omega)}{\mathrm{d}\Omega}$
帕斯瓦尔公式	$\displaystyle\sum_{n=-\infty}^{\infty}\big|x(n)\big|^2=\dfrac{1}{2\pi}\displaystyle\int_{-\pi}^{\pi}\big|X(\Omega)\big|^2\mathrm{d}\Omega$	

注：给定 $x(n)$ 和 $y(n)$ 的 DTFT 为 $X(\Omega)$ 和 $Y(\Omega)$，这个表列出由 $x(n)$ 和 $y(n)$ 形成序列的 DTFT。

表 2-2　一些常见离散序列的 DTFT

序　　列	离散时间傅里叶变换（DTFT）
$\delta(n)$	1
$\delta(n-n_0)$	$\mathrm{e}^{-\mathrm{j}\Omega n_0}$

（续）

序 列	离散时间傅里叶变换（DTFT）
1	$2\pi\delta(\Omega)$
$e^{j\Omega_0 n}$	$2\pi\delta(\Omega-\Omega_0)$
$a^n u(n)$, $\|a\|<1$	$\dfrac{1}{1-ae^{-j\Omega}}$
$-a^n u(-n-1)$, $\|a\|>1$	$\dfrac{1}{1-ae^{-j\Omega}}$
$(n+1)a^n u(n)$, $\|a\|<1$	$\dfrac{1}{(1-ae^{-j\Omega})^2}$
$\cos\Omega_0 n$	$\pi\delta(\Omega+\Omega_0)+\delta(\Omega-\Omega_0)$

此外，DTFT 有一些可以用来简化求解 DTFT 或 DTFT 反变换的对称性，这些对称性见表 2-3。

表 2-3　一些 DTFT 的对称性质

$x(n)$	$X(\Omega)$	$x(n)$	$X(\Omega)$
实且偶	实且偶	虚且偶	虚且偶
实且奇	虚且奇	虚且奇	实且奇

注意到这些对称性质可能是综合的。例如，如果 $x(n)$ 是共轭对称的，它的实部偶对称，虚部奇对称，于是可得 $X(\Omega)$ 是实值。类似地，注意到如果 $x(n)$ 是实值对称，则 $X(\Omega)$ 的实部偶对称，虚部奇对称，于是，$X(\Omega)$ 是共轭对称的。

（三）DTFT 与 DFS 及连续信号傅里叶变换（CTFT）之间的关系

从 DTFT 的推导过程，说明了 DTFT 是 DFS 当 $N\to\infty$ 时的极限情况，它们的共同点是在时域它们都是离散的，在频域其频谱都是以 2π 为周期，周而复始。不同点是离散时间周期信号的频谱是离散的具有谐波性，$X(k\Omega_0)$ 是谐波的复振幅，便于利用计算机对频谱进行分析计算；而离散时间非周期信号的频谱则是连续的频谱，不具有谐波性，$X(\Omega)$ 表示的是频谱密度，是连续变量 Ω 的函数，所以不便于利用计算机对频谱进行分析计算。

DTFT 与 CTFT 也有着密切的内在联系。它们的共同点是在时域它们的波形均为非周期，在频域 $X(\omega)$ 与 $X(\Omega)$ 均表示频谱密度，分别为连续变量 ω 及 Ω 的函数，所以都是连续频谱。而且在满足采样定理的条件下，$X(\Omega)$ 保存 $X(\omega)$ 的全部信息。不同点是 $X(\Omega)$ 是周期的而 $X(\omega)$ 是非周期的，因而在求 $x(n)$ 的公式中只在频域的一个周期区间 $[0,2\pi]$（或 $[-\pi,\pi]$）内积分，而在求 $x(t)$ 的公式中积分区间为 $[-\infty,\infty]$。再则由于离散时间信号是离散的，所以 DTFT 中 $X(\Omega)$ 的表达式是求和式，而 CTFT 中 $X(\omega)$ 的表达式是求积分的式子。

在满足采样定理的条件下，$X(\Omega)$ 保存 $X(\omega)$ 的全部信息，所以可以从 DTFT 求取 CTFT。特别当离散时间信号是从连续时间信号采样得来时，更具有实际意义。为了使计算结果尽量逼近原始连续信号的频谱，正如采样定理及上面混叠与泄漏中所分析的，必须根据信号特点恰当地选取采样频率及截取采样信号的长度，以减少混叠误差与泄漏误差带来的影响。

(四) 4 种傅里叶分析小结

至此已经介绍了 4 种不同的傅里叶变换对，给出了 4 种对应的分析表达式，它们分别是连续傅里叶级数（CFS）变换对、连续时间傅里叶变换（CTFT）对、离散傅里叶级数（DFS）变换对和离散时间傅里叶变换（DTFT）对。前面章节分别介绍的 4 种变换针对的信号类型不同，变换结果的表现形式不同，所具有的特性也不同。为了能更好地理解它们的内涵，也便于大家记忆和应用，现将这 4 种变换做如下小结。

1）傅里叶级数变换适用于周期信号，一般傅里叶变换适用于非周期信号。

具体地说，CFS 变换对适用于连续周期信号，DFS 变换对适用于离散周期信号；CTFT 对适用于连续非周期信号，DTFT 对适用于离散非周期信号。

2）时域的周期性对应了频域的离散性，时域的离散性对应了频域的周期性。

时域周期信号表现出谐波性，可以理解为它是由有限个正弦型信号组合而成的，在频域呈现出相互间隔的频谱；而时域离散信号由一系列冲激信号组成，表现出非常丰富的频率成分，但离散信号对应的数字频率 Ω 的取值范围为 $0 \sim 2\pi$，所以形成了以 2π 为周期的周期性。

3）时域的非周期性对应了频域的连续性，时域的连续性对应了频域的非周期性。

非周期性时域信号不具有谐波性，它必由一系列频率密集的正弦型信号组成，表现为具有连续的频谱；与时域离散信号在频域具有周期性相反，连续时间信号在频域必定是非周期性的。

4）周期信号对应的是频谱函数，非周期信号对应的是频谱密度函数。

时域周期信号的谐波性在频域表现为一些间隔的有限值的谱线，体现了一系列正弦型信号的加权组合；而非周期信号对应的真正谱线无限密集、幅度趋于无穷小，通过乘上无穷大的周期值（即除以无穷小的角频率值）来显现其频域特性，所以实际上具有单位角频率所具有频谱的物理意义，即频谱密度函数。

由上面讨论，可以得出 4 种不同信号及其对应的频谱，见表 2-4。

表 2-4　不同时域信号及其频谱

时域信号	频谱形式	对应的傅里叶变换对
连续、周期	非周期、离散频谱函数	连续傅里叶级数（CFS）： $$x(t) = \sum_{n=-\infty}^{\infty} X(n\omega_0) \mathrm{e}^{\mathrm{j}n\omega_0 t}$$ $$X(n\omega_0) = \frac{1}{T_0} \int_{-\frac{T_0}{2}}^{\frac{T_0}{2}} x(t) \mathrm{e}^{-\mathrm{j}n\omega_0 t} \mathrm{d}t$$ $n = 0, \pm 1, \pm 2, \cdots$
连续、非周期	非周期、连续频谱密度函数	连续时间傅里叶变换（CTFT）： $$x(t) = \frac{1}{2\pi} \int_{-\infty}^{\infty} X(\omega) \mathrm{e}^{\mathrm{j}\omega t} \mathrm{d}\omega$$ $$X(\omega) = \int_{-\infty}^{\infty} x(t) \mathrm{e}^{-\mathrm{j}\omega t} \mathrm{d}t$$

（续）

时域信号	频谱形式	对应的傅里叶变换对
离散、周期	周期、离散 频谱函数	离散傅里叶级数（DFS）： $$x(n)=\sum_{k=0}^{N-1}X(k\Omega_0)\,\mathrm{e}^{jk\Omega_0 n}$$ $n=0,1,2,\cdots,N-1$ $$X(k\Omega_0)=\frac{1}{N}\sum_{n=0}^{N-1}x(n)\,\mathrm{e}^{-jk\Omega_0 n}$$ $k=0,1,\cdots,N-1$
离散、非周期	周期、连续 频谱密度函数	离散时间傅里叶变换（DTFT）： $$x(n)=\frac{1}{2\pi}\int_0^{2\pi}X(\Omega)\,\mathrm{e}^{j\Omega n}\mathrm{d}\Omega$$ $$X(\Omega)=\sum_{n=-\infty}^{\infty}x(n)\,\mathrm{e}^{-j\Omega n}$$

第三节　离散傅里叶变换和快速傅里叶变换

149

为了利用计算机对信号进行分析，要求该信号的时域和频域都必须为离散序列，离散时间傅里叶变换（DTFT）给出了通常待分析的时间有限非周期离散信号的频谱密度计算公式，但得到的频谱密度是 Ω 的连续周期函数，不满足频谱也是离散序列的要求。为此，需要寻求一种时域和频域都离散的傅里叶变换对，称为离散傅里叶变换（Discrete Fourier Transformation，DFT）。

本节将介绍 DFT 分析方法以及如何通过快速傅里叶变换（Fast Fourier Transformation，FFT）高效地计算有限长信号的频谱，也可计算由有限长信号周期延拓得到的周期性序列的频谱。

码2-8 【视频讲解】
离散傅里叶变换

一、离散傅里叶变换

离散傅里叶变换（DFT）的推导有多种方法，比较方便同时物理意义也比较明确的是从离散傅里叶级数（DFS）着手，这是因为在上面所列的4种傅里叶变换中，只有 DFS 满足时域、频域都是离散序列的要求。为此，需要进行如下处理：

1）将时间有限非周期离散信号进行周期延拓，使之成为离散周期信号。

2）通过 DFS 变换求出相应的周期离散频谱函数 $X(k\Omega_0)$。

3）取出其中的主值区间的 $X(k\Omega_0)$ 值。

4）按照把频谱函数变换成频谱密度函数的计算方法，乘上周期 N，即为所需要的 DFT。

DFT 由于有快速计算方法，更加适用于数字信号处理，因而 DFT 不仅有理论意义，更具有实际意义，在数字信号处理的实现中起着重要作用。

（一）从离散傅里叶级数（DFS）到离散傅里叶变换（DFT）

考虑有限长序列 $x(n)(0\leqslant n\leqslant N-1)$，将其按周期 N 进行延拓，得到周期序列，有

$$x_{\mathrm{p}}(n)=\sum_r x(n+rN), \quad r \text{ 为任意整数}$$

把 $x(n)$ 称为主值序列，它也是周期序列 $x_{\mathrm{p}}(n)$ 的主值区间序列。由于 $x_{\mathrm{p}}(n)$ 是周期为 N 的周期序列，可以按式（2-42）展成 DFS，即

$$X_{\mathrm{p}}(k\Omega_0)=\frac{1}{N}\sum_{n=0}^{N-1}x_{\mathrm{p}}(n)\mathrm{e}^{-jk\Omega_0 n}, \quad k=0,1,2,\cdots,N-1 \tag{2-57}$$

$X_{\mathrm{p}}(k\Omega_0)$ 是周期为 N 且离散的信号，按式（2-43）可得它的反变换，即

$$x_{\mathrm{p}}(n)=\sum_{k=0}^{N-1}X_{\mathrm{p}}(k\Omega_0)\mathrm{e}^{jk\Omega_0 n}, \quad n=0,1,2,\cdots,N-1 \tag{2-58}$$

显然它也是周期为 N 且离散的序列。由于 $X_{\mathrm{p}}(k\Omega_0)$ 的周期性，可以取它的一个周期为主值区间（$0\leqslant k\leqslant N-1$），主值区间的 $X_{\mathrm{p}}(k\Omega_0)$ 记为 $X(k\Omega_0)$。当 $x_{\mathrm{p}}(n)$ 和 $X_{\mathrm{p}}(k\Omega_0)$ 都取主值区间序列时，显然有

$$X(k\Omega_0)=\frac{1}{N}\sum_{n=0}^{N-1}x(n)\mathrm{e}^{-jk\Omega_0 n}, \quad k=0,1,2,\cdots,N-1 \tag{2-59}$$

和

$$x(n)=\sum_{k=0}^{N-1}X(k\Omega_0)\mathrm{e}^{jk\Omega_0 n}, \quad n=0,1,2,\cdots,N-1 \tag{2-60}$$

前面已述，非周期序列的傅里叶变换得到的是频谱密度函数，所以必须将式（2-59）乘以周期 N，同时考虑到离散的频谱可用序列来表示，所以定义长度为 N 的有限长序列 $x(n)$ 的离散傅里叶变换 $X(k)$ 为

$$X(k)=NX(k\Omega_0)=\sum_{n=0}^{N-1}x(n)\mathrm{e}^{-jk\Omega_0 n}=\sum_{n=0}^{N-1}x(n)\mathrm{e}^{-jk\frac{2\pi}{N}n}, \quad k=0,1,2,\cdots,N-1 \tag{2-61}$$

并可得 $X(k)$ 的离散傅里叶反变换为

$$x(n)=\frac{1}{N}\sum_{k=0}^{N-1}NX(k\Omega_0)\mathrm{e}^{jk\Omega_0 n}=\frac{1}{N}\sum_{k=0}^{N-1}X(k)\mathrm{e}^{jk\Omega_0 n}=\frac{1}{N}\sum_{k=0}^{N-1}X(k)\mathrm{e}^{jk\frac{2\pi}{N}n}, n=0,1,2,\cdots,N-1 \tag{2-62}$$

把满足式（2-61）和式（2-62）的 $x(n)$ 和 $X(k)$ 称为离散傅里叶变换（DFT）对，简记为

$$x(n)\xleftrightarrow{\mathrm{DFT}}X(k) \tag{2-63}$$

其中，式（2-61）为正变换，式（2-62）为反变换。

由上述推导可以看出，只要从 DFS 变换对截取序列的主值，就构成了 DFT 对。但它们在本质意义上是有区别的，DFS 是按傅里叶分析严格定义的，$X(k\Omega_0)$ 是无限长周期时间序列傅里叶级数展开的傅里叶系数；DFT 是一种通过"借用"DFS 得出的变换，目的是将有限非周期离散信号的频谱离散化，从而可以由信号时域序列求频谱序列，或由信号频谱序列求时域序列，使得信号的频谱分析完全由计算机来实现，所以 $X(k)$ 本质上表示的是有限非周期序列 $x(n)$ 原来连续的、周期性的频谱密度函数 $X(\Omega)$ 在数字频域主值区间的采样。

事实上，可以从非周期序列的 DTFT 出发，在主周期 $[-\pi,\pi]$ 内按采样间隔 $\Omega_0=\dfrac{2\pi}{N}$ 对原连续频域函数 $X(\Omega)$ 离散化，得到 DFT，即

$$X(k)=X(\Omega)\bigg|_{\Omega=k\frac{2\pi}{N}}=\sum_{n=0}^{N-1}x(n)\mathrm{e}^{-jk\frac{2\pi}{N}n}=\sum_{n=0}^{N-1}x(n)\mathrm{e}^{-jk\Omega_0 n}=\mathrm{DFT}[x(n)]$$

当然，时域离散化时要求满足时域采样定理，频域离散化时要求满足频域采样定理。可以证明，如果时域样点数为 L，频域样点数为 N，必须满足 $L \leq N$，才能符合频域采样定理的要求，为了算法统一，通常取 $L=N$，这就构成了一般使用的式（2-61）和式（2-62），即 DFT 对。

（二）DFT 的性质

DFT 由其他傅里叶变换派生而来，具有在时域、频域均离散化的特点，因而它既有一些与其他傅里叶变换相似的性质，又有一些独有的特性。独有的特性中最主要的是圆周移位性质和圆周卷积性质。下面主要介绍 DFT 与其他傅里叶变换不同的性质。

如上所述，一个有限长非周期序列 $x(n)$ 的 DFT，可以看作以长度 N 为周期，将 $x(n)$ 进行周期延拓后的序列 $x_p(n)$ 在一个周期内的离散频谱，因此，研究 DFT 的性质必须充分利用周期性序列这一特点。

1. 线性性质

若 $x_1(n) \xleftrightarrow{\text{DFT}} X_1(k)$，$x_2(n) \xleftrightarrow{\text{DFT}} X_2(k)$

则
$$ax_1(n)+bx_2(n) \xleftrightarrow{\text{DFT}} aX_1(k)+bX_2(k) \tag{2-64}$$

应用这个性质时，很重要的一点是要保证两个序列要有相同的长度。如果 $x_1(n)$、$x_2(n)$ 长度不同，长度短的序列要补零，使它与另一序列长度相同。例如，如果 $x_1(n)$ 的长度为 N_1，$x_2(n)$ 的长度为 N_2，$N_2>N_1$，那么 $x_1(n)$ 可以看作长度为 N_2 的序列，后 N_2-N_1 个值等于 0，并对两个序列都做 N_2 点 DFT。

2. 圆周移位性质

为了方便研究有限长序列的移位特性，首先建立"圆周移位"的概念。

若有限长序列 $x(n)$，$0 \leq n \leq N-1$，则经时移后的序列 $x(n-m)$ 仍为有限长序列，其位置移至 $m \leq n \leq N+m-1$，如图 2-32 所示。

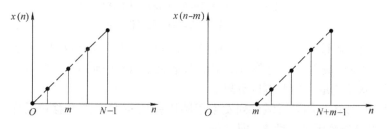

图 2-32　有限长序列的移位

当用式（2-61）求它们的 DFT 时，取和的范围出现差异，前者从 0 到 $(N-1)$，后者从 m 到 $(N+m-1)$，当时移位数不同时，DFT 取和范围也要随之改变，这给位移序列 DFT 的研究带来不便。为解决此问题，这样来理解有限长序列的位移：先将原序列 $x(n)$ 按周期 N 延拓成 $x_p(n)$，然后移 m 位得到 $x_p(n-m)$，最后取 $x_p(n-m)$ 的主值区间（0~$N-1$）。这一过程如图 2-33 所示，图中表示了 $m=2$ 的情况。可以看出，这样的移位具有循环的特性，即 $x(n)$ 向右移 m 位时，右边超出 $(N-1)$ 的 m 个样值又从左边依次填补了空位。如果把序列 $x(n)$ 排列在一个 N 等分的圆周上，N 个样点首尾相接。上述的移位可以表示为 $x(n)$ 在圆周上旋转 m 位，如图 2-34 所示，所以通常称为圆周移位，也可称为循环移位。当有限长序列进行任意位数的圆周移位后，求序列的 DFT 时取值范围仍然保持在（0~$N-1$）。

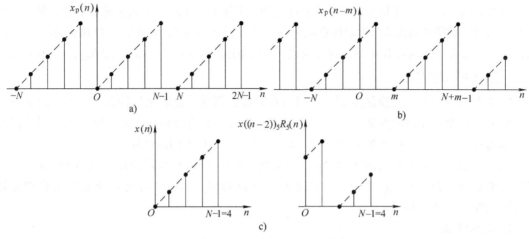

图 2-33　有限长序列的圆周移位

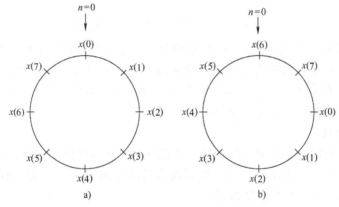

图 2-34　通过圆周的旋转表示圆周移位

a) 一个 8 点序列　b) 向右圆周移 2 位

序列 $x(n)$ 的圆周移位表示为 $x((n-m))_N R_N(n)$，其中 $((n-m))_N$ 表示"$(n-m)$ 对 N 取模值"，即 $(n-m)$ 被 N 除，整除后所得的余数就是 $((n-m))_N$，而 $R_N(n)$ 是以 N 为长度的矩形序列，这里是取主值范围的意思。

时域圆周移位性质：如果时域序列发生了圆周移位 m 位，那么移位后序列的 DFT 为原序列的 DFT 乘以复指数因子 $e^{-jk\Omega_0 m}$，即

$$x((n-m))_N R_N(n) \xleftrightarrow{\text{DFT}} X(k) e^{-jk\Omega_0 m} \tag{2-65}$$

这是因为，按 DFT 定义，有

$$\text{DFT}[x((n-m))_N R_N(n)] = \sum_{n=0}^{N-1} [x((n-m))_N R_N(n)] e^{-jk\Omega_0 n}$$

$$= \sum_{n=0}^{m-1} [x((n-m))_N R_N(n)] e^{-jk\Omega_0 n} + \sum_{n=m}^{N-1} [x((n-m))_N R_N(n)] e^{-jk\Omega_0 n}$$

$$= \sum_{l=N-m}^{N-1} x(l) e^{-jk\Omega_0(m+l)} + \sum_{l=0}^{N-1-m} x(l) e^{-jk\Omega_0(m+l)}$$

$$= \sum_{l=0}^{N-1} x(l) e^{-jk\Omega_0(m+l)} = \sum_{l=0}^{N-1} x(l) e^{-jk\Omega_0 l} \cdot e^{-jk\Omega_0 m} = X(k) e^{-jk\Omega_0 m}$$

类似地，如果在频域 DFT 发生了圆周位移 $X((k-k_0))_N R_N(k)$，那么时域序列就乘以一个复指数因子 $e^{jk_0\Omega_0 n}$，即

$$x(n)e^{jk_0\Omega_0 n} \xleftrightarrow{\text{DFT}} X((k-k_0))_N R_N(k) \tag{2-66}$$

频域圆周移位性质的证明可通过时域对偶关系进行。

3. 圆周卷积性质

若 $x(n)$ 和 $h(n)$ 都是长度为 N 的有限长序列，且

$$x(n) \xleftrightarrow{\text{DFT}} X(k), \quad h(n) \xleftrightarrow{\text{DFT}} H(k)$$

则

$$x(n) \circledast h(n) \xleftrightarrow{\text{DFT}} X(k)H(k) \tag{2-67}$$

式中，$x(n) \circledast h(n)$ 表示序列 $x(n)$ 和 $h(n)$ 的圆周卷积，定义为

$$x(n) \circledast h(n) = \sum_{m=0}^{N-1} x(m)h((n-m))_N R_N(n)$$
$$= \sum_{m=0}^{N-1} h(m)x((n-m))_N R_N(n) \tag{2-68}$$

证明： 设 $Y(k)=X(k)H(k)$，则 $Y(k)$ 的 DFT 反变换为

$$y(n) = \frac{1}{N}\sum_{k=0}^{N-1} Y(k)e^{jk\Omega_0 n} = \frac{1}{N}\sum_{k=0}^{N-1} X(k)H(k)e^{jk\Omega_0 n}$$
$$= \frac{1}{N}\sum_{k=0}^{N-1}\left[\sum_{m=0}^{N-1}x(m)e^{-jk\Omega_0 m}\right]H(k)e^{jk\Omega_0 n} = \sum_{m=0}^{N-1}x(m)\left\{\frac{1}{N}\sum_{k=0}^{N-1}\left[H(k)e^{-jk\Omega_0 m}\right]e^{jk\Omega_0 n}\right\}$$
$$= \sum_{m=0}^{N-1}x(m)h((n-m))_N R_N(n) = x(n)h(n)$$

其中最后一个等号的右边方括号部分是 $H(k)e^{-jk\Omega_0 m}$ 的 DFT 反变换，根据圆周移位性质 [式 (2-65)]，它应为 $h((n-m))_N R_N(n)$。同理也可证明

$$y(n) = \sum_{m=0}^{N-1} h(m)x((n-m))_N R_N(n)$$

例 2-18 已知 $x(n)=[2,1,2,1]$，$h(n)=[1,2,3,4]$，计算两个序列的圆周卷积 $y(n)=x(n)\circledast h(n)$。

解 可以用圆周卷积定义和圆周卷积性质两种方法求解。

第一种方法：由于 $N=4$，根据式 (2-68)，有

$$y(n) = \sum_{m=0}^{3} x(m)h((n-m))_4 R_4(n)$$

即

$$y(0) = \sum_{m=0}^{3} x(m)h((-m))_4 R_4(n)$$
$$= x(0)h(0)+x(1)h(3)+x(2)h(2)+x(3)h(1)$$
$$= 2\times1+1\times4+2\times3+1\times2 = 14$$

同理可求得 $y(1)=16$，$y(2)=14$，$y(3)=16$。

第二种方法：已知 $x(n)$，可由式（2-61）求得

$$X(k) = \sum_{n=0}^{3} x(n) e^{-jk\Omega_0 n}$$

$$= x(0) + x(1) e^{-jk\frac{\pi}{2}} + x(2) e^{-jk\pi} + x(3) e^{-jk\frac{3\pi}{2}}$$

$$= 2 + e^{-jk\frac{\pi}{2}} + 2 e^{-jk\pi} + e^{-jk\frac{3\pi}{2}}, \quad k = 0, 1, 2, 3$$

可得　$X(0) = 6$，$X(1) = 0$，$X(2) = 2$，$X(3) = 0$

同理可得 $H(0) = 10$，$H(1) = -2+2j$，$H(2) = -2$，$H(3) = -2-2j$。

根据圆周卷积性质 [式（2-67）]，有

$$Y(k) = X(k)H(k) = [60, 0, -4, 0]$$
$$\uparrow$$

由 DFT 反变换 [式（2-62）]，可求得

$$y(n) = \frac{1}{4} \sum_{k=0}^{3} Y(k) e^{jk\frac{2\pi}{4}n} = \frac{1}{4}(60 - 4e^{j\pi n})$$

代入 $n = 0$，1，2，3，得

$$y(n) = x(n) \circledast h(n) = [14, 16, 14, 16]$$
$$\uparrow$$

154

显然，两种方法的计算结果完全相同。

在圆周卷积中，由于有一个序列是经过圆周移位处理的，所以称为圆周卷积。本章第一节介绍的两序列卷积和 [式（2-29）]，有一个序列是经过平移处理的，为了区分于圆周卷积，把它称为线性卷积。这两种卷积之间有什么区别和联系呢？

1）设有限长序列 $x(n)$ 和 $h(n)$ 的长度分别为 N 和 M，按线性卷积定义，有

$$y(n) = x(n) * h(n) = \sum_{m=-\infty}^{\infty} x(m)h(n-m)$$

已知 $x(m)$ 的非零值区间是 $0 \leqslant m \leqslant N-1$，从 $h(n-m)$ 看，非零值区间应是 $0 \leqslant n-m \leqslant M-1$，考虑 m 的取值区间，有

$$0 \leqslant n \leqslant N+M-2 \tag{2-69}$$

在式（2-69）的区间之外，不是 $x(m)$ 为零，就是 $h(n-m)$ 为零，结果是 $y(n)$ 取零值。因此，$y(n)$ 是长度为 $N+M-1$ 的有限长序列。例如，图 2-35a 中，$x(n)$ 是 $N=4$ 的矩形序列 $R_4(n)$，$h(n)$ 是 $M=6$ 的矩形序列 $R_6(n)$，两序列的线性卷积 $y(n) = x(n) * h(n)$ 的长度为 $N+M-1=9$。

而对于两序列的圆周卷积，必须规定它们的长度相等，经圆周卷积后所得序列的长度与原序列相同。当两序列长度不等时，可将较短序列补零值构成两个等长序列再进行圆周卷积。图 2-35b 是上述两个序列经过补零值处理后得到的圆周卷积。很显然，两种卷积的结果是不同的，出现这种不同的原因就在于，线性卷积在其中的一个序列右移过程中，左端依次留出为零值的空位；而圆周卷积过程中，同一序列右移时将向右移出主值区间的值循环回序列的左端，填补了空位。

2）如果把序列 $x(n)$、$h(n)$ 都适当地补零值，那么，在做圆周卷积时，向右移去的零值循环回序列的左端，出现与线性卷积相同的情况，即序列左端依次留出等于零值的空位，可见，如果补零值的长度合适，两种卷积的结果有可能一致。可以证明，两序列补零以后的

长度 L 满足

$$L \geqslant N+M-1 \tag{2-70}$$

它们的圆周卷积与线性卷积结果相同。图 2-35c 表示了上述两序列都经补零值处理长度 $L=4+6-1=9$ 时，它们的圆周卷积与线性卷积完全相同。

在图 2-35d 中，表示了上述两序列虽经补零值扩展至 $L=8$，但由于不满足式（2-70）的条件，圆周卷积的结果仍与线性卷积不一样。比较图 2-35d 和图 2-35a 不难发现，将图 2-35a 中 $n=8$ 的样值移至 $n=0$ 并与该处样值相加，就与图 2-35d 完全相同。这可以看作前面介绍过的混叠现象。

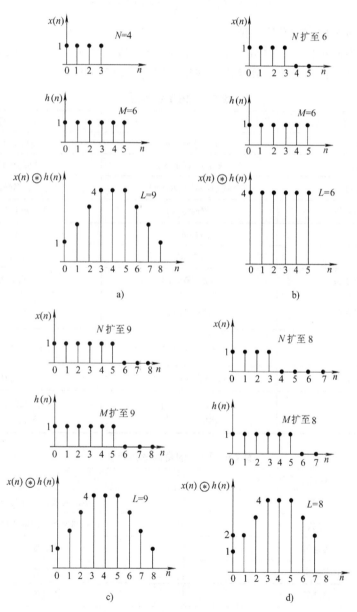

图 2-35　线性卷积与圆周卷积比较

a）线性卷积　b）圆周卷积（$L=6$）　c）圆周卷积（$L=9$）　d）圆周卷积（$L=8$）

式（2-68）的圆周卷积是在时域进行的，称为时域圆周卷积，所以式（2-67）为时域圆周卷积性质。相对应地，有频域圆周卷积，即

$$X(k) \circledast H(k) = \sum_{l=0}^{N-1} X(l) H((k-l))_N R_N(k)$$

$$= \sum_{l=0}^{N-1} H(l) X((k-l))_N R_N(k) \qquad (2-71)$$

及频域圆周卷积性质，即

$$x(n)h(n) \xleftrightarrow{\text{DFT}} \frac{1}{N} X(k) \circledast H(k) \qquad (2-72)$$

其证明方法与时域圆周卷积性质类似。

DFT 的其他性质不再一一说明，综合列于表 2-5 中以供查用。此外，DFT 对奇、偶序列和虚、实序列的对称性，会使运算简化，现将它们列于表 2-6 中。

表 2-5 DFT 的性质

性 质	序 列	离散傅里叶变换（DFT）
线性	$ax(n)+by(n)$	$aX(k)+bY(k)$
周期性	$x(n)=x(n+N)$	$X(k)=X(k+N)$
时域圆周移位	$x((n-m))_N R_N(n)$	$e^{-j\Omega_0 mk}X(k)$
频域圆周移位	$e^{j\Omega_0 k_0 n}x(n)$	$X((k-k_0))_N R_N(k)$
时间翻转	$x(-n)$	$X(-k)$
复共轭	$x^*(n)$	$X^*(N-k)$
时域圆周卷积	$x(n) \circledast h(n)$	$X(k)H(k)$
频域圆周卷积	$x(n)h(n)$	$\dfrac{1}{N}X(k) \circledast H(k)$
调制	$x(n)\cos\Omega_0 n$	$\dfrac{1}{2}[X(\Omega+\Omega_0)+X(\Omega-\Omega_0)]$
圆周相关	$x(n) \circledast h^*(-n)$	$X(k)H^*(k)$
帕斯瓦尔公式	$\sum\limits_{n=0}^{N-1} |x(n)|^2$	$\dfrac{1}{N}\sum\limits_{k=0}^{N-1} |X(k)|^2$

表 2-6 DFT 的奇偶虚实特性

$x(n)$	$X(k)$
实数	实部为偶，虚部为奇
虚数	实部为奇，虚部为偶
实且偶	实且偶
实且奇	虚且奇
虚且偶	虚且偶
虚且奇	实且奇

二、快速傅里叶变换

码 2-9　【视频讲解】
快速傅里叶变换

快速傅里叶变换（Fast Fourier Transformation，FFT）是计算离散傅里叶变换（DFT）的快速算法。它的出现和发展对推动信号的数字处理技术起着关键作用。本节重点阐明 DFT 运算的内在规律，在此基础上提出 FFT 的基本思路，同时介绍一种常用的 FFT 算法——基 2FFT 算法。

（一）FFT 的基本思路

已知 N 点有限长序列 $x(n)$ 的 DFT 为

$$X(k) = \sum_{n=0}^{N-1} x(n) e^{-j\frac{2\pi}{N}nk}, \quad k = 0, 1, \cdots, N-1$$

通常 $X(k)$ 为复数，给定的 $x(n)$ 可以是实数也可以是复数。为了简化，令指数因子（也有称为旋转因子或加权因子的）为

$$W_N = e^{-j2\pi/N} \tag{2-73}$$

当 N 给定时，W_N 是一个常数，则 $X(k)$ 可写成

$$X(k) = \sum_{n=0}^{N-1} x(n) W_N^{nk}, \quad k = 0, 1, \cdots, N-1 \tag{2-74}$$

因而 DFT 可看作以 W_N^{nk} 为加权系数的一组样点 $x(n)$ 的线性组合，是一种线性变换。其中 W_N^{nk} 的上标为 n 和 k 的乘积。

将式（2-74）展开，得

$$X(0) = W_N^{0 \cdot 0} x(0) + W_N^{1 \cdot 0} x(1) + \cdots + W_N^{(N-1) \cdot 0} x(N-1)$$
$$X(1) = W_N^{0 \cdot 1} x(0) + W_N^{1 \cdot 1} x(1) + \cdots + W_N^{(N-1) \cdot 1} x(N-1)$$
$$X(2) = W_N^{0 \cdot 2} x(0) + W_N^{1 \cdot 2} x(1) + \cdots + W_N^{(N-1) \cdot 2} x(N-1)$$
$$\vdots$$
$$X(N-1) = W_N^{0 \cdot (N-1)} x(0) + W_N^{1 \cdot (N-1)} x(1) + \cdots + W_N^{(N-1) \cdot (N-1)} x(N-1)$$

或写成矩阵表达式（为便于讨论，写出 $N=4$ 的情况）

$$\begin{pmatrix} X(0) \\ X(1) \\ X(2) \\ X(3) \end{pmatrix} = \begin{pmatrix} W_4^0 & W_4^0 & W_4^0 & W_4^0 \\ W_4^0 & W_4^1 & W_4^2 & W_4^3 \\ W_4^0 & W_4^2 & W_4^4 & W_4^6 \\ W_4^0 & W_4^3 & W_4^6 & W_4^9 \end{pmatrix} \begin{pmatrix} x(0) \\ x(1) \\ x(2) \\ x(3) \end{pmatrix} \tag{2-75}$$

可见，每完成一个频谱样点的计算，需要做 N 次复数乘法和（$N-1$）次复数加法。整个 $X(k)$ 序列的 N 个频谱样点的计算，就得做 N^2 次复数乘法和 $N(N-1)$ 次复数加法。而且每一次复数乘法又含有 4 次实数乘法和 2 次实数加法；每一次复数加法包含有 2 次实数加法。这样的运算过程对于一个实际的信号，当样点数较多时，势必占用很长的计算时间。即使是目前运算速度较快的计算机，往往也难免会失去信号处理的实时性。例如 $N = 1024$，$N^2 \approx 10^6$，设进行一次复数乘法运算时间为 $1\mu s$，则仅仅考虑乘法运算就得花 $1s$，况且复数加法和运算控制的时间都是不能忽略的。可见，DFT 虽然给出了利用计算机进行信号分析的基本原理，但由于 DFT 计算量大，费时较多，在实际应用中有其局限性。解决这个问题就

要寻找实现 DFT 的高效、快速的算法。

　　DFT 运算时间能否减少，关键在于实现 DFT 运算是否存在规律性以及如何去利用这些规律。由于在计算 $X(k)$ 时，需要大量地计算 W_N^{nk}，首先来分析一下 W_N^{nk} 所具有的一些有用的特点。由 $W_N = \mathrm{e}^{-\mathrm{j}2\pi/N}$，很显然有

$$W_N^0 = 1，\quad W_N^N = 1，\quad W_N^{N/2} = -1，\quad W_N^{N/4} = -\mathrm{j}，\quad W_{2N}^k = W_N^{k/2}$$

　　此外，它有如下特性：

　　1）W_N^{nk} 具有周期性，其周期为 N，很容易证明

$$W_N^k = W_N^{k+lN}，\qquad\qquad l \text{ 为整数} \tag{2-76}$$

及

$$W_N^{nk} = W_N^{(n+mN)(k+lN)}，\qquad l，m \text{ 为整数} \tag{2-77}$$

所以有

$$W_N^{lN} = 1$$

　　例如，对于 $N=4$，有 $W_4^6 = W_4^2$，$W_4^9 = W_4^1$ 等。于是式（2-75）可写为

$$\begin{pmatrix} X(0) \\ X(1) \\ X(2) \\ X(3) \end{pmatrix} = \begin{pmatrix} W_4^0 & W_4^0 & W_4^0 & W_4^0 \\ W_4^0 & W_4^1 & W_4^2 & W_4^3 \\ W_4^0 & W_4^2 & W_4^0 & W_4^2 \\ W_4^0 & W_4^3 & W_4^2 & W_4^1 \end{pmatrix} \begin{pmatrix} x(0) \\ x(1) \\ x(2) \\ x(3) \end{pmatrix} \tag{2-78}$$

利用 W_N^{nk} 的周期性，原来式（2-77）需要求 7 个 W_N^{nk} 的值，现减少为求 4 个 W_N^{nk} 的值。

　　2）W_N^{nk} 具有对称性。由于 $W_N^{N/2} = -1$，可以得到

$$W_N^{(nk+N/2)} = -W_N^{nk} \tag{2-79}$$

结合 $W_N^{N/4} = -\mathrm{j}$，有

$$W_N^{3N/4} = \mathrm{j}$$

　　仍以 $N=4$ 为例，利用对称性，有 $W_4^3 = -W_4^1$，$W_4^2 = -W_4^0$ 等。于是式（2-78）进一步可写为

$$\begin{pmatrix} X(0) \\ X(1) \\ X(2) \\ X(3) \end{pmatrix} = \begin{pmatrix} W_4^0 & W_4^0 & W_4^0 & W_4^0 \\ W_4^0 & W_4^1 & -W_4^0 & -W_4^1 \\ W_4^0 & -W_4^0 & W_4^0 & -W_4^0 \\ W_4^0 & -W_4^1 & -W_4^0 & W_4^1 \end{pmatrix} \begin{pmatrix} x(0) \\ x(1) \\ x(2) \\ x(3) \end{pmatrix} \tag{2-80}$$

求 W_N^{nk} 的个数更是减少到了两个。

　　3）由于求 DFT 时所做的复数乘法和复数加法次数都与 N^2 成正比，因此若把长序列分解为短序列，例如把 N 点的 DFT 分解为两个 $N/2$ 点 DFT 之和时，其结果使复数乘法次数减少到 $2 \times (N/2)^2 = N^2/2$，即为分解前的一半。

　　一种高效、快速实现 DFT 的算法是把原始的 N 点序列，依次分解成一系列短序列，并充分利用 W_N^{nk} 所具有的对称性质和周期性质，求出这些短序列相应的 DFT，然后进行适当组合，通过删除重复运算来减少乘法运算，从而达到提高运算速度的目的。这就是 FFT 的基本思路。

（二）基 2FFT 算法

　　最基本的 FFT 算法是将 $x(n)$ 按时间分解（抽取）成较短的序列，然后从这些短序列

的 DFT 中求得 $X(k)$。

设序列 $x(n)$ 的长度为 $N=2^{\nu}$（ν 为整数），先按 n 的奇、偶将序列分成两部分，则由式（2-74）可写出序列 $x(n)$ 的 DFT 为

$$X(k) = \sum_{n=0}^{N-1} x(n) W_N^{nk} = \sum_{n\text{为偶数}} x(n) W_N^{nk} + \sum_{n\text{为奇数}} x(n) W_N^{nk}$$

当 n 为偶数时，令 $n=2l$；当 n 为奇数时，令 $n=2l+1$，其中 l 为整数。则

$$X(k) = \sum_{l=0}^{\frac{N}{2}-1} x(2l) W_N^{2lk} + \sum_{l=0}^{\frac{N}{2}-1} x(2l+1) W_N^{(2l+1)k} \tag{2-81}$$

可见，这时序列 $x(n)$ 先被分解（抽取）成两个子序列，每个子序列长度为 $N/2$，如图 2-36 所示，第一个序列 $x(2l)$ 由 $x(n)$ 的偶数项组成，第二个序列 $x(2l+1)$ 由 $x(n)$ 的奇数项组成。

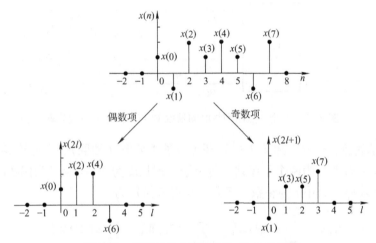

图 2-36　以因子 2 分解长度为 $N=8$ 的序列

由于

$$W_N^2 = e^{-j2\frac{2\pi}{N}} = e^{-j\frac{2\pi}{N/2}} = W_{N/2}^1$$

式（2-81）可以表示为

$$X(k) = \sum_{l=0}^{\frac{N}{2}-1} x(2l) W_{N/2}^{lk} + W_N^k \sum_{l=0}^{\frac{N}{2}-1} x(2l+1) W_{N/2}^{lk}$$

注意到该式第一项是 $x(2l)$ 的 $N/2$ 点的 DFT，第二项是 $x(2l+1)$ 的 $N/2$ 点的 DFT，若分别记

$$G(k) = \sum_{l=0}^{\frac{N}{2}-1} x(2l) W_{N/2}^{lk}, \quad H(k) = \sum_{l=0}^{\frac{N}{2}-1} x(2l+1) W_{N/2}^{lk}$$

则有

$$X(k) = G(k) + W_N^k H(k), \quad k=0,1,\cdots,N-1 \tag{2-82}$$

显然 $G(k)$ 和 $H(k)$ 是长度为 $N/2$ 点的 DFT，它们的周期都应是 $N/2$，即

$$G\left(k+\frac{N}{2}\right) = G(k), \quad H\left(k+\frac{N}{2}\right) = H(k)$$

再利用式（2-79）$W_N^{k+N/2}=-W_N^k$ 的对称性，式（2-81）又可表示为

$$X(k)=G(k)+W_N^kH(k)， \qquad k=0,1,\cdots,N/2-1 \qquad (2\text{-}83)$$

$$X(k+N/2)=G(k)-W_N^kH(k)， \qquad k=0,1,\cdots,N/2-1 \qquad (2\text{-}84)$$

前 $N/2$ 个 $X(k)$ 由式（2-83）求得，后 $N/2$ 个 $X(k)$ 由式（2-84）求得，而二者只差一个符号。一个 8 点序列按时间抽取的 FFT，第一次分解进行运算的框图如图 2-37 所示。

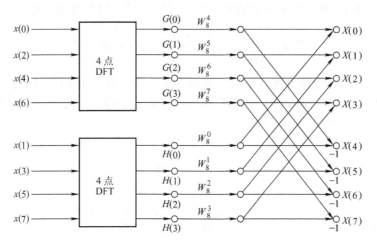

图 2-37　一个 8 点序列按时间抽取 FFT 算法的第一次分解

如果 $N/2$ 是偶数，$x(2l)$ 和 $x(2l+1)$ 还可以被再分解（抽取）。在计算 $G(k)$ 时可以将序列 $x(2l)$ 按 l 的奇偶分为两个子序列，每个子序列长度为 $N/4$。当 l 为偶数时令 $l=2r$，当 l 为奇数时令 $l=2r+1$，其中 r 为整数。于是，可得 $G(k)$ 为

$$
\begin{aligned}
G(k) &= \sum_{l=0}^{\frac{N}{2}-1} x(2l)W_{N/2}^{lk} = \sum_{l\text{为偶数}} x(2l)W_{N/2}^{lk} + \sum_{l\text{为奇数}} x(2l)W_{N/2}^{lk} \\
&= \sum_{r=0}^{\frac{N}{4}-1} x(4r)W_{N/2}^{2rk} + \sum_{r=0}^{\frac{N}{4}-1} x(4r+2)W_{N/2}^{(2r+1)k} \\
&= \sum_{r=0}^{\frac{N}{4}-1} x(4r)W_{N/4}^{rk} + W_{N/2}^{k}\sum_{r=0}^{\frac{N}{4}-1} x(4r+2)W_{N/4}^{rk} \\
&= A(k)+W_N^{2k}B(k)，\qquad k=0,1,\cdots,N/2-1 \qquad (2\text{-}85)
\end{aligned}
$$

式（2-85）推导过程中应用了等式 $W_{N/2}^k=W_N^{2k}$。显然 $A(k)$ 和 $B(k)$ 是长度为 $N/4$ 点的 DFT，它们的周期都应是 $N/4$，若再利用等式 $W_N^{2(k+N/4)}=W_N^{2k+N/2}=-W_N^{2k}$，式（2-85）可写为

$$G(k)=A(k)+W_N^{2k}B(k)， \qquad k=0,1,\cdots,N/4-1 \qquad (2\text{-}86)$$

$$G(k+N/4)=A(k)-W_N^{2k}B(k)， \qquad k=0,1,\cdots,N/4-1 \qquad (2\text{-}87)$$

式中，$A(k)=\sum\limits_{r=0}^{\frac{N}{4}-1} x(4r)W_{N/4}^{rk}$，$B(k)=\sum\limits_{r=0}^{\frac{N}{4}-1} x(4r+2)W_{N/4}^{rk}$，$k=0,1,\cdots,N/4-1$。前 $N/4$ 点 $G(k)$ 由式（2-86）求得，后 $N/4$ 点 $G(k)$ 由式（2-87）求得，而二者也只差一个符号。这是第二次按时间抽取的 FFT，图 2-38 表示了这次分解的 $G(k)$ 的运算框图。

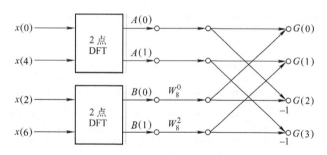

图 2-38 将图 2-37 中 4 点 DFT 求 $G(k)$ 分解为两个 2 点 DFT 求 $G(k)$

同样的处理方法也应用于计算 $H(k)$，得到计算 $H(k)$ 的式子为

$$H(k)=C(k)+W_N^{2k}D(k)，\qquad k=0,1,\cdots,N/4-1 \qquad (2\text{-}88)$$

$$H(k+N/4)=C(k)-W_N^{2k}D(k)，\qquad k=0,1,\cdots,N/4-1 \qquad (2\text{-}89)$$

式中，$C(k)=\sum\limits_{r=0}^{\frac{N}{4}-1}x(4r+1)W_{N/4}^{rk}$，$D(k)=\sum\limits_{r=0}^{\frac{N}{4}-1}x(4r+3)W_{N/4}^{rk}$，$k=0,1,\cdots,N/4-1$。

于是，对于一个 8 点序列 $x(n)$，根据式（2-86）~式（2-89），可计算得到

$$A(0)=x(0)+W_8^0x(4)，\qquad A(1)=x(0)-W_8^0x(4)$$

$$B(0)=x(2)+W_8^0x(6)，\qquad B(1)=x(2)-W_8^0x(6)$$

$$C(0)=x(1)+W_8^0x(5)，\qquad C(1)=x(1)-W_8^0x(5)$$

$$D(0)=x(3)+W_8^0x(7)，\qquad D(1)=x(3)-W_8^0x(7)$$

进一步求得

$$G(0)=A(0)+W_8^0B(0)，\qquad G(1)=A(1)+W_8^2B(1)$$

$$G(2)=A(0)-W_8^0B(0)，\qquad G(3)=A(1)-W_8^2B(1)$$

$$H(0)=C(0)+W_8^0D(0)，\qquad H(1)=C(1)+W_8^2D(1)$$

$$H(2)=C(0)-W_8^0D(0)，\qquad H(3)=C(1)-W_8^2D(1)$$

再由式（2-83）和式（2-84），求得

$$X(0)=G(0)+W_8^0H(0)，\qquad X(1)=G(1)+W_8^1H(1)$$

$$X(2)=G(2)+W_8^2H(2)，\qquad X(3)=G(3)+W_8^3H(3)$$

$$X(4)=G(0)-W_8^0H(0)，\qquad X(5)=G(1)-W_8^1H(1)$$

$$X(6)=G(2)-W_8^2H(2)，\qquad X(7)=G(3)-W_8^3H(3)$$

一个完整的 8 点基 2 按时间抽取的 FFT 运算流程如图 2-39 所示，它自左至右分为 3 级：第 1 级是 4 个 2 点 DFT，计算 $A(k)$、$B(k)$、$C(k)$、$D(k)$，$k=0,1$；第 2 级是 2 个 4 点 DFT，计算 $G(k)$、$H(k)$，$k=0~3$；第 3 级是 1 个 8 点 DFT，计算 $X(k)$，$k=0~7$。而每一级的运算都由 4 个如图 2-40 所示的称为蝶形运算的基本运算单元组合而成，每一蝶形运算单元有 2 个输入数据和 2 个输出数据。

实际上，基 2FFT 算法是一种不断将数据序列进行抽取，每抽取一次就把 DFT 的计算宽度降为原来一半，最后成为 2 点 DFT 运算的算法。因此，一个长度为 $N=2^\nu$（ν 为整数）的序列 $x(n)$，通过基 2 按时间抽取可以分解为 $\log_2N=\nu$ 级运算，每级运算由 $N/2$ 个蝶形运算单元完成。每一蝶形运算单元只需进行一次与指数因子 W_N^r 的复数乘法和二次复数加法，

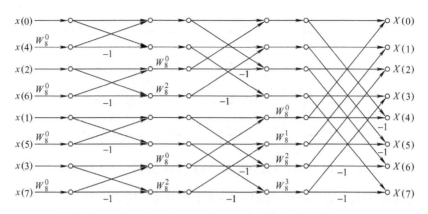

图 2-39 一个完整的 8 点基 2 按时间抽取 FFT 算法流程

每一级运算则有 $N/2$ 次复数乘法和 N 次复数加法，所以整个运算过程共有 $\frac{1}{2}N\log_2 N$ 次复数乘法和 $N\log_2 N$ 次复数加法，极大地提高了计算的效率。例如对于 $N=1024$ 的序列，采用 FFT 比直接计算 DFT 提高运算速度在 200 倍以上，而且随着 N 的增加，运算效率的提高更加显著。

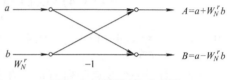

图 2-40 蝶形运算示意图

由按时间抽取 FFT 算法的结构可以看出，一旦进行完一个蝶形运算，一对输入数据就不需要再保留，这样，输出数据对可以放至对应输入数据对的一组存储单元中，实现同址运算，大大减少了计算机的存储开支。但是为了进行同址运算，输入序列不能按原来自然顺序排列，而要进行变址，变址的规律是：把原来按自然顺序表示序列（正序）的十进制数先换成二进制数，然后把这些二进制数的首位至末位的顺序进行颠倒（码位倒置），再重新换成十进制，这样得到的序列称为反序。表 2-7 列出了 $N=8$ 时的正序及反序序列。

表 2-7　$N=8$ 时的自然顺序（正序）与相应的码位倒置（反序）

十进制	二进制	码位倒置二进制	码位倒置十进制
0	000	000	0
1	001	100	4
2	010	010	2
3	011	110	6
4	100	001	1
5	101	101	5
6	110	011	3
7	111	111	7

归纳上面的推导过程，对于 $N=2^{\nu}$（ν 为整数），输入反序、输出正序的 FFT 运算流程可表示如下：

1）将运算过程分解为 ν 级（也称 ν 次迭代）。

2）把输入序列 $x(n)$ 进行码位倒置，按反序排列。

3）每级都包含了 $N/2$ 个蝶形运算单元，但它们的几何图形各不相同。自左至右第 1 级的 $N/2$ 个蝶形运算单元组成 $N/2$ 个"群"（蝶形运算单元之间有交叉的称为"群"），第 2 级的 $N/2$ 个蝶形运算单元组成 $N/4$ 个"群"，…，第 i 级的 $N/2$ 个蝶形运算单元组成 $N/2^i$ 个"群"，最末级为 $N/2^v=1$ 个"群"。

4）每个蝶形运算单元完成如图 2-40 所示的 1 次与指数因子 W_N^r 的复数乘法和 2 次复数加（减）法。

5）同级各"群"的指数因子 W_N^r 分布规律相同，各级每"群"的指数因子 W_N^r 为：

第 1 级：W_N^0

第 2 级：W_N^0，$W_N^{N/4}$

…

第 i 级：W_N^0，$W_N^{N/2^i}$，$W_N^{2N/2^i}$，…，$W_N^{(2^{i-1}-1)N/2^i}$

…

也可以把输入序列按自然顺序排列（正序）进行 FFT 运算，这时所执行的运算内容与前面介绍的相同，只是输出变成了码位倒置后的序列。因此，输入反序时，输出为正序；输入正序时，输出为反序。

还可以构成输入、输出都按自然顺序排列（正序）的 FFT 运算，但这时每级蝶形运算发生"变形"，不能再实现"原址运算"而需要较多的存储单元，所以在实际中很少使用。

以上介绍的是按时间抽取的基 2 FFT 算法，也称 Cooley-Tukey（库利-图基）算法；与此对应的另一种算法是在频域把 $X(k)$ 按 k 的奇、偶分组来计算 DFT，称为按频率抽取的 FFT 算法，也称 Sande-Tukey（桑德-图基）算法。

FFT 算法也可以用于 DFT 的反变换，即由信号的频谱序列 $X(k)$ 求出信号的时间数据序列 $x(n)$，通常把它称为 FFT 反变换。

如果序列长度 N 不是 2 的整数幂次，也可以排出 FFT 算法程序，称为任意因子的 FFT 算法。从基本的 FFT 算法诞生以来，各种改进的或派生的 FFT 算法层出不穷，它们都以快速、高效地计算数据序列的 DFT 为目的。本书只介绍关于 FFT 算法的初步概念，使大家认识到通过有效地利用指数因子 W_N^{nk} 的特性以及合理地分解数据序列 $x(n)$，就能极大地提高计算 DFT 的效率。有关 FFT 及其反变换的各种算法在"数字信号处理"的相关教材或专著中有详细的介绍，实际上，现在已有许多成熟的 FFT 计算机程序可以直接使用。

（三）FFT 的应用

在时域、频域都离散化的 DFT，便于利用计算机进行运算，因此在许多科学技术领域都得到广泛的应用，可以列举丰富的实例来说明它的应用原理。限于本书的篇幅及使用范围，仅就其典型、普遍的问题做一简单介绍。

DFT 的应用，往往伴随着 FFT 算法的实施，因此，所谓 DFT 的应用实际上也就是 FFT 的应用。

FFT 方法可直接用来处理离散信号的数据，也可用于逼近连续时间信号的分析。

1. 利用 FFT 求线性卷积

上一节的圆周卷积中已经介绍两个有限长序列通过补零值扩展至一定长度后，它们的圆周卷积和线性卷积结果一致，据此可以通过求解圆周卷积来求取两个序列的线性卷积。其原理框图如图 2-41 所示。图中，若 $x(n)$ 长度为 N，$h(n)$ 长度为 M，则首先将它们补零值扩展到长度 $L=N+M-1$（如按基 2 FFT 计算，还必须使 L 为 2 的整数次幂），然后分别对它们进行 FFT 计算，求得 $X(k)$ 和 $H(k)$，它们的长度也是 L，再将 $X(k)$ 与 $H(k)$ 相乘，最后根据圆周卷积性质［式（2-68）］，经 FFT 反变换得到 $x(n)\circledast h(n)$。由于 $x(n)$ 和 $h(n)$ 是按条件［式（2-62）］补零值处理的，其圆周卷积的结果与线性卷积的结果一致，于是就把此圆周卷积结果作为线性卷积结果。按图 2-41 求 $y(n)$，要对 $L=N+M-1$ 长的序列做 2 次 FFT，1 次 FFT 反变换，相当于 3 次 FFT 运算量，每次 FFT 要做 $\frac{1}{2}L\log_2 L$ 次复数乘法，另外还要加上 $X(k)$ 和 $H(k)$ 相乘时做的 L 次复数乘法，一共需要做 $\left(3\times\frac{1}{2}L\log_2 L+L\right)$ 次复数乘法，即做 $(6L\log_2 L+4L)$ 次实数乘法（1 次复数乘法对应 4 次实数乘法）。如直接对 N 长序列 $x(n)$ 和 M 长序列 $h(n)$ 求线性卷积，需要做 $(M\times N)$ 次实数乘法。表 2-8 列出了两种方法求卷积时所需的实数乘法次数，以供比较。在表中可见，序列长度较长时，利用 FFT 求卷积的计算量具有明显优势。实际上，在某些场合（例如求离散系统对输入序列的响应），利用 FFT 求卷积还会省去不少计算量。

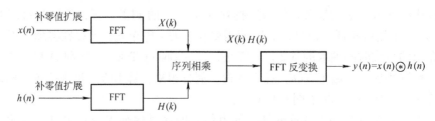

图 2-41 用 FFT 计算线性卷积原理框图

表 2-8 利用 FFT 求卷积与直接卷积实数乘法次数比较

数据长（$N=M$）	8	64	128	256	512	1024
直接卷积实数乘法次数	64	4096	16384	65536	262144	1048576
FFT 求卷积实数乘法次数	448	5888	13312	29696	65536	143360

当两个序列的长度相差太多（如 $M\gg N$）时，用上述方法显然不妥，一方面会使补零值甚多，降低计算效率，增加太多存储空间；另一方面在进行卷积计算之前必须得到整个长序列，这对于许多场合（如语音信号、雷达信号处理）不适用。此时可采用分段卷积的方法，把长序列分成若干小段，每小段与短序列做卷积运算，再把各部分结果进行整合，但这里整合不是简单的相加，而是要考虑各部分之间的关系，不同的卷积计算要用不同的方法整合。读者要计算长序列卷积时可参阅有关书籍。

2. 利用 FFT 求线性相关

相关运算的意义在第一章中已经表述，两个序列的相关运算可用来分析两序列之间的相似或相依性，实际应用中常用来确定隐藏在可加噪声中雷达信号、声呐信号的时延。根据表 2-5 中圆周相关性质，可以与求线性卷积类似，利用 FFT 求出两序列的线性相关，其原理框图如图 2-42 所示。

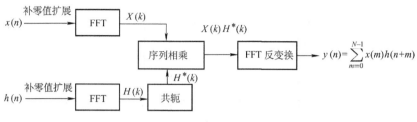

图 2-42 用 FFT 计算线性相关原理框图

若 $h(n) = x(n)$，求得的 $y(n)$ 就是自相关，由于自相关与能谱或功率谱关系密切，所以上述方法也是计算信号能谱或功率谱的重要途径。

3. 利用 FFT 做连续时间信号的频谱分析

实际的信号大都是连续时间信号，为了能在计算机上对连续时间信号进行分析、处理，必须借助于 FFT 这一快速算法，但是由于连续时间信号在应用 FFT 时，首先必须进行采样、截断等前期处理，处理不当会使结果产生较大的误差，甚至得出错误结论。因此在利用 FFT 对连续时间信号进行分析、处理（或者说用 DFT 对连续时间信号进行频谱分析）时，要特别关注如何减少采样、截断等前期处理带来的误差。为了充分认识造成这种误差的原因及减少它们的办法，还要再强调一遍 DFT 所得结果是有限长序列（即时限连续信号以采样周期 T 采样得到的结果）的频谱（频谱密度）。下面分别就几种典型的连续时间信号，讨论由 DFT 带来的误差以及为了减少误差可以采取的办法。

1）时限连续信号。它与 DFT 所分析的信号在时域上是对应的，但由于一般时限信号具有无限带宽，根据时域采样定理，无论怎样减小采样间隔 T_s 都不可避免产生频谱混叠。而且过度减小采样间隔，会极大地增加 DFT 计算工作量和计算机存储单元，实际应用中并不可取。解决的方法有两种，一种是利用抗混叠滤波器去除连续信号中次要的高频成分，再进行采样；另一种是选取合适的 T_s，使混叠产生的误差限制在允许的范围之内。

2）带限连续信号。带限信号的采样频率选取比较容易，但一般带限信号的时宽是无限的，不符合 DFT 在时域对信号的要求，为此要进行加窗截断。上一节图 2-29 中已经说明离散周期信号长度截断不当时会产生频谱泄漏现象，连续时间信号加窗截断时一定会造成频谱泄漏，一个典型的例子，单位直流信号经加单位矩形窗截断后的信号的频谱如图 2-43 所示。很显然，时宽无限的信号由于截断会造成谱峰下降、频带扩展的频谱泄漏。为减小频谱泄漏，一种办法是加大窗宽 τ，从图 2-43 可见，加大 τ 能减少谱峰下降和频带扩展所带来的影响，但同时会使信号时宽加大，经采样后增大序列长度，增加 DFT 的计算量及计算机存储单元。另一种办法是根据原信号选取形状合适的窗函数。分析表明，矩形窗在时域的突变导致了频域中高频成分衰减慢，造成的频谱泄漏最严重，而三角形窗、升余弦窗（Hanning 窗）、改进的升余弦窗（Hamming 窗）等在频域有较低的旁瓣，因此频谱泄漏现象减少。

在考虑了频谱泄漏的影响后，还要调整采样频率，否则会引起由于频带扩展导致的混叠。

3）连续周期信号。如果周期信号是带限信号，则合理选取采样频率可以避免混叠，但对于频带无限的周期信号，与时限信号一样不可避免产生混叠，要设法把混叠产生的误差限制在允许的范围之内。

连续周期信号是非时限信号，进行 DFT 处理时也要加窗截断。在例 2-12 的图 2-27 和图 2-29 中可知，当截断长度正好是信号周期时，不会产生频谱泄漏，但当截断长度不是信

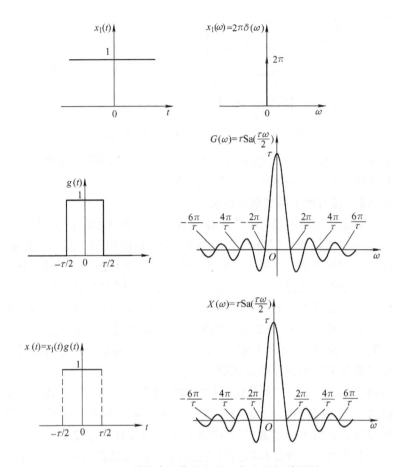

图 2-43　单位直流信号截断后产生的频谱泄漏

号周期时，则会产生频谱泄漏。例 2-12 是从 DFS 的角度讨论的，实际上 DFT 和 DFS 虽然含义不同，但数学式子上只差一个周期点数 N 的因子，所以从结果的形式上是一致的。可见合理地选取截断长度（整周期截断），能避免 DFT 的频谱泄漏。

连续时间信号离散化后，在频域还会出现幅值的变动，即离散化后信号的频谱幅值为原连续信号频谱幅值除以采样周期值［见式（2-2）］。因此，用 DFT 求出频谱后，乘上一个采样周期值才是连续信号的频谱近似值。实际应用中，往往只关心傅里叶正、反变换的相对值结果，所以大都不怎么强调该因子。

在用 DFT 求连续信号的频谱时，还有一个概念值得注意，就是频率分辨率。它是指 DFT 中谱线间的最小间隔，单位是 Hz（或 rad），它等于信号的基波频率 f_0（或 Ω_0），f_0 越小则频率分辨率越高。对于长度为 N 的数据序列，频率分辨率为 f_s/N，其中 f_s 为采样频率。

例 2-19　用 FFT 分析一个最高频率 $f_m = 1.25\text{kHz}$ 的连续时间信号，要求频率分辨率为 $f_0 \leqslant 5\text{Hz}$。试确定：（1）最小的信号采样记录长度（持续时间）；（2）最大采样间隔；（3）最少采样记录点数。

解　（1）由 DFT 和分辨率 f_0 的概念，最小的信号采样记录长度 T_0 为

$$T_0 = \frac{1}{f_0} \geqslant \frac{1}{5}\text{s} = 0.2\text{s}$$

（2）由时域采样定理，最大采样间隔为

$$T_{\mathrm{s}} \leqslant \frac{1}{2f_{\mathrm{m}}} = \frac{1}{2 \times 1.25 \times 10^3}\mathrm{s} = 0.4 \times 10^{-3}\mathrm{s}$$

（3）由 $N = \dfrac{f_{\mathrm{s}}}{f_0} = \dfrac{T_0}{T_{\mathrm{s}}} \geqslant \dfrac{0.2}{0.4 \times 10^{-3}} = 500$

为方便基 2 FFT 计算，取 N 为 2 的整数次幂，即

$$N = 512 = 2^9$$

例 2-20 利用 DFT 求图 2-44a 所示三角脉冲的频谱，假设信号最高频率为 $f_{\mathrm{m}} = 25\mathrm{kHz}$，要求频率分辨率 $f_0 = 100\mathrm{Hz}$。

解 由 f_{m} 得出对最大采样间隔 T_{s} 的要求为

$$T_{\mathrm{s}} \leqslant \frac{1}{2f_{\mathrm{m}}} = \frac{1}{2 \times 25 \times 10^3}\mathrm{s} = 0.02\mathrm{ms}$$

由频率分辨率决定数据记录长度，可得

$$T_0 = \frac{1}{f_0} = \frac{1}{100}\mathrm{s} = 10\mathrm{ms}$$

采样点数为

$$N = \frac{T_0}{T_{\mathrm{s}}} \geqslant \frac{10}{0.02} = 500$$

取 $N = 512 = 2^9$，便于基 2 FFT 运算，由于 N 修正了，T_{s} 也应修正为

$$T_{\mathrm{s}} = \frac{T_0}{N} = \frac{10 \times 10^{-3}}{512}\mathrm{s} = 19.53125\mu\mathrm{s}$$

$x(t)$ 采样后经过周期延拓，然后取主值区间可得 $x(n)$ $(n:0 \sim 511)$，如图 2-44b 所示。经 FFT 运算后得到如图 2-44c 所示的频谱，当然它是对 $X(kf_0)$ 的幅值乘上 T_{s} 因子，然后画出的包络线。

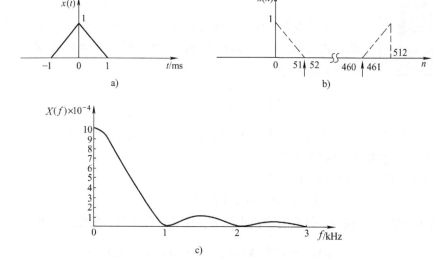

图 2-44 例 2-20 的三角形脉冲及其用 DFT 求得的频谱

【深入思考】雷达的核心技术是 FFT，以毫米波雷达为例，其使用频率为 30～300GHz，具有高精度、高分辨率、小天线口径等优点。要增大毫米波雷达的作用距离，中频信号的频率就必须提高，这也对雷达信号采样及处理速度和精度提出了更高要求。离散信号处理的点数和运算速度已经成为制约毫米波雷达技术发展的主要因素。请思考快速傅里叶变换（FFT）在雷达信号处理领域的典型应用。

第四节　离散信号的 z 域分析

离散时间信号也可以用类似于连续时间信号所采用的复频域方法进行分析。在分析连续时间信号时，其复频域方法就是前面已介绍的拉普拉斯变换法，而对于离散时间信号，其复频域分析方法是 Z 变换法。

与拉普拉斯变换是连续时间傅里叶变换（CTFT）的直接推广完全相同，Z 变换也是离散时间傅里叶变换（DTFT）的直接推广。它用复变量 z 表示一类更为广泛的信号，拓宽了 DTFT 的应用范围。本节从离散时间序列的 DTFT 引出序列 Z 变换的定义，然后讨论 Z 变换的收敛域、性质、Z 反变换等。

一、离散信号的 Z 变换

（一）从 DTFT 到 Z 变换

增长的离散时间信号（序列）$x(n)$ 的傅里叶变换是不收敛的，为了满足傅里叶变换的收敛条件，类似拉普拉斯变换，将 $x(n)$ 乘以一衰减的实指数信号 $r^{-n}(r>1)$，使函数 $x(n)r^{-n}$ 满足收敛条件。这样，可得傅里叶变换

$$\mathscr{F}\left[x(n)r^{-n}\right]=\sum_{n=-\infty}^{\infty}\left[x(n)r^{-n}\right]e^{-j\Omega n}=\sum_{n=-\infty}^{\infty}x(n)\left(re^{j\Omega}\right)^{-n} \qquad (2\text{-}90)$$

令复变量 $z=re^{j\Omega}$，代入式（2-90），则式子右边为复变量 z 的函数，把它定义为离散时间信号（序列）$x(n)$ 的 Z 变换，记作 $X(z)$。显然有

$$X(z)=\sum_{n=-\infty}^{\infty}x(n)z^{-n} \qquad (2\text{-}91)$$

（码 2-10　【视频讲解】从 DTFT 到 Z 变换）

$X(z)$ 是 z 的一个幂级数，可看出，z^{-n} 的系数值就是 $x(n)$ 的值，z^{-n} 的幂次表示了序列的序号，因此可以把它看作表示时序的量。

综合上面的讨论，可以得出如下式子：

$$X(z)=\mathscr{F}\left[x(n)r^{-n}\right]=\mathscr{Z}\left[x(n)\right] \qquad (2\text{-}92)$$

根据式（2-92），并假设 r 的取值使该式收敛，对其进行 DTFT 反变换，得

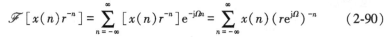

$$x(n)r^{-n}=\mathscr{F}^{-1}\left[X(z)\right]=\frac{1}{2\pi}\int_{0}^{2\pi}X(z)e^{j\Omega n}d\Omega$$

故有

$$x(n) = \frac{1}{2\pi} \int_0^{2\pi} X(z)(re^{j\Omega})^n d\Omega \qquad (2\text{-}93)$$

现将积分变量 Ω 改变为 z，由于 $z = re^{j\Omega}$，对 Ω 在 $0 \sim 2\pi$ 区域（实际上是 Ω 的整个取值范围）内积分，对应了沿 $|z| = r$ 的圆逆时针环绕一周的积分，可得 $dz = jre^{j\Omega}d\Omega = jzd\Omega$，即 $d\Omega = \frac{1}{j}z^{-1}dz$，代入式（2-93）得

$$x(n) = \frac{1}{2\pi j} \oint_c X(z) \cdot z^{n-1} dz \qquad (2\text{-}94)$$

式（2-94）为 Z 变换的反变换式，式中 $\oint_c$ 表示在以 r 为半径、以原点为中心的封闭圆周上沿逆时针方向的围线积分。式（2-91）和式（2-94）构成双边 Z 变换对，这里双边 Z 变换指的是 n 取值为 $-\infty \sim \infty$。记为

$$\mathscr{Z}[x(n)] = X(z)$$
$$\mathscr{Z}^{-1}[X(z)] = x(n)$$

或

$$x(n) \overset{z}{\longleftrightarrow} X(z)$$

（二）Z 变换的收敛域

码 2-11 【视频讲解】
Z 变换的收敛域

与拉普拉斯变换类似，即使引入指数型衰减因子 r^{-n}，对于不同的信号 $x(n)$ 也存在为保证 $x(n)r^{-n}$ 的 DTFT 收敛的 r 的取值问题，将 Z 变换存在的 z 值取值范围称为 Z 变换的收敛域（ROC）。同理，Z 反变换的积分围线必须是位于收敛域内的任意 $|z| = r$ 的圆周。

下面通过例子来说明 Z 变换的收敛域。

例 2-21 求序列 $x(n) = a^n u(n)$ 的 Z 变换，由式（2-91），序列的 Z 变换应为

$$X(z) = \sum_{n=-\infty}^{\infty} a^n u(n) z^{-n} = \sum_{n=0}^{\infty} a^n z^{-n} = \sum_{n=0}^{\infty} \left(\frac{a}{z}\right)^n$$

为使 $X(z)$ 收敛，根据几何级数的收敛定理，必须满足 $\left|\frac{a}{z}\right| < 1$，即 $|z| > |a|$。此时

$$X(z) = \frac{1}{1 - az^{-1}} = \frac{z}{z-a}, \qquad |z| > |a| \qquad (2\text{-}95)$$

图 2-45 在 z 平面上表示出了例 2-21 的收敛域，其中 z 平面是以 $\mathrm{Re}(z)$ 为横坐标轴、$\mathrm{Im}(z)$ 为纵坐标轴的平面。图中同时还表示出了式（2-95）的零、极点位置，其中极点用"×"表示，零点用"。"表示。

例 2-22 设序列 $x(n) = -a^n u(-n-1)$，其 Z 变换为

$$X(z) = \sum_{n=-\infty}^{-1} (-a^n z^{-n})$$

令 $m = -n$，则

$$X(z) = \sum_{m=1}^{\infty} (-a^{-m} z^m) = \sum_{m=0}^{\infty} -(a^{-1}z)^m + a^0 z^0 = 1 - \sum_{m=0}^{\infty} (a^{-1}z)^m$$

169

显然该式只有当 $\left|\dfrac{z}{a}\right|<1$，即 $|z|<|a|$ 时收敛，此时

$$X(z)=1-\frac{1}{1-a^{-1}z}=1-\frac{a}{a-z}=\frac{z}{z-a}=\frac{1}{1-az^{-1}}, \quad |z|<|a| \qquad (2\text{-}96)$$

其收敛域如图 2-46 所示。

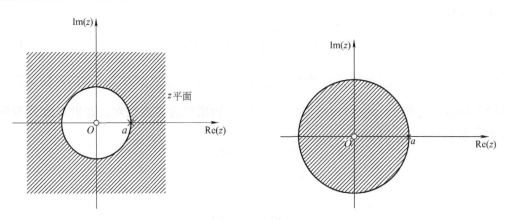

图 2-45　例 2-21 的零、极点和收敛域（阴影区）　　图 2-46　例 2-22 的零、极点和收敛域（阴影区）

将式（2-95）和式（2-96）及图 2-45 和图 2-46 做一比较，可以看出，在上面两个例子中，它们的 Z 变换式是完全一样的，不同的仅是 Z 变换的收敛域。这说明收敛域在 Z 变换中的重要意义，一个 Z 变换式只有和它的收敛域结合在一起，才能与信号建立起对应的关系。因此，和拉普拉斯变换一样，Z 变换的表述既要求它的变换式，又要求其相应的收敛域。另外，还可看到在这两个例子中，序列都是指数型的，所得到的变换式是有理的。事实上，只要 $x(n)$ 是实指数或复指数序列的线性组合，$X(z)$ 就一定是有理的。

进一步分析，可以认为 Z 变换的收敛域（ROC）是由满足 $x(n)r^{-n}$ 绝对可和，即满足

$$\sum_{n=-\infty}^{\infty}|x(n)|r^{-n}<\infty \qquad (2\text{-}97)$$

的所有 $z=re^{j\Omega}$ 的值组成，显然，决定式（2-97）是否成立的只是 z 值的模 r，而与 Ω 无关。由此可见，若某一具体的 z_0 值是在收敛域内，那么位于以原点为圆心的同一圆上的全部 z 值（它们具有相同的模）也一定在该收敛域内，换言之，$X(z)$ 的收敛域是由在 z 平面上以原点为中心的圆环组成。事实上，收敛域必须是而且只能是一个单一的圆环，在某些情况下，圆环的内圆边界可以向内延伸到原点，而在另一些情况下，它的外圆边界可以向外延伸到无穷远。

由式（2-97）还可看到，$X(z)$ 的收敛域还与 $x(n)$ 的性质有关，具体地说，不同类型的序列其收敛域的特性是不同的，一般可以分为以下几种情况：

1. 有限长序列

这类序列是指在有限区间 $n_1\leqslant n\leqslant n_2$ 之内序列才具有非零的有限值，而在此区间外，序列值皆为零，称为有始有终序列，其 Z 变换可表示为

$$X(z)=\sum_{n=n_1}^{n_2}x(n)z^{-n} \qquad (2\text{-}98)$$

由于 n_1、n_2 是有限整数，因而式（2-98）是一个有限项级数，故只要级数的每一项有界，则级数就收敛，即要求

$$|x(n)z^{-n}| < \infty, \quad n_1 \le n \le n_2$$

由于 $x(n)$ 有界，故要求 $|z^{-n}| < \infty$，$n_1 \le n \le n_2$。显然，在 $0 < |z| < \infty$ 上，都满足此条件。因此，有限长序列的收敛域至少是除 $z=0$ 和 $z=\infty$ 外的整个 z 平面。

例如对 $n_1 = -2$，$n_2 = 3$ 的情况，有

$$X(z) = \sum_{n=-2}^{3} x(n)z^{-n} = \underbrace{x(-2)z^2 + x(-1)z^1}_{|z|<\infty} + \underbrace{x(0)z^0}_{\text{常值}} + \underbrace{x(1)z^{-1} + x(2)z^{-2} + x(3)z^{-3}}_{|z|>0}$$

其收敛域就是除 $z=0$ 和 $z=\infty$ 外的整个 z 平面。

在 n_1、n_2 的特殊情况下，收敛域还可以扩大：若 $n_1 \ge 0$，收敛域为 $0 < |z| \le \infty$，即，除 $z=0$ 外的整个 z 平面；若 $n_2 \le 0$，收敛域为 $0 \le |z| < \infty$，即，除 $z=\infty$ 外的整个 z 平面。

2. 右边序列

这类序列是有始无终序列，即当 $n < n_1$ 时，$x(n) = 0$。此时 Z 变换为

$$X(z) = \sum_{n=n_1}^{\infty} x(n)z^{-n} = \sum_{n=n_1}^{-1} x(n)z^{-n} + \sum_{n=0}^{\infty} x(n)z^{-n} \tag{2-99}$$

式（2-99）右边第一项为有限长序列的 Z 变换，按前面的讨论可知，它的收敛域至少是除了 $z=0$ 和 $z=\infty$ 外的整个 z 平面。第二项为 z 的负幂级数，由级数收敛的阿贝尔定理可知，存在一个收敛半径 R_{x-}，级数在以原点为中心、以 R_{x-} 为半径的圆外任何点都绝对收敛。综合此两项，因此右边序列 Z 变换的收敛域为 $R_{x-} < |z| < \infty$，如图 2-47 所示。若 $n_1 \ge 0$，则式（2-99）右边不存在第一项，故收敛域应包括 $z=\infty$，即 $R_{x-} < |z| \le \infty$，或写为 $R_{x-} < |z|$。特别地，$n_1 = 0$ 的右边序列也称为因果序列，通常可表示为 $x(n)u(n)$。

例 2-21 所示的右边序列 $x(n) = a^n u(n)$，其收敛域为 $|z| > |a|$，验证了上述结论。

3. 左边序列

这类序列是无始有终序列，即当 $n > n_2$ 时，$x(n) = 0$。此时 Z 变换为

$$X(z) = \sum_{n=-\infty}^{n_2} x(n)z^{-n} = \sum_{n=-\infty}^{0} x(n)z^{-n} + \sum_{n=1}^{n_2} x(n)z^{-n} \tag{2-100}$$

式（2-100）右边第二项为有限长序列的 Z 变换，收敛域至少为除 $z=0$ 和 $z=\infty$ 外的整个 z 平面。右边第一项是正幂级数，由阿贝尔定理可知，必有收敛半径 R_{x+}，级数在以原点为中心、以 R_{x+} 为半径的圆内任何点都绝对收敛。综合以上两项，左边序列 Z 变换的收敛域为 $0 < |z| < R_{x+}$，如图 2-48 所示。若 $n_2 \le 0$，则式（2-100）右边不存在第二项，故收敛域应包括 $z=0$，即为 $0 \le |z| < R_{x+}$，或写为 $|z| < R_{x+}$。

例 2-22 所示的左边序列 $x(n) = -a^n u(-n-1)$，其收敛域为 $|z| < |a|$，验证了上述结论。

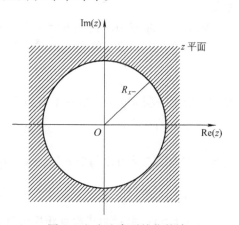

图 2-47　右边序列的收敛域

4. 双边序列

双边序列是从 $n=-\infty$ 延伸到 $n=\infty$ 的序列，为无始无终序列，可以把它看成一个右边序列和一个左边序列的和，即

$$X(z)=\sum_{n=-\infty}^{\infty}x(n)z^{-n}=\sum_{n=0}^{\infty}x(n)z^{-n}+\sum_{n=-\infty}^{-1}x(n)z^{-n} \qquad (2\text{-}101)$$

因为可以把它看成右边序列和左边序列的 Z 变换叠加，其收敛域应该是右边序列和左边序列收敛域的重叠部分。式（2-101）右边第一项为右边序列的 Z 变换，且 $n_1=0$，其收敛域为 $|z|>R_{x-}$；第二项为左边序列的 Z 变换，且 $n_2=-1$，其收敛域为 $|z|<R_{x+}$。所以，若满足 $R_{x-}<R_{x+}$，则存在公共收敛域，为 $R_{x-}<|z|<R_{x+}$，这是一个环形区域，如图 2-49 所示。

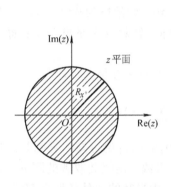

图 2-48　左边序列的收敛域

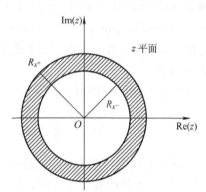

图 2-49　双边序列的收敛域（阴影区）

值得注意的是，对于连续时间信号的情况，通常非因果信号不具有实际意义，而对于离散时间信号，往往是取得信号序列后，再进行分析处理，这时非因果信号同样具有实际意义。

例 2-23　求双边序列 $x(n)=b^{|n|}$，$-\infty\le n\le\infty$，$b>0$ 的 Z 变换。

解　这个序列可以将它表示成一个右边序列和一个左边序列之和，即

$$x(n)=\underbrace{b^n u(n)}_{n\ge 0}+\underbrace{b^{-n}u(-n-1)}_{n<0}$$

等式右边第一项 $b^n u(n)$ 是一个右边序列，根据例 2-21，有

$$\mathscr{Z}[b^n u(n)]=\frac{1}{1-bz^{-1}},\qquad |z|>b$$

而等式右边第二项可以写成 $b^{-n}u(-n-1)=-[-(b^{-1})^n u(-n-1)]$，根据例 2-22，有

$$\mathscr{Z}[b^{-n}u(-n-1)]=-\mathscr{Z}[-(b^{-1})^n u(-n-1)]=\frac{-1}{1-b^{-1}z^{-1}},\qquad |z|<b^{-1}$$

对于 $b\ge 1$，上面两式没有任何公共的收敛域，因此序列 $x(n)$ 的 Z 变换不收敛，尽管此时左边和右边序列都有单独的 Z 变换，但整个序列不存在 Z 变换。对于 $b<1$，上面两式的收敛域有重叠，因此此时序列 $x(n)$ 的 Z 变换为

$$X(z)=\frac{1}{1-bz^{-1}}-\frac{1}{1-b^{-1}z^{-1}},\qquad b<|z|<\frac{1}{b}$$

（三）Z 变换的几何表示

与拉普拉斯变换类似，当 Z 变换式是有理式时，可以表示为复变量 z 的两个多项式之

比，即

$$X(z) = \frac{N(z)}{D(z)} \qquad (2\text{-}102)$$

码 2-12 【视频讲解】
Z 变换的几何表示

式中，$N(z)$ 和 $D(z)$ 分别为分子多项式和分母多项式。分子多项式的根称为 $X(z)$ 的零点，分母多项式的根称为 $X(z)$ 的极点。在 z 平面内分别用"。"和"×"标出 $X(z)$ 的零点和极点的位置，并指出收敛域（ROC），就构成了 Z 变换的几何表示。它除了可能相差一个常数因子外，和 Z 变换的有理式［式（2-102）］一一对应，为 Z 变换提供了一种方便而形象的描述方式。图 2-45 和图 2-46 就是例 2-21 和例 2-22 的 Z 变换式的零、极点图和收敛域，它们分别对应了 $a^n u(n)$ 和 $-a^n u(-n-1)$ 的 Z 变换。

用零、极点图及收敛域（ROC）来描述 Z 变换式时，有两个特征是值得注意和应用的：

1）收敛域内不包含任何极点。这一特征是很明显的，因为在一个极点处，$X(z)$ 为无穷大，即 $x(n)$ 的 Z 变换在此处不收敛，它不应该在收敛域内。前面的几个例子都表明了这一点。

2）Z 变换的收敛域被极点界定，也就是说，对于收敛域具有边界（前面已说明边界通常是以原点为圆心的圆周）的 Z 变换，其边界上一定包含有极点。作为这一特征的直接结果，可以看到右边序列的 Z 变换收敛域为 z 平面上最大模极点为半径的圆外，左边序列收敛域为 z 平面上最小模极点为半径的圆内。

（四）Z 变换的性质

Z 变换也有很多重要的性质。这些性质反映了离散时间信号的时域特性与 z 域特性之间的关系，它们不仅能够帮助我们进一步了解 Z 变换的本质，而且对简化信号的 Z 变换往往也很有用。由于 Z 变换是 DTFT 的推广，大部分性质与 DTFT 的性质相似，因此，在此不再详细讨论，将它们汇总列于表 2-9 中，供大家查阅使用，在使用中，应着重注意收敛域的变化。

表 2-9 Z 变换的主要性质

性质	时域	z 域	收敛域
	$x(n)$	$X(z)$	$\text{ROC} = R_x: R_x- < \lvert z \rvert < R_{x+}$
	$y(n)$	$Y(z)$	$\text{ROC} = R_y: R_y- < \lvert z \rvert < R_{y+}$
线性	$ax(n) + by(n)$	$aX(z) + bY(z)$	$\max\{R_x-, R_y-\} < \lvert z \rvert < \min\{R_{x+}, R_{y+}\}$
时移	$x(n-n_0)$	$z^{-n_0}X(z)$	$R_x- < \lvert z \rvert < R_{x+}$
z 域尺度变换	$a^n x(n)$	$X(a^{-1}z)$	$\lvert a \rvert R_x- < \lvert z \rvert < \lvert a \rvert R_{x+}$
z 域微分	$nx(n)$	$-z\dfrac{\mathrm{d}X(z)}{\mathrm{d}z}$	$R_x- < \lvert z \rvert < R_{x+}$
时间翻转	$x(-n)$	$X(z^{-1})$	$R_k^{-1} < \lvert z \rvert < R_k^{-1}$
卷积	$x(n) * y(n)$	$X(z)Y(z)$	$\max\{R_x-, R_y-\} < \lvert z \rvert < \min\{R_{x+}, R_{y+}\}$

（续）

性质	时域	z 域	收敛域
乘积	$x(n)y(n)$	$\dfrac{1}{2\pi j} \cdot \oint_c X(\nu) Y(z\nu^{-1}) \nu^{-1} \mathrm{d}\nu$	$R_{x-}R_{y-} < \mid z \mid < R_{x+}R_{y+}$
共轭	$x^*(n)$	$X^*(z^*)$	$R_{x-} < \mid z \mid < R_{x+}$
累加	$\displaystyle\sum_{k=-\infty}^{n} x(k)$	$\dfrac{1}{1-z^{-1}} X(z)$	至少包含 $R_x \bigcap \mid z \mid > 1$
初值定理	$x(0) = \lim\limits_{z \to \infty} X(z)$		$x(n)$ 为因果序列，$\mid z \mid > R_{x-}$
终值定理	$x(\infty) = \lim\limits_{z \to 1}(z-1)X(z)$		$x(n)$ 为因果序列，且当 $\mid z \mid \geqslant 1$ 时，$(z-1)X(z)$ 收敛

下面举一些例子说明 Z 变换性质的应用。

例 2-24　求序列 $x(n) = a^n u(n) - a^n u(n-1)$ 的 Z 变换。

解　令 $x_1(n) = a^n u(n)$，$x_2(n) = a^n u(n-1)$

由 Z 变换定义式，可得

$$X_1(z) = \sum_{n=-\infty}^{\infty} a^n u(n) \cdot z^{-n} = \frac{z}{z-a}, \qquad \mid z \mid > \mid a \mid$$

$$X_2(z) = \sum_{n=-\infty}^{\infty} a^n u(n-1) \cdot z^{-n} = \frac{a}{z-a}, \qquad \mid z \mid > \mid a \mid$$

所以

$$\mathscr{Z}[x(n)] = X_1(z) - X_2(z) = 1, \qquad 0 \leqslant \mid z \mid \leqslant \infty$$

例 2-24 中，$x(n)$ 实际上就是单位脉冲序列 $\delta(n)$，其 Z 变换为常数 1，收敛域为包含 0 和 ∞ 的全部 z 平面。可见，线性叠加后可能使得新序列的 Z 变换的零、极点相互抵消掉，导致新序列的 Z 变换的收敛域边界发生改变，在此例中，收敛域就由原来的 $\mid z \mid > \mid a \mid$ 扩展到新序列的全部 z 平面。

例 2-25　已知 $x(n) = \cos(\omega_0 n) u(n)$，求它的 Z 变换。

解　由例 2-21 可知

$$\mathscr{Z}[a^n u(n)] = \frac{1}{1-az^{-1}}, \qquad \mid z \mid > \mid a \mid$$

令 $a = \mathrm{e}^{j\omega_0}$，且当 $\mid z \mid > \mid \mathrm{e}^{j\omega_0} \mid = 1$ 时，有

$$\mathscr{Z}[\mathrm{e}^{j\omega_0 n} u(n)] = \frac{1}{1-\mathrm{e}^{j\omega_0} z^{-1}}$$

同样

$$\mathscr{Z}[\mathrm{e}^{-j\omega_0 n} u(n)] = \frac{1}{1-\mathrm{e}^{-j\omega_0} z^{-1}}$$

根据 Z 变换的线性性质及欧拉公式可得

$$\mathscr{Z}[\cos(\omega_0 n) u(n)] = \mathscr{Z}\left[\frac{\mathrm{e}^{j\omega_0}+\mathrm{e}^{-j\omega_0}}{2} u(n)\right] = \frac{1}{2}\mathscr{Z}[\mathrm{e}^{j\omega_0 n} u(n)] + \frac{1}{2}\mathscr{Z}[\mathrm{e}^{-j\omega_0 n} u(n)]$$

$$= \frac{1}{2(1-\mathrm{e}^{j\omega_0} z^{-1})} + \frac{1}{2(1-\mathrm{e}^{-j\omega_0} z^{-1})}$$

$$= \frac{1-z^{-1}\cos\omega_0}{1-2z^{-1}\cos\omega_0+z^{-2}}, \quad |z|>1$$

例 2-26 设 $x(n)=a^n u(n)$，$y(n)=b^n u(n)-ab^{n-1}u(n-1)$，求出它们的卷积和 $x(n)*y(n)$。

解
$$X(z)=\mathscr{Z}[x(n)]=\frac{1}{1-az^{-1}}, \quad |z|>|a|$$

根据线性性质和时移性质可得

$$\mathscr{Z}[ab^{n-1}u(n-1)]=a\mathscr{Z}[b^{n-1}u(n-1)]=\frac{az^{-1}}{1-bz^{-1}}, |z|>|b|$$

故
$$Y(z)=\mathscr{Z}[y(n)]=\frac{1}{1-bz^{-1}}-\frac{az^{-1}}{1-bz^{-1}}=\frac{1-az^{-1}}{1-bz^{-1}}, |z|>|b|$$

根据卷积定理有

$$\mathscr{Z}[x(n)*y(n)]=X(z)Y(z)=\frac{1}{1-bz^{-1}}$$

Z 反变换为

$$x(n)*y(n)=\mathscr{Z}^{-1}[X(z)Y(z)]=b^n u(n)$$

显然，若 $|b|>|a|$，$X(z)Y(z)$ 的收敛域为 $|z|>|b|$；若 $|b|<|a|$，$X(z)Y(z)$ 的收敛域为 $|z|>|a|$。

例 2-27 已知 $\mathscr{Z}[u(n)]=\dfrac{z}{z-1}$，$|z|>1$，求斜变序列 $nu(n)$ 的 Z 变换。

解 由 z 域微分性质可得

$$\mathscr{Z}[nu(n)]=-z\frac{\mathrm{d}}{\mathrm{d}z}\mathscr{Z}[u(n)]=-z\frac{\mathrm{d}}{\mathrm{d}z}\left(\frac{z}{z-1}\right)=\frac{z}{(z-1)^2}, \quad |z|>1$$

为了便于 Z 变换及反变换的计算，把一些常用序列的 Z 变换列于表 2-10 中，供大家使用时查阅。

表 2-10　常用序列的 Z 变换

$x(n)$	$X(z)$	收敛域
$\delta(n)$	1	$0\leqslant|z|\leqslant\infty$
$u(n)$	$\dfrac{z}{z-1}$	$1<|z|\leqslant\infty$
$-u(-n-1)$	$\dfrac{z}{z-1}$	$0\leqslant|z|<1$
$a^n u(n)$	$\dfrac{z}{z-a}$	$|a|<|z|\leqslant\infty$
$-a^n u(-n-1)$	$\dfrac{z}{z-a}$	$0\leqslant|z|<|a|$
$\dfrac{(n+1)(n+2)\cdots(n+m)}{m!}a^n u(n)$	$\dfrac{z^{m+1}}{(z-a)^{m+1}}$	$|a|<|z|\leqslant\infty$
$-\dfrac{(n+1)(n+2)\cdots(n+m)}{m!}a^n u(-n-1)$	$\dfrac{z^{m+1}}{(z-a)^{m+1}}$	$0\leqslant|z|\leqslant|a|$

（续）

$x(n)$	$X(z)$	收敛域
$na^n u(n)$	$\dfrac{az}{(z-a)^2}$	$\|a\| < \|z\| \le \infty$
$-na^n u(-n-1)$	$\dfrac{az}{(z-a)^2}$	$0 \le \|z\| < \|a\|$
$\sin(n\Omega_0)u(n)$	$\dfrac{z\sin\Omega_0}{z^2-2z\cos\Omega_0+1}$	$1 < \|z\| \le \infty$
$\cos(n\Omega_0)u(n)$	$\dfrac{z(z-\cos\Omega_0)}{z^2-2z\cos\Omega_0+1}$	$1 < \|z\| \le \infty$
$a^n\sin(n\Omega_0)u(n)$	$\dfrac{azs\sin\Omega_0}{z^2-2az\cos\Omega_0+a^2}$	$\|a\| < \|z\| \le \infty$
$a^n\cos(n\Omega_0)u(n)$	$\dfrac{z(z-a\cos\Omega_0)}{z^2-2az\cos\Omega_0+a^2}$	$\|a\| < \|z\| \le \infty$

码 2-13 【视频讲解】
Z 反变换

（五）Z 反变换

Z 反变换就是从给定的 Z 变换闭合表达式 $X(z)$ 中求出原序列 $x(n)$，记为

$$x(n) = Z^{-1}[X(z)] \tag{2-103}$$

式（2-103）给出了 Z 反变换的表达式，这是一个复变函数的回线积分。在数学上可以借助于复变函数的留数定理求解，对于 $X(z)$ 为有理分式的情况，部分分式展开法使求解 Z 反变换简化。此外，由于 $x(n)$ 的 Z 变换 $X(z)$ 可视为 z^{-1} 的幂级数，可以通过幂级数展开（通常用长除法），其级数的系数就是待求的序列 $x(n)$ 的值。无论采用哪一种方法，都要慎重关注收敛域对求 Z 反变换的影响，因为前面已经再三强调，一个 Z 变换表达式只有与它的收敛域结合在一起才能与信号序列建立对应的关系。下面先举几个例子说明应用部分分式展开法求解 Z 反变换。

例 2-28 已知 $X(z) = \dfrac{10z}{z^2-3z+2}$，$\|z\| > 2$，试用部分分式展开法求 $x(n)$。

解

$$\frac{X(z)}{z} = \frac{10}{z^2-3z+2} = \frac{10}{(z-1)(z-2)} = \frac{A_1}{z-2} + \frac{A_2}{z-1}$$

$$A_1 = \frac{X(z)}{z}(z-2)\bigg|_{z=2} = 10$$

$$A_2 = \frac{X(z)}{z}(z-1)\bigg|_{z=1} = -10$$

$X(z)$ 展开为

$$X(z) = \frac{10z}{z-2} - \frac{10z}{z-1}$$

因为 $\|z\| > 2$，$x(n)$ 是因果序列，利用表 2-10，可得

$$x(n) = 10 \cdot 2^n u(n) - 10u(n) = 10(2^n - 1)u(n)$$

例 2-29 已知 $X(z) = \dfrac{2z+4}{(z-1)(z-2)^2}$，$|z| > 2$，试用部分分式法求其反变换。

解 将等式两端同除以 z 并展开成部分分式得

$$\frac{X(z)}{z} = \frac{2z+4}{z(z-1)(z-2)^2} = \frac{A_1}{z} + \frac{A_2}{z-1} + \frac{C_1}{z-2} + \frac{C_2}{(z-2)^2}$$

各个部分分式中的待定系数为

$$A_1 = \frac{X(z)}{z} \cdot z \Big|_{z=0} = -1$$

$$A_2 = \frac{X(z)}{z} \cdot (z-1) \Big|_{z=1} = 6$$

$$C_1 = \frac{\mathrm{d}}{\mathrm{d}z}\left[\frac{X(z)}{z} \cdot (z-2)^2\right]\Big|_{z=2} = -5$$

$$C_2 = \frac{X(z)}{z}(z-2)^2 \Big|_{z=2} = 4$$

代入得

$$\frac{X(z)}{z} = \frac{-1}{z} + \frac{6}{z-1} + \frac{-5}{z-2} + \frac{4}{(z-2)^2}$$

即

$$X(z) = -1 + \frac{6z}{z-1} - 5\frac{z}{z-2} + 2\frac{2z}{(z-2)^2}$$

利用表 2-10，并由收敛域 $|z| > 2$ 得

$$x(n) = -\delta(n) + 6u(n) - 5 \cdot 2^n u(n) + 2n \cdot 2^n u(n)$$

由例 2-29 可以看出，由于 $\dfrac{z}{z-z_m}$ 是 Z 变换的基本形式，在应用部分分式展开法的时候，通常先将 $\dfrac{X(z)}{z}$ 展开，然后每个分式乘以 z，$X(z)$ 便可展成 $\dfrac{z}{z-z_m}$ 的形式，对于多重极点的情况该法也是可取的。上面例子的收敛域都是对应单边序列的，处理起来比较容易，下面举一个收敛域对应双边序列的例子。

例 2-30 已知 $X(z) = \dfrac{5z}{z^2+z-6}$，$2 < |z| < 3$，用部分分式展开法求 $x(n)$。

解

$$\frac{X(z)}{z} = \frac{5}{z^2+z-6} = \frac{5}{(z+3)(z-2)} = \frac{A_1}{z+3} + \frac{A_2}{z-2}$$

可求得

$$A_1 = \frac{X(z)}{z}(z+3)\Big|_{z=-3} = -1$$

$$A_2 = \frac{X(z)}{z}(z-2)\Big|_{z=2} = 1$$

故有

$$X(z) = -\frac{z}{z+3} + \frac{z}{z-2} = X_1(z) + X_2(z)$$

对于 $X_2(z) = \dfrac{z}{z-2}$，$|z| > 2$，为右边序列，有

$$x_2(n) = 2^n u(n)$$

对于 $X_1(z) = -\dfrac{z}{z+3}$, $|z| < 3$, 为左边序列, 有

$$x_1(n) = (-3)^n u(-n-1)$$

所以　　　　　　　　$$x(n) = x_1(n) + x_2(n) = 2^n u(n) + (-3)^n u(-n-1)$$

或　　　　　　　　$$x(n) = \begin{cases} (-3)^n & n<0 \\ 1 & n=0 \\ 2^n & n>0 \end{cases}$$

下面再举几个例子说明应用幂级数展开法求 Z 反变换。

例 2-31　已知 $X(z) = \dfrac{z}{(z-1)^2}$, 收敛域为 $|z| > 1$, 应用幂级数展开法, 求其 Z 反变换 $x(n)$。

解　根据 $X(z)$ 的收敛域是 $|z| > 1$, $x(n)$ 必然是右边序列, 此时 $X(z)$ 应为 z 的降幂级数, 因此可以将 $X(z)$ 的分子、分母多项式按 z 的降幂 (z^{-1} 的升幂) 排列进行长除, 即

$$X(z) = \frac{z}{z^2 - 2z + 1}$$

其长除结果为

$$
\begin{array}{r}
z^{-1} + 2z^{-2} + 3z^{-3} + \cdots \\
z^2 - 2z + 1 \overline{)\, z \phantom{+2z^{-2}+3z^{-3}+\cdots}} \\
\underline{z - 2 + z^{-1}} \\
2 - z^{-1} \\
\underline{2 - 4z^{-1} + 2z^{-2}} \\
3z^{-1} - 2z^{-2} \\
\underline{3z^{-1} - 6z^{-2} + 3z^{-3}} \\
4z^{-2} - 3z^{-3} \\
\cdots
\end{array}
$$

$$X(z) = z^{-1} + 2z^{-2} + 3z^{-3} + \cdots = \sum_{n=0}^{\infty} n z^{-n}$$

得　　　　　　　　$$x(n) = n u(n)$$

实际应用中, 如果只需要求序列 $x(n)$ 的前几个值, 幂级数展开法就很方便。但使用幂级数展开法的缺点是不容易求得 $x(n)$ 的闭合表达式。

例 2-32　已知 $X(z) = \dfrac{z}{(z-1)^2}$, 收敛域为 $|z| < 1$, 应用幂级数展开法求其 Z 反变换 $x(n)$。

解　根据 $X(z)$ 的收敛域是 $|z| < 1$, $x(n)$ 必然是左边序列。此时 $X(z)$ 应为 z 的升幂级数, 因此可以将 $X(z)$ 的分子、分母多项式按 z 的升幂 (z^{-1} 的降幂) 排列进行长除, 即

$$X(z) = \frac{z}{1 - 2z + z^2}$$

其长除运算结果为

$$\begin{array}{r} z+2z^2+3z^3+\cdots \\ 1-2z+z^2 \overline{\big)\, z } \\ \underline{z-2z^2+z^3} \\ 2z^2-z^3 \\ \underline{2z^2-4z^3+2z^4} \\ 3z^3-2z^4 \\ \underline{3z^3-6z^4+3z^5} \\ 4z^4-3z^5 \\ \cdots \end{array}$$

$$X(z)=z^1+2z^2+3z^3+\cdots=\sum_{n=-\infty}^{-1}-nz^{-n}$$

得
$$x(n)=-nu(-n-1)$$

用幂级数展开法求 Z 反变换对非有理函数的 Z 变换式特别有用。

例 2-33 求 $X(z)=\lg(1+az^{-1})$，$|z|>|a|$ 的反变换 $x(n)$。

解 由 $|z|>|a|$，可得 $|az^{-1}|<1$，因此，可将该式展成泰勒级数，即

$$\lg(1+az^{-1})=\sum_{n=1}^{\infty}\frac{(-1)^{n+1}(az^{-1})^n}{n}$$

故

$$X(z)=\sum_{n=1}^{\infty}\frac{(-1)^{n+1}(az^{-1})^n}{n}$$

$$=\sum_{n=1}^{\infty}\frac{-(-a)^n}{n}z^{-n}$$

根据收敛域 $|z|>|a|$，$x(n)$ 为右边序列，又由于 n 取值为 $1\sim\infty$，可以得到 $x(n)$ 为

$$x(n)=\frac{-(-a)^n}{n}u(n-1)$$

（六）单边 Z 变换

前面所讨论的 Z 变换一般称为双边 Z 变换，因为被变换序列的时间范围 n 为 $-\infty\sim\infty$。和拉普拉斯变换一样，还有另外一种称为单边 Z 变换的形式，它仅考虑 n 为 $0\sim\infty$ 的序列变换，其定义为

$$X(z)=\sum_{n=0}^{\infty}x(n)z^{-n} \tag{2-104}$$

码 2-14 【视频讲解】
单边 Z 变换

单边 Z 变换和双边 Z 变换的差别在于，单边 Z 变换求和仅在 n 的非负值上进行，而不管 $n<0$ 时 $x(n)$ 是否为零。因此，$x(n)$ 的单边 Z 变换可看作 $x(n)$ $u(n)$ 的双边 Z 变换。特别地，对一个因果序列，当 $n<0$ 时，$x(n)=0$，其单边 Z 变换和双边 Z 变换是一致的，或者说 $x(n)$ 的单边 Z 变换就是 $x(n)u(n)$ 的双边 Z 变换。此时它的收敛域总是位于某一个圆的外边，所以对于单边 Z 变换，并不特别强调收敛域。

由于单边 Z 变换和双边 Z 变换有紧密的联系，因此单边 Z 变换和双边 Z 变换的计算方法相似，只是要区别求和极限而已。同理，单边 Z 反变换和双边 Z 反变换的计算方法也基

本相同，只要考虑到对单边 Z 变换而言，其收敛域总是位于某一个圆的外边。

例 2-34 求序列 $x(n) = a^n u(n)$ 的单边 Z 变换。

解 按单边 Z 变换的定义

$$X(z) = \sum_{n=0}^{\infty} x(n) z^{-n} = \sum_{n=0}^{\infty} a^n u(n) z^{-n} = \sum_{n=0}^{\infty} a^n z^{-n} = \frac{1}{1-az^{-1}}, \quad |z| > |a|$$

与 $x(n)$ 的双边 Z 变换相同。

例 2-35 求序列 $x(n) = a^{n+1} u(n+1)$ 的单边 Z 变换。

解
$$X(z) = \sum_{n=0}^{\infty} a^{n+1} u(n+1) z^{-n}$$

令 $m = n+1$，有

$$X(z) = \sum_{m=1}^{\infty} a^m u(m) z^{-m+1} = \sum_{m=0}^{\infty} a^m u(m) z^{-m} \cdot z - z$$

$$= \frac{z}{1-az^{-1}} - z = \frac{a}{1-az^{-1}}, \quad |z| > |a|$$

显然与 $x(n)$ 的双边 Z 变换

$$X(z) = \frac{z}{1-az^{-1}}, \quad |z| > |a|$$

不同。

由于单边 Z 变换的反变换一般都是因果序列，所以在求其反变换时也不再特别强调 Z 变换式的收敛域。

例 2-36 求单边 Z 变换式 $X(z) = \dfrac{10z^2}{(z-1)(z-2)}$ 所对应的序列 $x(n)$。

解 由于 $X(z) = \dfrac{10z^2}{(z-1)(z-2)}$ 为单边 Z 变换式，它的收敛域必为 $|z| > 2$，应用部分分式展开法得

$$\frac{X(z)}{z} = \frac{10z}{(z-1)(z-2)} = \frac{A_1}{z-1} + \frac{A_2}{z-2}$$

可求得

$$A_1 = \frac{X(z)}{z}(z-1)\bigg|_{z=1} = -10$$

$$A_2 = \frac{X(z)}{z}(z-2)\bigg|_{z=2} = 20$$

即
$$X(z) = -\frac{10z}{z-1} + \frac{20z}{z-2}$$

所以
$$x(n) = -10u(n) + 20 \cdot 2^n u(n) = 10(2^{n+1} - 1) u(n)$$

在式（2-104）中可以看到，如果将单边 Z 变换式展开成幂级数的形式，它的各项系数就是序列 $x(n)$ 的值，但是幂级数展开式中只能包含 z 的负幂次项，而不应包含 z 的正幂次项，亦即应按右边序列所对应的展开方法进行，把 $X(z)$ 展开成按 z 的降幂（z^{-1} 的升幂）排列。

单边 Z 变换的绝大部分性质与双边 Z 变换对应的性质相同，下面只介绍与双边 Z 变换

不同的几个性质。

1. 时移定理

若 $x(n)$ 是双边序列,其单边 Z 变换为 $X(z)$,则序列左移后,它的单边 Z 变换为

$$\mathscr{Z}[x(n+m)u(n)] = z^m\left[X(z) - \sum_{k=0}^{m-1}x(k)z^{-k}\right] \tag{2-105}$$

序列右移后,其单边 Z 变换为

$$\mathscr{Z}[x(n-m)u(n)] = z^{-m}\left[X(z) + \sum_{k=-m}^{-1}x(k)z^{-k}\right] \tag{2-106}$$

显然,单边 Z 变换的时移性质与双边 Z 变换是不相同的,这种不同体现在双边 Z 变换的时间区域为 $-\infty \sim \infty$,信号时移时,无法考虑信号的初始状态,而单边 Z 变换可以考虑初始状态。这一点对于研究初始储能不为零的离散系统特别有用。

如果 $x(n)$ 是因果序列,则式(2-106)右边的 $\sum_{k=-m}^{-1}x(k)z^{-k}$ 项等于零,于是右移序列的单边 Z 变换就是

$$\mathscr{Z}[x(n-m)u(n)] = z^{-m}X(z) \tag{2-107}$$

而左移序列的单边 Z 变换仍为式(2-105)。

例 2-37 求 $x(n) = \sum_{k=0}^{\infty}\delta(n-2k)$ 的单边 Z 变换。

解 由题意,$x(n)$ 为因果序列,因为 $\mathscr{Z}[\delta(n)] = 1$。根据式(2-107),其右移序列的单边 Z 变换为

$$\mathscr{Z}[\delta(n-2k)] = z^{-2k}$$

由 Z 变换的线性性质,得 $x(n)$ 的单边 Z 变换为

$$X(z) = \sum_{k=0}^{\infty}z^{-2k} = \frac{1}{1-z^{-2}}, \quad |z| > 1$$

2. 初值定理

对于因果序列 $x(n)$,若其单边 Z 变换为 $X(z)$,而且 $\lim_{z\to\infty}X(z)$ 存在,则

$$x(0) = \lim_{z\to\infty}X(z) \tag{2-108}$$

这是因为,根据单边 Z 变换定义,有

$$X(z) = \sum_{n=0}^{\infty}x(n)z^{-n} = x(0) + x(1)z^{-1} + x(2)z^{-2} + \cdots$$

当 $z\to\infty$ 时,在该式右边的级数中除了第一项 $x(0)$ 外,其他各项都趋于零。

3. 终值定理

对于因果序列 $x(n)$,如果其终值 $\lim_{n\to\infty}x(z) = x(\infty)$ 存在,若其单边 Z 变换为 $X(z)$,则

$$\lim_{n\to\infty}x(n) = \lim_{z\to1}[(z-1)X(z)] \tag{2-109}$$

这是因为由单边 Z 变换的左移性质,即

$$\mathscr{Z}[x(n+1)-x(n)] = zX(z) - zx(0) - X(z) = (z-1)X(z) - zx(0)$$

即

$$(z-1)X(z) = \mathscr{Z}[x(n+1)-x(n)] + zx(0)$$

等式两边取极限

181

$$\lim_{z \to 1}[(z-1)X(z)] = x(0) + \lim_{z \to 1}\sum_{n=0}^{\infty}[x(n+1)-x(n)]z^{-n}$$
$$= x(0) + [x(1)-x(0)] + [x(2)-x(1)] + \cdots$$
$$= x(0) - x(0) + x(\infty) = x(\infty)$$

单边 Z 变换的初值定理和终值定理也已列在表 2-9 中，与拉普拉斯变换类似，如果已知序列 $x(n)$ 的 Z 变换 $X(z)$，在不求出反变换的情况下，利用它们可方便地求出序列的初值 $x(0)$ 和终值 $x(\infty)$。这两个定理对于离散系统的分析非常有用。

码 2-15 【视频讲解】
Z 变换与其他
变换之间的关系

二、Z 变换与其他变换之间的关系

如前面所述，Z 变换 $X(z)$ 与它的收敛域合在一起就与离散信号 $x(n)$ 具有一一对应的关系。可见，与序列的傅里叶变换 $x(\Omega)$ 类似，它能完整地描述序列的属性。通过讨论序列的 Z 变换与其他变换之间的关系，不仅有助于进一步理解离散信号的 Z 变换，还有助于利用 Z 变换对离散信号进行分析。

（一）Z 变换与拉普拉斯变换的关系

由式（2-1）可知，理想冲激采样信号（采样间隔为 T）表示为

$$x_s(t) = x(t)\delta_T(t) = x(t)\sum_{n=-\infty}^{\infty}\delta(t-nT) = \sum_{n=-\infty}^{\infty}x(nT)\delta(t-nT)$$

对该式两边取拉普拉斯变换并应用时移性质，可得

$$X_s(s) = \sum_{n=-\infty}^{\infty}x(nT)e^{-nsT}$$

令复变量 $z = e^{sT}$，即 $s = \frac{1}{T}\ln z$，得

$$X_s(s)\Big|_{s=\frac{1}{T}\ln z} = \sum_{n=-\infty}^{\infty}x(n)z^{-n} = X(z)$$

即
$$\mathscr{L}[x_s(t)]\Big|_{s=\frac{1}{T}\ln z} = \mathscr{Z}[x(n)] \tag{2-110}$$

式（2-110）表明，序列的 Z 变换可以看作产生序列的理想冲激采样信号拉普拉斯变换进行 $z=e^{sT}$ 映射的结果，该映射由复变量 s 平面映射到复变量 z 平面。

由于 $z = e^{sT} = e^{(\sigma+j\omega)T} = |z|e^{j\Omega}$，其中 $|z| = e^{\sigma T}$，$\Omega = \omega T$，所以有

$$\sigma < 0, \quad |z| < 1$$
$$\sigma = 0, \quad |z| = 1$$
$$\sigma > 0, \quad |z| > 1$$

表明 s 左半平面映射到 z 平面的单位圆内部，s 右半平面映射到 z 平面的单位圆外部，而 s 平面的虚轴（$s=j\omega$）对应 z 平面的单位圆，如图 2-50 所示。另外还要注意的是这种映射不是单值的，所有 s 平面上 $s = \sigma + jk\omega_s$（其中 $\omega_s = \frac{2\pi}{T}$），$k = 0, \pm1, \pm2, \cdots$ 的点都映射到 z 平面上 $z = e^{\sigma T}$ 的一个点，这是因为

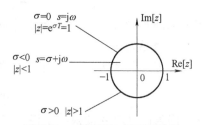

图 2-50 s 平面到 z 平面的映射

$$z = e^{sT} = e^{(\sigma + jk\omega_s)T} = e^{\sigma T} \cdot e^{jk\omega_s T} = e^{\sigma T} \cdot e^{jk2\pi} = e^{\sigma T}$$

（二）Z 变换与离散时间傅里叶变换（DTFT）的关系

离散信号 $x(n)$ 的 Z 变换是 $x(n)$ 乘以实指数信号 r^{-n} 后的 DTFT［见式（2-90）］，即

$$X(z) = \mathscr{F}[x(n)r^{-n}] = \sum_{n=-\infty}^{\infty} [x(n)r^{-n}]e^{-jn\Omega}$$

如果 $X(z)$ 在 $|z| = 1$（即 $z = e^{j\Omega}$ 或 $r = 1$）处收敛，该式取 $|z| = 1$（即 $z = e^{j\Omega}$ 或 $r = 1$），有

$$X(z)\Big|_{z=e^{j\Omega}} = \mathscr{F}[x(n)] = \sum_{n=-\infty}^{\infty} x(n)e^{-jn\Omega} = X(\Omega) \qquad (2\text{-}111)$$

可见，DTFT 就是在 z 平面单位圆上的 Z 变换。前提当然是单位圆应包含在 Z 变换的收敛域内。根据式（2-111），求某一序列的频谱，可以先求出该序列的 Z 变换，然后将 z 直接代以 $e^{j\Omega}$ 即可，同样，其前提是该序列 Z 变换的收敛域必须包括单位圆。

例 2-38 求序列

$$x(n) = \begin{cases} 1 & 2 \leqslant n \leqslant 6 \\ 0 & n = 0, 1, 7, 8, 9 \end{cases}$$

的 DTFT。

解 由序列的 Z 变换定义［式（2-91）］得

$$X(z) = \sum_{n=-\infty}^{\infty} x(n)z^{-n} = \sum_{n=2}^{6} z^{-n} = \frac{z^{-2}(1-z^{-5})}{1-z^{-1}} = z^{-4}\frac{z^{5/2}-z^{-5/2}}{z^{1/2}-z^{-1/2}}$$

$X(z)$ 的收敛域包括了单位圆，根据式（2-111），将 $z = e^{j\Omega}$ 代入 $X(z)$ 得序列的 DTFT 为

$$X(\Omega) = X(z)\Big|_{z=e^{j\Omega}} = z^{-4}\frac{z^{5/2}-z^{-5/2}}{z^{1/2}-z^{-1/2}}\bigg|_{z=e^{j\Omega}} = e^{-j4\Omega}\frac{\left(e^{j\frac{5}{2}\Omega}-e^{-j\frac{5}{2}\Omega}\right)}{e^{j\frac{1}{2}\Omega}-e^{-j\frac{1}{2}\Omega}} = e^{-j4\Omega}\frac{\sin\frac{5}{2}\Omega}{\sin\frac{1}{2}\Omega}$$

（三）Z 变换与离散傅里叶变换（DFT）的关系

有限长序列 $x(n)(0 \leqslant n \leqslant N-1)$ 的 Z 变换可以写为

$$X(z) = \sum_{n=0}^{N-1} x(n)z^{-n}$$

由 Z 变换的收敛域讨论可知，一般情况下，若有限长序列满足绝对可和条件，则它的收敛域至少是除 $z = 0$ 和 $z = \infty$ 外的整个 z 平面，当然包括单位圆。令 $z = e^{jk\frac{2\pi}{N}}$，则

$$X(z)\Big|_{z=e^{jk\frac{2\pi}{N}}} = \sum_{n=0}^{N-1} x(n)e^{-jkn\frac{2\pi}{N}} = \sum_{n=0}^{N-1} x(n)e^{-jkn\Omega_0}$$

将该式与有限长序列 $x(n)$ 的 DFT［式（2-61）］比较，可知

$$X(k) = X(z)\Big|_{z=e^{jk\frac{2\pi}{N}}} \qquad k = 0, 1, 2, \cdots, N-1 \qquad (2\text{-}112)$$

$z = e^{jk\frac{2\pi}{N}}$ 表示在 z 平面的单位圆上的第 k 个采样点。式（2-112）表明，有限长序列的 DFT，就是该序列的 Z 变换在单位圆上每隔 $\frac{2\pi}{N} = \Omega_0$ 弧度的均匀采样。具体地说，在 z 平面的单位圆上，取辐角为 $\Omega = \frac{2\pi}{N}k(k = 0, 1, 2, \cdots, N-1)$ 的第 k 个等分点，计算出其 Z 变换，就是

DFT 的第 k 个样值 $X(k)$，如图 2-51 所示。

从前面的讨论可知，DTFT 是 z 平面单位圆上的 Z 变换，而一个 N 点序列的 DFT 可视为序列的 DTFT 在频域的等间隔采样，其采样间隔为 $\Omega_0 = \dfrac{2\pi}{N}$，所以，它当然可视为序列的 Z 变换在单位圆上采样间隔为 $\Omega_0 = \dfrac{2\pi}{N}$ 的均匀采样。

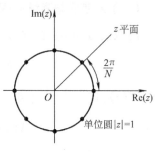

图 2-51　Z 变换在单位圆上的均匀采样就是 DFT

例 2-39　求例 2-38 给出序列的 DFT。

解　例 2-38 已求得序列的 Z 变换为

$$X(z) = z^{-4} \frac{z^{5/2} - z^{-5/2}}{z^{1/2} - z^{-1/2}}$$

由式（2-112）求得序列的 DFT 为

$$X(k) = X(z)\Big|_{z=e^{jk\frac{2\pi}{N}}} = z^{-4} \frac{z^{5/2} - z^{-5/2}}{z^{1/2} - z^{-1/2}}\Big|_{z=e^{jk\frac{2\pi}{N}}} = e^{-j4k\frac{2\pi}{N}} \cdot \frac{e^{j\frac{5}{2}k\frac{2\pi}{N}} - e^{-j\frac{5}{2}k\frac{2\pi}{N}}}{e^{j\frac{1}{2}k\frac{2\pi}{N}} - e^{-j\frac{1}{2}k\frac{2\pi}{N}}}$$

$$= e^{-j\frac{8k\pi}{5}} \cdot \frac{e^{jk\pi} - e^{-jk\pi}}{e^{j\frac{k\pi}{5}} - e^{-j\frac{k\pi}{5}}} = e^{-j\frac{8k\pi}{5}} \cdot \frac{\sin k\pi}{\sin \dfrac{k\pi}{5}}$$

其中序列长度 N 取 5。

例 2-38 和例 2-39 表明，利用序列的 Z 变换可以方便地求得序列的 DTFT 和 DFT。同时，也进一步证明，序列的 DFT 是序列的 DTFT 在频域按采样间隔 $\Omega_0 = 2\pi/N$ 均匀采样的结果。

第五节　应用 MATLAB 的离散信号分析

一、利用 MATLAB 进行离散信号描述

在 MATLAB 中离散信号只能通过数值计算法进行分析。当对连续信号进行数值计算时，只要将连续信号实现采样间隔时间足够小的离散化，就能得到较好的近似计算结果。

离散信号绘图可以通过使用 stairs( )、stem( ) 等函数进行，其中，stairs( ) 画出的是显示连续信号的阶梯状图，stem( ) 绘制的是离散信号的火柴梗图。函数常用方法如下：

stairs(y) 画出向量 y 的阶梯状图，向量 y 中的每个元素即为阶梯状图的信号纵坐标值，横坐标按顺序递进。

stairs(x,y) 画出向量 y 的阶梯状图，向量 x 和向量 y 的下标对应的元素分别作为阶梯状图信号的横坐标和纵坐标。

stem(y) 画出向量 y 的火柴梗图，向量 y 中的每个元素即为火柴梗图的信号纵坐标值，横坐标按顺序递进。

stem(x,y) 画出向量 y 的火柴梗图，向量 x 和向量 y 的下标对应的元素分别作为火柴梗图信号的横坐标和纵坐标。

例 2-40　利用 MATLAB 画出单位脉冲序列 $\delta[k-1]$ 在 $-4 \leqslant k \leqslant 4$ 范围内各点的取值。

解　根据题意，需要首先生成脉冲序列在取值区间内的数值，然后通过 stem( ) 函数实

现离散信号的绘图，其 MATLAB 参考运行程序如下：

```
close all;clear;clc;
ks=-4;ke=4;n=1;                    %定义局部变量值
k=[ks:ke];                         %生成坐标序列
x=[(k-n)==0];                      %生成δ[k-1]脉冲序列
stem(k,x);                         %画出序列火柴梗图
xlabel('k');                       %显示 x 轴坐标
grid on;
```

运行结果如图 2-52 所示。

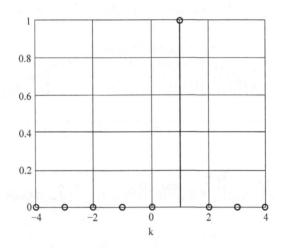

图 2-52　例 2-40 运行结果

例 2-41　利用 MATLAB 画出信号

$$x(k)=10\sin(0.02\pi k)+n(k)\qquad 0\leqslant k\leqslant 50$$

的波形。其中，$n(k)$ 表示均值为 0，方差为 1 的 Gauss 分布随机信号。

　　解　在 MATLAB 中有两个产生（伪）随机序列的函数。其中 rand(1,n) 产生 1 行 n 列的 [0,1] 均匀分布随机数；randn(1,n) 产生 1 行 n 列均值为 0、方差为 1 的 Gauss 分布随机数。根据题意，首先生成序列坐标 k，根据序列坐标，计算出对应的 $x(k)$ 值，其 MATLAB 参考运行程序如下：

```
close all;clear;clc;
N=50;                              %点数上限
k=0:N;                             %生成序列坐标
f=10*sin(0.02*pi*k);               %生成 sin 波形数据
n=randn(1,N+1);                    %生成随机信号数据
figure(1)                          %打开画图 1
subplot(3,1,1);                    %选择作图区域 1
stem(k,f);                         %画出原始 sin 波形
xlabel('k');                       %横轴显示采样点坐标
```

185

```
ylabel('f[k]');                    %纵轴显示标记
subplot(3,1,2);                    %选择作图区域2
stem(k,n);                         %画出随机信号波形
xlabel('k');                       %横轴显示采样点坐标
ylabel('n[k]');                    %纵轴显示标记
subplot(3,1,3);                    %选择作图区域3
stem(k,f+n);                       %画出x(k)
xlabel('k');                       %横轴显示采样点坐标
ylabel('x[k]');                    %纵轴显示标记
```

运行结果如图 2-53 所示，由于 randn( ) 是随机产生的 Gauss 信号，因此每次运行的结果不同。

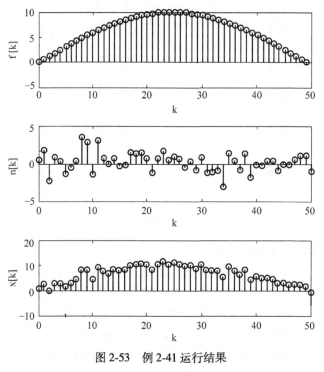

图 2-53　例 2-41 运行结果

例 2-42　将 $x(n)=\delta(n)+2\delta(n-1)+3\delta(n-4)$ 右移 4 位。

解　在 MATLAB 中，离散序列右移可以通过 circshift( ) 函数实现，其使用方法为 y = circshift(A, [k1 k2])，表示将 *A* 矩阵行移动 k1 位，列移动 k2 位，采用循环补位方式。该例题的 MATLAB 参考运行程序如下：

```
close all;clear;clc;
n=-5:15;                          %定义序列长度
x=[zeros(1,5),1,2,0,0,3,zeros(1,11)]; %生成 x 信号, circshift() 函数采用循环补位方式
                                  %进行移位,因此在原信号[1 2 0 0 3]前后加入长度
                                  %不小于 4 的 0 序列,以保证原信号序列不产生循环补位
```

```
y=circshift(x,[0,4]);          %右移 4 位
figure(1);                     %打开画图 1
subplot(2,1,1);                %选择作图区域 1
stem(n,x);                     %画出 x 信号火柴梗图
grid on;                       %显示网格
subplot(2,1,2);                %选择作图区域 2
stem(n,y);                     %画出 y 信号的火柴梗图
grid on;                       %显示网格
```

运行结果如图 2-54 所示。

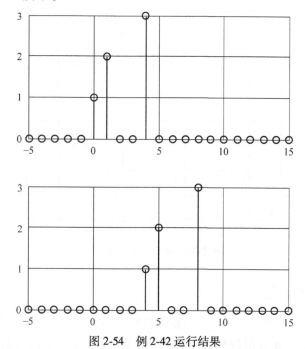

图 2-54   例 2-42 运行结果

例 2-43   实现信号 $x(n) = \delta(n) + 2\delta(n-1) + 3\delta(n-4)$ 的翻转，序列长度为 11。

解   在 MATLAB 中，离散序列的翻转可以通过 fliplr( ) 函数实现，其使用方法为 B = fliplr(A)，表示矩阵 **B** 为矩阵 **A** 信号的翻转，翻转按照矩阵 **A** 的中心线进行。该例题的 MATLAB 参考运行程序如下：

```
close all;clear;clc;
n=0:8;                         %定义序列长度
nn=n-4;                        %生成对称 x 轴坐标
x=[zeros(1,4),1,2,0,0,3,];     %生成 x 信号，对称点用零补充
y=fliplr(x);                   %信号翻转
figure(1);                     %打开画图 1
subplot(2,1,1);                %选择作图区域 1
stem(nn,x);                    %画出信号 x 的火柴梗图
```

```
axis([-5 5 0 4]);                    %设置坐标范围
grid on;                             %显示网格
subplot(2,1,2);                      %选择作图区域2
stem(nn,y);                          %画出信号 y 的火柴梗图
axis([-5 5 0 4]);                    %设置坐标范围
grid on;                             %显示网格
```

运行结果如图 2-55 所示。

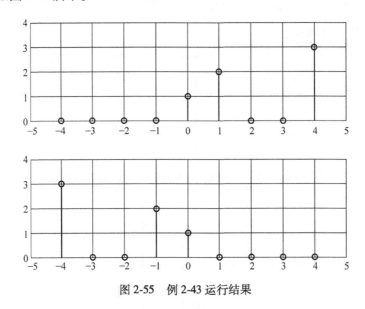

图 2-55　例 2-43 运行结果

二、离散卷积的计算

在 MATLAB 中，可以通过 conv( ) 函数计算两个离散序列的卷积，其调用方式为：

y=conv(x,h)　　x 和 h 分别是有限长度序列向量，y 是 x 和 h 的卷积结果序列向量。

conv( ) 函数的返回值 y 中只有卷积的结果，没有取值范围。由离散序列卷积的性质可知，当序列向量 x 和 h 的起始点都为 0 时，y 序列的长度为 length(x)+length(h)−1。

例 2-44　求序列信号 $\{x(k)\}=\{1\ 2\ 3\ 4\ 5\}$ 和 $\{h(k)\}=\{1\ 2\ 1\ 3\ 4\}$ 的卷积。

解　根据题意，$x(k)$ 序列有 5 个元素，$h(k)$ 序列有 5 个元素，因此卷积结果的序列长度为 5+5−1=9，其 MATLAB 参考运行程序如下：

```
close all;clear;clc;
N=5;                                 %x 序列长度
M=5;                                 %h 序列长度
L=N+M-1;                             %计算卷积序列长度
x=[1,2,3,4,5];                       %x 序列值
h=[1,2,1,3,4];                       %h 序列值
y=conv(x,h);                         %y 求出卷积序列值
```

```
n=0:(L-1);                       %画图横坐标
stem(n,y);                       %画出卷积序列
grid on;                         %显示网格
```

运行结果如图 2-56 所示。

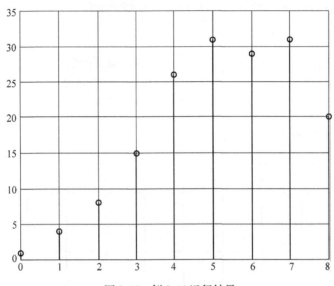

图 2-56　例 2-44 运行结果

三、离散信号的频域分析

离散信号的频域分析可以通过离散时间傅里叶变换（DTFT）实现，但是由于它的计算困难，往往通过时域和频域都离散化的离散傅里叶变换（DFT）来实现。其变换公式为

$$X(k) = \sum_{n=0}^{N-1} x(n) \mathrm{e}^{-\mathrm{j}\frac{2\pi}{N}nk} = \sum_{n=0}^{N-1} x(n) W_N^{nk}$$

对应的反变换式为

$$x(n) = \frac{1}{N} \sum_{n=0}^{N-1} X(k) \mathrm{e}^{\mathrm{j}\frac{2\pi}{N}nk} = \sum_{n=0}^{N-1} X(k) W_N^{-nk}$$

式中，$W_N = \mathrm{e}^{-\mathrm{j}\frac{2\pi}{N}}$。

可以通过编写 MATLAB 程序实现离散信号的 DFT。

例 2-45　已知一个信号 $\{x(n)\} = \{0,1,2,3,4,5\}$，$N=6$，求该信号的 DFT。

解　根据题意，其 MATLAB 参考运行程序如下：

```
clear all;close all;clc;          %初始化工作环境
xn=[0,1,2,3,4,5];                 %生成离线信号 x(n)
N=6;                              %生成采样点数为 N
n=[ 0:1:N-1];                     %生成 DFT 结果的下标 n 向量
WN=exp(-j*2*pi/N);                %计算 WN 数值
```

```
for k=0:N-1                              %设置外循环
  Xk(k+1)=0;                             %设置傅里叶变换初值为 0,MATLAB 数组下标
                                         %从 1 开始
    for n=0:N-1                          %设置内循环
      nk=k*n;                            %计算 nk 的乘积
      Xk(k+1)=Xk(k+1)+xn(n+1)*WN^nk;     %计算累加和
    end
end
stem(abs(Xk));                           %画出幅频特性
axis([0 7 0 16]);                        %设置坐标轴范围
grid on;                                 %显示网格
```

运行结果如图 2-57 所示。

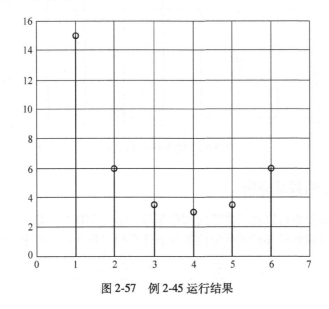

图 2-57　例 2-45 运行结果

四、快速傅里叶变换

快速傅里叶变换（FFT）极大地减少了傅里叶变换的计算时间和运算压力，使得离散傅里叶变换（DFT）在信号处理中得到真正的广泛应用。在 MATLAB 中，实现信号快速傅里叶变换的函数有 fft( ) 函数和 ifft( ) 函数，其主要使用方法如下：

Y=fft(X)　将输入量 X 实现快速傅里叶变换计算，返回离散傅里叶变换结果，X 可以为向量、矩阵。

Y=fft(X,n)　将输入量 X 实现快速傅里叶变换计算，返回离散傅里叶变换结果，X 可以为向量、矩阵和多维数组，n 为输入量 X 的每个向量取值点数，如果 X 的对应向量长度小于 n，则会自动补零；如果 X 的长度大于 n，则会自动截断。当 n 取 2 的整数幂时，傅里叶变换的计算速度最快。通常 n 取大于又最靠近 X 长度的幂次。

Y=ifft(X)　实现对输入量 X 的快速傅里叶反变换，返回离散傅里叶反变换结果，X 可

以为向量、矩阵。

Y=ifft(X,n)　实现对输入量 X 的快速傅里叶反变换，返回离散傅里叶反变换结果，X 可以为向量、矩阵，n 为输入量 X 的每个向量序列长度。

例 2-46　对连续的单一频率周期信号 $x(t)=\sin(2\pi f_a t)$ 按采样频率 $f_s=16f_a$ 进行采样，截取长度 N 分别选 $N=20$ 和 $N=16$，观察其幅度谱。

解　根据题意，可以得到 $x(n)=\sin(2\pi n f_a/f_s)=\sin(2\pi n/16)$，应用 fft() 函数，可以求得连续信号的离散频谱，其 MATLAB 参考运行程序如下：

```
close all;clear;clc;
k=16;                                  %采样频率为16
n1=[0:1:19];                           %fft采样点坐标,共20点
xa1=sin(2*pi*n1/k);                    %得出离散序列x(n)
figure(1)                              %打开画图1
subplot(1,2,1)                         %选择作图区域1
stem(n1,xa1)                           %画出x(n)
xlabel('t/T');ylabel('x(n)');          %设置坐标轴显示文本
title('20个采样点信号');               %设置标题
xk1=fft(xa1);xk1=abs(xk1);             %进行快速傅里叶变换,并且取得幅值
subplot(1,2,2)                         %选择作图区域2
stem(n1,xk1)                           %画出傅里叶变换幅值
xlabel('k');ylabel('X(k)');            %设置坐标轴显示文本
title('20个点采样的傅里叶幅值');       %设置标题
n2=[0:1:15];                           %fft采样点坐标,共16点
xa2=sin(2*pi*n2/k);                    %得出离散序列x(n)
figure(2)                              %打开画图2
subplot(1,2,1)                         %选择作图区域3
stem(n2,xa2)                           %画出x(n)
xlabel('t/T');ylabel('x(n)');          %设置坐标轴显示文本
title('16个采样点信号');               %设置标题
xk2=fft(xa2);xk2=abs(xk2);             %进行快速傅里叶变换,并且取得幅值
subplot(1,2,2)                         %选择作图区域4
stem(n2,xk2)                           %画出采样数据
xlabel('k');ylabel('X(k)');            %设置坐标轴显示文本
title('16个点采样的傅里叶幅值');       %设置标题
```

运行结果如图 2-58 所示。其中图 2-58a 为截取长度 $N=20$，图 2-58b 为截取长度 $N=16$。

例 2-47　应用快速傅里叶变换（FFT）计算两个序列

$$x(n)=\{1\quad 3\quad -1\quad 1\quad 2\quad 3\quad 3\quad 1\quad 4\quad 1\}$$
$$y(n)=\{2\quad 1\quad -1\quad 1\quad 2\quad 0\quad -1\quad 3\quad 2\quad 1\}$$

的互相关函数 $r_{xy}(m)$。

解　求两个序列的互相关函数可以利用傅里叶变换中的卷积定理进行，即 $rm=ifft$ $(fft(x)\times fft^*(y))$，式中，$fft^*(y)$ 表示对信号 y 进行傅里叶变换后取共轭。因此，求序列

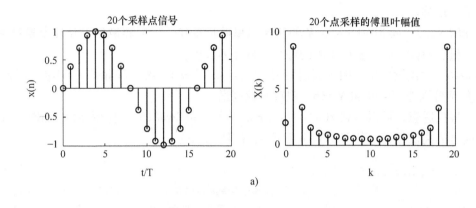

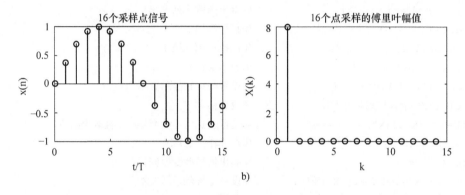

图 2-58 例 2-46 运行结果

a) 截取长度 $N=20$　b) 截取长度 $N=16$

$x(n)$ 和 $y(n)$ 的互相关函数 $R_{xy}(n)$ 时，首先对 x 和 y 分别进行傅里叶变换得 x_k 和 y_k，再将 x_k 与 y_k 的共轭相乘，最后求出乘积的傅里叶反变换，即为互相关函数。当序列 $x(n)$ 和 $y(n)$ 为同一序列时，即得该序列的自相关函数。该例题的 MATLAB 参考运行程序如下：

```
close all;clear;clc;
x=[1 3-1 1 2 3  3 1 4 1];             %输入 x 向量
y=[2 1-1 1 2 0-1 3 2 1];              %输入 y 向量
k=length(x);                         %取得向量的长度 k
xk=fft(x,2*k);                       %进行 x 向量的快速傅里叶变换，由于要进
                                     %行卷积运算，因此取信号长度为 2k，下同
yk=fft(y,2*k);                       %进行 y 向量的快速傅里叶变换
rm=ifft(conj(xk).*yk);               %求得相关函数 rm，conj()函数取 xk 信号
                                     %的共轭
m=(-k+1):(k-1);                      %获得 rm 信号坐标点，从-k+1 到 k-1
rm=[rm(k+2:2*k)rm(1:k)];             %将 rm 中下标为(k+2)~2k 的信号移到坐
                                     %标轴原点左侧
stem(m,rm)                           %画出互相关函数火柴梗图
xlabel('m');ylabel('自相关函数');     %设置横轴、纵轴坐标文本
```

运行结果如图 2-59 所示。

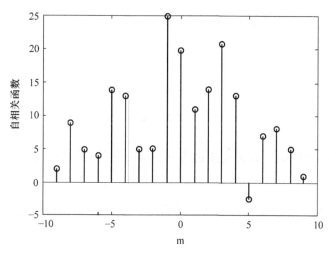

图 2-59　例 2-47 运行结果

五、离散信号的 Z 变换

在 MATLAB 中有专门对信号进行正、反 Z 变换的函数，即 ztrans( ) 和 iztrans( )。其调用格式分别如下：

F=ztrans(f)　对 $f(n)$ 进行 Z 变换，结果为 $F(z)$，其实现公式为 F(z)= symsum(f(n)/z^n,n,0,inf)，其中 symsum( ) 函数表示求符号表达式的和。

F=ztrans(f,w)　对 $f(n)$ 进行 Z 变换，结果为 $F(w)$，即用变量 w 替代默认变量 z，其实现公式为 F(w)= symsum(f(n)/w^n,n,0,inf)。

F=ztrans(f,k,w)　对 $f(k)$ 进行 Z 变换，结果为 $F(w)$，即用变量 w 替代默认变量 z，用变量 k 替代默认变量 n，其实现公式为 F(w)= symsum(f(k)/w^k,k,0,inf)。

f=iztrans(F)　对 $F(z)$ 进行 Z 反变换，结果为 $f(n)$。

f=iztrans(F,k)　对 $F(z)$ 进行 Z 反变换，结果为 $f(k)$，即用变量 k 替代默认变量 n。

f=iztrans(F,w,k)　对 $F(w)$ 进行 Z 反变换，结果为 $f(k)$，即用变量 k 替代默认变量 n，用变量 w 替代默认变量 z。

在使用 ztrans( ) 及 iztrans( ) 函数之前，要把在函数中用到的变量例如 n、u、v、w 等用 syms 命令定义为符号变量。

例 2-48　用 MATLAB 求出离散序列 $f(k)=(0.1)^k+\cos\left(\dfrac{k\pi}{2}\right)$ 的 Z 变换。

解　在 MATLAB 中可以通过定义符号变量表示一个离散序列，然后使用 ztrans( ) 函数进行 Z 变换，其 MATLAB 参考运行程序如下：

```
close all;clear;clc;
syms k z                    %定义符号变量
f=0.1^k+cos(k*pi/2);        %生成离散序列
Fz=ztrans(f)                %对离散序列进行Z变换
```

运行结果如图 2-60 所示，返回的是用 z 表示的一个函数表达式。

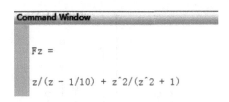

图 2-60　例 2-48 运行结果

例 2-49　已知一离散信号的 Z 变换式为 $F(z) = \dfrac{10z}{z^2 - 3z + 2}$，求出它所对应的离散信号序列 $f(k)$。

解　Z 反变换 iztrans( ) 函数使用前需要先把 z 和 k 定义为符号变量，其 MATLAB 参考运行程序如下：

```
close all;clear;clc;
syms k z                      %定义符号变量 k z
Fz=10 * z/(z^2-3 * z+2);      %生成z变换表达式
fk=iztrans(Fz,k)              %求出反变换
```

运行结果如图 2-61 所示，返回的是用 k 表示的一个函数表达式。

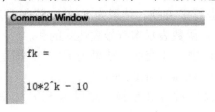

图 2-61　例 2-49 运行结果

📝 | 本章要点

1. 离散信号（序列）可以看作连续信号通过采样得到，为了保持原信号的特性，采样时必须满足采样定理的要求。

2. 离散信号的频域分析涉及 4 个傅里叶变换，即离散傅里叶级数（DFS）、离散时间傅里叶变换（DTFT）、离散傅里叶变换（DFT）、快速傅里叶变换（FFT）。前两个变换是真正意义的傅里叶变换，DFS 对应连续信号的 CFS，针对的是周期序列，DFS 可以通过 CFS 引进采样思想推导得出；DTFT 对应连续信号的 CTFT，针对的是非周期序列，它可以通过 DFS 引进周期趋于无穷大的思想推导得出。同样，DFS 得到的是真正的频谱，而 DTFT 得到的是频谱密度。归纳、总结前述各种变换的关系如图 2-62 所示。

3. 离散信号的频谱分析中有两点必须特别注意：

1）离散信号对应的是数字频率，它总是以 2π 作为周期，所以其取值范围是 $0 \sim 2\pi$ 或 $-\pi \sim \pi$。

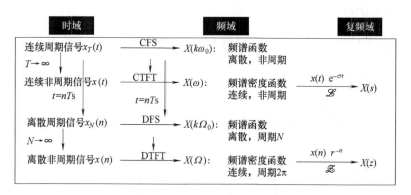

图 2-62　各种变换的关系

2）连续信号的采样频率不满足采样定理要求将会产生频谱混叠，序列截断不当将会产生频谱泄漏。

4. DFT 和 FFT 是为了实现数字信号处理而导出的变换，没有明确的物理意义。前者可以认为是非周期序列 DTFT 得到的连续频谱离散化的结果，后者则完全是在充分利用 DFT 运算中潜在规律而得到的 DFT 高效、快速运算方法。

5. 离散信号的复频域分析是将离散时间信号表示为复指数信号 $z^n(z=re^{j\Omega})$ 的加权积分，通过 Z 变换实现这种时域到复频域的映射。一个序列的 Z 变换结合它的收敛域与该序列具有一一对应的关系。它在信号与系统相互作用的分析中特别有用。

195

习　题

1. 已知三角脉冲如图 2-63 所示，试求：

（1）三角脉冲的频谱。

（2）画出对 $x(t)$ 以等间隔 $T_0/8$ 进行理想采样所构成的采样信号 $x_s(t)$ 的频谱 $X_s(\omega)$。

（3）将 $x(t)$ 以周期 T_0 重复，构成周期信号 $x_p(t)$，画出对 $x_p(t)$ 以 $T_0/8$ 进行理想采样所构成的采样信号 $x_{ps}(t)$ 的频谱 $X_{ps}(\omega)$。

（4）若已知 $x(t)$ 的频谱函数 $X(\omega)$，对 $X(\omega)$ 进行频率采样，若想不失真地恢复信号 $x(t)$，需满足哪些条件？

2. 对正弦信号 $x_{a1}(t)=\cos2\pi t$，$x_{a2}(t)=-\cos6\pi t$，$x_{a3}(t)=\cos10\pi t$ 进行理想采样，采样频率为 $\Omega_s=8\pi$，求其采样输出序列并比较其结果。画出 $x_{a1}(t)$、$x_{a2}(t)$、$x_{a3}(t)$ 的波形及采样点位置，解释频谱混叠现象。

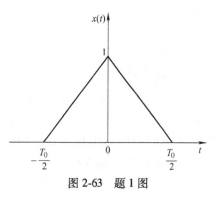

图 2-63　题 1 图

3. 试画出正弦序列 $\sin\left(\dfrac{16}{5}\pi n+\dfrac{\pi}{4}\right)$ 的图形，并判断它可否是周期序列，若是，求其周期。

4. 试画出序列 $x(n)=5\delta(n+4)+2\delta(n+1)-4\delta(n-1)+3\delta(n-3)$ 的图形。

5. 计算两序列的卷积和 $y(n)=h(n)*x(n)$，已知

$$h(n)=\begin{cases}\alpha^n & 0\le n\le N-1\\0 & 其他\end{cases},\quad x(n)=\begin{cases}\beta^{n-n_0} & n_0\le n\\0 & n_0>n\end{cases}$$

6. 求下列序列的 DTFT：

(1) $x_1(n) = \left(\dfrac{1}{2}\right)^n u(n+3)$； (2) $x_2(n) = a^n \sin(n\omega_0) u(n)$；

(3) $x_3(n) = \begin{cases} \left(\dfrac{1}{2}\right)^n & n = 0, 2, 4, \cdots \\ 0 & \text{其他} \end{cases}$。

7. 求图 2-64 所示的 $X(\Omega)$ 的 DTFT 反变换：

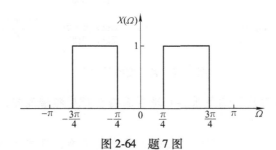

图 2-64　题 7 图

8. 设 $x(n) \overset{\text{DTFT}}{\longleftrightarrow} X(\Omega)$，对于如下序列，用 $X(\Omega)$ 表示其 DTFT：

(1) $x(\alpha n)$； (2) $x^*(\alpha n)$； (3) $x(n) - x(n-2)$； (4) $x(n) * x(n-1)$。

其中，上标"$*$"表示共轭，α 为任意常数。

9. 设序列

$$x(n) = 2\delta(n+3) - 2\delta(n+1) + \delta(n-1) + 3\delta(n-2)$$

如果 $x(n)$ 的 DTFT 用其实部和虚部可表示为

$$X(\Omega) = X_R(\Omega) + jX_I(\Omega)$$

求 DTFT 为

$$Y(\Omega) = X_R(\Omega) + jX_I(\Omega)e^{-j2\omega}$$

的序列 $y(n)$。

10. 求下列周期序列的 DFS：

(1) $(\alpha^n u(n)) * \tilde{\delta}_8(n), 0 < \alpha < 1$（上标"~"表示该序列是一个周期序列）；

(2) $\cos\left(\dfrac{\pi}{4}n\right)$。

11. 设 $x_a(t)$ 是周期连续时间信号，

$$x_a(t) = A\cos(200\pi t) + B\cos(500\pi t)$$

以采样频率 $f_s = 1\text{kHz}$ 对其进行采样，计算采样信号 $x(n) = x_a(t)\big|_{t=nT_s}$ 的 DFS。

12. 计算下列序列的 N 点 DFT：

(1) $x_1(n) = \delta(n) - \delta(n-n_0)$，其中 $0 < n_0 < N$；

(2) $x_2(n) = a^n$，其中 $0 \leqslant n < N$；

(3) $x_3(n) = u(n) + u(n-n_0)$，其中 $0 < n_0 < N$；

(4) $x_4(n) = 4 + \cos^2\left(\dfrac{2\pi n}{N}\right)$，$n = 0, 1, \cdots, N-1$。

13. 求 DFT 反变换：

(1) 求 $X_1(k)$ 的 16 点 DFT 反变换，$X_1(k) = \cos\left(\dfrac{2\pi}{16}3k\right) + 3j\sin\left(\dfrac{2\pi}{16}5k\right)$；

(2) 求 $X_2(k)$ 的 10 点 DFT 反变换，

$$X_2(k) = \begin{cases} 3 & k=0 \\ 2 & k=3,7 \\ 1 & \text{其他} \end{cases}。$$

14. 假定给定一个计算复值序列 $x(n)$ 的 DFT 程序,如何利用这个程序计算 $X(k)$ 的 DFT 反变换?

15. 已知序列

$$x(n) = 4\delta(n) + 3\delta(n-1) + 2\delta(n-2) + \delta(n-3)$$

$X(k)$ 是 $x(n)$ 的 6 点 DFT,则

(1) 若有限长序列 $y(n)$ 的 6 点 DFT 是 $Y(k) = w_6^{-4k} X(k)$,求 $y(n)$。

(2) 若有限长序列 $w(n)$ 的 6 点 DFT 等于 $X(k)$ 的实部,求 $w(n)$。

(3) 若有限长序列 $q(n)$ 的 3 点 DFT 满足:$Q(k) = X(2k)$,$k=0,1,2$,求 $q(n)$。

16. 考虑序列

$$x(n) = \delta(n) + 3\delta(n-1) + 3\delta(n-2) + 2\delta(n-3)$$
$$h(n) = \delta(n) + \delta(n-1) + \delta(n-2) + \delta(n-3)$$

若组成乘积 $Y(k) = X(k)H(k)$,其中 $X(k)$、$H(k)$ 分别是 $x(n)$ 和 $h(n)$ 的 5 点 DFT,求 $Y(k)$ 的 DFT 反变换 $y(n)$。

17. 当 DFT 的点数是 2 的整数幂时,可以用基 2 FFT 算法。但是当 $N=4^v$ 时,用基 4 FFT 算法效率更高。

(1) 推导 $N=4^v$ 时的基 4 按时间抽取 FFT 算法。

(2) 画出基 4 FFT 算法的蝶形图,比较基 4 FFT 算法和基 2 FFT 算法的复数乘法和复数加法次数。

18. 求下列序列的 Z 变换,并画出零、极点图和收敛域。

(1) $x(n) = a^{|n|}$;

(2) $x(n) = \begin{cases} 1 & 0 \le n \le N-1 \\ 0 & n<0, n>N-1 \end{cases}$;

(3) $x(n) = \begin{cases} n & 0 \le n \le N \\ 2N-n & N+1 \le n \le 2N \\ 0 & \text{其他} \end{cases}$;

(4) $x(n) = n$, $n \ge 0$;

(5) $x(n) = \dfrac{1}{n!}$, $n \ge 0$;

(6) $x(n) = \cos an$, $n \ge 0$,a 为常数。

19. 设序列 $x(n)$ 和 $y(n)$ 的 Z 变换分别为 $X(z)$ 和 $Y(z)$,试求下列各序列的 $Y(z)$ 与 $X(z)$ 的关系:

(1) $\begin{cases} y(2n) = x(n) \\ y(2n+1) = 0 \end{cases}$;

(2) $y(2n) = y(2n+1) = x(n)$;

(3) $y(n) = x^*(-n)$(上注标 * 为复共轭运算)。

20. 设 $X(z) = \dfrac{-3z^{-1}}{2 - 5z^{-1} + 2z^{-2}}$,试分析 $x(n)$ 在以下 3 种收敛域下,哪一种是左边序列,哪一种是右边序列,哪一种是双边序列,并求出各对应的 $x(n)$。

(1) $|z| > 2$;   (2) $|z| < 0.5$;   (3) $0.5 < |z| < 2$。

21. 求下列 $X(z)$ 的 Z 反变换:

(1) $\dfrac{1 - az^{-1}}{z^{-1} - a}$, $|z| > \dfrac{1}{a}$;

(2) $\dfrac{1+z^{-1}}{1-z^{-1}2\cos\omega_0+z^{-2}}$，$|z|>1$；

(3) $\dfrac{z^{-n_0}}{1+z^{-n_0}}$，$|z|>1$，$n_0$ 为某整数。

上 机 练 习 题

22. 试画出序列 $x(n)=5\delta(n+4)+2\delta(n+1)-4\delta(n-1)+3\delta(n-3)$ 的图形。

23. 计算两序列的卷积和 $y(n)=h(n)*x(n)$，已知

$$h(n)=\begin{cases}\alpha^n & 0\leqslant n\leqslant N-1 \\ 0 & \text{其他}\end{cases}, \quad x(n)=\begin{cases}\beta^{n-n_0} & n_0\leqslant n \\ 0 & n_0>n\end{cases}。$$

24. 求下列序列的 DTFT：

(1) $x_1(n)=\left(\dfrac{1}{2}\right)^n u(n+3)$；

(2) $x_2(n)=a^n\sin(n\omega_0)u(n)$；

(3) $x_3(n)=\begin{cases}\left(\dfrac{1}{2}\right)^n & n=0,2,4,\cdots \\ 0 & \text{其他}\end{cases}$。

25. 设 $x_a(t)$ 是周期连续时间信号，

$$x_a(t)=A\cos(200\pi t)+B\cos(500\pi t)$$

以采样频率 $f_s=1\text{kHz}$ 对其进行采样，计算采样信号 $x(n)=x_a(t)\big|_{t=nT_s}$ 的 DFS。

26. 已知序列 $x(n)=4\delta(n)+3\delta(n-1)+2\delta(n-2)+\delta(n-3)$，$X(k)$ 是 $x(n)$ 的 6 点 DFT，则

(1) 若有限长序列 $y(n)$ 的 6 点 DFT 是 $Y(k)=w_6^{-4k}X(k)$，求 $y(n)$。

(2) 若有限长序列 $w(n)$ 的 6 点 DFT 等于 $X(k)$ 的实部，求 $w(n)$。

(3) 若有限长序列 $q(n)$ 的 3 点 DFT 满足：$Q(k)=X(2k)$，$k=0,1,2$，求 $q(n)$。

27. 用 MATLAB 求下列函数的 Z 变换：

(1) $x(n)=a^n\cos(\pi n)u(n)$；

(2) $x(n)=[2^{n-1}-(-2)^{n-1}]u(n)$。

28. 求下列 $X(z)$ 的 Z 反变换：

(1) $X(z)=\dfrac{8z-19}{z^2-5z+6}$；

(2) $X(z)=\dfrac{z(2z^2-11z+12)}{(z-1)(z-2)^2}$；

(3) $\dfrac{z^{-3}}{1+z^{-3}}$ 为某整数。

29. 用 MATLAB 对函数 $X(z)=\dfrac{18}{18+3z^{-1}-4z^{-2}-z^{-3}}$ 进行部分分式展开，并求其 Z 反变换。

30. 已知描述离散系统的差分方程为

$$y(k)-2y(k-1)+3y(k-2)=f(k)+0.5f(k-1)$$

绘出系统的幅频和相频特性曲线。

第三章

信号处理基础

为了充分地从信号中获取有用信息，最大限度地利用信息，以及有效地传输、交换、存储信息，必须对信号进行加工和处理。正如绪论中所述，对信号实现有目的的加工，将一个信号变为另一个信号的过程就是信号处理。信号处理的任务由具有一定功能的器件、装置、设备及其组合完成。例如，放大器将微弱信号变成所需强度的可用信号，滤波器按一定要求尽可能多地剔除混在有用信号中的无用信号，更复杂一点，自动控制系统通过控制器的作用将输入信号变为满足实际要求的输出信号等。人们把为了达到一定目的而对信号进行处理的器件、装置、设备及其组合称为系统。从这一意义上说，在信息学科领域，系统是为了处理信号而设置的。上面的放大器、滤波器、自动控制系统等都可以看作系统。

信号和系统是信号处理的两个因素，信号是系统实施处理的对象，系统是信号处理的工具。信号处理的目的千差万别，方法五花八门，处理信号的具体系统更是数不胜数。本章从信号处理的意义出发，从信号和系统的关系入手，以前面几章信号分析的基本概念和理论为基础，讨论信号处理中的一些最基本的共性问题，为信号处理方法的研究以及信号处理系统的设计奠定基础。

第一节 系统及其性质

如上所述，在信息学科领域，系统是对信号进行加工、处理的工具。要了解信号处理的内容及实质，首先必须对系统及其特性加以了解。

一、系统的描述

系统是一个极具广泛性的概念，除了通信、自动化、机械等工程领域的系统外，还可以包括经济、管理、社会等系统，甚至各种生理、生态系统，凡是具有信息加工和交换的场所都是系统存在的地方。系统可以小到一个电阻或一个细胞，甚至基本粒子，也可以复杂到诸如人体、全球通信网，乃至整个宇宙。它们可以是自然的，也可以是人造的，但是，众多领域各不相同的系统都对施加于它的

码 3-1 【视频讲解】
系统及其性质

信号做出响应，产生另外的信号。把施加于系统的信号称为系统的输入信号，由此产生出来的响应信号称为系统的输出信号。有时将系统的输入及其对应的响应表示为 $x(t) \rightarrow y(t)$，如图 3-1 所示。信号和系统之间存在着紧密关系，一方面，任何系统都要接收输入信号，产

生输出信号，系统的特定功能就体现在系统接收一定输入信号情况下产生什么样的输出信号；另一方面，任何信号的改变（包括物理形态以及所包含的信息内容）都是通过某种系统实现的，即系统是信号处理的工具。

人们在研究系统时往往注重它在实现信号加工和处理过程中所表现出来的属性，而不去关心它的具体物理组成，这使人们能够对系统进行抽象化，用能表达信号加工或变换关系的数学式子来描述它，这就是系统的数学模型。

图 3-1 系统框图

系统的数学模型通常可以分为两大类：一类是只反映系统输入和输出之间的关系，或者说只反映系统的外特性，称为输入输出模型，通常由包含输入量和输出量的方程描述；另一类不仅反映系统的外特性，而且更着重描述系统的内部状态，称为状态空间模型，通常由状态方程和输出方程描述。对于仅有一个输入信号并产生一个输出信号的简单系统，通常采用输入输出模型，而对于多变量系统或者诸如具有非线性关系等的复杂系统，往往采用状态空间模型。

在系统的数学模型基础上对系统的研究包括两个方面的内容，即系统分析和系统综合。所谓系统分析，就是在系统给定的情况下，研究系统对输入信号所产生的响应，并由此获得关于系统功能和特性的认识；而所谓系统综合则是已知系统的输入信号以及对输出信号的具体要求，研究如何调整系统中可变动部分的结构和参数，它基于信号的改变都是通过某种特定系统来实现的这样一个事实。

根据信号与系统的关系，还可以提出一个概念，即如果一个系统的输入信号与输出信号为一一对应的关系，那么该系统的特性或该系统的数学模型就由它的输入、输出信号唯一地决定了。换言之，可以通过对输入、输出信号的数学处理，得到描述系统的数学关系式，这就是系统辨识的概念，也是系统研究的重要问题。

系统分析是系统综合和系统辨识的基础，是信号与系统问题中最基本的问题，本书主要介绍系统分析的最一般原理、方法，而系统综合和系统辨识将是其他专门课程的任务。

二、系统的性质

在研究系统时，根据其数学模型描述的差异，可以有连续时间系统和离散时间系统之分，如果系统的输入、输出信号，甚至中间变量都是连续时间信号，则它就是连续时间系统；与之相对应，如果系统的输入、输出信号，或者中间变量中有离散时间信号，则称这种系统为离散时间系统。连续时间系统通常用微分方程或连续时间状态方程描述，而离散时间系统通常用差分方程或离散时间状态方程描述。此外，还有单输入单输出系统和多输入多输出系统之分，如果系统只有一个输入信号，也只有一个输出信号，则为单输入单输出系统；反之，如果一个系统有多个输入信号和（或）多个输出信号，就称为多输入多输出系统。

下面介绍系统的主要属性，这些性质具有重要的物理意义，此外，据此可以得到系统在属性上相应的分类。

（一）记忆性——瞬时系统与动态系统

对于任意输入信号，如果每一时刻系统的输出信号值仅仅取决于该时刻的输入信号值，而与别的时刻值无关，称该系统具有无记忆性；否则，该系统为有记忆的。无记忆的系统称为无记忆系统或瞬时系统，有记忆的系统称为记忆系统或动态系统。

一个电阻器是一个最简单的无记忆系统，因为电阻器两端某时刻的电压值 $y(t)$ 完全由该时刻流过电阻值为 R 的电流值 $x(t)$ 决定，即 $y(t)=Rx(t)$。同理，数乘器、加法器、相乘器等都是无记忆系统，无记忆系统通常由代数方程描述。

含有储能元件的系统是一种动态系统，这种系统即使在输入信号去掉后（等于 0），仍能产生输出信号，因为它所含的储能元件记忆着输入信号曾经产生的影响。例如一个电容器 C 是一个动态系统，它两端的电压 $y(t)$ 与流过它的电流 $x(t)$ 具有关系式

$$y(t)=\frac{1}{C}\int_{-\infty}^{t}x(\tau)\mathrm{d}\tau$$

系统在 t 时刻的输出是 t 时刻以前输入的积累。动态系统通常可用微分方程或差分方程描述。此外，延迟单元 $y(t)=x(t-t_0)$ 是连续时间动态系统，因为系统在 t 时刻的输出总是由该时刻以前的 $(t-t_0)$ 时刻的输入决定，说明该系统具有记忆以前输入的能力，同理，$y(n)=y(n-1)$ 是离散时间动态系统。

（二）因果性——因果系统与非因果系统

对于任意的输入信号，如果系统在任何时刻的输出值，只取决于该时刻和该时刻以前的输入值，而与将来时刻的输入值无关，就称该系统具有因果性；否则，如果某个时刻的输出值还与将来时刻的输入值有关，则为非因果的。具有因果性的系统为因果系统，具有非因果性的系统为非因果系统。

数学上，若把 t_0 或 n_0 看作现在时刻，则 $t<t_0$ 或 $n<n_0$ 的时刻就是以前时刻，而 $t>t_0$ 或 $n>n_0$ 的时刻为将来时刻，因果系统可表示为

$$y(t)=f\{x(t-\tau),\tau\geq0\} \tag{3-1}$$

或

$$y(n)=f\{x(n-k),k\geq0\} \tag{3-2}$$

按定义，$y(t)=\int_{-\infty}^{t}x(\tau)\mathrm{d}\tau$，$y(n)=\sum_{k=-\infty}^{n}x(k)$ 表示的系统是因果系统。$y(t)=x(t+1)$ 表示的系统是非因果系统，因为系统的输出显然与将来时刻的输入有关，如 $y(0)$ 取决于 $x(1)$。$y(t)=x(-t)$ 表示的系统是非因果系统，当 $t=-1$ 时，$y(-1)$ 取决于 $x(1)$，与将来时刻的输入有关。$y(n)=x(n)-x(n+1)$ 也表示了一个非因果系统，因为 $y(0)$ 不仅与 $x(0)$ 有关，还与将来时刻的输入 $x(1)$ 有关。

因果系统的输出只能反映从过去到现在的输入作用的结果，体现了"原因在前，结果在后"的原则，它不能预见将来输入的影响，具有不可预见性。现实世界中，就真实时间系统而言，只存在因果系统。但是，非因果系统在非真实时间系统（如自变量是空间变量的情况）和在具有处理延时（输出信号有一定的附加延时）的系统中仍然具有实际意义。

通常，瞬时系统必定是因果系统，而动态系统有些是因果的，如积分器、累加器；另一些是非因果的，例如，离散平滑器 $y(n)=\frac{1}{2N+1}\sum_{K=-N}^{\infty}x(n-K)$。

（三）可逆性与可逆系统

如果一个系统对不同的输入信号产生不同的输出信号，即系统的输入输出信号为一一对

应的关系，则称该系统是可逆的，或称为可逆系统，否则就是不可逆系统。

一个系统与另一个系统级联后构成一个恒等系统，则该系统是可逆的，与它级联的系统称为该系统的逆系统，如图3-2所示。一个系统，如果能找到它的逆系统，则该系统一定是可逆的，因此，下列系统是可逆的：

1) $y(t)=2x(t)$，因为它有逆系统 $z(t)=0.5y(t)$。

2) $y(t)=x(t-t_0)$，它有逆系统 $z(t)=y(t+t_0)$。

3) $y(n)=\sum\limits_{k=-\infty}^{n} x(k)$，它有逆系统 $z(n)=y(n)-y(n-1)$。

下列系统是不可逆系统：

1) $y(t)=0$，因为系统对任何输入信号产生同样的输出。

2) $y(t)=\cos[x(t)]$，因为系统对输入 $x(t)+2k\pi(k=0,\pm1,\cdots)$ 都有相同的输出。

3) $y(n)=x^2(n)$，系统对 $x(n)$ 和 $-x(n)$ 这两个不同的输入信号产生相同的输出。

4) $y(n)=x(n)x(n-1)$，系统的输入信号为 $x(n)=\delta(n)$ 和 $x(n)=\delta(n+1)$ 时，有相同的输出信号 $y(n)=0$。

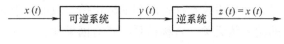

图3-2　可逆系统与逆系统级联

在实际应用中，可逆性和可逆系统有着十分重要的意义。首先，对于许多信号处理问题，最后都希望能从被处理或变换后的信号中恢复出原信号。最典型的例子是通信系统中发送端的编码器、调制器等都应该是可逆的，以便在接收端用相应的解码器、解调器等逆系统实现发送端的原信号。其次，逆系统在系统的自动控制中也有重要的应用。

（四）稳定性

稳定性是系统的一个十分重要的特性，一个稳定的系统才是有意义的，不稳定的系统难以被实际应用。可以从多个方面给系统的稳定性下定义，一个直观、简单的定义是：如果一个系统对其有界的输入信号的响应也是有界的，则该系统具有稳定性，或称该系统是稳定系统；否则，如果对有界输入产生的输出不是有界的，则系统是不稳定的。

由于稳定性对于一个系统具有重要意义，因此在系统分析中把它放在重要的地位，并给出一系列稳定性判据，在系统设计中也把它作为一项基本原则。在信号处理中，作为信号处理的工具，系统的稳定性要求也是显然的。

（五）时不变性——时变系统与时不变系统

对于一个系统，如果其输入信号在时间上有一个任意的平移，导致输出信号仅在时间上产生一个相同的平移，则该系统具有时不变性，或称系统为时不变系统，否则就是时变系统。即对于时不变系统，若 $x(t)\rightarrow y(t)$，有 $x(t-t_0)\rightarrow y(t-t_0)$。

时不变系统的物理含义很清楚，即系统的特性是确定的，不随时间的变化而变化，某一时刻对系统施加一个输入信号，系统产生一个明确的输出信号响应，当其他另外时刻施加相同的输入信号时它都会有与前相同的响应。系统的时不变性给人们的活动带来方便，是大家希望的系统性质，它以构成系统的所有元器件的参数不随时间变化为基础。

检验一个系统的时不变性，可从定义出发，对于 $x_1(t)$，有 $y_1(t)$，令 $x_2(t)=x_1(t-t_0)$，检验 $y_2(t)$ 是否等于 $y_1(t-t_0)$，若是，则系统是时不变的；否则，系统就是时变的。

1）$y(t)=\cos[x(t)]$ 是时不变的，因为 $y_1(t)=\cos[x_1(t)]$，$y_1(t-t_0)=\cos[x_1(t-t_0)]$，对于 $x_2(t)=x_1(t-t_0)$，有 $y_2(t)=\cos[x_2(t)]=\cos[x_1(t-t_0)]=y_1(t-t_0)$。

2）反转系统 $y(t)=x(-t)$ 是时变的，因为 $y_1(t)=x_1(-t)$，$y_1(t-t_0)=x_1(-t+t_0)$，对于 $x_2(t)=x_1(t-t_0)$，有 $y_2(t)=x_2(-t)=x_1(-t-t_0)\neq y_1(t-t_0)$。

3）调制系统 $y(t)=x(t)\cos\omega t$ 也是时变系统，因为 $y_1(t)=x_1(t)\cos\omega t$，$y_1(t-t_0)=x_1(t-t_0)\cos\omega(t-t_0)$，对于 $x_2(t)=x_1(t-t_0)$，有 $y_2(t)=x_2(t)\cos\omega t=x_1(t-t_0)\cos\omega t\neq y_1(t-t_0)$。

（六）线性——线性系统与增量线性系统

同时满足叠加性和齐次性的系统称为线性系统，否则为非线性系统。

所谓叠加性是指几个输入信号同时作用于系统时，系统的响应等于每个输入信号单独作用所产生的响应之和，即若 $x_1(t)\rightarrow y_1(t)$，$x_2(t)\rightarrow y_2(t)$，则 $x_1(t)+x_2(t)\rightarrow y_1(t)+y_2(t)$。

齐次性是指当输入信号为原输入信号的 k 倍时，系统的输出响应也为原输出响应的 k 倍，即若 $x(t)\rightarrow y(t)$，则 $kx(t)\rightarrow ky(t)$。

叠加性和齐次性合在一起称为线性条件。综合上面的条件，一个线性系统应满足

$$ax_1(t)+bx_2(t)\rightarrow ay_1(t)+by_2(t) \tag{3-3}$$

由线性系统的齐次性，可以直接得出线性系统的另一个重要性质，即零输入信号必然产生零输出信号。因此，不具备这一性质的系统必定不是线性系统，但是反过来则不成立，零输入信号产生零输出信号的系统不一定是线性系统，还要看它是否满足叠加性。

例 3-1 判断系统 $y(t)=tx(t)$ 是否为线性系统。

解
$$x_1(t)\rightarrow y_1(t)=tx_1(t)$$
$$x_2(t)\rightarrow y_2(t)=tx_2(t)$$

令
$$x_3(t)=ax_1(t)+bx_2(t)，a,b \text{ 为任意常数}$$

有
$$y_3(t)=tx_3(t)=t[ax_1(t)+bx_2(t)]=atx_1(t)+btx_2(t)=ay_1(t)+by_2(t)$$

故系统是线性系统。

例 3-2 判断系统 $y(t)=x(t)x(t-1)$ 是否为线性系统。

解
$$x_1(t)\rightarrow y_1(t)=x_1(t)x_1(t-1)$$
$$x_2(t)\rightarrow y_2(t)=x_2(t)x_2(t-1)$$

令
$$x_3(t)=ax_1(t)+bx_2(t)，\quad a,b \text{ 为任意常数}$$

有

$$
\begin{aligned}
y_3(t)&=x_3(t)x_3(t-1)=[ax_1(t)+bx_2(t)][ax_1(t-1)+bx_2(t-1)]\\
&=a^2x_1(t)x_1(t-1)+b^2x_2(t)x_2(t-1)+abx_1(t)x_2(t-1)+abx_1(t-1)x_2(t)\\
&=a^2y_1(t)+b^2y_2(t)+ab[x_1(t)x_2(t-1)+x_1(t-1)x_2(t)]\\
&\neq ay_1(t)+by_2(t)
\end{aligned}
$$

所以系统为非线性的。

从上面例子中可以看到，线性系统由线性方程描述，而非线性方程描述的是非线性系统，下面再看一个线性方程描述的系统。

例 3-3 判断系统 $y(t)=2x(t)+3$ 是否为线性系统。

解
$$x_1(t) \rightarrow y_1(t) = 2x_1(t) + 3$$
$$x_2(t) \rightarrow y_2(t) = 2x_2(t) + 3$$

令
$$x_3(t) = ax_1(t) + bx_2(t), \quad a,b \text{ 为任意常数}$$

有
$$y_3(t) = 2x_3(t) + 3 = 2[ax_1(t) + bx_2(t)] + 3 = 2ax_1(t) + 2bx_2(t) + 3$$

显然与 $ay_1(t) + by_2(t) = 2ax_1(t) + 3a + 2bx_2(t) + 3b$ 不相等，故系统是非线性的。

这一例子说明由线性方程表示的系统并不一定就是线性系统。进一步分析可知，该系统既不满足叠加性，也不满足齐次性，究其原因在于输出中的常数项始终与输入信号没有关系。如果考虑系统输出的差和输入的差之间的关系，即

$$x_1(t) \rightarrow y_1(t) = 2x_1(t) + 3$$
$$x_2(t) \rightarrow y_2(t) = 2x_2(t) + 3$$

令
$$\Delta x(t) = x_2(t) - x_1(t)$$

可得
$$\Delta y(t) = y_2(t) - y_1(t) = [2x_2(t) + 3] - [2x_1(t) + 3] = 2[x_2(t) - x_1(t)] = 2\Delta x(t)$$

容易看出，这是一个既满足叠加性，又满足齐次性的表达式，它表示了这个系统输出增量与输入增量之间呈线性关系，把这一类系统称为增量线性系统。实际上一个增量线性系统可以表示成如图 3-3 所示的结构形式，即它的输出由两部分组成：一部分是一个线性系统对输入信号的响应 $z(t)$，另一部分是与系统输入无关的信号 $y_0(t)$。可见一个增量线性系统的特征可以借助线性系统的分析方法来研究。

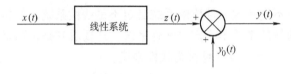

图 3-3　增量线性系统的结构

线性、时不变的动态系统是一类常见的系统，由于这类系统具有良好的特性，因此分析和综合时较为方便，目前已有一整套完整、严密且十分有效的方法。这种系统的数学模型一般是线性常系数微分方程或差分方程。

【深入思考】作为典型的信号处理系统，加密通信系统一直是研究的热点。近年来，科学家们发现量子不可分割、不可克隆，根据并利用这些特性，可以制造出最安全的保密钥匙，从而让信息传输变得更加安全。近年来，我国科学家们构建了量子通信网络，给传统通信信号加上量子密钥，大大提升了通信及国防安全水平。请思考信号处理技术在量子通信领域的应用。

第二节　信号的线性系统处理

当信号的处理、加工过程是由一个线性、时不变系统来完成时，通常用时域分析法和频域分析法两种分析方法，其目的都是为了得出信号通过线性系统后所产生的响应及其特性。

一、时域分析法

（一）线性时不变因果系统的时域响应

线性时不变动态系统可以由线性常系数微分方程

码3-2 【视频讲解】
时域分析法-1

$$\sum_{k=0}^{n} a_k y^{(k)}(t) = \sum_{k=0}^{m} b_k x^{(k)}(t) \qquad (3-4)$$

或线性常系数差分方程

$$\sum_{k=0}^{N} a_k y(n-k) = \sum_{k=0}^{M} b_k x(n-k) \qquad (3-5)$$

描述，式（3-4）对应于连续系统，式（3-5）对应于离散系统，式中，$y(t)$ 或 $y(n)$ 为系统输出，$x(t)$ 或 $x(n)$ 为系统输入。

求解上述微分（差分）方程得出系统输出响应的函数表达式是最直接的时域分析法，根据常微分（差分）方程理论，为了求得上述微分（差分）方程的解，除了必须已知系统输入信号及其各阶导数值外，还必须给出一系列附加条件，通常它们称为系统初始条件的系统输出及其各阶导数的初值，对于连续系统，它们是 $y^{(k)}(0)$，其中 $k=0$, 1, ⋯, $n-1$；对于离散系统，它们是 $y(-k)$，其中 $k=1$, 2, ⋯, N。

这种求解方程的纯数学方法一方面不能表现系统响应的物理意义，另一方面存在求解困难、输入信号或初始条件改变时需全部重新求解等许多局限性，在信号和系统分析中一般不予采用。

考察实际系统对输入激励的响应，往往会碰到当前输入激励加入前系统会具有非零输出的情形，这一非零输出，当然不是由这次输入激励造成的（否则就不是因果系统了），而是在这次激励输入之前系统已经经历过激励，尽管这个历史激励已经结束，但其响应过程直至这次激励加入时仍未结束，遗留给系统一个非零能量状态，由于它的存在，即使这次激励不加入，系统仍会有输出，形成系统的初始状态，即前面所提及的系统初始条件。

如果在系统时域分析时将系统的初始状态也视为与系统输入激励具有同等的作用，那么，系统的输出响应应该由两部分组成，一部分是系统在零初始状态情况下对输入激励的响应，称为"零状态响应"，另一部分是本次输入激励为零时系统由非零初始状态延续下来的输出，称为"零输入响应"。根据线性系统的叠加性，系统输出响应的这两个部分是相加的关系。

这一情况可以用与图3-3相类似的增量线性系统结构来表示，如图3-4所示。它为讨论线性时不变系统的特性带来诸多方便。因此，一个线性时不变系统对任意输入信号的响应可表示为

$$y(t) = y_{zs}(t) + y_{zi}(t) \qquad (3-6)$$

或

$$y(n) = y_{zs}(n) + y_{zi}(n) \qquad (3-7)$$

式中，$y_{zs}(t)$ 或 $y_{zs}(n)$ 为零状态响应；$y_{zi}(t)$ 或 $y_{zi}(n)$ 为零输入响应，式（3-6）和式（3-7）分别称为线性时不变连续系统和线性时不变离散系统的完全响应。在信号和系统的分析中，更为关心的是系统在零初始状态情况下对输入激励的响应，即零状态响应。

205

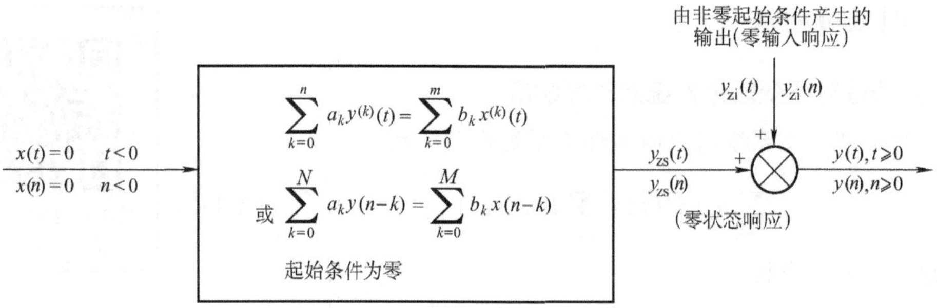

图 3-4　线性时不变因果系统的结构

（二）线性时不变系统的单位冲激响应（或单位脉冲响应）

线性时不变连续系统的单位冲激响应是指系统在零初始条件下对激励为单位冲激函数 $\delta(t)$ 所产生的响应，记为 $h(t)$；线性时不变离散系统的单位脉冲响应则是指系统在零初始条件下，对单位脉冲序列 $\delta(n)$ 的响应，记为 $h(n)$。系统的单位冲激响应（或单位脉冲响应）是一种在单位冲激信号 $\delta(t)$ [或单位脉冲信号 $\delta(n)$] 作用下的零状态响应。

1. 线性时不变连续系统的单位冲激响应

对于线性时不变连续系统，分别将激励 $\delta(t)$ 及其响应 $h(t)$ 代入式（3-4），得

$$\sum_{k=0}^{n} a_k h^{(k)}(t) = \sum_{k=0}^{m} b_k \delta^{(k)}(t) \tag{3-8}$$

这是一个特殊的微分方程，方程右边由单位冲激函数 $\delta(t)$ 及其各阶导数组成，因此，通过求解该方程得到的 $h(t)$ 有以下两个特点：

1）当 $t>0$ 时，由于 $\delta(t)$ 及其各阶导数均等于零，$h(t)$ 应满足齐次方程

$$\sum_{k=0}^{n} a_k h^{(k)}(t) = 0, \quad t>0 \tag{3-9}$$

同时，由于系统的因果性，$h(t)$ 又要满足

$$h(t) = 0, \quad t<0$$

所以 $h(t)$ 应具有齐次微分方程解的基本形式，例如，在式（3-9）的齐次方程中有 n 个不同的单特征根（微分方程所对应的特征方程的根）$\lambda_i (i=1,2,\cdots,n)$ 时，$h(t)$ 应具有如下函数形式：

$$h(t) = \sum_{i=1}^{n} A_i \mathrm{e}^{\lambda_i t} u(t) \tag{3-10}$$

2）根据方程两边函数项匹配的原则，$h(t)$ 的形式与 n、m 值的相对大小密切相关，具体地说：

① $n>m$ 时，$h(t)$ 对应着 $\delta(t)$ 的一次以上积分，不会包含 $\delta(t)$ 及其导数。所以 $h(t)$ 仅具有式（3-10）所表示的基本形式，这是一个物理上可实现系统一般所具有的形式。

② $n=m$ 时，$h(t)$ 对应着 $\delta(t)$，所以除了式（3-10）所示的基本形式外，$h(t)$ 还包含了 $\delta(t)$ 项，但不包含 $\delta(t)$ 的各阶导数项，即 $h(t)$ 具有如下形式：

$$h(t) = c\delta(t) + \sum_{i=1}^{n} A_i \mathrm{e}^{\lambda_i t} u(t) \tag{3-11}$$

③ $n<m$ 时，$h(t)$ 除了基本形式外，还会包含 $\delta(t)$ 直至其 $(m-n)$ 阶导数项，具有如下形式：

$$h(t)=\sum_{j=0}^{m-n}c_j\delta^{(j)}(t)+\sum_{i=1}^{n}A_i e^{\lambda_i t}u(t) \tag{3-12}$$

上面各式中的待定常系数 c、c_j、A_i 可以根据微分方程两边各奇异函数项系数对应相等的方法求取。

例 3-4 试求如下微分方程所描述的系统的单位冲激响应。

$$y''(t)+4y'(t)+3y(t)=x'(t)+2x(t)$$

解 系统对应的特征方程为 $\lambda^2+4\lambda+3=0$，求得其两个特征根分别为

$$\lambda_1=-1, \quad \lambda_2=-3$$

根据上面所讨论的结果，本例中 $n=2$，$m=1$，$h(t)$ 应具有如下形式：

$$h(t)=(A_1 e^{-t}+A_2 e^{-3t})u(t)$$

将 $y(t)=h(t)$ 和 $x(t)=\delta(t)$ 代入原方程，即

$$h''(t)+4h'(t)+3h(t)=\delta'(t)+2\delta(t)$$

其中

$$\begin{aligned}
h'(t)&=(A_1 e^{-t}+A_2 e^{-3t})\delta(t)-(A_1 e^{-t}+3A_2 e^{-3t})u(t)\\
&=(A_1+A_2)\delta(t)-A_1 e^{-t}u(t)-3A_2 e^{-3t}u(t)\\
h''(t)&=(A_1+A_2)\delta'(t)-[A_1 e^{-t}\delta(t)-A_1 e^{-t}u(t)]-[3A_2 e^{-3t}\delta(t)-9A_2 e^{-3t}u(t)]\\
&=(A_1+A_2)\delta'(t)-(A_1+3A_2)\delta(t)+(A_1 e^{-t}+9A_2 e^{-3t})u(t)
\end{aligned}$$

所以有

$$\begin{aligned}
&(A_1+A_2)\delta'(t)-(A_1+3A_2)\delta(t)+(A_1 e^{-t}+9A_2 e^{-3t})u(t)+\\
&4(A_1+A_2)\delta(t)-4(A_1 e^{-t}+3A_2 e^{-3t})u(t)+3(A_1 e^{-t}+A_2 e^{-3t})u(t)\\
&=\delta'(t)+2\delta(t)
\end{aligned}$$

整理后得

$$(A_1+A_2)\delta'(t)+(3A_1+A_2)\delta(t)=\delta'(t)+2\delta(t)$$

方程两边各奇异函数项系数相等，有

$$\begin{cases}A_1+A_2=1\\3A_1+A_2=2\end{cases}$$

解得 $A_1=1/2$，$A_2=1/2$，代入 $h(t)$ 得系统的单位冲激响应为

$$h(t)=\left(\frac{1}{2}e^{-t}+\frac{1}{2}e^{-3t}\right)u(t)$$

2. 线性时不变离散系统的单位脉冲响应

对于线性时不变离散系统，分别将激励 $\delta(n)$ 及其响应 $h(n)$ 代入式（3-5），得

$$\sum_{k=0}^{N}a_k h(n-k)=\sum_{k=0}^{M}b_k\delta(n-k) \tag{3-13}$$

可得到单位脉冲响应 $h(n)$ 具有如下形式：

$$h(n)=\begin{cases}\displaystyle\sum_{i=1}^{N}A_i\lambda_i^{\,n}u(n) & N>M\\[3mm]\displaystyle\sum_{j=0}^{N-M}C_j\delta(n-j)+\sum_{i=1}^{N}A_i\lambda_i^{\,n}u(n) & N\leqslant M\end{cases} \tag{3-14}$$

式中，待定系数 C_j、A_i 同样可以通过方程两边各对应项系数相等的方法求得。根据第二章的讨论，单位阶跃序列 $u(n)$ 可以表示为 $u(n)=\sum_{k=0}^{\infty}\delta(n-k)$，因此式（3-14）中各 $A_i\lambda_i^n u(n)$ 项都包含了 $\delta(n-k)$，$k=0$，1，$\cdots$，M 项，即 $A_i\lambda_i^n u(n)$ 可写成如下形式：

$$A_i\lambda_i^n u(n)=A_i\lambda_i^n \sum_{k=0}^{\infty}\delta(n-k)=A_i\delta(n)+A_i\lambda_i\delta(n-1)+\cdots+A_i\lambda_i^M\delta(n-M)+\cdots$$

例 3-5 已知线性时不变因果离散系统的差分方程为

$$y(n)-5y(n-1)+6y(n-2)=x(n)-3x(n-2)$$

试求出该系统的单位脉冲响应。

解 系统的特征方程为 $\lambda^2-5\lambda+6=0$，求得两个特征根分别为

$$\lambda_1=3，\lambda_2=2$$

又由于 $N=M=2$，根据式（3-14），$h(n)$ 为

$$h(n)=C_0\delta(n)+A_1 3^n u(n)+A_2 2^n u(n)$$

它应满足差分方程

$$h(n)-5h(n-1)+6h(n-2)=\delta(n)-3\delta(n-2)$$

而 $A_1 3^n u(n)$ 和 $A_2 2^n u(n)$ 分别可写为

$$A_1 3^n u(n)=A_1\delta(n)+3A_1\delta(n-1)+9A_1\delta(n-2)+\cdots$$

$$A_2 2^n u(n)=A_2\delta(n)+2A_2\delta(n-1)+4A_2\delta(n-2)+\cdots$$

所以 $\quad h(n)=(C_0+A_1+A_2)\delta(n)+(3A_1+2A_2)\delta(n-1)+(9A_1+4A_2)\delta(n-2)+\cdots$

且有 $\quad\quad h(n-1)=(C_0+A_1+A_2)\delta(n-1)+(3A_1+2A_2)\delta(n-2)+\cdots$

$$h(n-2)=(C_0+A_1+A_2)\delta(n-2)+\cdots$$

将它们代入上面的差分方程并加以整理得

$$(C_0+A_1+A_2)\delta(n)+(-5C_0-2A_1-3A_2)\delta(n-1)+6C_0\delta(n-2)=\delta(n)-3\delta(n-2)$$

等式两边对应项系数相等，则有

$$\begin{cases}C_0+A_1+A_2=1\\5C_0+2A_1+3A_2=0\\6C_0=-3\end{cases}$$

解此联立方程，得

$$C_0=-1/2，A_1=2，A_2=-1/2$$

故系统的单位脉冲响应为

$$h(n)=-0.5\delta(n)+2\cdot 3^n u(n)-0.5\cdot 2^n u(n)$$

还可用迭代法确定 $h(n)$ 的待定系数，在 $h(n)$ 中有 3 个待定系数 C_0、A_1、A_2，根据原方程 $h(n)-5h(n-1)+6h(n-2)=\delta(n)-3\delta(n-2)$，$h(n)$ 用后推方程表示为

$$h(n)=\delta(n)-3\delta(n-2)+5h(n-1)-6h(n-2)$$

分别令 $n=0$，1，2，得

$$h(0)=\delta(0)-3\delta(-2)+5h(-1)-6h(-2)=1$$

$$h(1)=\delta(1)-3\delta(-1)+5h(0)-6h(-1)=5$$

$$h(2)=\delta(2)-3\delta(0)+5h(1)-6h(0)=16$$

其中，$h(-1)=0$，$h(-2)=0$，这是由零初始条件决定的。分别将 $h(0)$、$h(1)$、$h(2)$ 代入下式：

$$h(n)=C_0\delta(n)+A_1 \cdot 3^n u(n)+A_2 \cdot 2^n u(n)$$

得如下联立方程：

$$\begin{cases} C_0+A_1+A_2=1 \\ 3A_1+2A_2=5 \\ 9A_1+4A_2=16 \end{cases}$$

解此联立方程，得 $C_0=-1/2$，$A_1=2$，$A_2=-1/2$，得到和上面同样的结果，即

$$h(n)=-0.5\delta(n)+2 \cdot 3^n u(n)-0.5 \cdot 2^n u(n)$$

（三）线性时不变系统的时域法分析

线性时不变系统的时域分析就是在时域求解输入信号通过线性时不变系统时系统的输出响应，根据前面的讨论，它应该是包括零状态响应和零输入响应的完全响应。在系统的零初始状态情况下，它就是系统的零状态响应。

码 3-3 【视频讲解】
时域分析法-2

由第一章的讨论，可以将任意连续时间信号分解为一系列冲激函数之和 $x(t)=\sum\limits_{k=-\infty}^{\infty} x(k\Delta t)\Delta t\delta(t-k\Delta t)$ [式(1-36)]，任意离散时间

信号则可表示为一串时移脉冲信号的线性组合 $x(n)=\sum\limits_{k=-\infty}^{\infty} x(k)\delta(n-k)$ [式(2-18)]。如果已知线性时不变系统的单位冲激响应（或单位脉冲响应），利用线性时不变系统的线性和时不变性，就能确定出系统对任意信号的响应，这就是线性时不变系统时域分析法的基本思想。

1. 连续系统的卷积积分

如果一个线性时不变连续系统的单位冲激响应为 $h(t)$，表明系统在零初始条件下，输入为单位冲激信号 $\delta(t)$ 时，输出为 $h(t)$，即

$$\delta(t)\rightarrow h(t)$$

由系统的时不变性，有

$$\delta(t-k\Delta t)\rightarrow h(t-k\Delta t)$$

又由系统的齐次性，有

$$x(k\Delta t) \cdot \Delta t \cdot \delta(t-k\Delta t)\rightarrow x(k\Delta t) \cdot \Delta t \cdot h(t-k\Delta t)$$

按照系统的叠加性，将不同延时和不同强度的冲激信号叠加后输入系统，系统的输出响应必是不同延时和不同强度冲激响应的叠加，即

$$\sum\limits_{k=-\infty}^{\infty} x(k\Delta t)\delta(t-k\Delta t) \cdot \Delta t\rightarrow \sum\limits_{k=-\infty}^{\infty} x(k\Delta t)h(t-k\Delta t) \cdot \Delta t$$

当 $\Delta t\rightarrow 0$ 时，有 $k\Delta t\rightarrow\tau$，$\Delta t\rightarrow d\tau$，于是有

$$x(t)=\int_{-\infty}^{\infty} x(\tau)\delta(t-\tau)\mathrm{d}\tau\rightarrow y(t)=\int_{-\infty}^{\infty} x(\tau)h(t-\tau)\mathrm{d}\tau=x(t) * h(t)$$

表明线性时不变系统对任意输入信号 $x(t)$ 的响应是信号 $x(t)$ 与系统单位冲激响应 $h(t)$ 的卷积，即

$$y(t) = x(t) * h(t) \tag{3-15}$$

线性时不变连续系统对任意输入信号 $x(t)$ 的响应过程可用图 3-5 表示，其中图 3-5a 表示任意输入信号 $x(t)$ 的时域图像，图 3-5b 表示不同延时不同强度的冲激信号的叠加，图 3-5c 表示系统对冲激信号 $x(k\Delta t) \cdot \delta(t-k\Delta t) \cdot \Delta t$ 的响应 $x(k\Delta t) \cdot h(t-k\Delta t) \cdot \Delta t$，图 3-5d 则给出了各冲激响应叠加的结果。

值得注意的是，当信号有不连续点或为有限长时域信号时，卷积积分上下限要根据实际情况确定。例如，对于连续时间系统，当 $t<0$ 时有 $x(t)=0$，则积分下限取零。此外，对于物理上可实现的因果系统，由于在 $t<0$ 时 $h(t)=0$，所以 $\tau>t$ 时有 $h(t-\tau)=0$，积分上限应取 t，即对于 $t=0$ 时刻加入激励信号 $x(t)$ 的线性时不变因果系统的输出响应为 $y(t)=\int_0^t x(\tau) h(t-\tau)\mathrm{d}\tau$。

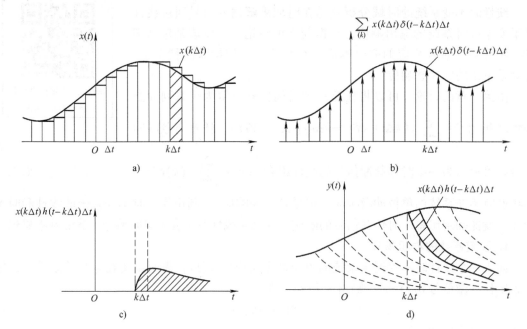

图 3-5　连续系统对输入信号 $x(t)$ 响应过程示意图

例 3-6　已知一个线性时不变连续系统的单位冲激响应 $h(t)=3\delta(t)-0.5\mathrm{e}^{-0.5t}$，$t\geqslant 0$，试求系统在输入 $x(t)=u(t)$ 情况下的零状态响应。

解　按题意，即求系统的单位阶跃响应。由式（3-15），得

$$y(t) = x(t) * h(t) = \int_{-\infty}^{\infty} x(\tau) h(t-\tau)\mathrm{d}\tau$$

$$= \int_0^t \left[3\delta(t-\tau) - 0.5\mathrm{e}^{-0.5(t-\tau)} \right] u(\tau)\mathrm{d}\tau$$

$$= \int_0^t 3\delta(t-\tau)\mathrm{d}\tau - \int_0^t 0.5\mathrm{e}^{-0.5(t-\tau)}\mathrm{d}\tau$$

$$= 3u(t) - 0.5\mathrm{e}^{-0.5t} \int_0^t \mathrm{e}^{0.5\tau}\mathrm{d}\tau$$

$$= 3u(t) + (\mathrm{e}^{-0.5t} - 1) u(t) = (2 + \mathrm{e}^{-0.5t}) u(t)$$

其中，考虑 $x(t) = u(t)$ 是 $t = 0$ 时刻加入的激励信号，所以线性时不变因果系统的输出响应应为 $y(t) = \int_0^t x(\tau) h(t-\tau) \mathrm{d}\tau$。

2. 离散系统的卷积和

任一离散时间信号 $x(n)$，都可以表示为单位脉冲信号 $\delta(n)$ 的移位与加权和，即

$$x(n) = \sum_{k=-\infty}^{\infty} x(k) \delta(n-k)$$

根据线性时不变系统的性质，离散时间系统对 $x(n)$ 的响应就是系统单位脉冲响应 $h(n)$ 的移位与加权和，这与连续时间系统的情况类似，因此有

$$y(n) = \sum_{k=-\infty}^{\infty} x(k) h(n-k) = x(n) * h(n) \tag{3-16}$$

表明线性时不变离散系统对任一输入序列 $x(n)$ 的响应等于该输入信号 $x(n)$ 与系统单位脉冲响应 $h(n)$ 的卷积和。

类似连续线性时不变因果系统，如果 $n = 0$ 时刻加入激励信号 $x(n)$，则其输出响应应为

$$y(n) = \sum_{k=0}^{n} x(k) h(n-k)$$

例 3-7 已知一个线性时不变离散系统的单位脉冲响应序列为 $h(n) = [2, 2, 3, 3]$，求系统对输入序列 $x(n) = [1, 1, 2]$ 的零状态响应。

解 由式（3-16）及考虑到系统激励信号 $x(n)$ 是 $n = 0$ 时刻加入的，所以有

$$y(n) = x(n) * h(n) = \sum_{k=0}^{n} x(k) h(n-k)$$

求得

$$y(0) = x(0) h(0) = 1 \times 2 = 2$$

$$y(1) = \sum_{k=0}^{1} x(k) h(n-k) = x(0) h(1) + x(1) h(0) = 1 \times 2 + 1 \times 2 = 4$$

$$y(2) = \sum_{k=0}^{2} x(k) h(n-k) = x(0) h(2) + x(1) h(1) + x(2) h(0)$$
$$= 1 \times 3 + 1 \times 2 + 2 \times 2 = 9$$

$$y(3) = \sum_{k=0}^{3} x(k) h(n-k) = x(0) h(3) + x(1) h(2) + x(2) h(1)$$
$$= 1 \times 3 + 1 \times 3 + 2 \times 2 = 10$$

$$y(4) = \sum_{k=0}^{4} x(k) h(n-k) = x(1) h(3) + x(2) h(2) = 1 \times 3 + 2 \times 3 = 9$$

$$y(5) = \sum_{k=0}^{5} x(k) h(n-k) = x(2) h(3) = 2 \times 3 = 6$$

即

$$y(n) = [2, 4, 9, 10, 9, 6]$$

211

式（3-15）[或式(3-16)]表明，如果已知线性时不变系统的单位冲激响应 $h(t)$ [或单位脉冲响应 $h(n)$]，则系统在零状态条件下对任意输入信号 $x(t)$ [或 $x(n)$] 的响应 $y(t)$ [或 $y(n)$] 就可以通过它与系统单位冲激响应 $h(t)$ [或单位脉冲响应 $h(n)$] 的卷积求得。可见，系统单位冲激响应 $h(t)$ [或单位脉冲响应 $h(n)$] 反映了线性时不变系统的输入输出变换关系，它仅由系统的内部结构及参数决定，所以，系统的单位冲激响应 $h(t)$ [或单位脉冲响应 $h(n)$] 是线性时不变系统输入输出关系的表征，是对线性时不变系统的特性和功能的完全充分的描述。

3. 匹配滤波

在信号接收问题中，如果要接收的是确知信号，即其波形在接收端是已知的信号，对它的接收问题就是要获得如下信息：它是否出现？哪个时刻出现？根据上述的讨论，可以设计出确知信号的最佳接收器。

设要接收的确知信号为实信号 $x(t)$ ，设计一个线性时不变系统，使它的单位冲激响应为 $h(t)=x(T-t)$ ，由于它的特性在某种意义上与输入波形 $x(t)$ 匹配，因此称它为匹配滤波器，如图3-6所示。

$$x(t) \rightarrow \boxed{\begin{array}{c}\text{匹配滤波器} \\ h(t)=x(T-t)\end{array}} \xrightarrow{R_{xx}(t-T)} \boxed{\text{判决器}} \xrightarrow{\text{是否接收到确知信号}}$$

图3-6　匹配滤波器

由式（3-15），匹配滤波器对 $x(t)$ 的响应为

$$y(t)=x(t)*h(t)=x(t)*x(T-t) \tag{3-17}$$

根据第一章中卷积运算与相关运算的关系 [式 (1-148)]，式（3-17）可表示为

$$y(t)=x(t)*x(T-t)=R_{xx}(t-T) \tag{3-18}$$

式中，$R_{xx}(t-T)$ 为信号 $x(t)$ 的自相关函数，表明匹配滤波器对 $x(t)$ 的响应等价于 $x(t)$ 信号的自相关函数 $R_{xx}(t-T)$ ，匹配滤波器相当于对接收信号进行自相关运算。根据自相关函数的性质，一个信号的自相关函数在原点处呈现最大值，且等于该信号的能量，为此，在匹配滤波器后面连接一个判决器，根据匹配滤波器的输出是否达到判决器设定的阈值，决定是否接收到确知信号 $x(t)$ ，还可确定出接收到确知信号的时刻。这种最佳接收器也称为相关接收器，在通信、雷达和图像等信号监测技术中得到重要的应用。

二、频域分析法

系统的频域分析法是研究信号通过系统以后在频谱结构上发生的变化，即输出响应随频率变化的规律。为此，必须研究系统本身所具有的与频率相关的特性。

（一）频率特性函数

1. 连续系统情况

首先考察单位冲激响应为 $h(t)$ 的线性时不变系统对复指数信号 $x(t)=\mathrm{e}^{\mathrm{j}\omega t}$ 的响应，根据前面的讨论，系统的输出响应 $y(t)$ 为

$$y(t)=x(t)*h(t)=\int_{-\infty}^{\infty}h(\tau)x(t-\tau)\mathrm{d}\tau=\int_{-\infty}^{\infty}h(\tau)\mathrm{e}^{\mathrm{j}\omega(t-\tau)}\mathrm{d}\tau=\int_{-\infty}^{\infty}h(\tau)\mathrm{e}^{-\mathrm{j}\omega\tau}\mathrm{d}\tau\cdot\mathrm{e}^{\mathrm{j}\omega t}$$

码3-4　【视频讲解】
频域分析法

令 $H(\omega) = \int_{-\infty}^{\infty} h(\tau) e^{-j\omega\tau} d\tau$，由傅里叶变换定义，它即为系统单位冲激响应 $h(t)$ 的傅里叶变换，称它为频率特性函数（或频率响应函数），于是有

$$y(t) = H(\omega) e^{j\omega t}$$

可见线性时不变系统对复指数信号的响应仍是一个同频率的复指数信号，只是其幅值和相位发生了改变，而它们的改变由频率响应函数 $H(\omega)$ 决定。

对于任意信号 $x(t)$，由傅里叶反变换 [式 (1-67)] 可知

$$x(t) = \frac{1}{2\pi} \int_{-\infty}^{\infty} X(\omega) e^{j\omega t} d\omega$$

即信号 $x(t)$ 可看作无穷多个不同频率的复指数信号分量的和，其中频率为 ω 的复指数信号分量为 $X(\omega) d\omega e^{j\omega t}/2\pi$，根据上面讨论和系统的齐次性，系统对该分量的响应为 $X(\omega) d\omega e^{j\omega t} \cdot H(\omega)/2\pi$，根据系统的叠加性，将系统的所有响应分量相加（积分），即为系统对 $x(t)$ 的响应，即

$$y(t) = \frac{1}{2\pi} \int_{-\infty}^{\infty} X(\omega) H(\omega) e^{j\omega t} d\omega$$

若令 $y(t)$ 的傅里叶变换为 $Y(\omega)$，显然有

$$Y(\omega) = H(\omega) X(\omega) \tag{3-19}$$

其实这就是傅里叶变换时域卷积定理的内容，因为由上面的讨论已知

$$x(t) \overset{\mathscr{F}}{\longleftrightarrow} X(\omega), \quad h(t) \overset{\mathscr{F}}{\longleftrightarrow} H(\omega)$$

由时域分析法可知，线性时不变系统对任意输入信号 $x(t)$ 的响应 $y(t)$ 为

$$y(t) = x(t) * h(t)$$

根据傅里叶变换的时域卷积定理，直接可得到

$$Y(\omega) = X(\omega) H(\omega)$$

这种时域与频域的对应关系可以用图 3-7 表示。

213

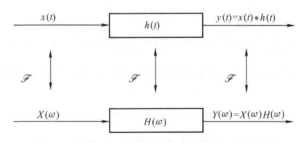

图 3-7 线性时不变系统的时域、频域对应关系

由式 (3-19)，有

$$H(\omega) = \frac{Y(\omega)}{X(\omega)} \tag{3-20}$$

式 (3-20) 表明系统的频率特性函数是系统在零初始条件下，系统输出响应的傅里叶变换 $Y(\omega)$ 与输入信号的傅里叶变换 $X(\omega)$ 之比。与单位冲激响应 $h(t)$ 在时域完全充分地描述了线性时不变系统的特性和功能相对应，频率特性函数 $H(\omega)$ 在频域完全充分地描述了线性时不变系统的特性和功能。$H(\omega)$ 是频率（角频率）的复函数，可表示为

$$H(\omega) = |H(\omega)| e^{j\varphi_h(\omega)} \qquad (3\text{-}21)$$

$|H(\omega)|$ 和 $\varphi_h(\omega)$ 分别称为系统的幅频特性和相频特性。于是有

$$Y(\omega) = X(\omega) |H(\omega)| e^{j\varphi_h(\omega)} \qquad (3\text{-}22)$$

由式 (3-22) 可知，当信号 $x(t)$ 通过线性时不变系统时，$H(\omega)$ 从幅值和相位两个方面改变了 $X(\omega)$ 的频谱结构。例如，当 $x(t) = \delta(t)$ 时，其频谱 $X(\omega) = 1$，这是一个具有均匀频谱的输入信号（幅度频谱恒为 1，相位频谱恒为 0），线性时不变系统的响应信号 $y(t)$ 的频谱 $Y(\omega) = H(\omega)$，即单位冲激信号 $\delta(t)$ 通过线性时不变系统，输出信号的频谱改变了［幅度频谱由 1 变为 $|H(\omega)|$，相位频谱由 0 变为 $\varphi_h(\omega)$］。一般情况下，输出信号的频谱改变表现为

$$|Y(\omega)| = |X(\omega)| \cdot |H(\omega)|$$
$$\varphi_y(\omega) = \varphi_x(\omega) + \varphi_h(\omega)$$

显然，这种改变是由系统的频率特性 $H(\omega)$ 决定的。系统的频率特性 $H(\omega)$ 体现了系统本身与频率相关的内在特性，是由系统的结构决定的。

系统的频率特性函数可以用极坐标图表示，称为奈奎斯特图，工程上还往往将幅频和相频分别画成对数坐标图的形式，称为伯德图，它们都为分析系统的特性带来很大方便。

利用系统的频率特性函数，可以在频域方便地研究信号的处理问题，通过傅里叶变换又可以和时域分析联系起来。

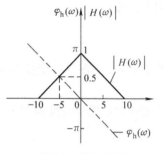

图 3-8　例 3-8 图

例 3-8　已知某线性时不变系统的幅频特性 $|H(\omega)|$ 和相频特性 $\varphi_h(\omega)$ 如图 3-8 所示，求系统对信号 $x(t) = 2 + 4\cos 5t + 4\cos 10t$ 的响应 $y(t)$。

解　查表 1-2，有

$$X(\omega) = 4\pi\delta(\omega) + 4\pi[\delta(\omega+5) + \delta(\omega-5)] + 4\pi[\delta(\omega+10) + \delta(\omega-10)]$$
$$= 4\pi \sum_{n=-2}^{2} \delta(\omega - n\omega_0)$$

式中，$\omega_0 = 5$，由式 (3-19) 有

$$Y(\omega) = X(\omega)H(\omega) = 4\pi \sum_{n=-2}^{2} H(\omega)\delta(\omega - n\omega_0) = 4\pi \sum_{n=-2}^{2} H(n\omega_0)\delta(\omega - n\omega_0)$$
$$= 4\pi[H(-10)\delta(\omega+10) + H(-5)\delta(\omega+5) + H(0)\delta(\omega) + H(5)\delta(\omega-5) + H(10)\delta(\omega-10)]$$

由图 3-8，有

$$H(-10) = H(10) = 0$$
$$H(-5) = 0.5e^{j\frac{\pi}{2}}$$
$$H(5) = 0.5e^{-j\frac{\pi}{2}}$$
$$H(0) = 1$$

代入得

$$Y(\omega) = 4\pi[0.5e^{j\frac{\pi}{2}}\delta(\omega+5) + \delta(\omega) + 0.5e^{-j\frac{\pi}{2}}\delta(\omega-5)]$$

取傅里叶反变换，得

$$y(t) = e^{-j\left(5t-\frac{\pi}{2}\right)} + 2 + e^{j\left(5t-\frac{\pi}{2}\right)} = 2 + 2\cos\left(5t - \frac{\pi}{2}\right)$$

可见，输入信号 $x(t)$ 经过系统后，直流分量不变，基波分量衰减为原信号的 $1/2$，且相位滞后了 $\pi/2$，二次谐波分量则完全被滤除。

例 3-9　已知描述某系统的微分方程为

$$y'(t)+2y(t)=x(t)$$

求系统对输入信号 $x(t)=\mathrm{e}^{-t}u(t)$ 的响应。

解　对系统的微分方程两边取傅里叶变换，得

$$\mathrm{j}\omega Y(\omega)+2Y(\omega)=X(\omega)$$

得系统的频率特性函数为

$$H(\omega)=\frac{Y(\omega)}{X(\omega)}=\frac{1}{\mathrm{j}\omega+2}$$

对 $x(t)$ 取傅里叶变换，有

$$X(\omega)=\frac{1}{\mathrm{j}\omega+1}$$

由式（3-17），系统响应 $y(t)$ 的傅里叶变换为

$$Y(\omega)=X(\omega)H(\omega)=\frac{1}{\mathrm{j}\omega+1}\cdot\frac{1}{\mathrm{j}\omega+2}=\frac{1}{\mathrm{j}\omega+1}-\frac{1}{\mathrm{j}\omega+2}$$

对 $Y(\omega)$ 取傅里叶反变换，得

$$y(t)=\mathrm{e}^{-t}u(t)-\mathrm{e}^{-2t}u(t)=(\mathrm{e}^{-t}-\mathrm{e}^{-2t})u(t)$$

2. 离散系统情况

与连续系统相对应，离散信号通过离散系统后其频谱结构的变化是由离散系统与频率相关的特性决定的。可以推想，单位脉冲响应 $h(n)$ 的傅里叶变换 $H(\Omega)$ 是描述离散系统与频率相关的特性的特征量，称它为离散系统频率特性函数（或频率响应函数）。

现在考察单位脉冲响应为 $h(n)$ 的线性时不变系统对复指数序列 $x(n)=\mathrm{e}^{\mathrm{j}\Omega n}$ 的响应，由式（3-16），系统的输出响应 $y(n)$ 为

$$y(n)=h(n)*x(n)=\sum_{k=-\infty}^{\infty}h(k)x(n-k)=\sum_{k=-\infty}^{\infty}h(k)\mathrm{e}^{\mathrm{j}\Omega(n-k)}=\sum_{k=-\infty}^{\infty}h(k)\mathrm{e}^{-\mathrm{j}\Omega k}\cdot\mathrm{e}^{\mathrm{j}\Omega n}$$

令 $H(\Omega)=\displaystyle\sum_{k=-\infty}^{\infty}h(k)\mathrm{e}^{-\mathrm{j}\Omega k}$，由离散时间傅里叶变换（DTFT）定义，它就是系统单位脉冲响应 $h(n)$ 的离散时间傅里叶变换，$H(\Omega)$ 是数字频率 Ω 的复函数，可表示为

$$H(\Omega)=\left|H(\Omega)\right|\mathrm{e}^{\mathrm{j}\varphi_{\mathrm{h}}(\Omega)} \tag{3-23}$$

$\left|H(\Omega)\right|$ 和 $\varphi_{\mathrm{h}}(\Omega)$ 分别为离散系统的幅频特性和相频特性，于是有

$$y(n)=H(\Omega)x(n)=\left|H(\Omega)\right|\mathrm{e}^{\mathrm{j}[\Omega n+\varphi_{\mathrm{h}}(\Omega)]}$$

可见复指数序列通过离散系统后其幅值和相位发生了改变，而它们的改变取决于离散系统频率特性函数 $H(\Omega)$。

对于任意序列 $x(n)$，根据离散时间傅里叶变换卷积性质，有

$$Y(\Omega)=H(\Omega)X(\Omega)$$

或可写成

$$H(\Omega)=\frac{Y(\Omega)}{X(\Omega)} \tag{3-24}$$

式中，$X(\Omega)$、$Y(\Omega)$ 分别为输入序列和输出序列的离散时间傅里叶变换。式（3-24）表明离散系统的频率特性函数是系统在零初始条件下，系统输出响应的离散时间傅里叶变换 $Y(\Omega)$ 与输入信号的离散序列傅里叶变换 $X(\Omega)$ 之比，它在频域描述了离散系统的特性和功能，由系统的结构决定。进一步，输出响应的频谱改变表现为

$$|Y(\Omega)| = |X(\Omega)| \cdot |H(\Omega)|$$
$$\varphi_y(\Omega) = \varphi_x(\Omega) + \varphi_h(\Omega)$$

例 3-10 已知描述离散系统的差分方程为

$$y(n) - 0.9y(n-1) = 0.1x(n)$$

求系统对输入信号 $x(n) = 5 + 12\sin\dfrac{\pi}{2}n - 20\cos\left(\pi n + \dfrac{\pi}{4}\right)$ 的响应。

解 根据表 2-1 离散时间傅里叶变换的时域平移性质，差分方程的频域表达式可写为

$$Y(\Omega) - 0.9e^{-j\Omega}Y(\Omega) = 0.1X(\Omega)$$

由式（3-24），求得离散系统频率特性函数为

$$H(\Omega) = \frac{Y(\Omega)}{X(\Omega)} = \frac{0.1}{1 - 0.9e^{-j\Omega}}$$

即有

$$|H(\Omega)| = \frac{0.1}{\sqrt{1 + 0.81 - 1.8\cos\Omega}}$$

$$\varphi_h(\Omega) = -\arctan\frac{0.9\sin\Omega}{1 - 0.9\cos\Omega}$$

由于输入信号包含了 $\Omega = 0$、$\dfrac{\pi}{2}$、π 三个频率成分，可相应求出它们对应的幅频特性和相频特性为

$$|H(0)| = \frac{0.1}{\sqrt{1 + 0.81 - 1.8}} = 1, \quad \varphi_h(0) = -\arctan\frac{0}{1 - 0.9} = 0$$

$$\left|H\left(\frac{\pi}{2}\right)\right| = \frac{0.1}{\sqrt{1 + 0.81}} = 0.074, \quad \varphi_h\left(\frac{\pi}{2}\right) = -\arctan 0.9 = -42°$$

$$|H(\pi)| = \frac{0.1}{\sqrt{1 + 0.81 + 1.8}} = 0.053, \quad \varphi_h(\pi) = -\arctan\frac{0}{1 + 0.9} = 0$$

系统的输出响应是系统对 3 个谐波序列信号响应的合成，即

$$y(n) = 5|H(0)| + 12\left|H\left(\frac{\pi}{2}\right)\right|\sin\left[\frac{\pi}{2}n + \varphi_h\left(\frac{\pi}{2}\right)\right] - 20|H(\pi)|\cos\left[\pi n + \frac{\pi}{4} + \varphi_h(\pi)\right]$$

$$= 5 \times 1 + 12 \times 0.074\sin\left(\frac{\pi}{2}n - 42°\right) - 20 \times 0.053\cos\left(\pi n + \frac{\pi}{4}\right)$$

$$= 5 + 0.8884\sin\left(\frac{\pi}{2}n - 42°\right) - 1.06\cos\left(\pi n + \frac{\pi}{4}\right)$$

（二）无失真传输

信号无失真传输是实现信息可靠传送与交换的基本条件，它要求信号通过传输系统后，在时域上保持原来信号随时间变化的规律，即信号的波形不变，但允许信号幅度对原信号按

比例地放大或缩小，或者在时间上有一固定的延迟。

设原信号为 $x(t)$，其对应的频谱为 $X(\omega)$，那么，经无失真传输后，输出信号应为

$$y(t) = Kx(t-t_0) \tag{3-25}$$

式中，K 和 t_0 是常数，分别表示对原信号的比例系数和延迟时间，对式（3-25）取傅里叶变换，得

$$Y(\omega) = Ke^{-j\omega t_0}X(\omega)$$

显然，无失真传输系统的频率特性函数应为

$$H(\omega) = \frac{Y(\omega)}{X(\omega)} = Ke^{-j\omega t_0} \tag{3-26}$$

其幅频特性和相频特性分别为

$$\begin{cases} |H(\omega)| = K \\ \varphi_h(\omega) = -\omega t_0 \end{cases} \tag{3-27}$$

式（3-26）或式（3-27）称为无失真传输系统的频域条件，它的幅频特性和相频特性表示在图 3-9 中。可见无失真传输系统必须要满足以下两点：

1）系统的幅频特性是一个与频率无关的常数，即在全部频带内，系统都具有恒定的放大倍数。

2）系统的相频特性与频率呈线性关系，且信号通过系统的延迟时间 t_0 就是系统相频特性 $\varphi_h(\omega)$ 斜率的负值，即

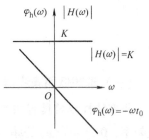

图 3-9　无失真传输系统的
频率特性

$$t_0 = -\frac{\mathrm{d}\varphi_h(\omega)}{\mathrm{d}\omega} \tag{3-28}$$

若 $t_0 = 0$，表示无时间延迟，这时由式（3-27）有 $\varphi_h(\omega) = 0$，显然，相频特性为零也满足无失真传输的相位条件。

对式（3-26）取傅里叶反变换，可得到无失真传输系统应具有的单位冲激响应 $h(t)$ 为

$$h(t) = K\delta(t-t_0) \tag{3-29}$$

式（3-29）可视为无失真传输系统的时域条件，即系统的单位冲激响应也应是冲激信号，只是放大为 K 倍并延迟了 t_0 时间。

上面的信号无失真传输条件只是理想条件，在实际应用中一个信号通过传输系统时总会产生失真，即使是通过一根连接导线或一个电阻也不例外，这是因为构成系统的任何元器件，其参数总会随着频率的变化而变化。因此，从频域上看，任何系统不可能在所有频率范围内都具有平坦的幅频特性和线性的相频特性，从时域上看，任何系统对单位冲激信号的响应都不可能是真正的冲激信号。

即便如此，上述无失真传输条件仍有重要的意义。因为在实际应用中，任何带有信息的物理信号都是其频谱只占据一定频率范围（称为信号频带）的带限信号，为了实现带限信号的无失真传输，只要在信号占据的频率范围内，系统的频率特性满足上述无失真传输条件即可，而这样的条件在实际的电路和电子系统（或其他物理系统）中是可以实现的。例如通频带大于信号带宽的电子放大器就可以做到无失真传输。

例 3-11　图 3-10 是示波器的探头衰减器电路，求被测信号 $x(t)$ 通过衰减器实现无失真传输必须满足的条件。

解 由衰减器电路可求得它的频率特性函
数为

$$H(\omega)=\frac{C_1}{C_1+C_2}\cdot\frac{j\omega+\dfrac{1}{R_1C_1}}{j\omega+\dfrac{R_1+R_2}{R_1R_2(C_1+C_2)}}$$

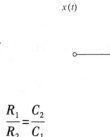

图 3-10　衰减器电路

若要使 $H(\omega)$ 满足无失真传输条件，只有

$$\frac{1}{R_1C_1}=\frac{R_1+R_2}{R_1R_2(C_1+C_2)}$$

即

$$\frac{R_1}{R_2}=\frac{C_2}{C_1}$$

这时有

$$H(\omega)=\frac{C_1}{C_1+C_2}$$

即

$$|H(\omega)|=\frac{C_1}{C_1+C_2}=\frac{R_2}{R_1+R_2},\quad\varphi_h(\omega)=0$$

（三）理想低通滤波器

　　频率特性函数具有如图 3-11 所示的系统称为理想低通滤波器，其中 ω_c 称为滤波器的截
止频率，$0<|\omega|<\omega_c$ 的频率范围称为滤波器的通带，$|\omega|>\omega_c$ 的频率范围称为阻带，很显
然，它将频率低于 ω_c 的信号实现无失真地传送，而完全阻止频
率高于 ω_c 的信号通过。

　　理想低通滤波器的频率特性可写为

$$H(\omega)=\begin{cases}1 & |\omega|<\omega_c\\0 & |\omega|>\omega_c\end{cases}\qquad(3\text{-}30)$$

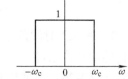

图 3-11　理想低通滤波器的
频率响应

　　将式（3-30）进行傅里叶反变换，借助于傅里叶变换的对
偶性，可以方便地求得理想低通滤波器的单位冲激响应为

$$h(t)=\frac{\omega_c}{\pi}\mathrm{Sa}(\omega_c t)\qquad(3\text{-}31)$$

如图 3-12 所示。图中可看出 $t<0$ 时 $h(t)\neq0$，即冲激
响应在激励加入之前就已出现，因此理想低通滤波
器是一个非因果系统，物理上是不能实现的。但是
某些线性时不变因果系统的频率特性可以近似于理
想低通滤波器的频率特性，因此研究它的特性具有
实际意义。

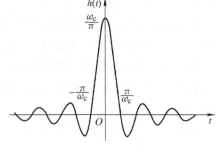

图 3-12　理想低通滤波器的单位冲激响应

　　式（3-30）所表示的理想低通滤波器具有等于
零的相频特性，当然它也可以具有线性相频特性，此时其频率特性表示为

$$H(\omega)=\begin{cases}e^{-j\omega t_0} & |\omega|<\omega_c\\0 & |\omega|>\omega_c\end{cases}\qquad(3\text{-}32)$$

或
$$\begin{cases} |H(\omega)| = \begin{cases} 1 & |\omega| < \omega_c \\ 0 & |\omega| > \omega_c \end{cases} \\ \varphi_h(\omega) = -\omega t_0 \end{cases} \tag{3-33}$$

同样可求出滤波器的单位冲激响应为

$$h(t) = \frac{\omega_c}{\pi} \mathrm{Sa}[\omega_c(t-t_0)] \tag{3-34}$$

只不过将图 3-12 所示的 $h(t)$ 延时 t_0 而已，当然它也是非因果的。

例 3-12 求信号 $x(t) = \mathrm{Sa}(t)\cos(2t)$ 通过式（3-32）所表示的理想低通滤波器（设通带内的放大倍数为 k）后的输出响应。

解 输入信号 $x(t)$ 为采样信号 $\mathrm{Sa}(t)$ 对载波信号 $\cos(2t)$ 的调制，查表 1-2，可得 $\mathrm{Sa}(t)$ 的傅里叶变换为 $\pi g(\omega)$，其中 $g(\omega) = \begin{cases} 1 & |\omega| < 1 \\ 0 & |\omega| > 1 \end{cases}$，而 $\cos(2t)$ 的傅里叶变换为 $\pi[\delta(\omega+2) + \delta(\omega-2)]$，由频域卷积定理，可得

$$X(\omega) = \frac{1}{2\pi}\{\pi g(\omega) * \pi[\delta(\omega+2) + \delta(\omega-2)]\}$$

$$= \frac{\pi}{2}[g(\omega) * \delta(\omega+2) + g(\omega) * \delta(\omega-2)]$$

根据与冲激函数的卷积性质 [式 (1-29)]，可求得

$$X(\omega) = \frac{\pi}{2}[g(\omega+2) + g(\omega-2)]$$

又因为

$$H(\omega) = \begin{cases} k\mathrm{e}^{-\mathrm{j}\omega t_0} & |\omega| < \omega_c \\ 0 & |\omega| > \omega_c \end{cases}$$

输出信号的频谱为

$$Y(\omega) = H(\omega)X(\omega)$$

分别将 $|X(\omega)|$、$|H(\omega)|$ 和 $|Y(\omega)|$ 表示在图 3-13a、b、c 中。

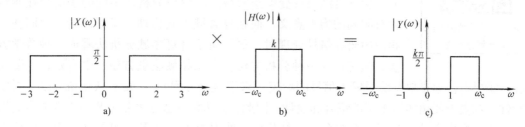

图 3-13 带通信号通过滤波器

1）$\omega_c > 3$ 时，输入信号的频带完全被包含在低通滤波器的通带内，有

$$Y(\omega) = \frac{k\pi}{2}[g(\omega+2) + g(\omega-2)]\mathrm{e}^{-\mathrm{j}\omega t_0}$$

即
$$|Y(\omega)| = k|X(\omega)|$$

$$y(t) = kx(t-t_0) = k\mathrm{Sa}(t-t_0)\cos 2(t-t_0)$$

输出信号为输入信号的 t_0 延时的 k 倍。

2) $\omega_c < 1$ 时，输入信号的频带完全落在低通滤波器的通带外，则有 $Y(\omega) = 0$，$y(t) = 0$，系统无输出。

3) $1 < \omega_c < 3$ 时，输入信号的频带部分落在低通滤波器通带内，可以把不考虑放大及延时的 $Y(\omega)$ 看成 $Y_1(\omega)$，为

$$Y_1(\omega) = \frac{1}{2\pi}\left\{\pi g_1(\omega) * \pi\left[\delta\left(\omega + \frac{\omega_c + 1}{2}\right) + \delta\left(\omega - \frac{\omega_c + 1}{2}\right)\right]\right\}$$

其中，
$$g_1(\omega) = \begin{cases} 1 & |\omega| < \dfrac{\omega_c - 1}{2} \\[2mm] 0 & |\omega| > \dfrac{\omega_c - 1}{2} \end{cases}$$

查表 1-2，$y_1(t)$ 是 $\dfrac{\omega_c - 1}{2}\mathrm{Sa}\left(\dfrac{\omega_c - 1}{2}t\right)$ 对 $\cos\left(\dfrac{\omega_c + 1}{2}t\right)$ 的调制，即

$$y_1(t) = \frac{\omega_c - 1}{2}\mathrm{Sa}\left(\frac{\omega_c - 1}{2}t\right)\cos\left(\frac{\omega_c + 1}{2}t\right)$$

又
$$Y(\omega) = kY_1(\omega)e^{-j\omega t_0}, \quad |\omega| < \omega_c$$

所以

$$y(t) = \frac{k(\omega_c - 1)}{2}\mathrm{Sa}\left[\frac{\omega_c - 1}{2}(t - t_0)\right]\cos\left[\frac{\omega_c + 1}{2}(t - t_0)\right], \quad -\infty < t < \infty$$

三、复频域分析法

在 s 域中讨论连续时间系统对连续时间输入信号的响应及其特性，或者在 z 域中讨论离

码 3-5【视频讲解】
复频域分析法

散时间系统对离散时间输入信号的响应及其特性就是信号的复频域分析法。第一章已讨论了连续时间信号的复频域表示，并说明拉普拉斯变换是傅里叶变换的推广，因此，复频域分析法与频域分析法类似，都是通过数学变换将时域的问题放到变换域中加以讨论和研究，然后将结果反变换至时域。与频域分析法不同的是信号在频域中有明确的物理意义，而在复频域中其物理意义不清晰，因而在复频域中研究信号处理时，更趋向于将复频域分析法看成一种数学方法。但是作为一种分析方法，它比频域法更方便、更有效，主要表

现在：①更方便地求取系统对输入信号的响应（求解微分方程）；②更有效地研究既定系统的特性；③更方便地实行系统的综合和设计。因此，该方法在关于系统分析与综合的有关课程中作为重要内容进行介绍，而在介绍信号分析、处理为主的课程（如本书）中不作为重点。但有时用频域法分析较复杂的系统时，可以利用复频域分析法的方便性、有效性，先在复频域进行分析，然后用 $j\omega$ 替代 s，进而分析系统的频域特性和输出响应的频谱。

对应地，在第二章中讨论了离散时间信号的 z 域表示，也可以在 z 域中研究离散系统对离散时间输入信号的响应。作为一种数学分析方法，复频域法比频域法在研究离散系统的特性及实行系统的综合和设计时更方便、更有效。

（一）微分方程的 s 域求解

设线性时不变连续系统的微分方程为

$$\sum_{i=0}^{n} a_i y^{(i)}(t) = \sum_{j=0}^{m} b_j x^{(j)}(t) \tag{3-35}$$

式中，$x(t)$ 为 $t=0$ 时接入的输入信号；$y(t)$ 为系统的输出信号。为了更具普遍性，设 $x(t)$ 接入前，系统不处于静止状态，也即系统具有非零初始条件，它们是 $y^{(i)}(0_-)(i=0, 1,\cdots,n)$。

根据单边拉普拉斯变换及其时域微分性质

$$\mathscr{L}[y^{(i)}(t)] = s^i Y(s) - \sum_{k=0}^{i-1} s^{i-1-k} y^{(k)}(0_-), \quad i=0,1,\cdots,n \tag{3-36}$$

$$\mathscr{L}[x^{(j)}(t)] = s^j X(s) \tag{3-37}$$

式（3-37）中，由于 $x(t)$ 是 $t=0$ 时接入的因果信号，故 $x^{(j)}(0_-)=0(j=0,1,\cdots,n)$。将式（3-35）两边取拉普拉斯变换，并代以式（3-36）、式（3-37），得

$$\sum_{i=0}^{n} a_i\left[s^i Y(s) - \sum_{k=0}^{i-1} s^{i-1-k} y^{(k)}(0_-)\right] = \sum_{j=0}^{m} b_j s^j X(s)$$

即

$$\left(\sum_{i=0}^{n} a_i s^i\right) Y(s) - \sum_{i=0}^{n} a_i\left[\sum_{k=0}^{i-1} s^{i-1-k} y^{(k)}(0)\right] = \left(\sum_{j=0}^{m} b_j s^j\right) X(s)$$

$$Y(s) = \frac{\sum_{j=0}^{m} b_j s^j}{\sum_{i=0}^{n} a_i s^i} X(s) + \frac{\sum_{i=0}^{n} a_i\left[\sum_{k=0}^{i-1} s^{i-1-k} y^{(k)}(0_-)\right]}{\sum_{i=0}^{n} a_i s^i} \tag{3-38}$$

式（3-38）右边第二项是一个 s 的有理函数，它与输入的拉普拉斯变换无关，仅取决于输出及其各阶导数的初始值 $y(0_-)$，$y'(0_-)$，$\cdots$，$y^{(n-1)}(0_-)$，它们正是微分方程［式（3-35）］的 n 个非零初始条件，因此，这一项表示了系统在本次输入为零时仍有的输出，即零输入响应 $y_{zi}(t)$ 的拉普拉斯变换 $Y_{zi}(s)$。

式（3-38）右边第一项是 s 的有理函数与输入信号的拉普拉斯变换 $X(s)$ 相乘，表示了系统在零初始状态情况下对激励的响应，因此，这一项表示了系统零状态响应 $y_{zs}(t)$ 的拉普拉斯变换 $Y_{zs}(s)$。

所以，式（3-38）可以写为

$$Y(s) = Y_{zs}(s) + Y_{zi}(s) \tag{3-39}$$

两边取拉普拉斯反变换，得

$$y(t) = y_{zs}(t) + y_{zi}(t) \tag{3-40}$$

式中，$y_{zs}(t) = \mathscr{L}^{-1}\left[\dfrac{\sum\limits_{j=0}^{m} b_j s^j}{\sum\limits_{i=0}^{n} a_i s^i} X(s)\right]$；$y_{zi}(t) = \mathscr{L}^{-1}\left[\dfrac{\sum\limits_{i=0}^{n} a_i\left[\sum\limits_{k=0}^{i-1} s^{i-1-k} y^{(k)}(0_-)\right]}{\sum\limits_{i=0}^{n} a_i s^i}\right]$

利用复频域分析法，能方便地求取系统的零输入响应、零状态响应以及全响应。

例 3-13 线性时不变系统 $y''(t) + 3y'(t) + 2y(t) = 2x'(t) + 6x(t)$ 的初始状态为 $y(0_-) = 2$, $y'(0_-) = 1$, 求在输入信号 $x(t) = u(t)$ 的作用下, 系统的零输入响应、零状态响应和全响应。

解 对系统方程取单边拉普拉斯变换, 有

$$s^2 Y(s) - sy(0_-) - y'(0_-) + 3sY(s) - 3y(0_-) + 2Y(s) = 2sX(s) + 6X(s)$$

整理得

$$(s^2 + 3s + 2)Y(s) - y'(0_-) - (s+3)y(0_-) = (2s+6)X(s)$$

即

$$Y(s) = \frac{2s+6}{s^2 + 3s + 2}X(s) + \frac{y'(0_-) + (s+3)y(0_-)}{s^2 + 3s + 2} = Y_{zs}(s) + Y_{zi}(s)$$

将初始条件 $y(0_-) = 2, y'(0_-) = 1$ 代入, 有

$$Y_{zi}(s) = \frac{y'(0_-) + (s+3)y(0_-)}{s^2 + 3s + 2} = \frac{1 + 2(s+3)}{s^2 + 3s + 2} = \frac{2s+7}{(s+1)(s+2)} = \frac{5}{s+1} - \frac{3}{s+2}$$

将 $X(s) = \mathscr{L}[u(t)] = \dfrac{1}{s}$ 代入, 有

$$Y_{zs}(s) = \frac{2s+6}{s^2 + 3s + 2}X(s) = \frac{2s+6}{s(s+1)(s+2)} = \frac{3}{s} - \frac{4}{s+1} + \frac{1}{s+2}$$

对上两式取反变换, 得零输入响应和零状态响应分别为

$$y_{zi}(t) = (5e^{-t} - 3e^{-2t})u(t)$$

$$y_{zs}(t) = (3 - 4e^{-t} + e^{-2t})u(t)$$

系统的全响应为两式之和, 即

$$y(t) = y_{zi}(t) + y_{zs}(t) = (3 + e^{-t} - 2e^{-2t})u(t)$$

如果只求全响应, 可将 $X(s)$ 和初始条件直接代入 $Y(s)$ 的式子, 即

$$Y(s) = \frac{2s+6}{s^2 + 3s + 2} \cdot \frac{1}{s} + \frac{1 + 2(s+3)}{s^2 + 3s + 2} = \frac{2s^2 + 9s + 6}{s(s+1)(s+2)} = \frac{3}{s} + \frac{1}{s+1} - \frac{2}{s+2}$$

取反变换直接得到全响应 $y(t)$, 结果同上。

（二）差分方程的 z 域求解

与微分方程在 s 域求解类似, 首先利用 Z 变换把描述离散时间系统的时域差分方程变换成 z 域的代数方程, 解此代数方程后, 再经 Z 反变换求得系统的响应。

设 N 阶线性时不变离散时间系统的差分方程为

$$\sum_{k=0}^{N} a_k y(n-k) = \sum_{k=0}^{M} b_k x(n-k) \tag{3-41}$$

式中, $x(n)$、$y(n)$ 分别为离散时间系统的输入和输出; $y(-1) \sim y(-N)$ 为系统的 N 个初始状态, 利用单边 Z 变换及其时移特性, 有

$$\mathscr{Z}[y(n-k)u(n)] = z^{-k}\left[Y(z) + \sum_{l=-k}^{-1} y(l)z^{-l}\right]$$

$$\mathscr{Z}[x(n-k)u(n)] = z^{-k}\left[X(z) + \sum_{l=-k}^{-1} x(l)z^{-l}\right] = z^{-k}X(z)$$

第三章 信号处理基础

该式的第二个等式是由于输入序列 $x(n)$ 是因果序列，有 $x(l)=0$，l 的取值范围为 $-k \sim -1$。因此，差分方程［式（3-41）］的 z 域表达式为

$$\sum_{k=0}^{N} a_k z^{-k}\left[Y(z)+\sum_{l=-k}^{-1} y(l)z^{-l}\right]=\sum_{k=0}^{M} b_k z^{-k} X(z)$$

即有

$$\sum_{k=0}^{N} a_k z^{-k} Y(z)=\sum_{k=0}^{M} b_k z^{-k} X(z)-\sum_{k=0}^{N} a_k z^{-k}\left[\sum_{l=-k}^{-1} y(l)z^{-l}\right]$$

解得离散系统响应的 z 域表达式为

$$Y(z)=\frac{\sum_{k=0}^{M} b_k z^{-k}}{\sum_{k=0}^{N} a_k z^{-k}} X(z)+\frac{-\sum_{k=0}^{N} a_k z^{-k}\left[\sum_{l=-k}^{-1} y(l)z^{-l}\right]}{\sum_{k=0}^{N} a_k z^{-k}} \tag{3-42}$$

式（3-42）右边第一项仅与输入序列的 Z 变换 $X(z)$ 有关，表示了系统在零初始状态情况下对激励的响应，因此，这一项表示了系统零状态响应 $y_{zs}(n)$ 的 Z 变换 $Y_{zs}(z)$。

式（3-42）右边第二项与输入信号无关，仅取决于输出的各过去时刻值 $y(-1) \sim y(-N)$，它们正是差分方程［式（3-41）］的 N 个非零初始状态，因此，这一项表示了离散系统零输入响应 $y_{zi}(n)$ 的 Z 变换 $Y_{zi}(z)$。

显然，对 $Y_{zs}(z)$、$Y_{zi}(z)$ 和 $Y(z)$ 进行 Z 反变换，就可求得离散系统的零状态响应、零输入响应和完全响应的时域表达式。

例 3-14 求差分方程为 $y(n)-4y(n-1)+4y(n-2)=4x(n)$ 的离散时间系统对输入信号 $x(n)=(-3)^n u(n)$ 的零状态响应、零输入响应和完全响应，系统的初始状态为 $y(-1)=0$，$y(-2)=2$。

解 对系统方程取单边 Z 变换，有

$$Y(z)-4[z^{-1}Y(z)+y(-1)]+4[z^{-2}Y(z)+z^{-1}y(-1)+y(-2)]=4X(z)$$

整理得

$$(1-4z^{-1}+4z^{-2})Y(z)-(4-4z^{-1})y(-1)+4y(-2)=4X(z)$$

即有

$$Y(z)=\frac{4}{1-4z^{-1}+4z^{-2}}X(z)+\frac{(4-4z^{-1})y(-1)-4y(-2)}{1-4z^{-1}+4z^{-2}}$$

该式右边第一项为系统零状态响应的 Z 变换 $Y_{zs}(z)$，第二项为系统零输入响应的 Z 变换 $Y_{zi}(z)$，且有

$$X(z)=\mathscr{Z}[x(n)]=\mathscr{Z}[(-3)^n u(n)]=\frac{z}{z+3}$$

所以有

$$Y_{zs}(z)=\frac{4}{1-4z^{-1}+4z^{-2}}X(z)=\frac{4}{1-4z^{-1}+4z^{-2}} \cdot \frac{z}{z+3}=\frac{4}{(1-2z^{-1})^2(1+3z^{-1})}$$

$$=\frac{1.44}{1+3z^{-1}}+\frac{0.96}{1-2z^{-1}}+\frac{1.6}{(1-2z^{-1})^2}$$

对 $Y_{zs}(z)$ 进行 Z 反变换，得系统的零状态响应为

223

$$y_{zs}(n) = 1.44(-3)^n u(n) + 0.96 \cdot 2^n u(n) + 1.6(n+1) \cdot 2^n u(n)$$
$$= [1.44(-3)^n + 2.56 \cdot 2^n + 1.6n \cdot 2^n] u(n)$$

代入系统的初始状态得 $Y_{zi}(z)$ 为

$$Y_{zi}(z) = \frac{(4-4z^{-1})y(-1) - 4y(-2)}{1-4z^{-1}+4z^{-2}} = \frac{-8}{1-4z^{-1}+4z^{-2}}$$

对 $Y_{zi}(z)$ 进行 Z 反变换，得系统的零输入响应为

$$y_{zi}(n) = -8(n+1) \times 2^n u(n) = [-8n \times 2^n - 8 \times 2^n] u(n)$$

系统的完全响应为

$$y(n) = y_{zs}(n) + y_{zi}(n)$$
$$= [1.44 \times (-3)^n + 2.56 \times 2^n + 1.6n \times 2^n] u(n) + [-8 \times 2^n - 8n \times 2^n] u(n)$$
$$= [1.44 \times (-3)^n - 5.44 \times 2^n - 6.4n \times 2^n] u(n)$$

（三）系统函数

1. 连续系统情况

对于连续系统，如果仅考虑零状态响应，即系统在零初始条件下对输入激励的响应，则式（3-38）变为

$$Y(s) = \frac{\sum\limits_{j=0}^{m} b_j s^j}{\sum\limits_{i=0}^{n} a_i s^i} X(s) \tag{3-43}$$

定义在零初始条件下，系统输出的拉普拉斯变换与输入的拉普拉斯变换之比为连续系统的系统函数（有的场合如控制理论中称为传递函数），记作 $H(s)$，即

$$H(s) = \frac{Y(s)}{X(s)} = \frac{\sum\limits_{j=0}^{m} b_j s^j}{\sum\limits_{i=0}^{n} a_i s^i} \tag{3-44}$$

式（3-44）表明，线性时不变连续系统的系统函数 $H(s)$ 是 s 的有理分式，它只与描述系统的微分方程的结构及系数 a_i、b_j 有关，即系统函数 $H(s)$ 由系统的结构及其参数完全确定，反映了系统的特性和功能。

由式（3-44）可得

$$Y(s) = H(s)X(s) \tag{3-45}$$

表示 $H(s)$ 的作用是将输入信号 $X(s)$ 经 $H(s)$ 传递到输出 $Y(s)$，如图 3-14 所示。

当输入信号为单位冲激信号 $\delta(t)$ 时，显然这时 $X(s)=1$，而系统的输出为单位冲激响应 $h(t)$，其拉普拉斯变换为 $\mathscr{L}[h(t)]$，将它们代入式（3-44），有

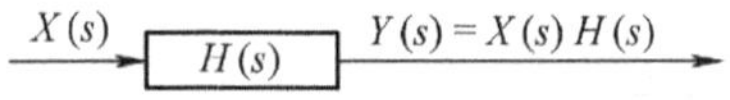

$$H(s) = \mathscr{L}[h(t)] \tag{3-46}$$

图 3-14 系统函数的传递功能

即连续系统的系统函数就是系统的单位冲激响应的拉普拉斯变换，这一关系表示了系统特性在时域和复频域之间的联系，实际上由拉普拉斯变换的时域卷积定理也很容易得出式（3-46）的关系。

224

　　由于系统函数 $H(s)$ 较易获得，往往可以通过对 $H(s)$ 的拉普拉斯反变换求系统的单位冲激响应，另外，也可以由 $H(\omega)=H(s)\big|_{s=\mathrm{j}\omega}$ 求取系统的频率特性函数，这给系统的分析带来极大方便。当然，根据式（3-45）及其反变换求得系统的零状态响应也是系统函数 $H(s)$ 的一个用途。

　　除此之外，系统函数在系统理论中占有十分重要的地位，它的零、极点的分布与系统的稳定性、瞬态响应都有明确的对应关系，在反馈控制系统的分析和综合中更是重要的工具。

　　例 3-15　求下述线性时不变系统的单位冲激响应。

$$y''(t)+2y'(t)+2y(t)=x'(t)+3x(t)$$

　　解　设系统的初始条件为零，对系统方程取拉普拉斯变换，得

$$s^2Y(s)+2sY(s)+2Y(s)=sX(s)+3X(s)$$

整理后有

$$H(s)=\frac{Y(s)}{X(s)}=\frac{s+3}{s^2+2s+2}=\frac{s+1}{(s+1)^2+1}+\frac{2}{(s+1)^2+1}$$

查表 1-4，并利用频移性质有

$$\mathscr{L}^{-1}\left[\frac{s+1}{(s+1)^2+1^2}\right]=\mathrm{e}^{-t}\cos t\cdot u(t)$$

$$\mathscr{L}^{-1}\left[\frac{1}{(s+1)^2+1^2}\right]=\mathrm{e}^{-t}\sin t\cdot u(t)$$

所以系统的单位冲激响应为

$$h(t)=\mathscr{L}^{-1}[H(s)]=\mathrm{e}^{-t}[\cos t+2\sin t]u(t)$$

　　例 3-16　已知线性时不变系统对 $x(t)=\mathrm{e}^{-t}u(t)$ 的零状态响应为

$$y(t)=(3\mathrm{e}^{-t}-4\mathrm{e}^{-2t}+\mathrm{e}^{-3t})u(t)$$

试求该系统的单位冲激响应并写出描述该系统的微分方程。

　　解　由 $x(t)=\mathrm{e}^{-t}u(t)$ 得

$$X(s)=\frac{1}{s+1}$$

再由系统的零状态响应得

$$Y(s)=\frac{3}{s+1}-\frac{4}{s+2}+\frac{1}{s+3}=\frac{2(s+4)}{(s+1)(s+2)(s+3)}$$

由式（3-44），得

$$H(s)=\frac{Y(s)}{X(s)}=\frac{2(s+4)}{(s+1)(s+2)(s+3)}\cdot(s+1)=\frac{2(s+4)}{(s+2)(s+3)}=\frac{4}{s+2}-\frac{2}{s+3}$$

系统的单位冲激响应为

$$h(t)=\mathscr{L}^{-1}[H(s)]=(4\mathrm{e}^{-2t}-2\mathrm{e}^{-3t})u(t)$$

$H(s)$ 也可写为

$$H(s)=\frac{Y(s)}{X(s)}=\frac{2(s+4)}{(s+2)(s+3)}=\frac{2s+8}{s^2+5s+6}$$

则有

$$s^2Y(s)+5sY(s)+6Y(s)=2sX(s)+8X(s)$$

求拉普拉斯反变换，并注意到系统的初始条件为零，得

$$y''(t)+5y'(t)+6y(t)=2x'(t)+8x(t)$$

即为描述系统的微分方程。

2. 离散系统情况

类似地，对于离散系统，如果仅考虑零状态响应，则式（3-42）变为

$$Y(z)=\frac{\sum_{k=0}^{M}b_kz^{-k}}{\sum_{k=0}^{N}a_kz^{-k}}X(z) \tag{3-47}$$

定义在零初始条件下，系统输出的 Z 变换与输入的 Z 变换之比为离散系统的系统函数（有的场合如控制理论中称为脉冲传递函数），记作 $H(z)$，即

$$H(z)=\frac{Y(z)}{X(z)}=\frac{\sum_{k=0}^{M}b_kz^{-k}}{\sum_{k=0}^{N}a_kz^{-k}} \tag{3-48}$$

显然，线性时不变离散系统的系统函数 $H(z)$ 是 z 的有理函数，它由离散系统的结构及其参数完全确定，反映了离散系统的特性和功能。进一步考察可知，根据系统具体情况不同（实际上体现在系统参数取值不同），存在如下 3 种情况：

1）当 $a_k=0$，$1\leqslant k\leqslant N$ 时，设 $a_0=1$，则式（3-48）为

$$H(z)=\sum_{k=0}^{M}b_kz^{-k} \tag{3-49}$$

这时离散系统系统函数 $H(z)$ 只有 M 个零点，无有限极点，称为全零点型系统或滑动平均（MA）模型。

2）当 $b_k=0$，$1\leqslant k\leqslant M$ 时，设 $a_0=1$，则式（3-48）为

$$H(z)=\frac{b_0}{\sum_{k=0}^{N}a_kz^{-k}}=\frac{b_0}{1+\sum_{k=1}^{N}a_kz^{-k}} \tag{3-50}$$

这时离散系统的系统函数 $H(z)$ 只有 N 个极点，无有限零点，称为全极点型系统或自回归（AR）模型。

3）当离散系统的系统函数 $H(z)$ 以式（3-48）的通式表示时，它既含有极点又含有零点，称为极点、零点型系统或自回归滑动平均（ARMA）模型。

由式（3-48）可得离散系统从输入信号 $X(z)$ 到输出响应 $Y(z)$ 的传递关系，即

$$Y(z)=H(z)X(z) \tag{3-51}$$

当输入信号为单位脉冲序列 $\delta(n)$ 时，其 Z 变换 $X(z)=1$，对应的系统输出为单位脉冲响应 $h(n)$，其 Z 变换为 $\mathscr{Z}[h(n)]$，将它们代入式（3-48），有

$$H(z)=\mathscr{Z}[h(n)] \tag{3-52}$$

即离散系统的系统函数就是离散系统的单位脉冲响应的 Z 变换，表示了系统特性在时域和 z 域之间的联系，实际上由 Z 变换的时域卷积定理也很容易得出式（3-52）的关系。

另外，当系统函数 $H(z)$ 的极点全部位于 z 平面单位圆内时，离散系统的频率特性函数 $H(\Omega)$ 也可由 $H(z)$ 求取，即

$$H(\Omega) = H(z)\big|_{z=e^{j\Omega}} \tag{3-53}$$

同样地，离散系统的系统函数在离散系统理论中占有十分重要的地位，它的零、极点的分布与系统的稳定性、响应特性都有明确的对应关系，在离散控制系统的分析和综合中是重要的工具。

第三节 解卷积（逆滤波与系统辨识）

时域分析法中，如已知连续系统的单位冲激响应 $h(t)$，则系统对输入信号 $x(t)$ 的响应为 $h(t)$ 和 $x(t)$ 的卷积，即

$$y(t) = h(t) * x(t)$$

对于离散系统则有

$$y(n) = h(n) * x(n)$$

卷积运算成为系统分析的基础，将时域卷积对应到频域或复频域，成为相乘的运算，即对于连续系统，有

$$Y(\omega) = H(\omega)X(\omega) \text{ 或 } Y(s) = H(s)X(s)$$

对于离散系统，有

$$Y(\Omega) = H(\Omega)X(\Omega) \text{ 或 } Y(z) = H(z)X(z)$$

这给系统分析带来方便。

但是，在信号分析和处理中还会碰到如下两个问题：

1) 已知系统的输出 $y(t)$ 或 $y(n)$ 和系统的单位冲激响应 $h(t)$ 或单位脉冲响应 $h(n)$，要求系统的输入信号 $x(t)$ 或 $x(n)$，这一类问题属于信号的恢复，即在已知系统结构或特性的条件下，从系统的输出信号中恢复出响应激励信号。

2) 已知系统的输入 $x(t)$ 或 $x(n)$ 和系统的输出 $y(t)$ 或 $y(n)$，要求确定出反映系统特性和功能的系统单位冲激响应 $h(t)$ 或单位脉冲响应 $h(n)$，这一类问题属于系统辨识问题。

这两类问题目的不同，物理意义不同，但从数学处理上看是一致的，都是把原来在时域卷积积分 $y(t) = h(t) * x(t)$ 中的 $h(t)$ 与 $x(t)$ 从卷积关系中分离出来 [对于离散系统则是把原来在时域卷积和 $y(n) = h(n) * x(n)$ 中的 $h(n)$ 与 $x(n)$ 从卷积关系中分离出来]，这是卷积的反演问题，称为解卷积。

考虑线性时不变离散系统，显然有卷积和

$$y(n) = \sum_{k=-\infty}^{\infty} x(k)h(n-k)$$

设系统是因果性的，其单位脉冲响应取 $N+1$ 个有限项，即

$$y(n) = \sum_{k=0}^{N} x(k)h(n-k) = h(n)x(0) + h(n-1)x(1) +$$
$$h(n-2)x(2) + \cdots + h(n-N)x(N)$$

所以有

$$y(0) = h(0)x(0)$$
$$y(1) = h(1)x(0) + h(0)x(1)$$
$$\vdots$$
$$y(N) = h(N)x(0) + h(N-1)x(1) + \cdots + h(0)x(N)$$

这是 $N+1$ 个联立方程，可写成矩阵形式为

$$\begin{pmatrix} h(0) & 0 & 0 & \cdots & 0 \\ h(1) & h(0) & 0 & \cdots & 0 \\ h(2) & h(1) & h(0) & \cdots & 0 \\ \vdots & \vdots & \vdots & & \vdots \\ h(N) & h(N-1) & h(N-2) & \cdots & h(0) \end{pmatrix} \begin{pmatrix} x(0) \\ x(1) \\ x(2) \\ \vdots \\ x(N) \end{pmatrix} = \begin{pmatrix} y(0) \\ y(1) \\ y(2) \\ \vdots \\ y(N) \end{pmatrix} \qquad (3\text{-}54)$$

对于系统辨识问题，是由 $x(i)$ 和 $y(i)$，求 $N+1$ 个未知值 $h(i)(i=0,1,\cdots,N)$，显然可得

$$h(0) = \frac{y(0)}{x(0)}$$

$$h(1) = \frac{y(1) - h(0)x(1)}{x(0)}$$

$$\vdots$$

即有

$$h(n) = \frac{y(n) - \sum_{k=0}^{n-1} h(k)x(n-k)}{x(0)}, \quad n = 0,1,2,\cdots,N \qquad (3\text{-}55)$$

对于信号恢复问题，是由 $y(i)$ 和 $h(i)$，求 $N+1$ 个未知值 $x(i)(i=0,1,\cdots,N)$。根据卷积运算满足交换律，有

$$\sum_{k=0}^{N} x(k)h(n-k) = \sum_{k=0}^{N} h(k)x(n-k)$$

所以只要将式（3-55）中的 $h(n)$ 和 $x(n)$ 互换，即可求得 $x(n)$ 为

$$x(n) = \frac{y(n) - \sum_{k=0}^{n-1} x(k)h(n-k)}{h(0)}, \quad n = 0,1,2,\cdots,N \qquad (3\text{-}56)$$

一、系统辨识问题

对于某一输入信号 $x(t)$，不同的系统会产生不同的输出响应 $y(t)$，这是由系统的不同结构、特性和功能造成的，因此，可以认为，系统的输入信号与输出信号的关系中包含了关于系统的结构、特性或功能的信息。由系统的输入信号和输出信号，求取对系统结构、特性或功能的描述关系式，称为系统辨识。对系统的描述关系式通常是指 $h(t)$、$H(\omega)$ 或 $H(s)$，它们在不同的讨论域中完全、充分地反映了系统的特性。

系统辨识问题在系统理论中占有十分重要的地位，由于它涉及输入信号和输出信号的关系，因此也是信号分析和处理的重要内容，正如前面所述，在时域，它实质上就是一个卷积的反演问题，即解卷积问题。

系统辨识作为一个专门的学科分支，已经得到很深入、广泛的研究，这里结合前面已讨论的关于信号分析和处理的基本内容介绍几种最基本的方法。

（一）实验法求系统的频率特性函数 $H(\omega)$

在频域分析法中已讨论过，线性时不变系统对复指数信号（正弦型信号）的响应仍是一个同频率的复指数信号（正弦型信号），只是其幅值和相位发生了改变，即如果 $x(t) = e^{j\omega t}$（或 $\sin\omega t$），系统的频率特性为 $H(\omega) = |H(\omega)| e^{j\varphi_h(\omega)}$，则有

$$y(t) = H(\omega) e^{j\omega t} = |H(\omega)| e^{j[\omega t + \varphi_h(\omega)]}$$

或

$$y(t) = |H(\omega)| \sin[\omega t + \varphi_h(\omega)]$$

当对系统输入一系列不同的正弦型信号 $\sin\omega t$（$\omega = \omega_1, \omega_2, \cdots, \omega_n$）时，系统的输出端得到一系列与输入信号同频率的正弦型信号，但其幅值和相位随着频率的变化而变化，得到幅值序列 $\{|H(\omega)|\}$ 和相位序列 $\{\varphi_h(\omega)\}$（$\omega = \omega_1, \omega_2, \cdots, \omega_n$），由此可画出系统的频率特性曲线（通常画成伯德图），并进一步可得频率特性的关系式 $H(\omega)$。

（二）解析法求系统的描述关系式

对于线性时不变因果系统，若在零状态条件下的输入信号和输出信号在频域或复频域能表示成闭合形式，则可用解析的方法求出系统的频率特性或传递函数，即

$$H(\omega) = \frac{Y(\omega)}{X(\omega)}$$

或

$$H(s) = \frac{Y(s)}{X(s)}$$

若其输入、输出信号在频域或复频域不能写成闭合形式，则可以利用它们的采样序列根据式（3-55）递推求出 $h(n)$（$n = 0, 1, \cdots, N$）。

（三）相关法辨识

频域中的输入和输出有关系式

$$H(\omega) = \frac{Y(\omega)}{X(\omega)}$$

对于实函数信号 $x(t)$、$y(t)$ 及因果系统的 $h(t)$，显然有

$$H(\omega) = \frac{Y(\omega)}{X(\omega)} \cdot \frac{X^*(\omega)}{X^*(\omega)} = \frac{\mathscr{F}[R_{yx}(\tau)]}{\mathscr{F}[R_{xx}(\tau)]} \tag{3-57}$$

根据第一章第四节的讨论，式（3-57）分子部分是输入信号与输出信号的互能量密度谱，分母部分是输入信号的自能量密度谱。

式（3-57）又可写为

$$\mathscr{F}[R_{yx}(\tau)] = \mathscr{F}[h(\tau)] \cdot \mathscr{F}[R_{xx}(\tau)] \tag{3-58}$$

根据傅里叶变换的时域卷积定理，有

$$R_{yx}(\tau) = h(\tau) * R_{xx}(\tau) \tag{3-59}$$

即

$$R_{yx}(\tau) = \int_0^\infty h(t) R_{xx}(\tau - t) \, dt$$

若输入信号为白噪声（随机信号分析中将介绍，这是一个均值为零、功率密度为非零

常数，自相关函数 $R_{xx}(\tau)=\delta(\tau)$ 的平稳随机信号），则

$$R_{yx}(\tau)=h(\tau)*\delta(\tau)=h(\tau) \tag{3-60}$$

从上面的讨论可知：

1）若已知输入信号的自能量密度谱（对于功率信号为自功率密度谱）以及所希望得到的输入信号与输出信号之间的互能量密度谱（互功率密度谱），则根据式（3-57）可求得系统的频率特性函数 $H(\omega)$。

2）也可以通过对系统输入白噪声（通常是由计算机产生的伪随机码），记录输入信号和输出信号并计算它们的互相关函数 $R_{yx}(\tau)$，由式（3-60）可知，它就是系统的单位冲激响应 $h(\tau)$。

（四）基于最小二乘法的系统辨识

仅根据对系统的输入信号和输出信号的观测数据序列来识别系统，建立系统的数学模型，具有重要的实际意义。假设线性时不变离散系统用一个线性常系数差分方程来描述，即

$$\sum_{i=0}^{n} a_i \hat{y}(k-i) = \sum_{i=0}^{n} b_i x(k-i), \quad a_0=1 \tag{3-61}$$

将此数学模型和原系统并联，输入同一序列 $x(k)$，如图 3-15 所示，则原系统的输出为 $y(k)$，模型系统的输出为 $\hat{y}(k)$，令两者的误差为

$$e(k)=y(k)-\hat{y}(k) \tag{3-62}$$

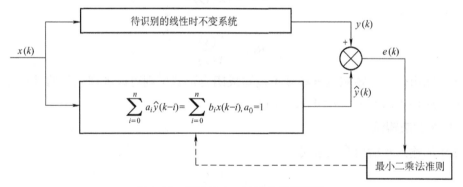

图 3-15 基于最小二乘法的系统辨识

代入式（3-61），得

$$\sum_{i=0}^{n} a_i [y(k-i)-e(k-i)] = \sum_{i=0}^{n} b_i x(k-i), \quad a_0=1 \tag{3-63}$$

展开即得

$$y(k)=-\sum_{i=1}^{n} a_i y(k-i) + \sum_{i=0}^{n} b_i x(k-i) + \sum_{i=0}^{n} a_i e(k-i), \quad a_0=1 \tag{3-64}$$

令

$$\xi(k)=\sum_{i=0}^{n} a_i e(k-i), \quad a_0=1 \tag{3-65}$$

序列 $\{\xi(k)\}$ 是由模型不完全拟合于原系统造成的，称为模型残差，假设是零均值、独立分布的平稳随机序列，且与输入序列 $\{x(k)\}$ 相互独立，则式（3-64）变为

$$y(k)=-\sum_{i=1}^{n} a_i y(k-i) + \sum_{i=0}^{n} b_i x(k-i) + \xi(k) \tag{3-66}$$

式中，$\{x(k)\}$ 和 $\{y(k)\}$ 分别为原系统的输入、输出观测数据序列，现在的问题是如何根据这些观测数据去确定系统模型的参数 a_i 和 $b_i (i=0,1,2,\cdots,n)$。从上面的讨论确知，系统的模型残差 $\xi(k)$ 与参数 a_i 和 b_i 是密切相关的，希望选取一组最佳的参数 a_i 和 b_i，使 $\xi(k)$ 最小，因为这表明这组参数所确定的模型与原系统有最好的拟合。这样，系统的模型辨识问题就变成了参数优化的问题。

为了求解参数优化问题，首先要确定一个准则，考虑到 $\xi(k)$ 的数值有正有负，所以应以 $\xi(k)$ 的二次方的累计值最小作为确定参数 a_i 和 b_i 的准则，即指标函数为

$$J = \sum_k \xi^2(k) \tag{3-67}$$

这种从统计的角度出发，以模型残差的二次方和最小为准则来识别系统的方法就是最小二乘法系统辨识，这一概念和方法广泛地应用于各个领域。

现在考虑如何以式（3-67）为指标函数，实现对式（3-66）的参数 a_i 和 $b_i (i=0,1,2,\cdots,n)$ 的确定。分别从原系统获取 $n+N$ 个输出和输入的观测数据，得到输出和输入观测数据序列分别为

$$\{y(k)\}, \quad k=1,2,\cdots,n,n+1,\cdots,n+N$$
$$\{x(k)\}, \quad k=1,2,\cdots,n,n+1,\cdots,n+N$$

按式（3-66）可写出下列 N 个方程：

$$y(n+1) = -\sum_{i=1}^n a_i y(n+1-i) + \sum_{i=0}^n b_i x(n+1-i) + \xi(n+1)$$

$$y(n+2) = -\sum_{i=1}^n a_i y(n+2-i) + \sum_{i=0}^n b_i x(n+2-i) + \xi(n+2)$$

$$\vdots$$

$$y(n+N) = -\sum_{i=1}^n a_i y(n+N-i) + \sum_{i=0}^n b_i x(n+N-i) + \xi(n+N)$$

其矩阵形式为

$$Y_{1,N} = [-Y \vdots X] \begin{bmatrix} a \\ \cdots \\ b \end{bmatrix} + \xi \tag{3-68}$$

其中

$$Y_{1,N} = \begin{pmatrix} y(n+1) \\ y(n+2) \\ \vdots \\ y(n+N) \end{pmatrix}, \quad \begin{pmatrix} a \\ \cdots \\ b \end{pmatrix} = (a_1\,a_2\cdots a_n \vdots b_0\,b_1\cdots b_n)^T, \quad \xi = \begin{pmatrix} \xi(n+1) \\ \xi(n+2) \\ \vdots \\ \xi(n+N) \end{pmatrix}$$

$$Y = (Y_{0,N-1}\,Y_{-1,N-2}\cdots Y_{-n+1,N-n}) = \begin{pmatrix} y(n) & y(n-1) & \cdots & y(1) \\ y(n+1) & y(n) & \cdots & y(2) \\ \vdots & \vdots & & \vdots \\ y(n+N-1) & y(n+N-2) & \cdots & y(N) \end{pmatrix}$$

$$X = (X_{1,N},X_{0,N-1}\cdots X_{-n+1,N-n}) = \begin{pmatrix} x(n+1) & x(n) & \cdots & x(1) \\ x(n+2) & x(n+1) & \cdots & x(2) \\ \vdots & \vdots & & \vdots \\ x(n+N) & x(n+N-1) & \cdots & x(N) \end{pmatrix}$$

231

进一步可写为

$$Y_{1,N} = \Phi\theta + \xi \tag{3-69}$$

式中，$Y_{1,N}$ 为 n 以后的 N 个输出观测数据组成的向量，为已知数据向量；$\Phi = (-Y, \cdots, X)$ 为 $n+N-1$ 个输出观测数据和 $n+N$ 个输入观测数据按一定规律构成的矩阵，所以为已知数据矩

阵；$\theta = \begin{pmatrix} a \\ \vdots \\ b \end{pmatrix}$ 为 $2n+1$ 个参数组成的向量，是待确定的；ξ 为残差 $\xi(k)$，$k = n+1, n+2, \cdots, n+N$ 组

成的残差向量。因此式（3-67）的指标函数可表示为

$$J = \sum_{k=n+1}^{n+N} \xi^2(k) = \xi^T \xi \tag{3-70}$$

问题转化为在矩阵方程［式（3-69）］中已知 $Y_{1,N}$ 和 Φ 的条件下，求取使式（3-70）指标函数 J 为最小的参数向量 θ。为此将式（3-69）代入指标函数［式（3-70）］，得

$$J = (Y_{1,N} - \Phi\theta)^T (Y_{1,N} - \Phi\theta)$$

为求得使 J 为最小的 θ，可求解为

$$\frac{\partial J}{\partial \theta} = -2\Phi^T(Y_{1,N} - \Phi\theta) = 0$$

即

$$\Phi^T \Phi \theta = \Phi^T Y_{1,N}$$

得到参数向量 θ 的最小二乘法的解为

$$\theta = [\Phi^T \Phi]^{-1} \Phi^T Y_{1,N} \tag{3-71}$$

为了从系统的输入、输出观测数据中获得更多关于系统特征的信息，以便使由式（3-71）所决定的系统模型更精确地拟合原系统，往往尽量多地取得输入、输出观测数据，通常可取 $N \gg 2n+1$。

还有其他一些经典的和现代的系统辨识方法，而且上述最小二乘辨识算法也只是原理性的，有关系统辨识的更多知识可参阅有关的专门教材和专著。

二、逆滤波问题

从由于干扰和噪声污染而失真的信号中正确恢复原有信号，提取有用信息，是信号处理的重要任务之一。由于信号在变换或传输过程中受到各种因素的影响，必然会引起信号的失真。比如通信系统，原始信号从发送端经过线路传送到接收端，需要经过终端设备和通信线路，为了简化，姑且把终端设备和通信线路看作一个具有单位冲激响应为 $h(t)$ 的线性时不变系统，如图 3-16 所示，则有

$$y(t) = h(t) * x(t)$$

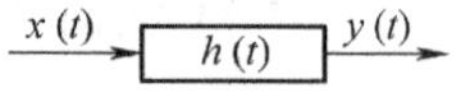

如果希望在接收端收到与发送端完全一样的原始信号，即 $y(t) = x(t)$，则只有 $h(t) = \delta(t)$，即描述终端设备和线路特性的系统单位冲激响应 $h(t)$ 为一理想的冲激函数，也即系统满足理

图 3-16 实现信号传输的线性时不变系统

想的无失真条件，这显然是不可能的。解决这一问题的办法可以用逆滤波器，即在已知 $y(t)$ 和 $h(t)$ 的条件下，通过解卷积，求出原始信号 $x(t)$。

（一）逆系统

仍然考虑如图 3-16 所示的信号传输系统，如果为了得到原始信号 $x(t)$，在接收端级联一个滤波器，其单位冲激响应为 $h_I(t)$，它的功能就是从失真的信号 $y(t)$ 中恢复原始信号 $x(t)$，如图 3-17 所示，则有

$$r(t) = h_I(t) * y(t) = h_I(t) * h(t) * x(t) = x(t)$$

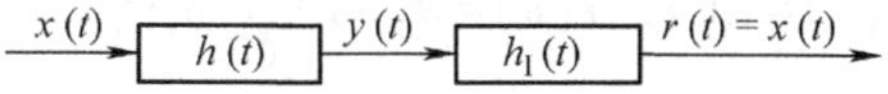

$$\xrightarrow{x(t)} \boxed{h(t)} \xrightarrow{y(t)} \boxed{h_I(t)} \xrightarrow{r(t) = x(t)}$$

图 3-17　系统与它相应的逆滤波器级联

显然 $h_I(t)$ 和 $h(t)$ 应满足

$$h_I(t) * h(t) = \delta(t) \tag{3-72}$$

在频域则有

$$H_I(\omega) \cdot H(\omega) = 1$$

得

$$H_I(\omega) = \frac{1}{H(\omega)} \tag{3-73}$$

在复频域有

$$H_I(s) \cdot H(s) = 1$$

得

$$H_I(s) = \frac{1}{H(s)} \tag{3-74}$$

即级联滤波器的频率特性函数等于原系统频率特性的倒数，对应的系统函数也为原系统函数的倒数，所以它是原系统的逆系统，把它称为逆滤波器。可见如果已知原系统的频率特性 $H(\omega)$ 或系统函数 $H(s)$，就很容易根据式（3-73）或式（3-74）求出逆滤波器。

前面已讨论了系统的可逆性与可逆系统，显然，逆滤波器存在的首要条件是原系统可逆。但是系统可逆并不一定就能得到它的具有物理意义的逆系统，从式（3-74）可知，逆系统 $H_I(s)$ 与原系统 $H(s)$ 的零、极点互成对换关系，即 $H(s)$ 的零点是 $H_I(s)$ 的极点，$H(s)$ 的极点是 $H_I(s)$ 的零点。由系统分析理论可知，系统稳定的充要条件是其系统函数的全部极点位于 s 左半平面（具有负实部），当 $H(s)$ 具有位于 s 右半平面的零点时，虽然系统本身可以是稳定的，但其逆系统 $H_I(s)$ 具有位于 s 右半平面的极点，是不稳定系统。因此，逆系统存在的另一个重要条件是原系统应为系统函数全部零点都位于 s 左半平面的稳定系统。从系统频率特性的相频看，具有上述零、极点分布的系统具有最小的相位滞后，称为最小相位系统。所以也可以说，为了通过逆滤波器达到恢复原始信号的目的，要求原系统是最小相位系统。当然，一个最小相位系统的逆系统仍然是最小相位系统。

（二）最小平方逆滤波器

实际情况往往是引起信号失真的原系统的特性是未知的，因此，不能根据式（3-73）或式（3-74）直接求得逆滤波器的数学模型，这时可以考虑利用观测到的原系统的输出数据，在误差平方和最小的准则下，确定原系统的逆系统，进而获得原始信号的最佳恢复。在离散的条件下讨论该问题，设逆滤波器为全零点型系统，即

$$H_I(z) = \sum_{k=0}^{q} b_k z^{-k} \tag{3-75}$$

按上面的讨论，让它与原系统 $H(z)$ 级联，如图 3-18 所示，其中 $d(n)$ 表示希望得到的信号序列，这里显然应该就是原始信号 $x(n)$，因为逆滤波器的目的就是希望恢复原始信号。但是它和逆滤波器的实际输出 $r(n)$ 之间存在误差，即

$$e(n) = d(n) - r(n) = d(n) - \sum_{k=0}^{q} b_k y(n-k) \tag{3-76}$$

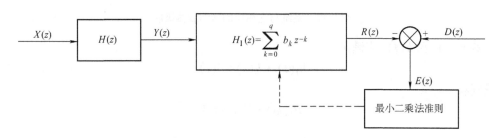

图 3-18　最小平方逆滤波器

与最小二乘辨识算法相同，在误差平方和最小的准则下来确定逆滤波器的参数 b_k，$k=0, 1, \cdots, q$，这时，$H_I(z)$ 一定是最佳逼近原系统 $H(z)$ 倒数的逆滤波器，而其输出信号 $r(n)$ 最接近于原始信号 $x(n)$。根据最小二乘法准则，指标函数为

$$
\begin{aligned}
J &= \sum_{n=0}^{N} e^2(n) = \sum_{n=0}^{N} \left[d(n) - \sum_{k=0}^{q} b_k y(n-k) \right]^2 \\
&= \sum_{n=0}^{N} \left[d^2(n) - 2 \sum_{k=0}^{q} b_k d(n) y(n-k) + \sum_{k=0}^{q} \sum_{l=0}^{q} b_l b_k y(n-l) y(n-k) \right] \\
&= \sum_{n=0}^{N} d^2(n) - 2 \sum_{k=0}^{q} b_k R_{dy}(k) + \sum_{k=0}^{q} \sum_{l=0}^{q} b_l b_k R_{yy}(k-l)
\end{aligned} \tag{3-77}
$$

式中，　　　$R_{dy}(k) = \sum\limits_{n=0}^{N} d(n) y(n-k)$　　为 $d(n)$ 和 $y(n)$ 的互相关函数；

$R_{yy}(k-l) = \sum\limits_{n=0}^{N} y(n-l) y(n-k)$ 为 $y(n)$ 的自相关函数。

令　　　　　　　　　　　　$\dfrac{\partial J}{\partial b_l} = 0, \quad l = 0, 1, \cdots, q$

得　　　　　$\dfrac{\partial J}{\partial b_l} = -2 R_{dy}(l) + 2 \sum\limits_{k=0}^{q} b_k R_{yy}(k-l) = 0, \quad l = 0, 1, \cdots, q$

即　　　　　　　　$\sum\limits_{k=0}^{q} b_k R_{yy}(k-l) = R_{dy}(l), \quad l = 0, 1, \cdots, q \tag{3-78}$

写成矩阵形式得

$$
\begin{pmatrix}
R_{yy}(0) & R_{yy}(1) & \cdots & R_{yy}(q) \\
R_{yy}(1) & R_{yy}(0) & \cdots & R_{yy}(q-1) \\
\vdots & \vdots & & \vdots \\
R_{yy}(q) & R_{yy}(q-1) & \cdots & R_{yy}(0)
\end{pmatrix}
\begin{pmatrix}
b_0 \\
b_1 \\
\vdots \\
b_q
\end{pmatrix}
=
\begin{pmatrix}
R_{dy}(0) \\
R_{dy}(1) \\
\vdots \\
R_{dy}(q)
\end{pmatrix} \tag{3-79}
$$

为了确定逆滤波器的参数，假设原系统输入信号为 $x(n)=\delta(n)$，显然这时 $y(n)=h(n)$，希望得到的信号也为 $d(n)=\delta(n)$，这时有

$$R_{dy}(l)=R_{dh}(l)=\sum_{n=0}^{N}\delta(n)h(n-l)=\begin{cases} h(0) & l=0 \\ 0 & l\neq 0 \end{cases}$$

$$R_{yy}(k-l)=R_{hh}(k-l)=\sum_{n=0}^{N}h(n-l)h(n-k)$$

式（3-78）变为

$$\sum_{k=0}^{q}b_k R_{hh}(k-l)=R_{dh}(l), \quad l=0,1,\cdots,q$$

矩阵形式为

$$\begin{pmatrix} R_{hh}(0) & R_{hh}(1) & \cdots & R_{hh}(q) \\ R_{hh}(1) & R_{hh}(0) & \cdots & R_{hh}(q-1) \\ \vdots & \vdots & & \vdots \\ R_{hh}(q) & R_{hh}(q-1) & \cdots & R_{hh}(0) \end{pmatrix}\begin{pmatrix} b_0 \\ b_1 \\ \vdots \\ b_q \end{pmatrix}=\begin{pmatrix} h(0) \\ 0 \\ \vdots \\ 0 \end{pmatrix} \tag{3-80}$$

式中，$R_{hh}(l)$ 由观测到的原系统的输出数据序列求得，而 $h(0)$ 为原系统的输出数据，因此逆滤波器的参数 b_l 完全可以由原系统输出数据序列决定，$l=0,1,\cdots,q$。由此得到的逆滤波器的输出信号 $r(n)$ 即为原始信号的最佳逼近。

三、同态系统解卷积

线性系统的叠加性质使它在处理和分离加法合成的信号时特别有效，例如线性系统滤波器可将两个占据不同频段的信号分量在由它们叠加而成的信号中分离开来，但是线性系统难于处理和分离乘法合成或卷积合成的信号。受线性系统处理加法合成信号的启示，可以设计一个系统，它将非加法合成的信号转换为适于线性处理的加法合成形式，然后根据不同的目的进行不同的线性系统处理，最后将线性系统处理结果重新转换至原信号形式。

例如，对于乘法合成的信号

$$x(n)=x_1(n)\cdot x_2(n)$$

首先取对数运算，得

$$\ln x(n)=\ln x_1(n)+\ln x_2(n)$$

或写成

$$\hat{x}(n)=\hat{x}_1(n)+\hat{x}_2(n)$$

式中，$\hat{x}(n)$ 表示对 $x(n)$ 的一种运算或一种转换的结果，这里是取对数运算的结果。它使乘法合成信号转换成加法合成形式，然后设计一个线性系统将它们分离，例如 $x_1(n)$ 是要求从 $x(n)$ 中恢复的信号，则可设计一个滤波器，$\hat{x}(n)$ 为滤波器的输入，输出为 $\hat{x}_1(n)$，而 $\hat{x}_2(n)$ 被滤波器剔除，最后将 $\hat{x}_1(n)$ 施加指数运算，即

$$\exp[\hat{x}_1(n)]=e^{\ln x_1(n)}=x_1(n)$$

得到分离出来的原始信号形式 $x_1(n)$。

对数运算（或对数系统）将乘法合成信号变换成具有加法合成形式的这种性质称为广义叠加性质，而上述利用广义叠加性质将乘法合成信号有效地进行处理的系统称为乘法同态

系统。

　　显然，同态系统是非线性系统，但是它巧妙地利用了线性系统的叠加性。同态系统在处理信号过程中按 3 个步骤进行，它一般具有如图 3-19 所示的形式。图中表示的是乘法同态系统，第一个方框表示第一步，即取对数运算，它将输入的乘法运算变换成输出信号的加法运算；第二个方框表示第二步，是线性处理，满足叠加性；第三个方框表示第三步，即取指数运算，它将加法运算又变换成乘法运算。通常第一个方框和第三个方框互为逆运算，以保证同态系统输入信号和输出信号形式上的一致性。

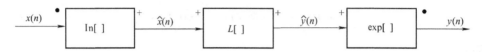

图 3-19　乘法同态系统的形式

　　如果待处理的信号是卷积性合成信号，即

$$x(n) = x_1(n) * x_2(n)$$

处理的目的是将 $x_1(n)$ 和 $x_2(n)$ 从卷积中分离开来，以便从观测数据序列 $x(n)$ 中恢复出 $x_1(n)$ 或 $x_2(n)$ 信号。

　　可以设计一个卷积同态系统来处理 $x(n)$，实现对 $x_1(n)$ 或 $x_2(n)$ 信号的恢复。根据对同态系统的讨论，卷积同态系统应具有图 3-20 所示的形式，其中 D_* 是将卷积运算转换为加法运算的环节，L 为线性环节，D_*^{-1} 为 D_* 的逆系统环节。为了满足运算的转换，同时满足讨论域都是时域的要求，D_* 又可以表示为图 3-21 的形式，这时有

$$X(z) = \mathscr{Z}[x(n)] = \mathscr{Z}[x_1(n) * x_2(n)] = \mathscr{Z}[x_1(n)] \cdot \mathscr{Z}[x_2(n)] = X_1(z) \cdot X_2(z)$$

$$\hat{X}(z) = \ln X(z) = \ln[X_1(z) \cdot X_2(z)] = \ln X_1(z) + \ln X_2(z) = \hat{X}_1(z) + \hat{X}_2(z)$$

$$\hat{x}(n) = \mathscr{Z}^{-1}[\hat{X}(z)] = \mathscr{Z}^{-1}[\hat{X}_1(z) + \hat{X}_2(z)] = \mathscr{Z}^{-1}[\hat{X}_1(z)] + \mathscr{Z}^{-1}[\hat{X}_2(z)] = \hat{x}_1(n) + \hat{x}_2(n)$$

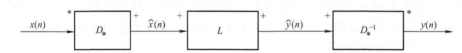

图 3-20　卷积同态系统的形式

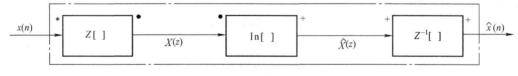

图 3-21　D_* 的表示形式

　　应当指出，$\mathscr{Z}$ 和 $\mathscr{Z}^{-1}$ 是通常意义下的线性变换，满足叠加性原理。上面的讨论还涉及复对数 $\ln[X(z)]$ 的概念及它的唯一性、解析性等一系列数学问题，这里不加以深入讨论。

　　因此，卷积同态系统可以表示为图 3-22 所示的形式。图中，$L[\ ]$ 为线性系统环节，如果为了恢复 $x_1(n)$，则可以设计成一个滤波器，剔除 $\hat{x}_2(n)$ 而输出 $\hat{x}_1(n)$，即

$$\hat{y}(n) = \hat{x}_1(n)$$

D_*^{-1} 为 D_* 的逆系统环节，首先为 Z 变换，实行时域对复频域的变换

$$\hat{Y}(z)=\mathscr{Z}\big[\hat{y}(n)\big]=\mathscr{Z}\big[\hat{x}_1(n)\big]=\hat{X}_1(z)$$

再施加指数运算，即

$$Y(z)=\exp\big[\hat{Y}(z)\big]=\exp\big[\hat{X}_1(z)\big]=\exp\big[\ln X_1(z)\big]=X_1(z)$$

最后做 Z 反变换，将复频域重新变换至时域

$$y(n)=\mathscr{Z}^{-1}\big[Y(z)\big]=\mathscr{Z}^{-1}\big[X_1(z)\big]=x_1(n)$$

整个卷积同态系统输入为 $x(n)$，输出为 $x_1(n)$，实现了从卷积性合成信号 $x(n)=x_1(n)*x_2(n)$ 中分离并恢复 $x_1(n)$ 的目的。

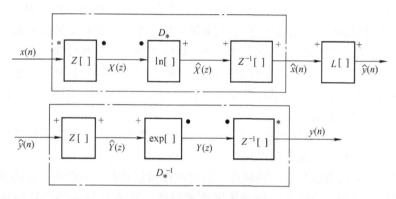

图 3-22 卷积同态系统

同态系统利用其广义叠加性质实现非线性系统的信号处理，在许多场合得到重要的应用，本书仅介绍了乘法同态系统和卷积同态系统的原理，其他同态系统及更详细的内容可查阅有关书籍。

第四节 数字信号处理技术

20 世纪 60 年代以来，随着计算机和信息技术的飞速发展，数字信号处理（Digital Signal Processing，DSP）技术应运而生并得到迅速的发展，已形成一门涉及许多学科并广泛应用于许多领域的新兴技术。

数字信号处理技术是利用计算机或专用数字处理设备，以数字或符号的形式，通过数值计算的方法，对信号进行分析、变换、滤波、估值、增强、压缩和识别等处理，并根据需要以适当的形式表示出来。所以，当通过数字信号处理技术处理模拟信号时，必须先用 A-D 转换器将模拟信号转换成数字信号；而对原本时间上是离散的信号，经过量化编码后就可以直接处理。模拟信号处理与数字信号处理虽然在功能上有许多相似之处，但在处理技术和具体实现上却差别很大。

数字信号处理技术涉及多门数学基础和其他一些技术基础，前面介绍的离散傅里叶变换（DFT）及快速傅里叶变换（FFT）是它最重要的算法基础。

虽然数字信号处理技术发展迅速，但在 20 世纪 80 年代以前，由于实现方法的限制还得不到广泛的应用。直到 20 世纪 80 年代初世界上第一片可编程数字信号处理（DSP）芯片的诞生，才将该技术的研究成果广泛地应用到低成本的实际系统中，从而极大地推动了数字信号处理技术的应用，并同时促进了数字信号处理技术本身的发展。

237

一、数字信号处理的特点

数字信号处理通过数字系统来实现，与模拟信号处理相比，数字信号处理技术及系统具有以下优点：

1）灵活性高。实现模拟信号处理的模拟系统由模拟器件组成，系统功能的改变完全由系统的元器件决定，而大多数的数字系统通过编程就可以随时随地修改系统的特性，因此灵活性高。同时，数字系统还可以通过复杂的算法实现高难度的信号处理。

2）可靠性和稳定性高。模拟系统中的各种元器件参数受环境条件（如温度、湿度等）的影响大，容易出现感应、杂散效应甚至振荡等。数字系统以 0 和 1 的数字处理为基础，受外界环境的影响较小，工作稳定，抗干扰性强，同时也便于存储和传输。

3）处理精度可以控制。模拟系统中的元件（如 R、L、C 等）的精度一般很难做高，而数字系统的精度由字长决定，通过适当改变字长就能方便地获得所需要的精度。例如 16 位数字系统可以达到 10^{-5} 的精度。

4）便于大规模集成。数字系统具有一定的规范，便于设计和制造高集成度的芯片，从而使数字系统体积小、功耗低、功能强。

当然，数字信号处理也存在一些缺点：当处理模拟信号时，会产生一定的量化误差；当处理极宽频带的信号时，由于实时处理速度要求很高，对 A-D 转换器的转换速度要求也很高，这就给此时的信号处理带来一定的困难；对于简单的信号处理任务，若采用数字信号处理设备则会使成本增加；DSP 系统中的高速时钟可能带来高频干扰和电磁泄漏等问题，等等。

虽然数字信号处理系统还存在着一些缺点，但这些缺点将随着高速度、高精度芯片的不断出现而逐步得到克服，因此，数字信号处理技术已成为电子信息领域的高新技术，在通信、语音、图像、雷达、生物医学、工业控制以及仪器仪表等许多领域得到越来越广泛的应用。

二、数字信号处理的实现

数字信号处理的实现基本上可分为软件实现与硬件实现。

软件实现利用通用的计算机，通过提出数学模型、选择相应算法、编制正确程序来实现，其中关键是算法。这种实现方法灵活性强，但是速度较慢，一般很难能做到实时处理，多用于教学和科研或者其他离线处理的场合。

硬件实现通常有以下 3 种方法：

1）用通用的微计算机（如 MCS-51、96 系列等单片机）实现。依靠微机的硬件环境配以信号处理程序就可用于工程实际，如数字控制、医疗仪器等。该方法可用于一些不太复杂的数字信号处理场合。

2）用专用的 DSP 芯片实现。DSP 芯片是专为数字信号处理而设计、制造的芯片，较之通用微机有着突出的优点，如内部带有乘法、累加器，采用流水线工作方式及并行结构，多总线，速度快等。而专用 DSP 芯片是专门针对某一种应用的芯片，例如专用于 FFT、数字滤波、卷积、相关等算法的 DSP 芯片，它在一些特定的场合，通过加载数据、控制参数以及利用它具有的有限的可编程能力，使信号处理速度极快，实现实时的特定应用。但这种方法灵活性差，并且专用的 DSP 芯片几乎都是定点型的，动态范围和精度固定比较差。

3）用通用的可编程 DSP 芯片实现。通用 DSP 芯片兼具上面两种方法的优点，它配有适用于信号处理的较强的指令系统，具有更加适合于数字信号处理的软件和硬件资源，既具有灵活性，又能做到处理速度快、处理能力强，满足实时性要求。它能适应各种处理算法，可用于复杂的信号处理系统。

信号的数字处理是通过离散系统（数字系统）来实现的。离散系统用差分方程或者系统函数描述为

$$y(n) = \sum_{i=0}^{M} b_i x(n-i) - \sum_{i=1}^{N} a_i y(n-i) \tag{3-81}$$

$$H(z) = \frac{\sum_{i=0}^{M} b_i z^{-i}}{1 + \sum_{i=1}^{N} a_i z^{-i}} \tag{3-82}$$

数字信号处理的实现就是采用不同的软件或硬件来实现式（3-81）或式（3-82）所表示的数学运算过程。由于以上两式可以有各种不同的等效方程，随着方程式构成形式排列的变化，其相应的算法以及运算流程图也随着变化，即由延时单元、乘法器、加法器等硬件单元组成的内部结构框图发生了变化。这将直接影响到技术实现要考虑的 3 个因素：计算过程的复杂程度、硬件设备的需要量以及量化误差的大小。

图 3-23 给出了一个典型的数字信号处理系统示意图。图中的抗混叠滤波起着限制频带的作用，平滑滤波起着平滑恢复的作用，一般都采用模拟滤波器。DSP 部分是对数字信号进行加工处理的核心。

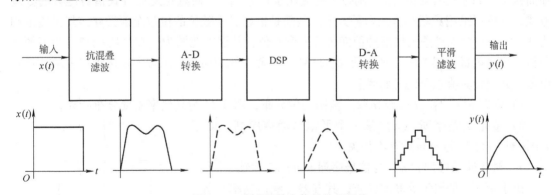

图 3-23 典型的数字信号处理系统

输入信号首先进行带限滤波，然后进行采样和 A-D 转换将信号转换成数字比特流。根据奈奎斯特采样定理，为保证信息不丢失，采样频率至少必须是输入带限信号最高频率的两倍。

DSP 的输入是 A-D 转换后得到的数字信号，DSP 对输入的数字信号按要求进行某种形式的处理，经过处理后的数字信号再经 D-A 转换转换为模拟样值信号，最后进行内插和平滑滤波就可得到连续的模拟信号。

必须指出的是，上面给出的数字信号处理系统是一个典型模型，并不是所有的数字信号处理系统都必须具有模型中的所有部件。如语音识别系统在输出端并不是连续的波形，而是识别结果，如数字、文字等；有些输入信号本身就是数字信号，因此不必进行 A-D 转换。

三、有限字长对实现数字信号处理的影响

无论软件实现还是硬件实现的数字信号处理，都存在有限字长的问题，有限字长意味着有限运算精度和有限动态范围，因此，在信号量化和处理运算过程中，必然产生误差，这些误差会给数字信号处理的实现精度和滤波器的稳定性带来不良影响，称为有限字长效应。

在数字系统中，主要有 3 种因有限字长的影响而引起的误差：A-D 转换器将模拟输入信号转换为一组离散电平时产生的量化效应；把系数用有限位二进制数表示时产生的量化效应；在数字运算过程中，为限制位数而进行尾数处理以及为防止溢出而压缩信号电平的有限字长效应，包括低电平极限环振荡效应以及溢出振荡效应。这 3 种误差与系统的结构形式、数的表示方法、所采用的运算方式、字的长短以及尾数的处理方式有关。

对有限字长在数字信号处理中的影响进行分析，需要考察数字信号处理的每一个环节，从定性和定量的角度分析有限字长所带来的误差给数字信号处理造成的影响，从而寻求解决的办法，并不断地优化以提高精度，保证系统稳定性，得到最佳的实现方案。

（一）A-D 转换的量化误差

一个数据或一个模拟信号经采样后的样值，必须通过 A-D 转换器经量化和编码过程才能进入计算机。量化误差 $e(n)$ 就是量化后的数据 $x_Q(n)$ 与原数值 $x(n)$ 之差，即

$$e(n) = x_Q(n) - x(n) \tag{3-83}$$

量化误差的大小与量化步长（或字长）和量化逼近方式有关，前者随着硬件字长的增加而减小，如字长有效位为 b，则数 1 的量化步长 $q = 2^{-b}$；而量化逼近方式指对尾数的处理方式，一般可采用截断和舍入两种方式。截断是把超过有效位的位数全部丢弃，其误差范围为 $0 \leqslant E_T < q$；舍入是按最接近的值四舍五入取 b 位，其误差范围为 $-q/2 \leqslant E_R < q/2$。为了便于分析，往往把量化误差看作平稳的随机序列，以舍入处理为例，用舍入量化噪声表示其量化误差，并假设具有以下统计特性：

1）误差 $e(n)$ 在 $(-q/2, q/2)$ 范围均匀分布，图 3-24 为其概率密度分布函数。

2）量化误差序列 $e(n)$ 是一个平稳白噪声序列，即当 $m \neq n$ 时，$e(n)$ 与 $e(m)$ 互不相关；

3）量化误差序列 $e(n)$ 与信号序列 $x(n)$ 互为独立。

由于 $e(n)$ 是均匀等概率分布，其方差（噪声功率）为

$$P_n = \sigma_e^2 = \int_{-q/2}^{q/2} e^2 p(e) de = \frac{1}{q} \int_{-q/2}^{q/2} e^2 de = \frac{q^2}{12} = \frac{2^{-2b}}{12} \tag{3-84}$$

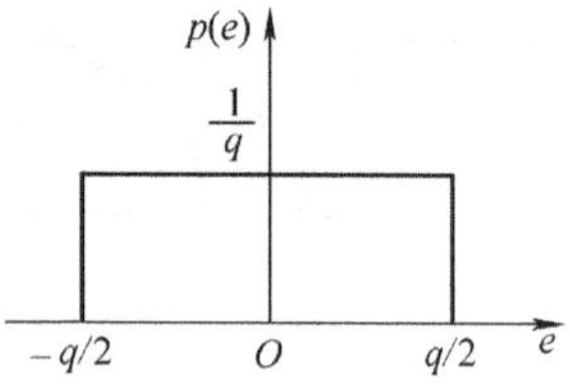

图 3-24　A-D 转换量化舍入误差的概率密度分布函数

信号功率与噪声功率比（信噪比）SNR（单位用 dB 表示）为

$$SNR = 10\lg \frac{P_x}{P_n} = 10\lg P_x + 10\lg(12 \times 2^{2b}) = 10\lg P_x + 10.79 + 6.02b \tag{3-85}$$

可见，信号功率 P_x 越大，信噪比越高；A-D 转换器输出的有效位数 b 越大（量化步长 q 越小），信噪比也越大，每增加一位字长将提高信噪比约 6dB。

（二）系数量化误差

数字信号处理系统在实现信号处理过程中，系数都必须以有限字长的二进制码形式存放在存储器中，存储器的字长有限会产生系数量化误差，该量化误差将影响系统的特性，使零、极点的位置发生偏移，甚至可能使分布在 z 平面单位圆内的极点移到单位圆外，造成系统不稳定。因此，系数量化误差的灵敏度可用系数量化引起极点、零点的位置误差来衡量。

极点位置灵敏度是指每个极点位置对各系数偏差的敏感程度，零点位置灵敏度的分析方法同极点位置灵敏度的分析方法一样，但是极点对系统的影响更大，直接影响到系统的稳定性，因此，这里主要讨论极点位置灵敏度的问题。

假设一个理想的数字信号处理系统的系统函数为

$$H(z) = \frac{\sum_{i=0}^{M} b_i z^{-i}}{1 + \sum_{i=1}^{N-1} a_i z^{-i}} = \frac{B(z)}{A(z)} \tag{3-86}$$

式中，a_i、b_i 为数字信号处理系统的系数。

式（3-86）所示系统的极点为

$$1 + \sum_{i=1}^{N-1} a_i z^{-i} = 0 \tag{3-87}$$

若其中一个系数 a_k 在系统实现时被量化为 $a_k \pm \Delta a_k$，则极点位置应为

$$1 + \sum_{i=1}^{N-1} a_i z^{-i} \pm \Delta a_k z^{-k} = 0 \tag{3-88}$$

设极点在圆内接近 $|z|=1$ 处，并且不考虑误差的正负符号，则

$$\Delta a_k = 1 + \sum_{i=1}^{N-1} a_i \tag{3-89}$$

如果 Δa_k 是由于系数量化所引起的舍入误差，则其量化步长为

$$q = 2\Delta a_k$$

根据量化步长与有效字长之间的关系 $q = 2^{-b}$，可得到系数最大值为 a_i 时量化步长与字长之间的关系为

$$q = a_i 2^{-b} \tag{3-90}$$

或

$$2^b \geq a_i / q \tag{3-91}$$

根据式（3-91），若已知 a_i 和 q，就可以求出保证系统稳定工作所需的字长 b。

例 3-17 已知一数字信号处理系统的系统函数为

$$H(z) = \frac{z^{-1}}{1 - 1.8787 z^{-1} + 0.9012 z^{-2}}$$

求硬件实现时为保证系统稳定工作所需的最小字长。

解 根据式（3-89），求得

$$\Delta a_k = 1 - 1.8787 + 0.9012 = 0.0225$$

量化步长为

$$q = 2\Delta a_k = 0.0450$$

取最大的系数 $a_i = 1.8787$，由式（3-91）得

$$2^b \geq a_i/q = \frac{1.8787}{0.0450} = 41.7489$$

因此，字长 $b=6$ 位才能保证系统稳定工作。为了保证一定的精度和稳定余量，根据经验，实际字长还要在基本位数基础上再加 3~4 位，所以取 10 位字长比较合适。

（三）运算过程中的舍入或溢出误差

运算误差主要是因字长有限，在运算过程所引起的误差。在定点制运算中，相乘的结果尾数位数会增加，存在尾数的舍入和截断。相加的结果尾数字长不变，但相加的结果可能超出有限寄存器长度，产生溢出，故有动态范围问题。浮点制运算中，相加及相乘都可能使尾数位数增加，故都会有舍入或截断，但不存在动态范围的问题。

在运算过程中运算误差的存在会使一些数字信号处理系统产生非线性振荡，尤其对具有反馈环路的无限冲激响应（IIR）滤波器来说，在满足一定条件下，即使输入信号为零也可能会产生固定不变的输出，或输出在一定范围内出现振荡现象，称其为极限环效应。

例如一个二阶数字滤波器，其差分方程为

$$y(n) = \frac{1}{2}y(n-1) + \frac{1}{4}y(n-2) + x(n)$$

系统的系统函数为

$$H(z) = \frac{1}{1 - \frac{1}{2}z^{-1} - \frac{1}{4}z^{-2}}$$

可以求得 $H(z)$ 的一对极点位于 $\frac{1 \pm \sqrt{5}}{4}$ 处，其大小均小于 1，极点位于 z 平面的单位圆内。所以在无运算误差的情况下，该系统一定是稳定的。

若进行乘法运算，并假设定点制有效位只有两位，则可允许的二进制数只能有 $(000)_2$、$(001)_2$、$(010)_2$、$(011)_2$、$(101)_2$、$(110)_2$、$(111)_2$，其中最高位为符号位。在 $(-1,1)$ 范围内，它们表示了 0，$\pm 1/4$，$\pm 1/2$，$\pm 3/4$。由于量化步长 $q=1/4$，所以在 $1/8 \leq |x| < (1/4 + 1/8)$ 范围内的任何数都舍入成为 $\pm 1/4$。

设已知初始条件 $y(-1)=0$，$y(-2)=1$；输入 $x(n)=0$，$n=0,1,2,\cdots$。按给定差分方程的递推关系，求得

当 $n=0$ 时，$y(0) = \frac{1}{2}y(-1) + \frac{1}{4}y(-2) = \frac{1}{4}$；

当 $n=1$ 时，$y(1) = \frac{1}{2}y(0) + \frac{1}{4}y(-1) = \frac{1}{8}$，舍入后取 $y(1) = \frac{1}{4}$；

当 $n=2$ 时，$y(2) = \frac{1}{2}y(1) + \frac{1}{4}y(0) = \frac{3}{16}$，舍入后取 $y(2) = \frac{1}{4}$；

同理，可以推得

$$y(3) = y(4)\cdots = \frac{1}{4}$$

可见，在这种情况下系统无输入而有固定不变的输出，即产生极限环效应。若将起始条件改为 $y(-1)=-1/4$，$y(-2)=1$，则可以求得当 $x(n)=0$ 无输入时，输出 $y(n)=0$，$n>0$。

这时就不存在极限环效应。

例 3-18 已知数字信号处理系统的差分方程为

$$y(n) = x(n) - \frac{60}{64}y(n-1)$$

若运算单元有效字长 $b=6$ 位，分别讨论下面两种情况下系统是否会出现极限环振荡：

(1) 设输入信号 $x(n)=0$，$n \geq 0$，初始条件 $y(-1) = -\frac{13}{64}$。

(2) 设输入信号 $x(n) = \frac{1}{4}\delta(n)$，初始条件 $y(-1) = 0$。

解 (1) 假设输入信号 $x(n)=0$，$n \geq 0$，初始条件 $y(-1) = -\frac{13}{64}$，有

$$y(0) = -\frac{60}{64} \times \left(-\frac{13}{64}\right) = \frac{12.18}{64}，\text{舍入后取 } y(0) = \frac{12}{64};$$

$$y(1) = -\frac{60}{64} \times \frac{12}{64} = -\frac{11.25}{64}，\text{舍入后取 } y(1) = -\frac{11}{64};$$

$$y(2) = -\frac{60}{64} \times \left(-\frac{11}{64}\right) = \frac{10.31}{64}，\text{舍入后取 } y(2) = \frac{10}{64};$$

$$y(3) = -\frac{60}{64} \times \frac{10}{64} = -\frac{9.38}{64}；\text{舍入后取 } y(3) = -\frac{9}{64};$$

进一步计算得

$$y(4) \to \frac{8}{64}; \qquad y(5) \to -\frac{8}{64};$$

$$y(6) \to \frac{8}{64}; \qquad y(7) \to -\frac{8}{64}; \cdots$$

因此，当 $n \geq 4$ 时，输出一直保持在 $y(n) \to \pm\frac{8}{64}$ 范围，出现了极限环振荡。

(2) 设输入信号 $x(n) = \frac{1}{4}\delta(n)$，初始条件 $y(-1) = 0$，有

$$y(0) = \frac{1}{4} = \frac{16}{64}; \quad y(1) = -\frac{60}{64} \times \frac{16}{64} = -\frac{15}{64};$$

$$y(2) = -\frac{60}{64} \times \left(-\frac{15}{64}\right) \to \frac{14}{64}; \quad y(3) \to -\frac{13}{64};$$

$$y(4) \to \frac{12}{64}; \quad y(5) \to -\frac{11}{64};$$

$$y(6) \to \frac{10}{64}; \quad y(7) \to -\frac{9}{64};$$

$$y(8) \to \frac{8}{64}; \quad y(9) \to -\frac{8}{64};$$

$$y(10) \to \frac{8}{64}; \quad y(11) \to -\frac{8}{64}; \cdots$$

可见，该系统在初始条件为零的情况下，若输入一个脉冲信号，也会出现极限环振荡。

分析该系统出现极限环振荡的原因，主要是当 $n>0$ 时，在运算过程中经有限字长量化以后，系统的极点位置移到 z 平面单位圆上。

图 3-25a、b 分别表示上述两种情况所产生的极限环振荡。在第一种情况下，当 $n=4$ 时，$y(n)$ 的值开始在 $\pm\dfrac{8}{64}$ 之间振荡。在第二种情况下，当 $n=8$ 时，$y(n)$ 的值开始在 $\pm\dfrac{8}{64}$ 之间振荡。换句话说，一旦 $y(n)$ 的值落在 $[-8/64, 8/64]$ 范围内，便一定会产生极限环振荡。把产生极限环振荡的范围称为"死带"区域，因此，也可把产生极限环振荡现象称为死区效应。

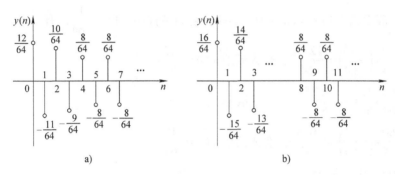

图 3-25　极限环振荡

a）零输入响应的振荡　b）零状态响应的振荡

极限环振荡或死区效应在许多实际问题中都应当予以消除，否则系统不能正常工作，或者虽能正常工作但误差很大。防止产生极限环振荡或死区效应的方法一是适当增加字长，二是在系统输入端加入高频脉冲，使输出跨过量化门限，破坏引起极限环振荡的量化误差，让输出回到零。

以上都是从定点制来分析运算误差，对浮点制误差的分析则比较复杂。但由于浮点制量化步长小，在与定点制相同尾数长度下，精度高、误差小，同时不易产生极限环振荡。详细的分析过程可参见相关书籍。

在数字信号处理系统实现过程中，必须综合考虑量化误差、舍入误差等指标，才能最后确定设计的参数。

（四）有限字长对 DFT 运算的影响

离散傅里叶变换（DFT）在数字信号处理技术中得到广泛的应用，如滤波器设计、频谱分析等，所以，分析 DFT 尤其是 FFT 运算时的有限字长效应非常重要。这里着重分析在运算过程中由于字长有限而产生的误差，仅讨论舍入的情况。

1. 用直接法计算 DFT 过程中产生的舍入误差与字长的关系

已知有限长序列 $x(n)$ 的 DFT 表达式为

$$X(k)=\sum_{n=0}^{N-1}x(n)\mathrm{e}^{-\mathrm{j}2\pi kn/N}=\sum_{n=0}^{N-1}x(n)W_N^{kn}, \qquad k=0,1,\cdots,N-1$$

通常情况下，$x(n)$ 和 W_N^{kn} 皆为复数，则每个复数乘法 $x(n)W_N^{kn}$ 中包含有 4 次实数乘法。若字长为 b 位，每次实数乘法从 $2b$ 位舍入到 b 位，共产生 4 个舍入误差。由于在利用直接法计算 DFT 的过程中，每输出一点有 N 次复数乘法，即 $4N$ 次实数乘法，因而每计算一点 $X(k)$ 值共有 $4N$ 个输入误差。为了便于分析在定点制下计算 DFT 舍入误差的方差，设舍入噪声具有以下统计特性：

1）舍入误差在 $(-q/2,q/2)$ 范围是均匀分布的随机变量。

2）$4N$ 个舍入误差互不相关。

3）$4N$ 个舍入误差与序列 $x(n)$ 是互为独立的。

由式（3-84），每个量化误差的方差可表示为

$$\sigma_e^2 = \frac{q^2}{12} = \frac{2^{-2b}}{12} \tag{3-92}$$

$4N$ 次实数乘法舍入误差的方差为

$$\sigma_q^2 = 4N\sigma_e^2 = \frac{N}{3} \cdot 2^{-2b} \tag{3-93}$$

式（3-93）表明，输出噪声的总方差正比于 N。但是，按照式（3-93）估计出来的偏差较大，因为某些系数相乘时，并不出现舍入误差。

以上是做乘法运算时的舍入误差分析。对于加法运算为了防止溢出，一般要先将输入序列做尺度变换。由于 $|W_N^{kn}|<1$，若加法的动态范围是 $(-1,1)$，则 $|X(k)|<1$，有

$$|X(k)| = \sum_{n=0}^{N-1} |x(n)W_N^{nk}| \leqslant \sum_{n=0}^{N-1} |x(n)| < 1 \tag{3-94}$$

设对所有 n，取初始 $|x(n)|<1$，则为了保证 $\sum_{n=0}^{N-1} |x(n)| < 1$ 成立，可将序列中的每一点除以 N，并设每一个 $x(n)$ 的值均匀分布在 $(-1/N,1/N)$ 范围，在序列各点互不相关的条件下，求得方差为

$$\sigma_x^2 = \frac{(2/N)^2}{12} = \frac{1}{3N^2} \tag{3-95}$$

N 点 $|X(k)|$ 的总方差为

$$\sigma_X^2 = N\sigma_x^2 = \frac{1}{3N} \tag{3-96}$$

信号噪声功率比为

$$\frac{P_X}{P_Q} = \frac{\sigma_X^2}{\sigma_q^2} = \frac{2^{2b}}{N^2} \tag{3-97}$$

式（3-97）说明，为了防止溢出，将输入序列每一点均除以 N，导致信噪比与 N^2 成反比。例如直接计算 $N=1024=2^{10}$ 点的 DFT 要得到 30dB 的信噪比，即

$$10\lg \frac{\sigma_X^2}{\sigma_q^2} = 10\lg \frac{2^{2b}}{(2^{10})^2} = 30$$

则需要的字长为

$$10(2b-20)\lg 2 = 30$$
$$b = 15$$

这说明进行乘法与加法的运算必须有 15 位字长的精度才能满足 $SNR=30dB$ 的要求。

2. 用 FFT 计算 DFT 过程中产生的舍入误差与字长的关系

FFT 是计算 DFT 的快速算法，它把复数乘法次数从直接法的 N^2 次降到 $\frac{N}{2}\log_2 N$ 次，从直观上似乎 FFT 算法的舍入误差要比直接计算小很多，但事实则不然。这是因为用 FFT 计算 DFT 每一点的输出所需要的复数乘法次数与直接计算是等效的。

按 FFT 算法，每一个蝶形运算有一个复数乘法，即 4 个实数乘法，所以从蝶形算法的总数可以求出总的舍入误差。通常计算每一点输出在第一级有 $N/2$ 个蝶形运算，第二级有 $N/4$ 个，第三级有 $N/8$ 个，依此类推直至最后一级只有一个蝶形运算，所以蝶形运算的总数为

$$\frac{N}{2}+\frac{N}{2^2}+\cdots+\frac{N}{2^{m-1}}+1=2^{(\nu-1)}+2^{(\nu-2)}+\cdots+2+1$$

$$=2^{(\nu-1)}\left[1+\frac{1}{2}+\cdots+\left(\frac{1}{2}\right)^{\nu-1}\right]=2^{\nu}\left[1-\left(\frac{1}{2}\right)^{\nu}\right]=N-1 \tag{3-98}$$

已知一个舍入误差的方差为 $\sigma_e^2=q^2/12$，由于计算每一输出必须通过 $(N-1)$ 个蝶形运算，所以总舍入误差的方差为

$$\sigma_q^2=4(N-1)\sigma_e^2\approx\frac{Nq^2}{3}=\frac{N}{3}\cdot 2^{-2b} \tag{3-99}$$

从式（3-99）可见，利用 FFT 算法计算 DFT 每一点输出，所得的舍入误差的方差与式（3-93）直接计算的结果一致。可见，虽然利用 FFT 算法计算 DFT 时，由于充分利用了指数因子 W_N^{nk} 的对称性与周期性，减少了计算 DFT 全部输出时的复数乘法总数，但它并不能减少由乘法运算所带来的舍入误差。

另一方面，由于 FFT 算法是由多级蝶形运算组成，而每级蝶形运算都存在对偶节点，因此，为了防止溢出可以把总的尺度变换 $1/N$ 分配到每一级。若 $|x(n)|<1$，则第一级取 $|x(n)|<1/2$，随后每级都按 $1/2$ 进行尺度变换，通过 ν 级尺度变换，获得总的尺度变换为 $(1/2)^{\nu}=1/N$，可以证明，在这种情况下，FFT 算法每一输出舍入误差的总方差为

$$\sigma_q^2\approx\frac{2}{3}\times 2^{-2b} \tag{3-100}$$

信号与量化噪声功率比为

$$\frac{\sigma_X^2}{\sigma_q^2}=\frac{\frac{1}{3N}}{\frac{2}{3}\times 2^{-2b}}=\frac{1}{2N}\cdot 2^{2b} \tag{3-101}$$

比较式（3-101）与式（3-97）可知，把尺度变换均匀分配到 FFT 算法的每一级，则信噪比与 N 成反比，较直接法有明显的改善。同样取 $N=1024$，为了获得 $SNR=30\text{dB}$，有

$$10\lg\frac{1}{2N}\cdot 2^{2b}=30$$

求得所需的字长为 $b=10.5$，取 $b=11$ 位。显然，在同样的信噪比下，计算 1024 点的 DFT，采用 FFT 算法较直接法所需的字长少 4 位。

246

四、数字信号处理的典型应用

数字信号处理的方法多种多样，遍布各个学科领域，下面给出几个简单的工程应用实例。

1. 滑动平均滤波器

观测信号中随机噪声的影响使得观测数据的准确性变差。在受到噪声干扰的情况下，检测到的第 n 个采样时刻的数据 $x(n)$ 可写为

$$x(n) = s(n) + d(n) \tag{3-102}$$

式中，$s(n)$ 和 $d(n)$ 分别为数据和噪声的第 n 个样本。

若能够得到同一组数据的多次观测结果，则可以通过集合平均的方法得到未受干扰数据的一个较合理的估计值。然而，有些工程应用并不能重复观测数据，这时，从被噪声污染的数据样本 $\{x(l), n-M+1 \leq l \leq n\}$ 的已有 M 个观测数据中，估计时刻 n 的数据 $s(n)$ 的常用方法，就是求取 $y(n)$ 的 **M 点平均**或者**均值**，即

$$y(n) = \frac{1}{M} \sum_{l=0}^{M-1} x(n-l) \tag{3-103}$$

通常用**标准差**估计均值 $y(n)$ 相对于真实值 $s(n)$ 的分散程度，定义为

$$\sigma(n) = \sqrt{\frac{\sum_{l=0}^{M-1} \left[x(n-l) - y(n) \right]^2}{M}} \tag{3-104}$$

实现式（3-104）的离散时间系统通常称为 **M 点滑动平均滤波器**。在绝大多数应用中，数据 $x(n)$ 是有界序列，因此，M 点均值 $y(n)$ 也是有界序列。由式（3-104）可知，若观测过程没有偏差，则可以简单地通过增加 M 来提高对噪声数据估计的准确性。

式（3-103）给出的 M 点滑动平均滤波器的直接实现，包括 $M-1$ 次相加、以值 $1/M$ 为因子的一次相乘和存储 $M-1$ 个过去输入数据样本的存储器。下面推导滑动平均滤波器的一种更为有效的实现方法。由式（3-103）可得

$$y(n) = \frac{1}{M} \left[\sum_{l=0}^{M-1} x(n-l) + x(n-M) - x(n-M) \right]$$

$$= \frac{1}{M} \left[\sum_{l=0}^{M-1} x(n-1-l) + x(n) - x(n-M) \right] \tag{3-105}$$

式（3-105）可重写为

$$y(n) = y(n-1) + \frac{1}{M} \left[x(n) - x(n-M) \right] \tag{3-106}$$

若使用上述递归方程计算序列第 n 时刻的 M 点滑动平均值 $y(n)$，现在只需要两次相加和一次与 $1/M$ 相乘，这样计算量就比式（3-103）的直接实现方式小。

例 3-19 设计一个滑动平均滤波器去除正弦信号中混入的随机噪声干扰。

解 假设正弦序列 $s(n) = \sin(2 * pi/200 * n)$ 被 $(-0.05, 0.05)$ 的高斯白噪声 $d(n)$ 污染，则被污染后的信号为

$$x(n) = s(n) + d(n)$$

根据式（3-103）设计滑动平均系统。若 $M=3$，则滑动平均系统的输出为

$$y(n) = \frac{1}{3}[x(n) + x(n-1) + x(n-2)]$$

该滑动平均系统，从受噪声干扰信号 $x(n)$ 中产生平滑的输出 $y(n)$。分析结果如图 3-26 所示。由图 3-26 可见，式（3-103）给出的滑动平均滤波器工作起来就像一个低通滤波器，它通过去除高频成分来平滑输入数据。然而，大多数随机噪声在 $0 \leq \omega < \pi$ 范围内都有频率分量，因此，噪声中的一些低频成分也会出现在滑动平均滤波器的输出中。

随着 M 值的增加，低通滤波器的带宽变窄，这样，就可能去除了一些原始信号中的中频成分，从而导致输出过于平滑。因此，必须选择合适的 M。在一些应用中，通过把一组具有较小 M 值的相同滑动平均滤波器级联组成滤波器组，处理受噪声影响的信号，可以得到质量较高的平滑输出。

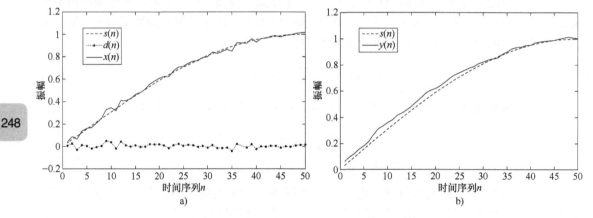

图 3-26 例 3-19 滑动平均滤波器分析结果
a）原始信号、噪声和被污染信号波形图 b）理想输入和滤波器输出结果对比

2. 中值滤波器

一组 $2K+1$ 个数据的中值定义为：若该组的 K 个数值大于该数值，而剩下的 K 个数值小于该数值，则该数值即为中值，通常用 $\text{med}\{\}$ 表示。可以根据数值的大小对数组进行排序，然后选取位于中间的那个数。例如，有一组数 $\{2, -3, 10, 5, -1\}$，重新排序后为 $\{-3, -1, 2, 5, 10\}$。因此，$\text{med}\{2, -3, 10, 5, -1\} = 2$。

中值滤波器是通过在输入序列 $x(n)$ 上滑动一个长度为奇数的窗口来实现的，每次滑动一个样本值。在任一时刻，滤波器的输出都为当前窗口中所有输入样本值的中值。更确切地说，在 n 时刻，窗口长度为 $(2K+1)$ 的中值滤波器的输出为

$$y(n) = \text{med}\{x(n-K), \cdots, x(n-1), x(n), x(n+1), \cdots, x(n+K)\} \qquad (3-107)$$

在实际中，当用窗口长度为 M 的中值滤波器处理长度为 $N(M<N)$ 的有限长序列 $x(n)$ 时，需要在输入序列两端各添加 $(M-1)/2$ 个零值，得到长度为 $N+M-1$ 的新序列如下：

$$x_e(n)=\begin{cases} 0 & -\dfrac{(M-1)}{2}\leqslant n\leqslant -1 \\ x(n) & 0\leqslant n\leqslant N-1 \\ 0 & N\leqslant n\leqslant N-1+\dfrac{(M-1)}{2} \end{cases} \tag{3-108}$$

当用中值滤波器处理序列 $x_e(n)$ 时得到输出序列 $y(n)$，其长度仍为 N。

中值滤波器常用于去除加性随机冲激噪声，这类噪声将会导致受干扰信号中存在大量突发错误。在这种情况下，线性低通滤波器（如滑动平均滤波器或指数加权平均滤波器）在消除数据中突发的较大数值错误的同时，会使原数据中自然产生不连续从而严重失真。在许多实际场合，这种类型的不连续性经常发生。例如，在语音中清音和浊音之间的突然过渡以及在图像和视频数据中自然出现的边缘。

例 3-20　设计一个中值滤波器用于移除冲激噪声。

解　为简便起见，假设原未受干扰信号为正弦序列 $s(n)=\sin(2*pi*n)$，冲激噪声为 $d(n)$，则被污染后的信号为

$$x(n)=s(n)+d(n)$$

根据式（3-107）设计中值滤波器，消除观测数据中的冲激噪声。图 3-27 给出了中值滤波器的窗口长度为 3 时的输出结果。由图 3-27b 可以看出，中值滤波后的信号与原未受干扰信号几乎相同。

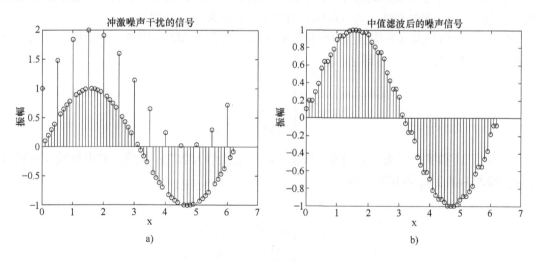

图 3-27　例 3-20 中值滤波器分析结果
a）受冲激噪声干扰的信号　b）长度为 3 的中值滤波器的输出

例 3-21　一般情况下，自然界的图像都是连续的，为了便于计算机处理和进一步研究，通常需要对连续图像进行亮度和空间上的离散化处理，处理后可以得到数字图像。对数字图像进行处理时，首先需要获取视觉较为清晰、边缘细节和目标区域等组成部分保持较好的图像。但是，图像在采集、传输和接收过程中，因受外界环境、传感器元器件质量等因素干扰

或影响,将产生很多噪声导致图像质量变差,进而对后续的图像分割、图像特征识别等处理过程有着巨大的影响,而在众多噪声中,脉冲噪声出现的频率非常高,对图像的污染也最为严重。设计一个中值滤波器,实现对数字图像中脉冲噪声的去除。

解 分辨率为 $M×N$ 的数字图像,通常用一个二维矩阵如 $f(x,y)$ 来表示,其中当 $1 \leqslant i \leqslant M$,$1 \leqslant j \leqslant N$ 时,$f(x_i,y_j)$ 即为一个像素。

如前所述,根据图像中采样数目及特性不同,数字图像可分为二值图像、灰度图像、彩色图像、多光谱图像和立体图像等。为了便于分析与比较,这里以灰度图像为例,设计其中值滤波方法,其像素灰度值介于 [0,255] 之间,0 表示黑,255 表示白。

图 3-28 为 512×512 分辨率的隔离开关的原始图像和灰度图像。

原始图像　　　　　　　　　　　灰度图像

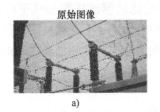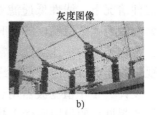

a)　　　　　　　　　　　　　　b)

图 3-28　隔离开关的原始图像和灰度图像

a) 原始图像　b) 灰度图像

设未受到脉冲噪声污染的图像为 X,给其添加脉冲噪声后的图像为 $\underline{X}$,坐标 (i,j) 处的像素灰度值分别为 $x(i,j)$ 和 $\underline{x}(i,j)$。根据图像中噪声像素的灰度值是否为固定值,数字图像中的脉冲噪声可分为固定值脉冲噪声、随机值脉冲噪声两种类型,若再考虑低灰度值噪声和高灰度值噪声分布的密度,又可以细分为以下 5 种脉冲噪声类型:

模型 1: 由椒噪声(灰度值为 0)和盐噪声(灰度值为 255)构成,其中椒噪声的密度 p_1 和盐噪声的密度 p_2 相等,即

$$\underline{x}(i,j)=\begin{cases} 0 & p_1 \\ x(i,j) & 1-p_1-p_2 \\ 255 & p_2 \end{cases}$$

模型 2: 由椒噪声(灰度值为 0)和盐噪声(灰度值为 255)构成,其中椒噪声的密度 p_1 和盐噪声的密度 p_2 不相等,即

$$\underline{x}(i,j)=\begin{cases} 0 & p_1 \\ x(i,j) & 1-p_1-p_2 \\ 255 & p_2 \end{cases}$$

模型 3: 由低灰度值脉冲区域 [0,σ] 和高灰度值脉冲区域 [255-σ,255] 构成,其中低灰度值脉冲区域的密度 p_1 和高灰度值脉冲区域的密度 p_2 相等,即

$$\underline{x}(i,j)=\begin{cases} [0,\sigma] & p_1 \\ x(i,j) & 1-p_1-p_2 \\ [255-\sigma,255] & p_2 \end{cases}$$

模型 4：由低灰度值脉冲区域 $[0,\sigma]$ 和高灰度值脉冲区域 $[255-\sigma,255]$ 构成，其中低灰度值脉冲区域的密度 p_1 和高灰度值脉冲区域的密度 p_2 不相等，即

$$\underline{x}(i,j)=\begin{cases}[0,\sigma] & p_1 \\ x(i,j) & 1-p_1-p_2 \\ [255-\sigma,255] & p_2\end{cases}$$

模型 5：由低灰度值脉冲区域 $[0,\sigma_1]$ 和高灰度值脉冲区域 $[255-\sigma_2,255]$ 构成，其中 $\sigma_1\neq\sigma_2$ 且低灰度值脉冲区域的密度 p_1 和高灰度值脉冲区域的密度 p_2 不相等，即

$$\underline{x}(i,j)=\begin{cases}[0,\sigma_1] & p_1 \\ x(i,j) & 1-p_1-p_2 \\ [255-\sigma_2,255] & p_2\end{cases}$$

当数字图像受到脉冲噪声污染时，一般采用空间滤波算法或频域滤波算法处理。空间滤波算法分为线性滤波和非线性滤波。线性滤波可用来保持图像的低频部分（如图像中的平坦区域）和去除图像的高频成分（如噪声）。非线性滤波算法在去除图像的高频成分以及保持图像平坦区域的同时，也可以保持图像中的尖锐部分（如边缘和细节）。

对噪声图像进行滤波，将一个奇数乘以奇数（3×3 或 5×5 等）的滤波窗口 Ω_{xy} 放在噪声图像上，沿着行或者列的方向滑动滤波，如图 3-29 所示。其中，黑点为图像中的像素，实线围成的正方形为当前正在进行滤波的窗口，虚线围成的正方形为下一步要进行滤波的窗口。常见的滤波窗口形状主要有十字形、正方形等，通常采用 $(2n+1)\times(2n+1)$ 的正方形滤波窗口，如 3×3、5×5 等。对于数字图像中的脉冲噪声，采用中值滤波算法就可以取得较好的滤波效果，有时也需要引入均值滤波算法进行辅助滤波。

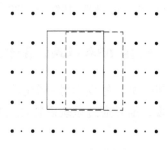

图 3-29　滑动滤波窗口

中值滤波算法可以有效去除图像的孤立噪声像素点，且能较好地保留图像的边缘与细节。滤波窗口内中心像素灰度值由窗口内所有像素灰度值的中值代替。令 Ω_{xy} 为中心点在 (x,y)、窗口大小为 $M\times N$ 的滤波窗口，(x,y) 处的灰度值为 $f(x,y)$，滤波后的灰度值为

$$g(x,y)=\operatorname{med}_{(s,t)\in\Omega_{xy}}\{f(s,t)\}$$

采用中值滤波算法对含有 5 种脉冲噪声的隔离开关图像进行处理，如图 3-30 所示。从图 3-30 可以看出，将 5 种不同的脉冲噪声信号混入隔离开关图像后，图像原始特征不再清晰，甚至无法判断出原始图像的特征。经中值滤波后，含有 5 种脉冲噪声模型的隔离开关图像的清晰度得到了大幅度提升。

251

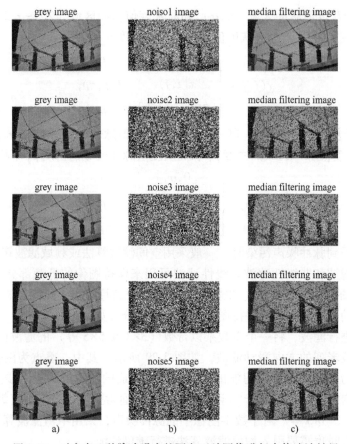

图 3-30 对含有 5 种脉冲噪声的隔离开关图像进行中值滤波结果
a) 原始灰度图 b) 含噪声图像 c) 滤波后图像

252

第五节 应用 MATLAB 的信号处理

对信号实现有目的的加工，将一个信号变为另一个信号的过程称为信号处理，信号处理的任务由具有特定功能的系统实现，信号通过系统后特性发生了变化，可通过时域法、频域法或复频域法进行分析。

一、利用 MATLAB 的时域分析

已知系统的单位冲激响应 $h(t)$ [对离散系统是单位脉冲响应 $h(n)$]，系统对任意连续输入信号 $x(t)$ [对离散系统是输入序列 $x(n)$] 的响应 $y(t)$ [或 $y(n)$]，可以通过卷积积分（或卷积和）求得，即 $y(t)=x(t)*h(t)$ 或 $y(n)=x(n)*h(n)$。显然可以应用 MATLAB 的 conv( ) 函数，其调用方式已在前两章说明。MATLAB 还提供了一系列用于求系统响应的函数，能更方便地求解连续系统、离散系统的各种响应。

（一）连续系统时域分析

首先，MATLAB 给出一个在时域描述系统模型的函数，函数的常用方法为：
sys=tf(num,den)　***num*** 为描述系统的微分方程输入项系数向量，***den*** 为微分方程输出

项系数向量，实际上它们分别对应了系统函数中分子多项式系数向量和分母多项式系数向量。tf( ) 函数将系统的系数向量形式转换成系统模型表达式形式。

MATLAB 提供了用于求解由微分方程所描述的连续系统单位冲激响应和单位阶跃响应并绘制其时域波形的函数，即 impulse( ) 和 step( ) 函数。函数的常用方法如下：

[y,t]=impulse(sys)　输入系统表达式 **sys**，返回系统的单位冲激响应向量 **y** 和时间向量 **t**，并画出 **y** 的曲线。函数中，也可以直接用 **num**, **den** 替代系统表达式 **sys**，下同。

[y,t]=impulse(sys,Tfinal)　输入系统表达式 **sys**、响应计算时间区间 $0 \sim T_{\text{final}}$，返回系统的单位冲激响应向量 **y** 和时间向量 **t**，并画出 **y** 的曲线。

[y,t]=step(sys)　输入系统表达式 **sys**，返回系统的单位阶跃响应向量 **y** 和时间向量 **t**，并画出 **y** 的曲线。

[y,t]=step(sys,Tfinal)　输入系统表达式 **sys**、响应计算时间区间 $0 \sim T_{\text{final}}$，返回系统的单位阶跃响应向量 **y** 和时间向量 **t**，并画出 **y** 的曲线。

MATLAB 还提供了 lsim( ) 函数，对微分方程所描述的系统求出在任意激励信号作用下的响应。lsim( ) 函数的常用方法为：

[y,t,x]=lsim(sys,u,t)　输入系统表达式 **sys**、由 **u** 和 **t** 所定义的激励信号，返回系统的零状态响应 **y** 和时间向量 **t**（与输入时间向量 **t** 定义一致），以及状态变量数值解 **x**，并画出 **y** 和 **x** 的曲线。

[y,t,x]=lsim(sys,u,t,x0)　其余参数同上，x_0 表示系统状态变量 $x = [x_1, x_2, \cdots, x_n]^{\text{T}}$ 在 $t = 0$ 时刻的初值。

例 3-22　系统的微分方程描述为 $y''(t) + 4y'(t) + 3y(t) = x'(t) + 2x(t)$，求其冲激响应、阶跃响应曲线。

解　根据题意，已知系统的传递函数，通过 impluse( ) 和 step( ) 函数可以分别求得系统的冲激响应和阶跃响应，其 MATLAB 参考运行程序如下：

```
close all;clear;clc;              %系统状态复原
a=[1 4 3];b=[1 2];                %生成系统的系数向量
subplot(2,1,1);                   %选择作图区域1
impulse(b,a,4);                   %计算冲激响应，并画出响应曲线
subplot(2,1,2);                   %选择作图区域2
step(b,a,4);                      %计算阶跃响应，并画出响应曲线
```

运行结果如图 3-31 所示。

例 3-23　系统传递函数为 $y''(t) + 4y'(t) + 3y(t) = x'(t) + 2x(t)$，若 $x(t) = e^{-3t}u(t)$，应用 MATLAB 求采样时间间隔分别为 0.05s 和 0.5s 时的系统的零状态响应 $y(t)$。

解　根据题意，选择 lsim( ) 函数，其 MATLAB 参考运行程序如下：

```
close all;clear;clc;
a=[1  4  3];b=[1  2];             %生成系统的系数向量
p1=0.05;                          %定义采样时间间隔为 0.05s
t1=0:p1:5;                        %定义时间范围
x1=exp(-3 * t1);                  %定义输入信号向量
```

```
figure(1);                    %打开画图1
subplot(2,1,1);               %选择作图区域1
lsim(b,a,x1,t1),              %求采样间隔为0.05s时系统的零状态响应
title('0.05s采样仿真结果');     %设定标题
p2=0.5;                       %定义采样间隔为0.5s
t2=0:p2:5;                    %定义时间范围
x2=exp(-3*t2);                %定义输入信号
subplot(2,1,2);               %选择作图区域2
lsim(b,a,x2,t2)               %求采样间隔为0.5s时系统的零状态响应
title('0.5s采样仿真结果');      %设置标题
```

运行结果如图 3-32 所示。

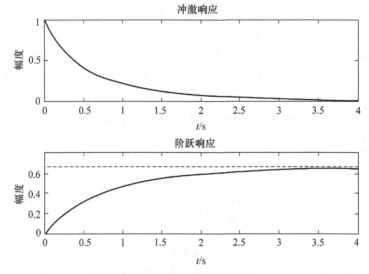

图 3-31   例 3-22 运行结果

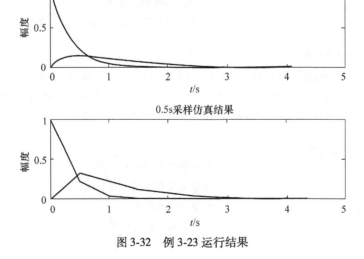

图 3-32   例 3-23 运行结果

从图中可以得出，不同的采样间隔，对于系统的零状态响应有很大的影响，因此，应尽可能取较小的时间间隔。

（二）离散系统时域分析

与连续系统类似，MATLAB 提供了用于求解由差分方程所描述的离散系统冲激响应和阶跃响应并绘制其时域波形的函数，即 impz( ) 和 stepz( ) 函数，以及求解离散系统在任意激励信号序列作用下的响应函数，即 filter( ) 和 dlsim( ) 函数。这些函数的常用方法如下：

[h,t] = impz(num,den) 该函数将以默认方式求由系统分子和分母系数向量 *num*、*den* 所定义的离散系统单位脉冲响应，*h* 为输出响应向量，*t* 为输出响应时间向量。如果只输入 impz(num,den)，则绘制响应曲线。

[h,t] = stepz(num,den) 该函数将以默认方式求由系统分子和分母系数向量 *num*、*den* 所定义的离散系统单位阶跃响应，*h* 为输出响应向量，*t* 为输出响应时间向量。如果只输入 stepz(num,den)，则绘制响应曲线。

y = filter(num,den,x) 该函数将以默认方式计算由系统分子和分母系数向量 *num*、*den* 所定义的离散系统在 *x* 作用下的零状态响应，*x* 是包含输入序列非零样值点的行向量，*y* 为系统的零状态响应。

y = filter(num,den,x,zi) 该函数计算离散系统的零状态响应，*zi* 表示系统输入延时，其他参数与上式相同。

[y,x] = dlsim(num,den,u,x0) 求离散系统的全响应，其中 *num* 和 *den* 表示系统的分子和分母系数向量，*u* 为输入序列，x_0 为系统的初始状态向量，*y* 为系统的输出序列，*x* 为状态变量序列，*y* 和 *x* 的长度与 *u* 相同。

例 3-24 已知离散系统的差分方程为

$$3y(k) + 0.5y(k-1) - 0.1y(k-2) = x(k) + x(k-1)$$

且已知系统输入序列为 $f(k) = (0.5)^k u(k)$。

（1）求出系统的单位脉冲响应 $h(k)$，并画出在 $-3 \sim 10$ 时间范围内的响应波形。

（2）求出系统在输入序列激励下的零状态响应（时间范围为 $0 \sim 15$），并画出输入序列的波形和系统零状态响应的波形。

解 （1）求解系统单位脉冲响应的 MATLAB 参考运行程序如下：

```
close all;clear;clc;
a=[3,0.5,-0.1];              %生成系统输出项系数向量
b=[1,1,0];                   %生成系统输入项系数向量
impz(b,a,-3:10);             %求出系统的单位脉冲响应并画图，时间范围为[-3,10]
title('单位脉冲响应');        %设置标题
```

运行结果如图 3-33a 所示。

（2）求解系统零状态响应的 MATLAB 参考运行程序如下：

```
close all;clear;clc;
a=[3,0.5,-0.1];              %生成系统输出项系数向量
b=[1,1,0];                   %生成系统输入项系数向量
```

```
k=0:15;                    %定义输入序列取值范围
x=(1/2).^k;                %定义输入序列表达式
y=filter(b,a,x);           %求解零状态响应样值
subplot(2,1,1);            %选择作图区域1
stem(k,x)                  %绘制输入序列的波形
title('输入序列');          %设置标题
subplot(2,1,2);            %选择作图区域2
stem(k,y)                  %绘制零状态响应的波形
title('输出序列')           %设置标题
```

运行结果如图 3-33b 所示。

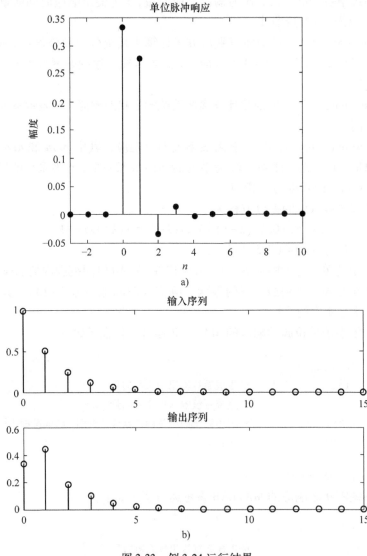

图 3-33   例 3-24 运行结果

a）单位脉冲响应   b）输入序列及系统零状态响应

例 3-25 已知一个因果系统的差分方程为

$$6y(n) + 2y(n-2) = x(n) + 3x(n-1) + 3x(n-2) + x(n-3)$$

满足初始条件 $y(-1) = 0$，$x(-1) = 0$。求该系统的单位脉冲响应和单位阶跃响应。

解 根据题意，需要将差分方程的输入和输出的系数转化为系数向量，且初始状态为零状态，因此可以通过 impz( ) 和 stepz( ) 函数实现单位脉冲响应和单位阶跃响应的计算。其 MATLAB 参考运行程序如下：

```
close all;clear;clc;          %系统环境初始化
a=[ 6,0,2,0];                  %生成系统输出项系数向量
b=[1,3,3,1];                   %生成系统输入项系数向量
N=32;                          %设定采样点为 32 个
n=0:N-1;                       %生成采样序列坐标
hn=impz(b,a,n);                %进行脉冲响应计算
gn=stepz(b,a,n);               %进行阶跃响应计算
subplot(2,1,1);                %选择作图区域 1
stem(n,hn);                    %画出脉冲响应的火柴梗图
title('单位脉冲响应');          %设置标题
ylabel('h(n)');                %设定 y 轴显示内容
xlabel('n');                   %设定 x 轴显示内容
grid on;                       %显示网格
subplot(2,1,2);                %选择作图区域 2
stem(n,gn);                    %画出单位阶跃响应的火柴梗图
title('单位阶跃响应');          %设置标题
ylabel('g(n)');                %设定 y 轴显示内容
xlabel('n');                   %设定 x 轴显示内容
grid on;                       %显示网格
```

运行结果如图 3-34 所示。

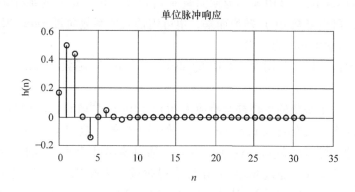

图 3-34 例 3-25 运行结果

257

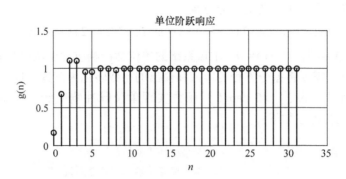

图 3-34 例 3-25 运行结果（续）

二、利用 MATLAB 的频域分析

根据傅里叶变换的卷积定理，时域的卷积对应频域的相乘，所以在频域，系统响应可由 $Y(\omega)=X(\omega)H(\omega)$ 或 $Y(\Omega)=X(\Omega)H(\Omega)$ 求得，式中，$Y(\omega)$、$Y(\Omega)$ 分别为连续系统、离散系统响应的傅里叶变换；$X(\omega)$、$X(\Omega)$ 分别为连续系统、离散系统输入信号的傅里叶变换；$H(\omega)$、$H(\Omega)$ 分别为连续系统、离散系统的频率特性，它们分别是连续系统单位冲激响应 $h(t)$、离散系统单位脉冲响应 $h(n)$ 的傅里叶变换。信号的傅里叶变换 $X(\omega)$、$X(\Omega)$ 的 MATLAB 求取已在前两章介绍，系统频率特性 $H(\omega)$、$H(\Omega)$ 的 MATLAB 求取在下面进行介绍。求得输入信号的傅里叶变换和系统频率特性后，通过它们相乘即可得到系统响应的傅里叶变换形式，如欲得到其时域表达形式，只要再进行傅里叶反变换即可。

（一）连续系统的频率特性

系统的频率特性指的是在正弦信号激励下的稳态响应随频率变化的情况，包括幅值随频率的响应（幅频特性）和相位随频率的响应（相频特性）两个方面。

MATLAB 提供了专门求取连续时间系统频率特性的 freqs( ) 函数。该函数可以实现系统频率响应的数值解。该函数的常用方法如下：

[h,w]=freqs(sys,n)　其中 **h** 为返回向量 **w** 所定义的频率点上的系统频率特性，**sys** 为连续系统表达式，可由函数 tf( ) 转换而来，也可用输入项系数向量 **num** 和输出项系数向量 **den** 直接表示，n 为输出频率点个数。

求得系统频率特性后，利用 MATLAB 的 abs( )、angle( ) 函数可求得对应的幅频特性和相频特性。

例 3-26　已知一个系统的单位冲激响应为 $h(t)=10t\cdot e^{-2t}u(t)$，应用 MATLAB 求出系统的频率特性，并求出系统在输入 $x(t)=e^{-t}u(t)$ 作用下的输出响应 $y(t)$。

解　根据题意，可以对 $h(t)$、$x(t)=e^{-t}u(t)$ 通过傅里叶变换分别求得系统的频率特性和输入信号的傅里叶变换。通过 freqs( ) 函数求得频域表达式 $H(\omega)$，通过 fourier( ) 函数求得输入信号 $x(t)=e^{-t}u(t)$ 的频域表达式 $X(\omega)$，通过 $Y(\omega)=H(\omega)X(\omega)$ 求得系统输出频域表达式 $Y(\omega)$，通过 ifourier( ) 函数得到系统输出时域表达式 $y(t)$ 并画图。其 MATLAB 参考运行程序如下：

```
close all;clear;clc;                          %系统环境初始化
syms w t                                      %定义符号变量 w t
h=10*t*exp(-2*t)*heaviside(t);                %生成系统单位冲激响应 h(t)
H=fourier(h);                                 %获得系统的频率特性函数 H(w)
[Hn,Hd]=numden(H);                            %获得函数的分子、分母部分
Hnum=abs(sym2poly(Hn));                       %获得分子部分的系数向量
Hden=abs(sym2poly(Hd));                       %获得分母部分的系数向量
[Hh,Hw]=freqs(Hnum,Hden,500);                 %计算频率特性
Hh1=abs(Hh);                                  %求得幅频特性
Hw1=angle(Hh);                                %求得相频特性
subplot(2,1,1);                               %选择作图区域 1
plot(Hw,Hh1);                                 %画出幅频特性
grid on;                                      %显示网格
xlabel('角频率\omega');                        %设置 x 轴文本
ylabel('幅度');                               %设置 y 轴文本
title('H(j\omega)的幅频特性');                 %设置标题
subplot(2,1,2);                               %选择作图区域 2
plot(Hw,Hw1*180/pi);                          %画出相频特性
grid on;                                      %显示网格
xlabel('角频率\omega');                        %设置 x 轴显示文本
ylabel('相位');                               %设置 y 轴显示文本
title('H(j\omega)的相频特性');                 %设置标题
x=exp(-t)*heaviside(t);                       %生成输入信号符号表达式 x(t)
X=fourier(x);                                 %求得傅里叶变换 X(w)
Y=X*H;                                        %计算输出的频域表达式
y=ifourier(Y);                                %对 Y(W)傅里叶反变换求得 y(t)
figure(2);                                    %打开画图 2
ezplot(y,[-4,20]);                            %进行符号表达式 y(t)的绘图
axis([-2 10 0 1.3]);                          %设定坐标轴范围
grid on;                                      %显示网格
title('通过频域 Y(\omega)计算 y(t)');          %设置标题
xlabel('t');                                  %设置 x 轴文本
ylabel('y(t)');                               %设置 y 轴文本
```

运行结果如图 3-35 所示，其中图 3-35a 为系统的频率特性（包括幅频特性和相频特性），图 3-35b 为通过频域计算求得的系统输出响应 $y(t)$。

（二）离散系统的频率特性

MATLAB 提供了求取离散时间系统频率特性的 freqz( ) 函数，其常用方法如下：

$[h,w]=$ freqz(sys,n,Fs)　其中，**sys** 为连续系统表达式，可由函数 tf( ) 转换而来，也可用输入项系数向量 **num** 和输出项系数向量 **den** 直接表示，n 为正整数，n 的默认值为 $n=512$。返回向量 **h** 为离散系统频率响应函数 $H(\Omega)$ 在向量 **w** 所对应的频率等分点的值，返回

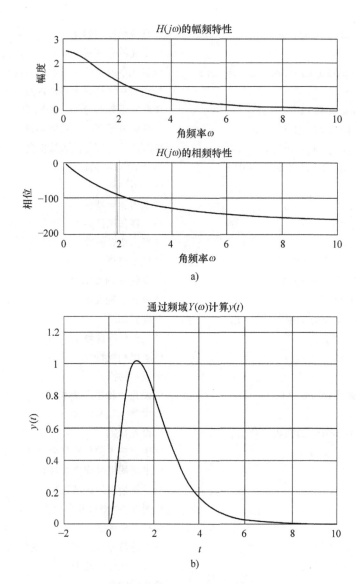

图 3-35　例 3-26 运行结果图
a）系统的频率特性　b）系统的输出响应曲线

的频率等分点向量 w 的采样频率为 F_s，当 F_s 缺省时，向量 w 则为 $0\sim\pi$ 范围内的 n 个频率等分点。

　　$[\,h,w\,]=\mathrm{freqz}(\mathrm{sys},n,\text{'whole'})$　　其中，**sys** 和 n 的意义同上，而返回向量 **h** 包含了频率特性函数 $H(\Omega)$ 在 $0\sim2\pi$ 范围内 n 个频率等分点的值。

　　例 3-27　一个三阶低通滤波器的系统函数如下，通过 freqz（）函数计算并画出该滤波器的幅频特性。

$$H(z)=\frac{0.05634(1+z^{-1})(1-1.0166z^{-1}+z^{-2})}{(1-0.683z^{-1})(1-1.4461z^{-1}+0.7957z^{-2})}$$

　　解　求滤波器的幅频特性，需要将 $H(z)$ 表示为系统函数的分子、分母多项式的系数向量，由于给出的分子、分母表达式是因子相乘形式，首先通过 conv( ) 函数将其转换成多项式的系数向量形式，并取 $0 \sim 2\pi$ 范围内的 2001 个频率等分点。其 MATLAB 参考运行程序如下：

```
close all;clear;clc;
b0 = 0.05634;                    %分子系数项
b1 = [1  1];                     %分子第一个因子系数
b2 = [1 -1.0166 1];              %分子第二个因子系数
a1 = [1 -0.683];                 %分母第一个因子系数
a2 = [1 -1.4461 0.7957];         %分母第二个因子系数
b = b0 * conv(b1,b2);            %得出分子多项式的系数向量
a = conv(a1,a2);                 %得出分母多项式的系数向量
[h,w] = freqz(b,a,2001,'whole'); %计算[0,2π]范围内取 2001 个频率等分点的频率特性
plot(w/pi,20 * log10(abs(h)))    %画出幅频特性曲线，横坐标为角频率，纵坐标为对数幅值(dB)
ax = gca;                        %获得当前画图的句柄
ax.YLim = [-100 20];             %设置 y 轴坐标的范围
ax.XTickLabel = {'0','0.5\pi','1\pi','1.5\pi','2\pi'};   %设置 x 轴坐标显示内容
xlabel('频率 /rad');             %设置 x 轴显示文本
ylabel('幅值 /dB')               %设置 y 轴显示文本
```

运行结果如图 3-36 所示。

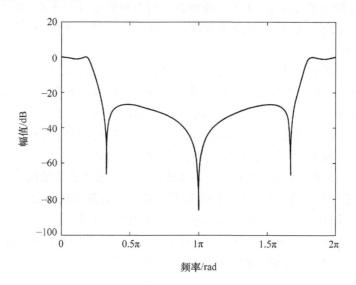

图 3-36　例 3-27 运行结果

三、利用 MATLAB 的复频域分析

复频域分析是频域分析的拓展，所以其分析方法基本上与频域分析类似，即时域的卷积对应复频域的相乘，所以在复频域，系统对激励信号的响应可由 $Y(s) = X(s)H(s)$ 或 $Y(z) = X(z)H(z)$ 求得，式中，$H(s)$、$H(z)$ 分别是连续系统、离散系统的系统函数，它们

分别是连续系统单位冲激响应 $h(t)$ 的拉普拉斯变换、离散系统单位脉冲响应 $h(n)$ 的 Z 变换。激励信号的拉普拉斯变换 $X(s)$、Z 变换 $X(z)$ 的 MATLAB 求取已在前两章介绍，如果已知系统函数 $H(\omega)$、$H(\Omega)$，通过上面式子即可得到系统响应的拉普拉斯变换形式，如欲得到其时域表达形式，只要再进行拉普拉斯反变换或 Z 反变换即可。

在 MATLAB 中，还有一些函数可直接用于系统的分析。

（一）连续系统情况

在 MATLAB 中，表示系统函数 $H(s)$ 的方法是给出系统函数的分子多项式和分母多项式的系数向量。由于系统函数的分子多项式和分母多项式系数与系统微分方程右左两端的系数是对应的，因此，用系统函数的两个系数向量来表示系统是较易实现的。

设连续系统的系统函数 $H(s)$ 为

$$H(s)=\frac{b_m s^m+b_{m-1}s^{m-1}+\cdots+b_1 s+b_0}{a_n s^n+a_{n-1}s^{n-1}+\cdots+a_1 s+a_0}=K\frac{(s-z_1)(s-z_2)\cdots(s-z_m)}{(s-p_1)(s-p_2)\cdots(s-p_n)}$$

该式第二个等号左边为系统函数的分子分母多项式（分子分母系数向量）表示形式，右边为系统函数的零、极点表示形式。式中，$K=b_m/a_n$ 为系统函数零、极点表示形式的增益；z_1，z_2，$\cdots$，z_m 为系统的 m 个零点；p_1，p_2，$\cdots$，p_n 为系统的 n 个极点。

MATLAB 提供了一些系统函数不同表达方式之间的转换函数，它们是：

$[z,p,k]=\text{tf2zp}(\text{num},\text{den})$ 系统函数的分子分母系数向量形式转换为零、极点表示形式，其中，**num** 为系统函数的分子系数向量，**den** 为系统函数的分母系数向量，z 为系统的零点向量，p 为系统的极点向量，k 为系统增益，若有理分式为真分式，则 k 为零。

$[\text{num},\text{den}]=\text{zp2tf}(z,p,k)$ 系统函数的零、极点表示形式转换为分子分母系数向量形式，各参数意义同上。

$[N,D]=\text{numden}(A)$ 表示将多项式 A 分解为分子多项式部分 N 和分母多项式部分 D。

$a=\text{sym2pol}(P)$ 实现多项式系数的提取，将多项式 **P** 的系数作为系数向量返回。

MATLAB 也提供了多项式与它的根之间的转换函数，它们是：

$r=\text{roots}(N)$ 求出由系数向量 **N** 确定的 n 阶多项式的 n 阶根向量 **r**。

$N=\text{poly}(r)$ 将根向量 **r** 转换为对应多项式的系数向量 **N**。

$\text{den}=\text{conv}(\ )$ 将因子相乘形式转换成多项式形式（即多项式系数向量形式）。

为了对系统进行复频域分析，MATLAB 提供了将一个有理分式的分子、分母系数向量形式转换成部分分式展开形式的 residue( ) 函数，其常用方法如下：

$[r,p,k]=\text{residue}(\text{num},\text{den})$ **num** 为有理分式的分子系数向量，**den** 为有理分式的分母系数向量，**r** 为部分分式的系数，**p** 为极点，**k** 为多项式系数，即

$$\frac{\boldsymbol{num}(s)}{\boldsymbol{den}(s)}=k(s)+\frac{r_1}{s-p_1}+\frac{r_2}{s-p_2}+\cdots+\frac{r_n}{s-p_n}$$

在 s 域部分分式展开形式的基础上，就很容易得出其拉普拉斯反变换形式，即系统输出的时域表达式。

MATLAB 还提供了一种简便地直接获得系统函数 $H(s)$ 零、极点分布图的函数，其常用方法如下：

pzmap(sys) 该函数直接画出系统函数 $H(s)$ 的零、极点分布图，**sys** 为系统表达

式，可由函数 tf( ) 转换而来，也可用输入项系数向量 ***num*** 和输出项系数向量 ***den*** 直接表示。

通过零、极点分布图可以判断系统的特性，如当全部极点位于 s 左半平面时系统是稳定的；当存在位于 s 右半平面的极点时系统是不稳定的；当存在位于虚轴上的极点时系统是临界稳定的。

例 3-28 试用 MATLAB 计算

$$H(s) = \frac{s+4}{s^3+6s^2+11s+6}$$

的部分分式展开形式。

解 根据题意，该例题的 MATLAB 参考运行程序如下：

```
close all;clear;clc;              %运行环境初始化
num=[1 4];                        %设置分子多项式系数向量
den=[1,6,11,6];                   %设置分母多项式系数向量
[r,p]=residue(num,den)            %求对应的部分分式展开项
```

运行结果如图 3-37 所示。

根据运行结果，可以获得 $H(s)$ 部分分式展开形式为

$$H(s) = \frac{0.5}{s+3} + \frac{-2}{s+2} + \frac{1.5}{s+1}$$

例 3-29 已知一个因果系统的系统函数为 $H(s) = \frac{s+3}{s^3+6s^2+8s+6}$，作用于系统的输入信号为 $x(t) = e^{-3t}u(t)$，用 MATLAB 求系统的零状态响应信号 $y(t)$ 的数学表达式。

解 根据题意，先求出输入信号 $x(t)$ 的拉普拉斯变换形式，然后计算出系统的输出 $Y(s)$，应用 numden( ) 函数将多项式 $Y(s)$ 分解为分子多项式部分和分母多项式部分，应用 sym2pol( ) 函数实现多项式系数向量的获取，最后通过 residue( ) 函数进行因式分解。其 MATLAB 参考运行程序如下：

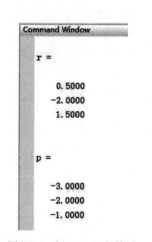

图 3-37 例 3-28 运行结果

```
close all;clear;clc;
syms t s                                    %定义符号变量
x=exp(-3*t)*heaviside(t);                   %定义输入信号 x
L=laplace(x);                               %对 x 进行拉普拉斯变换
H=(s+3)/(s^3+6*s^2+8*s+6);                  %定义系统函数
Y=H*L;                                      %计算输出的拉普拉斯变换 Y(s)
[n,d]=numden(Y);                            %取得 Y(s) 的分子部分和分母部分
[r,p,k]=residue (sym2poly(n),sym2poly(d))   %获得多项式系数向量，进一
                                            %步得到部分分式展开形式
```

运行结果如图 3-38 所示。

根据运行结果，可以获得 $Y(s) = \dfrac{B(s)}{A(s)} = \dfrac{-0.1667}{s+4} + \dfrac{1}{s+3} +$

$\dfrac{-1.5}{s+2} + \dfrac{0.667}{s+1} + 0$，从而进一步可获得系统的零状态响应信号

$y(t)$ 为

$$y(t) = -0.1667e^{-4t} + e^{-3t} - 1.5e^{-2t} + 0.667e^{-t}$$

例 3-30 已知系统函数为

$$H(s) = \frac{1}{s^3 + 2s^2 + 2s + 1}$$

试用 MATLAB 求出：

（1）系统零、极点，并画出零、极点图。

（2）系统的单位冲激响应 $h(t)$ 和频率特性 $H(\omega)$。

解 根据题意，MATLAB 参考运行程序如下：

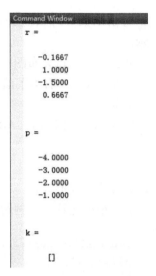

图 3-38　例 3-29 运行结果

```
num=[1];                        %系统函数分子多项式系数向量
den=[1,2,2,1];                  %系统函数分母多项式系数向量
sys=tf(num,den);               %得出系统表达式
poles=roots(den);              %求出系统极点
figure(1);                      %打开画图1
pzmap(sys);                     %画出系统函数 H(s)的零、极点分布图
xlabel('实轴 s^-1')            %显示 x 轴显示文本
ylabel('虚轴 s^-1')            %显示 y 轴显示文本
title('零极点图')              %设置标题
t=0:0.01:8;                    %取时间区间及步长
h=impulse(num,den,t);          %求取单位冲激响应
figure(2);                      %打开画图2
plot(t,h)                       %画出单位冲激响应
title('单位冲激响应')          %设置标题
[H,w]=freqs(num,den);          %求取系统频率特性
figure(3);                      %打开画图3
plot(w,abs(H))                  %画出系统幅频特性
xlabel('\omega')               %设置 x 轴显示文本
title('系统频率特性')          %设置标题
```

运行结果如图 3-39 所示，其中图 3-39a 为系统零、极点运算结果，图 3-39b 为系统零、极点图，图 3-39c 为系统的单位冲激响应 $h(t)$，图 3-39d 为系统的频率特性 $H(\omega)$。

由系统零、极点图可知，系统是稳定的。

（二）离散系统情况

与连续系统类似，离散系统的系统函数 $H(z)$ 表示为

$$H(z) = \frac{num(z)}{den(z)} = \frac{b_0 + b_1 z^{-1} + b_2 z^{-2} + \cdots + b_m z^{-m}}{1 + a_1 z^{-1} + a_2 z^{-2} + \cdots + a_n z^{-n}} = k \frac{(z-z_1)(z-z_2)\cdots(z-z_m)}{(z-p_1)(z-p_2)\cdots(z-p_n)}$$

该式第三个等号左边为系统函数的分子分母多项式（分子分母系数向量）表示形式，右边为系统函数的零、极点表示形式。式中，k 为系统函数零、极点表示形式的增益；z_1，z_2，$\cdots$，z_m 为系统的 m 个零点；p_1，p_2，$\cdots$，p_n 为系统的 n 个极点。

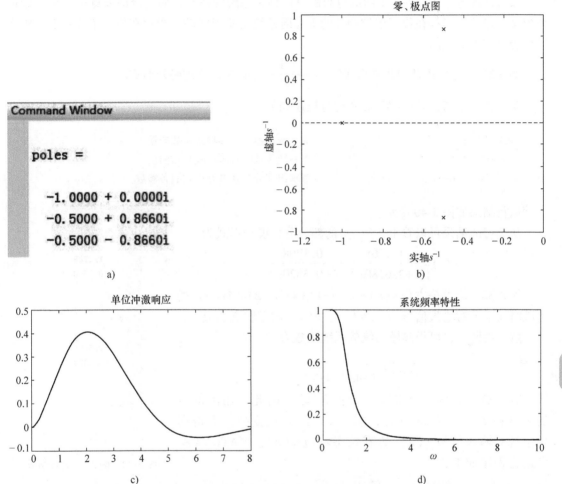

图 3-39 例 3-30 运行结果

a）系统零、极点运算结果 b）系统零、极点图 c）系统单位冲激响应 d）系统频率特性

连续系统函数不同表达方式之间的转换函数同样适用于离散系统。

为了对离散系统进行复频域分析，MATLAB 提供了将一个有理分式的分子分母系数向量形式转换成部分分式展开形式的 residuez( ) 函数，其常用方法如下：

[r,p,k] = residuez(num,den) num 为有理分式的分子系数向量，den 为有理分式的分母系数向量，r 为部分分式的系数，p 为极点，k 为多项式系数，若有理分式为真分式，则 k 为零。

$$\frac{num(z)}{den(z)} = k(z) + \frac{r_1}{1 - p_1 z^{-1}} + \frac{r_2}{1 - p_2 z^{-1}} + \cdots + \frac{r_n}{1 - p_n z^{-1}}$$

在 z 域部分分式展开形式的基础上，就很容易得出其 Z 反变换形式，即系统输出的时域表达式。

MATLAB 还提供了一种简便地直接获得离散系统函数 $H(z)$ 零、极点分布图的函数，其常用方法如下：

zplane(num,den)　该函数在 z 平面上画出单位圆、离散系统的零、极点分布图，其中 **num** 为系统函数的分子系数向量，**den** 为系统函数的分母系数向量。

通过系统零、极点在 z 平面的分布图可以判断系统的特性，如当全部极点位于单位圆内系统是稳定的；当存在位于单位圆外的极点时系统是不稳定的；当存在位于单位圆上的极点时系统是临界稳定的。

例 3-31　试用 MATLAB 求出 $X(z)=\dfrac{1}{1+3z^{-1}+z^{-2}}$ 的部分分式展开形式。

解　根据题意，MATLAB 参考运行程序如下：

```
num=[1];                    %系统函数分子多项式系数向量
den=[1,3,1];                %系统函数分母多项式系数向量
[r,p,k]=residuez(num,den)   %求出部分分式展开形式的各参数
```

运行结果如图 3-40 所示。

从运行的结果可以看出，$X(z)$ 的部分分式展开形式为

$$X(z)=\frac{1.1708}{1+2.6180z^{-1}}-\frac{0.1708}{1+0.3820z^{-1}}$$

例 3-32　求差分方程 $y(n)-4y(n-1)+4y(n-2)=4x(n)$ 的离散时间系统对输入信号 $x(n)=(-3)^{n}u(n)$ 的零状态响应。

解　由题意，可得离散系统的系统函数为

$$H(z)=\frac{4}{1-4z^{-1}+4z^{-2}}$$

对于输入信号可求得其 Z 变换 $X(z)$，因此，输出信号的 Z 变换 $Y(z)=H(z)X(z)$，求 $Y(z)$ 的 Z 反变换，即得离散系统对输入信号 $x(n)$ 的零状态响应 $y(n)$。MATLAB 参考运行程序如下：

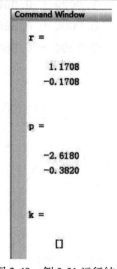

图 3-40　例 3-31 运行结果

```
close all;clear;clc;        %MATLAB 运行环境初始化
syms k z;                   %定义符号变量
H=4/(1-4*z^(-1)+2*z^(-2));  %定义系统函数
x=(-3)^k*heaviside(k);      %生成输入序列
Xz=ztrans(x);              %对输入序列进行 Z 变换
Yz=H*Xz;                   %得到输出信号的 Z 变换
[N,D]=numden(Yz);          %取得 Y(z)的分子多项式和分母多项式
num=sym2poly(N);           %得到分子多项式的系数向量
den=sym2poly(D);           %得到分母多项式的系数向量
[r,p,k]=residuez(num,den)  %得到部分分式展开形式
```

运行结果如图 3-41 所示。

根据运行结果，可以得出 $Y(z)$ 的部分分式展开式为

$$Y(z) = \frac{0.1559}{1-3.4142z^{-1}} + \frac{1.5652}{1+3z^{-1}} + \frac{0.2789}{1-0.5858z^{-1}}$$

从而进一步可获得系统的零状态响应信号 $y(n)$ 为

$$y(n) = [0.1559 \cdot (3.4142)^n + 1.5652 \cdot (-3)^n + 0.2789 \cdot (0.5858)^n] u(n)$$

例 3-33 已知离散系统的系统函数为

$$H(z) = \frac{z^2 + 2z}{z^2 + 0.5z + 0.25}$$

试用 MATLAB，求出：

（1）系统零、极点并画出零、极点图；

（2）系统的单位脉冲响应 $h(n)$ 和频率特性 $H(\Omega)$。

解 首先将 $H(z)$ 写成标准形式为

$$H(z) = \frac{z^2 + 2z}{z^2 + 0.5z + 0.25} = \frac{1 + 2z^{-1}}{1 + 0.5z^{-1} + 0.25z^{-2}}$$

（1）求 $H(z)$ 的零、极点并画出零极点图的 MATLAB 参考运行程序如下：

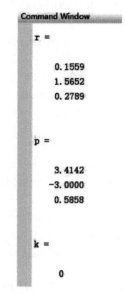

图 3-41 例 3-32 运行结果

```
close all;clear;clc;              %MATLAB 运行环境初始化
num=[1,2];                        %系统函数分子多项式系数向量
den=[1,0.5,0.25];                 %系统函数分母多项式系数向量
[r,p,k]=tf2zp(num,den)            %求得零、极点
zplane(num,den)                   %画出系统函数的零、极点分布图
```

运行结果如图 3-42 所示。

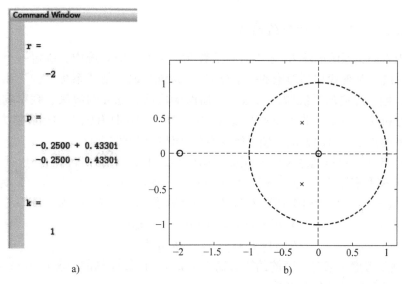

图 3-42 例 3-33 的零、极点分布图

a）零、极点运算结果　b）系统零、极点分布图

（2）求系统的单位脉冲响应 $h(n)$ 和频率特性 $H(\Omega)$ 的 MATLAB 参考运行程序如下：

```
close all;clear;clc;            %MATLAB 运行环境初始化
num=[1,2];                      %系统函数分子多项式系数向量
den=[1,0.5,0.25];               %系统函数分母多项式系数向量
h=impz(num,den);                %计算离散系统脉冲响应
figure(1);                      %打开画图 1
stem(h);                        %画出响应火柴梗图
xlabel('k');                    %设计 x 轴显示文本
title('冲激响应');              %设置标题
[H,w]=freqz(num,den);           %计算系统的离散幅频响应
figure(2);                      %打开画图 2
plot(w/pi,abs(H));              %绘制幅频曲线
xlabel ('角频率\omega');        %设置 x 轴文本
title('幅频响应');              %设置标题
```

运行结果如图 3-43 所示。

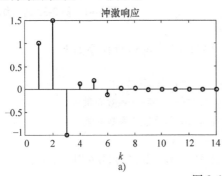
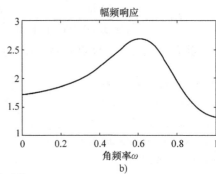

图 3-43　系统响应

a）冲激响应　b）幅频响应

四、利用 MATLAB 的系统辨识

系统辨识是根据系统的输入/输出时间函数在指定的一类系统中，确定一个与被识别的系统等价的系统，是现代控制理论的一个分支。"系统辨识"是"系统分析"和"控制系统设计"的逆问题。经典的系统辨识方法有：阶跃响应法、脉冲响应法、频率响应法、相关分析法、谱分析法、最小二乘法和极大似然法等，MATLAB 具有强大的运算能力，MATLAB 在系统辨识中提供了丰富的方法，使系统参数的估计更加方便可行。

在 MATLAB 中，可以通过 arx() 函数使用最小二乘法来估计自回归外生（ARX）模型的参数，ARX 模型表达式为 $A(q)y(t) = B(q)u(t-nk)+e(t)$，式中，$y(t)$ 为系统输出；$u(t)$ 为系统输入；$e(t)$ 为白噪声输入信号；平移算子 $A(q)$，$B(q)$ 定义为

$$A(q) = 1+a_1 q^{-1}+a_2 q^{-2}+\cdots+a_{na} q^{-na}$$

$$B(q) = b_1+b_2 q^{-1}+\cdots+b_{nb} q^{-nb+1}$$

ARX 模型是考虑了某时刻以前的所有输入量 $u(t)$ 以及此刻的白噪声 $e(t)$ 得出的系统模型。arx() 函数的常用方法如下：

sys = arx(data,[na nb nk])，其中 data 表示等待被估计的系统数据，[na nb nk] 用来定

义 ARX 模型的多项式阶数，*na* 表示 $A(q)$ 的阶数，*nb* 表示 $B(q)+1$ 的阶数，*nk* 表示系统输入延时。使用 arx( ) 函数，可以实现对系统数据辨识为 ARX 模型。

例 3-34　已知系统模型为 $H(s)=\dfrac{s+0.5}{s^2-1.5s+0.7}$，现有一个正弦波信号作为输入，同时叠加一个幅度为 0.5 的白噪声，请生成系统输出，并且通过最小二乘法，对已有的输入和输出数据进行 ARX 模型辨识，并画出对应的伯德图。

解　根据题意，第一步需要生成输入量 *u*，并且叠加白噪声信号；第二步，根据输入量 *u* 获得系统输出 *y*；第三步，根据输入量 *u* 和系统输出 *y*，进行 ARX 模型估计；最后利用 bode( ) 函数，画出原系统和辨识系统的伯德图。bode( ) 函数的常用方法为 bode(sys)，表明将输入的动态系统模型 *sys* 用频率伯德图表示，其 MATLAB 参考运行程序如下：

```
close all;clear;clc;
A=[1  -1.5  0.7];B=[0 1 0.5];          %按照传递函数，生成系统分子分母
m0=idpoly(A,B);                        %生成控制系统离散时间 ARX 模型
u=iddata([],sin([1:300]'));            %产生模拟控制变量输入 y，并转置成列向量
e=iddata([],0.5*randn(300,1));         %生成白噪声 e
y=sim(m0,[u e]);                       %产生系统输出数据 y
z=[y,u];                               %组成系统测试输出和输入数据结构 z
m=arx(z,[3 2 1]);                      %进行系统辨识
bode(m0,'--',m,'.');                   %画出伯德图
legend('原系统特性','辨识系统特性');     %设置曲线说明
```

参考运行程序代码中，idpoly( ) 函数通过输入的分子分母多项式系数生成离散时间 ARX 模型，iddata( ) 函数的作用是生成一个 iddata 对象，它必须为列向量，用于 arx( ) 函数实现系统辨识，sim( ) 函数用来计算系统模型 m0 在输入参数为 [u,e] 时的系统输出。运行结果如图 3-44 所示。

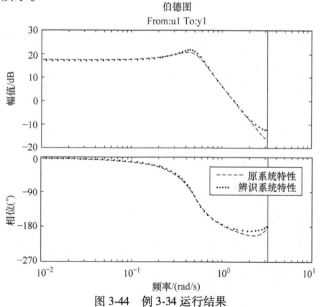

图 3-44　例 3-34 运行结果

269

在图 3-44 中，虚线为原始系统的伯德图曲线，点线为最小二乘法识别的系统曲线，从运行结果上看，所得到的辨识系统很好地拟合了原始系统曲线。

五、信号处理的典型应用

前面介绍了滑动平均滤波器、中值滤波器等典型案例，下面附上其 MATLAB 分析程序。

例 3-35　用 MATLAB 设计一个滑动平均滤波器去除正弦信号中混入的随机噪声干扰。

解　假设正弦序列 $s(n)=\sin(2*pi/200*n)$ 被 $(-0.05,0.05)$ 的高斯白噪声 $s(n)$ 污染，则被污染后的信号为 $x(n)=s(n)+d(n)$。若 $M=3$，则滑动平均滤波器系统的输出为 $y(n)=\dfrac{1}{3}[x(n)+x(n-1)+x(n-2)]$。MATLAB 参考运行程序如下：

```
clear all;
clc

M=input('输入M\n');
t=1:100;
T=sin(2*pi/200*t);%原始数据
figure(1)
plot(T(1:50),'--')
hold on;

%%加噪声
zs=randn(size(T));
zs=zs/max(zs)/20;%(-0.05,0.05)的高斯白噪声
Ts=T+zs;
plot(zs(1:50),':.')
hold on;
plot(Ts(1:50))
xlabel('时间序列 n')
ylabel('振幅')

%%滑动平滑滤波
L=length(T);
k=0;
m=0;
T1=[];
for i=1:L
    m=m+1;
    T1(m)=0;
    if i+M-1 > L
    break
else
```

```
    for j=i:M+i-1
        k=k+1;
        T1(m)=T1(m)+Ts(j);
    end
    T1(m)=T1(m)/M;
    k=0;
    end
end
figure(2)
plot(T(1:50),'--')
hold on;
plot(T1(1:50))
xlabel('时间序列 n')
ylabel('振幅')
```

分析结果如图 3-45 所示。由图 3-45 可见,滑动平均滤波器工作起来就像一个低通滤波器,它通过去除高频成分来平滑输入数据。然而,大多数随机噪声在 $0 \leqslant \omega < \pi$ 范围内都有频率分量,因此,噪声中的一些低频成分也会出现在滑动平均滤波器的输出中。

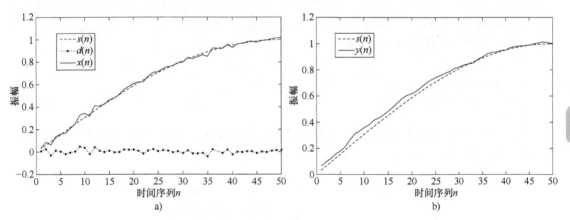

图 3-45 例 3-35 滑动平均滤波器分析结果

a) 原始信号、噪声和被污染信号波形图 b) 理想输入和滤波器输出结果对比

例 3-36 求解例 3-20 中中值滤波器用于移除冲激噪声的 MATLAB 程序。

解 假设原未受干扰信号为正弦序列 $s(n) = \sin(2 * \mathrm{pi} * n)$,冲激噪声为 $d(n)$,则被污染后的信号为 $x(n) = s(n) + d(n)$。设计中值滤波器,消除观测数据中的冲激噪声。MATLAB 参考运行程序如下:

```
X1=0:0.1:2*pi;
Y1=sin(X1);
figure(1)
h1=stem(X1,Y1);
```

```
title('未受干扰信号');
xlabel('x');
ylabel('振幅');
saveas(h1,'原图.jpg');

Y2=Y1;
[m,n]=size(X1);
for i=1:5:n
    Y2(i)=Y2(i)+1;
end
figure(2)
h2=stem(X1,Y2);
title('冲激噪声干扰的信号');
xlabel('x');
ylabel('振幅');
saveas(h2,'噪声图.jpg');

Y3=medfilt1(Y2,3);
figure(3)
h3=stem(X1,Y3);
title('中值滤波后的噪声信号');
xlabel('x');
ylabel('振幅');
saveas(h3,'滤波后图.jpg');
```

图 3-46 给出了中值滤波器的窗口长度为 3 时的输出结果。由图 3-46b 可以看出，中值滤波后的信号与原未受干扰信号几乎相同。

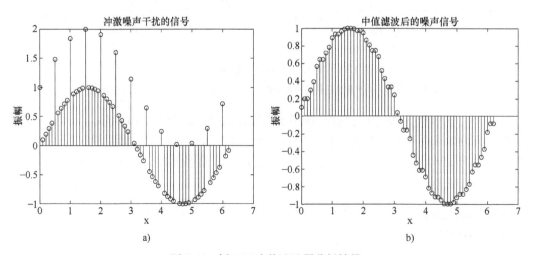

图 3-46 例 3-36 中值滤波器分析结果

a）受冲激噪声干扰的信号 b）长度为 3 的中值滤波器的输出

例 **3-37**　设计一个中值滤波器，实现对数字图像中脉冲噪声的去除。

解　图像中值滤波降噪处理包括以下环节：①原始图片预处理；②添加随机噪声；③中值滤波。

图 3-47 为 512×512 分辨率的隔离开关的原始图像和灰度图像。

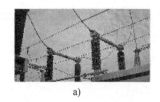 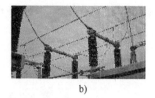

a)　　　　　　　　　　　　　　　　　b)

图 3-47　隔离开关的原始图像和灰度图像

a）原始图像　b）灰度图像

采用中值滤波算法对含有 5 种脉冲噪声的隔离开关图像进行处理，如图 3-48 所示。从图 3-48 可以看出，将 5 种不同的脉冲噪声信号混入隔离开关图像后，图像原始特征不再清晰，甚至无法判断出原始图像的特征。经中值滤波后，含有 5 种脉冲噪声模型的隔离开关图像的清晰度得到了大幅度提升。

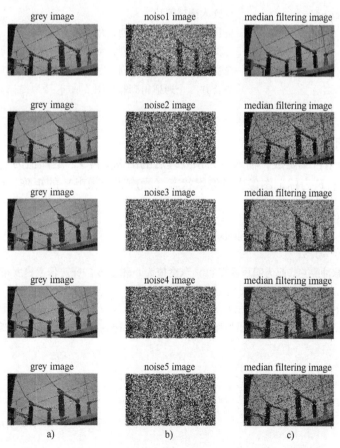

图 3-48　对含有 5 种噪声的隔离开关图像进行中值滤波结果

a）原始灰度图　b）含 5 种噪声的图像　c）中值滤波后图像

考虑到该程序较为复杂，为了简洁清晰起见，分模块介绍其 MATLAB 实现方法。

（1）预处理

灰度处理：判断测试图片是否为灰度图片，若为彩色图片，则转换为灰度图片。

```
I=imread('test.jpg');        %读入测试图片
flag=isrgb(I);               %判断图像是否为 rgb 图像，若是的话将其转为灰度图像
if flag==true
     I=rgb2gray(I);
end

I=imread('test.jpg');        %读入测试图片
mysize=size(I);              %判断图像是否为 rgb 图像，若是的话将其转为灰度图像
if numel(mysize)>2
     I=rgb2gray(I);
end
```

（2）RGB 彩色图像的通道分离与合成

```
I=imread('test.jpg');        %读入测试图片
R=I(:,:,1);                  %提取测试图片第一列，为 R 通道值
G=I(:,:,2);                  %提取测试图片第二列，为 G 通道值
B=I(:,:,3);                  %提取测试图片第三列，为 B 通道值
J=cat(3,R,G,B);              %合并 3 个通道得到彩色图
imshow(J);
```

（3）添加随机噪声

在主程序中调用自编函数，输入值为预处理后的图像矩阵 I，返回值为 $[J, F]$，其中 J 为添加好噪声的图像；F 为标记图像中各像素状态（噪声和非噪声）的矩阵，尺寸和原图相同。

```
%脉冲噪声模型(1)
function [J,F]=create_noiseType1(I)
RATIOofNOISE=0.4;
%构造固定值脉冲噪声，此为噪声模型(1):灰度值为 0 和 255 的噪声像素密度相同
J=imnoise(I,'salt & pepper',RATIOofNOISE);
[m,n]=size(I);               %uint8
F=zeros(m,n);                %记录原图像中噪声的分布情况：0 为非噪声；1 为噪声
for i=1:m
   for j=1:n
      if I(i,j)~=J(i,j)
           F(i,j)=1;
      end
   end
end
end
```

```
%脉冲噪声模型(2)
function [J,F]=create_noiseType2(I)
%构造固定值脉冲噪声,此为噪声模型(2):灰度值为0和255的噪声像素密度不相同
[m,n]=size(I);            %uint8
F=zeros(m,n);            %记录原图像中噪声的分布情况:0为非噪声;1为噪声
J=I;
RATIOofPEPPER=0.4;            %椒(0)噪声比率
RATIOofSALT=0.3;            %盐(255)噪声比率
%先添加椒噪声
num0=round(m * n * RATIOofPEPPER);    %噪声点的个数
for k=1:num0
    i=round(rand(1) * (m-1))+1;    %1到m的随机数
    j=round(rand(1) * (n-1))+1;    %1到n的随机数
    while F(i,j)==1            %该点处的状态被更新过,需要换其他点
        i=round(rand(1) * (m-1))+1;
        j=round(rand(1) * (n-1))+1;
    end
    J(i,j)=0;
    F(i,j)=1;                %该点处的状态需要更新
end
%再添加盐噪声
num1=round(m * n * RATIOofSALT);    %噪声点的个数
for k=1:num1
    i=round(rand(1) * (m-1))+1;    %1到m的随机数
    j=round(rand(1) * (n-1))+1;    %1到n的随机数
    while F(i,j)==1            %该点处的状态被更新过,需要换其他点
        i=round(rand(1) * (m-1))+1;
        j=round(rand(1) * (n-1))+1;
    end
    J(i,j)=255;
    F(i,j)=1;                %该点处的状态需要更新
end

%脉冲噪声模型(3)
function [J,F]=create_noiseType3(I)
%构造随机值脉冲噪声,此为噪声模型(3):[0,M]与[255-M,255]密度基本相同
M=24;
[m,n]=size(I);        %uint8
F=zeros(m,n);            %记录原图像中噪声的分布情况:0为非噪声;1为噪声
J=I;
RATIOofNOISE=0.8;
num=round(m * n * RATIOofNOISE);    %噪声点的个数
```

```
for k=1:num
    i=round(rand(1)*(m-1))+1;        %1到m的随机数
    j=round(rand(1)*(n-1))+1;        %1到n的随机数
    while F(i,j)==1                   %该点处的灰度值被覆盖过,需要换其他点
        i=round(rand(1)*(m-1))+1;
        j=round(rand(1)*(n-1))+1;
    end
    if round(rand(1))==0
        J(i,j)=round(rand(1)*M);
    else
        J(i,j)=round(rand(1)*M)+(255-M);
    end
    F(i,j)=1;                         %该点处的状态需要更新
end


%脉冲噪声模型(4)
function [J,F]=create_noiseType4(I)
%构造随机值脉冲噪声,此为噪声模型(4):[0,M]与[255-M,255]密度不相同
M=24;
[m,n]=size(I);                        %uint8
F=zeros(m,n);                         %记录原图像中噪声的分布情况:0为非噪声;1为噪声
J=I;
RATIOofLOWEIMPULSE=0.4;               %低密度脉冲噪声比率
RATIOofHIGHIMPULSE=0.3;               %高密度脉冲噪声比率
%先添加低密度脉冲噪声
num0=round(m*n*RATIOofLOWEIMPULSE);  %噪声点的个数
for k=1:num0
    i=round(rand(1)*(m-1))+1;        %1到m的随机数
    j=round(rand(1)*(n-1))+1;        %1到n的随机数
    while F(i,j)==1                   %该点处的状态被更新过,需要换其他点
        i=round(rand(1)*(m-1))+1;
        j=round(rand(1)*(n-1))+1;
    end
    J(i,j)=round(rand(1)*M);
    F(i,j)=1;                         %该点处的状态需要更新
end
%再添加高密度脉冲噪声
num1=round(m*n*RATIOofHIGHIMPULSE); %噪声点的个数
for k=1:num1
    i=round(rand(1)*(m-1))+1;        %1到m的随机数
    j=round(rand(1)*(n-1))+1;        %1到n的随机数
    while F(i,j)==1                   %该点处的状态被更新过,需要换其他点
```

```
                i=round(rand(1) * (m-1))+1;
                j=round(rand(1) * (n-1))+1;
            end
        J(i,j)=round(rand(1) * M)+(255-M);
        F(i,j)=1;                          %该点处的状态需要更新
    end
end
```

%脉冲噪声模型(5)

```
function [J,F]=create_noiseType5(I)
```

%构造随机值脉冲噪声,此为噪声模型(5):[0, M1]与[255-M2, 255]密度不一定相同,M1 和 M2
%不相等

```
M1=14;
M2=24;
[m,n]=size(I);     %uint8
F=zeros(m,n);          %记录原图像中噪声的分布情况: 0 为非噪声; 1 为噪声
J=I;
RATIOofLOWEIMPULSE=0.4;              %低密度脉冲噪声比率
RATIOofHIGHIMPULSE=0.3;             %高密度脉冲噪声比率
```

%先添加低密度脉冲噪声

```
num0=round(m * n * RATIOofLOWEIMPULSE); %噪声点的个数
for k=1:num0
        i=round(rand(1) * (m-1))+1;          %1 到 m 的随机数
        j=round(rand(1) * (n-1))+1;          %1 到 n 的随机数
        while F(i,j)==1                  %该点处的状态被更新过, 需要换其他点
            i=round(rand(1) * (m-1))+1;
            j=round(rand(1) * (n-1))+1;
        end
        J(i,j)=round(rand(1) * M1);
        F(i,j)=1;                          %该点处的灰度值被覆盖掉
end
```

%再添加高密度脉冲噪声

```
num1=round(m * n * RATIOofHIGHIMPULSE); %噪声点的个数
for k=1:num1
        i=round(rand(1) * (m-1))+1;          %1 到 m 的随机数
        j=round(rand(1) * (n-1))+1;          %1 到 n 的随机数
        while F(i,j)==1                  %该点处的状态被更新过, 需要换其他点
            i=round(rand(1) * (m-1))+1;
            j=round(rand(1) * (n-1))+1;
        end
        J(i,j)=round(rand(1) * M2)+(255-M2);
        F(i,j)=1;                          %该点处的状态需要更新
end
```

（4）中值滤波

中值滤波可以调用 MATLAB 自带函数 medfilt2( )，但它只能处理二维数组，所以需要先对图片进行灰度处理。对于 RGB 彩色图像，可以对 3 个颜色通道分别调用 medfilt2( ) 函数进行中值滤波，再合成得到滤波后的彩色图像。本部分以灰度处理为例，矩阵 I 为灰度处理后的图像矩阵，矩阵 J 为添加随机噪声后的图像矩阵，矩阵 K 为中值滤波后的图像矩阵。

```
I=imread('test.jpg');
mysize=size(I);
if numel(mysize)>2
    I=rgb2gray(I);
end
%% 给原图添加噪声：5 种模型的噪声，当前为噪声模型1
%%J 为添加好噪声的图像；F 为标记图像中各像素状态（噪声和非噪声）的矩阵，尺寸和原图相同
%% 构造 5 种模型噪声的方法如下
[J,F]=create_noiseType1(I);
%[J,F]=create_noiseType2(I);
%[J,F]=create_noiseType3(I);
%[J,F]=create_noiseType4(I);
%[J,F]=create_noiseType5(I);
%对噪声图像进行中值滤波，K 为滤波后的图像
K=medfilt2(J,[5,5]);   %该函数默认使用[3,3]的滤波窗口，这里采用 5×5 的滤波窗口图像显示
subplot(121),imshow(J),title('noise image');
subplot(122),imshow(K),title('median filtering image');
```

自编中值滤波程序如下所示，噪声模型为脉冲噪声模型。

```
I=imread('test.jpg');                 %需要过滤的图像
n=5;                                  %滤波窗口大小
[height,width]=size(I);               %获取图像的尺寸(n 小于图片的宽高)
figure;
imshow(I);                            %显示原图
[J,F]=create_noiseType1(I);           %加入椒盐噪声
figure;
imshow(J);                            %显示加入噪声后的图片
x1=double(J);                         %数据类型转换
x2=x1;                                %转换后的数据赋给 x2
for i=1:height-n+1
    for j=1:width-n+1
        c=x1(i:i+(n-1),j:j+(n-1));    %在 x1 中从头取模板大小的块赋给 c
        e=c(1,:);                     %e 中存放 c 矩阵的第一行
        for u=2:n                     %将 c 的其他行元素取出接在 e 后使 e 为行矩阵
            e=[e,c(u,:)];
```

```
            end
            med=median(e);                   %取一行的中值
            x2(i+(n-1)/2,j+(n-1)/2)=med;      %将模板各元素的中值赋给模板中心位置的元素
        end
    end
    K=uint8(x2);                             %未被赋值的元素取原值
    figure;
    imshow(K);                               %显示过滤图片
```

📝 | 本章要点

1. 信号处理是对原始信号实现加工和改造，其目的是从信号中获取有用信息，有效地利用信息，方便地传输、存储信息。信号处理是通过系统实现的，因此，了解系统的基本特性对于实现信号处理具有重要意义。

2. 模拟系统实现对模拟信号的处理，数字系统实现对数字信号的处理。数字信号处理技术所具有的一系列优点使其成为当代信号处理的主要手段，数字信号处理借助数字处理芯片或设备，通过软件或硬件来实现，其中，有限字长对处理的影响必须得到充分考虑。

3. 原始信号作为信号处理系统的输入，而信号处理系统的输出即为被加工和改造了的信号，所以，已知输入信号 $x(t)$［或 $x(n)$］和系统的数学表达式，求得系统的输出 $y(t)$［或 $y(n)$］是信号处理研究的基本任务。对于线性系统，可以分别在时域、频域、复频域完成这一基本任务。

（1）在时域　有

$$y(t)=x(t)*h(t)=\int_{-\infty}^{\infty}x(\tau)h(t-\tau)\mathrm{d}\tau$$

和

$$y(n)=x(n)*h(n)=\sum_{k=-\infty}^{\infty}x(k)h(n-k)$$

式中，$h(t)$ 为连续系统的单位冲激响应；$h(n)$ 为离散系统的单位脉冲响应，它们是系统特性在时域的描述。

（2）在频域　对于连续系统有

$$Y(\omega)=H(\omega)X(\omega)$$

式中，$X(\omega)$、$Y(\omega)$ 分别为输入信号和输出信号的傅里叶变换；$H(\omega)=\left|H(\omega)\right|\mathrm{e}^{\mathrm{j}\varphi_{\mathrm{h}}(\omega)}$ 为 $h(t)$ 的傅里叶变换，称为连续系统的频率特性函数，是系统特性在频域的描述。$\left|H(\omega)\right|$ 和 $\varphi_{\mathrm{h}}(\omega)$ 分别为系统的幅频特性和相频特性。

类似地，对于离散系统有

$$Y(\Omega)=H(\Omega)X(\Omega)$$

式中，$X(\Omega)$、$Y(\Omega)$ 分别为输入序列和输出序列的离散时间傅里叶变换；$H(\Omega)=\left|H(\Omega)\right|\mathrm{e}^{\mathrm{j}\varphi_{\mathrm{h}}(\Omega)}$ 为 $h(n)$ 的离散时间傅里叶变换，称为离散系统的频率特性函数，是系统特性在频域的描

述。$|H(\Omega)|$ 和 $\varphi_h(\Omega)$ 分别为离散系统的幅频特性和相频特性。

信号处理的频域法分析不仅将时域的卷积运算变为乘法运算，给处理带来方便，还充分地体现了输入信号、输出信号、系统三者之间的频率关系，所以它是信号处理的最重要的方法。

（3）在复频域　对于连续系统有

$$Y(s) = H(s)X(s)$$

式中，$X(s)$、$Y(s)$ 分别为输入信号和输出信号的拉普拉斯变换；$H(s)$ 为 $h(t)$ 的拉普拉斯变换，称为连续系统的系统函数，是系统特性在复频域的描述。

类似地，对于离散系统有

$$Y(z) = H(z)X(z)$$

式中，$X(z)$、$Y(z)$ 分别为输入序列和输出序列的 Z 变换；$H(z)$ 为 $h(n)$ 的 Z 变换，称为离散系统的系统函数，是系统特性在复频域的描述。

信号处理的复频域法也将时域的卷积运算变为乘法运算，能更方便地求解微分方程或差分方程。但是信号在复频域中的物理意义不清晰，因而在复频域中研究信号处理时，复频域法更趋于是一种数学方法。

4. 把原来在时域卷积积分 $y(t) = h(t) * x(t)$ 中的 $h(t)$ 或 $x(t)$ 从卷积关系中分离出来，（对于离散系统则是把原来在时域卷积和 $y(n) = h(n) * x(n)$ 中的 $h(n)$ 或 $x(n)$ 从卷积关系中分离出来），这是卷积的反演问题，称为解卷积。其中求取系统的输入信号 $x(t)$ $[$或 $x(n)]$ 属于信号的恢复问题，求取 $h(t)$ $[$或 $h(n)]$ 属于系统辨识问题。解卷积可以通过数学方法（如最小二乘法等）求解。

习　　题

1. 某线性时不变系统，当激励为图 3-49a 所示 3 个形状相同的波形时，其零状态响应 $y_1(t)$ 如图 3-49b 所示。试求当激励为图 3-49c 所示的 $x_2(t)$（每个波形与图 3-49a 中的任一形状相同）时的零状态响应 $y_2(t)$。

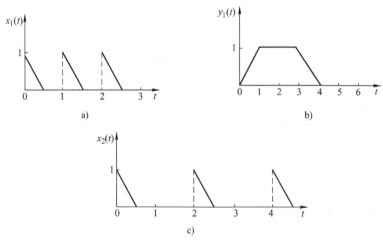

图 3-49　题 1 图

2. 线性时不变因果系统，当激励 $x(t) = U(t)$ 时，零状态响应 $g(t) = e^{-t}\cos t \cdot U(t) + \cos t[U(t-\pi) - U(t-2\pi)]$。求当激励 $x(t) = \delta(t)$ 时的响应 $h(t)$。

3. 考虑一离散时间系统，其输入为 $x(n)$，输出为 $y(n)$，系统的输入-输出关系为

$$y(n)=x(n)x(n-2)$$

（1）系统是无记忆的吗？

（2）当输入为 $A\delta[n]$，A 为任意实数或复数，求系统输出。

（3）系统是可逆的吗？

4. 考虑一个连续时间系统，其输入 $x(t)$ 和输出 $y(t)$ 的关系为 $y(t)=x(\sin t)$，

（1）该系统是因果的吗？

（2）该系统是线性的吗？

5. 判断下列输入-输出关系的系统是否是线性、时不变，或两者俱有。

（1）$y(t)=t^2x(t-1)$；

（2）$y(n)=x^2(n-2)$；

（3）$y(n)=x(n+1)-x(n-1)$。

6. 某一线性时不变系统，在相同的初始条件下，当激励为 $x(t)$ 时，其全响应为 $y_1(t)=(2e^{-3t}+\sin2t)U(t)$；当激励为 $2x(t)$ 时，其全响应为 $y_2(t)=(e^{-3t}+2\sin2t)U(t)$。

求：（1）初始条件不变，当激励为 $x(t-t_0)$ 时的全响应 $y_3(t)$，t_0 为大于零的实常数。

（2）初始条件增大一倍，当激励为 $0.5x(t)$ 时的全响应 $y_4(t)$。

7. $x_1(t)$ 与 $x_2(t)$ 的波形如图 3-50a、b 所示，求 $x_1(t) * x_2(t)$，并画出波形。

8. 已知：（1）$x_1(t) * tU(t)=(t+e^{-t}-1)U(t)$；

（2）$x_1(t) * [e^{-t}U(t)]=(1-e^{-t})U(t)-[1-e^{-(t-1)}]U(t-1)$，求 $x_1(t)$。

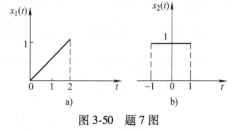

图 3-50　题 7 图

9. 已知系统的微分方程为

$$y''(t)+3y'(t)+2y(t)=x'(t)+3x(t)$$

当激励 $x(t)=e^{-4t}tU(t)$ 时，系统的全响应为

$$y(t)=\left(\frac{14}{3}e^{-t}-\frac{7}{2}e^{-2t}-\frac{1}{6}e^{-4t}\right)U(t)$$

求：（1）冲激响应 $h(t)$；

（2）零状态响应 $y_{zs}(t)$ 与零输入响应 $y_{zi}(t)$；

（3）瞬态响应与稳态响应。

10. 考虑一个线性时不变系统的输入信号 $x(t)=2e^{-3t}u(t-1)$ 与其输出信号 $y(t)$ 之间有下列关系：

$$\frac{dx(t)}{dt}\to -3y(t)+e^{-2t}u(t)$$

试求该系统的单位冲激响应 $h(t)$。

11. 如图 3-51a 所示滤波器，已知其 $|H(\omega)|$ 如图 3-51b 所示，$\varphi(\omega)=0$，$x(t)$ 的波形如图 3-51c 所示。求滤波器的零状态响应 $y(t)$，并画出波形。

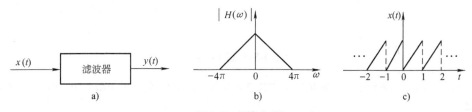

图 3-51　题 11 图

12. 在图 3-52 所示系统中，$x(t)$ 为已知的激励，$h(t)=\dfrac{1}{\pi t}$。求系统的零状态响应 $y(t)$。

x(t)
h(t)
h(t)
y(t)

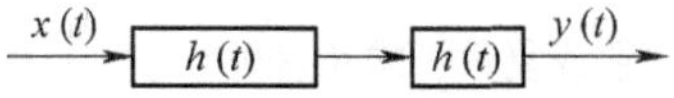

图 3-52　题 12 图

13. 求图 3-53 所示各系统的系统频率响应 $H(\omega)$ 及冲激响应 $h(t)$。

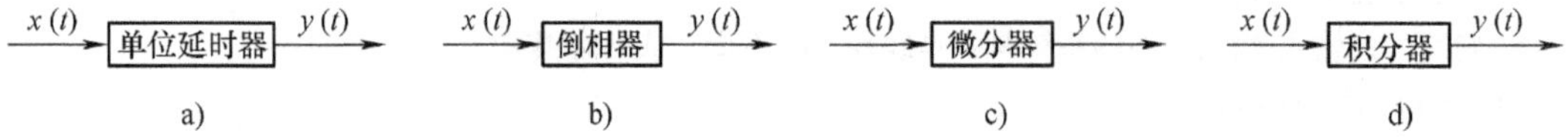

x(t)
单位延时器
y(t)
a)
x(t)
倒相器
y(t)
b)
x(t)
微分器
y(t)
c)
x(t)
积分器
y(t)
d)

图 3-53　题 13 图

14. 已知滤波器的单位冲激响应 $h(t)=\dfrac{1}{\pi t}$，外加激励 $x(t)=\cos\omega_0 t$，$-\infty<t<\infty$。求滤波器的零状态响应 $y(t)$。

15. 理想低通滤波器的传输函数 $H(\omega)=G_{2\pi}(\omega)$，求输入为下列各信号时的响应 $y(t)$：

（1）$x(t)=\mathrm{Sa}(\pi t)$；　　（2）$x(t)=\dfrac{\sin 4\pi t}{\pi t}$。

16. 在图 3-54a 所示系统中，$H(\omega)$ 为理想低通滤波器，其频率特性如图 3-54b 所示，其中相频特性为 $\varphi(\omega)=0$。输入信号 $f(t)=f_0(t)\cos 1000t$，$-\infty<t<\infty$，其中 $f_0(t)=\dfrac{1}{\pi}\mathrm{Sa}(t)$，另一输入信号 $s(t)=\cos 1000t$，$-\infty<t<\infty$，求系统的零状态响应 $y(t)$。

f(t)
+
+
s(t)
x(t)
H(ω)
y(t)
a)
H(ω)
1
−1
0
1
ω
b)

图 3-54　题 16 图

17. 在图 3-55a 所示系统中，已知带通滤波器的频率特性 $H(\omega)$ 如图 3-55b 所示，其中相频特性为 $\varphi(\omega)=0$。输入信号分别为 $f(t)=\dfrac{1}{\pi}\mathrm{Sa}(2t)$，$-\infty<t<\infty$ 和 $s(t)=\cos 1000t$，$-\infty<t<\infty$，求系统的零状态响应 $y(t)$。

f(t)
+
+
s(t)
x(t)
带通滤波器
y(t)
a)
H(ω)
1
−1001
−1000
−999
0
999
1000
1001
ω
b)

图 3-55　题 17 图

18. 在图 3-56a 所示系统中，已知 $H_1(\omega)$ 如图 3-56b 所示，$h_2(t)$ 的波形如图 3-56c 所示，输入信号为 $x(t)=\sum\limits_{n=-\infty}^{\infty}\delta(t-n),n=0,\pm1,\pm2,\cdots$。求系统的零状态响应 $y(t)$。

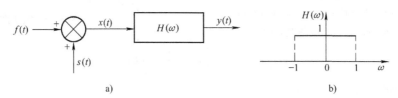

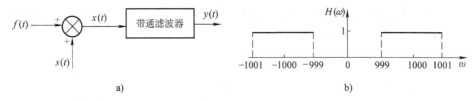

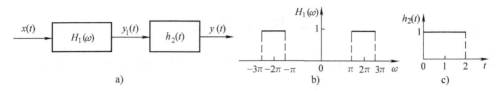

图 3-56 题 18 图

19. 如图 3-57a 所示为一原理性通信系统，$x(t)$ 为被传送信号，设其频谱 $X(\omega)$ 如图 3-57b 所示；$a_1(t)=a_2(t)=\cos\omega_0 t$，$\omega_0 \gg \omega_b$，其中 $a_1(t)$ 为发送端的载波信号，$a_2(t)$ 为接收端的本地振荡信号。

（1）求解并画出信号 $y_1(t)$ 的频谱 $Y_1(\omega)$；

（2）求解并画出信号 $y_2(t)$ 的频谱 $Y_2(\omega)$；

（3）今欲使输出信号 $y(t)=x(t)$，求理想低通滤波器的传输函数 $H_1(\omega)$，并画出其频率特性。

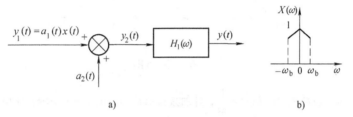

图 3-57 题 19 图

20. 有一因果线性时不变滤波器，其频率响应 $H(\omega)$ 如图 3-58 所示。对以下给定的输入，求经过滤波后的输出 $y(t)$。

（1）$x(t)=e^{jt}$；　　　　（2）$x(t)=(\sin\omega_0 t)u(t)$；

（3）$X(\omega)=\dfrac{1}{(j\omega)(6+j\omega)}$；　　（4）$X(\omega)=\dfrac{1}{2+j\omega}$。

21. 求图 3-59 所示电路系统的系统函数 $H(s)=\dfrac{U(s)}{F(s)}$。

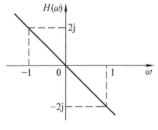

图 3-58 题 20 图

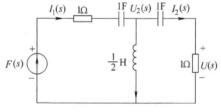

图 3-59 题 21 图

22. 已知系统的阶跃响应为 $g(t)=(1-e^{-2t})U(t)$，为使其零状态响应 $y(t)=(1-e^{-2t}-te^{-2t})U(t)$，求激励 $x(t)$。

23. 已知如图 3-60 所示系统。

（1）求 $H(s)=\dfrac{Y(s)}{F(s)}$；

（2）求冲激响应 $h(t)$ 与阶跃响应 $g(t)$；

（3）若 $f(t)=U(t-1)-U(t-2)$，求零状态响应 $y(t)$。

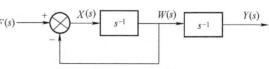

图 3-60 题 23 图

上机练习题

24. 已知系统的微分方程为 $y''(t)+3y'(t)+3y(t)=x(t)$，使用 MATLAB 画出系统的冲激响应和阶跃响应。

25. 已知系统的微分方程为 $y''(t)+2y'(t)+2y(t)=3x'(t)+2x(t)$，使用 MATLAB 画出系统的冲激响应和阶跃响应。

26. $x_1(t)$ 与 $x_2(t)$ 的波形如图 3-61a、b 所示，应用 MATLAB 求 $x_1(t)*x_2(t)$，并画出波形。

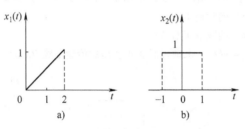

图 3-61　题 26 图

27. 已知滤波器的单位冲激响应 $h(t)=\dfrac{1}{\pi t}$，外加激励 $x(t)=\cos\omega_0 t$，$-\infty<t<\infty$，应用 MATLAB 求滤波器的零状态响应 $y(t)$。

28. 设系统的频率响应为 $H(\omega)=\dfrac{1}{-\omega^2+3\mathrm{j}\omega+2}$，若外加激励信号为 $5\cos(t)+2\cos(10t)$，用 MATLAB 命令求系统的稳态响应。

29. 设计一个中值滤波器，实现对混有高斯白噪声信号的数字图像的滤波。

30. 设计一个滑动平均滤波器，实现对混有噪声的信号的滤波。

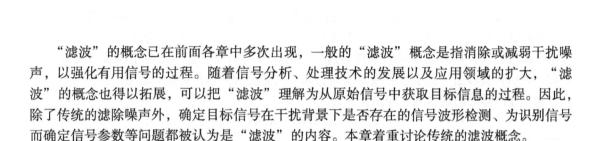

第四章

滤　波　器

　　"滤波"的概念已在前面各章中多次出现，一般的"滤波"概念是指消除或减弱干扰噪声，以强化有用信号的过程。随着信号分析、处理技术的发展以及应用领域的扩大，"滤波"的概念也得以拓展，可以把"滤波"理解为从原始信号中获取目标信息的过程。因此，除了传统的滤除噪声外，确定目标信号在干扰背景下是否存在的信号波形检测、为识别信号而确定信号参数等问题都被认为是"滤波"的内容。本章着重讨论传统的滤波概念。

第一节　滤波器概述

　　众所周知，在对信号进行分析和处理时，往往会遇到有用信号叠加无用噪声或干扰信号的问题。这些噪声或干扰有的是与信号同时产生的，有的是在传输过程中引入的。噪声的存在严重影响了有用信号的利用，有时还会淹没掉有用的信号，因此，从原始信号中消除或减弱干扰噪声，成为信号处理的重要任务之一。

码 4-1 【视频讲解】
滤波器概述

　　如前所述，信号处理由系统实现，滤波也是由特定的系统来完成，把实现信号滤波功能的系统称为滤波器。

一、滤波及滤波器的基本原理

　　滤波的原理是根据有用信号与噪声信号所具有的不同特性实现二者有效分离，从而消除或减弱噪声信号对有用信号的影响。滤波是信号处理最基本又非常重要的任务，利用滤波技术可以从复杂的信号中提取出所需要的信息，抑制不需要的信息。可以说，滤波问题在信号传输与处理中无处不在，例如，音响系统的音调控制、通信中的干扰消除、频分复用系统中的解复用与解调等都涉及滤波问题。

　　实现滤波功能的系统就称为滤波器，利用滤波器所具有的特定传输特性实现有用信号与噪声信号的有效分离。例如，对于载波电话终端机等通信系统，滤波器是一种选频器件，它对某一频率（有用信号的频率分量）的电信号给予很小的衰减，使具有这一频率分量的信号比较顺利地通过，而对其他频率（如噪声的频率分量）的电信号给予较大幅度的衰减，尽可能阻止这些信号通过。

　　从系统的角度看，滤波器是在时域具有冲激响应 $h(t)$ 或脉冲响应 $h(n)$ 的可实现的线性时不变系统。如果利用模拟系统对模拟信号进行滤波处理则构成模拟滤波器 $h(t)$，它是一个连续线性时不变系统；如果利用离散时间系统对数字信号进行滤波处理则构成数字滤波器 $h(n)$。模拟滤波器的时域输入、输出关系如图4-1所示。

根据前述章节的讨论，模拟滤波器的时域输入、输出关系应为

$$y(t) = x(t) * h(t) \qquad (4\text{-}1)$$

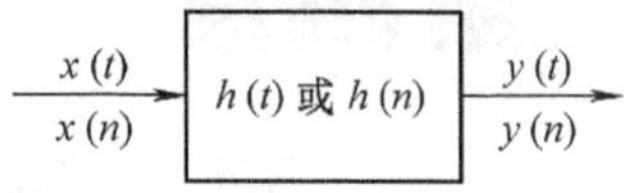

其频域输入、输出关系为

$$Y(\omega) = H(\omega)X(\omega) \qquad (4\text{-}2)$$

图 4-1　模拟滤波器示意图

式中，$H(\omega) = |H(\omega)| e^{j\varphi_h(\omega)}$，$|H(\omega)|$ 和 $\varphi_h(\omega)$ 分别为模拟滤波器的幅频特性和相频特性。模拟滤波器通常用硬件实现，滤波器元器件是 R、L、C、运算放大器或开关电容等。

在计算机得以大量应用以来，往往借助于数字滤波的方法处理模拟信号，即将模拟信号经带限滤波后通过 A-D 转换完成采样与量化，由此得到的数字信号经数字滤波器实现滤波处理，最后将处理后的数字信号经 D-A 转换和平滑滤波得到输出的模拟信号。

数字滤波器的时域输入、输出关系为

$$y(n) = x(n) * h(n) \qquad (4\text{-}3)$$

其在频域的输入、输出关系为

$$Y(\Omega) = X(\Omega)H(\Omega) \qquad (4\text{-}4)$$

数字滤波器既可以由硬件（延迟器、乘法器和加法器等）实现，也可以由相应的软件实现，还可以用软硬件结合来实现，因此，数字滤波器的实现要比模拟滤波器方便，且较易获得理想的滤波性能。

假设 $|X(\Omega)|$、$|H(\Omega)|$ 分别如图 4-2a、b 所示，滤波器的输出 $|Y(\Omega)|$ 则如图 4-2c 所示。输入信号 $x(n)$ 通过滤波器 $h(n)$ 的结果是使输出信号 $y(n)$ 中不再含有 $|\Omega| > \Omega_c$ 的频率成分，而使 $|\Omega| < \Omega_c$ 的频率成分"不失真"地通过，这里，Ω_c 为截止频率。因此，如果设计具有不同 $|H(\Omega)|$ 的滤波器，就可以得到不同的滤波效果。

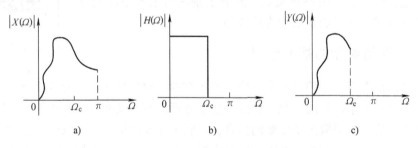

a)　　　　　　　　　　　b)　　　　　　　　　　　c)

图 4-2　滤波原理图

a）输入信号频谱　b）滤波器频率特性　c）输出信号频谱

二、滤波器的分类

滤波器的种类很多，从不同的角度可得到不同的划分类型。总的来说，可分为经典滤波器和现代滤波器两大类。

经典滤波器是假定输入信号 $x(n)$ 中的有用信号和希望去掉的噪声信号具有不同的频带，这样，通过设计具有合适频率特性的滤波器，使 $x(n)$ 通过滤波器后可去掉无用的噪声

信号。如果有用信号和噪声信号的频谱相互重叠，那么经典滤波器将无能为力。

现代滤波器研究的主要内容是从含有噪声的信号（如数据序列）中估计出信号的某些特征或信号本身。当信号被估计出来后，它将比原信号具有更高的信噪比。现代滤波器通常把信号和噪声都视为随机信号，通过一定的准则得出它们统计特征（如自相关函数、功率谱等）的最佳估值算法，然后利用硬件和软件实现这些算法。

对于经典滤波器，按构成滤波器元器件的性质，可分为无源与有源滤波器，前者仅由无源元件（如电阻、电容和电感等）组成，后者则含有有源器件（如运算放大电路等）。按滤波器的频率特性（主要是幅频特性），可分为低通、高通、带通、带阻和全通等类型，前 4 类滤波器的幅频特性如图 4-3 所示。

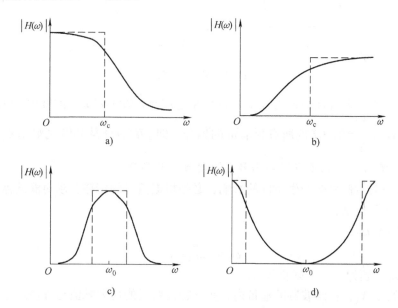

图 4-3　模拟滤波器幅频特性（实线表示实际特性，虚线表示理想特性）

a）低通滤波器　b）高通滤波器　c）带通滤波器　d）带阻滤波器

低通滤波器是使具有某一截止频率以下频带的信号能够顺利通过，而具有截止频率以上频带的信号则给予很大的衰减，阻止其通过；高通滤波器则相反，使具有截止频率以上频带的信号能够顺利通过，而具有截止频率以下频带的信号给予很大的衰减，阻止其通过；带通滤波器是使具有某一频带的信号通过，而具有该频带范围以外频带的信号给予很大的衰减，阻止其通过；抑制具有某一频带的信号，而让具有该频带以外频带的其他信号通过，这样的滤波器是带阻滤波器；全通滤波器的功能是使某一指定频带内的所有频率分量全部无衰减通过。通常将信号能通过滤波器的频率范围称为滤波器的"通频带"，简称"通带"；而阻止信号通过滤波器的频率范围称为滤波器的"阻频带"，简称"阻带"。

以上每一种滤波器又都可以分别由模拟滤波器和数字滤波器来实现。

三、滤波器的技术要求

理想滤波器所具有的矩形幅频特性不可能实际实现，其原因是不能实现从一个频带到另一个频带之间的突变。因此，为了使滤波器具有物理可实现性，通常对理想滤波器的特性做如下修改：

1）允许滤波器的幅频特性在通带和阻带有一定的衰减范围，且在衰减范围内有起伏。

2）在通带和阻带之间有一定的过渡带。

所以，信号的"通带"应理解为信号以有限的衰减通过滤波器的频率范围，物理可实现的滤波器特性如图4-4所示。

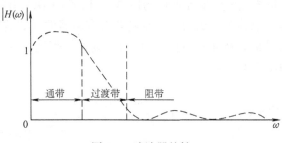

图4-4　滤波器特性

工程上，对于频率特性函数为 $H(\omega)$ 的因果滤波器，设 $|H(\omega)|$ 的峰值为1，通带定义为满足 $|H(\omega)| \geq \dfrac{1}{\sqrt{2}} = 0.707$ 的所有频率 ω 的集合，即 $|H(\omega)|$ 从0dB的峰值点下降到不小于 $-3\mathrm{dB}[20\lg|H(\omega)| = 20\lg 0.707 = -3\mathrm{dB}]$ 的频率 ω 的集合。

不同的滤波器对信号会产生不同的影响，必须根据信号的传输要求对滤波器规定一些技术指标，它们主要包括：

1）中心频率 ω_0：

$$\omega_0 = \sqrt{\omega_{c1}\omega_{c2}} \tag{4-5}$$

式中，ω_{c1}、ω_{c2} 分别为上、下截止频率。

2）通带波动 Δ_α：在滤波器的通带内，频率特性曲线的最大峰值与谷值之差。

3）相移 φ：某一特定频率的信号通过滤波器时，它在滤波器的输入和输出端的相位之差。

4）群延迟 τ_g：又称为"包络延迟"，它是用相移对于频率的变化率来衡量的，即

$$\tau_g = -\frac{\mathrm{d}\varphi(\omega)}{\mathrm{d}\omega} \tag{4-6}$$

对于实际的滤波器，$\dfrac{\mathrm{d}\varphi(\omega)}{\mathrm{d}\omega}$ 通常为负值，因而 τ_g 为正值。

5）衰减函数 α：又称衰耗特性或工作损耗，定义为

$$\alpha = 20\lg\frac{|H(0)|}{|H(\omega)|} = -20\lg|H(\omega)| = -10\lg|H(\omega)|^2 \tag{4-7}$$

单位是分贝（dB）。可见，衰减函数取决于系统频率特性的幅度二次方函数 $|H(\omega)|^2$。对于理想滤波器，通带衰减为0，阻带衰减为无穷大。对于实际的低通滤波器来说，通带的最大衰减简称为通带衰减，记为 α_p；阻带的最小衰减，简称为阻带衰减，记为 α_s。通带衰减 α_p 和阻带衰减 α_s 分别定义为

$$\alpha_p = 20\lg\frac{|H(0)|}{|H(\omega_p)|} = -20\lg|H(\omega_p)| \tag{4-8}$$

$$\alpha_s = 20\lg \frac{|H(0)|}{|H(\omega_s)|} = -20\lg|H(\omega_s)| \qquad (4\text{-}9)$$

式中，ω_p 为通带截止频率；ω_s 为阻带截止频率；$|H(0)|$ 均假定已被归一化为 1。

第二节 模拟滤波器

一、概述

模拟滤波器是用模拟系统处理模拟信号或连续时间信号的滤波器，是一种选择频率的装置，故又称为频率选择滤波器。

模拟滤波器的系统函数 $H(s)$ 决定了它允许通过某些频率分量而阻止其他频率分量的特性，因此，设计模拟滤波器的中心问题就是求出一个物理上可实现的系统函数 $H(s)$，使它的频率响应尽可能逼近理想滤波器的频率特性。

在工程实际中设计滤波器 $H(s)$ 时，给定的指标往往是通带和阻带的衰耗特性，如通带衰减 α_p、阻带衰减 α_s。上面已述，工作损耗的大小主要取决于 $|H(\omega)|^2$，因此，设计模拟滤波器的方法就是根据滤波器频率特性的幅度二次方函数 $|H(\omega)|^2$，求滤波器的系统函数 $H(s)$。

如果不含有源器件，所设计的模拟滤波器应当是稳定的时不变系统，因此，物理可实现的模拟滤波器的系统函数 $H(s)$ 必须满足下列条件：

1）是一个具有实系数的 s 有理函数。

2）极点分布在 s 左半平面。

3）分子多项式的阶次不大于分母多项式的阶次。

除以上条件外，一般还希望所设计滤波器的冲激响应 $h(t)$ 为 t 的实函数，因此，$H(\omega)$ 具有共轭对称性，即 $H^*(\omega) = H(-\omega)$，所以有

$$|H(\omega)|^2 = H(\omega)H^*(\omega) = H(\omega)H(-\omega) \qquad (4\text{-}10)$$

当系统的冲激响应 $h(t)$ 存在傅里叶变换，则它的系统函数 $H(s)$ 的收敛域必定覆盖 $j\omega$ 轴，因此，有

$$|H(\omega)|^2 = H(s)H(-s)\big|_{s=j\omega} \qquad (4\text{-}11)$$

式（4-11）表明 $H(s)H(-s)$ 的零、极点分布对 $j\omega$ 轴呈镜像对称，如图4-5所示。在这些零、极点中，有一半属于 $H(s)$，另一半则属于 $H(-s)$。

根据 $H(s)$ 的可实现条件和 $H(s)H(-s)$ 的零、极点分布规律，系统的幅度二次方函数一定是 ω^2 的正实函数，可以将给定的幅度二次方函数以 $-s^2$ 代替 ω^2，从而分别确定出 $H(s)$ 与 $H(-s)$ 的零、极点，即 $H(s)$ 的极点必须位于 s 左半平面，$H(-s)$ 的极点必须位于 s 右半平面。至于零点的位置主要取决于所设计的滤波器是否要求为最小相位型的，如果是最小相位型的，则

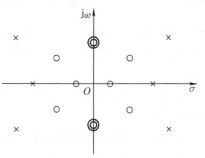

图4-5 可实现的 $H(s)H(-s)$
零、极点分布

289

$H(s)$ 的所有零点也应该分布在 s 左半平面或 $j\omega$ 轴上；如果不是最小相位型的，则由于零点的位置与稳定性无关可以任意选取，其对应的滤波器就不是唯一的了。若 $H(s)H(-s)$ 有零点在 $j\omega$ 轴上，则按正实性要求，在 $j\omega$ 轴上的零点必须是偶阶重零点，在这种情况下，要把 $j\omega$ 轴上的零点平分给 $H(s)$ 和 $H(-s)$。

例4-1 给定滤波特性的幅度二次方函数

$$|H(\omega)|^2 = \frac{(1-\omega^2)^2}{(4+\omega^2)(9+\omega^2)}$$

求具有最小相位特性的滤波器的系统函数 $H(s)$。

解 根据式 (4-11)，并用 $-s^2$ 替代 ω^2，有

$$H(s)H(-s) = \frac{(1+s^2)^2}{(4-s^2)(9-s^2)} = \frac{(1+s^2)^2}{(s+2)(-s+2)(s+3)(-s+3)}$$

该式有二阶重零点 $\pm j$，位于虚轴上，因而 $H(s)$ 作为可实现的滤波器的系统函数，取其中左半平面的极点及 $j\omega$ 轴上一对共轭零点，可得出它的最小相位型系统函数为

$$H(s) = \frac{1+s^2}{(s+2)(s+3)} = \frac{1+s^2}{s^2+5s+6}$$

二、巴特沃思（Butterworth）低通滤波器

在工程上，常采用逼近理论找出一些可实现的逼近函数，这些函数具有优良的幅度逼近性能，以它们为基础可以设计出具有优良特性的低通滤波器。下面首先讨论巴特沃思（Butterworth）低通滤波器，然后讨论切比雪夫（Chebyshev）低通滤波器。

码4-3 【视频讲解】
巴特沃思低通滤波器

（一）巴特沃思低通滤波器的幅频特性

巴特沃思低通滤波器是以巴特沃思函数作为滤波器的系统函数，该函数以最高阶泰勒级数的形式逼近滤波器的理想矩形特性。

巴特沃思低通滤波器的幅度二次方函数为

$$|H(\omega)|^2 = \frac{1}{1+\left(\dfrac{\omega}{\omega_c}\right)^{2n}} \tag{4-12}$$

式中，n 为滤波器的阶数；ω_c 为滤波器的截止角频率，当 $\omega=\omega_c$ 时，$|H(\omega_c)|^2 = \dfrac{1}{2}$，所以 ω_c 对应的是滤波器的 -3dB 点。图 4-6 给出了具有不同阶次的巴特沃思低通滤波器的幅频特性。

由图 4-6 可以看出，巴特沃思低通滤波器具有以下特点：

1）幅值函数是单调递减的，因此，在 $\omega=0$ 处，具有最大值 $|H(\omega)|=1$。

2）在 $\omega=\omega_c$ 处，$|H(\omega_c)| = 0.707 = 0.707|H(0)|$，即 $|H(\omega_c)|$ 比 $|H(0)|$ 下降

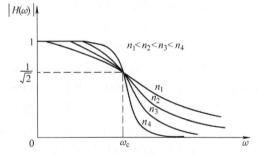

图4-6 巴特沃思低通滤波器的幅频特性

了 3dB。

3) 当 ω 趋于无穷时，幅值趋于零，即 $|H(\infty)| = 0$。

4) 当阶数 n 增加时，通带幅频特性变平，阻带幅频特性衰减加快，过渡带变窄，整个幅频特性趋于理想低通滤波特性，但 $|H(\omega_c)| = 0.707|H(0)|$ 的关系并不随阶次的变化而改变。

5) 在 $\omega = 0$ 处最大限度地逼近理想低通特性，可以证明：对于阶数为 n 的巴特沃思滤波器，在 $\omega = 0$ 点，它的前 $(2n-1)$ 阶导数都等于零，这表明巴特沃思滤波器在 $\omega = 0$ 附近一段范围内是非常平直的，它以原点的最大平坦性来逼近理想滤波器。因此，巴特沃思低通滤波器也称为最大平坦幅值滤波器。

根据式（4-7），巴特沃思低通滤波器的衰减函数 α 为

$$\alpha = -20\lg|H(\omega)| = -20\lg\left(\frac{1}{\sqrt{1+\left(\frac{\omega}{\omega_c}\right)^{2n}}}\right) = -20\lg\left[1+\left(\frac{\omega}{\omega_c}\right)^{2n}\right]^{-\frac{1}{2}} = 10\lg\left[1+\left(\frac{\omega}{\omega_c}\right)^{2n}\right] \qquad (4\text{-}13)$$

当 $\omega = \omega_p$ 时，巴特沃思低通滤波器的通带衰减函数 α_p 为

$$\alpha_p = 10\lg\left[1+\left(\frac{\omega_p}{\omega_c}\right)^{2n}\right] \qquad (4\text{-}14)$$

设计低通滤波器时，通常取幅值下降 3dB 时所对应的频率为通带截止频率 ω_c，即当 $\omega = \omega_c$ 时，$\alpha = 3\text{dB}$。由式（4-14）可知，此时，$\omega_p = \omega_c$，$\alpha = \alpha_p = 3\text{dB}$。

当 $\omega = \omega_s$ 时，巴特沃思低通滤波器的阻带衰减函数 α_s 为

$$\alpha_s = 10\lg\left[1+\left(\frac{\omega_s}{\omega_c}\right)^{2n}\right] \qquad (4\text{-}15)$$

由此可以求得滤波器的阶次为

$$n \geqslant \frac{\lg\sqrt{10^{0.1\alpha_s}-1}}{\lg\left(\frac{\omega_s}{\omega_c}\right)} \qquad (4\text{-}16)$$

的整数。

若截止频率 $\omega_c = 1$，有

$$n \geqslant \frac{\lg\sqrt{10^{0.1\alpha_s}-1}}{\lg\omega_s} \qquad (4\text{-}17)$$

（二）巴特沃思低通滤波器的极点分布

利用 $|H(\omega)|^2 = H(s)H(-s)\big|_{s=j\omega}$，并根据巴特沃思低通滤波器的幅度二次方函数 [式（4-12）]，有

$$|H(s)|^2 = \frac{1}{1+\left(\frac{s}{j\omega_c}\right)^{2n}} \qquad (4\text{-}18)$$

令式（4-18）的分母多项式为零，有

$$1+(-1)^n\left(\frac{s}{\omega_c}\right)^{2n}=0 \tag{4-19}$$

巴特沃思低通滤波器幅度二次方函数的极点为

$$s_k=j\omega_c(-1)^{\frac{1}{2n}}=\omega_c e^{j\left[\frac{2k-1}{2n}\pi+\frac{\pi}{2}\right]} \qquad k=1,2,\cdots,2n \tag{4-20}$$

s_k 即为 $H(s)$ 和 $H(-s)$ 的全部极点。图 4-7 分别表示了 $n=3$ 和 $n=2$ 时巴特沃思低通滤波器的极点分布。

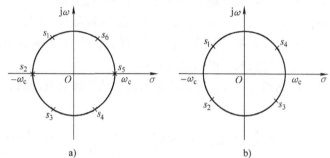

巴特沃思低通滤波器幅度二次方函数的极点分布具有以下特点:

1) $H(s)H(-s)$ 的 $2n$ 个极点以 π/n 为间隔分布在半径为 ω_c 的圆上,这个圆称为巴特沃思圆。

2) 所有极点以 $j\omega$ 轴为对称轴呈对称分布,$j\omega$ 轴上没有极点。

3) 当 n 为奇数时,有两个极点分布在 $s=\pm\omega_c$ 的实轴上;n 为偶数时,实轴上没有极点。所有复数极点两两呈共轭对称分布。

图 4-7 巴特沃思低通滤波器的极点分布
a) $n=3$ b) $n=2$

(三) 巴特沃思低通滤波器的系统函数

为得到稳定的 $H(s)$,取全部 s 左半平面的极点为 $H(s)$ 的极点,而对称分布的 s 右半平面的极点对应 $H(-s)$ 的极点,可以求出稳定的巴特沃思低通滤波器的系统函数为

$$H(s)=\frac{\omega_c^n}{\prod_{k=1}^{n}(s-s_k)} \tag{4-21}$$

式中,分子取 ω_c^n 是为了保证 $s=0$ 时有 $|H(s)|=1$。当 n 为偶数时,可以得到

$$H(s)=\frac{\omega_c^n}{\prod_{k=1}^{n/2}(s-s_k)(s-s_k^*)}=\frac{\omega_c^n}{\prod_{k=1}^{n/2}\left[s^2-2\omega_c\cos\left(\frac{2k-1}{2n}\pi+\frac{\pi}{2}\right)s+\omega_c^2\right]} \tag{4-22}$$

当 n 为奇数时,可以得到

$$H(s)=\frac{\omega_c^n}{\prod_{k=1}^{(n-1)/2}(s+\omega_c)\left[s^2-2\omega_c\cos\left(\frac{2k-1}{2n}\pi+\frac{\pi}{2}\right)s+\omega_c^2\right]} \tag{4-23}$$

式 (4-22) 和式 (4-23) 中,对于不同的截止频率 ω_c,所得到的同一阶次巴特沃思滤波器的系统函数是不同的。为分析方便,并使滤波器的设计更具一致性,可以对式 (4-22) 和式 (4-23) 进行归一化处理。为此,将式 (4-22) 和式 (4-23) 的分子、分母同除以 ω_c^n,并令 $\bar{s}=s/\omega_c$ ($\bar{s}$ 称为归一化复频率),则当 n 为偶数时有

$$H(\bar{s})=\frac{1}{\prod_{k=1}^{n/2}\left[\bar{s}^2-2\cos\left(\frac{2k-1}{2n}\pi+\frac{\pi}{2}\right)\bar{s}+1\right]} \tag{4-24}$$

当 n 为奇数时有

$$H(\bar{s}) = \cfrac{1}{\displaystyle\prod_{k=1}^{(n-1)/2}(\bar{s}+1)\left[\bar{s}^2-2\cos\left(\frac{2k-1}{2n}\pi+\frac{\pi}{2}\right)\bar{s}+1\right]} \tag{4-25}$$

式 (4-24) 和式 (4-25) 的分母多项式称为巴特沃思多项式。表 4-1 列出了各阶归一化频率的巴特沃思多项式。

表 4-1 各阶归一化频率的巴特沃思多项式

n	巴特沃思多项式
1	$\bar{s}+1$
2	$\bar{s}^2+\sqrt{2}\,\bar{s}+1$
3	$\bar{s}^3+2\bar{s}^2+2\bar{s}+1$
4	$\bar{s}^4+2.613\bar{s}^3+3.414\bar{s}^2+2.613\bar{s}+1$
5	$\bar{s}^5+3.236\bar{s}^4+5.236\bar{s}^3+5.236\bar{s}^2+3.236\bar{s}+1$
6	$\bar{s}^6+3.864\bar{s}^5+7.464\bar{s}^4+9.142\bar{s}^3+7.464\bar{s}^2+3.864\bar{s}+1$
7	$\bar{s}^7+4.494\bar{s}^6+10.098\bar{s}^5+14.592\bar{s}^4+14.592\bar{s}^3+10.098\bar{s}^2+4.494\bar{s}+1$
8	$\bar{s}^8+5.153\bar{s}^7+13.137\bar{s}^6+21.846\bar{s}^5+25.688\bar{s}^4+21.846\bar{s}^3+13.137\bar{s}^2+5.153\bar{s}+1$

例 4-2 求三阶巴特沃思低通滤波器的系统函数，设 $\omega_c=1\mathrm{rad/s}$。

解 $n=3$ 为奇数，由式 (4-12)，滤波器的幅度二次方函数为

$$|H(\omega)|^2=\frac{1}{1+\omega^6}$$

令 $\omega^2=-s^2$，则有

$$H(s)H(-s)=\frac{1}{1-s^6}$$

6 个极点分别为

$$s_{\mathrm{p1}}=\omega_c\mathrm{e}^{\mathrm{j}\frac{2\pi}{3}},\quad s_{\mathrm{p2}}=-\omega_c,\quad s_{\mathrm{p3}}=-\omega_c\mathrm{e}^{\mathrm{j}\frac{\pi}{3}},$$
$$s_{\mathrm{p4}}=-\omega_c\mathrm{e}^{\mathrm{j}\frac{2\pi}{3}},\quad s_{\mathrm{p5}}=\omega_c,\quad s_{\mathrm{p6}}=\omega_c\mathrm{e}^{\mathrm{j}\frac{\pi}{3}}。$$

滤波器的极点取其中位于 s 左半平面的 3 个，可得三阶巴特沃思滤波器的系统函数为

$$H(s)=\frac{\omega_c^3}{(s-\omega_c\mathrm{e}^{\mathrm{j}\frac{2\pi}{3}})(s+\omega_c)(s+\omega_c\mathrm{e}^{\mathrm{j}\frac{\pi}{3}})}=\frac{1}{s^3+2s^2+2s+1}$$

例 4-3 若巴特沃思低通滤波器的频域指标为：当 $\omega_1=2\mathrm{rad/s}$ 时，其衰减不大于 3dB；当 $\omega_2=6\mathrm{rad/s}$ 时，其衰减不小于 30dB。求此滤波器的系统函数 $H(s)$。

解 令 $\omega_c=\omega_1=\omega_p=2\mathrm{rad/s}$，$\omega_s=\omega_2=6\mathrm{rad/s}$，则其归一化后的频域指标为

$$\bar{\omega}_c=\frac{\omega_p}{\omega_c}=1,\quad \alpha_p=3\mathrm{dB}$$

$$\bar{\omega}_s=\frac{\omega_s}{\omega_c}=3,\quad \alpha_s=30\mathrm{dB}$$

由式（4-16）可求得该滤波器的阶数为

$$n = \frac{\lg \sqrt{10^{0.1\alpha_s}-1}}{\lg \frac{\omega_s}{\omega_c}} = \frac{\lg \sqrt{10^3-1}}{\lg 3} \approx 3.143$$

取 $n=4$，由表 4-1 可查得此滤波器的归一化系统函数为

$$H(\bar{s}) = \frac{1}{\bar{s}^4 + 2.613\bar{s}^3 + 3.414\bar{s}^2 + 2.613\bar{s} + 1}$$

通过反归一化处理，令 $s = \bar{s}\omega_c$，可求出实际滤波器的系统函数为

$$H(s) = \frac{1}{\left(\frac{s}{\omega_c}\right)^4 + 2.613\left(\frac{s}{\omega_c}\right)^3 + 3.414\left(\frac{s}{\omega_c}\right)^2 + 2.613\left(\frac{s}{\omega_c}\right) + 1}$$

$$= \frac{1}{\left(\frac{s}{2}\right)^4 + 2.613\left(\frac{s}{2}\right)^3 + 3.414\left(\frac{s}{2}\right)^2 + 2.613\left(\frac{s}{2}\right) + 1}$$

$$= \frac{16}{s^4 + 5.226s^3 + 13.656s^2 + 20.904s + 16}$$

三、切比雪夫（Chebyshev）低通滤波器

码 4-4 【视频讲解】
切比雪夫低通滤波器

巴特沃思低通滤波器的幅频特性无论在通带与阻带内都随频率 ω 单调变化，滤波特性简单，容易掌握。但是，在通带内误差分布不均匀，靠近频带边缘误差最大，当滤波器阶数 n 较小时，阻带幅频特性下降较慢，与理想滤波器的特性相差较远。若要求阻带特性下降迅速，则需增加滤波器的阶数，导致实现滤波器时所用的元器件数量增多，线路也趋于复杂。解决该问题较为有效的方法是将误差均匀地分布在通带内，从而设计出阶数较低的滤波器。

切比雪夫滤波器由切比雪夫多项式的正交函数推导而来，它采用了在通带内等波动、在通带外衰减函数单调递增的准则去逼近理想滤波器特性，从而保证通带内误差均匀分布，是全极点型滤波器中过渡带最窄的滤波器。图 4-8 给出了三阶巴特沃思低通滤波器和切比雪夫低通滤波器的幅频特性。由图 4-8 中可以看出，切比雪夫低通滤波器比巴特沃思低通滤波器具有更陡峭的过渡带和更优的阻带衰减特性。

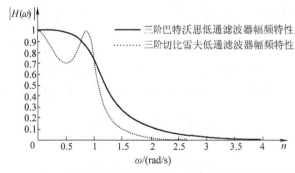

图 4-8 三阶巴特沃思低通滤波器和切比雪夫低通滤波器幅频特性

上述幅频特性在通带内等波动，在阻带内单调下降的切比雪夫滤波器称为切比雪夫 I 型滤波器；还有切比雪夫 II 型滤波器，其幅频特性在通带内单调变化，在阻带内等波动。下面以切比雪夫 I 型低通滤波器为例，介绍切比雪夫滤波器的具体设计方法。

（一）切比雪夫低通滤波器的幅频特性

切比雪夫低通滤波器的幅度二次方函数为

$$|H(\omega)|^2 = \frac{1}{1+\varepsilon^2 T_n^2\left(\dfrac{\omega}{\omega_c}\right)} \tag{4-26}$$

式中，ε 为决定通带内起伏大小的波动系数，为小于 1 的正数；ω_c 为通带截止频率；$T_n(x)$ 为 n 阶切比雪夫多项式，定义为

$$T_n(x) = \begin{cases} \cos[n \cdot \arccos(x)] & |x| \leqslant 1 \\ \cosh[n \cdot \mathrm{arcosh}^{-1}(x)] & |x| > 1 \end{cases} \tag{4-27}$$

表 4-2 给出了不同阶次 n 的切比雪夫多项式 $T_n(x)$。可以证明，切比雪夫多项式满足下列递推公式：

$$T_{n+1}(x) = 2xT_n(x) - T_{n-1}(x) \qquad n = 1, 2, \cdots \tag{4-28}$$

表 4-2　切比雪夫多项式

n	$T_n(x)$	n	$T_n(x)$
0	1	4	$8x^4 - 8x^2 + 1$
1	x	5	$16x^5 - 20x^3 + 5x$
2	$2x^2 - 1$	6	$32x^6 - 48x^4 + 18x^2 - 1$
3	$4x^3 - 3x$	7	$64x^7 - 112x^5 + 56x^3 - 7x$

图 4-9 给出了 $\{T_n(x), n=1,2,3,4\}$ 的切比雪夫多项式曲线。结合表 4-2 可以发现，切比雪夫多项式具有以下特点：

1）当 $|x| \leqslant 1$ 时，$T_n(x)$ 在 ± 1 之间做等幅波动。当 $x=0$ 时，若 n 为奇数，则 $T_n(x)=0$，若 n 为偶数，则 $|T_n(x)|=1$。

2）当 $|x|=1$ 时，$|T_n(x)|=1$。$x=1$ 时，总有 $T_n(x)=1$；$x=-1$ 时，若 n 为奇数，则 $T_n(x)=-1$，若 n 为偶数，则 $T_n(x)=1$。

3）当 $|x|>1$ 时，$|T_n(x)|$ 单调上升，n 越大，$|T_n(x)|$ 增加越迅速。

图 4-10 和图 4-11 给出了阶次 n 分别取 2、3 和 5 时切比雪夫低通滤波器的幅频和相频特性曲线。其中幅频特性 $|H(\omega)|$ 具有以下特点：

1）当 $0 \leqslant \omega \leqslant \omega_c$ 时，$|H(\omega)|$ 在 1 与 $1/\sqrt{1+\varepsilon^2}$ 之间做等幅波动，ε 越小，波动幅度越小。

2）所有曲线在 $\omega=\omega_c$ 时都通过 $1/\sqrt{1+\varepsilon^2}$ 点。

3）当 $\omega=0$ 时，若 n 为奇数，则 $|H(\omega)|=1$；若 n 为偶数，则 $|H(\omega)|=1/\sqrt{1+\varepsilon^2}$；通带内误差分布是均匀的，所以，这种逼近称为最佳一致逼近。

4）当 $\omega>\omega_c$ 时，曲线单调下降，n 值越大，曲线下降越快。

由于滤波器通带内有起伏，因而使通带内的相频特性也有相应的起伏波动，即相位 $\varphi(\omega)$

是非线性的，这会使信号产生线性畸变，所以在要求群延迟为常数时不宜采用这种滤波器。

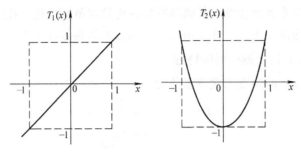

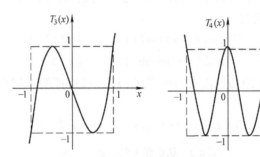

图 4-9　$T_1(x) \sim T_4(x)$ 切比雪夫多项式的特性曲线

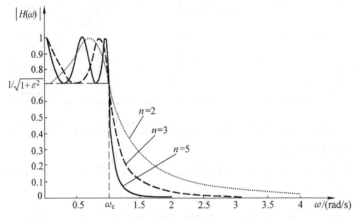

图 4-10　切比雪夫低通滤波器幅频特性曲线

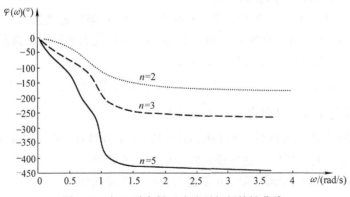

图 4-11　切比雪夫低通滤波器相频特性曲线

Ⅰ型切比雪夫滤波器有 3 个参数需要确定：波动系数 ε、通带截止频率 ω_c 和阶数 n。通带截止频率 ω_c 一般根据实际要求给定。

ε 表示通带内最大损耗，由容许的通带最大衰减 α_{max} 确定。与巴特沃思滤波器的衰减函数有所不同，切比雪夫滤波器的衰减函数不仅与阶数 n 有关，还与波动系数 ε 有关，它的衰减函数表示为

$$\alpha = -20\lg|H(\omega)| = 10\lg\left[1 + \varepsilon^2 T_n^2\left(\frac{\omega}{\omega_c}\right)\right] \tag{4-29}$$

通带最大衰减 α_{max}（又称为通带波纹）定义为

$$\alpha_{max} = \alpha_p = \alpha\Big|_{\omega=\omega_c} = 10\lg\left[1 + \varepsilon^2 T_n^2(1)\right] = 10\lg(1 + \varepsilon^2) \tag{4-30}$$

式中，由上面讨论有 $T_n^2(1) = 1$；所以，波动系数 ε 为

$$\varepsilon = \sqrt{10^{\frac{\alpha_{max}}{10}} - 1} \tag{4-31}$$

滤波器阶数 n 为通带内等幅波动的次数，即等于通带内最大值和最小值的总数。n 为奇数时，$\omega = 0$ 处为最大值，n 为偶数时，$\omega = 0$ 处为最小值。

由滤波器的通带截止频率 ω_c 及通带内允许的最大衰减 α_{max} 和阻带截止频率 ω_s 及阻带内允许的最小衰减 α_{min}，可以确定滤波器所需的阶数 n。

阻带内（即 $\omega \geqslant \omega_s > \omega_c$）允许的最小衰减 α_{min} 为

$$\alpha_{min} = \alpha_s = 10\lg\left[1 + \varepsilon^2 T_n^2\left(\frac{\omega_s}{\omega_c}\right)\right] = 10\lg\left\{1 + \varepsilon^2 \cosh^2\left[n \cdot \cosh^{-1}\left(\frac{\omega_s}{\omega_c}\right)\right]\right\} \tag{4-32}$$

求解式（4-30）和式（4-32），可得滤波器的阶次为

$$n \geqslant \frac{\text{arcosh}\left[\sqrt{(10^{0.1\alpha_{min}} - 1)/(10^{0.1\alpha_{max}} - 1)}\right]}{\text{arcosh}\left(\frac{\omega_s}{\omega_c}\right)} \tag{4-33}$$

式（4-33）中 n 应取整数。若取归一化频率 $\omega_c = 1$，则

$$n \geqslant \frac{\text{arcosh}\left[\sqrt{(10^{0.1\alpha_{min}} - 1)/(10^{0.1\alpha_{max}} - 1)}\right]}{\text{arcosh}(\omega_s)} \tag{4-34}$$

（二）切比雪夫低通滤波器的极点分布

同样，将 $|H(\omega)|^2 = H(s)H(-s)\big|_{s=j\omega}$ 代入切比雪夫低通滤波器的幅度二次方函数，有

$$H(s)H(-s) = \frac{1}{1 + \varepsilon^2 T_n^2\left(\dfrac{s}{j\omega_c}\right)} \tag{4-35}$$

为求切比雪夫低通滤波器幅度二次方函数的极点分布，需求解方程

$$1 + \varepsilon^2 T_n^2\left(\frac{s}{j\omega_c}\right) = 0 \tag{4-36}$$

或

$$T_n\left(\frac{s}{j\omega_c}\right) = \pm j\frac{1}{\varepsilon} \tag{4-37}$$

记极点为 $s_k = \sigma_k + j\omega_k$，由式（4-36）或式（4-37），可以得出

$$\sigma_k = -\omega_c \sin\left(\frac{2k-1}{n}\frac{\pi}{2}\right)\sinh\left[\frac{1}{n}\sinh^{-1}\left(\frac{1}{\varepsilon}\right)\right] \quad (4\text{-}38)$$

$$\omega_k = \omega_c \cos\left(\frac{2k-1}{n}\frac{\pi}{2}\right)\cosh\left[\frac{1}{n}\sinh^{-1}\left(\frac{1}{\varepsilon}\right)\right] \quad (4\text{-}39)$$

式中，$k = 1, 2, \cdots, 2n$。令

$$\begin{cases} a = \sinh\left[\dfrac{1}{n}\text{arsinh}\left(\dfrac{1}{\varepsilon}\right)\right] \\[2mm] b = \cosh\left[\dfrac{1}{n}\text{arsinh}\left(\dfrac{1}{\varepsilon}\right)\right] \end{cases} \quad (4\text{-}40)$$

易知 $b > a$。

将式（4-38）和式（4-39）两边分别除以 a、b，再二次方相加，得

$$\frac{\sigma_k^2}{(a\omega_c)^2} + \frac{\omega_k^2}{(b\omega_c)^2} = 1 \quad (4\text{-}41)$$

式（4-41）表明 Ⅰ 型切比雪夫低通滤波器的幅度二次方函数共有 $2n$ 个极点，分布在 s 平面的一个椭圆上，椭圆的长、短轴半径分别为 $b\omega_c$ 和 $a\omega_c$。图 4-12 以 $n=3$ 为例给出了确定切比雪夫滤波器幅度二次方函数极点在椭圆上的位置的步骤。具体如下：先分别以 $b\omega_c$ 和 $a\omega_c$ 为半径，以原点为圆心画出大圆和小圆，再从 σ 轴正半轴开始在大小圆上求出以 π/n 角度均分的各点，小圆上对应点的实部和大圆上对应点的虚部即为所求极点的实部和虚部。如同巴特沃思滤波器，这些极点以 $j\omega$ 轴为对称轴，但 $j\omega$ 轴上不会出现极点，因为小圆半径不可能为零。但当 n 为奇数时，必有一对极点在 σ 轴上。

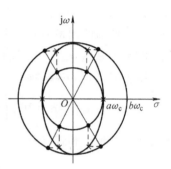

图 4-12　切比雪夫低通滤波器的极点分布（$n=3$）

（三）切比雪夫低通滤波器的系统函数

求出切比雪夫低通滤波器的幅度二次方函数的极点后，取 s 左半平面的极点，即可得到滤波器的系统函数为

$$H(s) = \frac{K}{(s-s_{p1})(s-s_{p2})\cdots(s-s_{pn})} \quad (4\text{-}42)$$

式中，K 为增益常数，可通过系统的低频特性求出。

若 n 为奇数，$|H(\omega)|_{\omega=0} = 1$，则

$$K = (-1)^n s_{p1} s_{p2} \cdots s_{pn} = -s_{p1} s_{p2} \cdots s_{pn} \quad (4\text{-}43)$$

若 n 为偶数，$|H(\omega)|_{\omega=0} = \dfrac{1}{\sqrt{1+\varepsilon^2}}$ 为通带最小值，有

$$K = \frac{(-1)^n s_{p1} s_{p2} \cdots s_{pn}}{\sqrt{1+\varepsilon^2}} = \frac{s_{p1} s_{p2} \cdots s_{pn}}{\sqrt{1+\varepsilon^2}} \quad (4\text{-}44)$$

对于切比雪夫低通滤波器的系统函数 [式（4-42）]，如果已知阶数 n 和 ε，可以利用计算机求出其分母多项式。表 4-3 给出了不同阶次的切比雪夫低通滤波器归一化系统函数 $H(\bar{s})$ 的分母多项式 $D(\bar{s})$ [$D(s) = D(\bar{s}) = \bar{s}^n + b_{n-1}\bar{s}^{n-1} + \cdots + b_1\bar{s} + b_0$] 的各系数。

表 4-3 不同阶次切比雪夫低通滤波器归一化系统函数 $H(\bar{s})$ 分母多项式 $D(\bar{s})$ 的各系数

（1）通带波纹 0.5dB（$\varepsilon = 0.34931$，$\varepsilon^2 = 0.12202$）

n	b_0	b_1	b_2	b_3	b_4	b_5	b_6	b_7
1	2.86278							
2	1.51620	1.42562						
3	0.71569	1.53490	1.25291					
4	0.37905	1.02546	1.71687	1.19739				
5	0.17892	0.75252	1.30957	1.93737	1.17249			
6	0.09476	0.43237	1.17186	1.58976	2.17184	1.15918		
7	0.04473	0.28207	0.75565	1.64790	1.86941	2.41265	1.15122	
8	0.02369	0.15254	0.57356	1.14859	2.18402	2.14922	2.65675	1.14608

（2）通带波纹 1dB（$\varepsilon = 0.50885$，$\varepsilon^2 = 0.25893$）

n	b_0	b_1	b_2	b_3	b_4	b_5	b_6	b_7
1	1.96523							
2	1.10251	1.09773						
3	0.49131	1.23841	0.98834					
4	0.27563	0.74262	1.45392	0.95281				
5	0.12283	0.58053	0.97440	1.68882	0.93682			
6	0.06891	0.30708	0.93935	1.20214	1.93082	0.92825		
7	0.03071	0.21367	0.54862	1.35754	1.42879	2.17608	0.92312	
8	0.01723	0.10734	0.44783	0.84682	1.83690	1.65516	2.42303	0.91981

例 4-4 试求二阶切比雪夫低通滤波器的系统函数，已知通带波纹为 1dB，截止频率 $\omega_c = 1\text{rad/s}$。

解 由于 $\alpha_{\max} = 1\text{dB}$，有

$$\varepsilon^2 = 10^{\frac{\alpha_{\max}}{10}} - 1 = 0.25892541$$

因为 $\omega_c = 1\text{rad/s}$，查切比雪夫多项式（表 4-2），有

$$T_2(\omega) = 2\omega^2 - 1$$

则

$$T_2^2(\omega) = 4\omega^4 - 4\omega^2 + 1$$

因此，切比雪夫滤波器的幅度二次方函数为

$$|H(\omega)|^2 = \frac{1}{1.0357016\omega^4 - 1.0357016\omega^2 + 1.25892541}$$

令 $s^2 = -\omega^2$，可得

$$H(s)H(-s) = \frac{1}{1.0357016s^4 + 1.0357016s^2 + 1.25892541}$$

从分母多项式的根得出幅度二次方函数的极点为

$$s_{p1} = 1.0500049e^{j58.48°}$$

$$s_{p2} = 1.0500049e^{j121.52°}$$

$$s_{p3} = 1.0500049e^{-j121.52°}$$

$$s_{p4} = 1.0500049e^{-j58.48°}$$

系统函数 $H(s)$ 的极点由幅度二次方函数的左半平面极点（s_2, s_3）决定，由于 n 为偶数，有

$$K = \frac{s_{p1}s_{p2}\cdots s_{pn}}{\sqrt{1+\varepsilon^2}} = 0.9826133$$

最后可得滤波器的系统函数为

$$H(s) = \frac{0.9826133}{s^2 + 1.0977343s + 1.1025103}$$

例 4-5　设计一个满足下列技术指标的归一化切比雪夫低通滤波器：通带最大衰减 $\alpha_{max} = 1dB$，当 $\omega_s \geqslant 4rad/s$ 时，阻带衰减 $\alpha_s \geqslant 40dB$。

解　根据式（4-31）可求得该滤波器的波动系数为

$$\varepsilon = \sqrt{10^{\frac{\alpha_{max}}{10}} - 1} = \sqrt{10^{\frac{1}{10}} - 1} = 0.5088$$

因此，由式（4-34），切比雪夫低通滤波器的阶次为

$$n = \frac{\text{arcosh}\left[\sqrt{(10^{0.1\alpha_{min}} - 1)/(10^{0.1\alpha_{max}} - 1)}\right]}{\text{arcosh}(\omega_s)} = \frac{\text{arcosh}(10^2/0.5088)}{\text{arcosh}(4)} = 2.86$$

取 $n = 3$，则可求得三阶切比雪夫低通滤波器的极点为

$$s_{p1} = -0.2471 + j0.9660$$

$$s_{p2} = -0.4942$$

$$s_{p3} = s_{p1}^* = -0.2471 - j0.9660$$

故得三阶归一化切比雪夫 I 型低通滤波器的系统函数为

$$H(s) = \frac{-s_1 s_2 s_3}{(s-s_1)(s-s_2)(s-s_3)} = \frac{0.4913}{(s+0.4942)\left[(s+0.2471)^2 + 0.9660^2\right]}$$

$$= \frac{0.4913}{s^3 + 0.9883s^2 + 1.2384s + 0.4913}$$

四、模拟滤波器的频率变换

前面主要介绍了巴特沃思低通滤波器和切比雪夫低通滤波器的设计方法，该方法设计过程比较简便，具有通用性。在实际工程中，需要设计高通、带通和带阻滤波器时，通常可将已设计好的低通滤波器，如巴特沃思低通滤波器或切比雪夫低通滤波器等，在系统函数 $H(s)$ 中通过频率变换，转换成为其他类型的滤波器。

码 4-5　【视频讲解】
模拟滤波器的频率变换

（一）低通滤波器转换成高通滤波器

归一化低通滤波器到归一化高通滤波器的频率变换一般可表示为

$$s_L = \frac{1}{s_H} \tag{4-45}$$

该变换关系可以将 s_L 平面上的低通特性变换为 s_H 平面上的高通特性。其归一化频率之间的

关系为

$$\omega_L = \frac{1}{\omega_H} \tag{4-46}$$

式中，ω_L、ω_H 分别为低通滤波器和高通滤波器的频率变量。

因此，当 ω_L 从 $0 \to 1$ 时，ω_H 则从 $\infty \to 1$ 取值；当 ω_L 从 $1 \to \infty$ 时，ω_H 则从 $1 \to 0$ 取值。这时滤波器低通的通带变换到高通的通带，而低通的阻带变换到高通的阻带。该设计方法只对频率进行变换而对滤波器衰减无影响，所以当低通特性变换为其他特性时，其衰减幅度与波动值均保持不变，仅仅是相应的频率位置发生了变换。

当给定高通滤波器的技术指标 ω_{Hp}、α_p、ω_{Hs}、α_s 时，可按照如下步骤进行设计：

1）对高通滤波器技术指标进行频率归一化处理。通常对巴特沃思滤波器以其衰减 3dB 频率为频率归一化因子；对切比雪夫滤波器以其等波动通带截止频率为归一化因子。

2）将高通滤波器的技术指标变换成低通滤波器的技术指标。

3）根据转换出的低通滤波器的技术指标，按照前面介绍的低通滤波器设计方法设计满足技术指标的低通滤波器。

4）对设计出的归一化低通滤波器的系统函数进行变换，得到归一化高通滤波器的系统函数。

5）将设计的归一化高通滤波器进行反归一化处理，得到实际的高通滤波器。

例 4-6　设计一个巴特沃思高通滤波器，要求 $f_p = 4\text{kHz}$ 时，$\alpha_p \leqslant 3\text{dB}$，$f_s = 2\text{kHz}$ 时，$\alpha_s \geqslant 15\text{dB}$。

解　对高通滤波器进行频率归一化，以 f_p 为归一化因子，有

$$\bar{\omega}_{Hp} = 1 \quad （对应 f_p = 4\text{kHz}）$$

$$\bar{\omega}_{Hs} = \frac{\omega_{Hs}}{\omega_{Hp}} = 0.5 \quad （对应 f_s = 2\text{kHz}）$$

根据式（4-46），得到相应低通滤波器的归一化截止频率为

$$\bar{\omega}_{Lp} = \frac{1}{\bar{\omega}_{Hp}} = 1$$

$$\bar{\omega}_{Ls} = \frac{1}{\bar{\omega}_{Hs}} = 2$$

低通滤波器的技术指标为 $\bar{\omega}_{Lp} = 1$，$\alpha_p \leqslant 3\text{dB}$；$\bar{\omega}_{Ls} = 2$，$\alpha_s \geqslant 15\text{dB}$。根据式（4-17），则得到归一化的巴特沃思低通滤波器的阶数为

$$n \geqslant \frac{\lg\sqrt{10^{0.1\alpha_s}-1}}{\lg\bar{\omega}_{Ls}} = \frac{\lg\sqrt{10^{0.1\times15}-1}}{\lg 2} = 2.4683$$

取 $n = 3$，查表 4-1，设计出三阶归一化低通滤波器的系统函数为

$$H_L(\bar{s}) = \frac{1}{\bar{s}^3 + 2\bar{s}^2 + 2\bar{s} + 1}$$

由式（4-45）可得归一化高通滤波器的系统函数为

$$H_H(\bar{s}) = \frac{\bar{s}^3}{\bar{s}^3 + 2\bar{s}^2 + 2\bar{s} + 1}$$

将 $\bar{s} = s/\omega_c$ 代入并进行反归一化处理，得到实际的巴特沃思高通滤波器为

$$H_H(s) = \frac{s^3}{s^3 + 2\omega_c s^2 + 2\omega_c^2 s + \omega_c^3}$$

式中，ω_c 为截止频率，$\omega_c=2\pi f_p=8\pi\times10^3\mathrm{rad/s}$。

（二）低通滤波器转换成带通滤波器

从归一化低通滤波器到原型带通滤波器的频率变换比较复杂，最常用的公式为

$$\bar{s}_L=\frac{s_B^2+\omega_0^2}{Bs_B}\tag{4-47}$$

将 $s=j\omega$ 代入，有

$$\bar{\omega}_L=\frac{\omega_B^2-\omega_0^2}{B\omega_B}\tag{4-48}$$

式中，$\bar{\omega}_L$ 为低通滤波器的归一化频率变量；ω_B 为带通滤波器的频率变量；ω_0、B 分别为带通滤波器的通带中心频率和通带宽度，即

$$\omega_0=\sqrt{\omega_{p1}\omega_{p2}}\tag{4-49}$$
$$B=\omega_{p2}-\omega_{p1}\tag{4-50}$$

式中，ω_{p2}、ω_{p1} 分别为带通滤波器的通带上边界和下边界的截止频率。

由式（4-48）可以得到

$$\omega_B^2-\bar{\omega}_LB\omega_B-\omega_0^2=0\tag{4-51}$$

解得

$$\omega_B=\frac{\bar{\omega}_LB}{2}\pm\frac{\sqrt{\bar{\omega}_L^2B^2+4\omega_0^2}}{2}\tag{4-52}$$

可见，低通滤波器中的一个频率 $\bar{\omega}_L$ 对应于带通滤波器中的两个频率 ω_{B1}、ω_{B2}。

当 $\bar{\omega}_L$ 为 $0\rightarrow1$ 时，则 ω_B 为

$$\omega_0\rightarrow\begin{cases}\dfrac{B}{2}+\dfrac{\sqrt{B^2+4\omega_0^2}}{2}=\omega_{p2}\\[2mm]\dfrac{B}{2}-\dfrac{\sqrt{B^2+4\omega_0^2}}{2}=-\omega_{p1}\end{cases}$$

当 $\bar{\omega}_L$ 为 $1\rightarrow\infty$ 时，则 $\omega_B=\begin{cases}\omega_{p2}\rightarrow\infty\\-\omega_{p1}\rightarrow0°\end{cases}$

以上分析说明，低通滤波器的原点通过频率变换变成带通滤波器的中心频率 ω_0，它们之间的通带、阻带有着对应关系。

例 4-7　设计一个切比雪夫带通滤波器，其衰耗特性如图 4-13 所示，需满足的技术指标如下：

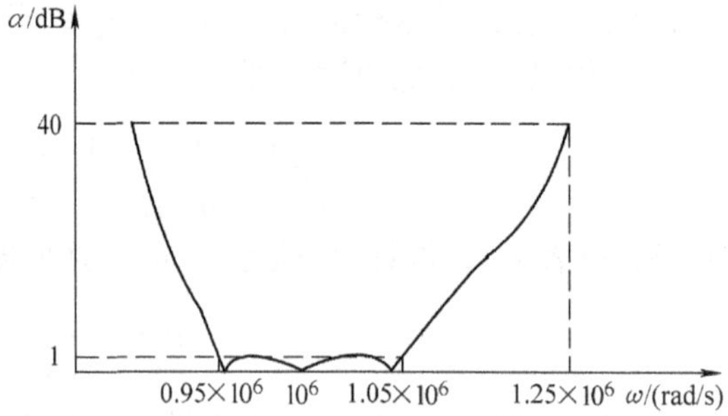

（1）通带中心频率 $\omega_0=10^6\mathrm{rad/s}$；

（2）3dB 带宽 $B=10^5\mathrm{rad/s}$；

图 4-13　例 4-7 中根据给定的技术指标绘出的衰耗特性曲线

（3）在通带 $950\times10^3\mathrm{rad/s}\leqslant\omega\leqslant1050\times10^3\mathrm{rad/s}$，最大衰耗 $\alpha_{max}\leqslant1\mathrm{dB}$；

（4）在阻带 $\omega\geqslant1250\times10^3\mathrm{rad/s}$，最小衰耗 $\alpha_{min}\geqslant40\mathrm{dB}$。

解　将给定的带通滤波器的技术指标转换为归一化低通滤波器的技术指标。由式（4-48）

求得归一化低通滤波器的通带边界频率为

$$\bar{\omega}_L = \frac{\omega_{p2}^2 - \omega_0^2}{B\omega_{p2}} = \frac{(1.05\times10^6)^2 - (10^6)^2}{10^5\times1.05\times10^6} = 0.976 \approx 1 = \omega_c$$

这里取 $\omega_B = \omega_{p2} = 1.05\times10^6$ rad/s，是因为带通滤波器从中心频率 ω_0 到通带上边界截止频率 ω_{p2}，变换到低通归一化频率从 $0\rightarrow1$ 的缘故，因此，带通滤波器的通带上边界截止频率 ω_{p2} 应转换为低通滤波器的通带截止频率 ω_c。

归一化低通阻带边界频率为

$$\omega_s = \frac{\omega_{p1}^2 - \omega_0^2}{B\omega_{p1}} = \frac{(1.25\times10^6)^2 - (10^6)^2}{10^5\times1.25\times10^6} = 4.5$$

由式（4-31）可得切比雪夫低通滤波器的波动系数为

$$\varepsilon = \sqrt{10^{0.1\alpha_p} - 1} = \sqrt{10^{0.1} - 1} = 0.5088$$

因此，切比雪夫低通滤波器的阶次为

$$n = \frac{\text{arcosh}\left[\sqrt{(10^{0.1\alpha_s} - 1)/(10^{0.1\alpha_p} - 1)}\right]}{\text{arcosh}\left(\frac{\omega_s}{\omega_c}\right)} = \frac{6}{2.2} = 2.73$$

取滤波器的阶数 $n=3$。根据切比雪夫低通滤波器的设计方法，得归一化三阶切比雪夫低通滤波器为

$$H_L(\bar{s}) = \frac{0.494}{\bar{s}^3 + 0.9889\bar{s}^2 + 1.2384\bar{s} + 0.4913}$$

将带通变换式［式（4-47）］代入，求得六阶切比雪夫带通滤波器的系统函数为

$$H_B(s) = \frac{4.94\times10^{14}s^3}{s^6 + 9.889\times10^{14}s^5 + 3.012\times10^{12}s^4 + 1.982\times10^{17}s^3 + 3.012\times10^{24}s^2 + 9.889\times10^{28}s + 10^{36}}$$

（三）低通滤波器转换成带阻滤波器

带阻滤波器和带通滤波器特性之间的关系，正如高通与低通滤波器之间的关系一样，只要将带通变换的关系式［式（4-47）］颠倒一下，即可得到归一化低通滤波器变换到带阻滤波器的变换关系式为

$$\bar{s}_L = \frac{Bs_R}{s_R^2 + \omega_0^2} \tag{4-53}$$

式中，$\bar{s}_L$ 和 s_R 分别为归一化低通滤波器和带阻滤波器系统函数的复频率变量；ω_0 和 B 分别为带阻滤波器的阻带中心频率和阻带宽度。

有关带阻变换的具体设计方法和带通变换相似，有兴趣的读者可以自行推导或参阅相关文献。

五、RC 有源滤波器

根据构成滤波器元器件的性质，可将滤波器分为无源与有源滤波器。LC 无源滤波器在工作频率较低的情况下，电感元件体积、重量较大，不利于实现集成化，而 RC 有源滤波器在实现过程中可以不用电感，便于实现集成化，可靠性高，体积小，在低频场合得到了广泛的应用。下面对 RC 有源滤波器的原理进行简要介绍。

RC 有源滤波器是一种包含有源器件的模拟滤波器，它主要由电阻、电容、运算放大器

以及由此导出的电压控制电压源（VCVS）、回转器、积分器、比例放大器和加法器等无电感器件组成。常用的电压控制电压源电路如图 4-14 所示。

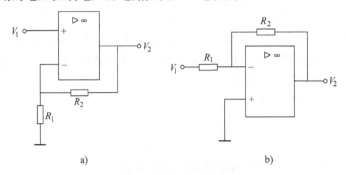

图 4-14 电压控制电压源电路

a) 正增益 VCVS b) 负增益 VCVS

图 4-14a 所示电路是正增益 VCVS，它的增益为

$$K = \frac{V_2}{V_1} = 1 + \frac{R_2}{R_1} \qquad (4\text{-}54)$$

当 $R_2 = 0$，$R_1 = \infty$ 时，$K = 1$，即为电压跟随器。图 4-14b 所示电路为负增益 VCVS，也就是常用的比例放大器，其增益为

$$K = \frac{V_2}{V_1} = -\frac{R_2}{R_1} \qquad (4\text{-}55)$$

RC 有源滤波器可以表示为系统函数，即

$$H(s) = \frac{B(s)}{A(s)} = \frac{b_m s^m + b_{m-1} s^{m-1} + \cdots + b_1 s + b_0}{s^n + a_{n-1} s^{n-1} + \cdots + a_1 s + a_0} \qquad (4\text{-}56)$$

式中，$m \le n$。$H(s)$ 也可以表示为乘积形式，即

$$H(s) = H_1(s) H_2(s) \cdots H_k(s) \qquad (4\text{-}57)$$

式中，$k \le n$。对于每一个 $j = 1, 2, \cdots, k$，子系统 $H_j(s)$ 可以是

$$H_j(s) = \frac{b_{j2} s^2 + b_{j1} s + b_{j0}}{s^2 + a_{j1} s + a_{j0}} \qquad (4\text{-}58)$$

或

$$H_j(s) = \frac{b_{j1} s + b_{j0}}{s + a_{j0}} \qquad (4\text{-}59)$$

RC 有源滤波器利用放大器的反馈作用，可以使 $H(s)$ 产生共轭极点，并且可以使共轭极点靠近虚轴 $j\omega$，形成良好的选频特性，甚至移到虚轴上形成振荡。

RC 有源滤波器主要有两种实现方法：直接实现法和级联实现法。应用较多的是级联实现法，它是把 $H(s)$ 分解成式（4-57）的乘积形式，每一分解因子由如式（4-58）或式（4-59）的子系统组成。

对于一阶子系统式（4-59）实现起来比较容易，这里不做详细的讨论。

用单级正反馈电路可以实现具有不同滤波特性的双二阶电路，这种实现又称为 Sallen-Key 实现。基于 Sallen-Key 的滤波器电路结构如图 4-15a 所示，其中，Y_1、Y_2、Y_3、Y_4 是电阻或电容，r 和（$K-1$）r 用于调节所需的增益 K，图 4-15b 为其等效电路。基于 Sallen-Key 实现的滤波器电路由 RC 梯形电路与有源 VCVS 共同组成，其优点是元件数少、增益较大、特性易于调节。

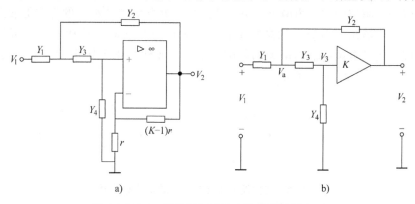

图 4-15 双二阶单级正反馈电路及其等效电路

a）双二阶单级正反馈电路 b）双二阶单级正反馈电路的等效电路

对图 4-15b 列出电路的节点方程为

$$\begin{cases} V_a(Y_1+Y_2+Y_3)-Y_1V_1-Y_2V_2-Y_3V_3=0 \\ V_3(Y_3+Y_4)-Y_3V_a=0 \\ V_2=KV_3 \end{cases} \tag{4-60}$$

解得

$$H(s)=\frac{V_2}{V_1}=\frac{KY_1Y_3}{Y_4(Y_1+Y_2+Y_3)+Y_3(Y_1+Y_2)-KY_2Y_3} \tag{4-61}$$

用 R、C 元件代入 Y_1、Y_2、Y_3、Y_4，就可以构造出具有不同滤波特性的二阶有源子系统 $H_j(s)$。

基于 Sallen-Key 实现的滤波器还可构成高通、带通、带阻等二阶电路。由于这种电路输出是从运算放大器直接引出，因而输出阻抗很低，可以直接和其他电路级联，不需要隔离放大。这类滤波器实现的主要缺点是当带宽很窄时，电路性能对元件参数的改变非常敏感。

> 【深入思考】随着第五代移动通信技术（5G）时代的到来，在高频化趋势下，智能手机频带间距逐渐缩小，频带隔离难度日益提升，带宽、插入损耗和尺寸等性能要求也进一步提高，这些都对滤波器的设计和生产提出了更高的挑战。据统计，一款 5G 手机中需要用到的滤波器数量可达 30 多个。请思考滤波器技术在移动通信技术中的具体应用。

六、模拟滤波器的应用

模拟滤波器的应用范围很广，如低通滤波器可用于光伏发电系统中滤除高频谐波，带通滤波器可用于频谱分析仪中的选频装置，高通滤波器可用于声发射检测仪中剔除低频干扰噪声，带阻滤波器用于电涡流测振仪中的陷波器。下面介绍几个典型应用实例。

例 4-8 光伏发电系统的逆变器是一种基于功率开关器件的电力电子变流器，实现将光伏电池（或光伏阵列）输出的直流电能转换为交流电能。光伏逆变器直流侧与光伏电池相连接，交流侧与电网相连接。但是，逆变器中功率开关器件的高频开关动作会产生大量的高频噪声（或称为高频谐波），这些噪声会严重恶化光伏发电系统输出的电能质量，因此，需要对这些噪声进行滤波处理。由电感、电容通过串、并联的方式组成的无源低通滤波器，可以高效地滤除逆变器输出电流中的高频干扰，同时在逆变器输出端和电网连接处产生电势差，从而实现光伏发电系统输出电能的并网发电。在光伏发电系统中常见的滤波器包括 L、LC、LCL 3 种形式，如图 4-16 所示。

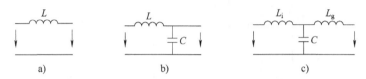

图 4-16　光伏发电系统中常见的 3 种滤波器
a) L 滤波器　b) LC 滤波器　c) LCL 滤波器

图 4-16 中，L 低通滤波器结构简单，便于进行参数设计和建模分析，但对高频噪声（或谐波）的衰减性能一般。并网模式下，LC 滤波器与 L 滤波器完全相同；离网模式下，LC 滤波器高频谐波的抑制效果优于 L 滤波器。LCL 滤波器是一种高频衰减特性非常好的滤波器，其对高频谐波电流具有很高的阻抗，可以大幅度地衰减输出电流中的高频分量。

　　并网型光伏发电系统输出的电压经过 3 种滤波器后的波形如图 4-17～图 4-19 所示。从图中可以看出，不同种类的滤波器可实现不同的滤波器效果。

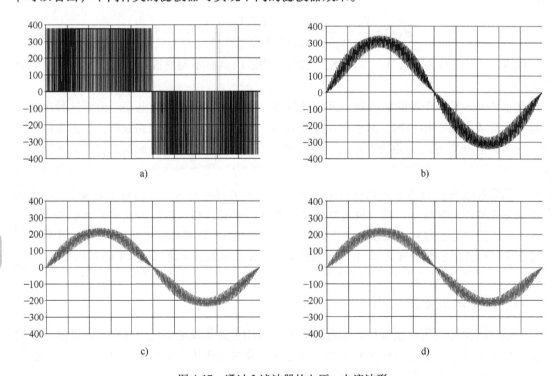

图 4-17　通过 L 滤波器的电压、电流波形
a) 滤波前的电压信号　b) 滤波后的电压信号　c) 滤波前的电流信号　d) 滤波后的电流信号

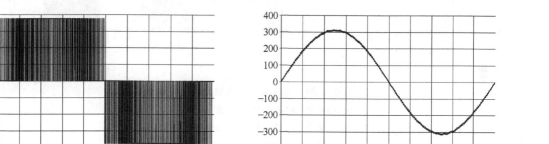

图 4-18　通过 *LC* 滤波器的电压、电流波形

a）滤波前的电压信号　b）滤波后的电压信号　c）滤波前的电流信号　d）滤波后的电流信号

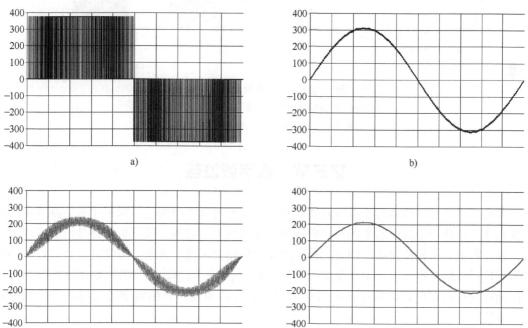

图 4-19　通过 *LCL* 滤波器的电压、电流波形

a）滤波前的电压信号　b）滤波后的电压信号　c）滤波前的电流信号　d）滤波后的电流信号

例 4-9 在声音信号处理领域，通常采用音调过滤来突出高音、低音或特定频率范围的声音。其方法是将源音乐通过一个带通滤波器，筛选出目标频率范围的声音。设计带通滤波器的关键在于滤波器参数的选择和设定。这里所设计的带通滤波器的参数为：归一化阻带截止频率 $\omega_s = [0.01, 0.2]$，归一化通带截止频率 $\omega_p = [0.02, 0.15]$。

图 4-20 为选用巴特沃思带通滤波器后的音频信号处理结果。可以看出，经过巴特沃思带通滤波器对高音部分的滤波，大部分高音被过滤，中低音部分突出。

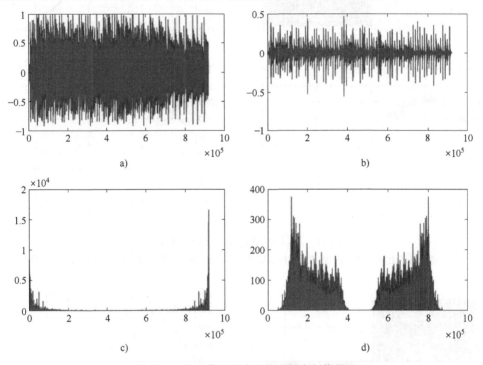

图 4-20 通过带通滤波器处理的音频信号

a) 原音频信号的时域波形 b) 滤波后音频信号的时域波形
c) 原音频信号的频谱图 d) 滤波后音频信号的频谱图

第三节 数字滤波器

与处理连续时间信号的模拟滤波器相对应，在处理离散时间信号时采用数字滤波器。数字滤波器是近几十年发展起来的一门新技术，它实现方法较多，既可以用硬件设备实现，也可以在计算机上用软件完成，因此，数字滤波器使用更灵活、方便，可靠性更高，在许多领域得到广泛应用。本节以无限冲激响应（Infinite Impulse Response，IIR）数字滤波器和有限冲激响应（Finite Impulse Response，FIR）数字滤波器为例，介绍数字滤波器的基本原理和设计方法。

一、概述

数字滤波器是具有一定传输特性的数字信号处理装置，其输入和输出都是数字信号，它借助于数字器件和一定的数值计算方法，对输入信号的波形或频谱进行加工、处理。

与模拟滤波器相比，数字滤波器具有精度高、可靠性好、灵活性高、便于大规模集成等优点。数字滤波器可工作于极低频率，也可比较容易地实现模拟滤波器难以实现的一些特性，如线性相位等。

数字滤波器的种类很多，若按照频率响应的通带特性，可分为低通、高通、带通和带阻滤波器；若根据其冲激响应的时间特性，可分为无限冲激响应（IIR）数字滤波器和有限冲激响应（FIR）数字滤波器；若根据数字滤波器的构成方式，可分为递归型数字滤波器、非递归型数字滤波器以及用快速傅里叶变换实现的数字滤波器。

码 4-6 【视频讲解】
数字滤波器概述

设输入序列为 $x(n)$，输出序列为 $y(n)$，则数字滤波器可用线性时不变离散系统表示为

$$y(n) + \sum_{k=1}^{N} a_k y(n-k) = \sum_{k=0}^{M} b_k x(n-k) \tag{4-62}$$

对式（4-62）两边进行 Z 变换可得到数字滤波器的系统函数为

$$H(z) = \frac{Y(z)}{X(z)} = \frac{b_0 + b_1 z^{-1} + b_2 z^{-2} + \cdots + b_M z^{-M}}{1 + a_1 z^{-1} + a_2 z^{-2} + \cdots + a_N z^{-N}} = \frac{\sum_{i=0}^{M} b_i z^{-i}}{1 + \sum_{i=1}^{N} a_i z^{-i}} \tag{4-63}$$

若 $a_i = 0$，则有

$$H(z) = \sum_{i=0}^{M} b_i z^{-i} \tag{4-64}$$

即

$$h(n) = b_0 \delta(n) + b_1 \delta(n-1) + \cdots + b_M \delta(n-M) \tag{4-65}$$

可见，这时数字滤波器的系统函数是 z^{-1} 的多项式，其相应的单位脉冲响应的时间长度是有限的，$h(n)$ 最多有 $M+1$ 项。因此，把系统函数具有式（4-64）形式的数字滤波器称为有限冲激响应（FIR）数字滤波器。FIR 数字滤波器的系统函数只有单极点 $z=0$，在单位圆内，故 FIR 数字滤波器总是稳定的。

若式（4-63）中至少有一个 a_i 的值不为零，并且分母至少存在一个根不为分子所抵消，则对应的数字滤波器称为无限冲激响应（IIR）数字滤波器。举个最简单的例子，若有

$$H(z) = \frac{b_0}{1 - z^{-1}} = b_0(1 + z^{-1} + z^{-2} + \cdots), \quad |z| > 1 \tag{4-66}$$

所以

$$h(n) = b_0 [\delta(n) + \delta(n-1) + \cdots] = b_0 u(n) \tag{4-67}$$

说明该数字滤波器的单位脉冲响应有无限多项，时间长度持续到无限长。所以它是无限冲激响应（IIR）数字滤波器。

下面分别讨论 IIR 数字滤波器与 FIR 数字滤波器的一般设计方法。

二、无限冲激响应（IIR）数字滤波器

无限冲激响应（IIR）数字滤波器的设计任务就是用式（4-66）所示有理函数逼近给定的滤波器幅频特性 $|H(\Omega)|$。设计方法有两种：直接法和间接法。直接法是一种计算机辅助设计方法，这里不做详细的讨论。间接设计法的原理是借助模拟滤波器的系统函数 $H(s)$ 求

出相应的数字滤波器的系统函数 $H(z)$。具体来讲，就是根据给定技术指标的要求，先确定一个满足该技术指标的模拟滤波器 $H(s)$，再寻找一种变换关系把 s 平面映射到 z 平面，使 $H(s)$ 变换成所需的数字滤波器的系统函数 $H(z)$。为了使数字滤波器保持模拟滤波器的特性，这种由复变量 s 到复变量 z 之间的映射关系必须满足两个基本条件：

1）s 平面的虚轴 $j\omega$ 必须映射到 z 平面的单位圆上。

2）为了保持滤波器的稳定性，必须要求 s 左半平面映射到 z 平面的单位圆内部。

码 4-7 【视频讲解】
冲激响应不变法

IIR 数字滤波器设计的间接法也有多种具体方法，如冲激响应不变法、阶跃响应不变法、双线性变换法及微分映射法等，其中最常用的是冲激响应不变法和双线性变换法。

（一）冲激响应不变法

冲激响应不变法遵循的准则是，使数字滤波器的单位脉冲响应等于所参照的模拟滤波器的单位冲激响应的采样值，即

$$h(n) = h(t)\big|_{t=nT} \tag{4-68}$$

具体地说，冲激响应不变法是根据滤波器的技术指标确定出模拟滤波器 $H(s)$，经过拉普拉斯反变换求出单位冲激响应 $h(t)$，再由单位冲激响应不变的原则，经采样得到 $h(n)$，做 $h(n)$ 的 Z 变换，最后得出数字滤波器 $H(z)$。

设模拟滤波器的系统函数具有 N 个单极点

$$H(s) = \sum_{i=1}^{N} \frac{K_i}{s-p_i} \tag{4-69}$$

式中

$$K_i = (s-p_i)H(s)\big|_{s=p_i} \tag{4-70}$$

对式（4-69）进行拉普拉斯反变换

$$h(t) = \sum_{i=1}^{N} K_i e^{p_i t} u(t) \tag{4-71}$$

对 $h(t)$ 进行采样，有

$$h(n) = h(t)\big|_{t=nT} = \sum_{i=1}^{N} K_i e^{p_i nT} u(n) \tag{4-72}$$

因此，相应的数字滤波器的系统函数为

$$H(z) = \sum_{n=0}^{\infty} \left(\sum_{i=1}^{N} K_i e^{p_i nT} \right) z^{-n} = \sum_{i=1}^{N} \frac{K_i}{1-e^{p_i T} z^{-1}} \tag{4-73}$$

比较式（4-69）和式（4-73）可以看出，把 $H(s)$ 部分分式展开式中的 $\dfrac{1}{s-p_i}$ 代之以 $\dfrac{1}{1-e^{p_i T} z^{-1}}$，就可直接得出数字滤波器的系统函数 $H(z)$。此结果表明，s 平面的极点 p_i 映射到 z 平面是位于 $z = e^{p_i T}$ 的极点。若 p_i 在 s 左半平面，则 $z = e^{p_i T}$ 应位于单位圆内，以保证滤波器的稳定性。

第二章第四节已经讨论了 s 平面对 z 平面的映射关系，即 s 左半平面映射到 z 平面的单位圆内部，s 右半平面映射到 z 平面的单位圆外部，s 平面的虚轴（$s = j\omega$）对应于 z 平面的

单位圆。但是这种映射不是单值的，所有 s 平面的 $s=\sigma+\mathrm{j}k\dfrac{2\pi}{T}$（其中 k 为整数）的点都映射到 z 平面的 $z=\mathrm{e}^{\sigma T}$ 上，因此，可以将 s 平面沿着 $\mathrm{j}\omega$ 轴分割成一条条宽度为 $\dfrac{2\pi}{T}$ 的横带，每条横带都按照前面分析的关系重叠映射成 z 平面。图 4-21 给出了 $\sigma<0$ 时，s 平面各条横带重叠映射为 z 平面单位圆内的情况。

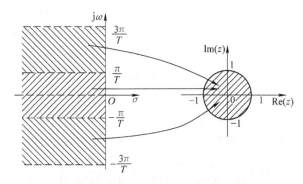

图 4-21　冲激响应不变法 s 平面与 z 平面的映射关系

可见，上述映射关系正好满足了前面所提出的设计数字滤波器时从复变量 s 映射到复变量 z 所必须满足的两个基本条件。

采用冲激响应不变法设计 IIR 数字滤波器时具有如下特点：

1）模拟滤波器和数字滤波器之间的频率变换是线性关系，即 $\Omega=T\omega$。因此，如果模拟滤波器是线性相位的，通过变换后得到的数字滤波器也是线性相位的。

2）具有较好的时域逼近特性。采用冲激响应不变法设计的 IIR 数字滤波器的单位脉冲响应可以很好地逼近模拟滤波器的冲激响应，这是很有实际意义的。

3）s 平面与 z 平面间映射的多值性容易造成频谱混叠现象。这也是冲激响应不变法的应用受到限制的原因。冲激响应不变法不适宜用于设计高通和带阻数字滤波器，即使对于低通和带通滤波器，由于其频率特性不可能是严格带限的，或者采样频率不可能很高而不满足采样定理，混叠效应在所难免。只有在采样频率相当高，且给定技术指标具有锐减特性时，所设计的数字滤波器才能保持良好的频率响应特性。

例 4-10　设模拟滤波器的系统函数为

$$H(s)=\frac{2s}{s^2+3s+2}$$

用冲激响应不变法求相应的数字滤波器的系统函数 $H(z)$。

解　对模拟滤波器的系统函数进行因式分解

$$H(s)=\frac{2s}{s^2+3s+2}=\frac{2s}{(s+1)(s+2)}=\frac{K_1}{s+1}+\frac{K_2}{s+2}$$

而且

$$K_1=\frac{2s}{s+2}\bigg|_{s=-1}=-2$$

$$K_2=\frac{2s}{s+1}\bigg|_{s=-2}=4$$

因此

$$H(s) = \frac{-2}{s+1} + \frac{4}{s+2}$$

将 $H(s)$ 由 s 平面映射到 z 平面，即用 $\dfrac{1}{1-e^{p_iT}z^{-1}}$ 代替 $\dfrac{1}{s-p_i}$，可得相应数字滤波器的系统函数 $H(z)$ 为

$$H(z) = \frac{-2}{1-e^{-T}z^{-1}} + \frac{4}{1-e^{-2T}z^{-1}} = \frac{2+(2e^{-2T}-4e^{-T})z^{-1}}{1-(e^{-T}+e^{-2T})z^{-1}+e^{-3T}z^{-2}}$$

例 4-11 给定通带内具有 3dB 起伏（$\varepsilon = 0.9976$）的二阶切比雪夫低通模拟滤波器的系统函数为

$$H(s) = \frac{0.5012}{s^2+0.6449s+0.7079}$$

用冲激响应不变法求对应的数字滤波器系统函数 $H(z)$。

解 将 $H(s)$ 展开成部分分式形式，得

$$H(s) = \frac{0.3224\mathrm{j}}{s+0.3224+0.7772\mathrm{j}} + \frac{-0.3224\mathrm{j}}{s+0.3224-0.7772\mathrm{j}}$$

由式（4-69）和式（4-73）可得

$$H(z) = \frac{0.3224\mathrm{j}}{1-e^{-(0.3224+0.7772\mathrm{j})T}z^{-1}} + \frac{-0.3224\mathrm{j}}{1-e^{-(0.3224-0.7772\mathrm{j})T}z^{-1}}$$

$$= \frac{2e^{-0.3224T}\cdot 0.3224\sin(0.7772T)\cdot z^{-1}}{1-2e^{-0.3224T}\cos(0.7772T)z^{-1}+e^{-0.6449T}z^{-2}}$$

由给定的 $H(s)$ 变换到数字滤波器时与采样周期 T 有关，因此，T 取值不同时，对数字滤波器的特性会产生不同的影响。

当 $T = 1\mathrm{s}$ 时，有

$$H(z) = \frac{0.3276z^{-1}}{1-1.0328z^{-1}+0.5247z^{-2}}$$

当 $T = 0.1\mathrm{s}$ 时，有

$$H(z) = \frac{0.0485z^{-1}}{1-1.9307z^{-1}+0.9375z^{-2}}$$

例 4-12 利用冲激响应不变法设计一个巴特沃思数字低通滤波器，满足下列技术指标：

（1）3dB 带宽的数字截止频率 $\Omega_c = 0.2\pi\mathrm{rad}$；

（2）阻带大于 30dB 的数字边界频率 $\Omega_s = 0.5\pi\mathrm{rad}$；

（3）采样周期 $T = 10\pi\mu\mathrm{s}$。

解 第一步：将给定的指标转换为相应的模拟低通滤波器的技术指标。按照 $\Omega = \omega T$，可得

$$\omega_c = 0.2\pi\mathrm{rad}/(10\pi\times10^{-6}\mathrm{s}) = 20\times10^3\mathrm{rad/s}$$

$$\omega_s = 0.5\pi\mathrm{rad}/(10\pi\times10^{-6}\mathrm{s}) = 50\times10^3\mathrm{rad/s}$$

第二步：设计归一化模拟低通滤波器。根据巴特沃思模拟低通滤波器的设计方法，已知 $\alpha_s = 30\mathrm{dB}$，可求出该滤波器的阶数

$$n = \frac{\lg\sqrt{10^{0.1\alpha_s}-1}}{\lg\left(\frac{\omega_s}{\omega_c}\right)} = \frac{\lg 31.61}{\lg\left(\frac{50}{20}\right)} = 3.769$$

取 $n=4$，查表 4-1 可得四阶归一化巴特沃思模拟低通滤波器的系统函数为

$$H(\bar{s}) = \frac{1}{\bar{s}^4 + 2.613\bar{s}^3 + 3.414\bar{s}^2 + 2.613\bar{s} + 1}$$

$$= -\frac{0.92388\bar{s} + 0.70711}{\bar{s}^2 + 0.76537\bar{s} + 1} + \frac{0.92388\bar{s} + 1.70711}{\bar{s}^2 + 1.84776\bar{s} + 1}$$

第三步：利用频率变换求出满足给定指标的实际模拟低通滤波器。对巴特沃思模拟低通滤波器进行反归一化处理，代入 $\bar{s} = \dfrac{s}{\omega_c}$，得出

$$H(s) = -\frac{0.92388\omega_c s + 0.70711\omega_c^2}{s^2 + 0.76537\omega_c s + \omega_c^2} + \frac{0.92388\omega_c s + 1.70711\omega_c^2}{s^2 + 1.84776\omega_c s + \omega_c^2}$$

第四步：按照冲激响应不变法求满足给定技术指标的数字滤波器。代入 $\omega_c = 20\times10^3\,\text{rad/s}$，求得 $H(s)$ 的 Z 变换式为

$$H(z) = \frac{10^4(-1.84776 + 0.88482z^{-1})}{1 - 1.31495z^{-1} + 0.61823z^{-2}} + \frac{10^4(1.84776 - 0.40981z^{-1})}{1 - 1.08704z^{-1} + 0.31317z^{-2}}$$

即为所求的巴特沃思数字低通滤波器的系统函数。

利用冲激响应不变法设计数字滤波器时，需将模拟滤波器的系统函数通过部分分式展开成多项有理分式之和的形式，并将 $\dfrac{1}{s-p_i}$ 代之以 $\dfrac{1}{1-e^{p_iT}z^{-1}}$。为了减少从拉普拉斯变换到 Z 变换的复杂计算，可直接利用以下变换的对应关系：

$$\frac{1}{s+p_i} \rightarrow \frac{1}{1-e^{-p_iT}z^{-1}};$$

$$\frac{1}{(s+p_i)^m} \rightarrow \frac{(-1)^{m-1}}{(m-1)!}\frac{\mathrm{d}^{m-1}}{\mathrm{d}p_i^{m-1}}\frac{1}{1-e^{-p_iT}z^{-1}};$$

$$\frac{s+a}{(s+a)^2+b^2} \rightarrow \frac{1-e^{-aT}\cos(bT)z^{-1}}{1-2e^{-aT}\cos(bT)z^{-1}+e^{-2aT}z^{-2}};$$

$$\frac{b}{(s+a)^2+b^2} \rightarrow \frac{e^{-aT}\cos(bT)z^{-1}}{1-2e^{-aT}\cos(bT)z^{-1}+e^{-2aT}z^{-2}}。$$

（二）双线性变换法

由于从 s 平面到 z 平面的映射关系不是一一对应的，冲激响应不变法容易造成数字滤波器频率响应的混叠。为了消除混叠现象，必须找出一种频率特性有一一对应关系的变换，双线性变换法就是其中的一种。

双线性变换法的基本设计思想是，首先按给定的技术指标设计出一个模拟滤波器，再将模拟滤波器的系统函数 $H(s)$ 通过适当的变换，把无限宽的频带，变换成频带受限的系统函数 $H(\hat{s})$。最后再

码 4-8 【视频讲解】
双线性变换法

将 $H(\hat{s})$ 进行 Z 变换，求得数字滤波器的系统函数 $H(z)$。由于在数字化以前已经对频带进行了压缩，所以数字化以后的频率响应可以做到无混叠效应。

如图 4-22 所示，将 s 平面映射到 $\hat{s}$ 平面存在如下关系式：

$$s=\frac{2}{T}\left(\frac{1-\mathrm{e}^{-\hat{s}T}}{1+\mathrm{e}^{-\hat{s}T}}\right) \tag{4-74}$$

在式（4-74）中，当 $\hat{s}=0$ 时，$s=0$；当 $\hat{s}=\pm\mathrm{j}\pi/T$ 时，$s=\pm\infty$。因此，式（4-74）把 s 平面压缩到了 $\hat{s}$ 平面的一条横带上，横带范围为 $-\mathrm{j}\pi/T\sim\mathrm{j}\pi/T$。

再利用公式

$$z=\mathrm{e}^{\hat{s}T} \tag{4-75}$$

实现 $\hat{s}$ 平面到 z 平面的映射。由式（4-73）和式（4-75），有

$$s=\frac{2}{T}\left(\frac{1-z^{-1}}{1+z^{-1}}\right) \tag{4-76}$$

或

$$z=\frac{1+\dfrac{T}{2}s}{1-\dfrac{T}{2}s} \tag{4-77}$$

式中，T 为采样周期。

式（4-76）或式（4-77）实现了 s 平面到 z 平面映射的一一对应，把这种变换称为双线性变换。

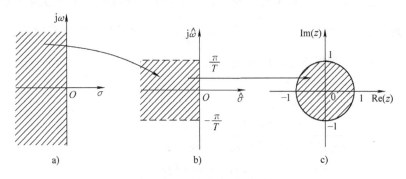

图 4-22 双线性变换的映射

a) s 平面 b) $\hat{s}$ 平面 c) z 平面

通过以上分析可知，双线性变换法具有如下特性：

1）双线性变换具有 s 平面到 z 平面的一一对应映射关系。

2）双线性变换将 s 平面的虚轴唯一地映射到 z 平面的单位圆，保证了 $H(z)$ 的频率响应能模仿 $H(s)$ 的频率响应，避免了频率响应混叠现象发生。

3）双线性变换将 s 左半平面全部映射到 z 平面单位圆内，将 s 右半平面全部映射到 z 平面的单位圆外，保证了 $H(z)$ 和 $H(s)$ 相比，其稳定性不发生变化。

用双线性变换法设计数字滤波器时，如果得到了相应的模拟滤波器的系统函数 $H(s)$，则只要将式（4-76）代入 $H(s)$，就可以得到数字滤波器的系统函数 $H(z)$，即

$$H(z)=H(s)\big|_{s=\frac{2}{T}(1-z^{-1})/(1+z^{-1})} \tag{4-78}$$

双线性变换法与冲激响应不变法相比，最主要的优点是避免了频率响应混叠现象，但是，这一优点的获得是以频率的非线性变换为代价的。在冲激响应不变法中，数字频率 Ω 与模拟频率 ω 之间的关系是线性关系，即 $\Omega = \omega T$。在双线性变换法中模拟频率与数字频率之间的关系为非线性关系，即

$$\omega = \frac{2}{T} \tan \frac{\Omega}{2} \qquad (4\text{-}79)$$

这种模拟频率与数字频率之间的非线性关系会使数字滤波器与模拟滤波器在频率响应与频率的对应关系上发生畸变。例如，若模拟滤波器具有线性相位特性，而通过双线性变换后，所得到的数字滤波器将不再保持线性相位特性。

尽管双线性变换法具有上述缺点，但它仍然是目前应用最普遍、最有效的一种设计方法，而且这个缺点可以通过预处理加以校正。即先对模拟滤波器的临界频率加以畸变，使其通过双线性变换后正好映射为需要的频率。设所求的数字滤波器的通带和阻带的截止频率分别为 Ω_p 和 Ω_s，按照式（4-79）求出对应的模拟滤波器的临界频率 ω_p 和 ω_s，然后模拟滤波器按照这两个预畸变的频率 ω_p 和 ω_s 来设计，这样，用双线性变换法所得到的数字滤波器便具有希望的截止频率特性了。当然，这只能保证一些特定的频率一致，对其他频率还是会存在一定的偏离。对于频率响应起伏较大的系统，如模拟微分器等就不能使用双线性变换实现数字化。另外，如果希望得到具有严格线性相位特性的数字滤波器，也不能用双线性变换法进行设计。

例 4-13 用双线性变换法设计一个巴特沃思低通数字滤波器，采样周期 $T = 1\text{s}$，巴特沃思低通数字滤波器的技术指标为：

1）在通带截止频率 $\Omega_p = 0.5\pi\text{rad}$ 时，衰减不大于 3dB；

2）在阻带截止频率 $\Omega_s = 0.75\pi\text{rad}$ 时，衰减不小于 15dB。

解 （1）将频率进行预畸变处理。则有

$$\omega_c = \omega_p = \frac{2}{T}\tan\frac{\Omega_p}{2} = 2\tan\frac{0.5\pi}{2}\text{rad/s} = 2\text{rad/s}, \alpha_p = 3\text{dB}$$

$$\omega_s = \frac{2}{T}\tan\frac{\Omega_s}{2} = 2\tan\frac{0.75\pi}{2}\text{rad/s} = 4.828\text{rad/s}, \alpha_s = 15\text{dB}$$

（2）设计满足技术指标的巴特沃思模拟低通滤波器。其阶数为

$$n = \frac{\lg\sqrt{10^{0.1\alpha_s}-1}}{\lg\left(\dfrac{\omega_s}{\omega_c}\right)} \approx 1.941$$

取 $n=2$，归一化巴特沃思低通模拟滤波器的系统函数为

$$H(\bar{s}) = \frac{1}{\bar{s}^2 + 1.414\bar{s} + 1}$$

（3）反归一化处理。代入 $\bar{s} = \dfrac{s}{\omega_c}$，巴特沃思低通模拟滤波器的实际系统函数为

$$H(s) = \frac{\omega_c^2}{s^2 + 1.414\omega_c s + \omega_c^2} = \frac{4}{s^2 + 2.828s + 4}$$

(4) 利用双线性变换法求出数字滤波器的传递函数 $H(z)$。

$$H(z) = H(s) \Big|_{s=\frac{2}{T}\frac{1-z^{-1}}{1+z^{-1}}} = \frac{1+2z+z^2}{0.586+3.414z^2}$$

上面主要讨论了低通 IIR 数字滤波器的设计方法，对于诸如高通、带通、带阻等其他类型 IIR 数字滤波器的设计可按如图 4-23 的方法进行。

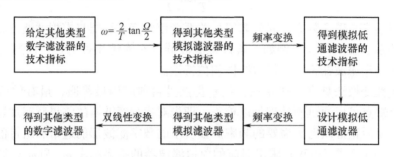

图 4-23 其他类型 IIR 数字滤波器的设计方法

（三）IIR 数字滤波器的网络结构

通过设计和计算得到数字滤波器的系统函数 $H(z)$ 后，接下来的工作是如何实现它。对于无限冲激响应数字滤波器，可以有多种不同的实现方案，主要表现在不同的网络结构上，其中基本的网络结构有直接型、级联型和并联型。

码 4-9 【视频讲解】
IIR 数字滤波器的
网络结构

1. 直接型

IIR 数字滤波器的系统函数一般可表示为

$$H(z) = \frac{\sum_{i=0}^{M} b_i z^{-i}}{1+\sum_{i=1}^{N} a_i z^{-i}} = \frac{Y(z)}{X(z)} \tag{4-80}$$

式中，$N \geqslant M$，它对应的 N 阶差分方程为

$$y(n) = \sum_{i=0}^{M} b_i x(n-i) - \sum_{i=1}^{N} a_i y(n-i) \tag{4-81}$$

式中，$\sum_{i=0}^{M} b_i x(n-i)$ 表示将输入加以延时组成 M 节延时网络，并将每节延时抽头后加权（加权系数为 b_i）相加；$\sum_{i=1}^{N} a_i y(n-i)$ 则表示将输出加以延时，组成 N 节延时网络，并将每节延时抽头后加权（加权系数为 $-a_i$）相加。最后将上述两部分相加在一起组成输出 $y(n)$，该网络结构称为直接 I 型，如图 4-24a 所示。由图 4-24a 可见，总的网络结构由两部分网络连接而成，第一部分网络实现分子部分（或零点部分）运算，第二部分网络实现分母部分（或极点部分）运算。如果把实现方式交换次序，即先实现极点部分运算，后实现零点部分运算，则其中的延时单元可以合并共用，构成如图 4-24b 所示的直接 II 型结构（图中为 $M=N$）。由图 4-24b 可见，直接 II 型只需要 N 个延时器，$(M+N)$ 个加法器和 $(M+N+1)$

个乘法器，比直接Ⅰ型结构减少了 M 个延时单元。

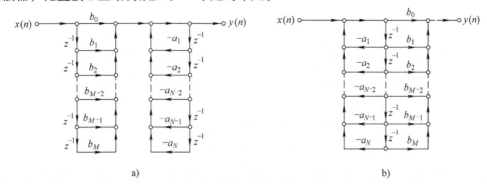

图 4-24   IIR 数字滤波器的直接型结构

a) 直接Ⅰ型   b) 直接Ⅱ型

直接型的主要缺点是性能不宜控制，因为系数 a_i 和 b_i 与 $H(z)$ 零、极点的关系是隐含的，不便于调整。其次，其性能对系数的变化太敏感，容易造成不稳定。

2. 级联型

级联型也称串联型。把式（4-80）的系统函数 $H(z)$ 按零、极点进行因式分解，若 a_i、b_i 均为实数，则式（4-80）可表示为

$$H(z)=A\frac{\prod\limits_{i=1}^{M_1}(1-q_iz^{-1})\prod\limits_{i=1}^{M_2}(1+\beta_{1i}z^{-1}+\beta_{2i}z^{-2})}{\prod\limits_{i=1}^{N_1}(1-p_iz^{-1})\prod\limits_{i=1}^{N_2}(1+\alpha_{1i}z^{-1}+\alpha_{2i}z^{-2})} \tag{4-82}$$

式中，$M=M_1+2M_2$；$N=N_1+2N_2$；A 为一常数；$(1-q_iz^{-1})$ 对应一阶零点；$(1-p_iz^{-1})$ 对应一阶极点；$(1+\beta_{1i}z^{-1}+\beta_{2i}z^{-2})$ 对应二阶零点；$(1+\alpha_{1i}z^{-1}+\alpha_{2i}z^{-2})$ 对应二阶极点。式（4-82）还可表示为 N_1 个一阶子系统和 N_2 个二阶子系统的乘积形式，即

$$H(z)=\prod_{i=1}^{N_1}H_{1i}(z)\prod_{i=1}^{N_2}H_{2i}(z) \tag{4-83}$$

只要知道一阶和二阶子系统的结构，就可级联出整个系统 $H(z)$ 的结构，如图 4-25 所示。

$$x(n) \circ \longrightarrow \boxed{H_1(z)} \longrightarrow \boxed{H_2(z)} \longrightarrow \cdots \longrightarrow \boxed{H_k(z)} \longrightarrow \circ\, y(n)$$

图 4-25   IIR 滤波器的级联型结构

对于一阶 IIR 数字滤波器，其系统函数的一般形式为

$$H_{1i}(z)=\frac{b_0+b_1z^{-1}}{1+a_1z^{-1}} \tag{4-84}$$

它的网络结构如图 4-26a 所示。

对于二阶 IIR 数字滤波器，其系统函数的一般形式为

$$H_{2i}(z)=\frac{b_0+b_1z^{-1}+b_2z^{-2}}{1+a_1z^{-1}+a_2z^{-2}} \tag{4-85}$$

它的网络结构如图 4-26b 所示。

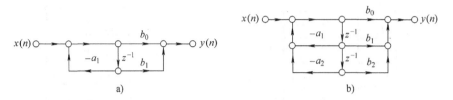

图 4-26 一阶和二阶 IIR 数字滤波器结构
a) 一阶 b) 二阶

级联型的优点在于每一个一阶（或二阶）网络的系数只关系到某一个极点和一个零点（或一对极点和一对零点），这有利于准确地调节需要控制的零、极点。另一方面，在这种结构中，零、极点的不同搭配，可以配对成不同的一阶（或二阶）网络。

例 4-14 求系统函数为

$$H(z)=\frac{1+z^{-1}+z^{-2}}{(1-0.2z^{-1}-0.4z^{-2})(1-0.3z^{-1})(1+0.5z^{-1}+0.6z^{-2})}$$

的系统结构图。

解 通过分解，可得

$$H(z)=H_1(z)H_{21}(z)H_{22}(z)$$

其中

$$H_1(z)=\frac{1}{1-0.3z^{-1}}$$

$$H_{21}(z)=\frac{1+z^{-1}+z^{-2}}{1-0.2z^{-1}-0.4z^{-2}}$$

$$H_{22}(z)=\frac{1}{1+0.5z^{-1}+0.6z^{-2}}$$

因此，可求出 $H(z)$ 的级联型网络结构如图 4-27 所示。

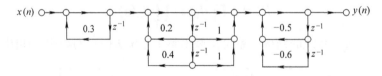

图 4-27 例 4-14 的网络结构图

3. 并联型

将式（4-80）展开成部分分式形式就可以得到并联型 IIR 数字滤波器的网络结构。若式（4-80）中的 a_i 和 b_i 均为实数，将共轭的复数极点合并成实数二阶因子，则有

$$
\begin{aligned}
H(z)&=A+\sum_{i=1}^{N_1}\frac{a_{1i}}{1+b_{1i}z^{-1}}+\sum_{i=1}^{N_2}\frac{a_{2i}+c_{2i}z^{-1}}{1+b_{2i}z^{-1}+d_{2i}z^{-2}}\\
&=A+\sum_{i=1}^{N_1}H_{1i}(z)+\sum_{i=1}^{N_2}H_{2i}(z)
\end{aligned}
\tag{4-86}
$$

式中，$N=N_1+2N_2$；A 为一常数；$H_{1i}(z)$ 对应一阶子系统；$H_{2i}(z)$ 对应二阶子系统。因此，

$H(z)$ 的并联型结构如图 4-28 所示。

并联型结构可以调整极点的位置，但不能调整零点，当需要准确控制零点时，就不能用并联型结构；此外，每一个并联环节的误差并不影响其他环节的误差。

例 4-15 求系统函数为

$$H(z) = \frac{8z^3 - 4z^2 + 11z - 2}{\left(z - \dfrac{1}{4}\right)\left(z^2 - z + \dfrac{1}{2}\right)}$$

的并联型系统结构图。

解 为了实现并联型结构，首先把 $H(z)$ 写成 z^{-1} 的展开式，并应用部分分式展开的方法得

$$H(z) = \frac{8 - 4z^{-1} + 11z^{-2} - 2z^{-3}}{(1 - 0.25z^{-1})(1 - z^{-1} + 0.5z^{-2})} = A + \frac{B}{1 - 0.25z^{-1}} + \frac{C + Dz^{-1}}{1 - z^{-1} + 0.5z^{-2}}$$

可求出 $A = 16$，$B = 8$，$C = -16$，$D = 20$。因此，$H(z)$ 可重写为

$$H(z) = 16 + \frac{8}{1 - 0.25z^{-1}} + \frac{-16 + 20z^{-1}}{1 - z^{-1} + 0.5z^{-2}}$$

并联型 $H(z)$ 的结构如图 4-29 所示。

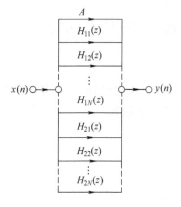

图 4-28 并联型 IIR 数字滤波器结构

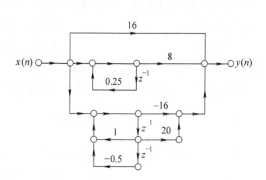

图 4-29 例 4-15 的网络结构图

三、有限冲激响应（FIR）数字滤波器

码 4-10 【视频讲解】
FIR 数字滤波器

由于 IIR 数字滤波器的设计利用了模拟滤波器设计的成果，所以计算工作量小，设计方便简单，并且能得到较好的幅频特性，特别是采用双线性变换法设计 IIR 数字滤波器时不存在频谱混叠现象。但是，IIR 数字滤波器的系统函数是一个具有零点和极点的有理函数，它会存在系统稳定性问题，而且其相频特性在一般情况下都是非线性的。

许多信号处理系统，为了使信号传输时在通带内不产生失真，要求滤波器具有线性相频特性，FIR 数字滤波器则能够很容易获得严格的线性相频特性；其次，由于 FIR 数字滤波器的冲激响应是有限长的，其系统函数是一个多项式，它仅包含了位于原点的极点，因而一定是稳定的；此外，FIR 数字滤波器还可以用 FFT 实现，从而能极大提高滤波器的运算效率。

但是，FIR 数字滤波器的主要缺点在于当它充分逼近锐截止滤波器时，则要求有较长的脉冲响应序列 $h(n)$，也就是 N 值要大，导致运算量大大增加。

设计 FIR 数字滤波器不能利用模拟滤波器的设计技术，它设计的目标是根据要求的频率响应 $H_d(\Omega)$，找出单位脉冲响应 $h(n)$ 为有限长的离散时间系统，使其频率响应 $H(\Omega)$ 尽可能地逼近 $H_d(\Omega)$。

由上面讨论可知，设 FIR 数字滤波器的单位脉冲响应为 $h(n)$，$0 \leq n \leq N-1$，则其 Z 变换为

$$H(z)=\sum_{n=0}^{N-1}h(n)z^{-n} \tag{4-87}$$

式（4-87）是 z^{-1} 的 $N-1$ 阶多项式，它的（$N-1$）个极点都位于 z 平面原点 $z=0$ 处。

根据式（4-87），该滤波器的频率响应为

$$H(\Omega)=H(e^{j\Omega})=H(z)\big|_{z=e^{j\Omega}}=\sum_{n=0}^{N-1}h(n)e^{-j\Omega n} \tag{4-88}$$

一个 FIR 数字滤波器可以具有严格的线性相位特性，但并不是所有的 FIR 数字滤波器都具有线性相位的特性，下面给出 FIR 数字滤波器具有线性相位特性的条件。

（一）FIR 数字滤波器具有线性相位特性的条件

如果 FIR 数字滤波器的单位脉冲响应 $h(n)$ 为实数，而且满足以下任一条件：

1）偶对称 $\qquad\qquad h(n)=h(N-1-n) \tag{4-89}$

2）奇对称 $\qquad\qquad h(n)=-h(N-1-n) \tag{4-90}$

对称中心在 $n=(N-1)/2$ 处，则可以证明该数字滤波器具有线性相位特性，证明过程如下。

长度为 N 的单位脉冲响应信号 $h(n)$ 的频率响应函数重新表示为

$$H(\Omega)=|H(\Omega)|e^{j\varphi(\Omega)}=\sum_{n=0}^{N-1}h(n)e^{-j\Omega n} \tag{4-91}$$

线性相位表示一个系统的相频特性与频率成正比，即

$$\varphi(\Omega)=-\tau\Omega \qquad 或 \qquad \varphi(\Omega)=\beta-\tau\Omega \tag{4-92}$$

式中，β 和 τ 均为实常数。令式（4-92）的实部、虚部分别相等，则有

$$|H(\Omega)|\cos(\beta-\tau\Omega)=\sum_{n=0}^{N-1}h(n)\cos(n\Omega) \tag{4-93}$$

和

$$|H(\Omega)|\sin(\beta-\tau\Omega)=-\sum_{n=0}^{N-1}h(n)\sin(n\Omega) \tag{4-94}$$

将式（4-93）和式（4-94）交叉相乘，并消去相同因子 $|H(\Omega)|$，得

$$\sum_{n=0}^{N-1}h(n)\cos(n\Omega)\sin(\beta-\tau\Omega)=-\sum_{n=0}^{N-1}h(n)\sin(n\Omega)\cos(\beta-\tau\Omega) \tag{4-95}$$

即

$$\sum_{n=0}^{N-1}h(n)\sin[\beta-(\tau-n)\Omega]=0 \tag{4-96}$$

有两种情况可使有限长序列 $h(n)$ 与 $\sin[\beta-(\tau-n)\Omega]$ 相乘后的 N 项和为 0，并由此得

到 FIR 数字滤波器具有线性相位特性的条件：

1）$h(n)=h(N-1-n)$，$\tau=(N-1)/2$，$\beta=0$ (4-97)

2）$h(n)=-h(N-1-n)$，$\tau=(N-1)/2$，$\beta=\pm\pi/2$ (4-98)

条件 1）是滤波器单位脉冲响应 $h(n)$ 的偶对称条件，对称中心是 $n=(N-1)/2$，此时时间延迟 τ 等于 $h(n)$ 长度的一半，即 $\tau=(N-1)/2$ 个取样周期，此类 FIR 数字滤波器通常称为第一类线性相位滤波器。

条件 2）是滤波器单位脉冲响应 $h(n)$ 的奇对称条件，对称中心仍是 $n=(N-1)/2$，时间延迟 τ 也仍然为 $\tau=(N-1)/2$ 个取样周期，但它存在 $\beta=\pm\pi/2$ 的初始相位，此类 FIR 数字滤波器通常称为第二类线性相位滤波器。

FIR 数字滤波器的系统函数是 z^{-1} 的多项式，与模拟滤波器的系统函数之间没有对应关系，只能采取直接设计方法，即根据技术指标直接求出物理上可实现的系统函数。

FIR 数字滤波器的设计方法很多，如窗函数法、模块法、频率抽样法和等波纹逼近法等，这里仅讨论最常用的具有线性相频特性的窗函数法。

（二）窗函数法设计线性相位型 FIR 数字滤波器

FIR 数字滤波器的窗函数法，又称为傅里叶级数法，其给定的技术指标一般为频域指标。如果设计要求是滤波器的频率响应 $H_{\rm d}(\Omega)$，根据 DTFT，频率响应 $H_{\rm d}(\Omega)$ 与对应的单位脉冲响应 $h_{\rm d}(n)$ 有如下关系式：

$$h_{\rm d}(n)=\frac{1}{2\pi}\int_{-\pi}^{\pi}H_{\rm d}(\Omega)\,{\rm e}^{{\rm j}\Omega n}{\rm d}\Omega \tag{4-99}$$

$$H_{\rm d}(\Omega)=\sum_{n=-\infty}^{\infty}h_{\rm d}(n)\,{\rm e}^{-{\rm j}\Omega n} \tag{4-100}$$

窗函数法是用宽度为 N 的时域窗函数 $w(n)$ 乘以单位脉冲响应 $h_{\rm d}(n)$，对无限长的单位脉冲响应序列 $h_{\rm d}(n)$ 进行截断，构成 FIR 数字滤波器的单位脉冲响应序列 $h(n)$，即

$$h(n)=h_{\rm d}(n)w(n) \tag{4-101}$$

可得 FIR 数字滤波器的频率响应为

$$H(\Omega)=\sum_{n=0}^{N-1}h(n)\,{\rm e}^{-{\rm j}\Omega n}=\sum_{n=0}^{N-1}h_{\rm d}(n)\,{\rm e}^{-{\rm j}\Omega n} \tag{4-102}$$

由式（4-102）可知，实际设计滤波器的频率响应 $H(\Omega)$ 与技术指标所要求的频率响应 $H_{\rm d}(\Omega)$ 是有差别的，前者只是后者的逼近。

由于窗函数法是由窗函数 $w(n)$ 截取无限长序列 $h_{\rm d}(n)$ 得到有限长序列 $h(n)$，并用 $h(n)$ 近似 $h_{\rm d}(n)$，因此，窗函数的形状和长度对系统的性能指标影响很大。常用的窗函数有矩形窗函数、三角窗函数、汉宁窗函数、汉明窗函数、布莱克曼窗函数和凯瑟窗函数等。表 4-4 给出了几种常用的窗函数表达式。

表 4-4 常用的窗函数表达式

窗函数名称	时域表达式 $w(n)$，$0\leqslant n\leqslant N-1$
矩形窗	$r_N(n)$
汉宁（Hanning）窗	$\dfrac{1}{2}\left(1-\cos\dfrac{2\pi n}{N-1}\right)$

（续）

窗函数名称	时域表达式 $w(n)$, $0 \leqslant n \leqslant N-1$
汉明（Harmming）窗	$0.54-0.46\cos\left(\dfrac{2\pi n}{N-1}\right)$
布莱克曼（Blackman）窗	$0.42-0.5\cos\dfrac{2\pi n}{N-1}+0.08\cos\dfrac{4\pi n}{N-1}$
三角（Bartlett）窗	$1-\dfrac{2\left(n-\dfrac{N-1}{2}\right)}{N-1}$
凯瑟（Kaiser）窗	$\dfrac{I_0\left[a\sqrt{\left(\dfrac{N-1}{2}\right)^2-\left(n-\dfrac{N-1}{2}\right)^2}\right]}{I_0\left[a\left(\dfrac{N-1}{2}\right)\right]}$

表中的凯瑟窗是利用贝塞尔函数逼近一个理想的窗。其中，a 为独立参数；I_0 为第一类零阶变型贝塞尔函数，利用下列公式可以根据 k 的取值达到任意需要的精度。

$$I_0(x)=1+\sum_{k=1}^{\infty}\left[\frac{1}{k!}\left(\frac{x}{2}\right)^k\right]^2$$

表 4-5 列出了 5 种窗函数特性及加权后相应滤波器达到的指标，可供设计者参考。

表 4-5　5 种窗函数特性比较

窗函数	主瓣宽度（$2\pi/N$）	最大旁瓣电平/dB	加权后相应滤波器指标	
			过渡带宽度（$2\pi/N$）	最小阻带衰减/dB
矩形窗	2	-13	0.9	-21
汉宁窗	4	-32	3.1	-44
汉明窗	4	-43	3.3	-53
布莱克曼窗	6	-58	5.5	-74
三角窗	4	-27	2.1	-25

采用窗函数法设计线性相位型 FIR 数字滤波器的一般步骤如下：

1）根据需要确定理想滤波器的特性 $H_d(\Omega)$。

2）根据 DTFT，由 $H_d(\Omega)$ 求出 $h_d(n)$。

3）选择合适的窗函数，并根据线性相位的条件确定长度 N。

4）由 $h(n)=h_d(n)w(n)$，$0 \leqslant n \leqslant N-1$，求出单位冲激响应 $h(n)$。

5）对 $h(n)$ 进行 Z 变换，得到线性相位型 FIR 数字滤波器的系统函数 $H(z)$。

例 4-16　设计一个线性相位型 FIR 数字低通滤波器，该滤波器的截止频率为 Ω_c，频率响应为

$$H_d(\Omega)=\begin{cases}e^{-j\alpha\Omega} & |\Omega|\leqslant\Omega_c \\ 0 & \Omega_c<|\Omega|\leqslant\pi\end{cases}$$

解　这实际上是一个理想低通滤波器，由 $H_d(\Omega)$ 得该滤波器的单位脉冲响应为

$$h_d(n)=\frac{1}{2\pi}\int_{-\pi}^{\pi}H_d(\Omega)e^{j\Omega n}d\Omega=\frac{1}{2\pi}\int_{-\Omega_c}^{\Omega_c}e^{-j\alpha\Omega}e^{j\Omega n}d\Omega=\frac{\sin[\Omega_c(n-\alpha)]}{\pi(n-\alpha)}$$

可见，$h_{\mathrm{d}}(n)$ 是一个以 α 为中心偶对称的无限长序列，如图 4-30a 所示。

设选择的窗函数 $w(n)$ 为矩形窗，即

$$w(n)=\begin{cases}1 & 0\leqslant n\leqslant N-1\\0 & 其他\end{cases}$$

用窗函数 $w(n)$ 截取 $h_{\mathrm{d}}(n)$ 在 $n=0$ 至 $n=N-1$ 的一段作为 $h(n)$，即

$$h(n)=h_{\mathrm{d}}(n)w(n)=\begin{cases}h_{\mathrm{d}}(n) & 0\leqslant n\leqslant N-1\\0 & 其他\end{cases}$$

在截取时，必须保证满足线性相位的约束条件，即保证 $h(n)$ 以 $(N-1)/2$ 偶对称，则必须要求 $\alpha=(N-1)/2$。这样得到的 $h(n)$ 才可以作为所设计的滤波器的单位脉冲响应。截取过程如图 4-30b、c 所示。由于 $h(n)$ 是经过窗函数将 $h_{\mathrm{d}}(n)$ 截断而得，$h(n)$ 是 $h_{\mathrm{d}}(n)$ 的近似。

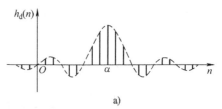

a)

b)

通过对 $h(n)$ 做 Z 变换即可得到线性相位型 FIR 数字滤波器的系统函数 $H(z)$，即

$$H(z)=\sum_{n=0}^{N-1}h(n)z^{-n}$$

在采用窗函数法进行 FIR 数字低通滤波器设计时，有几个问题值得注意：

1）滤波器单位冲激响应序列长度 N 的选取 从数学角度看式 (4-100)，可理解为周期函数 $H_{\mathrm{d}}(\Omega)$ 的傅里叶级数表达式，而 $h_{\mathrm{d}}(n)$ 就是所取傅里叶系数。将 $h_{\mathrm{d}}(n)$ 截断为 $h(n)$，就相当于用有限项级数近似代替无穷项级数。所以窗函数法又称为傅里叶级数法。N 越大，$H(\Omega)$ 与 $H_{\mathrm{d}}(\Omega)$ 的差别越小，

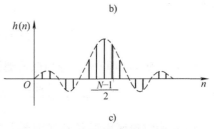

c)

图 4-30 例 4-16 用矩形窗设计线性相位型 FIR 数字低通滤波器

滤波器特性越接近它的原型，但滤波运算和延迟也越大，故 N 的选择既要使 $H(\Omega)$ 满足设计要求，又要尽可能小。

2）窗函数的影响 对于采用矩形窗的窗函数法，若 $H_{\mathrm{d}}(\Omega)$、$H(\Omega)$ 和 $W(\Omega)$ 分别为 $h_{\mathrm{d}}(n)$、$h(n)$ 和 $w(n)$ 的频率响应，由于 $h(n)=h_{\mathrm{d}}(n)w(n)$，所以 FIR 数字滤波器的频率响应 $H(\Omega)$ 应等于 $H_{\mathrm{d}}(\Omega)$ 与 $W(\Omega)$ 的卷积，即

$$H(\Omega)=H_{\mathrm{d}}(\Omega)*W(\Omega) \tag{4-103}$$

三者之间的频率特性如图 4-31 所示。由图 4-31 可见，卷积后的幅频特性 $|H(\Omega)|$ 在截止频率 Ω_{c} 附近有很大的波动，这种现象称为吉布斯效应（Gibbs Effect）。吉布斯效应使过渡带变宽，阻带特性变坏。进一步分析不难发现，若采用其他形式的窗函数，如汉宁窗函数或凯瑟窗函数等，将使 $H(\Omega)$ 的特性有所改善。

例 4-17 用窗函数法设计一个线性相位型 FIR 数字低通滤波器，其技术指标为：

1）$0\leqslant\Omega\leqslant0.3\pi\mathrm{rad}$ 时，通带允许起伏 1dB（$\Omega_{\mathrm{p}}=0.3\pi\mathrm{rad}$）；

2）$0.5\pi\mathrm{rad}\leqslant\Omega\leqslant\pi\mathrm{rad}$ 时，阻带衰减 $\alpha_{\mathrm{s}}\leqslant-50\mathrm{dB}$（$\Omega_{\mathrm{s}}=0.5\pi\mathrm{rad}$）

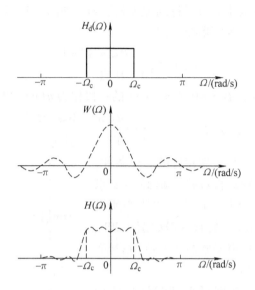

图 4-31 选择矩形窗时 $H_d(\Omega)$、$H(\Omega)$ 和 $W(\Omega)$ 之间的关系

解 用窗函数法设计时，截止频率不易准确控制，近似取理想低通滤波器的截止频率为

$$\Omega_c \approx \frac{1}{2}(\Omega_p + \Omega_s) = 0.4\pi \text{rad}$$

（1）由例 4-14 可知，理想低通滤波器的单位脉冲响应为

$$h_d(n) = \frac{\sin[0.4\pi(n-\alpha)]}{\pi(n-\alpha)}，\text{其中 } \alpha \text{ 为序列中心}$$

（2）确定窗函数形状及滤波器长度 N 由于阻带衰减小于 -50dB，查表 4-5 选择汉明窗。根据表中给出汉明窗的过渡带宽度 $\Omega_s - \Omega_p = 2\pi/N = 3.3$，计算出滤波器长度 N 为

$$N = 3.3 \times \frac{2\pi}{\Omega_s - \Omega_p} = 3.3 \times \frac{2\pi}{0.5\pi - 0.3\pi} = 33$$

$$\alpha = \frac{N-1}{2} = 16$$

（3）所设计滤波器的单位冲激响应为

$$h(n) = h_d(n)w(n) = \frac{\sin[0.4\pi(n-16)]}{\pi(n-16)}\left[0.54 - 0.46\cos\left(\frac{n\pi}{16}\right)\right]$$

其中查表 4-4 得到汉明窗 $w(n) = 0.54 - 0.46\cos\left(\dfrac{2\pi n}{N-1}\right) = 0.54 - 0.46\cos\left(\dfrac{\pi n}{16}\right)$。

（4）由（3）可计算出 FIR 数字低通滤波器单位脉冲响应 $h_d(n)$ 截短后的序列 $h(n)$，$n = 0 \sim 32$。对 $h(n)$ 按下式求 Z 变换即可得到所设计数字滤波器的系统函数 $H(z)$。

$$H(z) = \sum_{n=0}^{N-1} h(n)z^{-n}$$

（5）根据 $H(z)$ 可求出该滤波器的频率特性，如图 4-32 所示。

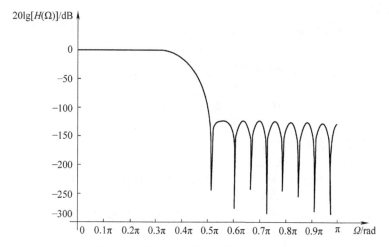

图 4-32 例 4-17 低通滤波器的频率特性

（三）FIR 数字滤波器的网络结构

码 4-11 【视频讲解】
FIR 数字滤波器的
网络结构

与 IIR 数字滤波器一样，FIR 数字滤波器也有多种不同的实现方案，即不同的网络结构，如直接型结构、级联型结构、线性相位型结构。

1. 直接型

直接型又称为横截型或卷积型。直接型结构按式（4-87）中乘法和加法的次序获得，如图 4-33 所示。此结构如同对一条等间隔抽头延迟线的各抽头信号进行加权求和。

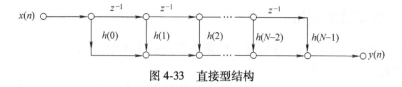

图 4-33 直接型结构

2. 级联型

若 $h(n)$ 均为实数，则 $H(z)$ 可分解为若干个实系数的一阶和二阶因子的乘积形式，即

$$H(z)=A\prod_{i=1}^{N_1}H_{1i}(z)\prod_{i=1}^{N_2}H_{2i}(z)=A\prod_{i=1}^{N_1}(1+\alpha_i z^{-1})\prod_{i=1}^{N_2}(1+\beta_{1i}z^{-1}+\beta_{2i}z^{-2}) \tag{4-104}$$

式中，$N=N_1+2N_2$；A 为常数；α_i 为一阶因子的系数，对应决定一阶因子的零点；β_{1i} 和 β_{2i} 为二阶因子的系数，对应决定一对共轭复数的零点。级联型结构如图 4-34 所示。

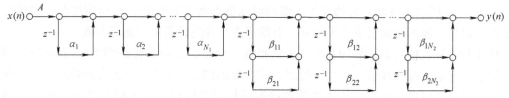

图 4-34 级联型结构

325

3. 线性相位型

上面已讨论，线性相位型 FIR 数字滤波器的脉冲响应 $h(n)$ 具有对称性，满足以下条件：

$$h(n) = \pm h(N-1-n) \tag{4-105}$$

当 N 为偶数时，滤波器的系统函数可表示为

$$H(z) = \sum_{n=0}^{\frac{N}{2}-1} h(n) \left[z^{-n} \pm z^{-(N-1-n)} \right] \tag{4-106}$$

当 N 为奇数时，系统函数可表示为

$$H(z) = \sum_{n=0}^{\frac{N-1}{2}-1} h(n) \left[z^{-n} \pm z^{-(N-1-n)} \right] + h\left(\frac{N-1}{2} \right) z^{-\frac{N-1}{2}} \tag{4-107}$$

根据式（4-106）和式（4-107），线性相位型结构如图 4-35 所示。

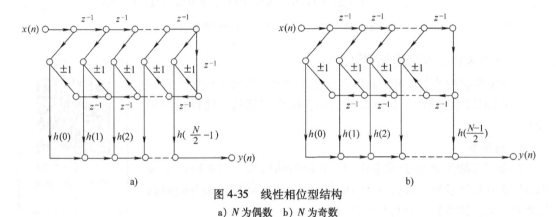

图 4-35　线性相位型结构
a) N 为偶数　b) N 为奇数

四、数字滤波器的应用

数字滤波器在电气工程、语音处理、视频图像、医学生物等领域都得到了广泛的应用。下面介绍几个典型应用实例。

例 4-18　变电站远程视频监控系统虽然可以代替操作人员的现场核对工作，但还需要运行操作人员根据监控视频判断隔离开关、断路器等电力设备的工作状态。如果获得的图像噪声太大，会严重影响判断结果，可以采用 FIR 数字低通滤波器对噪声图像进行滤波降噪处理。

这里的 FIR 数字低通滤波器参数为：窗函数采用汉明窗，长度 $N = 15$，采样频率为 6000Hz，模拟截止频率为 900Hz，则归一化数字截止频率可选取为：0.5×模拟截止频率/采样频率=0.3。图 4-36 为变电站开关图像经 FIR 数字低通滤波器处理的结果。

如图 4-36 所示，滤波之后的开关图像与混入噪声的图像相比，虽然图像整体清晰度有所下降，但是，噪声影响已被大大削减，有助于提升开关设备的状态识别效果。

例 4-19　语音信号的预处理是数字传输和语音存储、自动语音识别等应用的基础。FIR 数字滤波器很适合对语音信号进行预处理，其主要原因在于：1）在语音处理应用中，保持精确时间排列很重要，而 FIR 数字滤波器固有的精确线性相位特性满足这一要求；2）FIR 数字滤波器的精确线性相位特性使滤波器设计的近似问题得到简化，可不用考虑时延（相

位）失真，所要考虑的仅是对所需幅度响应的近似。图 4-37 为一段从某流行歌曲中截取出的 0.9s 声音片段的波形图。该语音信号在传输前，先经过一个 FIR 数字低通滤波器进行处理。滤波器参数为：长度 $M+1=99$；关于中点对称，具有线性相位响应；窗函数为汉宁窗。

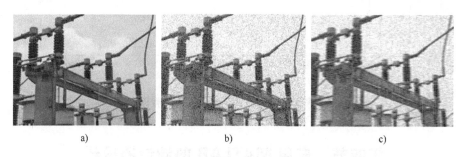

图 4-36 变电站开关图像的 FIR 数字滤波器处理结果
a）原图 b）混入高斯噪声图像 c）滤波后图像

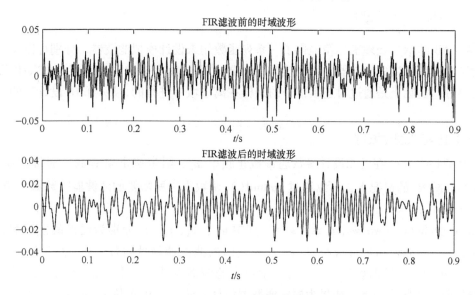

图 4-37 一段语音信号经 FIR 滤波前后的时域波形图

图 4-38 为语音信号经过滤波前后的频谱，两种情况下都采用 FFT 完成计算。对比滤波前后的声音信号频谱图可以看出：FIR 数字低通滤波器产生的尖锐截止频率在 1000Hz 左右；未经滤波的信号是杂乱的，有大量高频噪声；经过滤波后的语音更加柔和、平滑和自然。

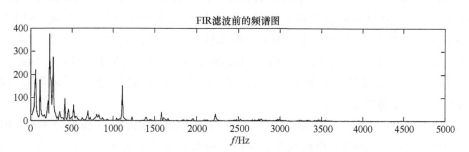

图 4-38 一段语音信号经 FIR 滤波前后的频谱图

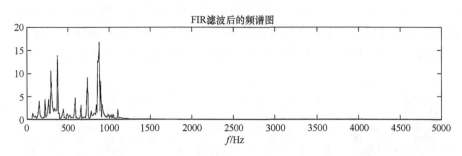

FIR滤波后的频谱图

图 4-38 一段语音信号经 FIR 滤波前后的频谱图（续）

第四节 应用 MATLAB 的滤波器设计

一、模拟滤波器设计

MATLAB 的信号处理工具箱提供了一系列函数用来设计模拟滤波器，分别可以设计巴特沃思滤波器、切比雪夫滤波器，以及实现滤波器之间的频率变换。在应用 MATLAB 设计模拟滤波器时，实际上是通过对连续信号的采样在离散域中进行的，MATLAB 设计时的采样频率为 F_s。

（一）巴特沃思滤波器

在 MATLAB 中，在已知设计参数通带截止频率 ω_p、阻带截止频率 ω_s、通带波动 R_p 和阻带最小衰减 R_s 的情况下，可以通过 buttord( ) 函数求出所需的滤波器阶数和 $-3dB$ 截止频率，buttord( ) 函数的常用方式为：

[n,wn]=buttord(wp,ws,rp,rs,'s') 其中 w_p、w_s、r_p、r_s 分别为通带截止频率、阻带截止频率、通带波动和阻带最小衰减，n 为返回的滤波器最低阶数，w_n 为 $-3dB$ 的截止频率，'s' 表示模拟滤波器设计，省略时表示数字滤波器设计。如果为数字滤波器设计，w_p、w_s 需要用归一化频率表示；如果为模拟滤波器设计，w_p、w_s 的单位为 rad/s。

根据巴特沃思滤波器的阶数 n 以及 $-3dB$ 截止频率 w_n，可以通过 butter( ) 函数设计低通、高通、带通和带阻滤波器。butter( ) 函数的常用方式为：

[b,a]=butter(n,wn,'type','s') 设计一个巴特沃思低通滤波器，其中 n 为滤波器的阶数，w_n 为通带截止频率，'s'表示模拟滤波器设计，省略时为数字滤波器设计。如果为数字滤波器设计，w_n 为归一化通带截止频率，取值范围为 $0.0<w_n<1.0$，当 w_n 取值 1.0 时，表示截止频率为采样频率 F_s 的一半；如果为模拟滤波器设计，w_n 则为实际截止频率，单位为 rad/s。'type'表示滤波器的类型，'high'为高通滤波器，'low'为低通滤波器，'stop'为带阻滤波器，省略时为低通滤波器。返回一个滤波器 H 的分式表达式，其分子多项式系数向量为 b，分母多项式系数向量为 a。

例 4-20 设计一个三阶、截止频率为 300Hz 的巴特沃思低通滤波器，设采样频率 $F_s=1000Hz$。

解 采样频率为 1000Hz，则根据香农定理，最大截止频率为 $F_a=F_s/2=500Hz$，现要求截止频率为 300Hz，其 MATLAB 参考运行程序如下：

```
close all;clear;clc;                %初始化运行环境
Wn=300;                             %设置通带截止频率
[b,a]=butter(3,Wn,'low','s')        %设计巴特沃思低通模拟滤波器,返回滤波器的
                                    %分子分母系数项
[H,F]=freqs(b,a);                   %进行模拟滤波器频谱分析
plot(F,20 * log10(abs(H)));         %绘制幅频曲线
xlabel('频率/Hz');                  %设置 x 轴显示文本
ylabel('幅值/dB');                  %设置 y 轴显示文本
title('低通滤波器');                %设置标题
axis([0 800 -30 5]);                %设置坐标范围
grid on;                            %显示网格
Hs=tf(b,a)                          %计算模拟滤波器系统函数 H(s)
```

程序运行结果如图 4-39 所示,图 4-39a 为设计的模拟滤波器传递函数 $H(s)$,图 4-39b 为滤波器的幅频特性曲线。

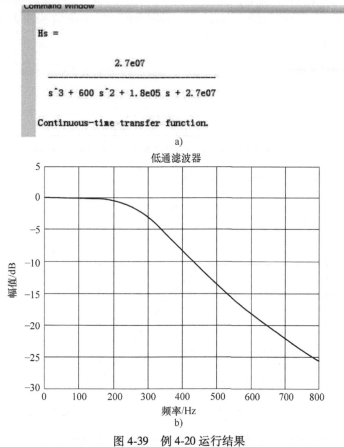

图 4-39 例 4-20 运行结果

a) 模拟滤波器传递函数 $H(s)$　b) 滤波器幅频特性曲线

例 4-21 设计一个低通模拟滤波器,其中通带截止频率 ω_p 为 300rad/s,阻带截止频率 ω_s 为 500rad/s,通带内波动为 3dB,阻带内最小衰减为 20dB。

解 根据题意，其 MATLAB 参考运行程序如下：

```
close all;clear;clc;                    %初始化 MATLAB 运行环境
Wp=300;                                 %设置通带截止频率
Ws=500;                                 %设置阻带截止频率
Rp=3;                                   %设置通带内波动
Rs=20;                                  %设置阻带内最小衰减
[n,Wn]=buttord(Wp,Ws,Rp,Rs,'s');        %计算滤波器的最低阶数和截止频率
[b,a]=butter(n,Wn,'low','s');           %设计低通模拟滤波器
[H,W]=freqs(b,a,1000);                  %求取滤波器频率特性
plot(W,20*log10(abs(H)));               %绘制幅频特性曲线
xlabel('模拟频率/(rad/s)');             %设置 x 轴显示文本
ylabel('幅值/dB');                      %设置 y 轴显示文本
title('低通滤波器');                    %设置标题
axis([0 600-30  8]);                    %设置坐标轴范围
grid on;                                %显示网格
Hs=tf(b,a)                              %求模拟滤波器系统函数 H(s)
```

运行结果如图 4-40 所示。

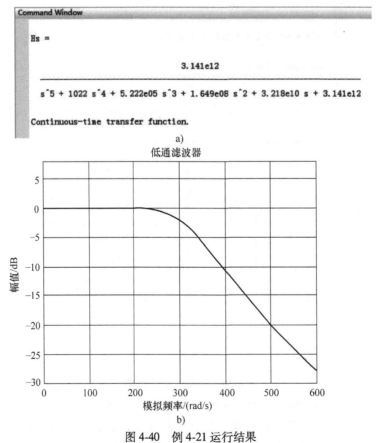

图 4-40　例 4-21 运行结果

a）模拟滤波器传递函数 $H(s)$　　b）滤波器幅频特性曲线

（二）切比雪夫滤波器

在 MATLAB 中，可以通过 cheb1ap( )、cheb1ord( )、cheby1( ) 等函数来分别设计切比雪夫滤波器，它们的常用方法分别为：

[z,p,k]=cheb1ap(n,Rp)　　该函数用来设计 n 阶带通纹波为 R_p 的归一化切比雪夫 I 型模拟原型滤波器，返回零点向量 z、极点向量 p 和增益值 k。切比雪夫 I 型模拟滤波器将通带截止频率 ω_0 归一化为 1.0。

[b,a]=cheby1(N,R,Wp,'s')　　实现 N 阶切比雪夫 I 型滤波器系统函数的分子和分母多项式系数向量 b 和 a 计算，向量长度为 N+1。其中 R 为通带纹波，'s' 表示设计模拟滤波器，省略时表示设计数字滤波器，W_p 为通带截止频率。在数字滤波器下归一化频率 W_p 取值 $0.0<W_p<1.0$，如果 W_p 取值 1.0，表示截止频率为采样频率的一半；在模拟滤波器下 W_p 为实际截止频率，信号单位为 rad/s。如果初期设计对 R 选择不能确定，建议从 0.5 开始选择。

例 4-22　设计一个八阶归一化切比雪夫低通模拟滤波器，要求通带纹波为 4dB，并画出该滤波器的频率特性曲线。

解　根据题意，选择 cheb1ap( ) 函数实现滤波器的设计，其 MATLAB 参考程序如下：

```
close all;clear;clc;                    %运行环境初始化
[z,p,k]=cheb1ap(8,4);                   %进行截止频率为 1.0 的归一化滤波器设计
[num,den]=zp2tf(z,p,k);                 %将 z、p、k 系数向量转化为分子分母系数向量
[H,W]=freqs(num,den);                   %求取滤波器的频率特性
subplot(2,1,1);                         %选择作图区域 1
plot(W,20*log10(abs(H)));               %绘制幅频特性曲线
xlabel('模拟频率/(rad/s)');             %设置 x 轴显示文本
ylabel('幅值/dB');                      %设置 y 轴显示文本
title('低通滤波器');                    %设置标题
axis([0 10-250  10]);                   %设置坐标范围
grid on;                                %显示网格
subplot(2,1,2);                         %选择作图区域 2
plot(W,20*log10(abs(H)));               %绘制幅频特性曲线(通带放大部分)
xlabel('模拟频率/(rad/s)');             %设置 x 轴显示文本
ylabel('幅值/dB');                      %设置 y 轴显示文本
title('低通滤波器通带放大');            %设置标题
axis([0 3-10 10]);                      %设置坐标轴范围
grid on;                                %显示网格
Hs=tf(num,den)                          %计算模拟滤波器系统函数 H(s)
```

运行结果如图 4-41 所示。

例 4-23　设计一个三阶切比雪夫带通模拟滤波器，要求通带频率在 [100rad/s,300rad/s] 之间，并且在通带的纹波为 3dB。

解　MATLAB 参考运行程序如下：

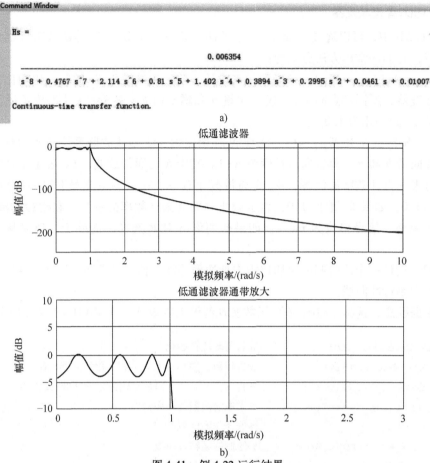

图 4-41　例 4-22 运行结果

a）滤波器系统函数 $H(s)$　b）滤波器幅频特性

```
close all;clear;clc;                    %运行环境初始化
[b,a]=cheby1(3,3,[100,300],'s');        %进行带通模拟滤波器设计
[H,W]=freqs(b,a);                       %求取滤波器的频率特性
subplot(3,1,1);                         %选择作图区域1
plot(W,20*log10(abs(H)));               %绘制幅频特性曲线
xlabel('模拟频率/(rad/s)');             %设置 x 轴显示文本
ylabel('幅值/dB');                      %设置 y 轴显示文本
title('带通模拟滤波器');                %设置标题
axis([0 500-100  10]);                  %设置坐标范围
grid on;                                %显示网格
subplot(3,1,2);                         %选择作图区域2
plot(W,20*log10(abs(H)));               %绘制幅频特性曲线(通带放大部分)
xlabel('模拟频率/(rad/s)');             %设置 x 轴显示文本
ylabel('幅值/dB');                      %设置 y 轴显示文本
title('低通滤波器通带放大');            %设置标题
```

```
axis([90 310-5 5]);              %设置通道坐标轴范围
grid on;                         %显示网格
subplot(3,1,3);                  %选择作图区域3
pha=angle(H)*180/pi;             %相位转化为角度
plot(W,pha);                     %绘制相频特性曲线
xlabel('模拟频率/(rad/s)');      %设置x轴文本
ylabel('相位');                  %设置y轴文本
axis([0 500-200  200]);          %设置坐标范围
grid on;                         %显示网格
Hs=tf(b,a)                       %求取模拟滤波器系统函数H(s)
```

运行结果如图 4-42 所示。

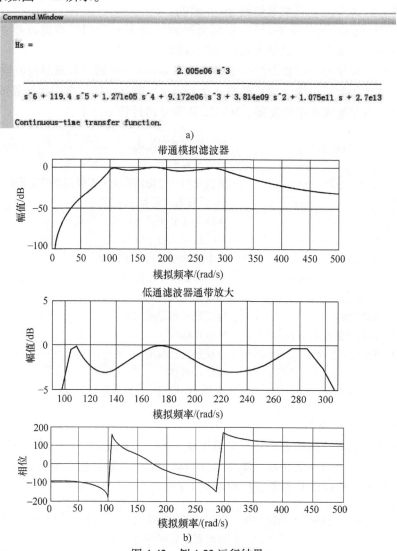

图 4-42 例 4-23 运行结果

a）滤波器系统函数 $H(s)$ b）滤波器幅频特性

（三） 模拟滤波器的频率变换

在 MATLAB 中，标准的滤波器设计程序通常得到的是一个归一化截止频率为 1rad/s 的模拟低通滤波器，在此基础上，经频率变换可以得到所要求的其他类型模拟滤波器（低通、高通、带通、带阻），MATLAB 提供了一系列实现频率变换的函数，它们的常用方法分别为：

[b,a]=lp2lp(bap,aap,wn) 实现低通滤波器 X 到低通模拟滤波器 Y 的变换，其中 b_{ap}，a_{ap} 为归一化低通模拟滤波器 X 的分子、分母系数向量，b、a 为低通模拟滤波器 Y 的分子、分母系数向量，w_n 为截止频率，单位为 rad/s。

[b,a]=lp2hp(bap,aap,wn) 实现低通滤波器 X 到高通模拟滤波器 Y 的变换，参数定义同 lp2lp 函数。

[b,a]=lp2bp(bap,aap,wo,bw) 实现低通滤波器 X 到带通模拟滤波器 Y 的变换，w_o 为通带中心频率，b_w 为带宽，其他参数同 lp2lp 函数。

[b,a]=lp2bs(bap,aap,wo,bw)) 实现低通滤波器 X 到带阻模拟滤波器 Y 的变换，w_o 为阻带中心频率，b_w 为带宽，其他参数同 lp2lp 函数。

例 4-24 应用频率变换函数设计一个截止频率 $\omega=4\text{rad/s}$ 的三阶高通滤波器。

解 首先设计一个归一化（截止频率 $\omega_c=1\text{rad/s}$）的三阶切比雪夫滤波器或巴特沃思低通滤波器，然后再变换成高通滤波器。MATLAB 参考运行程序如下：

```
close all;clear;clc;              %运行环境初始化
w0=4;                             %截止频率
[z,p,k]=cheb1ap(3,3);             %设计归一化切比雪夫Ⅰ型模拟原型滤波器
                                  %（设带通纹波为 3dB）
[b,a]=zp2tf(z,p,k);               %转换为多项式系数向量形式
[b,a]=lp2hp(b,a,w0);              %变换为高通滤波器
[H,W]=freqs(b,a);                 %求取滤波器的频率特性
plot(W,20*log10(abs(H)));         %绘制幅频特性曲线
xlabel('模拟频率/(rad/s)');        %设置 x 轴显示文本
ylabel('幅值/dB');                %设置 y 轴显示文本
title('高通模拟滤波器');           %设置标题
axis([0 10-100  10]);             %设置坐标范围
grid on;                          %显示网格
Hs=tf(b,a)                        %求取模拟滤波器系统函数H(s)
```

运行结果如图 4-43 所示。

例 4-25 应用频率变换函数设计一个阻带从 $\omega=4\text{rad/s}$ 到 $\omega=6\text{rad/s}$ 的三阶带阻滤波器。

解 首先设计一个归一化（截止频率 $\omega_c=1\text{rad/s}$）的三阶切比雪夫低通滤波器，然后再变换成带阻滤波器。MATLAB 参考运行程序如下：

```
close all;clear;clc;              %运行环境初始化
w0=5;                             %设置中心频率为 5
wb=2;                             %阻带频宽为 2
```

```
[z,p,k]=cheb1ap(3,3);          %设计归一化切比雪夫I型模拟原型滤波器,并设通带纹波为 3dB
[b,a]=zp2tf(z,p,k);            %转换为多项式系数向量形式
[b,a]=lp2bs(b,a,w0,wb);        %变换为带阻滤波器
[H,W]=freqs(b,a);              %求取滤波器频率特性
plot(W,20*log10(abs(H)));      %绘制幅频特性曲线
xlabel('模拟频率/(rad/s)');     %设置 x 轴显示文本
ylabel('幅值/dB');             %设置 y 轴显示文本
title('带阻模拟滤波器');         %设置标题
axis([0 10-100  10]);          %设置坐标范围
grid on;                       %显示网格
Hs=tf(b,a)                     %求取模拟滤波器系统函数H(s)
```

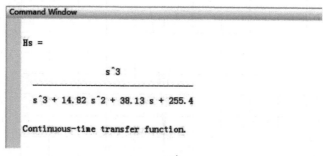

a)

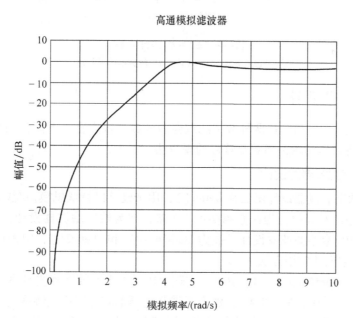

b)

图 4-43　例 4-24 运行结果

a）滤波器系统函数 $H(s)$　　b）滤波器幅频特性

运行结果如图 4-44 所示。

335

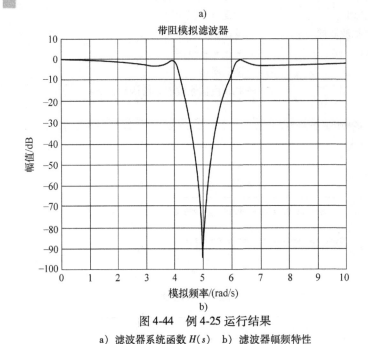

图 4-44　例 4-25 运行结果

a）滤波器系统函数 $H(s)$　b）滤波器幅频特性

二、数字滤波器设计

MATLAB 中设计 IIR 和 FIR 两种数字滤波器的函数也很丰富，下面分别介绍 IIR 数字滤波器和 FIR 数字滤波器的相关函数及软件的现方法。

（一）IIR 数字滤波器的设计

常用的 IIR 数字滤波器设计函数为 butter()，用来设计巴特沃思模拟/数字滤波器，该函数在模拟滤波器中已经介绍，当函数参数 's' 省略，即为数字滤波器设计，不再仔细叙述。另外两个常用的 IIR 数字滤波器设计函数为 cheb1ord() 和 cheby2()，用来设计切比雪夫模拟/数字滤波器，它们的常用方法为：

[N,Wp]=cheb1ord(Wp,Ws,Rp,Rs)　实现切比雪夫 Ⅰ 型数字滤波器的阶数 N 和通带截止频率 W_p 的计算，其中，W_p 和 W_s 分别为通带截止频率和阻带截止频率的归一化值，取值 $0<W_p$，$W_s<1$，R_p 和 R_s 分别为通带最大衰减和阻带最小衰减。当 $W_s<W_p$ 时，为高通滤波器。

[b,a]=cheby2(n,Rs,wn,'ftype','s')　设计一个切比雪夫 Ⅱ 型数字滤波器，n 为滤波器阶数，R_s 表示阻带最小衰减，$w_n=[\ w_1\ w_2\ ]$ 时为带通频率，否则为阻带截止频率，ftype 表示设计的滤波器类型，省略时为低通滤波器，high 为高通滤波器，stop 为带阻滤波器，返回的是在 z 域表示的分子、分母多项式系数向量 b 和 a。's' 表示设计模拟滤波器，省略时表示设计数字滤波器。

例 4-26　设计一个七阶巴特沃思数字高通滤波器，阻带截止频率为 250Hz。设采样频率 F_s 为 1000Hz。

解　根据题意，采样频率为 1000Hz，根据 Nyquist 采样定理，最高截止频率为 500Hz，其 MATLAB 运行参考程序如下：

```
close all;clear;clc;                      %运行环境初始化
[b,a]=butter(7,250/500,'high');          %进行数字高通滤波器归一化设计
[H,F]=freqz(b,a,512,1000);               %求得滤波器的频率特性
plot(F,20 * log10(abs(H)));              %绘制幅频特性曲线
xlabel('频率/(rad/s)');                   %设置 x 轴显示文本
ylabel('幅值/dB');                        %设置 y 轴显示文本
title('数字高通滤波器');                    %设置标题
grid on;                                  %显示网格
Hz=tf(b,a,1/1000,'Variable','z^-1')      %求取数字滤波器系统函数 H(z)
```

运行结果如图 4-45 所示，所设计的滤波器符合阻带截止频率为 250Hz。

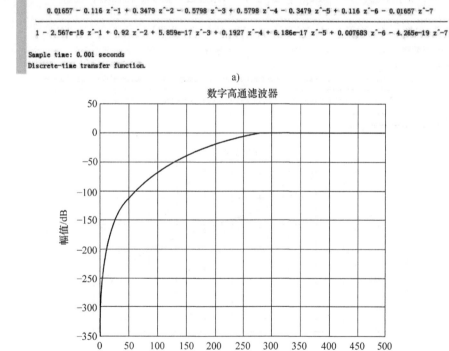

图 4-45　例 4-26 运行结果

a）滤波器系统函数 $H(z)$　b）滤波器幅频特性

例 4-27　对一个以 1000Hz 采样的数据序列，设计一个低通滤波器，要求通带纹波不大于 4dB，通带截止频率为 100Hz，在阻带 200Hz 到奈奎斯特频率 500Hz 之间的最小衰减为 60dB。

解 根据题意，可选择 cheb1ord（）函数实现滤波器的设计，由于各频率应取归一化值，所以，W_p 取值 100/500，W_s 取值 200/500，R_p 取值 4，R_s 取值 60。其 MATLAB 参考运行程序如下：

```
close all;clear;clc;                      %运行环境初始化
Wp=100/500;                               %通带截止频率
Ws=200/500;                               %阻带截止频率
Rp=4;                                     %通带纹波
Rs=60;                                    %阻带衰减
[n,Wp]=cheb1ord(Wp,Ws,Rp,Rs)             %实现切比雪夫滤波器的设计，得到滤波器的阶数
                                          %和通带截止频率
[b,a]=cheby1(n,Rp,Wp);                    %实现切比雪夫模拟原型滤波器的设计
[H,F]=freqz(b,a,512,1000);               %求取滤波器的频率特性
plot(F,20*log10(abs(H)));                 %绘制幅频特性曲线
xlabel('频率/(rad/s)');                   %设置 x 轴显示文本
ylabel('幅值/dB');                        %设置 y 轴显示文本
title('数字低通滤波器');                   %设置标题
axis([0 500 -400 20]);                    %设置坐标范围
grid on;                                  %显示网格
Hz=tf(b,a,1/1000,'Variable','z^-1')      %求取数字滤波器系统函数 H(z)
```

运行结果如图 4-46 所示。

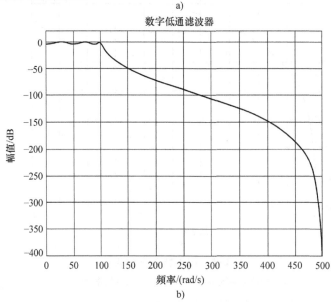

图 4-46　例 4-27 运行结果

a）滤波器系统函数 $H(z)$　b）滤波器幅频特性

例 4-28　设计一个三阶切比雪夫带通滤波器，要求归一化带通频率系数为 0.3～0.5，并且在通带有 3dB 的纹波，设 MATLAB 采样频率 F_s 为 1000Hz。

解　MATLAB 参考运行程序如下：

```
close all;clear;clc;                    %运行环境初始化
[b,a]=cheby1(3,3,[0.3,0.5]);            %进行带通数字滤波器设计
[H,F]=freqz(b,a,512,1000);              %求得滤波器的频率特性
plot(F,20*log10(abs(H)));               %绘制幅频特性曲线
xlabel('频率/(rad/s)');                 %设置 x 轴显示文本
ylabel('幅值/dB');                      %设置 y 轴显示文本
title('带通数字滤波器');                %设置标题
grid on;                                %显示网格
axis([0 500 -200 10]);                  %设定坐标范围
Hz=tf(b,a,1/1000,'Variable','z^-1')     %求取数字滤波器系统函数 H(z)
```

运行结果如图 4-47 所示。

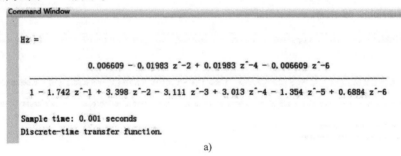

a)

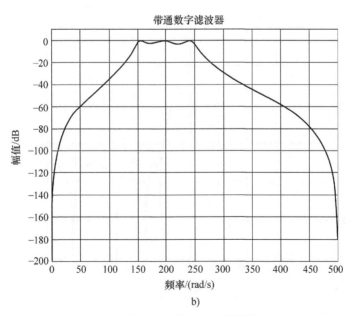

b)

图 4-47　例 4-28 运行结果

a) 滤波器系统函数 $H(z)$　b) 滤波器幅频特性

例 4-29 设计一个八阶切比雪夫 II 型数字低通滤波器，阻带截止频率为 300Hz，$R_s =$ 50dB。设采样频率 F_s 为 1000Hz。

解 根据题意，采样频率为 1000Hz，则最高分析频率为 500Hz。其 MATLAB 参考运行程序如下：

```
close all;clear;clc;                      %运行环境初始化
[b,a]=cheby2(8,50,300/500);               %设计滤波器
[H,F]=freqz(b,a,512,1000);                %求得滤波器的频率特性
plot(F,20*log10(abs(H)));                 %绘制幅频特性曲线
xlabel('频率/(rad/s)');                    %设置 x 轴显示文本
ylabel('幅值/dB');                         %设置 y 轴显示文本
title('低通数字滤波器');                     %设置标题
axis([0 500-100  20]);                    %设置坐标范围
grid on;                                  %显示网格
Hz=tf(b,a,1/1000,'Variable','z^-1')       %求取数字滤波器系统函数 H(z)
```

运行结果如图 4-48 所示。

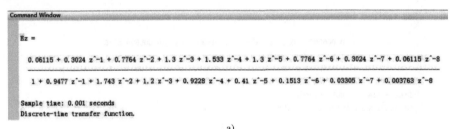

a)

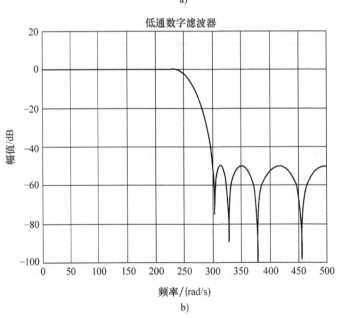

b)

图 4-48 例 4-29 运行结果

a）滤波器系统函数 $H(z)$ b）滤波器幅频特性

（二）FIR 数字滤波器的设计

FIR 数字滤波器的设计方法很多，最常用的是具有线性相频特性的窗函数法。MATLAB 提供了基于窗函数法设计的 fir1( )、fir2( ) 函数。firl( ) 函数实现加窗线性相位型 FIR 数字滤波器的经典设计，可用于标准通带滤波器设计，包括低通、带通、高通和带阻数字滤波器。函数的常用方法如下：

b=fir1(n,Wn)　设计 n 阶 FIR 低通数字滤波器，W_n 为截止频率，滤波器默认采用汉明窗函数（也可注明窗函数）。如果 W_n 是一个包含两个元素的向量 $[W_1 \ W_2]$，则表示设计一个二阶的带通滤波器，其通带为 $W_1 < W < W_2$。函数返回滤波器系数向量 b，即滤波器可表示为 $H(z) = \sum_{i=0}^{M} b_i z^{-i}$。

b=fir1(n,Wn,'high')　设计一个 n 阶高通滤波器，其他参数同上。

b=fir1(n,Wn,'stop')　设计一个 n 阶带阻滤波器。如果 W_n 是一个多元素的向量 $[W_1 \ W_2 \ W_3 \cdots W_n]$，则表示设计一个 n 阶的多带阻滤波器，b=firl(n,Wn,'DC-1') 使第一频带为通带；b=fir1(n,Wn,'DC-0') 使第一频带为阻带。

fir2( ) 函数可以实现加窗的 FIR 滤波器设计，并且可以实现针对任意形状的分段线性频率响应。函数的常用方法如下：

b=fir2(n,f,m)　设计一个归一化的 n 阶 FIR 数字滤波器，其频率特性由 f 和 m 指定，向量 f 表示滤波器各频段频率，取值为 0~1，为 1 时对应于采样频率的一半。向量 m 表示 f 所表示的各频段对应幅值，可以指定所用窗函数，省略情况下默认使用汉明窗。函数返回滤波器系数向量 b。

例 4-30　设计一个 48 阶的 FIR 数字带通滤波器，带通频率为 $0.35 \leqslant w \leqslant 0.65$，设 MATLAB 采样频率为 1000Hz。

解　根据题意，选择 fir1( ) 函数作为 FIR 数字滤波器的设计函数，其 MATLAB 参考运行程序如下：

```
close all;clear;clc;                    %运行环境初始化
b=fir1(48,[0.35 0.65]);                 %设计 FIR 数字滤波器
[H,F]=freqz(b,1,512,1000);              %求得滤波器的频率特性
plot(F,20*log10(abs(H)));               %绘制幅频特性曲线
xlabel('频率/(rad/s)');                  %设置 x 轴显示文本
ylabel('幅值/dB');                       %设置 y 轴显示文本
title('带通数字滤波器');                   %设置标题
axis([0 500 -100  20]);                 %设置坐标范围
grid on;                                %显示网格
Hz=tf(b,1,1/1000,'Variable','z^-1')     %计算数字滤波器 H(z)
```

运行结果如图 4-49 所示。

例 4-31　已知一个原始信号为 $x(t) = 3\sin(2\pi \times 50t) + \sin(2\pi \times 300t)$，采样频率为 $F_s = 1000Hz$，信号被叠加了一个白噪声污染，实际获得的信号为 $x_n(t) = x(t) + randn[size(t)]$，其中 $size(t)$ 为采样时间向量 t 的长度，设计一个 FIR 数字滤波器并恢复出原始信号。

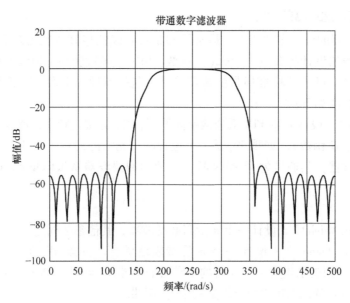

图 4-49 例 4-30 滤波器幅频特性

解 根据题意，应设计一个多通带滤波器。原始信号由 50Hz 和 300Hz 组成，因此，考虑设计滤波器的第一个窗函数在 [48/500 52/500] 频段内幅值为 1，第二个窗函数在 [298/500 302/500] 频段内幅值为 1，而 [0 46/500]、[54/500 296/500]、[304/500 1] 频段内的幅值为 0，得到各频段频率范围为

f = [0 46/500 48/500 52/500 54/500 296/500 298/500 302/500 304/500 1]

对应的幅值为

m = [0 0 1 1 0 0 1 1 0 0]

对原始信号取 5s 长度的序列，由于采样频率 $F_s = 1000$Hz，所以设定采样时间向量为 t=0:1/Fs:5，设滤波器的阶数 n 为 300。

由于是分段窗函数，选择 fir2( ) 函数实现滤波器的设计。对应的 MATLAB 参考程序如下：

```
close all;clear;clc;                              %运行环境初始化
Fs=1000;                                          %采样频率1000Hz
t=0:1/Fs:5;                                        %生成采样时间 t 向量
x=3*sin(2*pi*50*t)+sin(2*pi*300*t);               %生成原始信号 x
xn=x+randn(size(t));                              %生成叠加白噪声的信号 xn
n=300;                                            %FIR 滤波器阶数 n
f=[0 46/500 48/500 52/500 54/500 296/500 298/500 302/500 304/500 1]
                                                  %生成窗函数频段
m=[0 0 1 1 0 0 1 1 0 0];                           %生成各频段窗函数的对应幅值
b=fir2(n,f,m);                                     %设计 FIR 滤波器
figure(1);                                         %打开画图 1
[H,F]=freqz(b,1,512,1000);                        %求得滤波器频率特性,FIR 滤波器分母为 1
```

```
plot(F,20*log10(abs(H)));                    %绘制幅频特性曲线
xlabel('频率/(rad/s)');                       %设置x轴显示文本
ylabel('幅值/dB');                            %设置y轴显示文本
title('数字滤波器');                          %设置标题
grid on;                                      %显示网格
y=filter(b,1,xn);                             %对xn信号进行滤波
figure(2);                                    %打开画图2
subplot(3,1,1);                               %选择作图区域1
plot(t,x);                                    %画出原始信号x
axis([4.2 4.5-5 5]);                          %设定坐标轴范围,时间段为0.2~0.3s
title('原始信号');                            %设置标题
subplot(3,1,2);                               %选择作图区域2
plot(t,xn);                                   %画出包含白噪声的信号xn
axis([4.2 4.5-5 5]);                          %设定坐标轴范围,时间段同上
title('叠加白噪声信号');                      %设置标题
subplot(3,1,3);                               %选择作图区域3
plot(t,y);                                    %画出滤波后的信号y
axis([4.2 4.5-5 5]);                          %设定坐标轴范围,时间段同上
title('滤波器输出信号');                      %设置标题
```

运行结果如图 4-50 所示。从图 4-50a 可看出，设计的滤波器在 50Hz 和 300Hz 附近频段为带通，其他频段为带阻；从 4-50b 可看出，滤波器的效果明显（相位有滞后）。

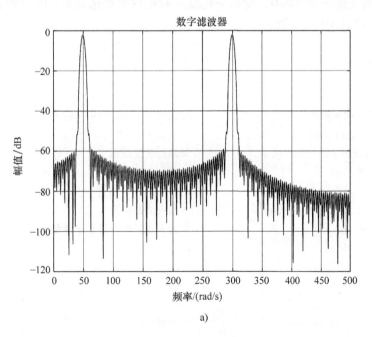

a)

图 4-50 例 4-31 运行结果

a）滤波器的幅频特性

343

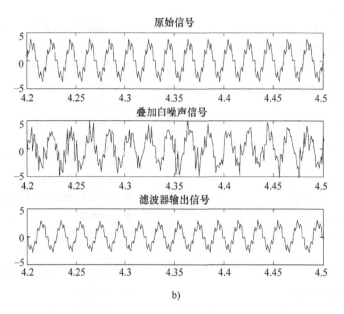

b)

图 4-50 例 4-31 运行结果（续）

b) 各信号波形

例 4-32 设计 MATLAB 实现例 4-18 中 FIR 低通数字滤波器对噪声图像进行滤波降噪处理。

解 这里的 FIR 低通数字滤波器参数为：窗函数采用汉明窗，长度 $N=15$，采样频率为 6000Hz，模拟截止频率为 900Hz，则归一化数字截止频率可选取为：0.5×模拟截止频率/采样频率=0.3。MATLAB 程序如下：

```
clear all;
clc;

M=imread('高压隔离开关.jpg');        %读取 MATLAB 中的图像
gray=rgb2gray(M);
figure,imshow(gray);                %显示灰度图像
title('原图');

P1=imnoise(gray,'gaussian',0.05);   %加入高斯噪声
figure,imshow(P1);                  %加入高斯噪声后显示图像
title('噪声图');

n=15;
Wn=0.3;
firFilter=fir1(n,Wn);               %获得 FIR 低通滤波器
img_gauss=imfilter(P1,firFilter,'replicate');
figure;imshow(img_gauss);
```

```
title('滤波后图');

imwrite(P1,'高压隔离开关_噪声图.jpg');
imwrite(img_gauss,'高压隔离开关_滤波后图.jpg');
```

图 4-51 为变电站开关图像经 FIR 低通滤波器处理的结果。

a)　　　　　　　　　　b)　　　　　　　　　　c)

图 4-51　变电站开关图像的 FIR 滤波器处理结果

a）原图　b）混入高斯噪声图像　c）滤波后图像

例 4-33　设计 MATLAB 实现对例 4-19 声音信号的 FIR 低通数字滤波器处理。

解　图 4-52 为一段从某流行歌曲中截取出的 0.9s 声音片段的波形图。该语音信号在传输前，先经过一个 FIR 低通数字滤波器进行处理。滤波器参数为：长度 $M+1=99$；关于中点对称，具有线性相位响应；窗函数为汉宁窗。MATLAB 程序如下：

```
clear all;
clc;

M=imread('高压隔离开关.jpg');          %读取 MATLAB 中的图像
gray=rgb2gray(M);
figure,imshow(gray);                   %显示灰度图像
title('原图');

P1=imnoise(gray,'gaussian',0.05);      %加入高斯噪声
figure,imshow(P1);                     %加入高斯噪声后显示图像
title('噪声图');

n=15;
Wn=0.3;
firFilter=fir1(n,Wn);                  %获得 FIR 低通数字滤波器
img_gauss=imfilter(P1,firFilter,'replicate');
figure;imshow(img_gauss);
title('滤波后图');

imwrite(P1,'高压隔离开关_噪声图.jpg');
imwrite(img_gauss,'高压隔离开关_滤波后图.jpg');
```

图 4-53 为语音信号经过滤波前后的幅度谱,两种情况下都采用 FFT 完成计算。

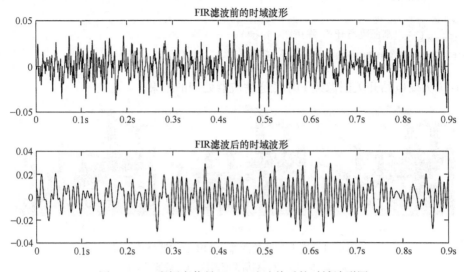

图 4-52 一段语音信号经 FIR 滤波前后的时域波形图

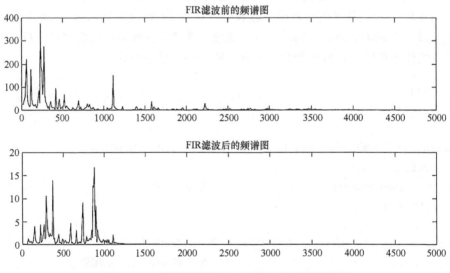

图 4-53 一段语音信号经 FIR 滤波前后的频谱图

346

📝│本章要点

本章讨论了有关滤波器理论的一些基本概念,并对模拟滤波器和数字滤波器的基本设计方法进行了简要介绍。旨在通过滤波器的分析和设计,体现信号分析与处理的理论和方法在实际工程中的应用,并为读者掌握滤波器技术奠定一定的基础。

1. "滤波"是指消除或减弱干扰噪声,以强化有用信号的过程,或从原始信号中获取目标信号的过程。实现滤波功能的系统称为滤波器,滤波器利用它所具有的特定传输特性(选频特性)实现有用信号与噪声信号的有效分离。频域指标是滤波器的重要指标,按滤波器的频率特性（主要是幅频特性）分类，有低通、高通、带通、带阻等滤波器；按实现的形式分类，有模拟、数字等滤波器。

2. 模拟滤波器是用模拟系统处理连续时间信号的滤波器，是一种选择频率的装置。设计模拟滤波器的任务通常是根据滤波器频率特性的幅度二次方函数 $|H(\omega)|^2$，求滤波器的系统函数 $H(s)$。重点介绍了巴特沃思低通滤波器和切比雪夫低通滤波器。其中巴特沃思低通滤波器的幅度二次方函数为 $|H(\omega)|^2 = 1/[1+(\omega/\omega_c)^{2n}]$，其特点是幅值函数单调递减，当阶数 n 增加时，通带幅频特性变平，过渡带变窄。如果取归一化复频率 $\bar{s}=s/\omega_c$，可直接应用归一化频率的巴特沃思多项式，给设计带来方便。切比雪夫低通滤波器的幅度二次方函数为 $|H(\omega)|^2 = 1/[1+\varepsilon^2 T_n^2(\omega/\omega_c)]$，其特点是通带内等波动、通带外单调衰减，从而保证通带内误差均匀分布，是全极点型滤波器中过渡带最窄的滤波器。其中 ε 为决定通带内起伏大小的波动系数，$T_n(x)$ 为 n 阶切比雪夫多项式，不同阶次的切比雪夫低通滤波器归一化系统函数的分母多项式也可查表得到。其他诸如高通、带通等滤波器可以通过频率变换按照低通滤波器的设计方法设计。

3. 数字滤波器是具有一定传输特性的数字信号处理装置，它借助于运算器件或计算程序对输入信号的波形或频谱进行加工、处理，具有精度高、可靠性好、灵活性高、便于大规模集成等优点。根据系统冲激响应的时间特性，可分为无限冲激响应（IIR）数字滤波器和有限冲激响应（FIR）数字滤波器。数字滤波器的设计任务是对于给定的滤波器频率特性 $H(\Omega)$，求出相应的数字滤波器的系统函数 $H(z)$。

介绍了 IIR 数字滤波器设计的冲激响应不变法和双线性变换法。冲激响应不变法是根据滤波器的技术指标确定出模拟滤波器 $H(s)$，经过拉普拉斯反变换求出单位冲激响应 $h(t)$，再由单位冲激响应不变的原则 $h(n)=h(t)|_{t=nT}$ 得到 $h(n)$，最后做 $h(n)$ 的 Z 变换得出数字滤波器系统函数 $H(z)$。这样设计 IIR 数字滤波器时，得到的数字滤波器是线性相位的，具有较好的时域逼近特性，但由于 s 平面与 z 平面间映射的多值性容易造成频谱混叠现象。双线性变换法在数字化前对频带进行了压缩，数字化以后的频率响应可以做到无混叠效应，但是在双线性变换法中模拟频率与数字频率之间的关系为非线性关系 $\omega=(2/T)\tan(\Omega/2)$，使得到的数字滤波器不再保持线性相位特性。

在给出 FIR 滤波器线性相位条件的基础上，介绍了 FIR 数字滤波器设计的窗函数法，该方法是已知所要求的频率响应 $H_d(\Omega)$ 情况下，得出它对应的无限长的单位脉冲响应序列 $h_d(n)$，然后选取合适的窗函数 $w(n)$ 对 $h_d(n)$ 进行截断，构成 FIR 数字滤波器的单位脉冲响应序列 $h(n)$，最后得出滤波器系统函数 $H(z)$。

习 题

1. 已知幅度二次方函数为

$$|H(s)|^2 = \frac{9(s^2+1)^2}{s^4-5s^2+4}$$

试求物理可实现的系统的系统函数 $H(s)$。

2. 下列各函数是否为可实现系统的频率特性幅度二次方函数？如果是，请求出相应的最小相位系统的系统函数；如果不是，请说明理由。

(1) $\left|H(\omega)\right|^2 = \dfrac{1}{\omega^4 + \omega^2 + 1}$；

(2) $\left|H(\omega)\right|^2 = \dfrac{1+\omega^4}{\omega^4 - 3\omega^2 + 2}$；

(3) $\left|H(\omega)\right|^2 = \dfrac{100-\omega^4}{\omega^4 + 20\omega^2 + 10}$。

3. 试求二阶巴特沃思低通滤波器的冲激响应，并画出波形图。

4. 巴特沃思低通滤波器的频域指标为：当 $\omega_1 = 1000\mathrm{rad/s}$ 时，衰减不大于 3dB，当 $\omega_2 = 5000\mathrm{rad/s}$ 时，衰减至少为 20dB，求此滤波器的系统传递函数 $H(s)$。

5. 设计巴特沃思带通滤波器，其指标为：

(1) 在通带 $2\mathrm{kHz} \leq f \leq 3\mathrm{kHz}$，最大衰耗 $\alpha_p = 3\mathrm{dB}$；

(2) 在阻带 $f > 4\mathrm{kHz}$，$f < 400\mathrm{Hz}$，最小衰耗 $\alpha_s \geq 30\mathrm{dB}$。

6. 设计两个切比雪夫低通滤波器，它们的技术指标分别为：

(1) $f_c = 10\mathrm{kHz}$，$\alpha_p = 1\mathrm{dB}$，$f_s = 100\mathrm{kHz}$，$\alpha_s \geq 140\mathrm{dB}$；

(2) $f_c = 100\mathrm{kHz}$，$\alpha_p = 0.1\mathrm{dB}$，$f_s = 130\mathrm{kHz}$，$\alpha_s \geq 30\mathrm{dB}$。

7. 设计切比雪夫高通滤波器，其技术指标为

$f_c = 1\mathrm{kHz}$，$\alpha_p = 1\mathrm{dB}$，$f_s = 100\mathrm{Hz}$，$\alpha_s \geq 140\mathrm{dB}$

8. （1）一个二阶巴特沃思滤波器和一个二阶切比雪夫滤波器满足通带衰减 $\alpha_p \leq 3\mathrm{dB}$，阻带衰减 $\alpha_s \leq 15\mathrm{dB}$，若通带频率相同，试比较两个滤波器的阻带边界频率 ω_s。

（2）若给定 $f_p = 1.5\mathrm{MHz}$，$\alpha_p \leq 3\mathrm{dB}$，$f_s = 1.7\mathrm{MHz}$，$\alpha_s \geq 60\mathrm{dB}$。试比较巴特沃思近似与切比雪夫近似的最低阶次 n。

9. 某数字滤波器为 $y(n) - 0.8y(n-1) = x(n)$。求其幅频特性 $\left|H(\Omega)\right|$，给出在 $[0, 2\pi]$ 内的幅频特性曲线。

10. 某数字滤波器为 $y(n) + 0.8y(n-1) = x(n)$。求其幅频特性 $\left|H(\Omega)\right|$，给出在 $[0, 2\pi]$ 内的幅频特性及相频特性曲线。

11. 巴特沃思低通数字滤波器要求如下：

（1）$\Omega_p = 0.2\pi$，$\alpha_p \leq 3\mathrm{dB}$；$\Omega_s = 0.7\pi$，$\alpha_s \geq 40\mathrm{dB}$；

（2）采样周期 $T = 10\mu\mathrm{s}$。

用冲激响应不变法与双线性变换法分别求出数字滤波器的 $H(z)$，并比较其结果。

12. 设要求的切比雪夫低通数字滤波器满足下列条件：$0 \leq \Omega \leq 200\pi$ 时，波纹是 0.5dB；$\Omega \geq 1000\pi$ 时，衰减函数大于 19dB；采样频率 $f = 1000\mathrm{Hz}$。用冲激响应不变法与双线性变换法分别求 $H(z)$。

13. 用冲激响应不变法求下列传递函数 $H(s)$ 相应数字滤波器的传递函数 $H(z)$。

$$H(s) = \dfrac{4s}{s^2 + 6s + 5}$$

取采样轴 $T = 0.01\mathrm{s}$，并画出此滤波器的结构图。

14. 用双线性变换法设计一个低通滤波器，要求 3dB 截止频率为 25Hz，并当频率大于 50Hz 至少衰减 15dB，采样频率为 200Hz。

15. 已知系统的系统函数为

$$H(z) = \dfrac{z^2 + 2z + 1}{3z^3 + 4z^2 - 2z + 5}$$

求直接 I 型和直接 II 型的结构图。

16. 已知系统的系统函数为

$$H(z) = \frac{(z^2+4z+3)(z+0.5)}{(z-0.8)(z^2+2z+3)(z+1)}$$

求其级联型结构图。

17. 设计长度 $N=13$ 的 FIR 数字滤波器，要求其频率响应特性逼近理想低通滤波器的频率响应特性。

$$H_d(\Omega) = \begin{cases} e^{-j\alpha\Omega} & |\Omega| < \dfrac{\pi}{5} \\ 0 & \dfrac{\pi}{5} < |\Omega| < \pi \end{cases}$$

18. 利用窗函数法设计一个线性相位型 FIR 低通数字滤波器，其技术指标为：

(1) $\Omega_c = 0.2\pi\text{rad}$，$\alpha_p \leqslant 3\text{dB}$；

(2) $\Omega_s = 0.4\pi\text{rad}$，$\alpha_p \geqslant 70\text{dB}$。

19. 画出线性相位型 FIR 数字滤波器当 $N=4$ 时的直接型结构。

20. 分别利用矩形窗、汉宁窗和三角窗设计线性相位型 FIR 低通数字滤波器，并绘出相应的幅频特性进行比较，其技术指标为：$N=7$，$\Omega_c = 1\text{rad}$。

上 机 练 习 题

21. 设计一个巴特沃思低通模拟滤波器，它的频域指标为：通带截止频率为 600Hz，衰减不大于 3dB。

22. 设计一个巴特沃思高通数字滤波器，满足通带边界频率为 400Hz，阻带边界频率为 200Hz，通带纹波小于 3dB，阻带衰减大于 15dB，设 MATLAB 采样频率为 1000Hz。

23. 设计一个切比雪夫 II 型数字带通滤波器，要求通带范围为 150~250Hz，阻带上限为 300Hz，下限为 50Hz，通带内纹波小于 3dB，阻带纹波为 30dB，采样频率为 1000Hz。

24. 根据下列技术指标，设计一个 FIR 低通数字滤波器：$\omega_p = 0.2\pi\text{rad/s}$，$\omega_s = 0.5\pi\text{rad/s}$，$R_p = 3\text{dB}$，$R_s = 50\text{dB}$。

25. 设巴特沃思低通滤波器的频域指标为：当 $\omega_1 = 2\text{rad/s}$ 时，其衰减不大于 3dB；当 $\omega_2 = 6\text{rad/s}$ 时，其衰减不小于 30dB。求此滤波器的系统函数 $H(s)$。

26. 用 MATLAB 求解一个二阶切比雪夫低通模拟滤波器，已知通带波纹为 1dB，截止频率 $\omega_c = 1\text{rad/s}$。

27. 设计一个 FIR 低通数字滤波器，其技术指标为：

(1) $0 \leqslant \Omega \leqslant 0.3\pi\text{rad}$ 时，通带允许起伏 3dB（$\Omega_p = 0.3\pi\text{rad}$）；

(2) $0.5\pi\text{rad} \leqslant \Omega \leqslant \pi\text{rad}$ 时，阻带衰减 $\alpha_s \leqslant -50\text{dB}$（$\Omega_s = 0.5\pi\text{rad}$）。

28. 已知一个原始信号为 $x(t) = 6\sin(2\pi \times 50t) + \sin(2\pi \times 100t) + 2\sin(2\pi \times 200t)$，MATLAB 采样频率为 $F_s = 1000\text{Hz}$，信号被叠加了一个白噪声污染，设计一个 FIR 数字滤波器以恢复出原始信号。

29. 采用 FIR 数字滤波器设计一个语音信号的滤波系统，窗函数分别采用汉宁窗、汉明窗和布莱克曼窗，比较不同窗函数的滤波效果。

30. 设计一个滤波器，实现对混有高斯噪声的数字图像的滤波功能。

31. 设计一个滤波器，实现对混有噪声的声音信号的滤波功能。

第五章

随机信号分析与处理基础

如本书一开始介绍的，信号有确定性信号和随机信号之分。随机信号的变化不遵循任何确定性规律，因而不能准确地预测它的未来。严格地说，实际信号或多或少地具有随机因素，即便是实验室用的信号发生器产生的信号也总有一些随机起伏，并伴随有一定的噪声，只不过它的随机变化很小、信噪比很大而已。

随机信号的"无规律性"给分析和处理带来难度。但是，从本质上认识随机信号可以发现，它仍含有一定的规律性，只不过这种规律性（或有用信息）被淹没了，表面上很难发现，只有在大量样本经统计分析后才能呈现出来。因此，对随机信号的认识、分析和处理都必须建立在概率统计的基础上，这是它区别于确定性信号的根本点。本章在简要回顾随机过程的基本概念和统计特性的基础上，对随机信号的分析、处理方法做初步介绍，为大家的进一步学习奠定基础。

第一节 随机信号的描述与分析

一个确定性信号的描述是方便的，例如对于一个正弦信号，在时域可以用一条随时间变化的曲线表示，也可以用解析式 $x(t) = A\sin(\omega t + \theta)$ 表示，还可以对它进行傅里叶变换得到在频域的表示，等等。由于随机信号不能准确预测和不能肯定重复，因此不能像确定性信号那样进行描述，所以有它独特的描述方式。

一、随机信号及其概率结构

首先，观测几台性能完全相同的电子仪器由于热噪声引起的输出端的噪声电压，它们的记录如图 5-1 所示。据此，可以从以下几个方面来考虑对随机信号的表达形式。

首先，由于它的不肯定重复性，严格地说，应该用全部可能观测到的波形记录来表示随机信号，称之为"样本空间"或"集合"，用 $X(t)$ 来表示。而样本空间的每一个波形记录是一个确定的波形，可以用一个确定的函数来表示，称之为"样本函数"或"实现"，用 $x(t)$ 表示。可见，随机信号由许多确定信号的集合 $X(t) = \{x_i(t)\}, i = 1, 2, \cdots$ 来表征，它通常是时间函数集，具有全部记录（样本）和整个过程（t 的整个取值范围）的总体意义。

其次，当 t 取某一确定值 t_1 时，随机信号在 $t = t_1$ 的状态为 $X(t_1) = \{x_i(t_1)\}, i = 1, 2, \cdots$，它是一个数值的集合，如图 5-1 所示。集合中的各个数值虽然是确定的，但应取其中的哪一个是以一定的概率决定的。因此，随机信号在 t_1 的状态 $X(t_1)$ 是一个随机变量。从这个意义出发，也可以把随机信号理解为是随机变量的时间过程，即随机过程。如果 t 连续取值，则为连续时间随机信号；t 离散取值，则为离散时间随机信号，通常用 $X(n)$ 表示。

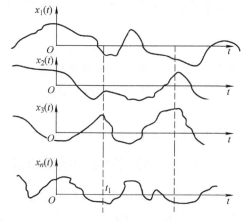

由于随机信号是随时间变化的随机变量，因此，描述它的最基本的工具是它的概率结构，即概率（对离散型随机变量）和概率密度（对连续型随机变量），只是要把时间因素考虑在内。例如对于图 5-1 所示的连续时间随机信号 $X(t)$，用来描述它的概率结构有：

图 5-1　一个随机信号的样本集合

（1）一维概率分布函数
$$F(x_1;t_1) = P[X(t_1) \leqslant x_1] \qquad (5\text{-}1)$$
表示随机信号 $X(t)$ 在 t_1 时刻的取值不大于 x_1 的概率。

（2）一维概率密度函数
$$p(x_1;t_1) = \frac{\partial F(x_1;t_1)}{\partial x_1} = \lim_{\Delta \to 0} \frac{P[x_1 \leqslant X(t_1) < x_1 + \Delta]}{\Delta} \qquad (5\text{-}2)$$
表示随机信号在 t_1 时刻的取值落入 $[x_1, x_1+\Delta]$ 极小区间的平均概率，显然它针对 $X(t_1)$ 取值连续的情况，并有
$$F(x_1;t_1) = \int_{-\infty}^{x_1} p(\xi;t_1)\,\mathrm{d}\xi \qquad (5\text{-}3)$$

（3）n 维联合概率分布函数
$$F(x_1, x_2, \cdots, x_n; t_1, t_2, \cdots, t_n) = P[X(t_1) \leqslant x_1, X(t_2) \leqslant x_2, \cdots, X(t_n) \leqslant x_n] \qquad (5\text{-}4)$$
表示 n 个不同时刻随机信号 $X(t)$ 的取值的概率分布，反映了随机信号在各个时刻的内在联系。显然，它较全面地反映了随机信号的概率特征。

（4）n 维联合概率密度函数
$$p(x_1, x_2, \cdots, x_n; t_1, t_2, \cdots, t_n) = \frac{\partial^n}{\partial x_1 \partial x_2 \cdots \partial x_n} F(x_1, x_2, \cdots, x_n; t_1, t_2, \cdots, t_n) \qquad (5\text{-}5)$$
表示随机信号在各个时刻取值连续情况下的概率特征，同样反映了随机信号在各个时刻的内在联系。

从理论上讲，无限增大 n 能完整、精确地表征随机信号 $X(t)$ 的统计特性，但这样做十分复杂且不现实，所以在实际中往往只考虑一维和二维的概率分布函数和概率密度函数。

有一类随机信号，其统计特性不随时间的平移而变化，即其 n 维联合概率分布函数满足
$$F(x_1, x_2, \cdots, x_n; t_1, t_2, \cdots, t_n) = F(x_1, x_2, \cdots, x_n; t_1+\tau, t_2+\tau, \cdots, t_n+\tau) \qquad (5\text{-}6)$$
n 维联合概率密度函数满足
$$p(x_1, x_2, \cdots, x_n; t_1, t_2, \cdots, t_n) = p(x_1, x_2, \cdots, x_n; t_1+\tau, t_2+\tau, \cdots, t_n+\tau) \qquad (5\text{-}7)$$
那么这类随机信号称为严平稳随机信号，它是一类具有较好统计特性的随机信号，意味着在研究它时可以不必关注它的起点和终点。在实际应用中，通常可以把在一段时间内产生随

现象的条件不发生明显变化的随机信号看作严平稳随机信号。

如果随机信号只有其一维、二维统计特性满足平稳条件，即

$$p(x_1;t_1)=p(x_1;t_1+\tau) \tag{5-8}$$

$$p(x_1,x_2;t_1,t_2)=p(x_1,x_2;t_1+\tau,t_2+\tau) \tag{5-9}$$

那么这类随机信号称为宽平稳随机信号。式（5-8）、式（5-9）中，若令 $\tau=-t_1$，则得

$$p(x_1;t_1)=p(x_1;0)=p(x_1) \tag{5-10}$$

$$p(x_1,x_2;t_1,t_2)=p(x_1,x_2;0,t_2-t_1)=p(x_1,x_2;t_2-t_1) \tag{5-11}$$

这表明平稳随机信号的一维概率密度函数与时间无关，二维概率密度函数只与时间差有关。

二、随机信号在时域的数字特征

概率分布函数或概率密度函数完整地描述了随机信号的统计特性，是随机信号最基本的描述方式，但是它的求取难度很大，并且使用不方便，因此，在工程实际中，往往不直接引用它，而取用能反映随机信号某一侧面的一些特征值，如均值、方差、相关函数、协方差函数等，它们称为随机信号的数字特征。

（一）连续时间随机信号的数字特征

1. 平稳随机信号的数字特征

（1）均值（数学期望）　均值定义为随机信号 $X(t)$ 的所有样本函数在同一时刻取值的统计平均值。如上所述，随机信号 $X(t)$ 在 t_i 时刻的状态是一个随机变量，若它的取值是离散的，可能取值的数目为 N，且取值是 x_n 的概率为 P_n，则 $X(t_i)$ 的均值为

$$E[X(t_i)]=\sum_{n=1}^{N}x_n(t_i)P_n(t_i) \tag{5-12}$$

而随机信号 $X(t)$ 的均值为

$$E[X(t)]=\sum_{n=1}^{N}x_n(t)P_n(t) \tag{5-13}$$

若为连续取值的随机过程，则其均值应为

$$E[X(t)]=\int_{-\infty}^{\infty}x(t)p(x;t)\,\mathrm{d}x=m_x(t) \tag{5-14}$$

是时间 t 的函数。均值 $m_x(t)$ 实际上是随机信号 $X(t)$ 各个样本的摆动中心。

对于平稳随机信号，由于其一维概率密度函数与时间无关，故有

$$E[X(t)]=\int_{-\infty}^{\infty}xp(x)\,\mathrm{d}x=m_x \tag{5-15}$$

这是一个与时间无关的常数，相当于信号的直流分量。

为了表示随机信号的平均功率，有时需要均方值的概念，它由下式决定：

$$E[X^2(t)]=\int_{-\infty}^{\infty}x^2(t)p(x;t)\,\mathrm{d}x \tag{5-16}$$

对于平稳随机信号，则有

$$E[X^2(t)]=\int_{-\infty}^{\infty}x^2p(x)\,\mathrm{d}x \tag{5-17}$$

这也是一个与时间无关的常数。

（2）方差　方差用来表明随机信号各可能值对其平均值的偏离程度，是随机信号取值分散性的度量。它定义为随机信号可能值与平均值之差的均方值，即

$$D[X(t)] = E\{[X(t)-m_x(t)]^2\} = \int_{-\infty}^{\infty}[x(t)-m_x(t)]^2 p(x;t)\mathrm{d}x = \sigma_x^2(t) \tag{5-18}$$

是时间的函数。其二次方根 $\sigma_x(t)$ 称为均方差。

对于平稳随机信号，有

$$D[X(t)] = \int_{-\infty}^{\infty}(x-m_x)^2 p(x)\mathrm{d}x = \sigma_x^2 \tag{5-19}$$

这是一个与时间无关的常数。

（3）自相关函数与自协方差函数　像一维概率密度函数一样，均值和方差描述的是随机信号在各个时刻的统计特性，为了反映随机信号在不同时刻的内在联系，定义其自相关函数为

$$R_{xx}(t_1,t_2) = E[X(t_1)X(t_2)] = \int_{-\infty}^{\infty}\int_{-\infty}^{\infty}x(t_1)x(t_2)p(x_1,x_2;t_1,t_2)\mathrm{d}x_1\mathrm{d}x_2 \tag{5-20}$$

自相关函数利用 t_1、t_2 时刻的二维概率密度函数进行描述，表示了两个不同时刻随机信号取值之间的关联关系或依赖程度。当 $t_1=t_2=t$，则有 $x(t_1)=x(t_2)=x(t)$，则有

$$R_{xx}(t,t) = E[X(t)X(t)] = \int_{-\infty}^{\infty}x^2(t)p(x;t)\mathrm{d}x \tag{5-21}$$

可见，随机信号均方值是它的自相关函数在 $t_1=t_2$ 时的特例。

对于平稳随机信号，由于其二维概率密度函数 $p(x_1,x_2;\tau)$（其中 $\tau=t_2-t_1$）只与时间间隔有关，故有

$$R_{xx}(t_1,t_2) = \int_{-\infty}^{\infty}\int_{-\infty}^{\infty}x_1 x_2 p(x_1,x_2;\tau)\mathrm{d}x_1\mathrm{d}x_2 = R_{xx}(\tau) \tag{5-22}$$

这也是时间间隔 τ 的函数。

还可以用随机信号 $X(t)$ 在两个不同时刻 t_1、t_2 取值起伏变化的相依程度来描述随机信号不同时刻的关联关系，定义自协方差函数为

$$C_{xx}(t_1,t_2) = E\{[X(t_1)-m_x(t_1)][X(t_2)-m_x(t_2)]\} \tag{5-23}$$

并由此得到

$$C_{xx}(t_1,t_2) = R_{xx}(t_1,t_2) - m_x(t_1)m_x(t_2) \tag{5-24}$$

当 $t_1=t_2=t$，有

$$C_{xx}(t,t) = E\{[X(t)-m_x(t)]^2\} = \sigma_x^2(t) \tag{5-25}$$

或

$$\sigma_x^2(t) = C_{xx}(t,t) = R_{xx}(t,t) - m_x^2(t) = E[X^2(t)] - m_x^2(t) \tag{5-26}$$

对于平稳随机信号，则有

$$C_{xx}(t_1,t_2) = R_{xx}(t_1,t_2) - m_x(t_1)m_x(t_2) = R_{xx}(\tau) - m_x^2 = C_{xx}(\tau) \tag{5-27}$$

这也是时间间隔 τ 的函数。

平稳随机信号的自相关函数和自协方差函数具有以下重要的性质，读者可以自己验证：

1）$R_{xx}(0) = E[X^2(t)]$ 和 $C_{xx}(0) = \sigma_x^2$ \hfill (5-28)

2）$R_{xx}(\tau) = R_{xx}(-\tau)$ 和 $C_{xx}(\tau) = C_{xx}(-\tau)$ \hfill (5-29)

3）$R_{xx}(0) \geqslant |R_{xx}(\tau)|$ 和 $C_{xx}(0) \geqslant |C_{xx}(\tau)|$　　　　　　　　　　　　　　(5-30)

4）若 $X(t) = X(t+T)$，则

$$R_{xx}(\tau) = R_{xx}(\tau+T) \quad \text{和} \quad C_{xx}(\tau) = C_{xx}(\tau+T) \tag{5-31}$$

5）若平稳随机信号 $X(t)$ 不含任何周期分量，则

$$R_{xx}(\infty) = m_x^2 \quad \text{和} \quad C_{xx}(\infty) = 0 \tag{5-32}$$

（4）互相关函数和互协方差函数　当研究两个随机信号 $X(t)$ 和 $Y(t)$ 的相互关系时，类似自相关函数和自协方差函数，可以定义互相关函数和互协方差函数。其中互相关函数定义为

$$R_{xy}(t_1, t_2) = E[X(t_1)Y(t_2)] = \int_{-\infty}^{\infty}\int_{-\infty}^{\infty} x(t_1)y(t_2)p(x, t_1; y, t_2)\mathrm{d}x\mathrm{d}y \tag{5-33}$$

式中，$p(x, t_1; y, t_2)$ 为两个随机信号 $X(t)$ 和 $Y(t)$ 的二维联合概率密度函数；$R_{xy}(t_1, t_2)$ 为两个随机信号之间的线性依赖关系，对于平稳随机信号，由于它们的联合概率密度函数同样只与时间间隔 $\tau = t_2 - t_1$ 有关，故有

$$R_{xy}(t_1, t_2) = \int_{-\infty}^{\infty}\int_{-\infty}^{\infty} xyp(x, y; \tau)\mathrm{d}x\mathrm{d}y = R_{xy}(\tau) \tag{5-34}$$

两个随机信号的互协方差函数定义为

$$C_{xy}(t_1, t_2) = E\{[X(t_1) - m_x(t_1)][Y(t_2) - m_y(t_2)]\} \tag{5-35}$$

由定义可以得到

$$C_{xy}(t_1, t_2) = R_{xy}(t_1, t_2) - m_x(t_1)m_y(t_2) \tag{5-36}$$

可见，$C_{xy}(t_1, t_2)$ 与 $R_{xy}(t_1, t_2)$ 一样，表征了两个随机信号之间的依赖关系。对于平稳随机信号则有

$$C_{xy}(t_1, t_2) = R_{xy}(\tau) - m_x m_y = C_{xy}(\tau) \tag{5-37}$$

例 5-1　一个随机信号 $X(t) = A_0\cos(\omega_0 t + \theta)$，其中 A_0、ω_0 均为常数，θ 为 $[0, 2\pi]$ 区间均匀分布的随机变量，求该随机信号 $X(t)$ 的均值、均方差、方差、自相关函数及自协方差函数。

解　随机变量 θ 在 $[0, 2\pi]$ 区间均匀分布，它与时间无关，故其一维、二维概率密度函数都为

$$p(\theta) = \frac{1}{2\pi}, 0 \leqslant \theta \leqslant 2\pi$$

根据式（5-15）可求得其均值为

$$E[X(t)] = \int_{-\infty}^{\infty} xp(\theta)\mathrm{d}\theta = \int_0^{2\pi} A_0\cos(\omega_0 t + \theta) \cdot \frac{1}{2\pi}\mathrm{d}\theta$$

$$= \frac{A_0}{2\pi}\int_0^{2\pi}\cos(\omega_0 t + \theta)\mathrm{d}\theta = 0 = m_x$$

根据式（5-20）可求得自相关函数为

$$R_x(t_1, t_2) = E[X(t_1)X(t_2)] = E[A_0\cos(\omega_0 t_1 + \theta) \cdot A_0\cos(\omega_0 t_2 + \theta)]$$

$$= \int_{-\infty}^{\infty} A_0\cos(\omega_0 t_1 + \theta) \cdot A_0\cos(\omega_0 t_2 + \theta) \cdot p(\theta)\mathrm{d}\theta$$

$$= A_0^2\int_0^{2\pi}\cos(\omega_0 t_1 + \theta)\cos(\omega_0 t_2 + \theta) \cdot \frac{1}{2\pi}\mathrm{d}\theta$$

$$= \frac{A_0^2}{4\pi} \int_0^{2\pi} \left[\cos(\omega_0 t_1 - \omega_0 t_2) + \cos(\omega_0 t_1 + \omega_0 t_2 + 2\theta) \right] \mathrm{d}\theta$$

$$= \frac{A_0^2}{2} \cos\omega_0 \tau$$

式中，$\tau = t_2 - t_1$。由式（5-24）可求得自协方差函数为

$$C_x(t_1, t_2) = R_x(t_1, t_2) - m_x(t_1)m_x(t_2) = \frac{A_0^2}{2}\cos\omega_0\tau$$

由式（5-25）可求得方差为

$$\sigma_x^2(t) = C_x(t,t) = \frac{A_0^2}{2}\cos\omega_0(t-t) = \frac{A_0^2}{2}$$

由式（5-26）可求得均方差为

$$E\left[X^2(t)\right] = \sigma_x^2(t) + m_x^2(t) = \frac{A_0^2}{2}$$

从例 5-1 可见，随机信号的均值和自相关函数是最重要的数字特征，由它们不难求得方差、自协方差函数和均方值等。

2. 各态遍历性随机信号及其数字特征

上面讨论的随机信号数字特征是建立在总集基础上的集平均表征量，在求取时往往用到反映随机信号总体统计特性的概率密度函数，即使求其近似值时也需要大量的样本函数，这正是实际问题分析中的困难所在。

取随机信号样本集中的一个样本 $x(t)$，当延续时间 T 足够大时，可以定义它的一系列数字特征，这里仅定义其中两个最重要的特征量：均值和自相关函数。

1）随机信号 $X(t)$ 的时间均值为

$$\overline{X(t)} = \lim_{T\to\infty} \frac{1}{2T} \int_{-T}^{T} x(t)\,\mathrm{d}t \tag{5-38}$$

2）随机信号 $X(t)$ 的时间相关函数为

$$\overline{X(t)X(t+\tau)} = \lim_{T\to\infty} \frac{1}{2T} \int_{-T}^{T} x(t)x(t+\tau)\,\mathrm{d}t \tag{5-39}$$

它们都是沿时间轴的统计平均，所以称为时间平均表征量。通常，不同样本的时间平均表征量是不相同的，当然也不等于集平均表征量。但是，在一定条件下，平稳随机信号的一个样本函数的时间平均能够从概率意义上趋近于集平均，这种情况可以粗略地理解为随机信号的每一个样本都同样经历了随机信号其他样本的各种可能的状态，因而从一个样本的统计特性（时间平均）就能得到全部样本的统计特性（集平均），把具有这种特性的随机信号称为各态遍历性随机信号。

1）如果

$$\overline{X(t)} = E[X(t)] = m_x \tag{5-40}$$

以概率 1 成立，称 $X(t)$ 的均值具有各态遍历性。

2）如果

$$\overline{X(t)X(t+\tau)} = E[X(t)X(t+\tau)] = R_{xx}(\tau) \tag{5-41}$$

以概率 1 成立，称 $X(t)$ 的自相关函数具有各态遍历性。

均值和自相关函数都具有各态遍历性的随机信号，称为宽遍历性随机信号。各态遍历性的引入使随机信号数字特征的求取和计算大为简化，通过简单的实验方式或数学方法就能得到一个各态遍历性随机信号的均值、自相关函数，进而得到其他数字特征量。从上面的讨论可知，各态遍历性的随机信号首先应该是平稳随机信号，然后还应满足一定条件，这些条件在随机过程的书中都有介绍，读者可以查阅并验证。但验证条件的满足与否却十分困难，好在这些条件比较宽松，工程上碰到的大多数平稳随机信号都能满足，因此，在实际应用中通常先假设各态遍历性成立，再将由此得出的结果与实际相比较，如差距较大，则对假设进行修改，再做处理。

（二）离散时间随机信号的数字特征

对于时间随机信号 $X(t)$，若 t 的取值是离散的，则称为离散时间随机信号。这时由于 $X(t)$ 是一串随机变量 $X(t_1)$，$X(t_2)$，$\cdots$，$X(t_n)$，$\cdots$所构成的序列，所以又称为随机序列 $X(n)$ 或 $\{x_i(n)\}$，$n=1$，2，$\cdots$，N，$\cdots$。对于离散时间随机信号（随机序列）的数字特征只是连续时间情况的延伸，其表示式与连续时间情况并无不同，只是这时时间变量 t 应为限取整数的变量 n。例如，对于连续取值的随机过程，总集均值 $E[X(t)]$ 应表示为

$$m_x(n) = E[X(n)] = \int_{-\infty}^{\infty} x(n)p(x;n)\mathrm{d}x \tag{5-42}$$

而总集自相关函数应表示为

$$R_{xx}(n_1, n_2) = E[X(n_1)X(n_2)] = \int_{-\infty}^{\infty}\int_{-\infty}^{\infty} x(n_1)x(n_2)p(x_1, x_2; n_1, n_2)\mathrm{d}x_1\mathrm{d}x_2 \tag{5-43}$$

读者参照连续时间随机信号可以得出随机序列其他数字特征的式子，包括平稳随机序列的数字特征及一些基本性质。

对于一个平稳随机序列 $X(n)$，如果它的各种时间平均（在足够长的时间内）以概率 1 收敛于相应的集合平均，则称 $X(n)$ 为遍历性随机序列。

遍历性随机序列时间意义上的统计特性表达式由于时间的离散化与连续时间情况有较大不同。如果 N 是实际上所取的序列长度，则随机序列 $X(n)$ 的均值、自相关函数和互相关函数分别为

$$E[X(n)] = \overline{X(n)} = m_x = \lim_{N \to \infty} \frac{1}{2N+1} \sum_{n=-N}^{N} x(n) \tag{5-44}$$

$$E[X(n)X(n+m)] = \overline{X(n)X(n+m)} = R_{xx}(m)$$
$$= \lim_{N \to \infty} \frac{1}{2N+1} \sum_{n=-N}^{N} x(n)x(n+m) \tag{5-45}$$

$$E[X(n)Y(n+m)] = \overline{X(n)Y(n+m)} = R_{xy}(m)$$
$$= \lim_{N \to \infty} \frac{1}{2N+1} \sum_{n=-N}^{N} x(n)y(n+m) \tag{5-46}$$

可见，遍历性随机序列的数字特征可以通过任一样本序列的时间平均来求得，这为利用计算机分析计算随机序列带来了方便。

（三）随机信号的时域分析与应用

前面已述，在实际中往往采用均值、方差、相关函数、协方差函数等随机信号的数字特

征来描述平稳随机信号的统计特性，这些数字特征具有时域表达形式，通过它们来描述随机信号实际上就是随机信号的时域分析。具有各态遍历性的随机信号可以从一个样本的统计特性得到全部样本的统计特性，给求取随机信号统计特性带来极大方便，可以通过实验研究方法获得这些数字特征。即将随机过程 $X(t)$ 的某个样本 $x(t)$ 经采样、量化，得到代表该样本的一个数字序列 $x(n)$，$n = 0，1，2，\cdots，N-1$，在此基础上可以实现各数字特征值的计算。

由于实际的随机信号不一定严格满足各态遍历性条件，加之对随机过程样本的采样频率不可能无限大以及获取的采样值数目有限，所以，这样计算得到的数字特征只能是随机信号各数字特征的估计值。

另外，实际中遇到的信号应该是因果性的物理信号，即当 $n<0$ 时，$x(n) = 0$，因此可以给出各数字特征的估计式子。

1. 均值估计

一个随机信号（序列）的均值估计为

$$\hat{m}_x = \frac{1}{N} \sum_{n=0}^{N-1} x(n) \tag{5-47}$$

可以证明，式（5-47）的估计是无偏估计（估计量的数学期望值等于真值）和一致估计（$N \to \infty$ 时，估计量的方差→0）。

2. 方差估计

一个随机信号（序列）的方差估计为

$$\hat{\sigma}_x^2 = \frac{1}{N} \sum_{n=0}^{N-1} \left[x(n) - m_x \right]^2 \tag{5-48}$$

式（5-48）的估计是渐近无偏估计（$N \to \infty$ 时，估计量的数学期望值等于真值）和一致估计。求方差估计时需要已知均值 m_x，如果均值也是估计值时，则可用均值估计值代替均值，即

$$\hat{\sigma}_x^2 = \frac{1}{N} \sum_{n=0}^{N-1} \left[x(n) - \hat{m}_x \right]^2 \tag{5-49}$$

3. 自相关函数估计

一个随机信号（序列）的自相关函数的估计为

$$\hat{R}_{xx}(m) = \frac{1}{N} \sum_{n=0}^{N-1-|m|} x(n)x(n+m)，\quad m = 0,1,\cdots,N-1 \tag{5-50}$$

式中，n 的取值上限为 $N-1-|m|$，是由于 $x(n)$ 只有 N 个采样值，对于每一个固定的延迟 m，可以使用的数据只有 $N-1-|m|$ 个。式（5-50）的估计是渐近无偏估计和一致估计，如果用实际求和项数 $N-|m|$ 代替 N 去除和式，则得到的估计是无偏估计，估计式为

$$\hat{R}_{xx}(m) = \frac{1}{N-|m|} \sum_{n=0}^{N-1-|m|} x(n)x(n+m)，\quad m = 0,1,\cdots,N-1 \tag{5-51}$$

比较式（5-50）和式（5-51）可见，对于大的 N、小的 m 取值，两种估计没有太大差别，但由式（5-51）估计的 $\hat{R}_{xx}(m)$ 将会对功率谱的计算产生不利影响，因此实际上常采用式（5-50）来估计自相关函数。

4. 互相关函数估计

两个随机信号（序列）的互相关函数的估计为

$$\hat{R}_{xy}(m) = \frac{1}{N}\sum_{n=0}^{N-1-|m|} x(n)y(n+m), \quad m=0,1,\cdots,N-1 \tag{5-52}$$

这一估计也是渐近无偏估计和一致估计，若要得到无偏估计，也可采用与式（5-51）类似的估计式，即

$$\hat{R}_{xy}(m) = \frac{1}{N-|m|}\sum_{n=0}^{N-1-|m|} x(n)y(n+m), \quad m=0,1,\cdots,N-1 \tag{5-53}$$

第二章已介绍了可以利用快速傅里叶变换（FFT）求取线性相关，所以，很容易得到以 FFT 为基础的自相关函数 $\hat{R}_{xx}(m)$ 和互相关函数 $\hat{R}_{xy}(m)$ 的快速计算方法。

信号的相关分析是信号分析的基本方法，主要研究时域信号之间的相似性或相依性，这在第一章已做了介绍。相关函数表示了两个信号之间（互相关函数）或同一信号不同时刻之间（自相关函数）的相关特性。对比式（5-39）和式（1-143），它们是完全一样的，表明各态遍历性随机信号与确定性信号的相关函数的计算是相同的，信号之间的相关特性的概念也是一致的，不同的是随机信号是从概率统计的意义出发进行描述的。

信号的相关技术在信号检测、雷达、通信、自动控制、地震学、生物医学、机械振动等领域得到广泛的应用。

1）对噪声中的已知信号的检测。即确定噪声中是否存在被淹没的有用信号，设观测的信号序列 $y(n)$ 由有用信号 $x(n)$ 和噪声 $w(n)$ 组成，即

$$y(n) = x(n) + w(n)$$

求取 $y(n)$ 与 $x(n)$ 的互相关函数为

$$\begin{aligned} R_{xy}(m) &= E[x(n)y(n+m)] = E[x(n)(x(n+m)+w(n+m))] \\ &= R_{xx}(m) + R_{xw}(m) = R_{xx}(m) \end{aligned}$$

有用信号 $x(n)$ 和噪声 $w(n)$ 通常互不相关，由于 $R_{xx}(m)$ 已知，所以从式中就能知道观测信号 $y(n)$ 中是否存在有用信号 $x(n)$。这一技术可用于雷达反射信号的检测、人体超声反射信号的检测等。

2）检测噪声中的周期信号。已知观测信号序列 $y(n)$ 中的被检测信号 $x(n)$ 是周期信号，求取 $y(n)$ 的自相关函数为

$$\begin{aligned} R_{yy}(m) &= E[y(n)y(n+m)] = E\{[x(n)+w(n)][x(n+m)+w(n+m)]\} \\ &= R_{xx}(m) + R_{ww}(m) \end{aligned}$$

第一章中已表明周期信号的自相关函数仍然是周期性的，其周期与原信号相同。而噪声的自相关函数随着时间滞后的增加很快趋于零，所以当 m 取得足够大时，就能从 $R_{yy}(m)$ 的周期性确定被检测周期信号 $x(n)$ 的存在及其周期值。这一方法可用于车厢、桥梁等物体的自振频率检测和水下潜艇的监视等。

3）滞后时间的检测。如果观测信号序列 $y(n)$ 是信号序列 $x(n)$ 的延时，即 $y(n) = x(n-n_0)$，则当 $m=n_0$ 时，互相关函数 $R_{xy}(m)$ 出现最大值，据此可以求得 $y(n)$ 对信号 $x(n)$ 的延迟时间 n_0。当线性系统的输出信号对输入信号产生滞后时，可以通过输入输出信号的互相关函数峰值处的时间值，求得线性系统的滞后时间。进一步，如果在相距 L 的两处用传感器测量运动物体（如轧钢生产线上的钢带、血管中的血流等），通过两处测量信号的

互相关函数可以得到时间延迟 τ，很容易就可求得物体运动速度为

$$v = L/\tau$$

该方法还可以用来测定地下管道的裂损位置。

4）系统辨识。第三章中已介绍了相关辨识法，当对系统输入白噪声时，系统的输入信号和输出信号的互相关函数 $R_{xy}(\tau)$ 就是系统的单位冲激响应 $h(\tau)$。

例 5-2　一个信号装置的发送序列为

$$x(n) = [\,3,3,3,-1,-1,-1\,]$$
$$\uparrow$$

其接收序列为

$$y(n) = x(n-1) + w(n)$$

其中 $w(n)$ 是噪声序列，为

$$w(n) = [\,0.75,-1.4,-1.1,-0.4,-0.42,-0.7\,]$$
$$\uparrow$$

求发送序列和接收序列的互相关函数 $R_{xy}(m)$。

解　按题意，$N=6$，由式（5-53），可得

$$\hat{R}_{xy}(m) = \frac{1}{N-|m|}\sum_{n=0}^{N-1-|m|} x(n)y(n+m) = \frac{1}{6-|m|}\sum_{n=0}^{5-|m|} x(n)[\,x(n+m-1)+w(n+m)\,]$$

$$= \frac{1}{6-|m|}\sum_{n=0}^{5-|m|}[\,x(n)x(n+m-1)\,] + \frac{1}{6-|m|}\sum_{n=0}^{5-|m|}[\,x(n)w(n+m)\,], \quad m=0,1,\cdots,5$$

求出互相关函数 $R_{xy}(m)$ 为

$$\hat{R}_{xy}(m) = [\,2.21,4.28,2.73,-0.52,-4.68,-5.10\,]$$

可见当 $m=1$ 时，互相关函数 $R_{xy}(m)$ 出现最大值，这是由于接收序列 $y(n)$ 是发送序列 $x(n)$ 的一个单位时间的延迟，显然，这也验证了滞后时间的检测原理。

三、随机信号的频域描述与分析

与确定性信号一样，可以通过傅里叶变换得到随机信号的频域表示。首先，由于随机信号在时域是由统计特性描述的，可以想象，它在频域的描述也是建立在统计意义上的；其次，随机信号由于它的任一样本具有无限长度和无限能量，因此被认为是功率型的。

（一）连续时间情况

设 $x_i(t)$ 是随机信号 $X(t)$ 的一个样本，是功率型信号，不满足傅里叶变换所要求的总能量有限（二次方可积）的条件，对于平稳随机信号 $X(t)$ 来说，将其给定的样本 $x_i(t)$ 截断，形成 $x_{T,i}(t)$，即

$$x_{T,i}(t) = \begin{cases} x_i(t) & |t| \le T \\ 0 & |t| > T \end{cases} \tag{5-54}$$

显然 $x_{T,i}(t)$ 满足傅里叶变换条件，其傅里叶变换存在，为

$$X_{T,i}(\omega) = \int_{-\infty}^{\infty} x_{T,i}(t)\mathrm{e}^{-\mathrm{j}\omega t}\mathrm{d}t = \int_{-T}^{T} x_i(t)\mathrm{e}^{-\mathrm{j}\omega t}\mathrm{d}t \tag{5-55}$$

并可写出能量的帕斯瓦尔等式为

$$E_{T,i} = \int_{-\infty}^{\infty} |x_{T,i}(t)|^2 \mathrm{d}t = \frac{1}{2\pi}\int_{-\infty}^{\infty} |X_{T,i}(\omega)|^2 \mathrm{d}\omega \tag{5-56}$$

等式两边同除以 $2T$，注意到式（5-54），并令 $T \to \infty$，得

$$P_i = \lim_{T \to \infty}\frac{1}{2T}\int_{-T}^{T}|x_i(t)|^2\mathrm{d}t = \frac{1}{2\pi}\int_{-\infty}^{\infty}\lim_{T \to \infty}\frac{1}{2T}|X_{T,i}(\omega)|^2\mathrm{d}\omega \tag{5-57}$$

式（5-57）左边是 $x_i(t)$ 的平均功率 P_i，由于 $x_i(t)$ 是功率信号，所以 P_i 必存在。将等式右边的被积函数记为 $p_i(\omega)$，即

$$p_i(\omega) = \lim_{T \to \infty}\frac{|X_{T,i}(\omega)|^2}{2T} \tag{5-58}$$

则式（5-57）就可写为

$$P_i = \frac{1}{2\pi}\int_{-\infty}^{\infty}p_i(\omega)\,\mathrm{d}\omega = \int_{-\infty}^{\infty}p_i(f)\,\mathrm{d}f \tag{5-59}$$

可见，$x_i(t)$ 的平均功率 P_i 由 $p_i(\omega)$ 在频率 $(-\infty,\infty)$ 区间的积分确定，与能谱密度对应，称 $p_i(\omega)$ 为 $x_i(t)$ 的功率谱密度函数，简称功率谱，它描述了 $x_i(t)$ 在各个不同频率上的功率分布情况。式（5-59）就是随机信号 $X(t)$ 的样本 $x_i(t)$ 的平均功率的谱表达式。

随机信号 $X(t)$ 的所有样本都有其功率谱，构成功率谱集合 $P(\omega) = \{p_i(\omega)\}, i = 1,2,3\cdots$，它是频域的随机信号，取该随机信号的集平均就是随机信号 $X(t)$ 的功率谱，记为 $S_x(\omega)$，即

$$S_x(\omega) = E[P(\omega)] = \lim_{T \to \infty}\frac{1}{2T}E[|X_T(\omega)|^2] \tag{5-60}$$

式中，$X_T(\omega)$ 是 $X_{T,i}(\omega)$ 的集合，$X_T(\omega) = \{X_{T,i}(\omega)\}, i = 1,2,3,\cdots$。

考虑平稳随机信号 $X(t)$ 的平均功率 P_x，它也应满足集平均，即

$$P_x = \lim_{T \to \infty}E\left[\frac{1}{2T}\int_{-T}^{T}X^2(t)\mathrm{d}t\right] = \lim_{T \to \infty}\frac{1}{2T}\int_{-T}^{T}E[X^2(t)]\mathrm{d}t = E[X^2(t)] \tag{5-61}$$

即平稳随机信号的平均功率就是它的均方值，根据式（5-17），它是一个与时间无关的常数。

将式（5-57）推广到集平均，可以得到

$$\lim_{T \to \infty}E\left[\frac{1}{2T}\int_{-T}^{T}X^2(t)\mathrm{d}t\right] = \frac{1}{2\pi}\int_{-\infty}^{\infty}\lim_{T \to \infty}\frac{1}{2T}E[|X_T(\omega)|^2]\mathrm{d}\omega$$

$$= \frac{1}{2\pi}\int_{-\infty}^{\infty}S_x(\omega)\mathrm{d}\omega$$

它是平稳随机信号 $X(t)$ 平均功率的谱表达式，表明平稳随机信号 $X(t)$ 的功率谱 $S_x(\omega)$ 是单位带宽的功率，它表示了 $X(t)$ 的平均功率关于频率的分布，是频域描述 $X(t)$ 统计规律的最主要的数字特征。值得注意的是，它只与幅度频谱有关，没有相位信息。

式（5-53）中的 $|X_T(\omega)|^2$ 可表示为

$$|X_T(\omega)|^2 = X_T(\omega)X_T^*(\omega) \tag{5-62}$$

将式（5-55）、式（5-62）代入式（5-60），可得

$$S_x(\omega) = \lim_{T \to \infty}\frac{1}{2T}E\left[\int_{-T}^{T}X(t_1)\mathrm{e}^{\mathrm{j}\omega t_1}\mathrm{d}t_1\int_{-T}^{T}X(t_2)\mathrm{e}^{-\mathrm{j}\omega t_2}\mathrm{d}t_2\right]$$

$$= \lim_{T \to \infty}\frac{1}{2T}\int_{-T}^{T}\int_{-T}^{T}E[X(t_1)X(t_2)]\mathrm{e}^{-\mathrm{j}\omega(t_2-t_1)}\mathrm{d}t_1\mathrm{d}t_2$$

$$= \lim_{T \to \infty} \frac{1}{2T} \int_{-T}^{T} \int_{-T}^{T} R_x(t_1, t_2) \, e^{-j\omega(t_2 - t_1)} \, dt_1 dt_2$$

令 $t_1 = t$，$t_2 = t + \tau$，则

$$S_x(\omega) = \lim_{T \to \infty} \frac{1}{2T} \int_{-T-t}^{T-t} \left[\int_{-T}^{T} R_x(t, t+\tau) \, dt \right] e^{-j\omega\tau} d\tau$$

$$= \int_{-\infty}^{\infty} \left[\lim_{T \to \infty} \frac{1}{2T} \int_{-T}^{T} R_x(t, t+\tau) \, dt \right] e^{-j\omega\tau} d\tau \tag{5-63}$$

对于平稳随机信号 $X(t)$，由式（5-22），有 $R_{xx}(t, t+\tau) = R_x(\tau)$，与时间 t 无关。则有 $\lim\limits_{T \to \infty} \dfrac{1}{2T}$

$\int_{-T}^{T} R_{xx}(\tau) \, dt = R_{xx}(\tau)$，代入式（5-63），得

$$S_x(\omega) = \int_{-\infty}^{\infty} R_{xx}(\tau) \, e^{-j\omega\tau} d\tau \tag{5-64}$$

可见，平稳随机信号 $X(t)$ 的功率谱是它的自相关函数 $R_{xx}(\tau)$ 的傅里叶变换，显然 $X(t)$ 的自相关函数 $R_{xx}(\tau)$ 应是其功率谱 $S_x(\omega)$ 的傅里叶反变换，即

$$R_{xx}(\tau) = \frac{1}{2\pi} \int_{-\infty}^{\infty} S_x(\omega) \, e^{j\omega\tau} d\omega \tag{5-65}$$

式（5-64）和式（5-65）称为维纳-辛钦（Wiener-Khinchine）公式，它们所表示的平稳随机信号的自相关函数与其功率谱之间构成傅里叶变换对的关系称为维纳-辛钦定理，揭示了从时域描述平稳随机信号的统计规律与从频域描述平稳随机信号的统计规律之间的内在联系，是分析随机信号的重要工具。当然，式（5-64）和式（5-65）成立的条件是 $R_{xx}(\tau)$ 绝对可积。

平稳随机信号的功率谱是频率的非负函数，这从式（5-60）直接可以看出，此外，它也是偶函数，这也可由式（5-60）得出，由于

$$\left| X_T(\omega) \right|^2 = X_T(\omega) \cdot X_T(-\omega)$$

是偶函数，它的均值的极限也必是偶函数。因此，维纳-辛钦公式也可表示为

$$S_x(\omega) = 2 \int_0^{\infty} R_{xx}(\tau) \cos(\omega\tau) \, d\tau \tag{5-66}$$

$$R_{xx}(\tau) = \frac{1}{\pi} \int_0^{\infty} S_x(\omega) \cos(\omega\tau) \, d\omega \tag{5-67}$$

当 $\tau = 0$ 时，有

$$R_{xx}(0) = \frac{1}{2\pi} \int_{-\infty}^{\infty} S_x(\omega) \, d\omega = P_x = E\left[X^2(t) \right] \tag{5-68}$$

即 $R_{xx}(0)$ 等于平稳随机信号的平均功率。

对于两个随机信号 $X(t)$ 和 $Y(t)$，若它们是平稳相关的，可以定义它们的互功率密度谱（简称互谱）为

$$S_{xy}(\omega) = \lim_{T \to \infty} \frac{1}{2T} E\left[X_T(-\omega) Y_T(\omega) \right] \tag{5-69}$$

它和互相关函数 $R_{xy}(\tau)$ 也是傅里叶变换对，即

$$S_{xy}(\omega) = \int_{-\infty}^{\infty} R_{xy}(\tau) e^{-j\omega\tau} d\tau \tag{5-70}$$

$$R_{xy}(\tau) = \frac{1}{2\pi}\int_{-\infty}^{\infty} S_{xy}(\omega) e^{j\omega\tau} d\omega \tag{5-71}$$

例 5-3 求例 5-1 所表示的随机相位余弦信号的功率谱及平均功率。

解 随机相位余弦信号为 $X(t) = A_0\cos(\omega_0 t + \theta)$，其中 A_0、ω_0 为常数，θ 为 $[0, 2\pi]$ 区间均匀分布的随机变量，例 5-1 已求得其自相关函数 $R_{xx}(\tau) = \frac{A_0^2}{2}\cos\omega_0\tau$，并已知其均值为常数 0，自相关函数仅与 τ 有关，可见 $X(t)$ 是宽平稳随机信号，因此可根据维纳-辛钦公式 [式 (5-64)] 求出功率谱为

$$\begin{aligned} S_x(\omega) &= \int_{-\infty}^{\infty} R_{xx}(\tau) e^{-j\omega\tau} d\tau \\ &= \int_{-\infty}^{\infty} \frac{A_0^2}{2}\cos\omega_0\tau \cdot e^{-j\omega\tau} d\tau = \frac{1}{2}\pi A_0^2 [\delta(\omega-\omega_0) + \delta(\omega+\omega_0)] \end{aligned}$$

这是强度为 $\pi A_0^2/2$ 的两个 δ 函数，平均功率为

$$P_x = R_{xx}(0) = \frac{1}{2}A_0^2\cos\omega_0\tau \mid_{\tau=0} = \frac{A_0^2}{2}$$

例 5-4 设一平稳随机信号 $N(t)$ 具有零均值和非零常数的功率谱，即 $E[N(t)] = 0$，$S_N(\omega) = \frac{1}{2}N_0(-\infty<\omega<\infty)$，求它的自相关函数 $R_{NN}(\tau)$。

解 由维纳-辛钦公式 [式 (5-65)]，$N(t)$ 的自相关函数为

$$R_{NN}(\tau) = \frac{1}{2\pi}\int_{-\infty}^{\infty} S_N(\omega) e^{j\omega\tau} d\omega = \frac{N_0}{4\pi}\int_{-\infty}^{\infty} e^{j\omega\tau} d\omega = \frac{1}{2}N_0\delta(\tau)$$

其平均功率为

$$P_N = R_{NN}(0) = \frac{1}{2}N_0\delta(0) = \infty$$

把零均值、功率谱在 $(-\infty, \infty)$ 范围内为非零常数的平稳随机信号称为白噪声，这是由于一方面它类似于具有均匀光谱的白光，另一方面它的自相关函数 $R_{NN}(\tau)$ 是 δ 函数，任意两个时刻的取值，不管两个时刻多么近都是不相关的，表明信号的变化完全是随机的。

白噪声 $N(t)$ 的功率谱 $S_N(\omega)$ 和自相关函数 $R_{NN}(\tau)$ 表示在图 5-2 中。图 5-2 所示的白噪声是理想白噪声，实际的随机信号一方面不可能具有无穷大的平均功率，另一方面也不可能具有严格的 δ 函数的自相关函数。但是，由于白噪声便于分析和处理，往往把一些随机信号近似地当成白噪声。实际上，在研究随机信号与系统（信号传输、处理装置）的关系时，只要信号的功率谱在一个比系统带宽大得多的频率范围内接近均匀分布，就可以近似地把它当成是白噪声，例如电阻热噪声等。如果信号的功率谱只在某一有限频率范围内均匀分布，而在其他频率范围为零，则称为限带白噪声。图 5-3 表示了低频限带白噪声和高频限带白噪声的功率谱。

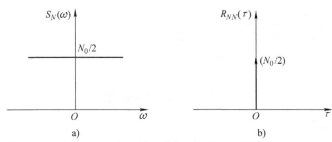

图 5-2 白噪声的功率谱和自相关函数

a）功率谱密度 b）自相关函数

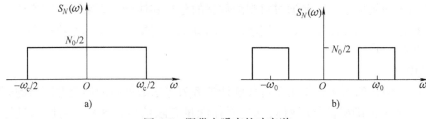

图 5-3 限带白噪声的功率谱

a）低频限带白噪声 b）高频限带白噪声

（二）离散时间情况

上述维纳-辛钦公式不仅适用于连续时间随机信号，也适用于离散时间随机序列，也就是说，平稳随机序列的功率密度谱 $S_x(\Omega)$ 与序列的自相关函数 $R_{xx}(m)$ 是一对离散时间傅里叶变换对。

设 $X(n)$ 为由均匀间隔的离散时间信号构成的平稳随机序列，其自相关函数为

$$R_{xx}(m) = E[X(n)X(n+m)] \tag{5-72}$$

当 $R_{xx}(m)$ 满足绝对可积条件时，对自相关函数做离散时间傅里叶变换便得其功率谱

$$S_x(\Omega) = \sum_{m=-\infty}^{\infty} R_{xx}(m)e^{-jm\Omega} \tag{5-73}$$

同时，有

$$R_{xx}(m) = \frac{1}{2\pi}\int_{-\pi}^{\pi} S_x(\Omega)e^{jm\Omega}d\Omega \tag{5-74}$$

离散时间信号的功率谱主要有以下特点：

1）功率谱是周期性的，因此可做傅里叶级数分解，而 $R_{xx}(m)$ 正是分解出的各次谐波的系数。

2）反变换的积分区间是 $[-\pi, \pi]$。

由式（5-73）计算平稳随机序列功率谱时，可以先对 $R_{xx}(m)$ 做双边 Z 变换得

$$S_x(z) = \sum_{m=-\infty}^{\infty} R_{xx}(m)z^{-m} \tag{5-75}$$

再令 $z=e^{j\Omega}$，便得到功率谱 $S_x(z)$。

例 5-5 设 $R_x(m) = a^{|m|}$，$|a|<1$，$m=0$，± 1，± 2，$\cdots$，求功率谱 $S_x(\Omega)$。

解 根据式（5-75），有

$$S_x(z) = \sum_{m=-\infty}^{\infty} R_{xx}(m)z^{-m} = \sum_{m=-\infty}^{-1} a^{-m}z^{-m} + \sum_{m=0}^{\infty} a^m z^{-m} = \sum_{m'=1}^{\infty} a^{m'}z^{m'} + \sum_{m=0}^{\infty} a^m z^{-m}$$

$$= \frac{az}{1-az} + \frac{1}{1-az^{-1}} = \frac{1-a^2}{1+a^2-a(z^{-1}+z)}$$

因此，求得功率谱为

$$S_x(\Omega) = \frac{1-a^2}{1+a^2-2a\cos\Omega}$$

（三）功率谱估计

功率谱是随机信号在频域描述的最主要的数字特征，可以通过它来揭示看起来杂乱无章的随机信号的一些规律性，所以，对随机信号功率谱的掌握具有重要实际意义。

对于实际的随机信号，主要通过对观测数据的分析和估计计算来求取功率谱，称为功率谱估计。功率谱估计的方法很多，应用较广泛的有基于傅里叶变换的经典法和基于随机信号参数模型的现代法。

1. 周期图法

周期图法有悠久的历史，得名于古代统计学者为寻求数据中的周期性所做的研究。该法把具有 N 个观测值的随机信号序列 $x_N(n)$ 看作能量有限信号，这样，可以通过傅里叶变换得到随机序列的频谱密度函数 $X_N(\Omega)$，参照连续信号功率谱定义式（5-58），可得出随机序列的功率谱估计计算式为

$$\hat{S}_x(\Omega) = \frac{1}{N} |X_N(\Omega)|^2 \tag{5-76}$$

由于快速傅里叶变换（FFT）能快速实现频谱密度函数 $X_N(\Omega)$ 的计算，因此，周期图法在 FFT 提出后成为最为广泛应用的功率谱估计方法。

但是，周期图法毕竟是用一次观测的有限长序列来估计平稳随机信号的统计特性，必然会产生估计误差和功率泄漏现象。为了尽量克服周期图法存在的缺点，除了在实际应用时尽可能加大观测数据的长度外，还可以采用一些改进方法，如采用合适的窗函数代替矩形窗（有限长序列相当于对随机信号加矩形窗）的平滑法，对观测数据先分段求出各段功率谱再进行平均化处理的平均法，在平均法中对观测数据分段时前后段重复使用一部分数据以增加分段数的 Welch 法等。

2. Blackman-Tukey（BT）法

这种方法是维纳-辛钦定理的应用。首先根据 N 个观测值 $x_N(n)$ 利用式（5-50）或式（5-51）估计得到自相关函数 $\hat{R}_{xx}(m)$，再由式（5-73），求得功率谱估计为

$$\hat{S}_x(\Omega) = \sum_{m=-\infty}^{\infty} \hat{R}_{xx}(m) e^{-jm\Omega} = \sum_{m=-(N-1)}^{N-1} \hat{R}_{xx}(m) e^{-jm\Omega} \tag{5-77}$$

当然，在求取自相关函数 $\hat{R}_{xx}(m)$ 时也可利用 FFT 快速算法进行。

周期图法和 BT 法都建立在傅里叶变换的基础上，属于经典法，它们均为有偏（渐近无偏）估计和非一致估计。

第二节　随机信号通过线性系统的分析

在实际工程应用中，往往需要对随机信号进行传输和加工处理，因此有必要研究随机信号通过各类系统后发生的变化。由于输入是随机信号，输出也是随机信号，因此，不能像输

入是确定性信号那样得出其确定的输出响应，只能根据输入随机信号的统计特性以及所通过的系统的特性，确定出输出随机信号的统计特性。本节主要讨论平稳随机信号通过线性时不变系统后输出信号的统计特性以及系统输入输出信号之间的关系。

一般地，随机信号通过线性系统时，有以下两种情况需要分析：

（1）平稳情况（稳态）　如果输入是平稳随机信号，系统是线性时不变且稳定的，则系统完成过渡过程进入稳态后，输出也应该是平稳的随机过程，这时分析的任务应该是求取输出信号的均值、自相关函数、功率谱密度函数以及输入、输出信号间的互相关函数、互谱密度函数等。

（2）非平稳情况（暂态）　即讨论系统进入稳态前的过渡过程，这时输出一般是非平稳的，分析的任务应该是求取输出信号的数字特征和相关函数。值得注意的是，这时它们应该是时间 t 的函数（数字特征）或时间 t_1 和 t_2 的函数（相关函数）。对于稳定的系统，$t \to \infty$ 时它们应等同于第一种情况，对于不稳定的系统，由于输出信号永远不会进入平稳状态，所以只能按过渡过程分析。

一、平稳随机信号通过连续系统的分析

（一）时域分析

已知一物理可实现线性时不变系统，设它的单位冲激响应为 $h(t)$。当 $-\infty < t < \infty$ 时，输入随机信号 $X(t)$ 有界，则其输出的零状态响应 $Y(t)$ 表示式为

$$Y(t) = X(t) * h(t) = \int_{-\infty}^{\infty} h(\tau) X(t-\tau) \mathrm{d}\tau \qquad (5-78)$$

如果输入信号是平稳的，则系统响应 $Y(t)$ 也是平稳的。

1. 输出 $Y(t)$ 的均值

设系统输入随机信号的均值为 m_x，则

$$m_y(t) = E[Y(t)] = E\left[\int_{-\infty}^{\infty} h(\tau) X(t-\tau) \mathrm{d}\tau\right]$$

$$= \int_{-\infty}^{\infty} h(\tau) E[X(t-\tau)] \mathrm{d}\tau = \int_{-\infty}^{\infty} h(\tau) m_x(t-\tau) \mathrm{d}\tau = h(t) * m_x(t) \qquad (5-79)$$

因为 $X(t)$ 为平稳随机信号，$m_x(t) = m_x(t-\tau) = m_x$ 为常数，故输出均值为

$$m_y(t) = m_x \int_{-\infty}^{\infty} h(\tau) \mathrm{d}\tau = m_y \qquad (5-80)$$

输出的均值也是与 t 无关的常数。

同理，可得

$$E[Y^2(t)] = E\{[X(t) * h(t)]^2\}$$

$$= E\left[\int_{-\infty}^{\infty} h(\tau_1) X(t-\tau_1) \mathrm{d}\tau_1 \int_{-\infty}^{\infty} h(\tau_2) X(t-\tau_2) \mathrm{d}\tau_2\right]$$

$$= \int_{-\infty}^{\infty} \int_{-\infty}^{\infty} h(\tau_1) h(\tau_2) E[X(t-\tau_1) X(t-\tau_2)] \mathrm{d}\tau_1 \mathrm{d}\tau_2$$

$$= \int_{-\infty}^{\infty} \int_{-\infty}^{\infty} R_x(\tau_2 - \tau_1) h(\tau_1) h(\tau_2) \mathrm{d}\tau_1 \mathrm{d}\tau_2 \qquad (5-81)$$

可见，系统响应的均方值与输入随机信号的自相关函数、系统的结构及参数有关，为一常数。

2. 输入与输出之间的互相关函数

根据互相关函数的定义，有

$$R_{xy}(t,t+\tau)=E[X(t)Y(t+\tau)]=E\left[X(t)\int_{-\infty}^{\infty}h(\tau_1)X(t+\tau-\tau_1)\mathrm{d}\tau_1\right]$$

$$=\int_{-\infty}^{\infty}h(\tau_1)E[X(t)X(t+\tau-\tau_1)]\mathrm{d}\tau_1=\int_{-\infty}^{\infty}h(\tau_1)R_{xx}(t,t+\tau-\tau_1)\mathrm{d}\tau_1$$

$$=h(\tau)*R_{xx}(t,t+\tau) \tag{5-82}$$

对于平稳随机信号，则有

$$R_{xy}(\tau)=h(\tau)*R_{xx}(\tau) \tag{5-83}$$

及

$$R_{yx}(\tau)=h(-\tau)*R_{xx}(\tau) \tag{5-84}$$

3. 输出 $Y(t)$ 的自相关函数

根据自相关函数的定义，有

$$R_{yy}(t,t+\tau)=E[Y(t)Y(t+\tau)]$$

$$=E\left[\int_{-\infty}^{\infty}h(\tau_1)X(t-\tau_1)\mathrm{d}\tau_1 Y(t+\tau)\right]$$

$$=\int_{-\infty}^{\infty}h(\tau_1)E[X(t-\tau_1)Y(t+\tau)]\mathrm{d}\tau_1$$

$$=\int_{-\infty}^{\infty}h(\tau_1)R_{xy}(t-\tau_1,t+\tau)\mathrm{d}\tau_1=\int_{-\infty}^{\infty}h(\tau_1)R_{xy}(\tau+\tau_1)\mathrm{d}\tau_1$$

$$=\int_{-\infty}^{\infty}R_{xy}(\tau_2)h(\tau_2-\tau)\mathrm{d}\tau_2=R_{xy}(\tau)*h(-\tau) \tag{5-85}$$

因为 $Y(t)$ 也是平稳随机信号，式（5-85）可写成

$$R_{yy}(\tau)=R_{xy}(\tau)*h(-\tau) \tag{5-86}$$

将式（5-83）代入，可得到

$$R_{yy}(\tau)=R_{xx}(\tau)*h(\tau)*h(-\tau) \tag{5-87}$$

式（5-87）说明系统输出的自相关函数是输入信号自相关函数与系统冲激响应的双重卷积的结果。同时也表明若输入随机信号是广义平稳的，则系统输出也是广义平稳的。

例 5-6　设有功率谱为 $S_x(\omega)=\dfrac{1}{2}N_0(-\infty<\omega<\infty)$ 的白噪声信号 $X(t)$ 加在如图 5-4 所示的积分电路输入端，求电路输出 $Y(t)$ 的自相关函数、输入输出信号之间的互相关函数以及输出平均功率。

解　按题意得出电路系统的系统函数为

$$H(s)=\frac{X(s)}{Y(s)}=\frac{1}{Ls+R}$$

查表 1-4，得到电路系统的单位冲激响应为

$$h(t)=\mathscr{L}^{-1}[H(s)]=\frac{1}{L}\mathrm{e}^{-\frac{R}{L}t}u(t)=100\mathrm{e}^{-100t}u(t)$$

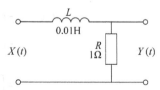

图 5-4　例 5-6 的积分电路

由式（5-83），求出电路系统输入输出信号之间的互相关函数为

$$R_{xy}(\tau) = h(\tau) * R_{xx}(\tau) = \int_{-\infty}^{\infty} h(t) R_{xx}(\tau - t) \, \mathrm{d}t$$

$$= \int_{0}^{\infty} h(t) \frac{N_0}{2} \delta(\tau - t) \, \mathrm{d}t = \frac{N_0}{2} h(\tau), \quad \tau \geqslant 0$$

由式（5-86），求出电路系统输出信号的自相关函数为

$$R_y(\tau) = R_{xy}(\tau) * h(-\tau) = \int_{-\infty}^{\infty} h(t) R_{xy}(\tau + t) \, \mathrm{d}t$$

$$= \frac{N_0}{2} \int_{0}^{\infty} (100 e^{-100t}) [100 e^{-100(\tau+t)}] \, \mathrm{d}t = \frac{N_0 100^2}{2} e^{-100\tau} \int_{0}^{\infty} e^{-200t} \, \mathrm{d}t = 25 N_0 e^{-100\tau}$$

由式（5-68），平稳随机信号的平均功率为自相关函数 $\tau = 0$ 时的取值，即

$$p_y = R_{yy}(0) = 25 N_0$$

（二）频域分析

如上节所述，随机信号是功率信号，各样本函数不存在傅里叶变换，所以不能直接利用傅里叶变换分析的方法。但是当系统的输入、输出均为平稳随机信号时，可以通过维纳-辛钦公式，求取功率谱密度函数，达到利用傅里叶变换来分析信号和系统的目的。

由于 $H(\omega)\big|_{\omega=0} = \int_{-\infty}^{\infty} h(\tau) e^{-j\omega\tau} \, \mathrm{d}\tau \big|_{\omega=0} = \int_{-\infty}^{\infty} h(\tau) \, \mathrm{d}\tau$，于是输出的均值可表示为

$$m_y = m_x H(0) \tag{5-88}$$

即系统输出响应的均值是输入信号均值与系统直流响应（频率为 0 值的系统频率响应）的乘积。

1. 系统输出的功率谱密度

对于物理可实现线性时不变系统，根据维纳-辛钦定理，平稳随机信号 $X(t)$ 作为输入信号，其功率谱密度函数为

$$S_x(\omega) = \mathscr{F}[R_{xx}(\tau)] = \int_{-\infty}^{\infty} R_{xx}(\tau) e^{-j\omega\tau} \, \mathrm{d}\tau \tag{5-89}$$

系统输出 $Y(t)$ 也应是平稳随机信号，它的功率谱密度函数应为

$$S_y(\omega) = \mathscr{F}[R_{yy}(\tau)] = \int_{-\infty}^{\infty} R_{yy}(\tau) e^{-j\omega\tau} \, \mathrm{d}\tau \tag{5-90}$$

由式（5-88），系统输出的功率谱密度函数又可表示为

$$S_y(\omega) = \mathscr{F}[R_{xx}(\tau) * h(\tau) * h(-\tau)]$$

$$= S_x(\omega) H(\omega) H(-\omega)$$

$$= S_x(\omega) H(\omega) H^*(\omega) = |H(\omega)|^2 S_x(\omega) \tag{5-91}$$

其中，应用了傅里叶变换的卷积定理和奇偶性性质。式（5-91）表明，系统输出信号的自功率谱等于输入信号功率谱与系统幅频特性二次方的乘积。所以可以由系统的幅频特性 $|H(\omega)|$ 与输入功率谱 $S_x(\omega)$ 来确定输出功率谱 $S_y(\omega)$。由此可见，系统的功率传输能力仅与系统的幅频特性有关，而与系统的相频特性无关。

2. 系统输入与输出之间的互功率谱密度

将式（5-84）两边取傅里叶变换，并利用傅里叶变换的时域卷积性质，得到

$$S_{xy}(\omega)=S_x(\omega)H(\omega) \tag{5-92}$$

式（5-92）表明互功率谱密度函数可以由输入功率谱 $S_x(\omega)$ 和系统频率特性 $H(\omega)$ 确定，它不仅包含有系统频率特性函数的幅度信息，还包含有系统频率特性函数的相位信息。此外，由式（5-92）可知，系统的频率特性可以通过输入输出的互功率谱与输入的自功率谱来求得。

例 5-7　如图 5-5 所示，已知电路的输入信号 $X(t)$ 是零均值的白噪声，功率谱 $S_x(\omega)=1$，求电路输出信号 $Y(t)$ 的均值 m_y、自相关函数 $R_{yy}(\tau)$、功率谱密度 $S_y(\omega)$ 及平均功率 p_y。

解　由图 5-5，可求出系统的频率特性为

$$H(\omega)=\frac{\dfrac{1}{\mathrm{j}\omega C}}{R+\dfrac{1}{\mathrm{j}\omega C}}=\frac{1}{1+\mathrm{j}\omega T}$$

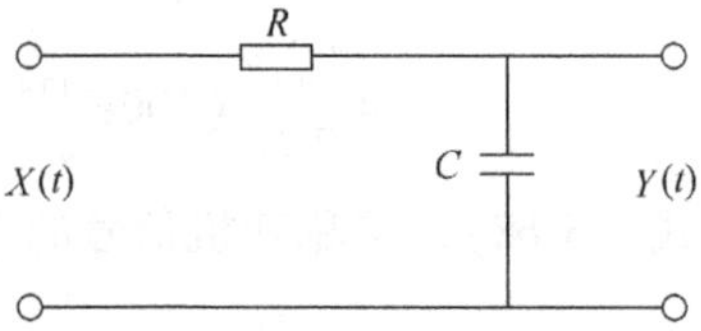

图 5-5　例 5-7 的电路

其中 $T=RC$，由式（5-91），系统输出 $Y(t)$ 的功率谱密度 $S_y(\omega)$ 为

$$S_y(\omega)=|H(\omega)|^2 S_x(\omega)=\frac{1}{1+\omega^2 T^2}$$

根据维纳-辛钦定理，平稳随机信号的自相关函数与其功率谱为傅里叶变换对，即自相关函数为功率谱的傅里叶反变换。查表 1-2，可得 $Y(t)$ 的自相关函数为

$$R_{yy}(\tau)=\frac{1}{2T}\mathrm{e}^{-\frac{1}{T}|\tau|}$$

又由式（5-88），求得 $Y(t)$ 的均值为

$$m_y=m_x H(0)=0$$

由式（5-68），求得 $Y(t)$ 的平均功率为

$$p_y=E[Y^2(t)]=R_{yy}(0)=\frac{1}{2T}$$

二、平稳随机信号通过离散系统的分析

随机序列通过离散系统的分析，与连续时间随机信号通过连续系统的分析计算类似，可以采用时域分析与频域分析两种方法。

（一）时域分析

设已知线性时不变离散系统的单位脉冲响应为 $h(n)$，在 $-\infty<n<\infty$ 范围内输入随机序列 $X(n)$，又设 $Y(n)$ 是 $X(n)$ 通过该系统的输出序列，则输出随机序列 $Y(n)$ 为 $h(n)$ 与 $X(n)$ 的卷积和，即

$$Y(n)=h(n)*X(n)=\sum_{k=-\infty}^{\infty}h(k)X(n-k) \tag{5-93}$$

由于输入的是随机信号，输出一般也是随机信号。

1. 输出 $Y(n)$ 的均值

输出序列的均值 $m_y(n)$ 可以通过式（5-93）计算，即

$$m_y(n) = E[Y(n)] = \sum_{k=-\infty}^{\infty} h(k)E[X(n-k)] = \sum_{k=-\infty}^{\infty} h(k)m_x(n-k) \qquad (5\text{-}94)$$

若 $X(n)$ 为平稳随机序列，则 $m_x(n) = m_x(n-k) = m_x$ 为常数，故有

$$m_y = \sum_{k=-\infty}^{\infty} h(k)m_x = m_x \sum_{k=-\infty}^{\infty} h(k) \qquad (5\text{-}95)$$

2. 输出与输入之间的互相关函数

根据互相关函数定义有

$$R_{xy}(n, n+m) = E[X(n)Y(n+m)]$$

$$= E\left[X(n)\sum_{k=-\infty}^{\infty} h(k)X(n+m-k)\right]$$

$$= \sum_{k=-\infty}^{\infty} h(k)R_{xx}(n, n+m-k) \qquad (5\text{-}96)$$

若 $X(n)$ 为平稳随机序列，则有

$$R_{xy}(m) = \sum_{k=-\infty}^{\infty} h(k)R_{xx}(m-k) = h(m) * R_{xx}(m) \qquad (5\text{-}97)$$

$$R_{yx}(m) = \sum_{k=-\infty}^{\infty} h(k)R_{xx}(m+k) = h(-m) * R_{xx}(m) \qquad (5\text{-}98)$$

3. 输出 $Y(n)$ 的自相关函数

根据自相关函数定义有

$$R_{yy}(n, n+m) = E[Y(n)Y(n+m)]$$

$$= \sum_{k=-\infty}^{\infty}\sum_{i=-\infty}^{\infty} h(k)h(i)E[X(n-k)X(n+m-i)]$$

$$= \sum_{k=-\infty}^{\infty}\sum_{i=-\infty}^{\infty} h(k)h(i)R_{xx}(n-k, n+m-i) \qquad (5\text{-}99)$$

若 $X(n)$ 为平稳随机序列，则有

$$R_{yy}(m) = \sum_{k=-\infty}^{\infty}\sum_{i=-\infty}^{\infty} h(k)h(i)R_{xx}(m+k-i)$$

$$= R_{xx}(m) * h(m) * h(-m) \qquad (5\text{-}100)$$

式（5-100）说明，输出随机序列 $Y(n)$ 的自相关函数只与时间差 m 有关。实际上，对于线性时不变系统而言，如果输入随机信号是平稳的，输出随机信号也是平稳的，故其概率特性是时不变的，自相关函数只与时间差有关。

当 $m=0$ 时，有

$$R_{yy}(0) = E[Y^2(n)] = \sum_{k=-\infty}^{\infty}\sum_{i=-\infty}^{\infty} h(k)h(i)R_{xx}(k-i) \qquad (5\text{-}101)$$

（二）频域分析

类似于连续系统的情况，当平稳随机序列通过线性时不变离散系统时，输出仍然是平稳随机序列。

由于 $H(\Omega)|_{\Omega=0} = \left(\sum_{n=-\infty}^{\infty} h(n)\mathrm{e}^{-\mathrm{j}\Omega n}\right)\bigg|_{\Omega=0} = \sum_{n=-\infty}^{\infty} h(n)$，于是输出序列的均值 [式（5-95）

可表示为

$$m_y = m_x H(0) \tag{5-102}$$

第二章中已讨论，离散时间傅里叶变换就是在 z 平面单位圆上的 Z 变换，所以，与连续系统的维纳-辛钦定理相对应，对于线性时不变离散系统，平稳随机序列的自相关函数与功率谱密度函数应该是一对 Z 变换。应用 Z 变换的卷积定理和奇偶性性质，式（5-97）和式（5-100）的 Z 变换结果分别为

$$S_{xy}(z) = H(z)S_x(z) \tag{5-103}$$

$$S_y(z) = H(z)H(z^{-1})S_x(z) \tag{5-104}$$

若式（5-103）和式（5-104）的收敛域包含了 z 平面的单位圆，则以 $z = e^{j\omega T} = e^{j\Omega}$ 代入两式，就可求得功率谱密度表达式，即输入输出间的互功率谱为

$$S_{xy}(\Omega) = S_{xy}(z)\big|_{z=e^{j\Omega}} = H(e^{j\Omega})S_x(e^{j\Omega}) = H(\Omega)S_x(\Omega) \tag{5-105}$$

输出序列的自功率谱为

$$S_y(\Omega) = S_y(z)\big|_{z=e^{j\Omega}} = H(e^{j\Omega})H(e^{-j\Omega})S_x(e^{j\Omega})$$
$$= |H(e^{j\Omega})|^2 S_x(e^{j\Omega}) = |H(\Omega)|^2 S_x(\Omega) \tag{5-106}$$

同理还可得到

$$S_{yx}(\Omega) = H(z^{-1})S_x(z)\big|_{z=e^{j\Omega}} = H(e^{-j\Omega})S_x(e^{j\Omega}) = H^*(\Omega)S_x(\Omega)$$

例 5-8 已知一线性系统的单位脉冲响应为

$$h(n) = a^n u(n), \quad |a| < 1$$

系统输入是自相关函数为 $R_{xx}(m) = \sigma_x^2 \delta(m)$ 的平稳随机序列 $X(n)$，试求系统输出的自功率谱密度函数 $S_y(\Omega)$。

解 离散系统的系统函数为

$$H(z) = \sum_{k=-\infty}^{\infty} h(k)z^{-k} = \sum_{k=-\infty}^{\infty} a^k z^{-k} = \frac{z}{z-a}, \quad |z| > |a|$$

其收敛域包含了 z 平面的单位圆，所以有

$$H(\Omega) = H(z)\big|_{z=e^{j\Omega}} = \frac{e^{j\Omega}}{e^{j\Omega}-a}$$

又由维纳-辛钦定理，输入信号的自功率谱是自相关函数的傅里叶变换，即

$$S_x(\Omega) = \mathscr{F}[R_{xx}(m)] = \mathscr{F}[\sigma_x^2 \delta(m)] = \sigma_x^2$$

根据式（5-106），可得输出信号的自功率谱密度函数为

$$S_y(\Omega) = |H(\Omega)|^2 S_x(\Omega) = \left|\frac{e^{j\Omega}}{e^{j\Omega}-a}\right|^2 \sigma_x^2 = \frac{\sigma_x^2}{1+a^2-2a\cos\Omega}$$

（三）基于参数模型的谱估计方法

在现代信号处理技术中，将一个零均值的平稳随机信号 $x(n)$ 看成是一、二阶统计特性已知的白噪声 $N(t)$ 激励一个确定性线性系统 $H(z)$ 的结果，通常将确定性线性系统 $H(z)$ 表示为如式（3-50）所示的全极点型系统或自回归（AR）模型，即

$$H(z) = \frac{1}{\sum_{k=0}^{p} a_k z^{-k}} = \frac{1}{1+\sum_{k=1}^{p} a_k z^{-k}}$$

如果已知白噪声 $N(t)$ 的功率谱为 $S_N(\Omega)$，则由式（5-106），随机信号 $x(n)$ 的功率谱为

$$S_x(\Omega) = |H(\Omega)|^2 S_N(\Omega) = \frac{S_N(\Omega)}{\left|1 + \sum_{k=1}^{p} a_k e^{-jk\Omega}\right|^2} \tag{5-107}$$

式（5-107）是应用 AR 参数模型进行信号谱估计的公式，称为 AR 谱估计。式中，AR 模型的阶次 p 及模型参数 $a_k(k=1,2,\cdots,p)$ 通过随机信号参数模型分析方法中的估计算法求得，具体可参阅相关文献。

与经典的谱估计方法相比较，AR 谱估计具有平滑、所需观测数据较少等优点。

三、过渡过程分析

在系统响应进入稳态前，一般认为系统的输出是非平稳的，它的统计特性应该是时间 t 的函数，因此，此时作为与 t 无关的随机信号平稳特征量以及它们的傅里叶变换形式都不存在，即信号的功率谱密度函数不存在。可见频域法分析也失去了意义，只能采用时域分析的方法，分别求出系统的零输入响应和零状态响应，然后将它们叠加。要注意的是在这种情况下，通常认为输入信号是在 $t=0$ 时刻加入的，在取积分或累加的上下限时不能照搬前面的情况。下面仍以连续情况和离散情况分别讨论。

（一）连续时间信号情况

1. 零输入响应

与确定性情况类似，它由初始状态决定。初始状态可能是确定性量，也可能是随机变量，如果初始状态是确定性量，所得响应也是确定性的；如果初始状态是随机变量，只要求得出所需结果的解析表达式，就能分析所得结果的统计特征。下面通过一个具体的例子来说明。

例 5-9 图 5-6 中，设输入为零均值单位强度的白噪声，开关 S 是打开的，电路处于平稳状态。在 $t=0$ 时开关 S 闭合。求 $t \geq 0$ 后电容两端电压 $Y(t)$ 的均方值及自相关函数。

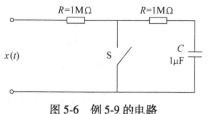

图 5-6 例 5-9 的电路

解 按题意，开关 S 闭合后输出的零状态响应为零，只需求它的零输入响应。先求出 S 闭合前的系统各参量，这时，已知 $S_x(\omega) = 1$，由式（5-91），输出 $Y(t)$ 的功率谱为

$$S_y(\omega) = |H(\omega)|^2 S_x(\omega) = \left|\frac{\frac{1}{j\omega C}}{2R + \frac{1}{j\omega C}}\right|^2 S_x(\omega) = \frac{1}{1 + (2RC\omega)^2} = \frac{1}{1 + 4\omega^2}$$

自相关函数与功率谱互为傅里叶变换对，查表 1-2，可得输出 $Y(t)$ 的自相关函数为

$$R_{yy}(\tau) = \mathscr{F}^{-1}[S_y(\omega)] = \frac{1}{4} e^{-\frac{1}{2}\tau}, \quad \tau \geq 0$$

又由式（5-28），输出 $Y(t)$ 的均方值为

$$E[Y^2(t)] = R_{yy}(0) = \frac{1}{4}$$

S 闭合后，待求电路的动态方程为

$$RC\frac{\mathrm{d}Y(t)}{\mathrm{d}t}+Y(t)=\frac{\mathrm{d}Y(t)}{\mathrm{d}t}+Y(t)=0$$

输出 $Y(t)$ 的零输入响应为

$$Y(t)=Y(0)\mathrm{e}^{-t},\quad t\geqslant 0$$

其均方值为

$$E[Y^2(t)]=E\{[Y(0)\mathrm{e}^{-t}]^2\}=E[Y^2(0)]\mathrm{e}^{-2t},\quad t\geqslant 0$$

式中，$E[Y^2(0)]$ 为 S 闭合前（电路尚处于平稳状态）$Y(t)$ 的均方值，即为 1/4，代入得

$$E[Y^2(t)]=\frac{1}{4}\mathrm{e}^{-2t},\quad t\geqslant 0$$

而 $Y(t)$ 的自相关函数为

$$R_{yy}(t,t+\tau)=E[Y(t)Y(t+\tau)]=E[Y(0)\mathrm{e}^{-t}\cdot Y(0)\mathrm{e}^{-(t+\tau)}]$$

$$=E[Y^2(0)]\mathrm{e}^{-2t-\tau}=\frac{1}{4}\mathrm{e}^{-2t-\tau},\quad t\geqslant 0$$

$Y(t)$ 的均方值和自相关函数都是关于 t 的函数，可见是非平稳的随机过程。

2. 零状态响应

完全按时域分析方法进行，设输入 $x(t)$ 为任一具体实现，对于因果系统，零状态输出 $y(t)$ 为

$$y(t)=\int_0^t h(\tau)x(t-\tau)\mathrm{d}\tau$$

根据相关函数的定义，输出 $y(t)$ 的自相关函数为

$$R_{yy}(t_1,t_2)=E[y(t_1)y(t_2)]=E\left[\int_0^{t_1}h(\tau)x(t_1-\tau)\mathrm{d}\tau\int_0^{t_2}h(u)x(t_2-u)\mathrm{d}u\right]$$

$$=\int_0^{t_1}\int_0^{t_2}h(\tau)h(u)R_{xx}(t_1-\tau,t_2-u)\mathrm{d}u\mathrm{d}\tau$$

输入输出的互相关函数为

$$R_{xy}(t_1,t_2)=E[x(t_1)y(t_2)]=E\left[x(t_1)\int_0^{t_2}h(\tau)x(t_2-\tau)\mathrm{d}\tau\right]$$

$$=\int_0^{t_2}h(\tau)R_{xx}(t_1,t_2-\tau)\mathrm{d}\tau$$

如果输入 $x(t)$ 是平稳过程，上两式又可以分别写成

$$R_{yy}(t_1,t_2)=\int_0^{t_1}\int_0^{t_2}h(\tau)h(u)R_{xx}(t_2-t_1-u+\tau)\mathrm{d}u\mathrm{d}\tau$$

$$R_{xy}(t_1,t_2)=\int_0^{t_2}h(\tau)R_{xx}(t_2-t_1-\tau)\mathrm{d}\tau$$

如果要求解系统过渡过程的总响应，可以分别分析零输入响应和零状态响应，再将二者合在一起。

（二）离散时间信号情况

和连续时间信号过渡过程的分析一样，离散系统的过渡过程分析也可以分别分析零输入

响应和零状态响应。根据初始状态是确定性量还是随机变量，来确定系统零输入响应是一个确定性过程还是一个随机过程；系统的零状态响应则可以通过卷积和来分析，即设输入信号 $x(n)$ 的自相关函数是 $R_{xx}(m)$，在 $n=0$ 时刻把 $x(n)$ 施加到一个脉冲响应为 $h(n)$ 的时不变因果系统上，如图 5-7 所示，则系统输出为

$$y(n) = \sum_{k=0}^{n} h(k)x(n-k)$$

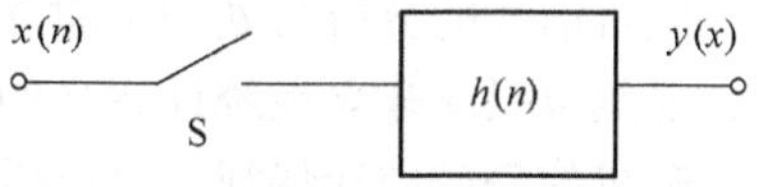

图 5-7 离散时间系统

如果输入 $x(n)$ 是平稳过程，输出的自相关函数为

$$R_{yy}(n_1,n_2) = E[y(n_1)y(n_2)] = \sum_{k_1=0}^{n_1}\sum_{k_2=0}^{n_2} h(k_1)h(k_2)R_{xx}(n_2-k_2-n_1+k_1) \qquad (5\text{-}108)$$

通过变量置换，式（5-108）可改写为

$$R_{yy}(n_1,n_2) = \sum_{k_1=0}^{n_1}\sum_{k_2=0}^{n_2} h(n_1-k_1)h(n_2-k_2)R_{xx}(k_2-k_1)$$

系统输入输出的互相关函数为

$$R_{xy}(n_1,n_2) = E[x(n_1)y(n_2)] = \sum_{k=0}^{n_2} h(k)R_{xx}(n_2-n_1-k)$$

例 5-10 设有一阶 AR 系统为

$$y(n) = x(n) + ay(n-1), \quad |a|<1$$

在 $n=0$ 时施加零均值的平稳白噪声 $x(n)$，其自相关函数是 $R_{xx}(m) = \sigma_x^2\delta(m)$，求输出的自相关函数。

解 根据题意，离散系统的系统函数为

$$H(z) = \frac{1}{1-az^{-1}}$$

查表 2-9 可得系统的单位脉冲响应为

$$h(n) = \begin{cases} a^n & n\geq 0 \\ 0 & \text{其他} \end{cases}$$

将其代入式（5-108），得到

$$R_{yy}(n_1,n_2) = \sum_{k_1=0}^{n_1}\sum_{k_2=0}^{n_2} h(k_1)h(k_2)R_{xx}(n_2-k_2-n_1+k_1)$$

$$= \sigma_x^2\sum_{k_1=0}^{n_1}\sum_{k_2=0}^{n_2} h(k_1)h(k_2)\delta(n_2-k_2-n_1+k_1)$$

$$= \sigma_x^2\sum_{k_1=0}^{n_1} h(k_1)h(n_2-n_1+k_1) = \sigma_x^2\sum_{k_1=0}^{n_1} a^{k_1}a^{n_2-n_1+k_1}$$

$$= \sigma_x^2\sum_{k_1=0}^{n_1} a^{n_2-n_1+2k_1} = \sigma_x^2 a^{n_2-n_1}\sum_{k_1=0}^{n_1} a^{2k_1}$$

$$= \sigma_x^2 a^{n_2-n_1}\left(\frac{1-a^{2n_1+2}}{1-a^2}\right) = \frac{\sigma_x^2(a^{n_2}-a^{2n_1+n_2+2})}{a^{n_1}-a^{n_1+2}}$$

373

第三节 最优线性滤波

随机信号的分析与处理是建立在统计意义上进行的，如果要研究混杂在噪声中的随机信号，显然也只能建立在统计意义的基础上。可见，讨论从噪声背景中通过概率统计的方法，获取随机信号的统计特征，可以借用从噪声背景中获取确定性信号相同的概念，即"滤波"来描述，也可理解为波形的估计问题。但与确定性信号滤波的本质区别在于这里的"滤波"不是根据频谱特性实现信号与噪声的分离，而是根据观测值通过一定的估计算法在一定的判据意义下使估计得到的随机信号特性最接近随机信号的真实特性。如果估计算法是观测值的线性函数，则称为线性滤波或线性估计，"最优"是指在一定判据的意义下达到最优，通常以最小均方误差作为判据。

考虑如图 5-8 所示的估计问题，其中观察得到的信号 $x(t)$ 中既含有随机信号 $s(t)$，又含有噪声 $n(t)$，经过处理器的估计算法得到估计值为 $\hat{y}(t)$，作为对所希望取得的信号 $y(t)$ 的估计。要求 $y(t)$ 与 $\hat{y}(t)$ 的差值在一定判据意义下最小，估计的任务就是根据以上要求设计出处理器，并求出估计值 $\hat{y}(t)$。

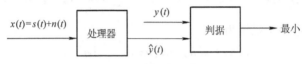

图 5-8 线性估计模型

根据待估计量 $y(t)$ 的形式，估计问题可以分为 3 类：

（1）滤波问题 由 $t_0 \sim t_f$ 一段时间的观察值 $x(t)$（$t_0 \leqslant t \leqslant t_f$），得出 $t = t_f$ 时刻随机信号 $s(t)$ 的值，即

$$y(t) = s(t), \quad t = t_f$$

（2）预测问题 由 $t_0 \sim t_f$ 一段时间的观察值 $x(t)$（$t_0 \leqslant t \leqslant t_f$），估计出 $t > t_f$ 的某一时刻待估计信号的可能值，即

$$y(t) = s(t+\alpha), \quad \alpha > 0$$

（3）平滑问题 由 $t_0 \sim t_f$ 一段时间的观察值 $x(t)$（$t_0 \leqslant t \leqslant t_f$），估计 $t_0 < t < t_f$ 期间内待估计信号的值，即

$$y(t) = s(t-\alpha), \quad \alpha > 0$$

本节主要介绍滤波问题。

一、维纳滤波

维纳滤波首先假设信号和处理器满足以下 3 个条件：

1）$x(t)$ 中待估计的随机信号 $s(t)$ 和噪声 $n(t)$ 都是零均值的平稳随机信号，且是相加性结合的，即

$$x(t) = s(t) + n(t) \tag{5-109}$$

2）处理器的算法为线性运算，如果处理器的单位脉冲响应为 $h(t)$，即有

$$\hat{y}(t) = x(t) * h(t) = \int_{t_0}^{t_f} x(\tau) h(t-\tau) \mathrm{d}\tau \tag{5-110}$$

3）所采用的判据为均方误差最小，即

$$\varepsilon = E\{[y(t) - \hat{y}(t)]^2\} = \min \tag{5-111}$$

（一）正交定理

假设 $y(t)$ 的估计值 $\hat{y}(t)$ 是观测值 $x(t)$ 的线性函数，即

$$\hat{y}(t) = ax(t) + b \tag{5-112}$$

式中，a、b 为待定常数，这时估计的均方误差为

$$\varepsilon = E\{[y(t) - \hat{y}(t)]^2\} = E\{[y(t) - ax(t) - b]^2\}$$

根据均方误差最小的判据来确定 a 和 b，即令

$$\frac{\partial \varepsilon}{\partial a} = -2E\{[y(t) - ax(t) - b]x(t)\} = 0$$

得

$$E[\tilde{y}(t)x(t)] = 0 \tag{5-113}$$

这就是线性估计的正交定理，式中，$\tilde{y}(t) = y(t) - \hat{y}(t)$ 为估计误差。正交定理表明，为了使估计的均方误差最小，估计误差与观察值乘积的均值应为零，即这两个随机变量应是正交的。这时估计误差与估计值也正交，这是因为

$$E[\tilde{y}(t)\hat{y}(t)] = E\{\tilde{y}(t)[ax(t) + b]\} = aE[\tilde{y}(t)x(t)] + bE[\tilde{y}(t)] = 0$$

这里用到线性最小均方误差估计是无偏估计的概念（可参见有关书籍）。由上面讨论，还可以得到在这一估计下均方误差的计算式为

$$\varepsilon = E\{[y(t) - \hat{y}(t)]^2\} = E[\tilde{y}(t)y(t)] - E[\tilde{y}(t)\hat{y}(t)] = E[\tilde{y}(t)y(t)] \tag{5-114}$$

正交定理是估计理论的重要定理。如将待估计量 $\boldsymbol{y}$ 和观察值 $\boldsymbol{x}$ 看作是向量空间的两个向量，则由 $\tilde{\boldsymbol{y}} = \boldsymbol{y} - \hat{\boldsymbol{y}}$，3 个向量构成了如图 5-9 所示的三角形，显然只有 $\tilde{\boldsymbol{y}}$ 与 $\hat{\boldsymbol{y}}$ 垂直（正交）时其长度最短。

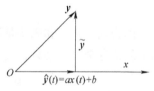

图 5-9 正交定理的几何解释

（二）维纳-霍夫积分方程

如上所述，处理器为式（5-109）决定的线性运算，根据正交定理 [式（5-113）]，有

$$E\{[y(t) - \hat{y}(t)]x(\xi)\} = 0, \quad t_0 \leqslant \xi \leqslant t_f \tag{5-115}$$

即 t 时刻的估计误差与 $t_0 \sim t_f$ 区间所有时刻的观察值 $x(\xi)$ 正交。式（5-115）又可写成

$$E[y(t)x(\xi)] = E[\hat{y}(t)x(\xi)]$$

将式（5-110）代入得

$$E[y(t)x(\xi)] = E\left[\int_{t_0}^{t_f} x(\tau)h(t-\tau)x(\xi)\mathrm{d}\tau\right]$$

即

$$R_{yx}(t-\xi) = \int_{t_0}^{t_f} h(t-\tau)R_x(\tau-\xi)\mathrm{d}\tau, \quad t_0 \leqslant \xi \leqslant t_f \tag{5-116}$$

式（5-116）称为维纳-霍夫积分方程，它给出了线性处理器 $h(t)$ 应满足的条件。由方程式可知，只要相关函数 R_{yx} 和 R_{xx} 已知，就可解出 $h(t)$，进而可计算出估计值 $\hat{y}(t)$ 为

$$\hat{y}(t) = \int_{t_0}^{t_f} x(\tau)h(t-\tau)\mathrm{d}\tau$$

和均方误差 ε 为

$$\varepsilon_{\min} = E\left\{\left[y(t) - \int_{t_0}^{t_f} x(\tau)h(t-\tau)\,\mathrm{d}\tau\right]y(t)\right\}$$

$$= R_y(0) - \int_{t_0}^{t_f} h(t-\tau)R_{xy}(t-\tau)\,\mathrm{d}\tau$$

但是,维纳-霍夫积分方程未必能解出 $h(t)$ 的解析解,而且即使能解出也未必是物理可实现的。因此,下面只对几个具体情况做进一步讨论。

(三)非因果维纳滤波器

滤波问题是用 t 时刻以前的全部观察值来估计 t 时刻的信号值,即 $t_0 = -\infty$, $t_f = t$, $y(t) = s(t)$,这样,维纳-霍夫积分方程 [式 (5-116)] 变为

$$R_{sx}(t-\xi) = \int_{-\infty}^{t} h(t-\tau)R_{xx}(\tau-\xi)\,\mathrm{d}\tau, \quad -\infty \leqslant \xi \leqslant t$$

令 $t-\xi = \eta$, $t-\tau = \lambda$,做变量置换,上式变为

$$R_{sx}(\eta) = \int_{0}^{\infty} h(\lambda)R_{xx}(\eta-\lambda)\,\mathrm{d}\lambda, \quad 0 \leqslant \eta \leqslant \infty$$

或写为

$$R_{sx}(\tau) = \int_{0}^{\infty} h(\lambda)R_{xx}(\tau-\lambda)\,\mathrm{d}\lambda, \quad 0 \leqslant \tau \leqslant \infty \tag{5-117}$$

此时

$$\varepsilon_{\min} = R_{ss}(0) - \int_{0}^{\infty} h(\tau)R_{xs}(\tau)\,\mathrm{d}\tau \tag{5-118}$$

因为现在考虑非因果情况,可以把观察时间的上限 t_f 扩展到 $+\infty$,即利用 $x(t)$ 在全时间轴上的信息来进行估计,此时式 (5-117) 可写为

$$R_{sx}(\tau) = \int_{-\infty}^{\infty} h(\lambda)R_{xx}(\tau-\lambda)\,\mathrm{d}\lambda, \quad -\infty \leqslant \tau \leqslant \infty$$

等式右边是卷积形式,对该式做傅里叶变换得

$$S_{sx}(\omega) = H(\omega)S_x(\omega)$$

或

$$H(\omega) = \frac{S_{sx}(\omega)}{S_x(\omega)} \tag{5-119}$$

这是求解 $h(t)$ 的频域形式。

例 5-11 设一观测信号包含了功率谱为 $\dfrac{1}{1+\omega^2}$ 的随机信号与功率谱为 1 的白噪声,且两者相互统计独立,试设计维纳滤波器,以得到信号的最优估计。

解 按题意有

$$S_s(\omega) = \frac{1}{1+\omega^2}, \quad S_n(\omega) = 1$$

因为 $s(t)$ 和 $n(t)$ 统计独立,则有

$$S_x(\omega) = S_s(\omega) + S_n(\omega)$$

$$S_{sx}(\omega) = S_s(\omega)$$

由式（5-119），维纳滤波器的频率特性为

$$H(\omega) = \frac{S_s(\omega)}{S_s(\omega) + S_n(\omega)} = \frac{\dfrac{1}{1+\omega^2}}{\dfrac{1}{1+\omega^2}+1} = \frac{1}{2+\omega^2}$$

求其傅里叶反变换，即可得维纳滤波器的冲激响应为

$$h(t) = \frac{\sqrt{2}}{4}e^{-\sqrt{2}\,|t|}$$

对离散时间的情况，维纳-霍夫方程可写为

$$R_{sx}(m) = \sum_{n=0}^{\infty} h(n) R_{xx}(m-n) \quad 0 \leqslant m \leqslant \infty \tag{5-120}$$

同样由于考虑非因果情况，式 5-120 可写为

$$R_{sx}(m) = \sum_{n=-\infty}^{\infty} h(n) R_{xx}(m-n) \quad -\infty \leqslant m \leqslant \infty$$

因此滤波器的频率特性为

$$H(\Omega) = \frac{S_{sx}(\Omega)}{S_x(\Omega)} \tag{5-121}$$

此时的最小均方误差为

$$\varepsilon_{\min} = R_{ss}(0) - \sum_{n=-\infty}^{\infty} h(n) R_{sx}(n) \tag{5-122}$$

（四）因果维纳滤波器

非因果维纳滤波器需要用全部时间轴上的观察值来估计随机信号，所以不能实时地实现，如果限制用最近的 $p+1$ 个观察值 $[x(n), x(n-1), \cdots, x(n-p)]$ 来估计随机信号 $s(n)$，即处理器运算限制为

$$\hat{s}(n) = \sum_{k=0}^{p} h(k) x(n-k)$$

由正交定理得

$$E\left\{\left[s(n) - \sum_{k=0}^{p} h(k) x(n-k)\right] x(m)\right\} = 0, \quad m = n, n-1, \cdots, n-p$$

即

$$\sum_{k=0}^{p} h(k) R_{xx}(n-k-m) = R_{sx}(n-m), \quad m = n, n-1, \cdots, n-p$$

令 $m' = n-m$，上式变为

$$\sum_{k=0}^{p} h(k) R_{xx}(m'-k) = R_{sx}(m'), \quad m' = 0, 1, \cdots, p$$

写成矩阵形式，即为

$$\boldsymbol{R}_x \boldsymbol{h} = \boldsymbol{g} \tag{5-123}$$

377

式中，$\boldsymbol{h} = [h(0) \quad h(1) \quad \cdots \quad h(p)]^{\mathrm{T}}$ 为待求的维纳滤波因子；$\boldsymbol{g} = [R_{sx}(0) \quad R_{sx}(1) \quad \cdots$
$R_{sx}(p)]^{\mathrm{T}}$ 为互相关函数矢量；

$$\boldsymbol{R}_{xx} = \begin{pmatrix} R_{xx}(0) & R_{xx}(-1) & \cdots & R_{xx}(-p) \\ R_{xx}(1) & R_{xx}(0) & \cdots & R_{xx}(-p+1) \\ \vdots & \vdots & & \vdots \\ R_{xx}(p) & R_{xx}(p-1) & \cdots & R_{xx}(0) \end{pmatrix} \quad 为自相关函数矩阵。$$

式（5-123）为离散时间情况的维纳-霍夫方程，也称正规方程，只要 $\boldsymbol{R}_{xx}$ 是非奇异的，就可求得

$$\boldsymbol{h} = \boldsymbol{R}_{xx}^{-1} \boldsymbol{g} \tag{5-124}$$

这时的最小均方误差为

$$\varepsilon_{\min} = R_{ss}(0) - \sum_{k=0}^{p} h(k) R_{sx}(k) = R_{ss}(0) - \sum_{k=0}^{p} h(k) R_{xs}(-k) \tag{5-125}$$

注意到自相关函数的偶函数特性［见式（5-29）］，自相关函数矩阵 $\boldsymbol{R}_{xx}$ 是对称的，每一对角线上的各元素都相等（称为 Toplize 矩阵），使式（5-124）有一些快速解法，相关内容读者可查阅有关书籍。

二、卡尔曼滤波

维纳滤波可实现平稳随机信号的最优滤波（波形估计），对于非平稳随机信号则不适用；另一方面，维纳滤波在估计 t 时刻的信号值时，要利用以前的所有历史观测值，会影响处理的实时性。卡尔曼滤波是对线性最小均方误差滤波的另一种处理方法，它采用的递推算法利用了前一时刻的估计值和新的观测值，大大提高了处理的实时性，同时也能自动跟踪随机信号统计特性的非平稳变化，因此得到了广泛的应用。

为了讨论方便，这里只介绍离散形式的卡尔曼滤波，并且随机信号表示成自回归参数模型［AR 模型，见式（3-50）］的形式。

（一）纯量情况

1. 问题的提法

信号表示为

$$s(k) = fs(k-1) + w(k) \tag{5-126}$$

式中，f 为自回归系数；$w(k)$ 为零均值的白噪声。

观测值是信号与噪声的加法组合，即

$$x(k) = cs(k) + n(k) \tag{5-127}$$

式中，$n(k)$ 为零均值白噪声，且与 $w(k)$ 互不相关，c 的引入是为了便于推广到向量的情况。

估计算法为前次估计值和本次观测值的线性组合，即

$$\hat{s}(k) = a(k)\hat{s}(k-1) + b(k)x(k) \tag{5-128}$$

任务是按均方误差最小，即

$$\varepsilon(k) = E\{[s(k) - \hat{s}(k)]^2\} = \min$$

的原则确定系数 $a(k)$、$b(k)$，从而确定信号估计值 $\hat{s}(k)$。

可以利用的先验知识如下：

1）$E[w(k)] = 0$，$E[w(k)w(l)] = \sigma_w^2 \delta(k-l)$

2）$E[n(k)] = 0$，$E[n(k)n(l)] = \sigma_n^2 \delta(k-l)$

　　$E[n(k)w(k)] = E[n(k)s(k)] = 0$

3）$E[s(k)] = 0$

$$
\begin{aligned}
E[s^2(k)] &= E[(fs(k-1)+w(k))^2] \\
&= f^2 E[s^2(k-1)] + 2fE[s(k-1)w(k)] + E[w^2(k)]
\end{aligned}
\tag{5-129}
$$

将 $E[w^2(k)] = \sigma_w^2$，$E[s^2(k)] = E[s^2(k-1)] = \sigma_s^2$，$E[s(k-1)w(k)] = 0$ 代入式（5-129），有

$$
\sigma_s^2 = f^2 \sigma_s^2 + \sigma_w^2
$$

即

$$
E[s^2(k)] = \sigma_s^2 = \frac{\sigma_w^2}{1-f^2}
$$

2. 滤波算法的推导

1）根据均方估计的无偏性，可以证明待定系数 $a(k)$、$b(k)$ 之间有如下关系：

$$
a(k) = f[1 - b(k)c]
\tag{5-130}
$$

据此可将式（5-128）改写为

$$
\begin{aligned}
\hat{s}(k) &= f[1-b(k)c]\hat{s}(k-1) + b(k)x(k) \\
&= f\hat{s}(k-1) + b(k)[x(k) - fc\hat{s}(k-1)]
\end{aligned}
\tag{5-131}
$$

2）根据正交定理可以证明，第 k 次估计的均方误差 $\varepsilon(k)$ 与第 k 次估计系数 $b(k)$ 之间有如下关系：

$$
b(k) = c\varepsilon(k)/\sigma_n^2
\tag{5-132}
$$

前后次的估计系数有如下关系：

$$
b_k = \frac{cA + f^2 b_{k-1}}{1 + c^2 A + cf^2 b_{k-1}}
\tag{5-133}
$$

式中，$A = \sigma_w^2/\sigma_n^2$。

3）可以证明均方误差 $\varepsilon(k)$ 的递推关系为

$$
\varepsilon(k) = a(k)f\varepsilon(k-1) + \frac{a(k)\sigma_w^2}{f}
\tag{5-134}
$$

3. 一步预测

1）用 $\hat{s}(k+1|k)$ 表示由第 k 次观测得出的对第 $k+1$ 次值的预测估计，估计的准则也是最小均方误差，即

$$
\varepsilon(k+1|k) = E\{[(s(k+1) - \hat{s}(k+1|k)]^2\} = \min
\tag{5-135}
$$

可以证明，一步预测估计可以直接用本次滤波估计 $\hat{s}(k)$ 来表示，即

$$
\hat{s}(k+1|k) = f\hat{s}(k)
\tag{5-136}
$$

直观看，因为是预测估计，当下次噪声 $w(k+1)$ 未来临之前，对 $s(k+1)$ 的合理估计显然应按 $w(k+1) = 0$ 来考虑（因为 $E[w(k+1)] = 0$）。

2）可以证明，预测的均方误差 $\varepsilon(k+1|k) = E[(s(k+1) - \hat{s}(k+1|k))^2]$ 与滤波的均方误差 $\varepsilon(k)$ 之间有如下关系：

$$
\varepsilon(k+1|k) = f^2 \varepsilon(k) + \sigma_w^2
\tag{5-137}
$$

$$\varepsilon(k)=[1-b(k)c]\varepsilon(k\mid k-1) \tag{5-138}$$

3）由预测均方误差计算 $b(k)$ 有如下公式：

$$b(k)=\frac{c\varepsilon(k\mid k-1)}{\sigma_w^2+c^2\varepsilon(k\mid k-1)} \tag{5-139}$$

4. 卡尔曼滤波器模型框图

将滤波算法和一步预测结合在一起，重新列出有关的式子如下：

$$b(k)=\frac{c\varepsilon(k\mid k-1)}{\sigma_w^2+c^2\varepsilon(k\mid k-1)}$$

$$\hat{s}(k)=f\hat{s}(k-1)+b(k)[x(k)-fc\hat{s}(k-1)]$$

$$\hat{s}(k+1\mid k)=f\hat{s}(k)$$

$$\varepsilon(k)=[1-b(k)c]\varepsilon(k\mid k-1)$$

$$\varepsilon(k+1\mid k)=f^2\varepsilon(k)+\sigma_w^2$$

卡尔曼滤波器的模型框图如图 5-10 所示。从模型框图上看到，对信号的本次估计 $\hat{s}(k)$ 由两部分组成：一部分 $f\hat{s}(k-1)=\hat{s}(k\mid k-1)$ 是对本次信号的一步预测；另一部分 $b(k)$ $[x(k)-fc\hat{s}(k-1)]$ 可视为对预测的校正，其中 $fc\hat{s}(k-1)=c\hat{s}(k\mid k-1)=\hat{x}(k)$ 为对本次观测的预测，$x(k)-\hat{x}(k)=\zeta(k)$ 为本次实际观测与预测观测之间的误差，它通过滤波增益 $b(k)$ 对本次信号预测进行校正，$\zeta(k)$ 体现了本次观测（最新的数据）在对本次信号估计中的作用，因此也称为"新息"。

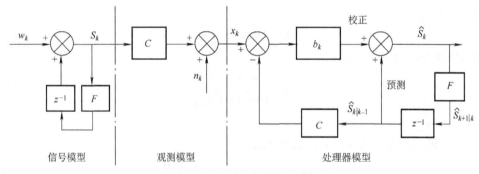

图 5-10　卡尔曼滤波器模型框图

从模型框图还可以看出，估计的预测部分与信号模型的自回归部分是相同的。因此，如果校正部分 $b(k)\zeta(k)$ 是白噪声，则 $\hat{s}(k)$ 将完全复现了真实信号 $s(k)$。而处理器的目的正是为了使新息 $\zeta(k)$ 白噪声化。因为，一方面由观测模型 $x(k)=cs(k)+n(k)$，另一方面，处理器的作用又使 $x(k)=\hat{x}(k)+\zeta(k)=c\hat{s}(k\mid k-1)+\zeta(k)$，如果对本次信号一步预测 $\hat{s}(k\mid k-1)$ 确定等于 $s(k)$ 了，则 $\zeta(k)$ 便成为白噪声了。

根据滤波器模型框图及上面所列的有关式子，很容易编制出进行卡尔曼滤波计算的计算机程序，按要求输入信号的先验知识以及合适的初值，便可以在计算机上完成对信号的卡尔曼滤波。

（二）向量情况

将前面的纯量情况推广到向量情况，使卡尔曼滤波适用于多维信号的处理，这是卡尔曼滤波器得到广泛应用的原因之一。这一推广使原来纯量情况下的算法变为向量的运算，下面通过推广直接得出通用的卡尔曼滤波器，它既适用于一维的纯量，也适用于多维的向量，既可处理平稳信号，又可以处理非平稳信号。

1. 问题提法的推广

1）信号模型。

纯量模型为
$$s(k)=fs(k-1)+w(k)$$

向量模型为
$$\boldsymbol{s}(k)=\boldsymbol{\Phi}(k,k-1)\boldsymbol{s}(k-1)+\boldsymbol{w}(k) \tag{5-140}$$

式中，$\boldsymbol{s}(k)=[s_1(k) \quad s_2(k) \quad \cdots \quad s_n(k)]^{\mathrm{T}}$ 为 n 维信号向量；$\boldsymbol{w}(k)$ 为 n 维零均值白噪声向量；$\boldsymbol{\Phi}(k,k-1)$ 为由时序 $k-1$ 到时序 k 的一步转移矩阵，维数为 $n\times n$。

2）观测模型。

纯量模型为
$$x(k)=cs(k)+n(k)$$

向量模型为
$$\boldsymbol{x}(k)=\boldsymbol{C}(k)\boldsymbol{s}(k)+\boldsymbol{n}(k) \tag{5-141}$$

式中，$\boldsymbol{x}(k)=[x_1(k) \quad x_2(k) \quad \cdots \quad x_m(k)]^{\mathrm{T}}$ 为 m 维观测向量；$\boldsymbol{n}(k)$ 为 m 维零均值白噪声向量；$\boldsymbol{C}(k)$ 为 $m\times n$ 观测矩阵。

3）噪声的先验知识。$\boldsymbol{w}(k)$ 和 $\boldsymbol{n}(k)$ 都是零均值白噪声向量，因此
$$E[\boldsymbol{w}(k)]=0, \quad E[\boldsymbol{n}(k)]=0$$

它们的协方差矩阵分别为
$$\boldsymbol{V}_w(k)=E[\boldsymbol{w}(k)\boldsymbol{w}^{\mathrm{T}}(i)]=\begin{cases}Q_k & i=k \\ 0 & i\neq k\end{cases} \quad n\times n \text{ 矩阵}$$

$$\boldsymbol{V}_n(k)=E[\boldsymbol{n}(k)\boldsymbol{n}^{\mathrm{T}}(i)]=\begin{cases}R_k & i=k \\ 0 & i\neq k\end{cases} \quad m\times m \text{ 矩阵}$$

$$E[\boldsymbol{w}(i)\boldsymbol{n}^{\mathrm{T}}(i)]=0$$

4）估计的判据。纯量情况下为均方误差最小，分别为

滤波
$$\varepsilon(k)=E[(s(k)-\hat{s}(k))^2]=\min$$

一步预测
$$\varepsilon(k+1\mid k)=E[(s(k+1)-\hat{s}(k+1\mid k))^2]=\min$$

推广到向量情况，要求信号向量 $\boldsymbol{s}(k)$ 的每一个分量 $s_i(k)$ 和它的估计值 $\hat{s}_i(k)$ 或 $s_i(k+1)$ 和它的预测值 $\hat{s}_i(k+1\mid k)$ 所造成的均方误差
$$E\{[s_i(k)-\hat{s}_i(k)]^2\}, \quad i=1,2,\cdots,n$$

及
$$E\{[s_i(k+1)-\hat{s}_i(k+1\mid k)]^2\}, \quad i=1,2,\cdots,n$$

的总和达到最小，即要求
$$\boldsymbol{\varepsilon}(k)=E\{[s(k)-\hat{s}(k)][s(k)-\hat{s}(k)]^{\mathrm{T}}\}$$
$$\boldsymbol{\varepsilon}(k+1\mid k)=E\{[s(k+1)-\hat{s}(k+1\mid k)][s(k+1)-\hat{s}(k+1\mid k)]^{\mathrm{T}}\}$$

两个 $n\times n$ 矩阵的主对角线上元素的总和最小，记作
$$\mathrm{Tr}[\boldsymbol{\varepsilon}(k)]=\min$$

及
$$\mathrm{Tr}[\boldsymbol{\varepsilon}(k+1\mid k)]=\min$$

2. 算法的推广

显然只要将纯量公式推广到向量运算式即可。要注意的是由于这时涉及的都是矩阵和向

量，在乘法中各因子的次序不能颠倒。

1）滤波增益矩阵为

$$\boldsymbol{B}(k)=\boldsymbol{\varepsilon}(k\mid k-1)\boldsymbol{C}^{\mathrm{T}}(k)\left[\boldsymbol{V}_n(k)+\boldsymbol{C}(k)\boldsymbol{\varepsilon}(k\mid k-1)\boldsymbol{C}^{\mathrm{T}}(k)\right]^{-1} \tag{5-142}$$

式中，$\boldsymbol{B}(k)$ 为 $n\times m$ 矩阵。

2）滤波估计为

$$\hat{s}(k)=\boldsymbol{\Phi}(k,k-1)\hat{s}(k-1)+\boldsymbol{B}(k)\left[\boldsymbol{x}(k)-\boldsymbol{C}(k)\boldsymbol{\Phi}(k,k-1)\hat{s}(k-1)\right] \tag{5-143}$$

3）一步预测为

$$\hat{s}(k+1\mid k)=\boldsymbol{\Phi}(k+1,k)\hat{s}(k) \tag{5-144}$$

4）滤波均方误差估计为

$$\boldsymbol{\varepsilon}(k)=\boldsymbol{\varepsilon}(k\mid k-1)-\boldsymbol{B}(k)\boldsymbol{C}(k)\boldsymbol{\varepsilon}(k\mid k-1) \tag{5-145}$$

5）预测均方误差估计为

$$\boldsymbol{\varepsilon}(k+1\mid k)=\boldsymbol{\Phi}(k+1,k)\boldsymbol{\varepsilon}(k)\boldsymbol{\Phi}^{\mathrm{T}}(k+1,k)+\boldsymbol{V}_w(k) \tag{5-146}$$

与纯量情况类似，只要考虑这里是向量和矩阵运算，也容易编制出向量情况下的卡尔曼滤波计算机程序。当在处理非平稳的信号时，时变参数 $\boldsymbol{C}(k)$、$\boldsymbol{\Phi}(k+1,k)$ 的全部值必须预先知道并存储下来，噪声协方差阵的时变特性 $\boldsymbol{V}_w(k)$、$\boldsymbol{V}_n(k)$ 也必须预先知道并存储下来。所以对于未掌握其先验统计知识的非平稳信号来说，卡尔曼滤波的应用受到了限制，这时自适应处理方法更具有优越性。尽管如此，卡尔曼滤波以其计算量小、实时性好等优点在许多领域得到了广泛的应用。

例 5-12　如图 5-11 所示，一初始高度 $h_0=100\mathrm{m}$、初始速度 $v_0=20\mathrm{m/s}$ 向上抛射的物体，假设 0.3s 观测一次，希望通过对高度的观测，估计物体位置和速度的变化。

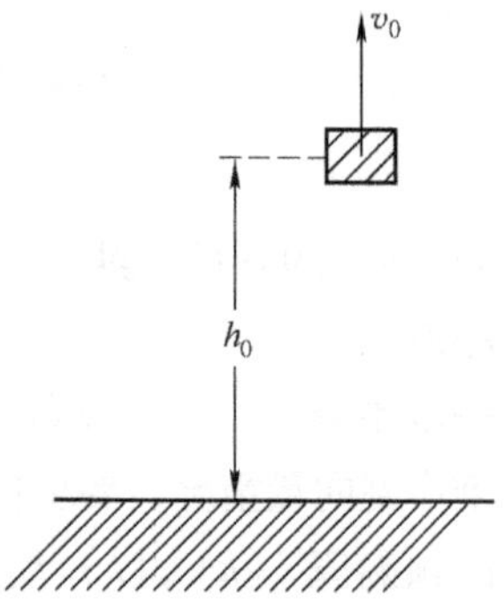

解　第一步，建立信号模型。设重力加速度为 g，物体运动的连续时间方程为

$$h(t)=h_0+v_0t-\frac{1}{2}gt^2$$

和

$$v(t)=v_0-gt$$

图 5-11　物体位置和速度的估计

设采样周期为 T_s，将上面两式离散化，可得

$$h(k)=h(k-1)+v(k-1)T_\mathrm{s}-0.5T_\mathrm{s}^2g$$

和

$$v(k)=v(k-1)-T_\mathrm{s}g$$

写成向量形式，得信号模型为

$$s(k)=\boldsymbol{\Phi}s(k-1)+\boldsymbol{g}$$

式中，$s(k)=\begin{pmatrix}h(k)\\v(k)\end{pmatrix}$ 为待估信号向量；$\boldsymbol{\Phi}=\begin{pmatrix}1&T_\mathrm{s}\\0&1\end{pmatrix}$ 为一步转移矩阵，这里是常数矩阵；$\boldsymbol{g}=\begin{pmatrix}-0.5T_\mathrm{s}^2g\\-T_\mathrm{s}g\end{pmatrix}=\begin{pmatrix}-0.45\\-3\end{pmatrix}$ 是常数项。

信号模型中无噪声干扰信号，所以实际上要估计的是确定性信号。

第二步，建立观测模型。因为只对高度观测，观测模型为

$$x(k) = cs(k) + n(k)$$

式中，$c = (1 \quad 0)$ 为观测矩阵；$n(k)$ 为观测噪声。

第三步，考虑可用的先验知识。首先为了方便计算，假设 $g = 10\text{m/s}^2$；其次，由于观测方程是一维的标量方程，观测噪声的协方差矩阵也成了标量，设观测噪声是均值为零、方差为 1 的白噪声，即 $V_n = \sigma_n^2 = 1$。初始估计值假设为 $\hat{h}(0) = 95$，$\hat{v}(0) = 1$，则 $\hat{s}(0) = \begin{pmatrix} 95 \\ 1 \end{pmatrix}$，又设滤波均方误差估计初值为 $\boldsymbol{\varepsilon}(0) = \begin{pmatrix} 10 & 0 \\ 0 & 1 \end{pmatrix}$。

第四步，做卡尔曼滤波估计。由于信号模型中包含了常数项 g，所以在运算过程中涉及信号模型时都要将 g 包含进去，于是，根据题意，列出卡尔曼滤波运算式子如下：

1) $\boldsymbol{\varepsilon}(k \mid k-1) = \boldsymbol{\Phi}\boldsymbol{\varepsilon}(k-1)\boldsymbol{\Phi}^{\mathrm{T}}$

2) $\boldsymbol{b}(k) = \boldsymbol{\varepsilon}(k \mid k-1)\boldsymbol{c}^{\mathrm{T}}[V_n + \boldsymbol{c}\boldsymbol{\varepsilon}(k \mid k-1)\boldsymbol{c}^{\mathrm{T}}]^{-1}$

3) $\hat{s}(k) = \boldsymbol{\Phi}\hat{s}(k-1) + g + \boldsymbol{b}(k)\{x(k) - \boldsymbol{c}[\boldsymbol{\Phi}\hat{s}(k-1) + g]\}$

4) $\boldsymbol{\varepsilon}(k) = \boldsymbol{\varepsilon}(k \mid k-1) - \boldsymbol{b}(k)\boldsymbol{c}\boldsymbol{\varepsilon}(k \mid k-1)$

结合先验知识和初始条件就可以进行卡尔曼滤波运算。当然，在运算过程中观测值 $x(k)$ 是必需的，设观测值序列为 $x(k) = [105.71 \quad 108.30 \quad 114.77 \quad 118.15 \quad 120.47 \quad 118.42 \quad 120.85 \quad 119.40 \quad 119.20 \quad 116.07 \quad 113.35 \quad 106.94 \quad \cdots]$。

令 $k = 1$，有

1) $\boldsymbol{\varepsilon}(1 \mid 0) = \boldsymbol{\Phi}\boldsymbol{\varepsilon}(0)\boldsymbol{\Phi}^{\mathrm{T}} = \begin{pmatrix} 1 & 0.3 \\ 0 & 1 \end{pmatrix}\begin{pmatrix} 10 & 0 \\ 0 & 1 \end{pmatrix}\begin{pmatrix} 1 & 0.3 \\ 0 & 1 \end{pmatrix}^{\mathrm{T}} = \begin{pmatrix} 10.09 & 0.3 \\ 0.3 & 1 \end{pmatrix}$

2) $\boldsymbol{b}(1) = \boldsymbol{\varepsilon}(1 \mid 0)\boldsymbol{c}^{\mathrm{T}}[\sigma_n^2 + \boldsymbol{c}\boldsymbol{\varepsilon}(1 \mid 0)\boldsymbol{c}^{\mathrm{T}}]^{-1}$

$$= \begin{pmatrix} 10.09 & 0.3 \\ 0.3 & 1 \end{pmatrix}\begin{pmatrix} 1 \\ 0 \end{pmatrix}\left\{2 + (1 \quad 0)\begin{pmatrix} 10.09 & 0.3 \\ 0.3 & 1 \end{pmatrix}\begin{pmatrix} 1 \\ 0 \end{pmatrix}\right\}^{-1} = \begin{pmatrix} 0.910 \\ 0.027 \end{pmatrix}$$

3) $\hat{s}(1) = \boldsymbol{\Phi}\hat{s}(0) + g + \boldsymbol{b}(1)\{x(1) - \boldsymbol{c}[\boldsymbol{\Phi}\hat{s}(0) + g]\}$

$$= \begin{pmatrix} 1 & 0.3 \\ 0 & 1 \end{pmatrix}\begin{pmatrix} 95 \\ 1 \end{pmatrix} + \begin{pmatrix} -0.45 \\ -3 \end{pmatrix} + \begin{pmatrix} 0.910 \\ 0.027 \end{pmatrix}\left(105.71 - (1 \quad 0)\left(\begin{pmatrix} 1 & 0.3 \\ 0 & 1 \end{pmatrix}\begin{pmatrix} 95 \\ 1 \end{pmatrix} + \begin{pmatrix} -0.45 \\ -3 \end{pmatrix}\right)\right)$$

$$= \begin{pmatrix} 104.731 \\ -1.706 \end{pmatrix}$$

4) $\boldsymbol{\varepsilon}(1) = \boldsymbol{\varepsilon}(1 \mid 0) - \boldsymbol{b}(1)\boldsymbol{c}\boldsymbol{\varepsilon}(1 \mid 0)$

$$= \begin{pmatrix} 10.09 & 0.3 \\ 0.3 & 1 \end{pmatrix} - \begin{pmatrix} 0.910 \\ 0.027 \end{pmatrix}(1 \quad 0)\begin{pmatrix} 10.09 & 0.3 \\ 0.3 & 1 \end{pmatrix} = \begin{pmatrix} 0.910 & 0.027 \\ 0.027 & 0.992 \end{pmatrix}$$

对角线的两个元素 $\varepsilon_{11}(1) = 0.910$ 和 $\varepsilon_{22}(1) = 0.992$ 就是最小化均方误差的估计值。按上面步骤逐次递推可以得出表 5-1 所列的结果，表中最后两列是根据真实的 $h_0 = 100\text{m}$，$v_0 = 20\text{m/s}$ 得出的理论计算值。

从表中可以看出，随着 k 的增大，均方误差趋于稳定，而物体的位置和速度的估计值也趋于接近理论计算值，表明卡尔曼滤波能克服观测噪声的影响，从中得到确定性信号的变化规律。当然，如果被处理的是随机信号，同样能从信号噪声和观测噪声中估计出信号的变化。

表 5-1　例 5-12 的计算结果

k	位置观测 $x(k)$	估计值		估计的均方误差		理论计算值	
		$\hat{h}(k)$	$\hat{v}(k)$	$\varepsilon_h(k)$	$\varepsilon_v(k)$	$h(k)$	$v(k)$
0		95.0	1.0	10.0	1.0	100	20
1	105.710	104.731	-1.706	0.910	0.992	105.550	17
2	108.303	106.053	-3.976	0.504	0.940	110.200	14
3	114.773	108.623	-4.252	0.407	0.823	113.950	11
4	118.154	111.283	-3.749	0.390	0.665	116.800	8
5	120.466	113.891	-3.393	0.389	0.505	118.750	5
6	118.418	114.721	-4.679	0.383	0.373	119.800	2
7	120.849	115.824	-5.680	0.370	0.273	119.950	-1
8	119.401	115.692	-7.448	0.353	0.202	119.200	-4
9	119.202	115.073	-9.310	0.333	0.151	117.550	-7
10	116.072	113.161	-11.643	0.314	0.115	115.000	-10
11	113.346	110.435	-14.085	0.295	0.089	111.550	-13
12	106.936	106.086	-16.948	0.278	0.070	107.200	-16

例 5-13　在电力系统中发生线路短路故障时，为保证系统安全，要求在极短的时间（例如 80ms）内做出故障判断并跳闸，而判断是否发生线路短路故障的依据是线路基波电压和基波电流的变化。理论分析和实践都表明，线路短路故障的发生使线路电压和电流从一个稳态变化至另一个稳态，其变化过程（或称暂态过程）大致如图 5-12 所示。其中电压的暂态过程较快消失，基本上可以认为是从一个稳态到另一稳态的突变；电流的暂态过程一般需维持 3~4 个工频周波。由于测量噪声、短路点不确定性等因素的影响，使测量到的线路电压和电流除了工频基波外，含有丰富的高次谐波和噪声，要在很短的时间（一般要求在 1 个工频周波，即 20ms）内在尚处于暂态过程且含有丰富噪声的电压和电流信号中，得到能作为线路短路故障判断依据的电压和电流的变化信息是问题的困难所在。应用卡尔曼滤波将线路电压和电流信号进行实时检测和处理，能很好地解决这一问题。由于线路电压可以认为是从一个稳态突变到另一稳态，所以先分析、处理电压信号，再进一步研究电流信号。

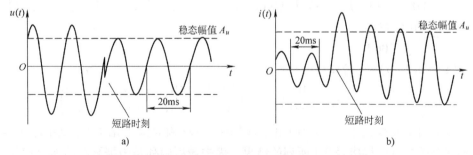

图 5-12　短路故障发生时线路电压和电流变化示意图

a）电压波形　b）电流波形

（1）线路短路时电压信号的分析　由于电压信号总是稳态的，可表示为

$$y_u(t) = A_u(t)\cos\left[\omega_0 t + \theta_u(t)\right] + v_u(t)$$

式中，ω_0 为基波角频率；$A_u(t)$ 和 $\theta_u(t)$ 分别为线路电压的幅值和相位，是判断短路故障的电压量依据；$v_u(t)$ 为包括高次谐波、测量噪声等的总噪声。电压信号又可表示为

$$y_u(t) = \cos(\omega_0 t) \cdot A_u(t)\cos\theta_u(t) - \sin(\omega_0 t) \cdot A_u(t)\sin\theta_u(t) + v_u(t)$$

令 $s_{u1}(t) = A_u(t)\cos\theta_u(t)$、$s_{u2}(t) = A_u(t)\sin\theta_u(t)$ 是信号向量 $\boldsymbol{s}_u(t)$ 的两个分量，显然，$A_u(t)$ 和 $\theta_u(t)$ 可从 $s_{u1}(t)$ 和 $s_{u2}(t)$ 中求得。经过采样周期为 T 的离散化过程，可以得到卡尔曼滤波的信号模型

$$\boldsymbol{s}_u(k+1) = \begin{pmatrix} 1 & 0 \\ 0 & 1 \end{pmatrix} \boldsymbol{s}_u(k)$$

以及观测模型

$$y_u(k) = (\cos(\omega_0 kT) \quad -\sin(\omega_0 kT))\boldsymbol{s}_u(k) + v_u(k)$$

根据已知 $v_u(k)$ 的统计特性，可由信号模型和观测模型进行卡尔曼滤波计算，得到 $\boldsymbol{s}_u(k) = [s_{u1}(k) \quad s_{u2}(k)]^{\mathrm{T}} = [A_u(k)\cos\theta_u(k) \quad A_u(k)\sin\theta_u(k)]^{\mathrm{T}}$ 的估计结果如图 5-13a 所示。

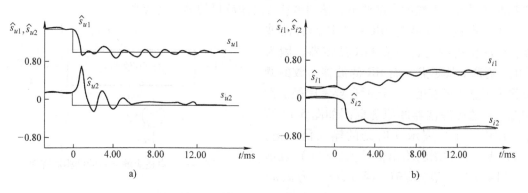

图 5-13　用卡尔曼滤波估计输电线路短路故障的基波电压、电流变化
a) 电压信号　b) 电流信号

（2）线路短路时电流信号的分析　由于电流的暂态过程维持时间长，而暂态分量通常可用衰减指数函数表示，所以电流信号可表示为

$$y_i(t) = A_i(t)\cos[\omega_0 t + \theta_i(t)] + Ce^{-\beta t} + v_i(t)$$

式中各参量的意义与电压量类似，同样，电流信号又可表示为

$$y_i(t) = \cos\omega_0 t \cdot A_i(t)\cos\theta_i(t) - \sin\omega_0 t \cdot A_i(t)\sin\theta_i(t) + Ce^{-\beta t} + v_i(t)$$

令信号向量

$$\boldsymbol{s}_i(t) = [s_{i1}(t) \quad s_{i2}(t) \quad s_{i3}(t)]^{\mathrm{T}} = [A_i(t)\cos\theta_i(t) \quad A_i(t)\sin\theta_i(t) \quad Ce^{-\beta t}]^{\mathrm{T}}$$

经过采样周期为 T 的离散化过程，得卡尔曼滤波的信号模型

$$\boldsymbol{s}_i(k+1) = \begin{pmatrix} 1 & 0 & 0 \\ 0 & 1 & 0 \\ 0 & 0 & 1 \end{pmatrix} \boldsymbol{s}_i(k) + \begin{pmatrix} 0 \\ 0 \\ 1 \end{pmatrix} w_i(k)$$

以及观测模型

$$y_i(k) = (\cos\omega_0 kT \quad -\sin\omega_0 kT \quad 1)\boldsymbol{s}_i(k) + v_i(k)$$

式中，$w_i(k)$ 为 $s_{i3}(t)$ 中由于衰减系数 β 不能准确知道等因素引起的随机噪声。

同样地，根据已知 $w_i(k)$ 和 $v_i(k)$ 的统计特性，可由信号模型和观测模型进行卡尔曼

滤波计算，得到 $\left[\begin{array}{cc} s_{i1}(k) & s_{i2}(k)\end{array}\right]=\left[\begin{array}{cc} A_i(k)\cos\theta_i(k) & A_i(k)\sin\theta_i(k)\end{array}\right]$ 的估计结果如图 5-13b 所示。

从图 5-13 可以看出，采用卡尔曼滤波方法，在短路故障发生后的 10ms 内，线路电压和电流的估计值都已基本上跟踪到突变后的真值，对线路短路故障做出准确判断。

三、自适应滤波

前面所讨论的维纳滤波和卡尔曼滤波，需要知道信号和噪声的统计特性先验知识。但是，在实际应用中，往往无法预先知道这些统计特性，或者它们是随时间变化的，因而使基于维纳滤波和卡尔曼滤波的最优滤波受到限制。20 世纪 60 年代提出的自适应滤波理论在很少或没有关于信号和噪声的统计特性先验知识情况下也能实现最优滤波。

一个其参数能随着条件变化而自行调整（自我优化）的系统，称为自适应系统。自适应滤波器就是在没有关于待处理信号的先验统计知识的条件下，直接利用观测数据，根据一定判据实现系统参数的自动调整，达到最佳实时滤波目的的自适应系统。

实现自适应滤波有 IIR 和 FIR 两种滤波器，广泛使用的是自适应 FIR 滤波器，因为 FIR 只需调节其零点，而 IIR 滤波器参数的调节除了零点外还有极点，同时还要考虑稳定性问题。自适应滤波器的原理框图如图 5-14 所示，图中 $x(n)$ 表示 n 时刻的输入信号值，$y(n)$ 表示 n 时刻的输出信号值，$d(n)$ 表示 n 时刻系统的期望响应值，误差 $e(n)$ 为 $d(n)$

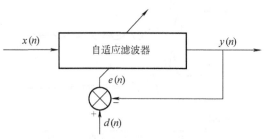

图 5-14　自适应滤波器的结构原理图

与 $y(n)$ 之差。自适应滤波器的参数由误差 $e(n)$ 做自动调整，使之在 $n+1$ 时刻的输入 $x(n+1)$ 作用下，输出 $y(n+1)$ 能最好地接近所期望的信号 $d(n+1)$。

设计自适应滤波器有许多不同的准则和算法，常用的有随机梯度法（即最小均方估计 Least-Mean-Square，简记为 LMS 估计）和递归最小二乘估计法（Recursive Least-Square，简记 RLS 估计），它们都不要求信号和噪声的先验知识，只要求把调整过程看作是平稳过程，即信号与噪声的统计特性在参数调整过程这短暂的时间内是稳定不变的。

LMS 估计算法是一种递推估计算法，它以瞬时随机梯度下降法为基础导出其递推公式。这种算法的优点是算法简单，易于实现。RLS 估计算法是近年来发展起来的算法，优点是收敛速度快，理论基础比较系统。

下面先介绍求解维纳-霍夫方程的一种迭代方法——最速下降法。最速下降法本身已有一定的自适应功能，但作为自适应滤波的算法并不实用。在最速下降法的基础上稍作变化就可以得到实用的 LMS 自适应滤波方法。最后介绍 RLS 估计算法。

（一）最速下降法

令观测值组成的向量为 $\boldsymbol{x}(n)=\left[\begin{array}{cccc} x(n) & x(n-1) & \cdots & x(n-p+1)\end{array}\right]^{\mathrm{T}}$，处理器各系数组成的向量为 $\boldsymbol{h}(n)=\left[\begin{array}{cccc} h_0(n) & h_1(n) & \cdots & h_{p-1}(n)\end{array}\right]^{\mathrm{T}}$，此时，处理器的输出为

$$y(n)=\sum_{k=0}^{p-1} h_k(n)x(n-k)=\boldsymbol{h}^{\mathrm{T}}(n)\boldsymbol{x}(n)=\boldsymbol{x}^{\mathrm{T}}(n)\boldsymbol{h}(n) \tag{5-147}$$

与理想响应 $d(n)$ 之间的误差定义为

$$e(n)=d(n)-y(n)=d(n)-\boldsymbol{h}^{\mathrm{T}}(n)\boldsymbol{x}(n) \qquad (5\text{-}148)$$

有

$$e^2(n)=d^2(n)-2d(n)\boldsymbol{h}^{\mathrm{T}}(n)\boldsymbol{x}(n)+\boldsymbol{h}^{\mathrm{T}}(n)\boldsymbol{x}(n)\boldsymbol{x}^{\mathrm{T}}(n)\boldsymbol{h}(n)$$

所以均方误差为

$$E[e^2(n)]=\sigma_{\mathrm{d}}^2-2\boldsymbol{h}^{\mathrm{T}}(n)\boldsymbol{p}+\boldsymbol{h}^{\mathrm{T}}(n)\boldsymbol{R}\boldsymbol{h}(n)=J(\boldsymbol{h}) \qquad (5\text{-}149)$$

式中，$\boldsymbol{R}=E[\boldsymbol{x}(n)\boldsymbol{x}^{\mathrm{T}}(n)]$ 为 $x(n)$ 延迟值为 $0\sim p-1$ 时的自相关矩阵；$\boldsymbol{p}=E[d(n)\boldsymbol{x}(n)]$ 为 $d(n)$ 与 $x(n)$ 间当 $x(n)$ 的延迟值为 $0\sim p-1$ 时的互相关函数向量；σ_{d}^2 为理想响应 $d(n)$ 的均方值。

由维纳滤波的知识可知，求维纳滤波因子 $\boldsymbol{h}_{\mathrm{op}}$ 的问题就是求二次函数 $J(\boldsymbol{h})$ 的最小值问题。因为自相关矩阵 $\boldsymbol{R}$ 是非负定的（这里假设它是正定的），这个问题是个全局极值问题。通过求 $\frac{\partial J}{\partial \boldsymbol{h}}=0$，即得与式 (5-124) 一致的求 $\boldsymbol{h}_{\mathrm{op}}$ 的式子（即维纳-霍夫方程），这种方法在最优化方法中称为间接法。除此之外还有梯度法等直接方法，主要适用于计算机求解，最速下降法就是直接法中的一种。

最速下降法的基本思想是使均方误差 $J(\boldsymbol{h})$ 沿着变化率最快的方向到达它的最小值。在向量分析中，用 $J(\boldsymbol{h})$ 关于 $\boldsymbol{h}$ 的各分量的偏导数构成向量 $\frac{\partial J}{\partial \boldsymbol{h}}$，称为 $J(\boldsymbol{h})$ 的梯度，表示为

$$\nabla_h[J(\boldsymbol{h})]=\frac{\partial J}{\partial \boldsymbol{h}} \qquad (5\text{-}150)$$

使函数 $J(\boldsymbol{h})$ 下降最快的方向是负梯度方向，最速下降法就是从 $\boldsymbol{h}(n-1)$ 沿负梯度方向求 $\boldsymbol{h}(n)$，最后递推求出处理器的最优系数 $\boldsymbol{h}_{\mathrm{op}}$。为此，设 $\boldsymbol{h}$ 的初始值（可以任意设定）为

$$\boldsymbol{h}(0)=[h_0(0) \quad h_1(0) \quad \cdots \quad h_{p-1}(0)]^{\mathrm{T}} \qquad (5\text{-}151)$$

沿 $-\nabla_h\{J[\boldsymbol{h}(0)]\}$ 的方向移动一步，成为新的 $\boldsymbol{h}$ 值，即

$$\boldsymbol{h}(1)=[h_0(1) \quad h_1(1) \quad \cdots \quad h_{p-1}(1)]^{\mathrm{T}} \qquad (5\text{-}152)$$

迭代公式是

$$\boldsymbol{h}(n)=\boldsymbol{h}(n-1)-\frac{1}{2}\mu\nabla_h\{J[\boldsymbol{h}(n-1)]\} \qquad (5\text{-}153)$$

式中，自适应参数 $\mu>0$，称为步长系数，它必须足够小。

由式 (5-149) 可得

$$\frac{\partial J(\boldsymbol{h})}{\partial \boldsymbol{h}}=-2\boldsymbol{p}+2\boldsymbol{R}\boldsymbol{h} \qquad (5\text{-}154)$$

将式 (5-154) 代入式 (5-153)，得

$$\boldsymbol{h}(n)=\boldsymbol{h}(n-1)+\mu[\boldsymbol{p}-\boldsymbol{R}\boldsymbol{h}(n-1)]=(\boldsymbol{I}-\mu\boldsymbol{R})\boldsymbol{h}(n-1)+\mu\boldsymbol{p} \qquad (5\text{-}155)$$

又由 $\left.\frac{\partial J}{\partial \boldsymbol{h}}\right|_{h=h_{\mathrm{op}}}=0$，可解得 $\boldsymbol{h}_{\mathrm{op}}$ 为

$$\boldsymbol{h}_{\mathrm{op}}=\boldsymbol{R}^{-1}\boldsymbol{p} \qquad (5\text{-}156)$$

只要 μ 足够小，当 $n\to\infty$ 时，$\boldsymbol{h}(n)$ 最终将收敛到 $\boldsymbol{h}_{\mathrm{op}}$，用分量形式写出即为

$$\lim_{n\to\infty}h_k(n)=\boldsymbol{h}_{k\mathrm{op}} \quad 0\leqslant k\leqslant p-1 \qquad (5\text{-}157)$$

这是因为，若令

$$v(n) = h(n) - h_{op} \tag{5-158}$$

将式（5-155）代入，有

$$v(n) = (I-\mu R)h(n-1) + \mu p - h_{op}$$
$$= (I-\mu R)v(n-1) + \mu(p - Rh_{op}) = (I-\mu R)v(n-1) \tag{5-159}$$

其中用到 $v(n-1) = h(n-1) - h_{op}$、$h_{op} = R^{-1}p$。反复使用式（5-159），可得

$$v(n) = (I-\mu R)^n v(0) \tag{5-160}$$

可见，只要 $(I-\mu R)^n$ 随 n 增大趋于零矩阵，不管 $v(0) = h(0) - h_{op}$ 是怎样的值，一定有 $\lim\limits_{n\to\infty} v(n) = 0$，即 $h(n)$ 最终将收敛到 h_{op}。

现在寻求 $(I-\mu R)^n$ 趋于零矩阵的条件。根据矩阵理论知识，相关矩阵 R 作为一个对称半正定阵，它的 p 个特征值 λ_0，λ_1，$\cdots$，λ_{p-1} 都取非负值，它们所对应的特征向量 q_0，q_1，$\cdots$，q_{p-1} 构成 p 阶正交阵

$$Q = (q_0\ q_1\cdots\ q_{p-1}) \tag{5-161}$$

记 λ_0，λ_1，$\cdots$，λ_{p-1} 构成的 p 阶对角阵为

$$\Lambda = \begin{pmatrix} \lambda_0 & 0 & \cdots & 0 \\ 0 & \lambda_1 & \cdots & 0 \\ \vdots & \vdots & & \vdots \\ 0 & 0 & \cdots & \lambda_{p-1} \end{pmatrix} \tag{5-162}$$

则有

$$R = Q\Lambda Q^T \tag{5-163}$$

由于 Q 的正交性 $QQ^T = I$，有

$$I - \mu R = QQ^T - \mu Q\Lambda Q^T = Q(I-\mu\Lambda)Q^T \tag{5-164}$$

因此，有

$$(I-\mu R)^n = Q(I-\mu\Lambda)Q^T Q(I-\mu\Lambda)Q^T\cdots Q(I-\mu\Lambda)Q^T$$
$$= Q(I-\mu\Lambda)^n Q^T \tag{5-165}$$

将式（5-165）代入式（5-160），得

$$v(n) = Q(I-\mu\Lambda)^n Q^T v(0) \tag{5-166}$$

记

$$v^*(n) = Q^T v(n) \tag{5-167}$$

由 Q 的正交性 $QQ^T = I$，有

$$v(n) = Qv^*(n) \tag{5-168}$$

可见，$\lim\limits_{n\to\infty} v(n) = 0$ 等价于 $\lim\limits_{n\to\infty} v^*(n) = 0$。将式（5-167）代入式（5-166），可得

$$v^*(n) = (I-\mu\Lambda)^n v^*(0)$$
$$= \begin{pmatrix} (1-\mu\lambda_0)^n & 0 & \cdots & 0 \\ 0 & (1-\mu\lambda_1)^n & \cdots & 0 \\ \vdots & \vdots & & \vdots \\ 0 & 0 & \cdots & (1-\mu\lambda_{p-1})^n \end{pmatrix} \begin{pmatrix} v_0^*(0) \\ v_1^*(0) \\ \vdots \\ v_{p-1}^*(0) \end{pmatrix} \tag{5-169}$$

388

即

$$v_k^*(n) = (1-\mu\lambda_k)^n v_k^*(0) \qquad 0 \leqslant k \leqslant p-1 \tag{5-170}$$

可见，只要

$$|1-\mu\lambda_k| < 1 \qquad 0 \leqslant k \leqslant p-1 \tag{5-171}$$

就必定有 $\lim\limits_{n\to\infty} v_k^*(n) = 0$，$0 \leqslant k \leqslant p-1$。由于 μ 和 λ_k，$k = 0$，1，$\cdots$，$p-1$ 都是正数，式（5-171）等价于

$$0 < \mu\lambda_k < 2, \qquad 0 \leqslant k \leqslant p-1 \tag{5-172}$$

即

$$0 < \mu < \frac{2}{\lambda_k}, \qquad 0 \leqslant k \leqslant p-1 \tag{5-173}$$

满足公共条件的 μ 应为

$$0 < \mu < \frac{2}{\max\limits_{0 \leqslant k \leqslant p-1} \lambda_k} = \frac{2}{\lambda_{\max}} \tag{5-174}$$

式中，$\lambda_{\max}$ 为 $\boldsymbol{R}$ 的最大特征值。可见，μ 取值在满足式（5-174）的条件下，$\boldsymbol{h}(n)$ 最终将收敛于维纳滤波因子 $\boldsymbol{h}_{\mathrm{op}}$。从式（5-174）中也可看到，$\mu$ 的取值与自相关矩阵有关，一般应取适当的小值，但太小了又会影响收敛速度。

（二）最小均方（LMS）自适应滤波

最速下降法看上去有着良好的收敛性质，但由式（5-155）可知，在每一次迭代过程中，都需要预先知道 $x(n)$ 各延迟值的自相关矩阵 $\boldsymbol{R}$ 和 $d(n)$ 与 $x(n)$ 各延迟值的互相关向量 $\boldsymbol{p}$，这在实时运算中是很难实现的。

如果用 $\boldsymbol{R}$ 和 $\boldsymbol{p}$ 的近似估计 $\hat{\boldsymbol{R}}$ 和 $\hat{\boldsymbol{p}}$ 来代替其真实值，迭代过程同样可以进行下去。而 $\hat{\boldsymbol{R}}$ 和 $\hat{\boldsymbol{p}}$ 可以通过 n 时刻为止的信号数据做出瞬时估计，即

$$\hat{\boldsymbol{R}} = \boldsymbol{x}(n)\boldsymbol{x}^{\mathrm{T}}(n) \tag{5-175}$$

$$\hat{\boldsymbol{p}} = d(n)\boldsymbol{x}(n) \tag{5-176}$$

这时矩阵 $\hat{\boldsymbol{R}}$ 和向量 $\hat{\boldsymbol{p}}$ 显然都是随机量，可以认为它们的数学期望是

$$E[\hat{\boldsymbol{R}}] = E[\boldsymbol{x}(n)\boldsymbol{x}^{\mathrm{T}}(n)] = \boldsymbol{R} \tag{5-177}$$

$$E[\hat{\boldsymbol{p}}] = E[d(n)\boldsymbol{x}(n)] = \boldsymbol{p} \tag{5-178}$$

将式（5-175）和式（5-176）代入式（5-154），得到 $J(\boldsymbol{h})$ 在 $\boldsymbol{h}(n)$ 处梯度的瞬时估计值为

$$\hat{\nabla}_h\{J[\boldsymbol{h}(n)]\} = -2[\hat{\boldsymbol{p}} - \hat{\boldsymbol{R}}\boldsymbol{h}(n)]$$

$$= -2d(n)\boldsymbol{x}(n) + 2\boldsymbol{x}(n)\boldsymbol{x}^{\mathrm{T}}(n)\boldsymbol{h}(n) \tag{5-179}$$

该梯度估计值是随机量。与式（5-153）对应的迭代公式可表示为

$$\boldsymbol{h}(n+1) = \boldsymbol{h}(n) - \frac{1}{2}\mu\hat{\nabla}_h\{J[\boldsymbol{h}(n)]\}$$

$$= \boldsymbol{h}(n) + \mu\boldsymbol{x}(n)[d(n) - \boldsymbol{x}^{\mathrm{T}}(n)\boldsymbol{h}(n)] \tag{5-180}$$

初始值 $\boldsymbol{h}(0)$ 可以任意取，为了方便不妨取为 $\boldsymbol{h}(0) = 0$，这不是随机向量，但从 $n = 1$ 开始，从式（5-180）可以看出所有的 $\boldsymbol{h}(n)$ 都是随机量。

由式（5-147）、式（5-148），式（5-180）又可写为

$$\boldsymbol{h}(n+1) = \boldsymbol{h}(n) + \mu\boldsymbol{x}(n)e(n) \tag{5-181}$$

389

与维纳滤波不同，这里的滤波因子 $h(n)$ 随着 n 的增大不断在调整变化之中。将式（5-181）写成分量形式，即为

$$h_k(n+1)=h_k(n)+\mu x(n-k)e(n), \quad 0\leqslant k\leqslant p-1 \tag{5-182}$$

可见，每修改一个滤波因子的值，仅用一次乘法和一次加法。采用瞬时估计 $\hat{\boldsymbol{R}}$ 和 $\hat{\boldsymbol{p}}$ 的梯度搜索算法，运算量大大减小。

归纳起来，最小均方（LMS）自适应滤波算法的基本步骤如下：

1）确定 $\boldsymbol{h}(n)$ 的初始值 $\boldsymbol{h}(0)$。

2）计算滤波器输出值 $y(n)=\boldsymbol{h}^{\mathrm{T}}(n)\boldsymbol{x}(n)$。

3）计算误差值 $e(n)=d(n)-y(n)$。

4）求 $n+1$ 时刻的滤波系数 $\boldsymbol{h}(n+1)=\boldsymbol{h}(n)+\mu\boldsymbol{x}(n)e(n)$。

5）将 n 改为 $n+1$，反复运算步骤 2~4。

LMS 自适应滤波算法没有矩阵、向量乘法计算，其运算要比最速下降法简单得多。但收敛性的分析却远比最速下降法要复杂，其主要原因是瞬时估计的随机性。

现在来分析 LMS 自适应滤波的收敛性，令

$$\boldsymbol{v}(n)=\boldsymbol{h}(n)-\boldsymbol{h}_{\mathrm{op}} \tag{5-183}$$

式中，$\boldsymbol{v}(n)$ 为随机向量。由于随机性，$\boldsymbol{v}(n)$ 的收敛性能可以间接地用它的数学期望向量 $E[\boldsymbol{v}(n)]$ 和相关矩阵 $E[\boldsymbol{v}(n)\boldsymbol{v}^{\mathrm{T}}(n)]$ 来描述。这时 $E[\boldsymbol{v}(n)]$ 和 $E[\boldsymbol{v}(n)\boldsymbol{v}^{\mathrm{T}}(n)]$ 都与 n 有关，所以 $\boldsymbol{v}(n)$ 本质上是非平稳的，这是造成分析 $\boldsymbol{v}(n)$ 收敛性困难的一个重要因素。略去过于烦琐的 $E[\boldsymbol{v}(n)\boldsymbol{v}^{\mathrm{T}}(n)]$ 的计算和分析，只考虑 $E[\boldsymbol{v}(n)]$ 的收敛特性。

将式（5-181）代入式（5-183），可得

$$\begin{aligned}\boldsymbol{v}(n+1)&=\boldsymbol{h}(n)+\mu\boldsymbol{x}(n)[d(n)-\boldsymbol{h}^{\mathrm{T}}(n)\boldsymbol{x}(n)]-\boldsymbol{h}_{\mathrm{op}}\\&=\boldsymbol{v}(n)+\mu\boldsymbol{x}(n)\{d(n)-\boldsymbol{x}^{\mathrm{T}}(n)[\boldsymbol{v}(n)+\boldsymbol{h}_{\mathrm{op}}]\}\\&=[\boldsymbol{I}-\mu\boldsymbol{x}(n)\boldsymbol{x}^{\mathrm{T}}(n)]\boldsymbol{v}(n)+\mu[\boldsymbol{x}(n)d(n)-\boldsymbol{x}(n)\boldsymbol{x}^{\mathrm{T}}(n)\boldsymbol{h}_{\mathrm{op}}]\end{aligned} \tag{5-184}$$

设 $\boldsymbol{h}(n)$ 与 $\boldsymbol{x}(n)$ 之间统计独立，则 $\boldsymbol{v}(n)$ 与 $\boldsymbol{x}(n)$ 也是统计独立的，所以有

$$E[\boldsymbol{x}(n)\boldsymbol{x}^{\mathrm{T}}(n)\boldsymbol{v}(n)]=E[\boldsymbol{x}(n)\boldsymbol{x}^{\mathrm{T}}(n)]E[\boldsymbol{v}(n)]=\boldsymbol{R}E[\boldsymbol{v}(n)] \tag{5-185}$$

将式（5-184）两边求数学期望，并利用式（5-185）、式（5-156）以及 $\boldsymbol{R}$、$\boldsymbol{p}$ 的定义，可得

$$E[\boldsymbol{v}(n+1)]=(\boldsymbol{I}-\mu\boldsymbol{R})E[\boldsymbol{v}(n)]+\mu(\boldsymbol{p}-\boldsymbol{R}\boldsymbol{h}_{\mathrm{op}})=(\boldsymbol{I}-\mu\boldsymbol{R})E[\boldsymbol{v}(n)] \tag{5-186}$$

将式（5-186）与最速下降法中的式（5-159）比较，两者非常相似。LMS 自适应滤波方法中的随机向量 $\boldsymbol{v}(n)$ 的数学期望 $E[\boldsymbol{v}(n)]$ 与最速下降法中的向量 $\boldsymbol{v}(n)$ 有着相同的作用。直接沿用最速下降法中的结论，可以知道当 $\mu<\dfrac{2}{\lambda_{\max}}$ 时，有

$$\lim_{n\rightarrow\infty}E[\boldsymbol{h}(n)]=\boldsymbol{h}_{\mathrm{op}} \tag{5-187}$$

式（5-187）表示了 $\boldsymbol{h}(n)$ 的数学期望对维纳滤波因子 $\boldsymbol{h}_{\mathrm{op}}$ 的收敛性，但 $\boldsymbol{h}(n)$ 在 $\boldsymbol{h}_{\mathrm{op}}$ 附近的起伏是不可避免的。

从以上分析可知，LMS 自适应算法以瞬时梯度下降法为基础，推导出系数矩阵的递推公式，运算比较简单，易于实时处理。但是，LMS 算法只有一个可供调整收敛速率的参数 μ，由于收敛步长受到稳定性约束，导致它的收敛速度较慢。为此，人们又提出了更为复杂的 RLS 算法，即递归最小二乘法，它利用最小二次方准则取代均方差准则，克服了收敛速度较慢以及对非平稳信号适应性差等缺点。

（三）递归最小二乘（RLS）自适应滤波

与 LMS 算法一样，令观测值组成的向量为 $\boldsymbol{x}(n)=[x(n)\quad x(n-1)\quad\cdots\quad x(n-p+1)]^{\mathrm{T}}$，处理器各系数组成的向量为 $\boldsymbol{h}(n)=[h_0(n)\quad h_1(n)\quad\cdots\quad h_{p-1}(n)]^{\mathrm{T}}$。处理器输出为

$$y(n)=\sum_{k=0}^{p-1}h_k(n)x(n-k)=\boldsymbol{h}^{\mathrm{T}}(n)\boldsymbol{x}(n)=\boldsymbol{x}^{\mathrm{T}}(n)\boldsymbol{h}(n) \tag{5-188}$$

与理想响应 $d(n)$ 间的误差为

$$e(n)=d(n)-y(n)=d(n)-\boldsymbol{h}^{\mathrm{T}}(n)x(n) \tag{5-189}$$

要求选取 $\boldsymbol{h}$ 使误差二次方和最小，即

$$\varepsilon(T)=\sum_{n=0}^{T}e^2(n)=\min \tag{5-190}$$

这就是问题的最小二乘法提法。值得注意的是，最小二乘法（Least Square，LS）与最小均方（Least Mean Square，LMS）的含义是不同的，后者的最小化指标的是误差的均方 $E[e^2(n)]=\min$，它是在总体意义下的最小化，而前者是用单一的样本在时间意义上的最小化。后者隐含着被处理信号是平稳的随机过程，前者则是把单一实现当作确定性过程来看待或把被处理信号看成是各态遍历的随机过程。

令

$$\frac{\partial\varepsilon(T)}{\partial\boldsymbol{h}}=0 \tag{5-191}$$

则有

$$\boldsymbol{h}(T)=\boldsymbol{\Phi}_x^{-1}(T)\boldsymbol{r}_{dx}(T) \tag{5-192}$$

式中

$$\boldsymbol{h}(T)=[h_0(T)\quad h_1(T)\quad\cdots\quad h_{p-1}(T)]^{\mathrm{T}}$$

$$\boldsymbol{r}_{dx}(T)=\sum_{n=0}^{T}d(n)x(n)=\left[\sum_{n=0}^{T}d(n)x(n)\quad\sum_{n=0}^{T}d(n)x(n-1)\quad\cdots\quad\sum_{n=0}^{T}d(n)x(n-p+1)\right]^{\mathrm{T}}$$

$$\boldsymbol{\Phi}_x(T)=\sum_{n=0}^{T}[\boldsymbol{x}(n)\boldsymbol{x}^{\mathrm{T}}(n)]$$

$$=\begin{bmatrix}\sum_{n=0}^{T}x^2(n) & \sum_{n=0}^{T}x(n)x(n-1) & \cdots & \sum_{n=0}^{T}x(n)x(n-p+1)\\ \sum_{n=0}^{T}x(n-1)x(n) & \sum_{k=0}^{T}x^2(n-1) & \cdots & \sum_{n=0}^{T}x(n-1)x(n-p+1)\\ \vdots & \vdots & & \vdots\\ \sum_{n=0}^{T}x(n-p+1)x(n) & \sum_{n=0}^{T}x(n-p+1)x(n-1) & \cdots & \sum_{n=0}^{T}x^2(n-p+1)\end{bmatrix}$$

前面已述，自适应滤波的递归算法是当数据上限 T 增加时，根据上次的系数估计 $\boldsymbol{h}(T-1)$，结合本次新数据 $x(T)$ 得出新的系数估计 $\boldsymbol{h}(T)$。

由式（5-192），前次系数估计是

$$\boldsymbol{h}(T-1)=\boldsymbol{\Phi}_x^{-1}(T-1)\boldsymbol{r}_{dx}(T-1) \tag{5-193}$$

而新的系数估计如式（5-192），为了实现递归算法，必须找出 $\boldsymbol{\Phi}_x(T)$ 和 $\boldsymbol{\Phi}_x(T-1)$ 间以及 $\boldsymbol{r}_{dx}(T)$ 和 $\boldsymbol{r}_{dx}(T-1)$ 间的关系。通过推导证明，可以得出如下式子（具体推导过程这里不做详细描述）。

$$\boldsymbol{r}_{dx}(T) = \boldsymbol{r}_{dx}(T-1) + d(T)\boldsymbol{x}(T) \tag{5-194}$$

$$\boldsymbol{\Phi}_x(T) = \boldsymbol{\Phi}_x(T-1) + \boldsymbol{x}(T)\boldsymbol{x}^{\mathrm{T}}(T) \tag{5-195}$$

$$\boldsymbol{\Phi}_x^{-1}(T) = \boldsymbol{\Phi}_x^{-1}(T-1) - \frac{\boldsymbol{\Phi}_x^{-1}(T-1)\boldsymbol{x}(T)\boldsymbol{x}^{\mathrm{T}}(T)\boldsymbol{\Phi}_x^{-1}(T-1)}{1 + \boldsymbol{x}^{\mathrm{T}}(T)\boldsymbol{\Phi}_x^{-1}(T-1)\boldsymbol{x}(T)} \tag{5-196}$$

为了书写方便，记

$$\boldsymbol{P}(T) = \boldsymbol{\Phi}_x^{-1}(T)$$

$$\boldsymbol{G}(T) = \frac{\boldsymbol{P}(T-1)\boldsymbol{x}(T)}{1 + \boldsymbol{x}^{\mathrm{T}}(T)\boldsymbol{P}(T-1)\boldsymbol{x}(T)} \tag{5-197}$$

于是，式（5-196）写为

$$\boldsymbol{P}(T) = \boldsymbol{P}(T-1) - \boldsymbol{G}(T)\boldsymbol{x}^{\mathrm{T}}(T)\boldsymbol{P}(T-1) \tag{5-198}$$

将式（5-198）两边同乘以 $\boldsymbol{x}(T)$，有

$$\boldsymbol{P}(T)\boldsymbol{x}(T) = \boldsymbol{P}(T-1)\boldsymbol{x}(T) - \boldsymbol{G}(T)\boldsymbol{x}^{\mathrm{T}}(T)\boldsymbol{P}(T-1)\boldsymbol{x}(T) \tag{5-199}$$

由式（5-197）可得

$$\boldsymbol{G}(T) + \boldsymbol{G}(T)\boldsymbol{x}^{\mathrm{T}}(T)\boldsymbol{P}(T-1)\boldsymbol{x}(T) = \boldsymbol{P}(T-1)\boldsymbol{x}(T) \tag{5-200}$$

将式（5-200）代入式（5-199），可得

$$\boldsymbol{G}(T) = \boldsymbol{P}(T)\boldsymbol{x}(T) \tag{5-201}$$

进一步，由式（5-192）、式（5-194）、式（5-198）和式（5-201）可以推导出系数估计 $\boldsymbol{h}(T)$ 与 $\boldsymbol{h}(T-1)$ 之间的关系，即

$$\begin{aligned} \boldsymbol{h}(T) &= \boldsymbol{P}(T)\boldsymbol{r}_{dx}(T) \\ &= \boldsymbol{P}(T)[\boldsymbol{r}_{dx}(T-1) + d(T)\boldsymbol{x}(T)] \\ &= \boldsymbol{P}(T)\boldsymbol{r}_{dx}(T-1) + d(T)\boldsymbol{G}(T) \\ &= [\boldsymbol{P}(T-1) - \boldsymbol{G}(T)\boldsymbol{x}^{\mathrm{T}}(T)\boldsymbol{P}(T-1)]\boldsymbol{r}_{dx}(T-1) + d(T)\boldsymbol{G}(T) \\ &= \boldsymbol{P}(T-1)\boldsymbol{r}_{dx}(T-1) + \boldsymbol{G}(T)[d(T) - \boldsymbol{x}^{\mathrm{T}}(T)\boldsymbol{P}(T-1)\boldsymbol{r}_{dx}(T-1)] \\ &= \boldsymbol{h}(T-1) + \boldsymbol{G}(T)[d(T) - \boldsymbol{x}^{\mathrm{T}}(T)\boldsymbol{h}(T-1)] \end{aligned}$$

可写成

$$\boldsymbol{h}(T) = \boldsymbol{h}(T-1) + \boldsymbol{G}(T)e^0(T) \tag{5-202}$$

式中，$e^0(T) = d(T) - \boldsymbol{x}^{\mathrm{T}}(T)\boldsymbol{h}(T-1)$，它可看作是用前次估计的系数 $\boldsymbol{h}(T-1)$ 对新数据 $\boldsymbol{x}(T)$ 做处理后所得的对 $d(T)$ 的估计误差。由式（5-189）对 $d(T)$ 的真正估计误差应为

$$e(T) = d(T) - \boldsymbol{x}^{\mathrm{T}}(T)\boldsymbol{h}(T) \tag{5-203}$$

总结以上推导过程，递归最小二乘法算法的运算步骤如下：

（1）初始化　令 $p \times p$ 矩阵 $\boldsymbol{\Phi}_x(0) = c\boldsymbol{I}$（$c$ 取很小值），则有

$$\boldsymbol{P}(0) = \boldsymbol{\Phi}_x^{-1} = \frac{1}{c}\boldsymbol{I}$$

又令 $p \times 1$ 系数矢量 $\boldsymbol{h}(0) = 0$。

（2）递归　逐次取 $T=1$，2，3，…，进行递归计算。

1）计算增益矢量。

$$G(T) = \frac{P(T-1)x(T)}{1+x^{\mathrm{T}}(T)P(T-1)x(T)}$$

式中，$x(T) = \begin{bmatrix} x(T) & x(T-1) & \cdots & x(T-p+1) \end{bmatrix}^{\mathrm{T}}$ 为引入新观察数据 $x(T)$ 后的新数据矢量。

2）求按旧系数 $h(T-1)$ 估计得到的误差 $e^0(T)$。

$$e^0(T) = d(T) - x^{\mathrm{T}}(T)h(T-1)$$

3）更新估计系数。

$$h(T) = h(T-1) + G(T)e^0(T)$$

4）求新的估计误差。

$$e(T) = d(T) - x^{\mathrm{T}}(T)h(T)$$

5）更新自相关矩阵。

$$P(T) = P(T-1) - G(T)x^{\mathrm{T}}(T)P(T-1)$$

6）令 $T=T+1$，返回计算步骤1。

上面介绍的是传统的 RLS 算法，与 LMS 算法相比，它收敛速度快，且处理是无限记忆的，实际求和范围逐次加大，因此，只要过程是各态遍历的，$T \to \infty$ 时，$h(T)$ 将趋于维纳最优解，而不像 LMS 算法那样，只是其期望值趋于维纳解。

传统的 RLS 算法的主要缺点是计算量大，在实时应用时要考虑数据采样速率，另外，数值性能也不是很好。在此基础上进一步发展起来的快速横向滤波等算法，可以较好地克服这些缺点。具体内容可以参见有关书籍。

（四）自适应滤波的应用

自适应信号处理有广泛的应用，如自适应建模、自适应噪声对消器、自适应信号分离器、数字通信中的自适应均衡器等，下面仅对自适应噪声对消做简单介绍。

自适应噪声对消器是自适应滤波器的典型应用，也是最佳滤波的一种变形，它应用在信号很弱或者信号不可检测的噪声场中，其基本原理是将从一个或多个传感器取得的参考输入进行过滤，并从包含信号和噪声的原始输入中减去滤波器输出，从而使原始噪声得到衰减或消除。

图 5-15 为自适应噪声对消器原理框图。它有两个输入，即原始输入 $x(n)$ 与参考输入 $v_1(n)$。原始输入由有用信号 $s(n)$ 和噪声干扰信号 $v_0(n)$ 组成，即

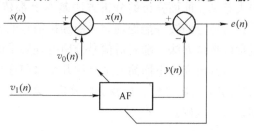

图 5-15　自适应噪声对消器原理框图

$$x(n) = s(n) + v_0(n) \tag{5-204}$$

参考输入是与干扰信号 $v_0(n)$ 相关但与有用信号 $s(n)$ 不相关的噪声信号 $v_1(n)$。自适应滤波器的接收误差信号 $e(n)$ 按一定规则调整自适应滤波器的参数 h，使得它的输出 $y(n)$ 趋近等于 $x(n)$ 中的噪声干扰信号 $v_0(n)$，于是 $e(n)$ 作为 $x(n)$ 与 $y(n)$ 之差就非常接近或等于有用信号 $s(n)$。

可以简单地证明这一结论。设 s、v_0、v_1 都是平稳随机过程并具有零均值，因 s 与 v_0 及 v_1 均不相关，而 v_0 与 v_1 相关，可知

$$e = x - y = s + v_0 - y \tag{5-205}$$

将式（5-205）等式两边进行二次方得到

$$e^2 = s^2 + (v_0 - y)^2 + 2s(v_0 - y) \tag{5-206}$$

于是有

$$E[e^2] = E[s^2] + E[(v_0 - y)^2] + 2E[s(v_0 - y)] \tag{5-207}$$

如果考虑的是最小均方自适应滤波，自适应过程就是自动调节滤波器的参数 h 使 $E[e^2] = \min$ 的过程。式（5-207）右边第一项为信号功率 $E[s^2]$，它与 H 无关；因为 s 与 v_0 及 v_1 均不相关，第三项等于零；所以 $E[e^2] = \min$ 等价于式（5-207）第二项最小，即

$$E[e^2] = \min \Leftrightarrow E[(v_0 - y)^2] = \min \tag{5-208}$$

由于 $e - s = v_0 - y$，所以当 $E[(v_0 - y_j)^2]$ 被最小化时，$E[(e - s)^2]$ 也被最小化了，即 e 在最小均方的规则下趋于 s。可见，自适应滤波器可以通过噪声对消从噪声中提取有用信号。虽然上述结果用维纳滤波器也能实现，但是设计维纳滤波器需要预先知道 s 与 v_0 或 v_1 的统计特性，而自适应滤波器不需要，并且当信号或噪声统计特性变化时，自适应滤波器也能调节它的冲激响应特性来适应新的情况。但是自适应噪声对消器需要有一个参考输入，而且该参考输入要求与原始输入中需去除的噪声相关。

自适应对消的方法在信号处理中有着广泛的应用，如消除心电图中的电源干扰；检测胎儿心音时，滤除母亲的心音及背景干扰；通信系统中的回声消除；作为天线阵的自适应旁瓣对消器；机电系统故障特征提取等。

第四节　非平稳随机信号的分析

现实生活和工程实际中很多信号是非平稳信号，如语言信号、图像信号、医学信号、故障信号等。对于非平稳信号，表现在诸如期望、方差、相关函数等统计特征是与时间有关的，即可能是随时间而变化的，更值得注意的是，这时各态遍历性和统计特性的时间平均已失去意义。前面介绍的分析方法基本上都建立在随机信号平稳的基础上，即使像卡尔曼滤波、自适应滤波等能处理非平稳随机信号的方法，也是将信号参数调整的短暂过程视为平稳过程的近似方法。随着对信号分析处理要求的提高，一些能从本质上分析非平稳随机信号的方法得到研究。下面简要地介绍几个目前在信号分析处理中应用得较为广泛的方法，它们是信号的时-频域分析、小波变换分析、希尔伯特-黄变换分析等，为今后进一步学习该领域的知识打下基础。

一、时-频域分析

对于非平稳信号，以傅里叶变换为基础的分析方法显得无能为力，因为对于这类信号，往往不满足傅里叶变换所要求的条件。首先，由傅里叶变换获得信号的频谱，需要无限长时间，即不仅需要过去而且需要将来时间的信号去估计它的频谱；其次，傅里叶变换不能反映与时间变量有关的频率信息；除此之外，非平稳信号很可能在时域有一个短时瞬间变化，它会对整个频谱产生影响，但很难从信号的频谱上确认这种时域瞬时变化的存在及其确切的频

率信息。也就是说，傅里叶分析是一种对无穷区间信号的纯频域分析，不能有效地提供暂态信号的时间特性，或者说，暂态信号是很难用傅里叶变换进行分析的。因此，对暂态信号（非平稳信号）需要寻找一种对任一时间都能进行频谱分析的新方法。

信号的时-频域分析就是这样的一种新方法，它的基本任务是建立一个函数，要求这个函数能够同时用时间和频率描述信号的能量密度，还能够以同样的方式计算其他密度函数。

（一）短时傅里叶变换

短时傅里叶变换（Short-time Fourier Transform，STFT）是研究非平稳信号最广泛使用的一种方法。它的基本思想就是在傅里叶变换的基础上，为了实现时域的局部化，把信号划分成许多小的时间间隔，并认为在如此小的时间间隔区间内信号是平稳的，可以用傅里叶变换来分析它们，得出各个时间间隔区间的频谱，这些频谱的集合就可以反映频谱随时间的变化。

为了研究信号在某一时刻的特性，总是想突出这一时刻 τ 的信号，而弱化其他时间的信号，为此可以通过把待分析的信号 $x(t)$ 乘以中心位于 τ 的时窗函数 $g(t)$ 来表示，如图 5-16 所示。该信号可定义为

$$x_\tau(t) = x(t)g(t-\tau) \tag{5-209}$$

可见，该信号是两个时间的函数，即所关心的固定时刻 τ 和时间 t。时窗函数 $g(t)$ 的作用是使经它处理后的信号 $x_\tau(t)$ 满足

$$x_\tau(t) = \begin{cases} x(t) & 接近 \tau 的 t \\ 0 & 远离 \tau 的 t \end{cases} \tag{5-210}$$

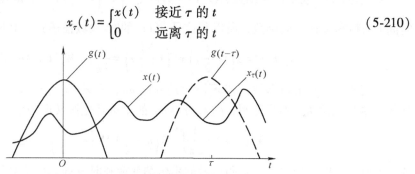

图 5-16　短时傅里叶变换的滑动时窗

当 $g(t)$ 的窗口宽度足够小时，可以认为信号 $x_\tau(t)$ 是平稳的，因此，可把这一时段的信号进行傅里叶变换，并称之为短时傅里叶变换，表示为

$$X_\tau(\omega) = \int_{-\infty}^{\infty} x_\tau(t) e^{-j\omega t} dt = \int_{-\infty}^{\infty} x(t) g(t-\tau) e^{-j\omega t} dt \tag{5-211}$$

式中，ω 为局部化频率；τ 为时窗函数窗口位置，随着 τ 的变化，时窗沿着 t 轴滑动，所以 $X_\tau(\omega)$ 反映了信号 $x(t)$ 在时刻 τ 的频谱情况，即短时傅里叶变换描述了信号频谱与时间的相关性。同时，τ 时刻的信号功率密度谱可表示为

$$P_x(\tau,\omega) = |X_\tau(\omega)|^2 = \left| \int_{-\infty}^{\infty} x(t) g(t-\tau) e^{-j\omega t} dt \right|^2 \tag{5-212}$$

式（5-211）和式（5-212）表明，信号的频谱和功率密度谱由不同的时刻 τ 决定，反映了信号的频谱和功率密度谱的时-频域分布。滑动窗函数通常采用高斯窗、汉明窗、指数窗等，当窗函数采用高斯函数时，即

$$g(t) = \frac{1}{2\sqrt{\pi\alpha}} e^{-\frac{t^2}{4\alpha}}, \quad \alpha > 0$$

称为使时间局部化"最优"的 Gabor 变换。

与上述在时域上加窗类似，也可以在频域上加窗，按不同的中心频率把信号的频谱及功率谱实现分割，并得出它们随时间的变化情况。

这种时-频域分析的方法，由于是建立在短时平稳信号分析的基础上，因此，无论是时域加窗还是频域加窗，都要求窗口宽度非常小，否则就很难得到某一时刻信号的频谱或某一频率分量对应波形的近似结果。但是时窗越窄，虽然时间分辨率提高了，但频率分辨率降低了。同理，在频域若频窗越窄，频率分辨率越高，但时间分辨率就会明显下降。这种时间分辨率与频率分辨率的互相矛盾及互相制约的性质，就是已经被理论所证明的"测不准原理"。

（二）维格纳变换

短时傅里叶变换建立在信号的短时平稳基础上，还不能及时反映信号频谱的瞬时变化。1948 年，Ville 将 Wigner 提出的维格纳分布（Wigner Distribution，WD）应用于信号分析领域，得出一种具有一系列优良特性的信号时-频域分析方法，即维格纳变换。

设信号 $x(t)$ 是确定性的连续时间复值函数，则其维格纳变换定义为

$$W_x(t,\omega) = \int_{-\infty}^{\infty} x\left(t+\frac{1}{2}\tau\right) x^*\left(t-\frac{1}{2}\tau\right) e^{-j\omega\tau} d\tau \qquad (5\text{-}213)$$

式（5-213）表示的是函数 $f_x(t,\tau) = x\left(t+\frac{1}{2}\tau\right) x^*\left(t-\frac{1}{2}\tau\right)$ 对 τ 的傅里叶变换，由于它是时间 t 和频率 ω 的二元函数，所以是信号 $x(t)$ 的时-频域描述式。其反变换显然应该是

$$f_x(t,\tau) = x\left(t+\frac{1}{2}\tau\right) x^*\left(t-\frac{1}{2}\tau\right) = \frac{1}{2\pi}\int_{-\infty}^{\infty} W_x(t,\omega) e^{j\omega t} d\omega \qquad (5\text{-}214)$$

由傅里叶变换的奇偶性，若 $\mathscr{F}[x(t)] = X(\omega)$，有 $\mathscr{F}[x^*(-t)] = X^*(\omega)$。再由傅里叶变换的频域卷积性质，不难证明，$f_x(t,\tau)$ 对 τ 的傅里叶变换又可表示为另一种形式，即

$$W_x(t,\omega) = \frac{1}{2\pi}\int_{-\infty}^{\infty} X\left(\omega+\frac{\xi}{2}\right) X^*\left(\omega-\frac{\xi}{2}\right) e^{j\xi t} d\xi \qquad (5\text{-}215)$$

式（5-213）和式（5-215）表明信号的维格纳变换在时域和频域是对称的。

为了在特定的时间求取维格纳变换，要把多段信号累积起来，这些信号是由过去的某一时间的信号与未来某一时间的信号的乘积组成的，所取信号的过去时间和未来时间相等。这一点对于频域也是成立的，因为维格纳变换在两个域的形式上基本相同。同时，维格纳变换同等地权衡远处时间与近处时间，因此，维格纳变换是完全非局部的。

维格纳变换具有许多与其他变换不同的优良性质，主要有：

1）在固定时刻 t 下，信号 $x(t)$ 的维格纳变换 $W_x(t,\omega)$ 沿整个 ω 轴的积分，等于信号在该时刻的瞬时功率 $|x(t)|^2$，即

$$\frac{1}{2\pi}\int_{-\infty}^{\infty} W_x(t,\omega) d\omega = |x(t)|^2 \qquad (5\text{-}216)$$

2）在固定频率 ω 下，信号 $x(t)$ 的维格纳变换 $W_x(t,\omega)$ 沿整个 t 轴的积分，等于信号在该频率处的能谱密度 $|X(\omega)|^2$，即

$$\int_{-\infty}^{\infty} W_x(t,\omega) dt = |X(\omega)|^2 \qquad (5\text{-}217)$$

3）信号 $x(t)$ 的维格纳变换 $W_x(t,\omega)$ 沿整个 t 轴、整个 ω 轴的双重积分，等于信号的

能量，即

$$\frac{1}{2\pi}\int_{-\infty}^{\infty}\int_{-\infty}^{\infty}W_x(t,\omega)\,\mathrm{d}t\mathrm{d}\omega=\int_{-\infty}^{\infty}|x(t)|^2\mathrm{d}t=\varepsilon \tag{5-218}$$

式（5-218）很容易由式（5-216）和式（5-217）得到。

维格纳变换还有一系列其他性质。通过对信号的维格纳分析，可以得到信号的能量对时间和频率的分布情况，而了解能量可能集中在某些频率和时间的范围，有利于对时变信号进行分析。但是，不是每一个时间和频率的函数都是一个正常信号的维格纳变换，因为可能存在不能实现维格纳变换的信号。一般地，确定一个二维函数是不是维格纳变换的方法是先假定它是某个信号的维格纳变换，并用反变换公式求出这个信号，然后由所得到的信号计算维格纳变换。如果能够恢复成同一个函数，那么它确实就是一个可表示的维格纳变换。

维格纳变换在信号设计、信号滤波、信号分离等方面都得到广泛的应用，此外，在系统非线性故障检测、机械振动、地震数据处理、瞬时频率估计、时变谱估计、模式识别等方面也有应用的例子。维格纳变换的局限性在于它与短时傅里叶变换一样，仍然受到"测不准原理"的制约，不能严格提供任一局部时间信号变化激烈程度的信息。

例 5-14 求矩形脉冲信号

$$x(t)=\begin{cases}1 & |t|\leqslant T\\0 & \text{其他}\end{cases}$$

的维格纳变换。

解 由式（5-213）有

$$W_x(t,\omega)=\int_{-\infty}^{\infty}x\left(t+\frac{1}{2}\tau\right)x^*\left(t-\frac{1}{2}\tau\right)\mathrm{e}^{-\mathrm{j}\omega\tau}\mathrm{d}\tau=\int_{-2(T-|t|)}^{2(T-|t|)}\mathrm{e}^{-\mathrm{j}\omega\tau}\mathrm{d}\tau$$

$$=\begin{cases}\dfrac{2}{\omega}\sin2\omega(T-|t|) & |t|\leqslant T\\0 & \text{其他}\end{cases}$$

其中积分的上下限取值是因为当 $|t|\pm\dfrac{\tau}{2}\leqslant T$ 时，$x\left(t+\dfrac{1}{2}\tau\right)x^*\left(t-\dfrac{1}{2}\tau\right)$ 取值为 1。可见，$x(t)$ 的维格纳变换确是时间 t 和频率 ω 的函数，并且在时域上具有与 $x(t)$ 同样的宽度。

例 5-15 求无限持续调频波

$$x(t)=A\mathrm{e}^{\frac{\mathrm{j}\alpha t^2}{2}}$$

的维格纳变换。

解 由式（5-213）有

$$W_x(t,\omega)=\int_{-\infty}^{\infty}x\left(t+\frac{1}{2}\tau\right)x^*\left(t-\frac{1}{2}\tau\right)\mathrm{e}^{-\mathrm{j}\omega\tau}\mathrm{d}\tau$$

$$=\int_{-\infty}^{\infty}A\mathrm{e}^{\frac{\mathrm{j}\alpha\left(t+\frac{\tau}{2}\right)^2}{2}}\cdot A\mathrm{e}^{\frac{-\mathrm{j}\alpha\left(t-\frac{\tau}{2}\right)^2}{2}}\mathrm{e}^{-\mathrm{j}\omega\tau}\mathrm{d}\tau$$

$$=A^2\int_{-\infty}^{\infty}\mathrm{e}^{\mathrm{j}\alpha t\tau}\mathrm{e}^{-\mathrm{j}\omega\tau}\mathrm{d}\tau=2\pi A^2\delta(\omega-\alpha t)$$

二、小波变换分析

正如前面所述，傅里叶变换无论在时域还是在频域都是一种全局的变换，它无法表述信号的时频局部性质，因而不适合用来分析非平稳的、瞬时变化激烈的信号。短时傅里叶变换或维格纳变换等时-频域分析方法又受到了"测不准原理"的制约，不可能同时具有良好的频率分辨率和时间分辨率。小波变换（Wavelet Transform）发展了 Gabor 加窗傅里叶变换的局部化思想，在窗函数中引入可供展缩的参数，构成一个"柔性"时频窗，使其在较高的频率处时域窗可以自动地变窄，具有较高的时间分辨率和较低的频率分辨率，而在较低的频率处时域窗又可以自动地变宽，具有较高的频率分辨率和较低的时间分辨率，从而保证同时具有良好的时域和频域分析精度。

小波变换是 20 世纪 80 年代后期发展起来的应用数学分支，它是泛函分析、傅里叶分析、样条分析、调和分析、数值分析的完美结晶，引入到工程应用领域后，在信号处理、图像处理、语音分析、模式识别、量子物理及众多非线性科学领域都得到广泛的应用。

（一）小波基函数和小波变换

设 $\psi(t)$ 是定义在 $(-\infty, \infty)$ 上二次方可积的函数 [即 $\psi(t) \in L^2(R)$]，其傅里叶变换为 $\Psi(\omega)$，如果该函数满足

$$\int_{-\infty}^{\infty} \psi(t) \, \mathrm{d}t = 0 \tag{5-219}$$

和

$$C_\psi = \int_{-\infty}^{\infty} \frac{|\Psi(\omega)|^2}{|\omega|} \mathrm{d}\omega < \infty \tag{5-220}$$

则称函数 $\psi(t)$ 为一个基本小波或小波母函数。

由函数 $\psi(t)$ 经伸缩和平移所得到的一族函数

$$\psi_{a,b}(t) = |a|^{-\frac{1}{2}} \psi\left(\frac{t-b}{a}\right), \quad a, b \in R, a > 0 \tag{5-221}$$

称为由母函数 $\psi(t)$ 生成的依赖于参数 a、b 的连续小波函数或小波基函数（简称小波函数）。式中，a 为时间轴伸缩参数，b 为平移参数（或位置参数）。

$\psi_{a,b}(t)$ 的傅里叶变换为

$$\Psi_{a,b}(\omega) = \int_{-\infty}^{\infty} \psi_{a,b}(t) \mathrm{e}^{-\mathrm{j}\omega t} \mathrm{d}t = |a|^{\frac{1}{2}} \mathrm{e}^{-\mathrm{j}\omega b} \Psi(a\omega) \tag{5-222}$$

小波母函数 $\psi(t)$ 又称为窗口小波函数，如设它的窗口宽度为 D_t，窗口中心为 t_0，由式（5-221）可知，相应的小波函数的中心移至 $at_0 + b$，窗口宽度变为 aD_t。在频域，如 $\Psi(\omega)$ 的中心为 ω_0，宽度为 D_ω，则由式（5-222），相应的 $\Psi_{a,b}(\omega)$ 的中心移至 $\frac{\omega_0}{a}$，窗口宽度变为 $\frac{D_\omega}{a}$。因此，如果设小波母函数 $\psi(t)$ 的时间分辨率为 Δt，频率分辨率为 $\Delta \omega$，则小波函数 $\psi_{a,b}(t)$ 的时间分辨率应为 $a\Delta t$，频率分辨率应为 $\Delta \omega / a$。可见，可以通过伸缩因子 a 调节窗口的大小，通过平移因子 b 调节窗口的位置，实现以任意的尺度来分析任意位置的信号。

任一信号 $x(t)$ 的小波变换定义为信号和小波基函数的内积，即

$$W_x(a,b) = <x, \psi_{a,b}> = \int_{-\infty}^{\infty} x(t) \psi_{a,b}^*(t)\,\mathrm{d}t = |a|^{-\frac{1}{2}} \int_{-\infty}^{\infty} x(t)\psi^*\left(\frac{t-b}{a}\right)\mathrm{d}t \qquad (5\text{-}223)$$

式中，" * "表示复共轭。由上面定义可见，连续小波中的参数 b 起着平移的作用，参数 a 的变化不仅改变窗口的形状和大小，而且也改变连续小波的频谱结构。

$\psi_{a,b}(t)$ 中加因子 $1/\sqrt{|a|}$ 的目的是使不同 a 值下 $\psi_{a,b}(t)$ 的能量保持不变。设基本小波的能量为

$$E = \int_{-\infty}^{\infty} |\psi(t)|^2\,\mathrm{d}t \qquad (5\text{-}224)$$

则 $\psi_{a,b}(t)$ 的能量是（b 是平移因子，不影响能量的计算）

$$\int_{-\infty}^{\infty} |\psi_{a,b}(t)|^2\,\mathrm{d}t = \int_{-\infty}^{\infty} \left|\frac{1}{\sqrt{|a|}}\psi\left(\frac{t}{a}\right)\right|^2\,\mathrm{d}t = \frac{1}{|a|}\int_{-\infty}^{\infty} \left|\psi\left(\frac{t}{a}\right)\right|^2\,\mathrm{d}t = E \qquad (5\text{-}225)$$

式（5-225）表明，$\psi_{a,b}(t)$ 虽然是 $\psi(t)$ 的展缩函数，但保持了能量不变。所以式（5-223）中的小波窗函数 $\psi_{a,b}(t)$ 具有面积不变但形状可调的特性。如果在时间-频率的二维空间表示这样的窗，当时域压缩变窄时，频域一定展宽了；相反，当时域展宽时，频域一定变窄了。

与短时傅里叶变换相类似，从已知信号 $x(t)$ 的小波变换 $W_x(a,b)$ 可以恢复原有信号，称为小波反变换或重构，其反演公式可表示为

$$x(t) = \frac{1}{C_\psi}\int_0^\infty \frac{1}{a^2}\int_{-\infty}^\infty W_x(a,b)\psi_{a,b}(t)\,\mathrm{d}a\,\mathrm{d}b \qquad (5\text{-}226)$$

式中，C_ψ 即为式（5-220）所示的 $\psi(t)$ 存在条件。

上面介绍的依赖于参数变化的小波变换主要用于理论分析和论证，在实际问题及数值计算中更为重要的是其离散形式。下面讨论由尺度和位移离散化的小波变换。

对小波基函数的参数 a、b 进行离散化。尺度参数 a 的离散化一般采用幂级数的方式进行，即 $a = a_0^m$，$a_0 > 1$，m 为整数。a_0 的取值反映了尺度参数离散化程度，即 a_0 越大，离散化程度越高，通常，当需要对信号做精细分析时应取较小的 a_0 值，当需要对数据进行较大程度压缩时可取较大的 a_0 值，常用的 $a_0 = 2$。位移参数 b 的离散化表示为 $b = nb_0$，$b_0 > 0$，n 为整数，b_0 为离散化间隔。

参数离散化后的小波函数表示为

$$\psi_{m,n}(t) = a_0^{-\frac{m}{2}}\psi\left[a_0^{-m}(t - nb_0)\right], \quad m, n \in \mathbf{Z} \qquad (5\text{-}227)$$

式中，m、n 为整数，$a_0 > 1$，$b_0 > 0$。

对于 $x(t) \in L^2(R)$，利用式（5-227）小波基函数的小波变换为

$$W_x(m,n) = \int_{-\infty}^\infty x(t)\psi_{m,n}^*(t)\,\mathrm{d}t \qquad (5\text{-}228)$$

式（5-228）就是离散小波变换式子。必须注意，这里的"离散"是指对尺度参数和位移参数的离散化，并没有对信号 $x(t)$ 和小波函数 $\psi_{a,b}(t)$ 在时域进行离散化，所以仍然是连续信号的小波变换。

对于离散小波变换，选取一定的小波函数 $\psi(t)$、a_0 和 b_0，使 $\{\psi_{m,n}(t)\}_{m,n \in \mathbf{Z}}$ 构成空间 $L^2(R)$ 的一组标准正交基，则对 $\forall x \in L^2(R)$ 有展开式

$$x(t) = \sum_{m,n \in \mathbf{Z}} W_x(m,n) \psi_{m,n}(t) \tag{5-229}$$

这种由一个函数的平移和伸缩构成的正交基以及展开式是非常有用的，正交小波基可以无冗余地获得信号的局部信息，意味着它们可以通过分解系数重构原信号。

基本小波函数的种类很多，下面给出几种最常用的基本小波函数。

1. Haar 小波

Haar 函数是一组相互正交归一的函数集，Haar 小波是由它衍生而得到的，其定义为

$$\psi(t) = \begin{cases} 1 & 0 \leqslant t \leqslant 1/2 \\ -1 & 1/2 \leqslant t < 1 \\ 0 & \text{其他} \end{cases} \tag{5-230}$$

Haar 小波的波形如图 5-17 所示。

2. Morlet 小波

Morlet 小波是高斯包络下的单频率复正弦函数：

$$\psi(t) = e^{-t^2/2} e^{j\omega_0 t} \tag{5-231}$$

Morlet 小波波形如图 5-18 所示，它是一个很常用的小波，其时域、频域的局部性能都比较好。但是，这个小波不满足容许条件，因为 $\Psi(\omega)|_{\omega=0} \neq 0$。不过实际工作时只要取 $\omega_0 \geqslant 5$，便近似满足条件。另外，$\Psi(\omega)$ 在 $\omega = 0$ 处的一、二阶导数近似为零。

图 5-17 Haar 小波

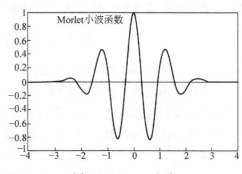

图 5-18 Morlet 小波

3. Mexican Hat 小波

Mexican Hat 小波定义为

$$\psi(t) = \frac{2}{\sqrt{3}} \pi^{-1/4} (1-t^2) e^{-t^2/2} \tag{5-232}$$

它是高斯函数的二阶导数，并且满足

$$\int_{-\infty}^{\infty} \psi(t) \, dt = 0 \tag{5-233}$$

由于它的尺度函数不存在，所以不具有正交性，其波形如图 5-19 所示。

4. DOG 小波

DOG（Difference of Gaussian）小波是两个尺度差一倍的高斯函数之差：

$$\psi(t) = e^{-t^2/2} - \frac{1}{2} e^{-t^2/8} \tag{5-234}$$

其波形如图 5-20 所示。

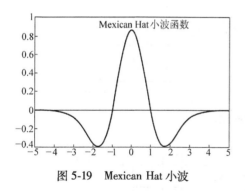

图 5-19　Mexican Hat 小波

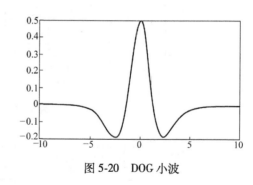

图 5-20　DOG 小波

（二）多分辨率分析

小波分析可以自动地适应信号的不同频率成分，用大"窗"观察变化缓慢的低频成分，用小"窗"观察快速变化的高频成分，这种过程被称为"多分辨分析"。

连续小波的变换参数、时间（或空间）、频率等都是连续变化的，信息冗余度很大，无论从数字信号处理角度还是从减少冗余度考虑，都有必要将参数离散化。为此，Mallat 提出了多分辨率分析（或逼近）概念，较好地解决了参数离散化这一问题，使得小波系数的计算变得快速简捷，并将所有正交小波基函数的构造方法统一了起来，为以后的构造设定了框架。

可以从理想滤波器组引入多分辨率分析的概念。

对连续信号进行采样时，当采样频率满足奈奎斯特条件，归一化频带将限制在 $-\pi \sim \pi$ 之间，分别用理想低通滤波器 $\overline{H}$ 和理想高通滤波器 $\overline{G}$ 将信号（正频率部分）$x_0(n)$ 分解成频带为 $0 \sim \pi/2$ 的低频部分 $x_{10}(n)$ 和频带为 $\pi/2 \sim \pi$ 的高频部分 $x_{11}(n)$，它们必定正交（因为频带不交叠），分别反映了信号的平滑近似和变化细节，如图 5-21 所示。由于两路输出信号的频带宽度均减了一半，采样频率也可分别减半而不会导致信息丢失（可以证明，带通信号的采样频率决定于它的带宽而不是它的频率上限），因此，图 5-21 中在各滤波器后引入"二抽取"环节（下采样），将序列数据每隔一个取一个组成新序列，新序列的长度是原序列的一半。

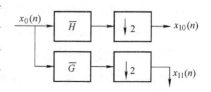

图 5-21　Mallat 一级分解

上面描述的是一次分解过程，通过分解得到分别反映信号平滑近似（低频部分）和变化细节（高频部分）的两部分，为了更详细地得到平滑近似部分的变化细节，可以对低频部分信号用第二级低通滤波器 $\overline{H}$ 和高通滤波器 $\overline{G}$ 重复上述分解过程，实现第二次分解，而且可以根据需求将滤波器级联至第 K 级，实现 K 次分解，每次分解都可以使采样频率减半，如图 5-22 所示。最终得到的信号平滑近似是 $x_{K0}(n)$，变化细节是序列 $\{x_{k1}(n), 1 \leqslant k \leqslant K\}$。每分解一次，信号的频域分辨率提高一倍，形成了对原信号的多分辨率分析。

信号的重构是上面信号分解的逆过程，如图 5-23 所示。其基本算法是先对平滑近似信号 $x_{K0}(n)$ 和细节信号 $x_{K1}(n)$ 进行插值，即在两个相邻数值之间插一个 0，再分别通过滤波器 H 和 G 后相加，如果分解过程是多级的，重构过程也是多级的，逐级重构最后得到 $x_0(n)$。

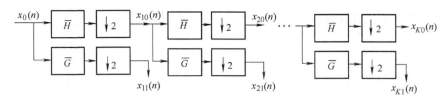

图 5-22 多级分解过程

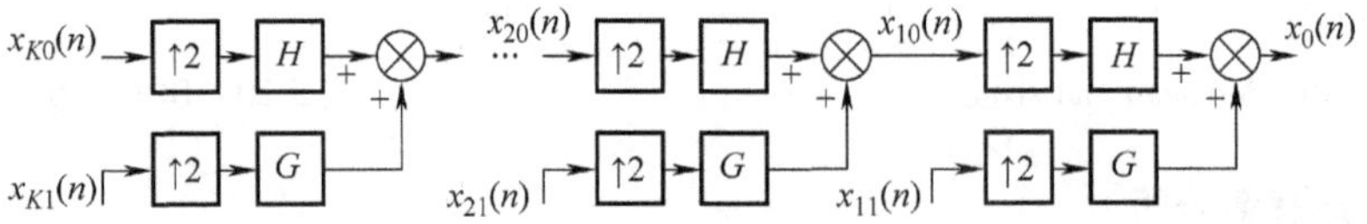

图 5-23 信号重构过程

滤波器 H 和 G 分别是低通滤波器 $\overline{H}$ 和高通滤波器 $\overline{G}$ 的"镜像滤波器",它们的单位脉冲响应满足关系式

$$\overline{h}(n) = h(-n) \tag{5-235}$$

$$\overline{g}(n) = g(-n) \tag{5-236}$$

另外可以证明,低通滤波器 $\overline{H}$ 和高通滤波器 $\overline{G}$ 的单位冲激响应 $h(n)$ 和 $g(n)$ 之间满足关系式

$$g(n) = (-1)^{1-n} h(1-n) \tag{5-237}$$

上面多分辨率分析的思想与小波变换的思路是一致的,可以用小波函数构造低通滤波器。可以证明,当基本小波函数 $\psi(t)$ 给定后,低通滤波器 $\overline{H}$ 的单位冲激响应为

$$h(n) = \int_{-\infty}^{\infty} \frac{1}{2} \psi\left(\frac{t}{2}\right) \psi^*(t-n) \, \mathrm{d}t \tag{5-238}$$

可见,基本小波函数 $\psi(t)$ 确定后,多分辨率分析的一系列滤波器也就确定了。

在实际应用中,通常直接将原始信号的采样序列 $x(n)$ 作为 $x_0(n)$ 进行处理。

(三)小波变换分析的应用

小波分析的应用范围很广,特别适用于信号的瞬态分析、图像边界处理、滤波、信号特征识别与故障诊断等,也可应用于数据压缩、重构等方面。

下面以几个实例说明小波分析在信号处理领域中的具体应用。

例 5-16 图 5-24a 是带有心室晚电位的心电图,心室晚电位是心电图中偶尔出现的一种不正常波动,它持续时间短,幅度小,较难发现。采用 Morlet 小波函数($\omega_0 = 5.33$)对它进行小波变换,即取小波函数为

$$\psi(t) = \mathrm{e}^{-t^2/2} \mathrm{e}^{\mathrm{j}\omega_0 t}$$

小波变换式为

$$W_x(a, \tau) = |a|^{-\frac{1}{2}} \int_{-\infty}^{\infty} x(t) \psi^*\left(\frac{t-\tau}{a}\right) \mathrm{d}t$$

式中,$\psi^*(t)$ 为小波函数 $\psi(t)$ 的共轭。图 5-24b、c、d 分别是时间轴伸缩参数 a 取值 11、16、22 时的变换结果。很明显,当 a 取值 16 时心室晚电位信息得到突现。因此,当需要察看心电图是否存在心室晚电位时,可以专门调看 $a = 16$ 的 Morlet 小波变换曲线。

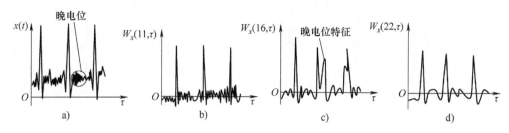

图 5-24 心电图的心室晚电位小波变换检测

例 5-17 电力系统发生短路故障时，故障信号既包含了基波和高次谐波等周期分量，也包含了指数型的非周期衰减分量，信号具有奇异性。利用小波变换多分辨率分析，通过获取三相电压信号分解系数模极大值发生时刻，能检测出故障是否发生，并获取故障发生时刻；同时比较三相电流信号分解系数模，可以确定故障相。模拟实验中，当 0.2s 时发生 U 相接地短路故障，电压和电流波形分别如图 5-25a、b 所示。图 5-26 为对它们进行小波分析的结果（时间段取 0.2±0.001s）。

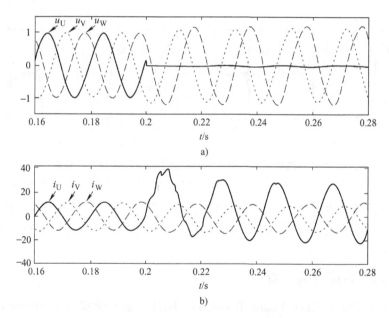

图 5-25 接地短路故障时电压、电流波形
a) 电压波形 b) 电流波形

图 5-26 详细给出了故障时各相电压、电流信号及其多分辨率分析第 5、6、7 级分解结果。可以看出，随着多分辨率分析级数增加，信号的局部特征越来越精细地在分解系数上表现出来。

从图中可以看出，三相电压信号的分解系数在 0.2s 时刻都具有模极大值，而且该极大值位置具有继承性，从而可以准确地确定出奇异点，它就是故障发生时刻。进一步比较三相电压分解结果，可看出 U 相的分解系数较其他两相具有更大的模值，可以参考认为 U 相是故障相。

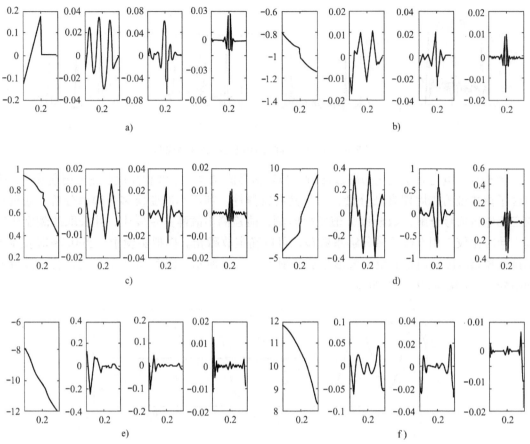

图 5-26　接地短路故障电压、电流信号及其多分辨率分析

a) U 相电压　b) V 相电压　c) W 相电压　d) U 相电流　e) V 相电流　f) W 相电流

从三相电流分解结果可看出，U 相电流的分解系数在 0.2s 时刻具有继承性的模极大值，而且明显较其他两相的分解系数大，其他两相电流分解系数不具有这些特点，所以可以确定 U 相是故障相。

三、希尔伯特-黄变换分析

希尔伯特-黄变换（Hilbert-Huang Transform，HHT）是科学家 N. E. Huang 在 20 世纪 90 年代提出的一种用于分析非平稳非线性信号的方法，它包括经验模态分解（Empirical Mode Decomposition，EMD）和希尔伯特（Hilbert）变换两个步骤。经验模态分解依据信号（数据）自身的时间尺度特征将其逐级分解成局部对称的各个分量，并筛选出一系列固有模态函数（Intrinsic Mode Function，IMF）和一个残余量。由于是依据信号特征分解信号，所以无须预先设定基函数，这一点与建立在先验性的谐波基函数的傅里叶分解和小波基函数的小波分解具有本质性区别。进一步对各固有模态函数进行希尔伯特变换，得到信号瞬时频率特性。经验模态分解方法能很好地体现原信号所特有的非平稳特性，并具有适应性、正交性、后验性、完整性等特点。

（一）经验模态分解

实际信号一般为复杂的包含多个波动模式的多分量信号，上面已述，对于这类信号利用全局性定义计算其瞬时频率特性是没有意义的。经验模态分解方法利用局部限制条件代替全局性限制条件，将多分量信号分解成为一系列单一分量信号的组合，满足了瞬时频率特性分析的必要条件。

通过筛选分解，得到的固有模态函数必须满足以下两个条件：

1）对于一个数据向量，极值点个数和过零点个数必须相等或者最多相差一个。

2）在任意点，由局部极大值点构成的包络线和局部极小值点构成的包络线的平均值为零。

第一个条件类似于传统平稳高斯信号的窄带要求，第二个条件将经典的全局性要求修改为局部性要求，利用极值包络的均值为零强制信号局部对称，排除了由于波形不对称而引起的瞬时频率特性的波动。

于是，经验模态分解过程如下：

1）找出信号 $x(t)$ 的局部极小值点和极大值点，将其用 3 次样条函数分别拟合为原信号的下包络线和上包络线。

2）计算出上下包络线的均值 $m(t)$，然后用原始信号 $x(t)$ 减去 $m(t)$，得到一个新信号 $x_{11}(t)$，即

$$x_{11}(t) = x(t) - m(t) \tag{5-239}$$

3）如果 $x_{11}(t)$ 不满足固有模态函数的条件，就需要对 $x_{11}(t)$ 重复上述筛选处理过程。经过 k 次筛选处理后产生第一个固有模态函数 $C_1(t)$，有

$$C_1(t) = x_{1k}(t) = x_{1(k-1)}(t) - m_{1(k-1)}(t) \tag{5-240}$$

4）将原始信号减去第一个固有模态函数分量 $C_1(t)$，得到第一个数据余项 $r_1(t)$，即

$$r_1(t) = x(t) - C_1(t) \tag{5-241}$$

5）对 $r_1(t)$ 进行上述的筛选处理，得到第二个固有模态函数 $C_2(t)$。

6）重复上述筛选处理步骤，直到最后一个余项 $r_n(t)$ 已是单调函数不能再被分解为止。因此，原始信号可以由分解得到的固有模态函数和余项表示，即

$$x(t) = \sum_{i=1}^{n} C_i(t) + r_n(t) \tag{5-242}$$

（二）希尔伯特变换与希尔伯特谱

经验模态分解得到了信号频率由高到低分布的各阶固有模态函数，它们的振幅和相位是随时间变化的，通过谱分析可获取其频谱特性。固有模态函数经过希尔伯特变换，通过解析信号相位导数得到瞬时频率，进一步获得希尔伯特谱。对式（5-242）的 $C_i(t)$ 进行希尔伯特变换可以得到 $\frac{1}{\pi} P \int \frac{C_i(\tau)}{t-\tau} d\tau$，式中，$P$ 为柯西主值，一般取 1。因此定义固有模态函数 $C_i(t)$ 的解析函数为

$$Z_i(t) = C_i(t) + \mathrm{j} \frac{1}{\pi} P \int \frac{C_i(\tau)}{t-\tau} d\tau \tag{5-243}$$

用 $C_{\mathrm{Imgi}}(t)$ 表示 $\frac{1}{\pi} P \int \frac{C_i(\tau)}{t-\tau} d\tau$，式（5-243）可以写为

$$Z_i(t) = C_i(t) + \mathrm{j} C_{\mathrm{Imgi}}(t) = a_i(t) \mathrm{e}^{\mathrm{j}\theta_i(t)} \tag{5-244}$$

式中，$a_i(t)$ 为幅值；$\theta_i(t)$ 为相位。进一步有

$$a_i(t) = \sqrt{C_i^2(t) + C_{\text{Img}i}^2(t)} \qquad (5\text{-}245)$$

$$\theta_i(t) = \arctan \frac{C_{\text{Img}i}(t)}{C_i(t)} \qquad (5\text{-}246)$$

固有模态函数的瞬时角频率可以表示为

$$\omega_i(t) = \frac{\mathrm{d}\theta_i(t)}{\mathrm{d}t} \qquad (5\text{-}247)$$

$a_i(t)$ 是固有模态函数解析函数的幅值，实际上就是它的包络线，$\theta_i(t)$ 是固有模态函数解析函数的相位，二者都是关于时间的函数。解析函数体现了被分解信号的局部特性，希尔伯特谱就是在频率-时间平面表示的振幅函数 $a_i(t)$。

可见，剔除余项后的原信号可以表示为

$$x(t) - r_n(t) = \sum_{i=1}^{n} C_i(t) = \mathrm{Re}\left[\sum_{i=1}^{n} a_i(t)\, \mathrm{e}^{\mathrm{j}\int \omega_i(t)\,\mathrm{d}t} \right] \qquad (5\text{-}248)$$

据此可以重构出原信号。

（三）希尔伯特-黄变换的应用

希尔伯特-黄变换通过原信号筛选提取固有模态函数，表征了信号局域性特点，适应于处理复杂的非平稳信号，已经在机械工程、地球物理学、生物医学和语音图像等信号处理领域得到广泛的应用。

例 5-18　结合经验模态分解和平均幅度差函数方法分析语音信号，并检测信号端点。首先筛选处理出信号的一系列固有模态函数，它们表征了语音信号的局部特征，部分固有模态函数体现噪声信号特征，可以予以剔除；利用剔除主要噪声后的各阶固有模态函数重构语音信号；继而应用平均幅度差函数，检测语音信号端点。

例如，纯元音 e 的语音信号时域波形如图 5-27a 所示，加入信噪比为 $SNR = 25$ 高斯白噪声后的时域波形如图 5-27b 所示。

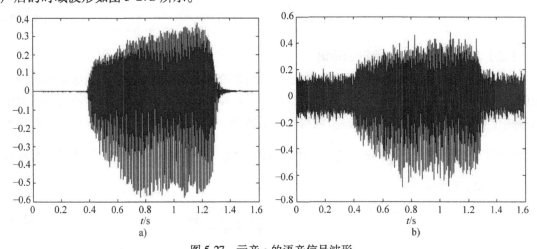

图 5-27　元音 e 的语音信号波形

a）无噪声情况　b）含 $SNR = 25$ 高斯白噪声的情况

图 5-28 和图 5-29 分别是经过经验模态分解纯元音 e 语音信号和分解含噪声语音信号得到的 1~8 阶固有模态函数 IMF1~IMF8。

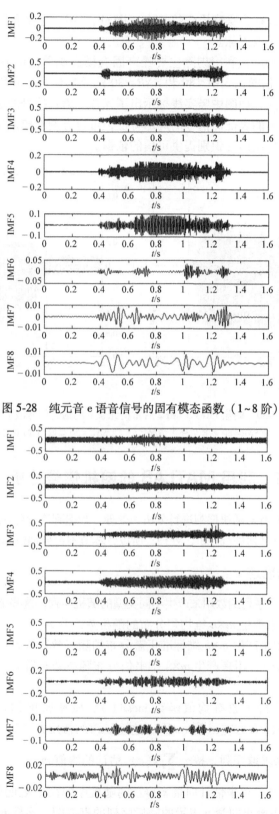

图 5-28 纯元音 e 语音信号的固有模态函数（1~8 阶）

图 5-29 含噪声语音信号 e 的固有模态函数（1~8 阶）

通过二者比较可知，在含噪声语音信号中，IMF1、IMF2 主要表征了所含噪声信号的特征，在重构语音信号时予以剔除。

为了检测语音信号端点，利用剔除主要噪声固有模态函数后的各阶 IMF 重构出语音信号，图 5-30 分别表示了信噪比 $SNR=80$ 和 $SNR=30$ 的重构信号。利用平均幅度差函数，可以检测出语音信号的端点，如图中竖实线标示出了元音 e 语音信号的起始点和终止点。

可见，经验模态分解能表征出信号的局部特征，可以方便地应用于噪声滤除，进而准确地检测出语音端点，为后续语音识别提供可信的依据。

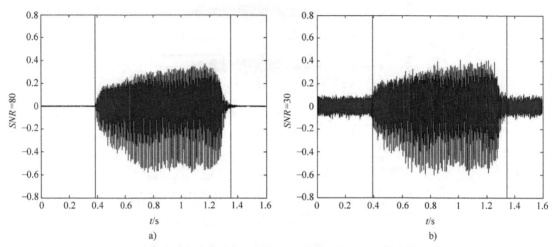

图 5-30 剔除 IMF1、IMF2 后重构元音 e 的语音信号波形图

a) 含 $SNR=80$ 高斯白噪声情况 b) 含 $SNR=30$ 高斯白噪声情况

第五节 利用 MATLAB 的随机信号分析、处理

MATLAB 中，通常只针对随机序列进行分析、处理，当遇到连续随机信号时，首先将连续信号离散化，然后当做随机序列进行分析、处理。所以，本节不再分别讨论连续信号和离散序列。

一、随机信号的描述

在 MATLAB 中，有一系列函数用来产生不同类型的随机序列，这些函数的常用方式如下：

r=rand(m,n) 用来产生 $m \times n$ 维均匀分布的随机数矩阵 r。

r=randn(m,n) 用来产生 $m \times n$ 维标准正态分布的随机数矩阵 r。

r=weibrnd(a,b,m,n) 用来产生 $m \times n$ 维韦伯分布随机数矩阵 r，其中 a、b 是韦伯分布的参数。

常用的离散序列分析函数有均值函数 mean( )、概率密度估计函数 ksdensity( ) 和 hist( )、标准差函数 std( )、方差函数 var( )，这些函数的常用方式如下：

m=mean(x) 用来求取序列 x 按 $\frac{1}{N}\sum_{n=1}^{N}x(n)$ 估计的均值 m。

[f,xi]=ksdensity(x) 用来估计向量 x 表示的随机序列在 x_i 处的概率密度 f。

n=hist(y,m) 用来画出向量 y 表示的随机序列的直方图，参数 m 表示计算直方图的划分单元，*n* 为返回的各个直方图区间上的点数。

y=std(x)　用来计算向量 *x* 的标准差 *y*。

y=var(x)　用来计算向量 *x* 的方差 *y*。

自相关函数和互相关函数的求取通过 xcorr( ) 函数实现，已在第一章中介绍。

例5-19　产生 1 个正态分布的随机序列和 1 个均匀分布的随机序列，长度均为 $N = 30000$，并求出该随机序列的均值、标准差和方差。

解　参考的 MATLAB 运行程序如下：

```
close all;clear;clc;                              %运行环境初始化
N=30000;                                          %数据长度 N
y1=randn(1,N);                                    %生成正态分布随机序列 y1
y2=rand(1,N);                                     %生成均匀分布随机序列 y2
disp('正态分布随机信号和均匀分布随机信号均值为');   %显示信号类型
y1M=mean(y1);                                     %计算 y1 序列均值
y2M=mean(y2);                                     %计算 y2 序列均值
yM=[y1M y2M]                                      %生成均值数组并显示
disp('正态分布随机信号和均匀分布随机信号标准差为'); %显示信号类型
y1St=std(y1);                                     %计算 y1 序列标准差
y2St=std(y2);                                     %计算 y2 序列标准差
yST=[y1St y2St]                                   %生成标准差数组并显示
disp('正态分布随机信号和均匀分布随机信号方差为');   %显示信号类型
y1d=var(y1);                                      %计算 y1 序列方差
y2d=var(y2);                                      %计算 y2 序列方差
yd=[y1d y2d]                                      %生成方差数组并显示
```

运行结果如图 5-31 所示。

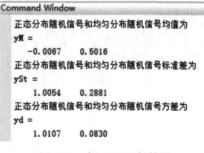

图 5-31　例 5-19 运行结果

二、随机信号的频谱分析

在 MATLAB 中，简单估计频率谱的方法是圆周图法，假设已知随机信号 $x(n)$ 的 N 个样本，信号 $x(n)$ 的功率谱估计式子为

$$\hat{P}(\omega) = \frac{1}{N} \left| \sum_{n=0}^{N-1} x(n)\, \mathrm{e}^{-\mathrm{j}\omega m} \right|$$

据此，可以通过 MATLAB 编程求取随机信号的功率谱。

例 5-20 用傅里叶变换通过圆周图法求解叠加了正态分布白噪声的信号 $x = \sin(2\pi 70t) + 2\sin(2\pi 120t)$ 的功率谱，设 MATLAB 采样频率为 1000Hz。

解 参考的 MATLAB 运行程序如下：

```
close all;clear;clc;                              %运行环境初始化
Fs=1000;                                          %设置采样频率为 1000Hz
N=256;                                            %设置数据长度
Nfft=256;                                         %设置 FFT 变换所用数据长度
t=0:N-1;                                          %生成时间区间
n=t/Fs;                                           %生成采样时间序列
xn=sin(2*pi*70*n)+2*sin(2*pi*120*n)+randn(1,N);   %生成信号序列 xn
Pxx=10*log10(abs(fft(xn,Nfft).^2)/N);             %求幅频二次方的平均值，并转化为 dB
f=(0:length(Pxx)-1)*Fs/length(Pxx);              %生成频率序列 f
plot(f,Pxx);                                      %绘制功率谱曲线
xlabel('频率/Hz');                                 %设置 x 轴显示文本
ylabel('功率谱/dB');                               %设置 y 轴显示文本
title('N=256');                                   %设置标题
axis([0 500-30 30]);                              %设置坐标范围
grid on;                                          %显示网格
```

运行结果如图 5-32 所示。

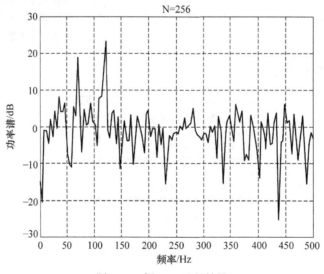

图 5-32　例 5-20 运行结果

在 MATLAB 中，还可以直接应用 pwelch 函数实现对随机信号的功率谱计算。应用该函数时，将数据序列划分为不同的段（可以有重叠），对每段进行改进的圆周图法估计功率谱，再进行平均。pwelch( ) 函数的常用方法如下：

$[Pxx, F]$ = pwelch(x, window, noverlap, nfft, fs) *x* 为待估计功率谱的有限长数据序列，window 用于指定采用的窗函数（boxcar，hamming，blackman 等），*noverlap* 表示重叠点数，

默认为选取 50% 的采样点作为重叠点，n_{fft} 用于设定 FFT 算法的长度，f_s 为采样频率，返回的 $\boldsymbol{P}_{xx}$ 为功率谱估计值，$\boldsymbol{F}$ 为得到的频率点。

例 5-21　用 pwelch( ) 函数求解叠加了正态分布白噪声的信号 $x = \sin(2\pi 70t) + 2\sin(2\pi 120t)$ 的功率谱，设 MATLAB 采样频率为 1000Hz，采用汉明窗。

解　MATLAB 参考运行程序如下：

```
close all;clear;clc;                  %运行环境初始化
Fs=1000;                              %设置采样频率1000Hz
N=256;                                %设置数据长度
Nfft=256;                             %设置FFT变换所用数据长度
L=200;                                %设置汉明窗长度
noverlap=100;                         %设置数据重叠点数
t=0:N-1;                              %生成时间区间
n=t/Fs;                               %生成采样时间序列
xn=sin(2*pi*70*n)+2*sin(2*pi*120*n)+randn(1,N);   %生成信号序列xn
[Pxx,F]=pwelch(xn,hamming(L),noverlap,Nfft,Fs);
                                      %求解功率谱Pxx和对应频率向量F
plot(F,Pxx);                          %绘制功率谱曲线
xlabel('频率/Hz');                    %设置x轴显示文本
ylabel('功率谱/dB');                  %设置y轴显示文本
title('N=256');                       %设置标题
grid on;                              %显示网格
```

运行结果如图 5-33 所示。

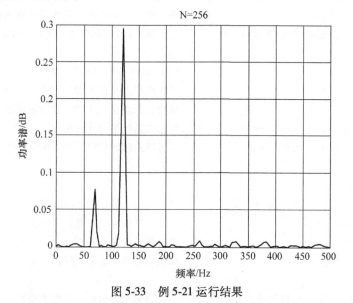

图 5-33　例 5-21 运行结果

三、随机信号通过线性系统分析

在时域，当平稳随机信号 $X(t)$ 通过线性系统 $h(t)$ 时，系统的输出 $Y(t)$ 也是平稳随

411

机信号，表示为

$$Y(t) = X(t) * h(t) = \int_{-\infty}^{\infty} X(\tau) h(t-\tau) \, \mathrm{d}\tau$$

输出 $Y(t)$ 的均值为

$$m_y(t) = m_y = h(t) * m_x(t) = m_x H(0)$$

输出的自相关函数为

$$R_{yy}(\tau) = R_{xx}(\tau) * h(\tau) * h(-\tau)$$

输入与输出的互相关系数为

$$R_{xy}(\tau) = h(\tau) * R_{xx}(\tau) \quad 及 \quad R_{yx}(\tau) = h(-\tau) * R_{xx}(\tau)$$

在频域，系统输出的功率谱为

$$S_y(\omega) = |H(\omega)|^2 S_x(\omega)$$

系统输入与输出的互功率谱为

$$S_{xy}(\omega) = S_x(\omega) H(\omega)$$

例 5-22 已知平稳随机过程 $X(n)$ 的自相关函数为

$$R_{xx}(m) = \sigma \delta(m), \sigma^2 = 5$$

线性系统的单位脉冲响应为

$$h(k) = r^k, k \geq 0, r = \frac{37}{38}$$

利用时域法和频域法分别求出输出信号的自相关函数、功率谱。

解 根据题意，MATLAB 的参考代码如下：

```
close all;clear;clc;                %运行环境初始化
R_x=zeros(1,81);                    %生成输入自相关序列，长度为 81
R_x(41)=sqrt(5);                    %生成 m=41 点处的自相关函数数值
S_x=fftshift(abs(fft(R_x)));       %计算 X(n)的功率谱，并做 FFT 移动
r=37/38;                            %r 赋值
h0=zeros(1,40);                     %负半轴脉冲响应数值为 0
i=0:40;                             %生成原点及正半轴下标
hl=r.^i;                            %生成原点及正半轴的脉冲响应数值
h=[h0,hl];                          %合成系统单位脉冲响应
H=fftshift(abs(fft(h)));           %计算系统的幅频特性，并做 FFT 移动

%时域分析法
R_yx=conv(R_x,fliplr(h));          %计算 y 和 x 的互相关函数
R_yx=R_yx(41:121);                  %取卷积结果的取值区间部分
R_y=conv(R_yx,h);                   %计算系统输出 y 的自相关函数
R_y=R_y(41:121);                    %取卷积结果的取值区间部分
figure(1);
stem(R_y);title('自相关函数 Ry');   %绘制输出的自相关函数火柴梗图
S_y=fftshift(abs(fft(R_y)));       %计算输出 y 的功率谱函数，并做 FFT 移动
figure(2);
```

```
        stem(S_y);title('功率谱函数 Sy');        %绘制输出的功率谱函数火柴梗图

        %频域分析法
        S0_y=S_x.*fliplr(H).*H;                %用频域法求取输出的功率谱函数
        figure(3);
        stem(S0_y);title('功率谱函数 S0y');        %绘制输出的功率谱函数火柴梗图
        R0_y=fftshift(abs(ifft(S0_y)));        %FFT 反变换求取输出的自相关函数
        figure(4);
        stem(R0_y);title('自相关函数 R0y');        %绘制输出的自相关函数火柴梗图
```

运行结果如图 5-34 所示。从图中可知，时域分析法和频域分析法得到的结果是一致的。

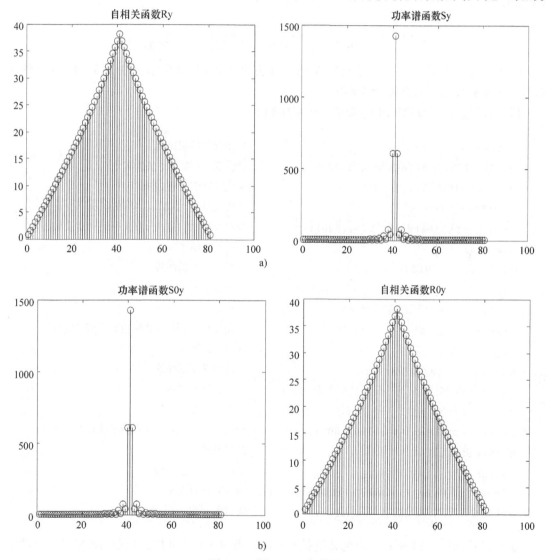

图 5-34　例 5-22 运行结果

a）时域计算得到的自相关函数和功率谱函数　b）频域计算得到的自相关函数和功率谱函数

功率谱估计还可以通过基于参数模型的方法进行，该法将一个零均值的平稳随机信号 $x(n)$ 看成是一、二阶统计特性已知的白噪声 $N(n)$ 激励一个确定性线性系统 $H(z)$ 而得到的结果。最常用的线性系统模型为全极点模型（AR 模型），通过估计出该系统模型的参数，进一步实现对随机信号功率谱的估计。常用的 AR 模型估计方法是 Yule-Walker 方法，在 MATLAB 中可应用 pyulear 函数实现，该函数的常用方法如下：

$[\mathrm{px,w}]=\mathrm{pyulear}(x,p,[\mathrm{nfft}],\mathrm{fs})$ x 为随机信号序列，是由白噪声经 AR 模型 $H(z)$ 产生的，在 MATLAB 中可以由白噪声序列 u 经过 AR 数字滤波器得到，使用的是 filter 函数；p 为 AR 模型阶数；n_{fft} 为由模型参数计算频谱时的频域采样点数，默认值为 256；f_{s} 为采样频率。

例 5-23 已知一随机信号序列 $x(n)$ 是均值为 0、方差为 1 的正态分布白噪声，经过 **AR** 模型

$$H(z)=\frac{1}{1-2.7607z^{-1}+3.8106z^{-2}-2.6535z^{-3}+0.9238z^{-4}}$$

后的输出，采样长度为 1024，用 Yule-Walker 算法估计 AR 模型阶数分别为 3、4、5 时的功率谱，设 MATLAB 采样频率为 1000Hz。

解 根据题意，MATLAB 的参考运行程序如下：

```
close all;clear;clc;                        %运行环境初始化
a=[1-2.7607 3.8106-2.6535 0.9238];          %设置 AR 滤波器系数向量
n=randn(1000,1);                            %生成正态分布白噪声
x=filter(1,a,n);                            %生成经过 AR 滤波器后的随机序列 x
[Pxx,F]=pyulear(x,3,1024,1000);             %用 3 阶 AR 模型求取功率谱和对应频率
figure(1);                                  %打开画图 1
plot(F,10 * log10(Pxx));                     %画出功率谱曲线
xlabel('频率/Hz');ylabel('功率谱/dB');       %设置显示文本
title('3 阶 AR 模型的功率谱估计');            %设置标题
[Pxx,F]=pyulear(x,4,1024,1000);             %用 4 阶 AR 模型求取功率谱和对应频率
figure(2);                                  %打开画图 2
plot(F,10 * log10(Pxx));                     %画出功率谱曲线
xlabel('频率/Hz');ylabel('功率谱/dB');       %设置显示文本
title('4 阶 AR 模型的功率谱估计');            %设置标题
[Pxx,F]=pyulear(x,5,1024,1000);             %用 5 阶 AR 模型求取功率谱和对应频率
figure(3);                                  %打开画图 3
plot(F,10 * log10(Pxx));                     %画出功率谱曲线
xlabel('频率/Hz');ylabel('功率谱/dB');       %设置显示文本
title('5 阶 AR 模型的功率谱估计');            %设置标题
```

运行结果如图 5-35 所示。因为系统是 4 阶的，所以 4 阶及 4 阶以后的 AR 模型估计的功率谱基本一致。

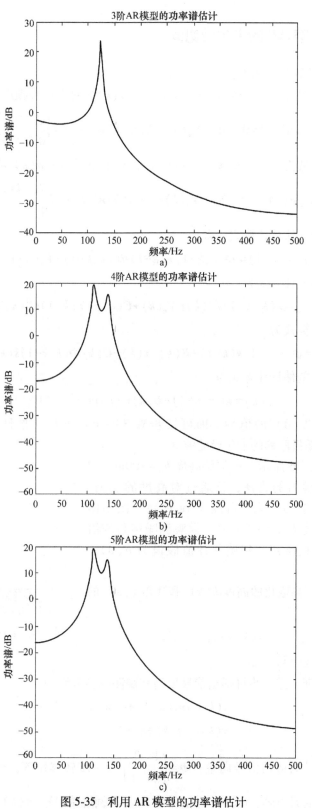

图 5-35 利用 AR 模型的功率谱估计

a) 3 阶 AR 模型　b) 4 阶 AR 模型　c) 5 阶 AR 模型

四、利用 MATLAB 的卡尔曼滤波

卡尔曼滤波的计算过程如下：

1）已知信号模型为 $s(k) = \boldsymbol{\Phi}(k, k-1)s(k-1) + \boldsymbol{w}(k)$，对于信号噪声 $\boldsymbol{w}(k)$ 有

$$E[\boldsymbol{w}(k)] = 0 \quad \text{和} \quad \boldsymbol{V}_w(k) = E[\boldsymbol{w}(k)\boldsymbol{w}^{\mathrm{T}}(i)] = \begin{cases} Q_k & i = k \\ 0 & i \neq k \end{cases}$$

2）已知观测模型为 $\boldsymbol{x}(k) = \boldsymbol{C}(k)s(k) + \boldsymbol{n}(k)$，对于观测噪声 $\boldsymbol{n}(k)$ 有

$$E[\boldsymbol{n}(k)] = 0 \quad \text{和} \quad \boldsymbol{V}_n(k) = E[\boldsymbol{n}(k)\boldsymbol{n}^{\mathrm{T}}(i)] = \begin{cases} R_k & i = k \\ 0 & i \neq k \end{cases}$$

3）预测均方误差估计计算式，得

$$\boldsymbol{\varepsilon}(k \mid k-1) = \boldsymbol{\Phi}(k, k-1)\boldsymbol{\varepsilon}(k-1)\boldsymbol{\Phi}^{\mathrm{T}}(k, k-1) + \boldsymbol{V}_w(k-1)$$

4）滤波增益矩阵计算式为

$$\boldsymbol{B}(k) = \boldsymbol{\varepsilon}(k \mid k-1)\boldsymbol{C}^{\mathrm{T}}(k)[\boldsymbol{V}_n(k) + \boldsymbol{C}(k)\boldsymbol{\varepsilon}(k \mid k-1)\boldsymbol{C}^{\mathrm{T}}(k)]^{-1}$$

5）滤波估计计算式为

$$\hat{s}(k) = \boldsymbol{\Phi}(k, k-1)\hat{s}(k-1) + \boldsymbol{B}(k)[\boldsymbol{x}(k) - \boldsymbol{C}(k)\boldsymbol{\Phi}(k, k-1)\hat{s}(k-1)]$$

6）滤波均方误差估计计算式为

$$\boldsymbol{\varepsilon}(k) = \boldsymbol{\varepsilon}(k \mid k-1) - \boldsymbol{B}(k)\boldsymbol{C}(k)\boldsymbol{\varepsilon}(k \mid k-1)$$

在设定 $\boldsymbol{\varepsilon}(0)$、$\hat{S}(0)$ 的值后，即可按步骤3）~6）进行递推计算。据此可以通过 MATLAB 编程实现随机序列的卡尔曼滤波。

例5-24 如图5-36所示，一初始高度 $h_0 = 100\mathrm{m}$、初始速度 $v_0 = 0$ 向上抛射的物体，请通过对高度的观测，估计物体位置和速度的变化。每隔 0.1s 观测一次物体位置，设重力加速度为 $g = 9.8\mathrm{m/s}^2$，设观测噪声是均值为零、方差为2的白噪声。初始估计值假设为 $\hat{h}(0) = 90$，$\hat{v}(0) = 1$。

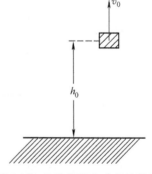

图5-36 物体位置和速度的估计

解 根据题意，离散化的高度 $h(k)$ 和速度 $v(k)$ 的表达式为

$$h(k) = h(k-1) + v(k-1)T_s - 0.5T_s^2 g$$
$$v(k) = v(k-1) - T_s g$$

式中，T_s 为采样周期，进一步可得出信号模型和观测模型分别为

$$s(k) = \boldsymbol{\Phi}s(k-1) + \boldsymbol{g} + \boldsymbol{w}(k)$$
$$x(k) = \boldsymbol{c}s(k) + \boldsymbol{n}(k)$$

式中，$s(k) = \begin{pmatrix} h(k) \\ v(k) \end{pmatrix}$ 为待估信号向量；$\boldsymbol{\Phi} = \begin{pmatrix} 1 & T_s \\ 0 & 1 \end{pmatrix}$ 为一步转移矩阵；$\boldsymbol{g} = \begin{pmatrix} -0.5T_s^2 g \\ -T_s g \end{pmatrix}$ 为常数

项；$\boldsymbol{c} = (1 \quad 0)$ 为观测矩阵；$\boldsymbol{w}(k)$ 为信号噪声（本例题为0）；$\boldsymbol{n}(k)$ 为观测噪声，并有

$$\hat{s}(0)=\begin{pmatrix} 90 \\ 1 \end{pmatrix}, \text{ 设 } \boldsymbol{\varepsilon}(0)=\begin{pmatrix} 10 & 0 \\ 0 & 1 \end{pmatrix}。$$

参考的 MATLAB 运行程序如下：

```
clear;close all;clc;                                %运行环境初始化
%生成观测信号
L=20;                                               %设置采样点数
h0=100;                                             %设置初始高度
v0=0;                                               %设置初始速度
Ts=0.1;                                             %设置采样周期
grav=9.8;                                           %设定重力加速度
hh(1)=h0+v0*Ts-0.5*Ts*Ts*grav;                      %求 h(1) 的理论高度值
vv(1)=v0-Ts*grav;                                   %求 v(1) 的理论速度值
for i=2:L;
    hh(i)=hh(i-1)+vv(i-1)*Ts-0.5*Ts*Ts*grav;   %循环计算理论高度值
    vv(i)=vv(i-1)-Ts*grav;                          %循环计算理论速度值
end
hhh(1)=100;                                         %设置观测高度初始值
for i=1:L
    hhh(i)=hh(i)+2*randn(1,1);                       %生成叠加方差为 2 白噪声的观测值
end
x=hhh(1:L);                                         %生成叠加白噪声的观测值序列 x
n=1:L;                                              %生成对应的序列下标
Phi=[1 Ts;0 1];                                     %设定信号模型参数
g=[-0.5*Ts*Ts*grav;-Ts*grav];                       %设定信号模型常数项矩阵 g
c=[1 0];                                            %设定观测模型参数 c
Sk=[ 90;1]                                          %设定初始观测值 S0
Rw=[0 0;0 0];                                       %设定信号模型噪声协方差矩阵为零
Rv=2;                                               %设定观测模型噪声协方差值
Error=[10 0;0 1];                                   %设置滤波均方误差初值估计矩阵
for k=1:L                                           %利用递推公式求估计观测值
  Error1=Phi*Error*Phi'+Rw;                         %计算 ε(k|k-1)
  Bk=Error1*c'*inv(c*Error1*c'+Rv);                 %计算 B(k)
  Sk=(Phi*Sk+g)+Bk*(x(k)-c*(Phi*Sk+g));             %计算 ŝ(k)
  I=eye(2);                                         %设置对角阵
  Error=(I-Bk*c)*Error1;                            %计算 ε(k)
  Rec_S1(k,:)=Sk;                                   %记录估计值矩阵
end
figure(1);                                          %打开画图 1
plot(n,hh(1:L),'b-',n,Rec_S1(:,1),'r--');           %绘制实际高度和高度估算值曲线
```

417

```
legend('实际高度','卡尔曼滤波估计高度');        %设置曲线说明文本
axis([1 L 80 100]);                          %设定坐标轴范围
figure(2);                                   %打开画图2
plot(n,vv(1:L),'b-',n,Rec_S1(:,2),'r--');    %绘制实际速度和速度估算值曲线
legend('实际速度','卡尔曼滤波估计速度');        %设置曲线说明文本
axis([1 L-20 0]);                            %设定坐标轴范围
```

运行结果如图 5-37 所示。

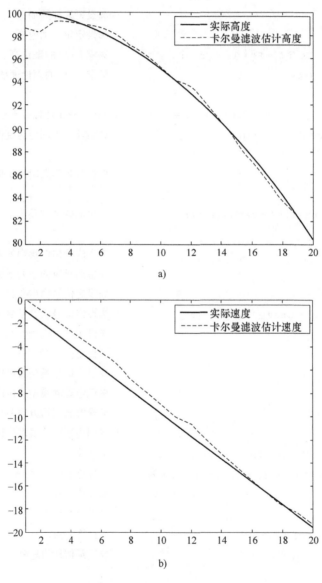

图 5-37　例 5-24 运行结果

a）实际高度与估计高度　b）实际速度与估计速度

五、利用 MATLAB 的小波分析

MATLAB 提供了一系列小波函数,包括 Harr 小波、Daubecheies 小波系、Symlets 小波系、Dmeyer 小波系等。cwt( ) 函数适用于一维连续小波变换,dwt( ) 函数适用于单尺度一维离散小波变换,wfilters( ) 函数可以实现正交和双正交小波的 4 个滤波器的计算,它们的常用方式如下:

COEFS=cwt(x,scales,'wavename','scal') 实现一维连续小波变换,并绘制对应的小波变换灰度图。其中 x 为信号序列;*scales* 为尺度向量,可以用 [a1,a2,a3,…] 表示为离散值,也可用 [amin:step:amax] 表示为连续值;'wavename' 为小波基名字,见表 5-2;'scal' 参数表示绘制小波变换灰度图及所对应的轮廓量图;*COEFS* 为一个行数为 *scales*、列数为输入信号长度的矩阵,*COEFS* 的第 k 行表示 *scales* 尺度向量的第 k 个元素所对应的小波系数。

表 5-2　wavename 可选择类型

小波系数	小波名
Daubechies	'db1'or 'haar', 'db2', …, 'db10', …, 'db45'
Coiflets	'coif1', …, 'coif5'
Symlets	'sym2', …, 'sym8', …, 'sym45'
Fejer-Korovkin filters	'fk4', 'fk6', 'fk8', 'fk14', 'fk22'
Discrete Meyer	'dmey'
Biorthogonal	bior1.1', 'bior1.3', 'bior1.5', 'bior2.2', 'bior2.4', 'bior2.6', 'bior2.8', 'bior3.1', 'bior3.3', 'bior3.5', 'bior3.9', 'bior4.4', 'bior5.5', 'bior6.8''bior3.7', 'bior3.1', 'bior3.3', 'bior3.5', 'bior3.7'
Reverse Biorthogonal	rbio1.1', 'rbio1.3', 'rbio1.5', 'rbio2.2', 'rbio2.4', 'rbio2.6', 'rbio2.8', 'rbio3.1', 'rbio3.3', 'rbio3.5', 'rbio3.7', 'rbio3.9', 'rbio4.4', 'rbio5.5', 'rbio6.8'

[ca,cd]=dwt(x,'wavename') 对信号 x 进行小波分解,'wavename' 参数确定小波类型,*ca* 为逼近系数向量,*cd* 为细化系数向量。

[ca,cd]=dwt(x,lo-d,hi-d) 对信号 x 进行小波计算,lo-d 为分解的低通滤波器,hi-d 为分解的高通滤波器。lo-d、hi-d 可由 wfilter( ) 函数计算获得,它的使用方式如下:

[lo-d,hi-d,lo-r,hi-r]=wfilters('wname') 实现小波滤波器的设计,'wname' 为小波名,lo-d 为低通分解滤波器,hi-d 为高通分解滤波器,lo-r 为低通重构滤波器,hi-r 为高通重构滤波器。

例 5-25 用 wfilter( ) 函数实现 Daubechies 小波系的 'db10' 滤波器设计。

解 参考的 MATLAB 运行程序如下:

```
close all;clear;clc;                    %运行环境初始化
wname='db10';                           %选定小波类型
[Hi_D,Lo_D,Hi_R,Lo_R]=wfilters(wname);  %设计 4 个滤波器
subplot(2,2,1);stem(Hi_D);   %选择画图区域 1,画出高通分解滤波器频率特性
title('高通分解滤波器');        %设置标题
```

```
subplot(2,2,2);stem(Lo_D);        %选择画图区域2，画出低通分解滤波器频率特性
title('低通分解滤波器');          %设置标题
subplot(2,2,3);stem(Hi_R);        %选择画图区域3，画出高通重构滤波器频率特性
title('高通重构滤波器');          %设置标题
subplot(2,2,4);stem(Lo_R);        %选择画图区域4，画出低通重构滤波器频率特性
title('低通重构滤波器');          %设置标题
```

运行结果如图 5-38 所示。

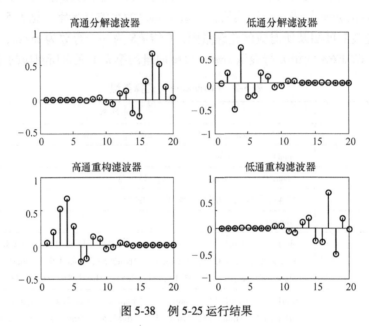

图 5-38　例 5-25 运行结果

六、利用 MATLAB 进行维格纳变换

信号 $x(t)$ 的维格纳变换的定义为

$$W_x(t,\omega)=\int_{-\infty}^{\infty}x\left(t+\frac{1}{2}\tau\right)x^*\left(t-\frac{1}{2}\tau\right)\mathrm{e}^{-\mathrm{j}\omega\tau}\mathrm{d}\tau$$

它的另一种表达形式为

$$W_X(t,\omega)=\frac{1}{2\pi}\int_{-\infty}^{\infty}X\left(\omega+\frac{\xi}{2}\right)X^*\left(\omega-\frac{\xi}{2}\right)\mathrm{e}^{\mathrm{j}\xi t}\mathrm{d}\xi$$

时频工具箱（Time-Frequency Toolbox）提供了维格纳变换 M 文件 tfrwv. m，其 tfrwv( ) 函数的使用方法如下：

[tfr,t,f] = tfrwv (x,t,n,trace)　　其中 x 为被分析信号，t 为时间，默认值为 1: length(x)，n 为频率数，默认值为 length(x)，trace 默认值为 0，如果非零，显示算法的进程。返回 t_{fr} 为时频特性，f 为归一化频率。

例 5-26　已知信号 $x(t)=\cos(2\pi50t)+2\sin(2\pi120t)$，MATLAB 采样频率为 2000Hz，采样点数为 1024 点，用维格纳变换对信号进行分析。

解　根据题意，参考的 MATLAB 运行程序如下：

```
close all;clear;clc;                                    %运行环境初始化
N=1024;                                                 %设置采样点数
fs=2000;                                                %设置采样频率
n=0:N;                                                  %设置采样点坐标向量
t=n*1/fs;                                               %生成时间坐标向量
x=cos(2*pi*50*t)+2*sin(2*pi*120*t);                     %生成原始信号 x
figure(1);                                              %打开画图 1
plot(t,x);                                              %绘制原始信号
title('原始信号')                                        %设置标题
xlabel('时间 t');ylabel('幅值 A')                         %设置 x、y 轴显示文本
grid on;                                                %显示网格
[tfr,t,f]=tfrwv(x',1:N,N);                              %对信号 x 进行维格纳变换
figure(2);                                              %打开画图 2
mesh(t/fs,f(1:length(f)/2)*fs,abs(tfr(1:length(f)/2,:)));
                                                        %绘制三维时频特性图
title('三维时频特性')                                     %设置标题
xlabel('时间 t');ylabel('频率 f');zlabel('幅值')%          %设置 x、y、z 轴显示文本
```

运行结果如图 5-39 所示。

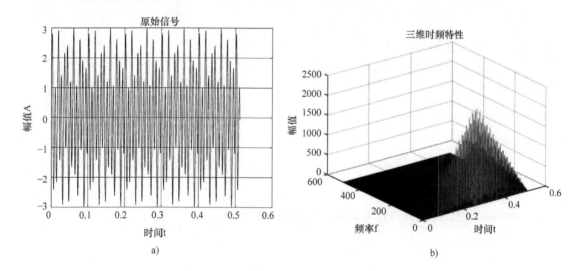

图 5-39　例 5-26 运行结果

a）原始信号　b）三维时频特性

七、利用 MATLAB 进行希尔伯特-黄变换

在 MATLAB 中，提供了希尔伯特-黄变换工具箱，该工具箱由 3 个 m 文件构成，分别为 emd.m、findpeaks.m 和 plot_hht.m，分别实现希尔伯特-黄变换计算、查找峰值和绘制希尔伯特黄-变换结果的功能，它们的程序代码分别如下：

421

emd.m

```
function imf=emd(x)
% Empiricial Mode Decomposition (Hilbert-Huang Transform)
% imf=emd(x)
% Func:findpeaks

x   =transpose(x(:));
imf=[];
while~ismonotonic(x)
    x1=x;
    sd=Inf;
    while (sd>0.1)|~isimf(x1)
        s1=getspline(x1);
        s2=-getspline(-x1);
        x2=x1-(s1+s2)/2;

        sd=sum((x1-x2).^2)/sum(x1.^2);
        x1=x2;
    end

    imf{end+1}=x1;
    x           =x-x1;
end
imf{end+1}=x;

% FUNCTIONS

function u=ismonotonic(x)

u1=length(findpeaks(x))*length(findpeaks(-x));
if u1>0,u=0;
else,      u=1;end

function u=isimf(x)

N  =length(x);
u1=sum(x(1:N-1).*x(2:N)<0);
u2=length(findpeaks(x))+length(findpeaks(-x));
if abs(u1-u2)>1,u=0;
else,               u=1;end
```

```
function s=getspline(x)

N=length(x);
p=findpeaks(x);
s=spline([0 p N+1],[0 x(p) 0],1:N);
```

findpeaks.m

```
function n=findpeaks(x)
% Find peaks.
% n=findpeaks(x)

n    =find(diff(diff(x)>0)<0);
u    =find(x(n+1)>x(n));
n(u) =n(u)+1;
```

plot_hht.m

```
function plot_hht(x,Ts)
% Plot the HHT.
% plot_hht(x,Ts)
%
%::Syntax
%    The array x is the input signal and Ts is the sampling period.
%    Example on use:[x,Fs]=wavread('Hum.wav');
%                   plot_hht(x(1:6000),1/Fs);
% Func:emd

% Get HHT.
imf=emd(x);
for k=1:length(imf)
    b(k)=sum(imf{k}.*imf{k});
    th   =angle(hilbert(imf{k}));
    d{k}=diff(th)/Ts/(2*pi);
end
[u,v]=sort(-b);
b      =1-b/max(b);

% Set time-frequency plots.
N=length(x);
c=linspace(0,(N-2)*Ts,N-1);
```

```
for k=v(1:2)
    figure,plot(c,d{k},'k.','Color',b([k k k]),'MarkerSize',3);
    set(gca,'FontSize',8,'XLim',[0 c(end)],'YLim',[0 1/2/Ts]);xlabel('Time'),
ylabel('Frequency');
    end

    % Set IMF plots.
    M=length(imf);
    N=length(x);
    c=linspace(0,(N-1)*Ts,N);
    for k1=0:4:M-1
        figure
        for k2=1:min(4,M-k1),subplot(4,1,k2),plot(c,imf{k1+k2});set(gca,
'FontSize',8,'XLim',[0 c(end)]);end
        xlabel('Time');
    end
```

例 5-27　对一个音频文档 Hum. wav 进行希尔伯特-黄变换分析。

解　参考的 MATLAB 运行程序如下：

```
close all;clear;clc;              %运行环境初始化
[x,Fs]=audioread('Hum.wav');      %加载 Hum. wav 音频文档
plot_hht(x(1:6000),1/Fs);         %进行希尔伯特-黄变换并绘制图形
```

运行结果如图 5-40 所示。

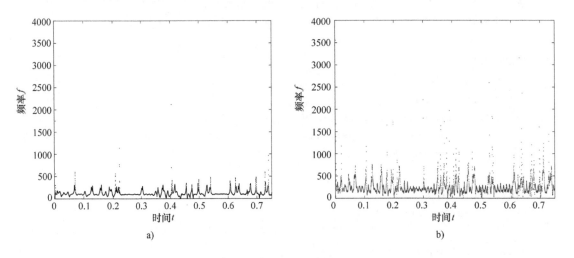

图 5-40　例 5-27 运行结果

a）固有模态函数 IMF1 时-频域分布图　　b）固有模态函数 IMF2 时-频域分布图

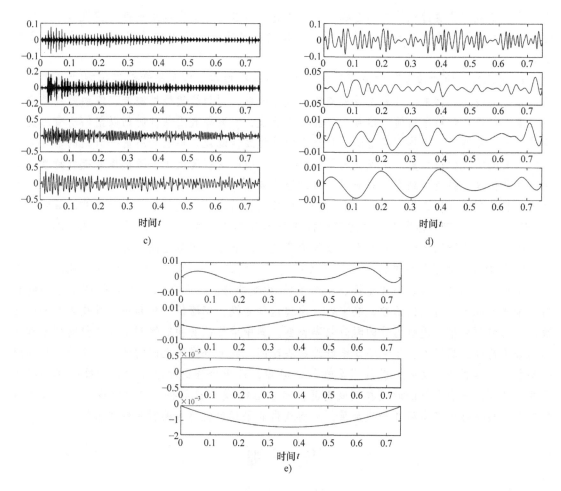

图 5-40　例 5-27 运行结果（续）

c）固有模态函数 IMF1~IMF4　　d）固有模态函数 IMF5~IMF8

e）固有模态函数 IMF9~IMF12

📋 | **本章要点**

1. 随机信号是表面上"无规律性"的一类信号，实际上其规律性（或有用信息）是可以通过对大样本统计分析得到认识的，因此，随机信号的描述、分析和处理都建立在概率统计的基础上。平稳随机信号的统计特性不随时间变化，能够较方便地描述和分析它；各态遍历性随机信号可以用一个样本的时间统计量替代全部样本的统计量，给随机信号分析带来方便。

2. 均值、方差、相关函数是随机信号时域的主要数字特征量，而表示随机信号平均功率关于频率分布的功率谱（密度函数）是其频域的主要特征量。平稳随机信号的相关函数与功率谱之间构成傅里叶变换对，维纳-辛钦定理揭示时域、频域描述平稳随机信号统计特性之间的内在联系，是分析随机信号的重要工具。

3. 随机信号通过系统进行加工处理时，需要研究系统输出信号的统计特性如何发生变化。平稳随机信号通过线性时不变稳定系统并进入稳态后，输出也是平稳的随机信号，分析的任务是求取输出信号的均值、自相关、功率谱以及输入、输出信号间的互相关、互谱密度等。

4. 随机信号的"滤波"或波形估计，是由观测数据在一定判据意义下达到"最优"的估计算法实现的。如果估计算法是观测值的线性函数，则为最优线性滤波。维纳滤波是均方误差最小判据下针对平稳随机信号的最优线性滤波，它需要利用估计时刻以前的所有历史观测值。卡尔曼滤波也是均方误差最小判据下的最优线性滤波，但它利用前一时刻的估计值和新的观测值实现递推计算，不仅提高了实时性，也能一定程度上跟踪随机信号统计特性的变化，使最优线性滤波得到真正的应用。自适应滤波是在没有关于待处理信号先验统计知识条件下，直接利用观测数据，根据一定判据实现参数自动调整，达到最优实时滤波的算法。其中 LMS 算法是以随机梯度下降法为基础的递推估计算法，算法简单，易于实现；RLS 算法用最小二次方准则取代均方差准则，收敛速度快，对非平稳信号适应性强。

5. 针对非平稳随机信号，介绍了几种应用广泛的能从本质上分析非平稳随机信号的方法，主要有维格纳变换、小波变换、希尔伯特-黄变换等。它们的共同特点是使信号的统计特征量成为频率、时间的函数，换言之，通过这些变换，使随机信号频域特性成为时间的函数，从而得到非平稳随机信号的瞬时频率特性。其中维格纳变换能得到信号能量对频率和时间的分布情况，局限性在于它不能很好地解决时间、频率分辨率之间的矛盾；小波变换通过平移和伸缩构成的正交基，引入"柔性"时频窗，选用合理的小波函数，使非平稳随机信号的分析同时具有良好的时域和频域精度；希尔伯特-黄变换则将信号分解成一系列体现其特有非平稳特性的模态函数和残余量，从而获得非平稳随机信号的瞬时频率特性。

习 题

1. 一确定性随机信号 $X(t) = A_0 \sin(\omega_0 t + \theta)$，式中 A_0、ω_0 是常数，在 $0 \le \theta \le 2\pi$ 区间为均匀分布，试求该随机信号的均值、均方差、方差及自协方差函数。并判断该信号是否平稳过程？是否各态遍历？若 θ 是在区间 $[0, \pi/2]$ 为均匀分布，则又如何？

2. 一随机相位正弦信号 $X(t) = A_0 \sin(\omega_0 t + \theta)$，式中 A_0、ω_0 是常数，θ 是均匀分布的随机变量，分布函数如下：

$$F(\theta) = \begin{cases} \dfrac{1}{2\pi} & 0 \le \theta \le 2\pi \\ 0 & 其他 \end{cases}$$

求 $x(t)$ 的概率密度函数 $p(x, t)$。

3. 已知平稳随机信号 $X(n) = a^n u(n)$，$-1 < a < 1$，求 $X(n)$ 的自相关函数。

4. 已知平稳随机信号的自相关函数如下所示，试求其均值、均方值及方差。

(1) $R_{xx}(\tau) = 25 + \dfrac{4}{1 + 6\tau^2}$；

(2) $R_{xx}(\tau) = 4e^{-|\tau|} \cos \pi \tau + \cos 3\pi \tau$；

(3) $R_{xx}(\tau) = 25e^{-2|\tau|} \cos \omega_0 \tau + 12$。

5. 已知平稳随机序列 $X(n)$ 的自相关函数 $R_{xx}(m) = a^{|m|}$，$|a| < 1$，求自功率谱。

6. 已知平稳随机信号 $X_1(t)$、$X_2(t)$ 的功率密度谱分别为

$$p_{x_1}(\omega)=\frac{6}{\omega^4+25\omega^2+144}$$

$$p_{x_2}(\omega)=\frac{16}{\omega^4+13\omega^2+36}$$

求 $X_1(t)$ 和 $X_2(t)$ 的自相关函数和均方值。

7. 已知平稳随机信号的自相关函数如下所示，试求其功率密度谱。

(1) $R_{xx}(\tau)=1$；　　　　　　(2) $R_{xx}(\tau)=\delta(\tau)$；

(3) $R_{xx}(\tau)=\cos\omega_0\tau$；　　　(4) $R_{xx}(\tau)=\mathrm{Sa}(\omega_0\tau)$。

8. 已知两个随机信号 $X(t)$ 与 $Y(t)$ 联合平稳，其互相关函数如下：

(1) $R_{xy}(\tau)=4e^{-3\tau}u(\tau)$；

(2) $R_{yx}(\tau)=3e^{-\tau}\sin\omega_0\tau\cdot u(\tau)$。

求互功率谱 $p_{xy}(\omega)$ 和 $p_{yx}(\omega)$。

9. 下面哪些是功率谱密度函数的正确表达式？为什么？对正确的功率谱密度表达式求其自相关函数。

(1) $S_1(\omega)=\dfrac{\omega^2+6}{(\omega^2+2)(\omega+1)^2}$；　　(2) $S_2(\omega)=\dfrac{\omega^2+1}{\omega^4+5\omega^2+6}$；

(3) $S_3(\omega)=\dfrac{1}{\omega^4-3\omega^2+2}$；　　(4) $S_4(\omega)=\dfrac{\omega^3-3}{\omega^4+7\omega^2+10}$；

(4) $S_5(\omega)=\dfrac{e^{-j\omega^4}}{\omega^2+5}$；　　(6) $S_6(\omega)=\dfrac{\omega^2+1}{\omega^4+3\omega^2+2}+\delta(\omega)$。

10. 一线性系统在具有单位谱的白噪声激励下其输出功率为

$$p_y(\omega)=\frac{25\omega^2+49}{\omega^4+10\omega^2+9}$$

试求出该线性系统的系统函数。

11. 一 RC 电路如图 5-41 所示，若输入 $X(t)$ 是平稳随机双边信号，其均值为 m_x，试求其输出均值。

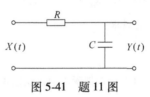

图 5-41　题 11 图

12. 一线性系统其差分方程为

$$y(n)=0.8y(n-1)+x(n)+x(n-1)$$

式中 $x(n)$ 是宽平稳随机序列，具有零均值和自相关函数 $R_{xx}(m)=\left(\dfrac{1}{2}\right)^{|m|}$。

求：（1）系统输出 $y(n)$ 的功率谱；

（2）输出自相关 $R_{yy}(m)$；

（3）输出方差 σ_y^2。

13. 已知系统的单位冲激响应为 $h(t)=5e^{-3t}u(t)$。设系统输入随机信号为 $X(t)=M+4\cos(2t+\theta)$，其中 M 和 θ 是互相独立的随机变量，且 θ 在 $(0,2\pi)$ 上均匀分布。求该系统输出响应的表达式。

14. 设随机信号 $X(t)$ 的自相关函数为 $R_{xx}(\tau)=a^2+be^{-|\tau|}$，式中，$a$、$b$ 为正实常数。系统的单位冲激响应为 $h(t)=e^{-at}u(t)$，$a>0$，求该系统输出过程的均值。

15. 已知系统的单位冲激响应为 $h(t)=te^{-3t}u(t)$。设系统输入为具有功率谱密度为 $4\mathrm{V}^2/\mathrm{Hz}$ 的白噪声与 2V 直流分量之和，试求系统输出的均值、方差和均方值。

16. 自相关函数为 $\frac{N_0}{2}\delta(\tau)$ 的白噪声通过具有如下频率特性函数的滤波器

$$H(\omega)=\frac{1}{1+j\dfrac{\omega}{\omega_0}}$$

试求滤波器输出的平均功率。

17. 有一系统如图 5-42 所示。$X(t)$ 是系统的输入，$Y(t)$ 为系统的输出。试用频域分析法求：

（1）系统的系统函数；

（2）当输入功率谱密度为 S_0 的白噪声时，求输出 $Y(t)$ 的平均功率。

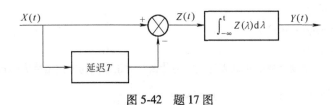

图 5-42 题 17 图

18. 已知零均值平稳随机信号 $X(t)$ 的自相关函数为

$$R_{xx}(\tau)=A^2\mathrm{e}^{-a|\tau|}\cos\omega_0\tau$$

试求 $Y(t)=aX(t)+b\dfrac{\mathrm{d}X(t)}{\mathrm{d}t}$ 的功率谱密度。

19. 已知序列 $x(n)$ 是滑动平均模型 ARMA（1.1）的输出，相应的差分方程为

$$x(n)=0.5x(n-1)+w(n)-w(n-1)$$

式中，$w(n)$ 为方差为 σ_w^2 的白噪声。试求 $x(n)$ 的均值和自相关。

20. 已知自回归信号模型 AR（3）为

$$x(n)=\frac{14}{24}x(n-1)+\frac{9}{24}x(n-2)-\frac{1}{24}x(n-3)+w(n)$$

式中，$w(n)$ 为方差为 σ_w^2 的平稳白噪声，试求：

（1）$p=3$ 线性预测器的系数；

（2）自相关函数 $R_{xx}(m)$，$0\leqslant m\leqslant 5$。

21. 一随机序列是由零均值、方差为 1 的白高斯噪声通过线性滤波器产生的，其系统函数为

$$H(z)=\frac{1}{(1+az^{-1}+0.99z^{-2})(1-az^{-1}+0.98z^{-2})}$$

（1）取 $0<a<0.1$，算出功率谱理论值并作图；

（2）$a=0.1$，当应用周期图法估计功率谱时，求出能够分辨两个谱峰的每段长度 M 值。

上机练习题

22. 用 MATLAB 计算一随机信号 $X(t)=5\sin(2\pi\times10t+\theta)$，在 $0\leqslant\theta\leqslant2\pi$ 区间为均匀分布，试求该随机信号的均值、均方差、方差及自协方差函数。

23. 用 MATLAB 计算平稳随机信号 $X(n)=a^nu(n)$，$-1<a<1$ 的自相关函数。

24. 用傅里叶变换通过圆周图法求解叠加了正态分布白噪声的信号 $x=\sin(2\pi30t)+2\sin(2\pi70t)+3\sin(2\pi100t)$ 的功率谱，设 MATLAB 采样频率为 1000Hz。

25. 用 pwelch（）函数求解叠加了正态分布白噪声的信号 $x=\sin(2\pi70t)+2\sin(2\pi120t)$ 的功率谱，设 MATLAB 采样频率为 1000Hz，分别采用矩形窗、汉明窗、布莱克曼窗函数，长度为采样数据的一半，并

对比结果。

26. 连续平稳随机信号 $x(t)$，其自相关函数为 $R_{xx}(\tau) = e^{-|\tau|}$，信号 $x(t)$ 为加性噪声所干扰，噪声为白噪声，已知测量值的离散值 $z(k)$（$T_s = 0.2\text{s}$ 的抽样值）为 -3.2，-0.8，-14，-16，-17，-18，-3.3，-2.4，-18，-0.3，-0.4，-0.8，-19，-2.0，-1.2，-11，-14，-0.9，0.8，10，0.2，0.5，-0.5，2.4，-0.5，0.5，-13，0.5，10，-12，0.5，-0.6，-15，-0.7，15，0.5，-0.7，-2.0，-19，-17，-11，-14。试编写卡尔曼滤波递推程序，求出信号 $x(t)$ 的估计波形。

27. 一随机序列是由零均值、方差为 1 的高斯白噪声通过线性系统产生的，其系统函数为

$$H(z) = \frac{1}{(1 + az^{-1} + 0.99z^{-2})(1 - az^{-1} + 0.98z^{-2})}$$

取 $a = 0.01$，$a = 0.05$，$a = 0.08$，分别求出功率谱并作图。

28. 在 MATLAB 环境下，编写相关程序实现如下功能：加载 noissin 信号，对其进行一维连续小波变换，分别绘制 $a = 1.68$ 和 $a = 3.56$ 时的连续小波变换系数曲线。

29. 在 MATLAB 环境下，加载 MATLAB 自带的 sumsin 信号，信号长度为你学号的后 4 位，并完成如下要求：

（1）绘制原始信号波形曲线；

（2）使用 "db4" 小波进行 3 尺度的一维小波分解。

30. 设信号 $x(t) = \sin(0.03t) + w(t)$，其中 $w(t)$ 是零均值、方差为 0.5 的高斯白噪声，试用离散小波变换对信号进行滤波处理。

31. 已知信号包含频率为 50Hz 和 450Hz、幅值为 1 的余弦成分，设采样频率为 20kHz，采样长度为 1024，如果在采样位置分别为 $n = 200$，201，800，801 处丢失采样值（即为 0），试编写小波变换程序确定采样值丢失点位置，并大致确定寻找 50Hz 和 450Hz 频率成分的尺度。

参考文献

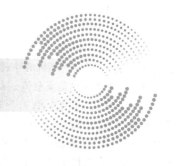

［1］赵光宙. 信号分析与处理［M］. 3 版. 北京：机械工业出版社，2016.

［2］齐冬莲，张建良，吴越. 信号分析与处理［M］. 北京：机械工业出版社，2021.

［3］吴湘淇. 信号与系统［M］. 3 版. 北京：电子工业出版社，2009.

［4］王永德，王军. 随机信号分析基础［M］. 3 版. 北京：电子工业出版社，2009.

［5］徐科军. 信号分析与处理［M］. 北京：高等教育出版社，2006.

［6］李弼程，罗建书. 小波分析及其应用［M］. 北京：电子工业出版社，2003.

［7］陈后金，胡健，薛健，等. 信号与系统［M］. 3 版. 北京：高等教育出版社，2020.

［8］程鹏. 自动控制原理［M］. 北京：高等教育出版社，2003.

［9］张贤达. 现代信号处理［M］. 2 版. 北京：清华大学出版社，2002.

［10］罗拎翼，程桂芬. 随机信号处理与控制基础［M］. 北京：化学工业出版社，2002.

［11］应启珩，冯一云，窦维蓓. 离散时间信号分析和处理［M］. 北京：清华大学出版社，2001.

［12］郑君里，应启珩，杨为理. 信号与系统：上册［M］. 3 版. 北京：高等教育出版社，2011.

［13］郑君里，应启珩，杨为理. 信号与系统：下册［M］. 3 版. 北京：高等教育出版社，2011.

［14］杨福生. 小波变换的工程分析与应用［M］. 北京：科学出版社，1999.

［15］阎鸿森，王新凤，田惠生. 信号与线性系统［M］. 西安：西安交通大学出版社，1999.

［16］徐守时. 信号与系统：理论、方法和应用［M］. 合肥：中国科学技术大学出版社，1999.

［17］吴大正. 信号与线性系统分析［M］. 3 版. 北京：高等教育出版社，1998.

［18］OPPENHEIM A V，WILLSKY A S，NAWAB S H. 信号与系统：第 2 版［M］. 刘树棠，译. 西安：西安交通大学出版社，1998.

［19］管致中，夏恭恪. 信号与线性系统［M］. 3 版. 北京：高等教育出版社，1992.

［20］芮坤生. 信号分析与处理［M］. 北京：高等教育出版社，1993.

［21］刘贵忠，邸双亮. 小波分析及其应用［M］. 西安：西安电子科技大学出版社，1992.

［22］LYNN P A. 信号分析与处理导论［M］. 刘庆普，沈允春，译. 北京：宇航出版社，1990.

［23］杨福生. 随机信号分析［M］. 北京：清华大学出版社，1990.

［24］ÅSTRÖM K J，WITTENMARK B. Adaptive Control：2nd ed［M］. 北京：科学出版社，2003.

［25］PROAKIS J G. Algorithms for Statistical Signal Processing［M］. 北京：清华大学出版社，2003.

［26］BISHOP R H. Modern Control System Analysis and Design：Using MATLAB and Simulink［M］. 北京：清华大学出版社，2003.

［27］NEKOOGAR F，MORIARTY G. Digital Control Using Digital Signal Processing［M］. 北京：科学出版社，2002.

［28］LJUNG L. System Identification：Theory for the User［M］. 北京：清华大学出版社，2002.

［29］MITRE S K. Digital Signal Processing：A Computer-Based Approach 3rd ed［M］. 北京：清华大学出版社，2001.

［30］WAKERNAAK H K，SIVAN R. Modern Signals and System［M］. Upper Saddle River：Prentice-Hall，1991.

［31］ALEXANDER S T. Adaptive Signal Processing［M］. New York：Springer-Verlag New York，1986.